V. I. Arnol'd

Geometrische Methoden in der Theorie der gewöhnlichen Differentialgleichungen

Mit 153 Abbildungen

1987 Birkhäuser Verlag
Basel · Boston

Titel der Originalausgabe:
В. И. Арнольд
Дополнительные главы теории обыкновенных дифференциальных уравнений
Наука, Москва 1978
Die Übersetzung aus dem Russischen besorgten:
Ernst Günter Gießmann, Bernd Graw und Horst Theel

CIP-Kurztitelaufnahme der Deutschen Bibliothek

Arnol'd, Vladimir I.:
Geometrische Methoden in der Theorie der gewöhnlichen Differentialgleichungen / V. I. Arnol'd. [Die Übers. aus d. Russ. besorgten: Ernst Günter Giessmann ...]. — Basel ; Boston : Birkhäuser, 1987.
Einheitssacht.: Dopolnitel'nye glavy teorii obyknovennych differencial'nych uravnenij ⟨dt.⟩
ISBN-13:978-3-0348-7126-6 e-ISBN-13:978-3-0348-7125-9
DOI: 10.1007/978-3-0348-7125-9

Softcover reprint of the hardcover 1st edition 1987

Lizenzausgabe für alle nichtsozialistischen Länder:
Birkhäuser Verlag, Basel 1987

ISBN-13:978-3-0348-7126-6

Vorwort zur russischen Ausgabe

NEWTONS grundlegende Entdeckung, die von ihm geheimgehalten und nur in Gestalt eines Anagramms veröffentlicht wurde, lautet: „Data aequatione quotcunque fluentes quantitae involvente fluxiones invenire et vice versa." Übersetzt in die moderne mathematische Sprache heißt das: „Es ist nützlich, Differentialgleichungen zu lösen."[1])

Gegenwärtig stellt die Theorie der Differentialgleichungen ein schwer überschaubares Konglomerat vielartiger Ideen und Methoden dar, das für alle möglichen Anwendungen in höchstem Grade nutzbringend ist und ständig theoretische Untersuchungen in allen Bereichen der Mathematik stimuliert.

Der größte Teil der Wege, die abstrakte mathematische Theorien mit naturwissenschaftlichen Anwendungen verbinden, verläuft durch das Gebiet der Differentialgleichungen. Viele Teilgebiete der Theorie der Differentialgleichungen haben sich inzwischen soweit vergrößert, daß es selbständige Wissenschaften geworden sind: Große Bedeutung hatten die Probleme der Theorie der Differentialgleichungen bei der Entwicklung solcher Gebiete wie der linearen Algebra, der Theorie der Lieschen Gruppen, der Funktionalanalysis, der Quantenmechanik usw. In diesem Sinne bildet die Theorie der Differentialgleichungen die Grundlage der mathematisch-naturwissenschaftlichen Beschreibung der Welt.

Bei der Auswahl der Materialien für dieses Buch versuchte der Autor, die grundlegenden Ideen und Methoden darzulegen, die zur Untersuchung von Differentialgleichungen dienen. Besondere Aufmerksamkeit wurde darauf verwandt, die Hauptideen, in der Regel einfach und einsichtig, nicht mit technischen Details zu überladen. Die fundamentalen und einfacheren Fragen wurden mit größter Gründlichkeit behandelt, während dagegen die Darstellung spezieller und schwierigerer Teile der Theorie Überblickscharakter hat.

Das Buch beginnt mit der Untersuchung einiger spezieller Differentialgleichungen, die in Quadraturen integrierbar sind. Dabei wird das Hauptaugenmerk nicht der rezeptartigen formalen Seite der elementaren Integrationsverfahren gewidmet, sondern ihrer Verbindung mit allgemein-mathematischen Begriffen und Methoden (Auf-

---

[1]) Wörtlich übersetzt: zu gegebenen Gleichungen, die beliebig viele Veränderliche einhüllen, die Ableitungen finden und umgekehrt.

lösung von Singularitäten, Liesche Gruppen, Newton-Diagramme) einerseits und den naturwissenschaftlichen Anwendungen andererseits.

Die Theorie der partiellen Differentialgleichungen erster Ordnung wird mit Hilfe der natürlichen Kontaktstruktur in der Mannigfaltigkeit der 1-Jets von Funktionen untersucht. Nebenbei werden dabei die notwendigen Elemente der Geometrie der Kontaktstruktur dargelegt, die die ganze Theorie unabhängig von anderen Quellen machen.

Einen entscheidenden Teil des Buches nehmen die gewöhnlich qualitativ genannten Methoden ein. Die jüngste Entwicklung der von H. Poincaré begründeten qualitativen Theorie der Differentialgleichungen führte zum Verständnis dessen, daß genauso, wie einzelne Differentialgleichungen im allgemeinen nicht vollständig integrierbar sind, auch die qualitative Untersuchung gewisser allgemeiner Differentialgleichungen mit mehrdimensionalem Phasenraum unmöglich ist. In diesem Zusammenhang wird die Analyse einer Differentialgleichung vom Standpunkt der Strukturstabilität, d. h. der Stabilität des qualitativen Bildes in Hinsicht auf kleine Änderungen der Differentialgleichung, im Kapitel 3 behandelt. Es werden die Hauptresultate, die nach den ersten Arbeiten von A. A. Andronov und L. S. Pontrjagin erzielt wurden, dargestellt: die Grundlagen der Theorie der strukturstabilen Anosov-Systeme, deren Trajektorien alle exponentiell instabil sind, und der Satz von Smale über die Nichtdichtheit der Menge der strukturstabilen Systeme. Es wird dann weiter die Bedeutung dieser mathematischen Entdeckungen für die Anwendungen diskutiert (die Rede ist dabei von der Beschreibung stabiler chaotischer Bewegungsregimes, beispielweise Turbulenzen).

Zu den stärksten und am meisten verwendeten Methoden der Untersuchung von Differentialgleichungen gehören verschiedene asymptotische Methoden. Im vorliegenden Buch werden die Grundideen der Mittelungsmethode dargestellt, die auf Arbeiten der Begründer der Himmelsmechanik zurückgehen und die in Anwendungsgebieten, wo eine langsame Evolution von schnellen Oszillationen getrennt werden muß, breit genutzt werden (N. N. Bogoljubov, Ju. A. Mitropol'skij u. a.).

Ungeachtet der Vielzahl von Untersuchungen zur Mittelbildung ist die Frage der Evolution selbst einfachster mehrfrequenter Systeme bei weitem nicht völlig geklärt. Im vorliegenden Buch wird ein Überblick über Arbeiten zum Resonanzdurchgang und zum Einfangen in Resonanz, die auf die Klärung dieser Fragen gerichtet sind, gegeben.

Die Grundlage der Mittelungsmethode ist die Idee der Beseitigung von Störungen durch eine entsprechende Auswahl des Koordinatensystems. Diese Idee ist die Basis der Theorie der Poincaréschen Normalformen. Die Methode der Normalformen ist die Hauptmethode der lokalen Theorie der Differentialgleichungen, die das Verhalten der Phasenkurven in der Umgebung eines singulären Punktes oder einer geschlossenen Phasenkurve beschreibt. In Kapitel 5 werden die Grundlagen der Methode der Poincaréschen Normalformen dargestellt einschließlich des Beweises des fundamentalen Siegelschen Satzes über die Linearisierung einer holomorphen Abbildung.

Wichtige Anwendungen findet die Methode der Poincaréschen Normalformen nicht nur bei der Untersuchung einer einzelnen Differentialgleichung, sondern auch in der Bifurkationstheorie, wo das Untersuchungsobjekt eine Schar von Parametern abhängiger Gleichungen ist.

Die Bifurkationstheorie untersucht die Änderung des qualitativen Bildes während einer Änderung der Parameter, von denen das System abhängt. Bei allgemeinen Parameterwerten hat man es mit Systemen in allgemeiner Lage zu tun (alle singulären Punkte sind einfach usw.). Allerdings treten bei gewissen Parameterwerten unausweichlich Entartungen auf (z. B. das Zusammenfallen zweier singulärer Punkte eines Vektorfeldes).

In einer einparametrigen Schar in allgemeiner Lage treten nur einfachste Entartungen auf (solche, von denen man sich nicht durch geringfügige Änderung der Schar befreien kann). So entsteht eine Hierarchie der Entartungen durch die Kodimensionen der entsprechenden Flächen im Funktionalraum aller zu untersuchenden Systeme: in den einparametrigen Scharen in allgemeiner Lage gibt es nur Entartungen, die Flächen der Kodimension 1 entsprechen usw.

In jüngster Zeit beobachtet man in der Bifurkationstheorie einen bedeutenden Fortschritt, der mit der Anwendung der Ideen und Methoden der allgemeinen Theorie der Singularitäten differenzierbarer Abbildungen von H. Whitney zusammenhängt.

Das Buch endet mit einem Kapitel über Bifurkationstheorie, in welchem die in den vorangegangenen Kapiteln entwickelten Methoden angewendet und die auf diesem Gebiet erzielten Resultate, angefangen mit den grundlegenden Arbeiten von H. Poincaré und A. A. Andronov, beschrieben werden.

Bei der Darstellung des Materials versuchte der Autor, den axiomatisch-deduktiven Stil zu vermeiden, dessen charakteristisches Kennzeichen unmotivierte Definitionen sind, die die fundamentalen Ideen und Methoden verschleiern und die, Gleichnissen ähnlich, den Schülern nur unter vier Augen erläutert werden.

Die Axiomatisierung und Algebraisierung der Mathematik, die sich, wie behauptet wird, seit mehr als 50 Jahren vollzieht, führte zur fast völligen Unlesbarkeit einer solchen großen Zahl mathematischer Arbeiten, daß der der Mathematik immer drohende völlige Verlust des Kontaktes zur Physik und den Naturwissenschaften eine Realität geworden ist. Der Autor bemühte sich um eine solche Darstellung, daß das Buch nicht nur von Mathematikern, sondern von allen Nutzern der Theorie der Differentialgleichungen verwendet werden kann.

Vom Leser dieses Buches werden nur sehr wenige allgemein-mathematische Kenntnisse etwa im Umfang der ersten beiden Studienjahre eines Hochschulprogramms vorausgesetzt; hinreichend (aber nicht notwendig) ist beispielweise die Vertrautheit mit dem Lehrbuch V. I. Arnol'ds „Gewöhnliche Differentialgleichungen", das inzwischen in deutscher, englischer, französischer und polnischer Sprache vorliegt.[1])

Das Lehrbuch ist so aufgebaut, daß der Leser die Stellen, die ihm schwerfallen, ohne großen Schaden für das Verständnis des folgenden überlesen kann: Es sind alle Möglichkeiten genutzt worden, um die Kapitel und sogar die Abschnitte unabhängig voneinander zu machen.

---

[1]) Bei der Darlegung einiger spezieller Fragen werden auch einfache Grundkenntnisse über Differentialformen, Liesche Gruppen und komplexe Funktionen aufgefrischt. Für das Verständnis des größten Teils des Buches ist dieses Wissen aber nicht unbedingt erforderlich.

Der Inhalt des vorliegenden Buches ist der Stoff einer Reihe von obligatorischen und Spezialvorlesungen, die vom Autor an der mechanisch-mathematischen Fakultät der Moskauer Universität in den Jahren 1970 bis 1976 vor Studenten des zweiten und dritten Studienjahres, des postgradualen Studiums und der Experimentalausbildung von Mathematikern mit naturwissenschaftlichem Profil gehalten wurden.

Der Autor dankt den Studenten O. E. Chadin, A. K. Koval'dža, E. M. Kaganova und Doz. Ju. S. Il'jašenko, deren Konspekte bei der Ausarbeitung dieses Buches sehr nützlich waren. Der von Ju. S. Il'jašenko zusammengestellte Konspekt der Spezialvorlesung, wie auch die Konspekte der Vorlesungen der Experimentalausbildung waren eine Reihe von Jahren in der Fakultätsbibliothek zur Ausleihe. Der Autor dankt den vielen Lesern und Hörern dieser Vorlesungen für eine Reihe wertvoller Hinweise, die bei der Erarbeitung dieses Buches berücksichtigt wurden. Der Autor ist den Rezensenten D. V. Anosov und V. A. Pliss für die sorgfältige Rezension des Manuskripts, die auch zu seiner Verbesserung beitrug, dankbar.

Juni 1977 V. Arnol'd

Inhalt

Einige häufig verwendete Bezeichnungen

$\boldsymbol{R}$	Menge aller reellen Zahlen
$\boldsymbol{C}$	Menge aller komplexen Zahlen
$\boldsymbol{Z}$	Menge aller ganzen Zahlen
$\boldsymbol{R}^n$	der n-dimensionale reelle lineare Raum
$a \in A$	a ist Element der Menge A
$A \subset B$	A ist Untermenge der Menge B
$A \cap B$	Durchschnitt der Mengen A und B
$A \cup B$	Vereinigung der Mengen A und B
$A \setminus B$	Differenz von A und B (der Teil von A, der außerhalb von B ist)
$A \times B$	direktes (kartesisches) Produkt der Mengen A und B (die Menge der Paare (a, b) mit $a \in A$, $b \in B$)
$A \oplus B$	direkte Summe linearer Räume
$f\colon A \to B$	Abbildung f von A in B
$x \mapsto y$ oder $f(x) = y$	die Abbildung f überführt das Element x in das Element y
$\operatorname{Im} f$ oder $f(A)$	Bild (Wertebereich) der Abbildung f (aber: $\operatorname{Im} z$ Imaginärteil von z)
$f^{-1}(y)$	vollständiges Urbild des Punktes y bei der Abbildung f (Menge aller x, für die $f(x) = y$ ist)
$\operatorname{Ker} f$	Kern des linearen Operators f (vollständiges Urbild der Null)
$\dot{f}$	Geschwindigkeit der Änderung von f (Ableitung nach der Zeit t)
$f', f_*, \frac{df}{dx}, \frac{Df}{Dx}$	Ableitung der Abbildung f
T_xM	Tangentialraum an die Mannigfaltigkeit M im Punkt x
$A \Rightarrow B$	aus der Aussage A folgt B
$A \Leftrightarrow B$	die Aussagen A und B sind äquivalent
$\omega_1 \wedge \omega_2$	äußeres Produkt der Differentialformen ω_1 und ω_2
$f \circ g$	Komposition der Abbildungen $((f \circ g)(x) = f(g(x)))$
◀, ▶	Anfang und Ende eines Beweises
$L_{\boldsymbol{v}}f$	Ableitung der Funktion f in Richtung des Vektorfeldes $\boldsymbol{v}$

Es seien $(x_1, x_2, \ldots, x_n)$ die Koordinatenfunktionen. Der Vektor $\boldsymbol{v}$ wird dann durch die Komponenten $v_1, \ldots, v_n$ bestimmt. Die Ableitung in Richtung des Feldes $\boldsymbol{v}$ erhält man dann durch folgende Formel:

$$L_{\boldsymbol{v}}f = v_1 \frac{\partial f}{\partial x_1} + \cdots + v_n \frac{\partial f}{\partial x_n}.$$

In einem festen Koordinatensystem $(x_1, \ldots, x_n)$ werden folgende Bezeichnungen verwendet:

dx_k: k-te Komponente eines Vektors, aufgefaßt als Funktion eines Vektors,

$\frac{\partial}{\partial x_k}$: Vektorfeld, dessen k-te Komponente gleich 1 und dessen restliche Komponenten gleich 0 sind.

Für die Differentialgleichung $\dot{x} = \boldsymbol{v}(x)$ wird der Definitionsbereich der rechten Seite *Phasenraum*, der Punkt x *Phasenpunkt*, der Vektor $\boldsymbol{v}(x)$ *Vektor der Phasengeschwindigkeit* und $\boldsymbol{v}$ das *Vektorfeld der Phasengeschwindigkeit* genannt. Ist $x = \varphi(t)$ eine Lösung der Gleichung, so heißt das Bild der Abbildung φ *Phasenkurve* und der Graph der Abbildung φ *Integralkurve.*

Für die Differentialgleichung $\dot{x} = \boldsymbol{v}(x, t)$ wird der Definitionsbereich der rechten Seite *erweiterter Phasenraum* genannt; durch $\boldsymbol{v}$ wird im erweiterten Phasenraum ein Richtungsfeld bestimmt, und wenn $x = \varphi(t)$ eine Lösung ist, dann heißt der Graph der Abbildung φ eine *Integralkurve.*

1. Spezielle Gleichungen

Zur Untersuchung von Differentialgleichungen verwendet man Methoden aller Gebiete der Mathematik. In diesem Kapitel werden spezielle Gleichungen und Typen von Gleichungen behandelt. Besondere Aufmerksamkeit wird dabei einerseits auf die Bedeutung der zu untersuchenden Gleichungen für Anwendungen und andererseits auf den Zusammenhang mit verschiedenen allgemein-mathematischen Fragen gelenkt (Auflösung von Singularitäten, Newton-Diagramme, Liesche Symmetriegruppen usw.). Das Kapitel endet mit der elementaren Theorie der zeitfreien Schrödinger-Gleichung und der geometrischen Theorie der Gleichungen zweiter Ordnung.

1.1. Differentialgleichungen, die bezüglich Symmetriegruppen invariant bleiben

In diesem Abschnitt werden allgemeine Prinzipien dargelegt, auf denen die elementaren Integrationsmethoden beruhen. Als Beispiel wird die Theorie der Ähnlichkeitsabbildungen behandelt, d. h. die Theorie der homogenen und quasihomogenen Gleichungen.

1.1.1. Symmetriegruppen von Differentialgleichungen

Wir betrachten das Vektorfeld $\boldsymbol{v}$ im Phasenraum U.

Definition. Ein Diffeomorphismus $g\colon U \to U$ heißt *Symmetrie des Feldes* $\boldsymbol{v}$, wenn er das Feld in sich überführt:

$$\boldsymbol{v}(gx) = g_{*x}\boldsymbol{v}(x).$$

Das Feld $\boldsymbol{v}$ wird dann *invariant* bezüglich des Diffeomorphismus g genannt.

Beispiel 1. Ein Vektorfeld mit von x unabhängigen Komponenten in der x,y-Ebene ist invariant bezüglich Verschiebungen längs der x-Achse (Abb. 1).

Beispiel 2. Das Vektorfeld $x\,\partial_x + y\,\partial_y$ in der euklidischen x,y-Ebene ist bezüglich Streckungen $g(x, y) = (\lambda x, \lambda y)$ und Drehungen invariant.

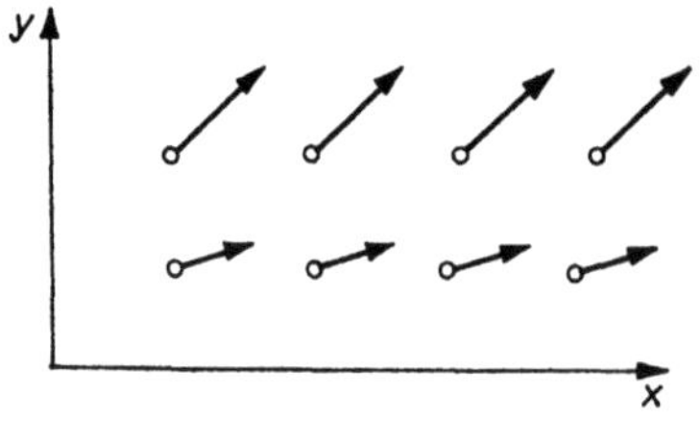

Abb. 1

Alle Symmetrien eines Vektorfeldes bilden eine Gruppe, die Symmetriegruppe.

Aufgabe. Man finde die Symmetriegruppe des Feldes $x\,\partial_x + y\,\partial_y$ in der x,y-Ebene.

Wir betrachten nun ein Richtungsfeld im erweiterten Phasenraum.

Definition. Ein Diffeomorphismus des erweiterten Phasenraumes heißt *Symmetrie des Richtungsfeldes*, wenn er das Feld in sich überführt. Das Richtungsfeld wird dann *invariant* bezüglich dieses Diffeomorphismus genannt.

Beispiel 1. Das Richtungsfeld der Gleichung $\dot{x} = \boldsymbol{v}(x)$ ist bezüglich Verschiebungen längs der t-Achse invariant (Abb. 2a).

Beispiel 2. Das Richtungsfeld der Gleichung $\dot{x} = \boldsymbol{v}(t)$ ist bezüglich Verschiebungen längs der x-Achse invariant (Abb. 2b).

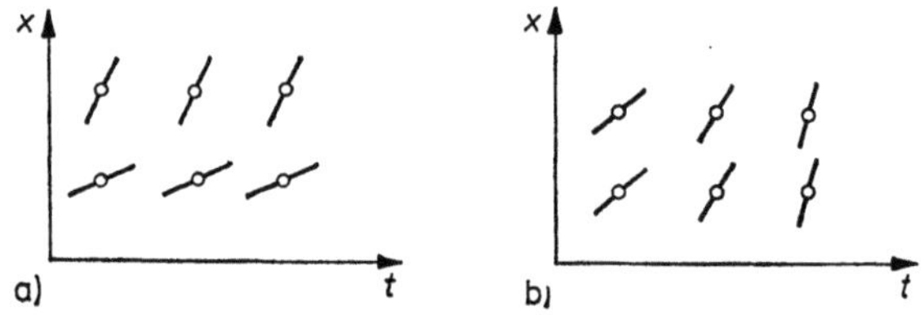

Abb. 2

Definition. Die Differentialgleichung $\dot{x} = \boldsymbol{v}(x)$ $\big(\dot{x} = \boldsymbol{v}(x, t)\big)$ heißt *invariant* bezüglich des Diffeomorphismus g des Phasenraumes (des erweiterten Phasenraumes), wenn das Vektorfeld $\boldsymbol{v}$ (das Richtungsfeld $\boldsymbol{v}$) invariant bezüglich dieses Diffeomorphismus g ist. Der Diffeomorphismus g wird dann *Symmetrie* der gegebenen Gleichung genannt.

Satz. *Die Symmetrie einer Gleichung überführt die Phasenkurven (Integralkurven) der Gleichung in Phasenkurven (Integralkurven) derselben Gleichung.*

◀ Es sei $x = \varphi(t)$ eine Lösung der Gleichung $\dot{x} = \boldsymbol{v}(x)$ und g eine Symmetrie. Dann ist $x = g\big(\varphi(t)\big)$ auch eine Lösung, und folglich wird eine Phasenkurve wieder in eine Phasenkurve übergeführt. Für Integralkurven verläuft der Beweis genauso. ▶

Beispiel. Die Schar der Integralkurven der Gleichung $\dot{x} = \boldsymbol{v}(t)$ geht bei Verschiebungen längs der x-Achse, die der Gleichung $\dot{x} = \boldsymbol{v}(x)$ bei Verschiebungen längs der t-Achse in sich über.

Die folgenden Anwendungen und Beispiele findet man in der Literatur häufig unter dem Namen „Gleichgradigkeit", „Dimensionsbetrachtungen" oder „eindimensionale Lösungsscharen".

1.1.2. Homogene Gleichungen

Definition. Ein Richtungsfeld in der Koordinatenebene ohne Ursprung O heißt *homogen*, wenn es bezüglich aller Streckungen

$$g^\lambda(x, y) = (e^\lambda x, e^\lambda y), \qquad \lambda \in \boldsymbol{R},$$

invariant ist.

Die Differentialgleichung $dy/dx = \boldsymbol{v}(x, y)$ heißt *homogen*, wenn ihr Richtungsfeld homogen ist (Abb. 3).

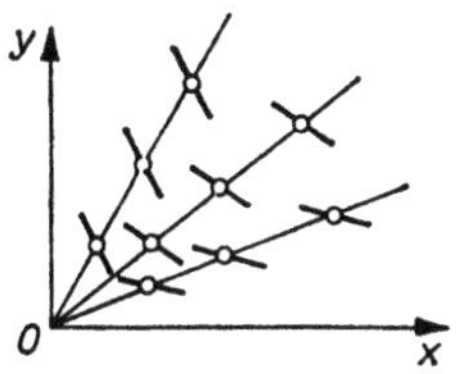

Abb. 3

Mit anderen Worten, die Richtungen des Vektorfeldes müssen in allen Punkten eines beliebigen vom Koordinatenursprung ausgehenden Strahls zueinander parallel sein:

$$\boldsymbol{v}(e^\lambda x, e^\lambda y) \equiv \boldsymbol{v}(x, y).$$

Beispiel. Die Funktion f heißt homogen vom Grad d, wenn $f(e^\lambda x, e^\lambda y) \equiv e^{\lambda d} f(x, y)$ ist. Eine beliebige Form (d. h. ein homogenes Polynom) ist dafür ein Beispiel. Die Differentialgleichung $\dot{x} = P$, $\dot{y} = Q$, wobei P und Q zwei Formen vom Grad d in x und y sein mögen, wird durch ein Vektorfeld in der Ebene gegeben. Das entsprechende Richtungsfeld im Gebiet $P \neq 0$ ist das Richtungsfeld der homogenen Gleichung

$$\frac{dy}{dx} = \frac{Q}{P} \quad \left(\text{z. B.: } \frac{dy}{dx} = \frac{ax + by}{cx + dy},\ \frac{dy}{dx} = \frac{x^2 - y^2}{x^2 + y^2} \text{ u. ä.}\right).$$

Bemerkung. Der Definitionsbereich eines homogenen Feldes muß nicht unbedingt mit der ganzen Ebene ohne den Ursprung O übereinstimmen — homogene Felder kann man in jedem homogenen (d. h. invariant bezüglich Streckungen) Gebiet betrachten, beispielweise in einem Winkel am Koordinatenursprung O o. ä.

Satz. *Eine Streckung g^λ überführt die Integralkurven einer homogenen Gleichung in Integralkurven derselben Gleichung.*

Deshalb ist es für die Untersuchung einer homogenen Gleichung ausreichend, wenn man jeweils eine Integralkurve in jedem Sektor der Ebene untersucht.

Den Beweis erhält man durch unmittelbare Anwendung des Satzes aus 1.1.1.

Aufgabe. Man beweise, daß die Phasenkurven des Systems $\dot{x} = P$, $\dot{y} = Q$, wobei P und Q Formen vom Grad d sind, durch zentrische Streckungen aufeinander abgebildet werden (Abb. 4).

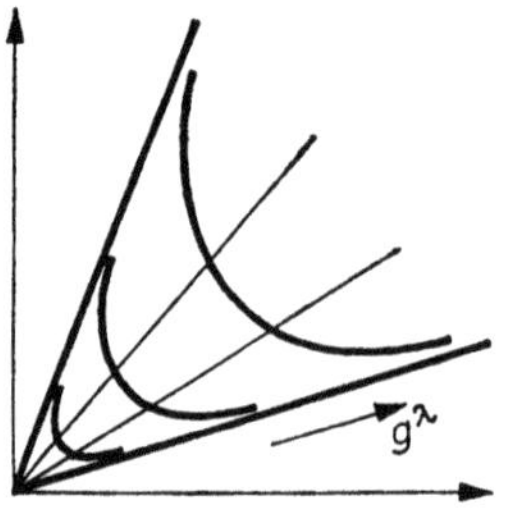

Abb. 4

Wenn eine dieser Kurven eine geschlossene Kurve ist und in der Zeit T durchlaufen wird, dann erhält man nach der Streckung g^λ eine geschlossene Phasenkurve, die in der Zeit $T/e^{\lambda(d-1)}$ durchlaufen wird.

1.1.3. Quasihomogene Gleichungen und „Dimensionsbetrachtungen"

Für das Folgende fixieren wir die reellen Zahlen α und β. Wir betrachten nun Streckungen mit unterschiedlichen Koeffizienten in verschiedene Richtungen der Ebene:

$$g^s(x, y) = (e^{\alpha s}x, e^{\beta s}y). \tag{1}$$

Durch (1) wird eine einparametrige Gruppe linearer Transformationen der Ebene definiert (Abb. 5).

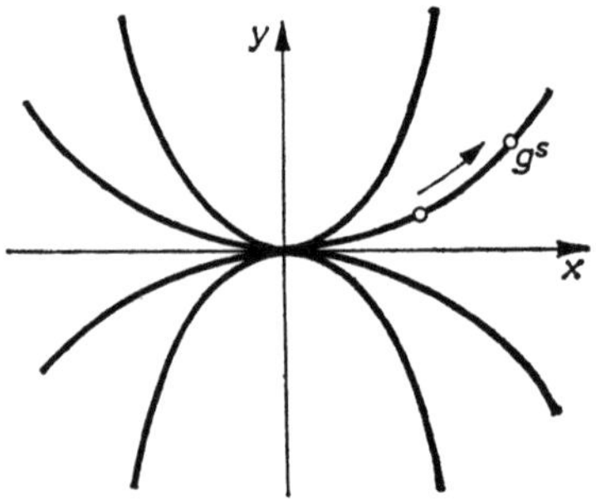

Abb. 5

Definition. Die Funktion f heißt *quasihomogen* vom Grad d, wenn

$$f(g^s(x, y)) \equiv e^{ds}f(x, y)$$

ist.

Beispiel. Ist $\alpha = \beta = 1$, so erhält man die homogenen Funktionen vom Grad d.

Die quasihomogenen Grade werden bei der Multiplikation der Funktionen addiert. Sie werden auch *Gewichte* genannt. So hat also x das Gewicht α, y das Gewicht β, x^2y das Gewicht $2\alpha + \beta$ usw. Die quasihomogenen Monome eines bestimmten Grades lassen sich leicht aus dem folgenden *Newton-Diagramm* ablesen (Abb. 6). Das Monom

$x^p y^q$ stellen wir durch den Punkt (p, q) im ganzzahligen Gitter dar. Dann sind alle ganzzahligen Punkte der Geraden $\alpha p + \beta q = d$ in der p, q-Ebene die Exponenten der Monome vom Grad d.

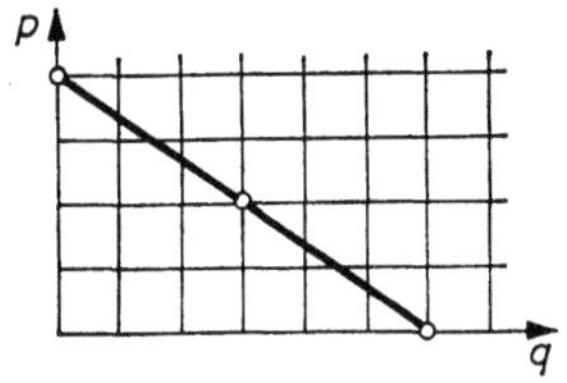

Abb. 6

Aufgabe. Man wähle solche Gewichte aus, daß die Funktion $x^2 + xy^3$ quasihomogen ist.

Definition. Die Differentialgleichung $dy/dx = \boldsymbol{v}(x, y)$ heißt *quasihomogen* (*mit den Gewichten* α und β), wenn das Richtungsfeld $\boldsymbol{v}$ bezüglich der Streckungen g^s (1) invariant ist.

Aus dem allgemeinen Satz von 1.1.1. über die Symmetrien folgt der

Satz. *Die Integralkurven einer quasihomogenen Gleichung werden durch die Streckungen* (1) *ineinander übergeführt.*

Aufgabe. Man beweise, daß die Funktion $\boldsymbol{v}(x, y)$ dann und nur dann eine quasihomogene Differentialgleichung definiert, wenn sie quasihomogen vom Grad $d = \beta - \alpha$ ist.

Bemerkung. Die angeführten Definitionen und Sätze lassen sich leicht auf den Fall von mehr als zwei Variablen und Differentialgleichungen höherer als erster Ordnung übertragen. Insbesondere beweist man leicht den

Satz. *In der x, y-Ebene sei eine Kurve γ: $y = y(x)$ gegeben, und im Punkt (x_0, y_0) gelte $d^ky/dx^k = F$. Dann gilt für die Kurve $g^s\gamma$ im entsprechenden Bildpunkt*

$$\frac{d^ky}{dx^k} = e^{(\beta - k\alpha)}F.$$

Mit anderen Worten, d^ky/dx^k transformiert sich unter der Wirkung von g^s (1) genauso wie y/x^k, womit die Zweckmäßigkeit der Bezeichnung d^ky/dx^k unterstrichen wird.

Aufgabe. Man beweise: Durchläuft ein Teilchen im Kraftfeld einer vom Grad d homogenen Kraft eine Trajektorie Γ in der Zeit T, dann durchläuft das gleiche Teilchen die zentrisch gestreckte Kurve $\lambda\Gamma$ in der Zeit

$$T' = \lambda^{(1-d)/2}T.$$

Lösung. Die Gleichung des dritten Newtonschen Grundgesetzes $d^2x/dt^2 = F(x)$, in der F homogen vom Grad d ist, bleibt bei der entsprechenden Streckung (1) invariant. Dazu sind die Gewichte α (für x) und β (für t) so auszuwählen, daß die Beziehung $\alpha - 2\beta = \alpha d$ gilt. Folglich ist $\beta = (1 - d)\ \alpha/2$, und deshalb entspricht der Streckung $x' = \lambda x$ die Zeit $T' = \lambda^{(1-d)/2}T$.

Aufgabe. Man beweise das dritte Keplersche Gesetz: Die Quadrate der Umlaufzeiten auf ähnlichen Trajektorien im Schwerkraftfeld verhalten sich zueinander wie die dritten Potenzen der linearen Ausdehnung der Trajektorien.

Lösung. Aus der Lösung der vorangehenden Aufgabe folgt für $d = -2$ (Gravitationsgesetz): $T' = \lambda^{3/2}T$.

Aufgabe. Man untersuche, wie die Größe der Periode einer Schwingung von der Amplitude abhängt, wenn die einwirkende Kraft proportional zur Ablenkung (linearer Oszillator) bzw. zur dritten Potenz der Ablenkung (weiche Kraft) ist.

Antwort. Für das lineare Pendel hängt die Periode nicht von der Amplitude ab, für das weiche Pendel ist sie zur Amplitude indirekt proportional.

Aufgabe. Es ist bekannt, daß ein Kreisel mit vertikaler Achse eine kritische Winkelgeschwindigkeit hat: Ist seine Winkelgeschwindigkeit größer als die kritische, so steht der Kreisel vertikal stabil, ist sie kleiner, so fällt er.

Wie ändert sich die kritische Winkelgeschwindigkeit, wenn man den Kreisel auf den Mond bringt, wo die Fallbeschleunigung sechsmal kleiner als auf der Erde ist?

Antwort. Sie verkleinert sich auf ein $\sqrt{6}$-tel der ursprünglichen Winkelgeschwindigkeit.

1.1.4. Die Anwendung einparametriger Symmetriegruppen zur Senkung der Ordnung

Satz. *Ist eine einparametrige Symmetriegrupe eines Richtungsfeldes im $\boldsymbol{R}^n$ bekannt, so läßt sich die Integration der entsprechenden Differentialgleichung auf die Integration einer Differentialgleichung im $\boldsymbol{R}^{n-1}$ zurückführen.*

Ist insbesondere eine einparametrige Symmetriegruppe eines Richtungsfeldes der Ebene bekannt, so ist die entsprechende Gleichung $dy/dx = f(x, y)$ vollständig integrierbar.

◀ Es sei $\{g^s\}$ die Symmetriegruppe. Wir betrachten die Orbits $\{g^s x\}$ des Flusses $\{g^s\}$. Man kann nun (zumindest lokal) den $(n-1)$-dimensionalen Orbitraum (Faktorraum bezüglich der Wirkung von g^s) und die Abbildung p des ursprünglichen Raumes auf den Faktorraum (p bildet die Orbits des Flusses $\{g^s\}$ auf Punkte ab) bestimmen. Durch p geht das ursprüngliche Richtungsfeld in ein neues Richtungsfeld im $(n-1)$-dimensionalen Orbitraum über; es bleibt nur noch, letzteres zu integrieren. ▶

Wir betrachten, genauer gesagt, einen beliebigen Punkt $x_0 \in \boldsymbol{R}^n$ und nehmen an, daß der durch x_0 verlaufende Orbit der Symmetriegruppe $\{g^s\}$ die Kurve σ sei (Abb. 7). Durch x_0 legen wir irgendeine $(n-1)$-dimensionale, zu σ lokal transversale Fläche Σ. In der Umgebung des

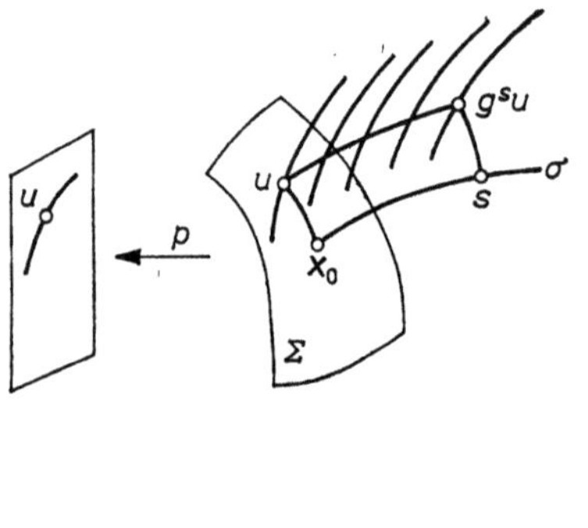

Abb. 7

Punktes x_0 führen wir das lokale Koordinatensystem (s, u) ein, in dem dem Paar $s \in \boldsymbol{R}$, $u \in \Sigma$ der Punkt $g^s u$ des ursprünglichen Raumes entspricht. Dann ist die Projektion p auf den Faktorraum der Orbits und die Wirkung der Symmetriegruppe g^s in der Umgebung des Punktes x_0 durch die Formeln

$$p(s, u) = u, \quad g^{s_1}(s_2, u) = (s_1 + s_2, u)$$

bestimmt (die Punkte der Fläche Σ parametrisieren die lokalen Orbits). Ist die Gruppe $\{g^s\}$ bekannt, so kann man auf diese Weise die Koordinaten (s, u) explizit bestimmen. In diesen Koordinaten schreiben wir nun unsere ursprüngliche Differentialgleichung auf. Wenn unser Richtungsfeld im Punkt $\boldsymbol{x}_0$ die Fläche Σ nicht tangiert (was man immer durch die Auswahl von Σ erreichen kann), dann nimmt in der Umgebung dieses Punktes die Differentialgleichung die Gestalt

$$\frac{du}{ds} = \boldsymbol{v}(s, u)$$

an. Dabei besteht die Symmetriegruppe $\{g^s\}$ aus Verschiebungen längs der s-Achse, und deshalb ist die Funktion $\boldsymbol{v}(s, u)$ unabhängig von s. Das Vektorfeld $\boldsymbol{v}(u)$ auf Σ definiert auf dieser $(n - 1)$-dimensionalen Fläche ein Richtungsfeld; kennen wir seine Integralkurven, so finden wir (durch Integration) die Lösungen der Gleichung $du/ds = \boldsymbol{v}(u)$ und folglich die Integralkurven der Ausgangsgleichung.

Im Spezialfall $n = 2$ führt die Auswahl des s, u-Koordinatensystem sofort zu einer integrierbaren Gleichung $du/ds = \boldsymbol{v}(u)$.

Bemerkung. Es ist oft bequemer, anstelle der Koordinate s eine geeignete Funktion z der Variablen s zu verwenden. In einem solchen Koordinatensystem läßt sich eine bezüglich der Symmetriegruppe $\{g^s\}$ invariante Gleichung in der Form

$$\frac{du}{dz} = \boldsymbol{v}(u)\, f(z)$$

schreiben (im Fall $n = 2$ ist das eine Gleichung mit getrennten Variablen).

Beispiel. Eine homogene Gleichung läßt sich auf eine Gleichung mit getrennten Variablen sowohl in Polarkoordinaten als auch in den Koordinaten $u = y/x$, $z = x$ zurückführen (Abb. 8a).

In diesem Fall ist $\{g^s\}$ die einparametrige Gruppe der Streckungen auf das e^s-fache, Σ ist in Polarkoordinaten der Kreis $x^2 + y^2 = 1$, im zweiten System die Gerade $x = 1$, $t = e^s$.

Aufgabe. In welchen Koordinaten ist die quasihomogene Gleichung

$$\frac{dy}{dx} = v(x, y)$$

vollständig integrierbar, wenn x das Gewicht α und y das Gewicht β hat (also v eine quasihomogene Funktion vom Grad $\beta - \alpha$ ist)?

Lösung. Man kann $u = y^\alpha/x^\beta$, $z = x$ (im Gebiet $x \neq 0$) wählen. Vgl. Abb. 8b.

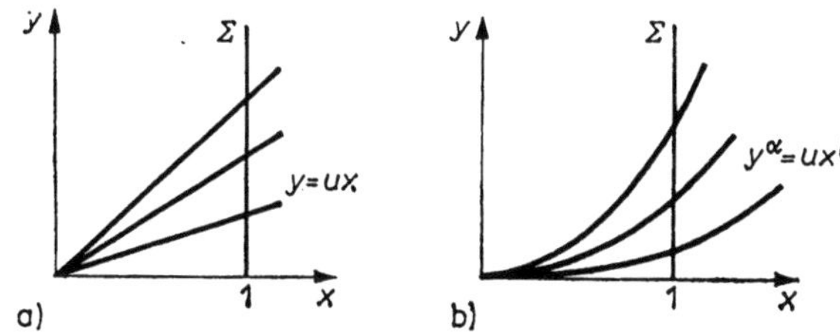

Abb. 8

Aufgabe. Man gebe die Gleichung mit getrennten Variablen an, auf die sich die Gleichung der vorherigen Aufgabe in den u, z-Koordinaten zurückführen läßt.

Lösung. $y^\alpha = ux^\beta$; daher ist $\alpha x^{\alpha-1}\,dy = x^\beta\,du + \beta u x^{\beta-1}\,dx$. Ist $dy = v\,dx$, so ist $\alpha y^{\alpha-1} v\,dx = x^\beta\,du + \beta u x^{\beta-1}\,dx$, d. h.

$$\frac{du}{dx} = \frac{\alpha y^{\alpha-1} v - \beta u x^{\beta-1}}{x^\beta}.$$

Es ist aber $v(x, y) = x^{(\beta/\alpha)-1} w(u)$, und deshalb ist

$$\frac{du}{dx} = \frac{\alpha w(u) - \beta u}{x}.$$

1.2. Die Auflösung der Singularitäten von Differentialgleichungen

Hier wird kurz eine wichtige allgemein-mathematische Methode beschrieben, die Auflösung der Singularitäten, Aufblasung oder σ-Prozeß genannt wird.

1.2.1. Der σ-Prozeß

In der Nähe eines nichtsingulären Punktes sind alle Vektorfelder gleichartig und einfach aufgebaut.

Zur Untersuchung kleiner Details verschiedener mathematischer Objekte in der Nähe singulärer Punkte wurde ein spezieller mathematischer Apparat entwickelt, der — ähnlich einem Mikroskop — ein großes Auflösungsvermögen hat und *Auflösung der Singularitäten* genannt wird. Vom analytischen Standpunkt aus gesehen geht es um die Auswahl solcher Koordinatensysteme in der Nähe des singulären Punktes, in denen einer kleinen Bewegung in der Nähe der Singularität eine große Koordinatenänderung entspricht.

Diese Eigenschaft besitzt schon das System der Polarkoordinaten, jedoch erfordert der Übergang zu den Polarkoordinaten transzendente (trigonometrische) Funktionen, so daß vom algebraischen Standpunkt ein anderes Verfahren, der sogenannte σ-Prozeß, oder die Aufblasung der Singularität, oft bequemer ist.

Wir beginnen mit einer Hilfskonstruktion. Es sei $p\colon \boldsymbol{R}^2 \setminus O \to \boldsymbol{RP}^1$ die Standardfaserung, die die projektive Gerade definiert. [Die projektive Gerade ist die Mannigfaltigkeit, deren Punkte die Geraden der Ebene durch den Koordinatenursprung sind. Die Abbildung p ordnet jedem Punkt der gelochten Ebene diejenige Gerade zu, die ihn mit dem Ursprung verbindet.]

Wir betrachten den *Graph* Γ der Abbildung p. Dieser Graph ist eine glatte Fläche im kartesischen Produkt $(\boldsymbol{R}^2 \setminus O) \times \boldsymbol{RP}^1$ (Abb. 9). Bettet man die gelochte Ebene in die Ebene ein, so kann man den Graphen als glatte Fläche Γ im kartesischen Produkt $\boldsymbol{R}^2 \times \boldsymbol{RP}^1$ auffassen. Die natürliche Projektion $\pi_1\colon \boldsymbol{R}^2 \times \boldsymbol{RP}^1 \to \boldsymbol{R}^2$ bildet den Graphen Γ diffeomorph auf die gelochte Ebene $\boldsymbol{R}^2 \setminus O$ ab. [Um sich das alles klarer vorzustellen, ist es zweckmäßig zu bemerken, daß Γ lokal die Form einer Wendeltreppe hat; im ganzen gesehen ist die projektive Gerade zur Kreislinie S^1 und das Produkt $\boldsymbol{R}^2 \times \boldsymbol{RP}^1$ zum Inneren eines Vollrings diffeomorph.]

Satz. *Der (topologische) Abschluß des Graphen Γ der Abbildung p ist im* $\boldsymbol{R}^2 \times \boldsymbol{RP}^1$ *eine glatte Fläche* $\Gamma_1 = \Gamma \cup (O \times \boldsymbol{RP}^1)$. *Die Fläche Γ_1 ist diffeomorph zum Möbiusband* (Abb. 10).

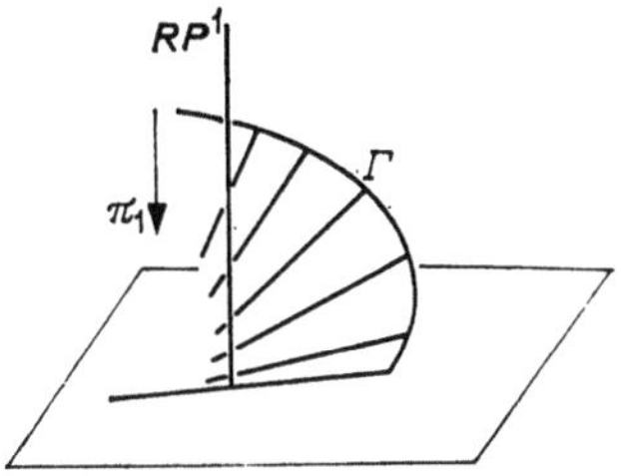

Abb. 9

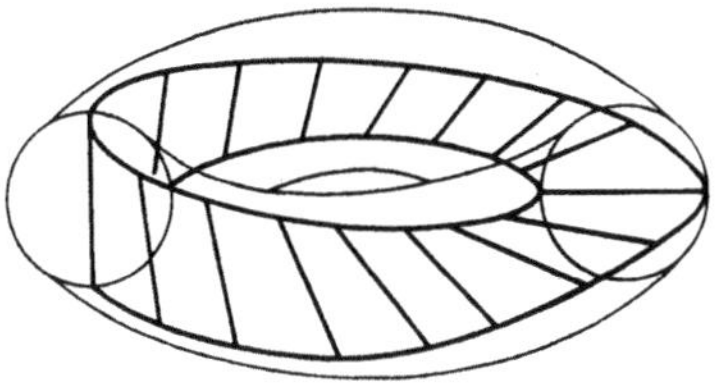

Abb. 10

◀ Es seien (x, y) die Koordinaten in der Ebene, und $u = y/x$ sei die lokale affine Koordinate im $\boldsymbol{RP}^1$. Dann ist (x, y, u) ein lokales Koordinatensystem im $\boldsymbol{R}^2 \times \boldsymbol{RP}^1$. In diesem Koordinatensystem hat Γ die Gleichung $y = ux, x \neq 0$, und deshalb ist $y = ux$ die lokale Gleichung von Γ_1. Diese Fläche ist glatt; man erhält sie, indem man zu dem Teil von Γ, der durch unser Koordinatensystem überdeckt wird, den dort liegenden Teil der projektiven Geraden $O \times \boldsymbol{RP}^1$ hinzufügt.

Den Beweis der Glattheit von Γ_1 vollendet man durch die Betrachtung des zweiten lokalen Koordinatensystems (x, y, v), in dem $x = vy$ ist.

Die Projektion $\pi_2: \boldsymbol{R}^2 \times \boldsymbol{RP}^1 \to \boldsymbol{RP}^1$ fasert Γ_1 in Geraden. Beim vollständigen Durchlaufen der Kreislinie $\boldsymbol{RP}^1$ dreht sich die entsprechende Gerade im $\boldsymbol{R}^2$ um den Winkel π, woraus folgt, daß Γ_1 das Möbiussche Band ist. ▶

Definition. Der Übergang von $\boldsymbol{R}^2$ zu Γ_1 wird *σ-Prozeß* in O oder *Aufblasen* des Punktes O zur Geraden $O \times \boldsymbol{RP}^1$ genannt. Die Abbildung $\pi_1: \Gamma_1 \to \boldsymbol{R}^2$ wird *Antisigma-Prozeß* oder *Zusammenblasen* des Kreises $O \times \boldsymbol{RP}^1$ in den Punkt O genannt.

Die Abbildung $\pi_1: \Gamma_1 \to \boldsymbol{R}^2$ ist, eingeschränkt auf Γ, ein Diffeomorphismus auf die gelochte Ebene. Alle denkbaren geometrischen Objekte der Ebene mit einer Singularität in O lassen sich deshalb auf Γ_1 übertragen. Dabei können sich die Singularitäten vereinfachen oder „auflösen".

Beispiel. Wir betrachten drei Geraden durch den Punkt O. In Γ_1 entsprechen ihnen drei Geraden, die $\boldsymbol{RP}^1$ schon in verschiedenen Punkten schneiden (Abb. 11).

Aufgabe. Man betrachte zwei Kurven, die im Punkt O einen Berührungspunkt der Ordnung n haben (beispielsweise $y = 0$ und $y = x^2$, $n = 2$), und beweise, daß ihnen in Γ_1 zwei Kurven entsprechen, die im entsprechenden Punkt O_1 einen Berührungspunkt der Ordnung $n - 1$ haben (Abb. 12).

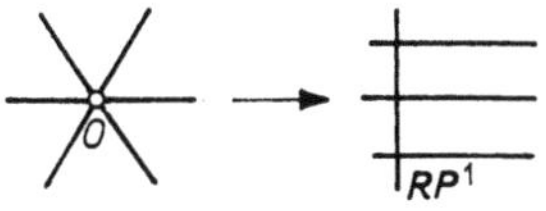

Abb. 11

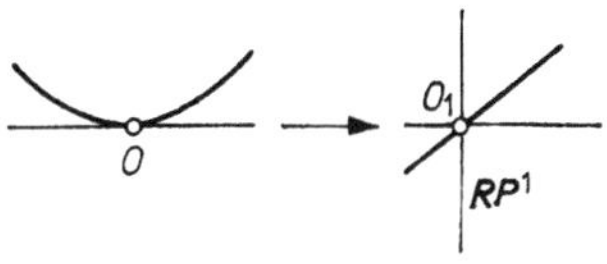

Abb. 12

Wenn nach einem σ-Prozeß die Singularität noch nicht auf transversale Schnitte führt, so kann man noch einen σ-Prozeß in den erhaltenen Singularitäten anschließen usw., solange sich noch nicht alles auf transversale Schnitte reduziert hat. Man kann beweisen, daß die Singularitäten jeder algebraischen Kurve auf diese Weise in endlich vielen Schritten aufgelöst (auf transversale Schnitte reduziert) werden können.

Aufgabe. Man löse die Singularität der Kurve $x^2 = y^3$ auf.

Antwort. Siehe Abb. 13.

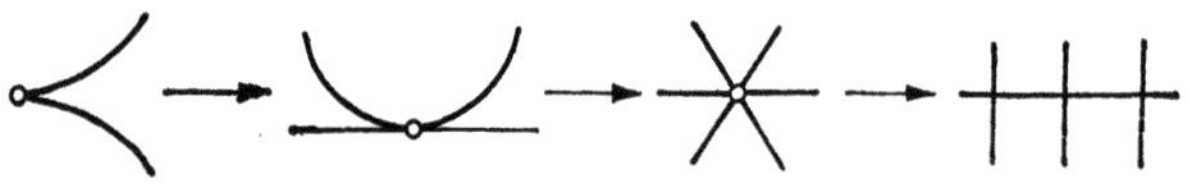

Abb. 13

1.2.2. Auflösungsformeln

Ein σ-Prozeß ist praktisch der Übergang von den x, y-Koordinaten zu den $x, u = y/x$-Koordinaten dort, wo $x \neq 0$ ist, und zu den $v = x/y$, y-Koordinaten dort, wo $y \neq 0$ ist (Abb. 14). Wir wollen uns ansehen, was dabei mit der Differentialgleichung geschieht, die durch ein Vektorfeld in der x,y-Ebene gegeben ist. Wir werden voraussetzen, daß der Punkt O ein singulärer Punkt des Vektorfeldes ist.

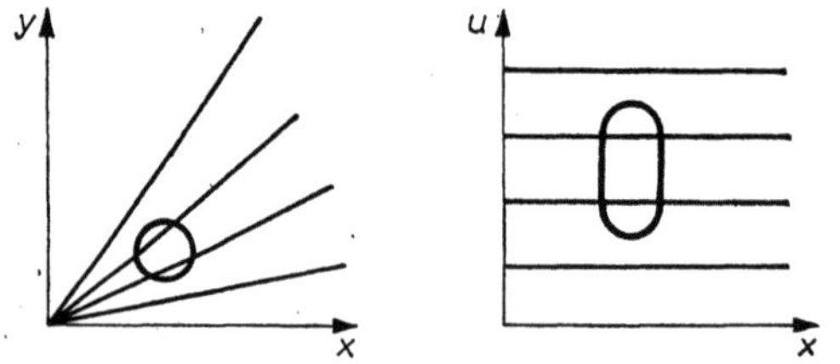

Abb. 14

Satz. *Ein glattes Vektorfeld* $\boldsymbol{w}$ *mit einem singulären Punkt* O *wird nach einem* σ-*Prozeß in ein Vektorfeld auf* Γ *übergeführt, das zu einem glatten Feld auf* Γ_1 *fortgesetzt werden kann.*

◀ Durch das Feld $\boldsymbol{w}$ sei das System $\dot{x} = P(x, y)$, $\dot{y} = Q(x, y)$ bestimmt. In den $x, u = y/x$-Koordinaten ergibt sich dann

$$\dot{x} = P(x, ux), \qquad \dot{u} = \frac{Q(x, ux) - uP(x, ux)}{x}.$$

Die rechten Seiten sind glatt, da $P(0, 0) = Q(0, 0) = 0$ ist. Im zweiten Koordinatensystem der $v = x/y$, y-Koordinaten erhält man gleichfalls ein glattes Feld. ▶

Bemerkung. Es kann der Fall eintreten, daß das erhaltene Vektorfeld auf der ganzen beim σ-Prozeß eingeklebten Geraden verschwindet. In diesem Fall kann man im Gebiet des ersten Koordinatensystems durch x und im Gebiet des zweiten Koordinatensystems durch y dividieren. Die Division ändert die Richtungen des Vektorfeldes nicht. Deshalb entsteht auf Γ_1 ein Richtungsfeld mit singulären Punkten, die auf der eingeklebten Geraden liegen, aber sie nicht völlig ausfüllen. In der Umgebung jedes singulären Punktes wird das Richtungsfeld durch ein glattes Vektorfeld gegeben.

Jeder „Eingangsrichtung" der Phasenkurven des Ausgangsfeldes im Punkt O entspricht ein singulärer Punkt des erhaltenen Feldes, der auf der beim σ-Prozeß eingeklebten Geraden $\boldsymbol{R}P^1$ liegt.

Sind diese singulären Punkte O_i noch nicht ausreichend einfach, so kann man sie noch einem σ-Prozeß unterwerfen. Indem man so weiter fortsetzt, kann man letzten Endes zu dem Fall kommen, daß wenigstens einer der Eigenwerte der Linearisierung des Feldes in jedem singulären Punkt von 0 verschieden ist.

In vielen Fällen ermöglicht es schon der erste σ-Prozeß, sich im Verhalten der Phasen- oder Integralkurven in der Nähe des singulären Punktes zurechtzufinden. Zum Beispiel gehen die Integralkurven einer homogenen Gleichung bei unserem Koordinatenwechsel $(x, y) \mapsto (x, u = y/x)$ in Integralkurven von Gleichungen mit getrennten Variablen über.

1.2.3. Beispiel: Die Untersuchung eines Pendels mit Reibung

Wir werden die Methode am trivialen Beispiel der linearen Gleichung illustrieren. Die Gleichung des Pendels mit dem Reibungskoeffizienten k lautet $\ddot{x} + k\dot{x} + x = 0$. Diese Gleichung ist in der x, y-Phasenebene zu dem System

$$\dot{x} = y, \quad \dot{y} = -ky - x$$

äquivalent. Wir erhalten so die homogene Gleichung

$$\frac{dy}{dx} = -k + \frac{y}{x}.$$

Der allgemeinen Theorie entsprechend müssen sich die Variablen nach einem σ-Prozeß, d. h. im Koordinatensystem der $x, u = y/x$-Koordinaten, trennen lassen. In der Tat ist

$$\frac{du}{dx} = -\frac{u^2 + ku + 1}{ux}.$$

Setzt man noch $\ln |x| = z$, so erhält man

$$\frac{du}{dz} = -k - \left(u + \frac{1}{u}\right).$$

Wir untersuchen die Integralkurven dieser Gleichung für verschiedene Werte des Koeffizienten $k > 0$. Der Graph der Funktion $f = u + (1/u)$ ist eine Hyperbel (Abb. 15). Folglich

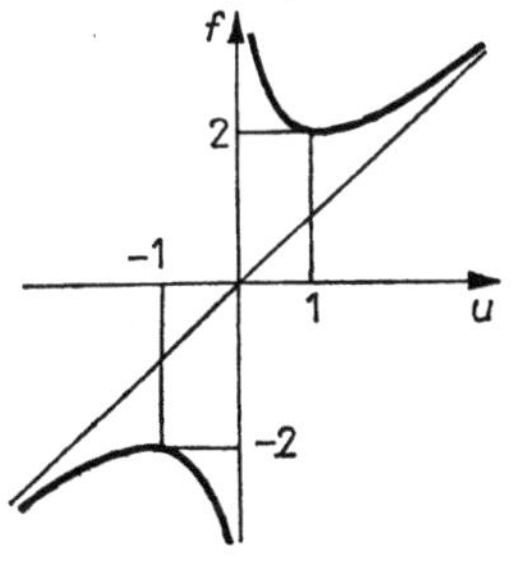

Abb. 15

hat der Graph der Funktion $-k - f(u)$ den in der Abb. 16 gezeigten Verlauf. Dementsprechend werden die Integralkurven der Gleichung $du/dz = -k - f(u)$ das in Abb. 17 dargestellte Aussehen haben. Kehrt man auf die x, y-Phasenebene zurück, so erhält man Abb. 18.

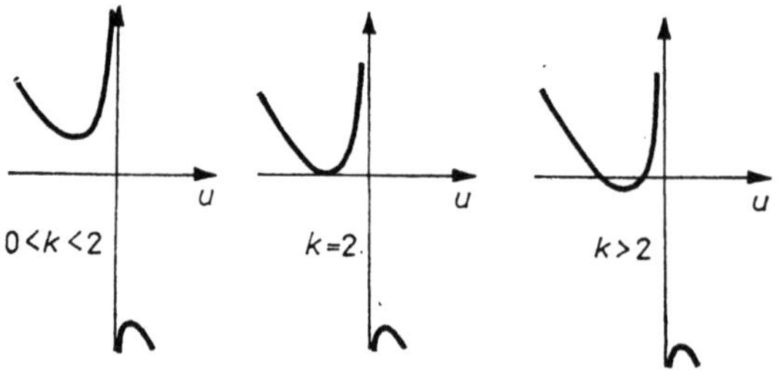

Abb. 16

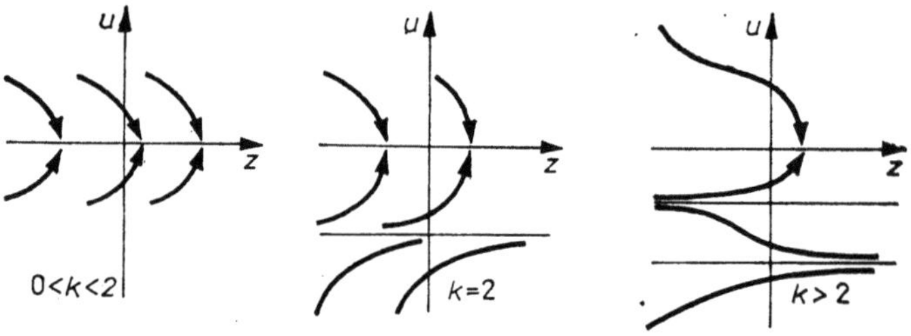

Abb. 17

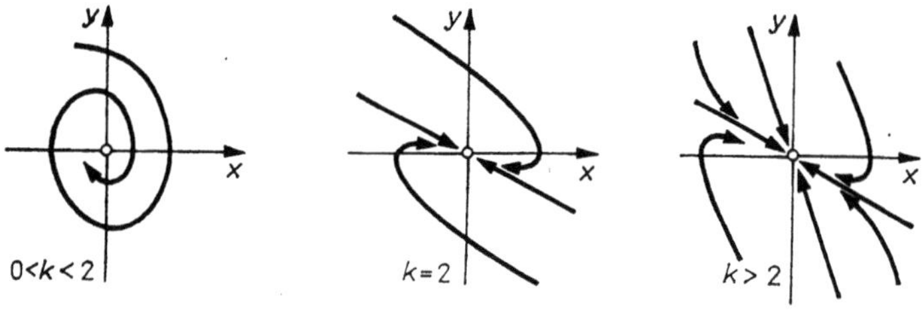

Abb. 18

Also vollzieht das Pendel bei kleinen Werten des Reibungskoeffizienten ($0 < k < 2$) unendlich viele Schwingungen, während sich für $k \geqq 2$ die Bewegungsrichtung des Pendels nicht mehr als einmal ändert.

Aufgabe. Man konstruiere die Phasenkurven der Gleichungen $\dot{z} = az^n$ und $\dot{z} = a\bar{z}^n$, $z \in \mathbf{C}$.

1.2.4. Beispiel: Die Periode der kleinen Schwingungen

Satz. *Wir nehmen an, daß alle Phasenkurven, die durch Punkte in der Nähe der Gleichgewichtslage O gehen, geschlossen sind. Dann stimmt der Grenzwert der Perioden der Schwingungen in der Nähe von O für die gegen 0 strebende Amplitude der Schwingungen mit der Periode der Schwingungen im linearisierten System überein.*

◀ Die geschlossenen Phasenkurven, die einmal den Ursprung umlaufen, gehen nach einem σ-Prozeß in Kurven auf dem Möbiusband über, die sich nach zweimaligem Umrunden schließen; das Gegen-Null-Streben der Amplitude der Schwingungen entspricht dem Streben der Phasenkurven auf dem Möbiusband zu der beim σ-Prozeß eingeklebten projektiven Geraden (zur Mittellinie des Möbiusbandes).

Nach dem Satz über die stetige Abhängigkeit der Lösungen von den Anfangsbedingungen ist der Grenzwert der Perioden der Schwingungen beim Streben der Amplitude gegen 0 gleich der verdoppelten Periode des Durchlaufens der eingeklebten Geraden $\boldsymbol{RP}^1$ in dem System, das man beim σ-Prozeß erhalten hat. Die Bewegungsgeschwindigkeiten längs der eingeklebten Geraden für das gegebene Feld und seine Linearisierung stimmen jedoch überein (vgl. die Gleichung für $\dot{u}$ in 1.2.2.). Man überprüft leicht, daß alle Phasenkurven des linearisierten Feldes geschlossen sind. Diese geschlossenen Kurven im linearen System werden in ein und derselben Zeit durchlaufen, weil ein lineares Vektorfeld bei Drehungen der Phasenebene in sich übergeht. Folglich ist der Grenzwert der Perioden der Schwingungen im Ausgangssystem gleich dem Grenzwert der Perioden der Schwingungen im linearisierten System, d. h., er stimmt mit der Periode der Schwingungen im linearisierten System überhaupt überein. ▶

Bemerkung. Der Grenzwert, von dem die Rede war, wird *Periode der kleinen Schwingungen* genannt.

Aufgabe. Man berechne die Periode der kleinen Schwingungen des Pendels $\ddot{x} = -\sin x$ in der Umgebung der Gleichgewichtslage $x = 0$.

1.3. Implizite Differentialgleichungen

In diesem Abschnitt werden die Grundbegriffe der Theorie der impliziten Differentialgleichungen vom Standpunkt der allgemeinen Theorie der Singularitäten glatter Abbildungen und der Geometrie des Jet-Raumes betrachtet.

1.3.1. Grundlegende Definitionen

Es geht um die Untersuchung der Gleichung

$$F(x, y, p) = 0, \tag{1}$$

wobei $p = dy/dx$ ist.

Beispiele. 1. $p^2 = x$; 2. $p^2 = y$; 3. $y = px + p^2$.

Der dreidimensionale Raum der Tripel (x, y, p) wird *Raum der 1-Jets der Funktionen* $y(x)$ genannt. [Zwei glatte Funktionen y_1, y_2 haben im Punkt x_0 das gleiche k-Jet, wenn $|y_1(x) - y_2(x)| = o(|x - x_0|^k)$ ist; das 1-Jet einer Funktion wird also durch die Auswahl des Punktes x, die Auswahl des Funktionswertes y und durch die Auswahl des Wertes p der Ableitung bestimmt.]

Die Gleichung (1) definiert im Jet-Raum eine Fläche. Es zeigt sich, daß man auf dieser Fläche folgendermaßen ein Richtungsfeld konstruieren kann. Wir betrachten einen beliebigen Punkt im Jet-Raum. Die Komponenten des Vektors ξ an diesem Punkt werden wir mit $dx(\xi)$, $dy(\xi)$, $dp(\xi)$ bezeichnen. So sind also dx, dy und dp keine mystischen unendlich kleinen Größen, sondern vollständig bestimmte lineare Funktionen des Vektors ξ.

Im Punkt (x, y, p) des Jet-Raumes betrachten wir diejenige Ebene, die aus solchen Vektoren ξ besteht, für die $dy = p\,dx$ ist. Mit anderen Worten, der Vektor ξ liegt am Punkt (x, y, p) in der genannten Ebene (Abb. 19), wenn seine Projektion auf die euklidische x, y-Ebene den Tangens p des Neigungswinkels zur x-Achse hat. Die so konstruierte Ebene wird *Kontaktebene* genannt. In jedem Punkt des Raumes der 1-Jets ist eine Kontaktebene definiert; zusammengenommen bilden sie ein Feld von Kontaktflächen (oder wie man noch sagt, eine Kontaktstruktur) im Raum der 1-Jets.

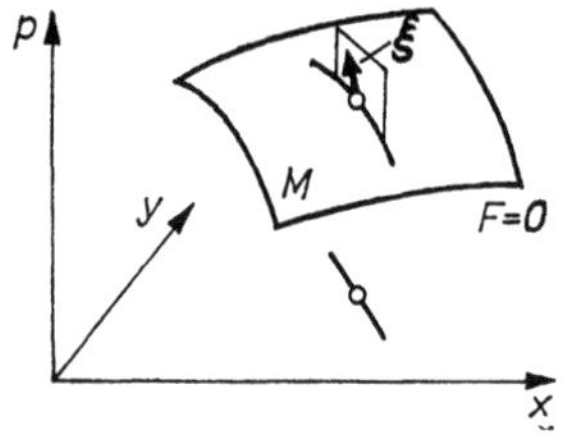

Abb. 19

Aufgabe*. Kann es eine Fläche im Raum der 1-Jets geben, die in jedem ihrer Punkte die dort angelegte Kontaktebene tangiert?

Antwort. Nein.

Wir wollen annehmen, daß die durch die Gleichung (1) definierte Fläche im Raum der 1-Jets glatt ist. [Das ist keine sehr große Einschränkung, weil für eine glatte (= unendlich oft differenzierbare) Funktion F in allgemeiner Lage der Wert 0 nicht kritisch ist und die Niveaufläche des Wertes 0 glatt ist; trifft das für die gegebene Funktion nicht zu, dann wird bei fast jeder beliebig kleinen Änderung der Funktion F die Niveaufläche des Wertes 0 glatt: es reicht beispielsweise aus, zu F eine kleine Konstante zu addieren (vgl. den Satz von SARD in 3.1.6.).]

Auf der glatten Fläche M, die durch die Gleichung (1) bestimmt wird, betrachten wir einen beliebigen Punkt und nehmen an, daß in diesem Punkt die Tangentialebene an die Fläche nicht mit der Kontaktebene übereinstimmt. Die beiden Flächen schneiden sich dann in einer Geraden. Mehr als das, in allen in er Nähe liegenden Punkten schneiden sich die Kontakt- und die Tangentialebene in Geraden, so daß in der Umgebung des betrachteten Punktes ein Richtungsfeld auf M entsteht.

Die Integralkurven des erhaltenen Richtungsfeldes auf der Fläche M heißen *Integralkurven* der Gleichung (1). Die Gleichung (1) lösen (oder untersuchen) bedeutet, diese Kurven zu finden (oder zu untersuchen). Der Zusammenhang der Integralkurven auf M mit den Graphen der Lösungen der Gleichung (1) wird weiter unten erörtert; hier wollen wir unterstreichen, daß die Integralkurven auf M nicht durch die Lösungen der Gleichung (1), sondern durch die Kontaktebenen definiert werden.

1.3.2. Reguläre Punkte und die Diskriminantenkurve

Die Richtung der p-Achse im Jet-Raum werden wir *vertikal* nennen. Es sei M eine durch die Gleichung (1) bestimmte glatte Fläche im Jet-Raum. Wir betrachten die Projektion längs der Vertikalen

$$\pi: M \to \boldsymbol{R}^2, \qquad \pi(x, y, p) = (x, y).$$

Definition. Ein Punkt der Fläche M heißt *regulär*, wenn er kein kritischer Punkt der Abbildung π ist.

Mit anderen Worten, ein Punkt der Fläche M ist regulär, wenn die Tangentialebene in diesem Punkt nicht vertikal ist, oder anders ausgedrückt, wenn die Projektionsabbildung auf die x, y-Ebene in der Umgebung dieses Punktes ein Diffeomorphismus ist.

Die Menge der kritischen Werte der Abbildung π (d. h. die Projektion der Menge kritischer Punkte) nennt man die *Diskriminantenkurve* der Gleichung (1).

Beispiel. Für die Gleichung $p^2 = x$ ist die y-Achse die Diskriminantenkurve, während es für die Gleichung $p^2 = y$ die x-Achse ist (Abb. 20).

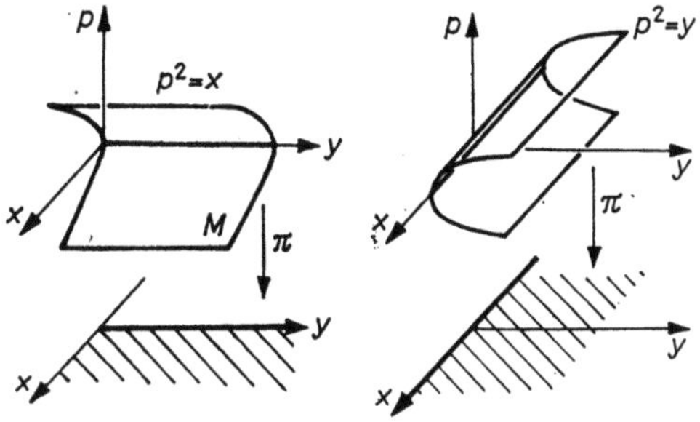

Abb. 20

Betrachtet man einen regulären Punkt der Fläche M, so ist nach dem Satz über implizite Funktionen in der Umgebung dieses Punktes die Fläche M der Graph einer glatten Funktion $p = \boldsymbol{v}(x, y)$.

Satz. *In der Umgebung eines regulären Punktes werden die Integralkurven der Gleichung* (1) *auf M durch die Projektion auf die x, y-Ebene in die Integralkurven der Gleichung*

$$\frac{dy}{dx} = \boldsymbol{v}(x, y) \tag{2}$$

in der Umgebung der Projektion dieses Punktes übergeführt (Abb. 21).

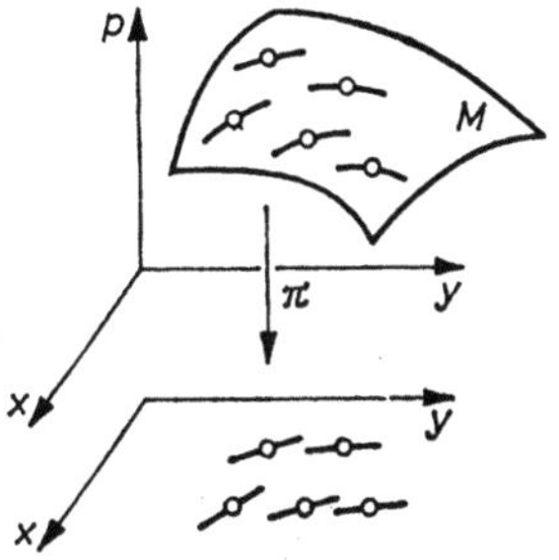

Abb. 21

◂ Nach der Definition der Kontaktebene ist ihre Projektion auf die x, y-Ebene eine Gerade des Richtungsfeldes von (2). Deshalb geht das Richtungsfeld der Gleichung (1) in der Umgebung des betrachteten Punktes auf M beim lokalen Diffeomorphismus π über in das Richtungsfeld der Gleichung (2), und folglich gehen auch ihre Integralkurven ineinander über. ▶

Bemerkung. Insgesamt gesehen sind im allgemeinen die Projektionen der Integralkurven der Gleichung (1) auf die x, y-Ebene keine Integralkurven irgendeines Richtungsfeldes. Die Projektionen der Integralkurven der Gleichung (1) auf die x, y-Ebene haben im allgemeinen Fall auf der Diskriminantenkurve Rückkehrpunkte, aber für einige Gleichungen (1) bleiben diese Projektionen auch in den Punkten der Diskriminantenkurve glatt.

1.3.3. Beispiele

Beispiel 1. $p^2 = x$ (Abb. 22).

Die Fläche M ist ein parabolischer Zylinder. Die y-Achse ist die Diskriminantenkurve. Um die Integralkurven zu finden, ist es bequemer, als Koordinaten auf M nicht x und y, sondern p und y zu nehmen (um so mehr, als das letztere System ein globales Koordinatensystem ist).

Die Bedingungen, denen die Komponenten dx, dy, dp des Vektors ξ unseres Richtungsfeldes im Punkt (x, y, p) der Fläche M genügen müssen, lauten folgendermaßen:

$$p^2 = x \qquad \text{(der Fußpunkt gehört zu } M\text{)},$$

$$2p\,dp = dx \qquad (\xi \text{ ist ein Tangentialvektor von } M),$$

$$dy = p\,dx \qquad (\xi \text{ liegt in der Kontaktebene}).$$

Folglich kann man die Integralkurven in den p, y-Koordinaten aus der Gleichung $dy = 2p^2\,dp$ bestimmen.

Die Integralkurven auf M erhält man also aus $y + C = 2p^3/3$ und $x = p^2$. Ihre Projektionen auf die x, y-Ebene sind halbkubische Parabeln.

Beispiel 2. $p^2 = y$ (Abb. 23).

Geht man wie im vorigen Beispiel vor, so erhält man die folgenden Bedingungen:

$$p^2 = y, \qquad 2p\,dp = dy, \qquad dy = p\,dx.$$

Wählt man diesmal x und p als Koordinaten auf M aus, so erhält man $p(dx - 2\,dp) = 0$, woraus entweder $p = 0$, $y = 0$ oder

$$x = 2p + C, \qquad y = p^2$$

folgt.

Die Projektionen dieser Kurven auf die x, y-Ebene sind Parabeln, die die Diskriminantenkurve $y = 0$ tangieren.

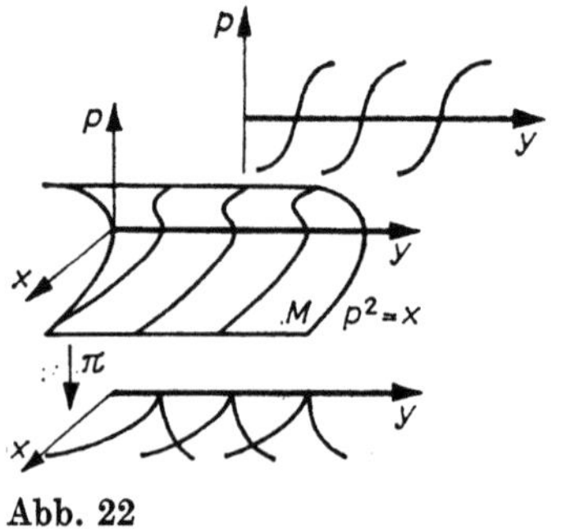

Abb. 22

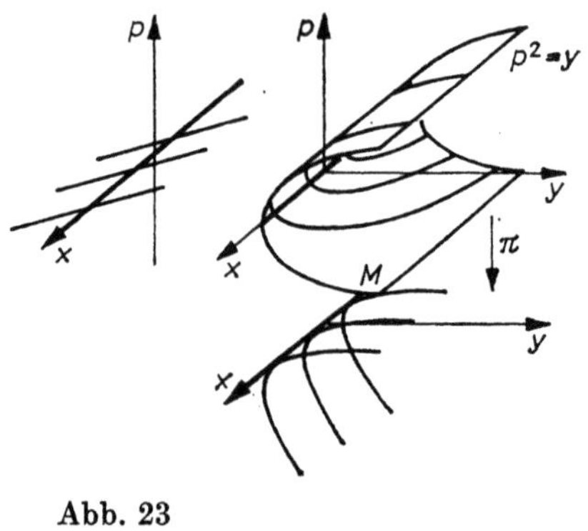

Abb. 23

Beispiel 3. $y = px + f(p)$ (Clairautsche Gleichung) (Abb. 24).

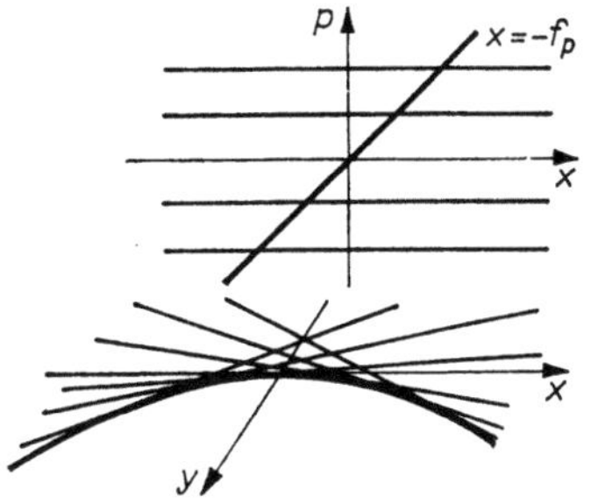

Abb. 24

Die Fläche M ist eine Regelfläche (ihre Schnitte mit den Ebenen $p = \text{const}$ sind Geraden). Als Koordinaten auf M wählt man bequemerweise x und p. Die Integralkurven suchen wir ausgehend von

$$y = px + f(p), \qquad dy = p\,dx + x\,dp + f'\,dp, \qquad dy = p\,dx.$$

Daraus ergibt sich $(x + f')\,dp = 0$. Die Punkte, für die $x + f' = 0$ gilt, sind kritische Punkte, die anderen sind regulär. In der x, p-Ebene sind die Integralkurven die Geraden $p = \text{const} = C$; im allgemeinen schneiden diese Geraden die Linie der kritischen Punkte $(x + f' = 0)$.

Die Projektionen der Integralkurven auf die x,y-Ebene sind die Geraden $y = Cx + f(C)$, die die Diskriminantenkurve tangieren. [Streng genommen gehören die Schnittpunkte mit der kritischen Linie nicht zur Integralkurve auf M, weil für die gegebene Gleichung in diesen Punkten das Richtungsfeld nicht definiert ist: die Kontaktebene tangiert M.]

Die Diskriminantenkurve erhält man aus den Bedingungen

$$y = px + f(p), \qquad x + f' = 0.$$

Beispielsweise ist für $f(p) = -p^2/2$ die Diskriminantenkurve die Parabel $y = x^2/2$, und die Projektionen der Integralkurven sind ihre Tangenten.

Die Theorie der Clairautschen Differentialgleichung ist eng mit wichtigen allgemein-mathematischen Begriffen verknüpft: der Legendre-Transformation und der projektiven Dualität.

1.3.4. Die Legendre-Transformation

Gegeben sei eine Funktion f der Variablen c. Eine neue Funktion g der Variablen p, die *Legendre-Transformation*[1]) dieser Funktion — wird folgendermaßen definiert: Wir betrachten den Graphen von f in der x,y-Ebene. Wir zeichnen dann die Gerade

[1]) In der Literatur versteht man unter Legendre-Transformationen verschiedene Objekte, die auch mit den Namen MINKOWSKI und YOUNG verbunden sind. Wir werden aber keine Pedanterie in der Terminologie anstreben.

$y = px$ mit dem Tangens p des Neigungswinkels zur x-Achse und suchen den Punkt, wo der Graph in Richtung der y-Achse am weitesten von der Geraden entfernt ist. Nun bestimmen wir die Differenz der Ordinaten des Punktes der Geraden und des Graphen. Diese Differenz ist dann der Wert der Funktion g im Punkt p (Abb. 25):

$$g(p) = \sup_x \big(px - f(x)\big).$$

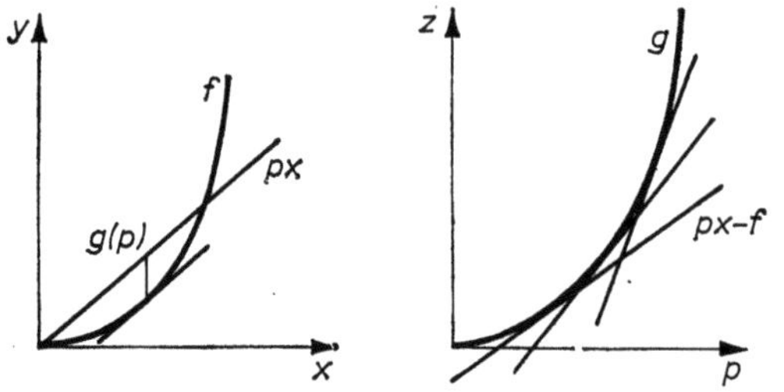

Abb. 25

Beispiel 1. Es sei $f(x) = x^2/2$. Ihre Legendre-Transformation ist $g(p) = p^2/2$.

Beispiel 2. Es sei $f(x) = x^\alpha/\alpha$. Dann ist ihre Legendre-Transformation $g(p) = p^\beta/\beta$, wobei $\alpha^{-1} + \beta^{-1} = 1$ ist (x, p, α und β sind hier nicht-negativ).

Ist die Funktion f streng konvex ($f'' > 0$) und ist ihre Ableitung ein Diffeomorphismus einer Geraden auf eine Gerade, so ist die Funktion g ebenfalls streng konvex; dabei wird das Supremum in dem eindeutig bestimmten Punkt x angenommen, in dem $f'(x) = p$ ist. Solche Punkte x und p heißen einander bezüglich der Legendre-Transformation *entsprechende* Punkte.

Satz *Es gilt*

$$f(x) + g(p) \geqq px.$$

Ist f streng konvex und f' ein surjektiver Diffeomorphismus, so wird die Gleichheit nur für einander entsprechende Punkte angenommen.

◀ Die Funktion $px - f(x)$ wird nicht größer als ihr Supremum $g(p)$. ▶

Beispiel. Für beliebige nicht-negative x, p gilt $px \leqq x^\alpha/\alpha + p^\beta/\beta$.

In den anschließenden Folgerungen ist vorausgesetzt, daß die betrachteten Funktionen f und g streng konvex sind und daß ihre Ableitungen Diffeomorphismen einer Geraden auf eine Gerade sind.

Folgerung. *Die Legendre-Transformation ist involutiv: die Legendre-Transformation der Funktion $g(p)$ ist (bei entsprechender Bezeichnung der Koordinate) die Funktion $f(x)$.*

◀ Die Ungleichung des vorangehenden Satzes ist bezüglich f und g symmetrisch. ▶

Folgerung. *Der Übergang von einer streng konvexen Funktion g, die die Clairautsche Gleichung $y = px - g(p)$ bestimmt, zur Funktion f, die die Einhüllende der Lösungen durch $y = f(x)$ definiert, ist die Legendre-Transformation.*

◀ Der Graph der Funktion f ist die Einhüllende ihrer Tangenten. ▶

Bemerkung. Die Legendre-Transformation für Funktionen von n Veränderlichen wird völlig analog definiert und hat auch die gleichen Eigenschaften. Ist $\boldsymbol{x}$ ein Punkt des $\boldsymbol{R}^n$, so ist $\boldsymbol{p}$ ein Punkt des dualen linearen Raumes (des Raumes $\boldsymbol{R}^{n*}$ der linearen Funktionen auf $\boldsymbol{R}^n$).

1.3.5. Projektive Dualität

Die Legendre-Transformation ist ein Spezialfall einer allgemeinen Konstruktion der projektiven Geometrie. Wir betrachten den n-dimensionalen projektiven Raum, den wir mit $\boldsymbol{RP}^n$ bezeichnen.

Ein vom Nullvektor verschiedener Vektor $\boldsymbol{x}$ des affinen Raumes $\boldsymbol{R}^{n+1}$, der bis auf einen von 0 verschiedenen skalaren Faktor eindeutig bestimmt ist, definiert einen Punkt des projektiven Raumes. Diese Definition schreibt man kurz wie folgt:

$$\boldsymbol{RP}^n = (\boldsymbol{R}^{n+1} \setminus O)/(\boldsymbol{R} \setminus O).$$

Eine Hyperebene des projektiven Raumes besteht aus allen den Punkten des projektiven Raumes, für die die entsprechenden Vektoren des affinen Raumes in einer Hyperebene durch den Nullpunkt liegen.

Wir wollen die Menge aller Hyperebenen im n-dimensionalen projektiven Raum betrachten. Diese Menge ist selbst ein projektiver Raum der Dimension n. Denn eine Hyperebene im projektiven Raum hat die homogene Gleichung

$$(\boldsymbol{a}, \boldsymbol{x}) = 0, \qquad \boldsymbol{x} \in \boldsymbol{R}^{n+1},\ \boldsymbol{a} \in \boldsymbol{R}^{n+1*} \setminus O,$$

wobei $\boldsymbol{R}^{n+1*}$ der Raum der linearen Funktionen auf $\boldsymbol{R}^{n+1}$ ist (dieser Raum ist selbst linear, hat die Dimension $n + 1$ und heißt zum ursprünglichen linearen Raum $\boldsymbol{R}^{n+1}$ dual).

Also entspricht einer Hyperebene im projektiven Raum ein von 0 verschiedener Vektor im $\boldsymbol{R}^{n+1*}$, der bis auf einen von 0 verschiedenen skalaren Faktor eindeutig bestimmt ist. Folglich *hat die Menge aller Hyperebenen im* $\boldsymbol{RP}^n$ *die natürliche Struktur eines n-dimensionalen projektiven Raumes:*

$$\boldsymbol{RP}^{n*} = (\boldsymbol{R}^{n+1*} \setminus O)/(\boldsymbol{R} \setminus O).$$

Der projektive Raum der Hyperebenen in einem gegebenen projektiven Raum $\boldsymbol{RP}^n$ heißt der zu $\boldsymbol{RP}^n$ duale Raum und wird mit $\boldsymbol{RP}^{n*}$ bezeichnet. Zum Beispiel ist der Raum aller Geraden einer projektiven Ebene selbst eine projektive Ebene, die zur Ausgangsebene dual ist.

Wir bemerken, daß der Begriff der Dualität wechselseitig ist, d. h. $\boldsymbol{RP}^{n**} = \boldsymbol{RP}^n$. Das folgt aus der Symmetrie von $\boldsymbol{a}$ und $\boldsymbol{x}$ in der Gleichung der Hyperebene $(\boldsymbol{a}, \boldsymbol{x}) = 0$.

Beispiel. Alle Geraden, die durch einen Punkt ein erprojektiven Ebene verlaufen, bilden, wie man sich unschwer überlegt, eine Gerade in der dualen Ebene. Alle Geraden, die durch einen Punkt der projektiven Ebene und innerhalb eines Winkels in diesem Punkt verlaufen, bilden, wie man leicht sieht, eine Strecke in der dualen Ebene.

Alle Tangenten an eine nicht ausgeartete Kurve zweiter Ordnung in der projektiven Ebene bilden eine nicht ausgeartete Kurve zweiter Ordnung in der dualen Ebene. Allgemein gesagt bilden alle Tangenten an eine glatte Kurve eine (nicht unbedingt glatte) Kurve in der dualen Ebene. Diese Kurve heißt zur Ausgangskurve dual.

Satz. *Die Graphen einer streng konvexen Funktion und ihrer Legendre-Transformation sind zueinander projektiv dual.*

◀ Wir betrachten alle Geraden der affinen x, y-Ebene, die nicht zur y-Achse parallel sind. Diese Geraden bilden selbst eine Ebene: Man kann die Gerade durch eine Gleichung $y = px - z$ beschreiben und (p, z) als affine Koordinaten in einer neuen Ebene auffassen. In diesem Fall ist die Legendre-Transformation der Übergang vom Graphen der Funktion f zur Schar der Tangenten an diesen Graphen: durchläuft ein Punkt der x, y-Ebene den Graphen von f, so durchläuft die Tangente an den Graphen der Funktion f in der p, z-Ebene eine Kurve, die der Graph der Legendre-Transformation $z = g(p)$ ist. ▶

Also ist die *Legendre-Transformation nichts anderes als der Übergang von einer Kurve zur zu ihr projektiv dualen Kurve in affinen Koordinaten.*

Beispiel. Der Graph von f sei ein konvexer (nach unten gekrümmter) Polygonzug. Eine Gerade, die unterhalb des Polygonzuges liegt, aber einen Punkt mit ihr gemeinsam hat,[1]) heißt *Stützgerade.* Wir betrachten alle Stützgeraden des konvexen Polygonzuges.

Man überprüft leicht, daß die Stützgeraden selbst einen konvexen Polygonzug in der dualen Ebene bilden. In jedem Eckpunkt füllen nämlich die Stützgeraden einen Winkel aus und bilden folglich eine Strecke in der dualen Ebene. Ganz genauso erhält man die Punkte in der dualen Ebene aus den Strecken des ursprünglichen Polygonzuges.

Die projektive Dialität gestattet es, Fälle zu untersuchen, die allgemeiner als die Legendre-Transformation sind.

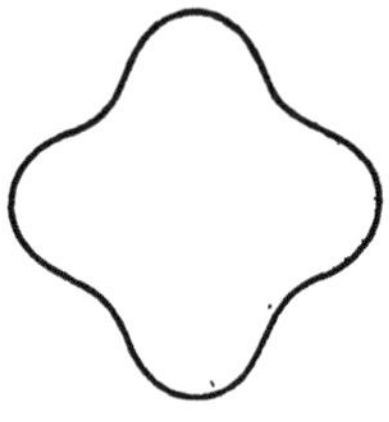

Abb. 26

Aufgabe. Man konstruiere die Kurve, die zu der Kurve der Abb. 26 projektiv dual ist.

Hinweis. Den Tangenten mit zwei Berührungspunkten entsprechen Kreuzungspunkte der dualen Kurve, folglich hat die duale Kurve vier Kreuzungspunkte.

Den Wendepunkten der ursprünglichen Kurve entsprechen Rückkehrpunkte der dualen Kurve. So hat, wenn $f = x^3$ ist, die Tangente an den Graphen im Punkt $x = t$ die Koordinaten $p = 3t^2$, $z = 2t^3$. Diese Beziehungen definieren in der p, z-Ebene eine Kurve mit einem Rück-

[1]) Verallgemeinert ist eine *Stützhyperebene* zu einem Körper eine Ebene, die mit dem Körper einen Punkt gemeinsam hat und die Eigenschaft besitzt, daß der ganze Körper in einem der Halbräume liegt, in die die Ebene den gesamten Raum zerlegt.

kehrpunkt. Also hat die duale Kurve acht Rückkehrpunkte, jeweils zwei zwischen aufeinanderfolgenden Kreuzungen.

Wir betrachten weiterhin die ursprüngliche Kurve als Paar sich schneidender Ellipsen, leicht geglättet in der Nähe der Schnittpunkte (die Teile jeder Ellipse im Inneren der anderen sind weggelassen).

Die duale Kurve ist gleichfalls mit einem Paar von Ellipsen verbunden. Den Schnittpunkten der ursprünglichen Ellipsen entsprechen Tangenten mit zwei Berührungspunkten. Davon ausgehend versteht man schon leicht, durch welche Veränderungen man die duale Kurve aus einem Paar sich schneidender Ellipsen mit ihren zweifach berührenden Tangenten erhält (Abb. 27).

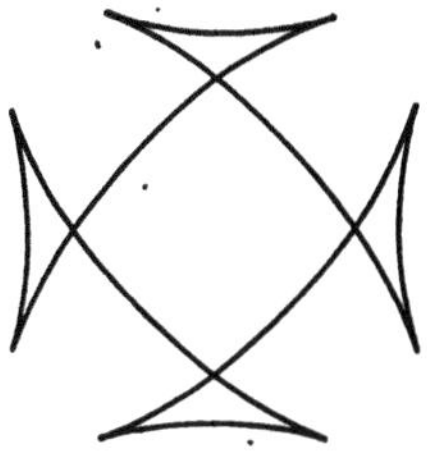

Abb. 27

1.3.6. Die Legendre-Transformation und konjugierte Normen

Definition. Eine reelle nicht-negative konvexe positiv-homogene gerade Funktion ersten Grades, die nur im Koordinatenursprung gleich 0 ist, heißt eine *Norm* im $\boldsymbol{R}^n$:

$$f \geqq 0, \quad f(\boldsymbol{x} + \boldsymbol{y}) \leqq f(\boldsymbol{x}) + f(\boldsymbol{y}), \quad f(\lambda \boldsymbol{x}) = |\lambda| \cdot f(\boldsymbol{x}), \quad f(\boldsymbol{x}) = 0 \Leftrightarrow \boldsymbol{x} = 0.$$

Es sei f eine Norm im $\boldsymbol{R}^n$. Die Funktion f ist eindeutig durch die Menge, auf der sie den Wert 1 annimmt, bestimmt. Diese Menge ist eine konvexe Hyperfläche im $\boldsymbol{R}^n$, die zenralsymmetrisch bezüglich des Ursprungs ist. Umgekehrt definiert jeder kompakte, konvexe, zentralsymmetrisch bezüglich des Ursprungs liegende Körper, der den Nullpunkt des $\boldsymbol{R}^n$ enthält, eine eindeutig bestimmte Norm, die den Wert 1 auf seinem Rand annimmt. Die Hyperfläche $f = 1$ nennt man *Einheitssphäre* der Norm f.

Aufgabe 1. Man bestimme die Einheitssphären der folgenden Normen im $\boldsymbol{R}^n$:

a) $f = \sqrt{(\boldsymbol{x}, \boldsymbol{x})}$, b) $f = \max |x_i|$, c) $f = \sum |x_i|$.

Wir betrachten den zu $\boldsymbol{R}^n$ dualen Raum $\boldsymbol{R}^{n*}$.

Definition. Die *duale Norm* im $\boldsymbol{R}^{n*}$ ist durch

$$g(\boldsymbol{p}) = \max_{f(\boldsymbol{x}) \leqq 1} |(\boldsymbol{p}, \boldsymbol{x})|$$

definiert.

Es ist leicht zu überprüfen, daß g wirklich eine Norm ist.

Die Dualitätsbeziehung ist wechselseitig, weil man die definierende Ungleichung auch in der symmetrischen Form $|(\boldsymbol{p}, \boldsymbol{x})| \leqq f(\boldsymbol{x})\, g(\boldsymbol{p})$ schreiben kann.

Wir ordnen jedem Punkt $\boldsymbol{p}$ des dualen Raumes die Hyperebene $p = 1$ des ursprünglichen Raumes zu.

Satz. *Die Einheitssphäre der dualen Norm ist die Menge der Stützhyperebenen der Einheitssphäre der ursprünglichen Norm.*

◀ Die Bedingung $g(\boldsymbol{p}) = 1$ bedeutet, daß $(\boldsymbol{p}, \boldsymbol{x})$ auf der ursprünglichen Kugel den Maximalwert 1 annimmt, d. h., daß die Ebene $p = 1$ eine Stützebene der ursprünglichen Sphäre ist. ▶

Die Menge aller Stützhyperebenen einer gegebenen konvexen Hyperfläche wird *duale konvexe Hyperfläche* genannt. So sind also die Einheitssphären dualer Normen zueinander dual.

Aufgabe 2. Man bestimme die Flächen im $\boldsymbol{R}^3$, die dual a) zur Sphäre, b) zum Tetraeder, c) zum Würfel, d) zum Oktaeder sind.

Aufgabe 3. Man bestimme die Normen, die dual zu den Normen der Aufgabe 1 sind.

Aus dem ganzen oben Gesagten wird sichtbar, daß der Übergang von einer konvexen Hyperfläche zu ihrer dualen lokal durch die Legendre-Transformation vermittelt wird.

1.3.7. Die Einhüllende einer Schar ebener Kurven

Zwei glatte Funktionen zweier Veränderlicher

$$x = x(s, t), \qquad y = y(s, t)$$

definieren eine Kurvenschar in der Ebene, parametrisiert durch den Parameter t (der den Punkt auf der Kurve bestimmt) und numeriert durch den Parameter s (der die Nummer der Kurve bestimmt).

Aufgabe. Man zeichne die Kurvenscharen, die durch die Funktionen

a) $x = (s + t)^2,\ y = t,$

b) $x = s + st + t^3,\ y = t^2$ (s und t klein),

c) $x = (s + t^2)^2,\ y = t$

definiert werden.

Antwort. Siehe Abb. 28.

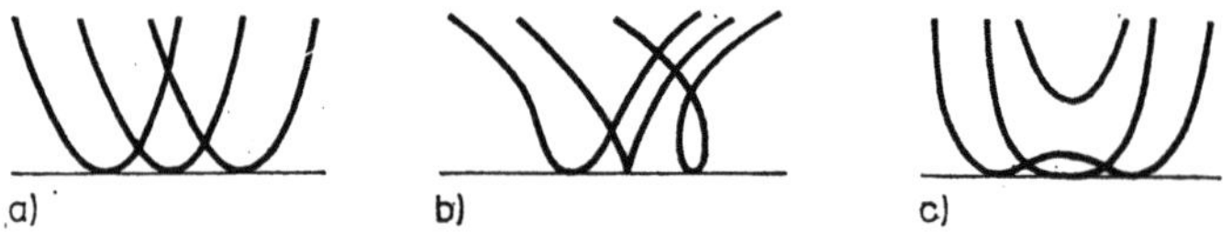

Abb. 28

Man kann zeigen, daß für eine Schar in allgemeiner Lage die Einhüllende eine Kurve ist, deren einzige Singularitäten Rückkehrpunkte (wie bei der halbkubischen Parabel) und Kreuzungspunkte sind; dabei läßt sich in der Umgebung jedes Glattheitspunktes der Einhüllenden die Schar auf eine der Normalformen a), b) oder c) durch eine Transformation der Koordinate $X(x, y)$, $Y(x, y)$ und der Parameter $S(s)$, $T(s, t)$ zurückführen.

Andererseits läßt sich in der Umgebung eines allgemeinen Punktes der Diskriminantenkurve die implizite Differentialgleichung im allgemeinen auf die Normalform

$$\left(\frac{dy}{dx}\right)^2 = x$$

durch eine glatte Koordinatentransformation $X(x, y)$, $Y(x, y)$ zurückführen (vgl. 1.4.).

In diesen Koordinaten sind die Projektionen der Integralkurven auf die x,y-Ebene halbkubische Parabeln. Also ist die Diskriminantenkurve nur in Ausnahmefällen die Einhüllende der Projektionen der Integralkurven (z. B. bei der Clairautschen Gleichung). Insbesondere wird sich bei einer geringen allgemeinen Änderung der Clairautschen Gleichung die Diskriminantenkurve aus der Einhüllenden in den geometrischen Ort der Rückkehrpunkte der Projektionen der Integralkurven verändern.

1.4. Die Normalform einer impliziten Differentialgleichung in der Umgebung eines regulären singulären Punktes

In diesem Abschnitt werden Singularitäten einer Schar von Integralkurven einer impliziten Differentialgleichung in allgemeiner Lage untersucht.

1.4.1. Singuläre Punkte

Wir betrachten die Gleichung

$$F(x, y, p) = 0, \quad \text{wobei } p = dy/dx \text{ ist,}$$

die durch eine glatte Funktion F in einem gewissen Gebiet gegeben ist.

Wir werden annehmen, daß die Gleichung (1) eine glatte Fläche im dreidimensionalen x, y, p-Raum der Jets ist. Nach dem Satz über implizite Funktionen reicht es dafür aus, daß in den Punkten, in denen $F = 0$ ist, das vollständige Differential nicht verschwindet, was wir im folgenden auch voraussetzen werden.

Wir betrachten die Projektion der Fläche $F = 0$ auf die x, y-Ebene längs der p-Achse.

Definition. Ein Punkt der Fläche $F = 0$ heißt *singulär* für die Gleichung (1), wenn die Projektion $(x, y, p) \mapsto (x, y)$ der Fläche auf die Ebene in einer Umgebung dieses Punktes kein lokaler Diffeomorphismus der Fläche auf die Ebene ist.

Nach dem Satz über implizite Funktionen sind diejenigen Punkte der Fläche $F = 0$, in denen $\partial F/\partial p = 0$ ist, singuläre Punkte.

1.4.2. Die Kriminante

Wir betrachten nun die Menge der singulären Punkte der Gleichung (1). Diese Menge wird durch zwei Gleichungen $F = 0$, $\partial F/\partial p = 0$ im dreidimensionalen Jet-Raum bestimmt. Deshalb bilden „im allgemeinen" die singulären Punkte eine Kurve.

Definition. Die Menge der singulären Punkte der Gleichung $F = 0$ im dreidimensionalen Raum der Jets (x, y, p) wird *Kriminante* der Gleichung genannt.

Nach dem Satz über implizite Funktionen ist im dreidimensionalen Jet-Raum die Kriminante in denjenigen ihrer Punkte, in denen der Rang der Ableitung der Abbildung $(x, y, p) \mapsto (F, \partial F/\partial p)$ des dreidimensionalen Raumes auf die Ebene maximal (gleich 2) ist, eine glatte Kurve.

1.4.3. Die Diskriminantenkurve

Definition. Die Projektion der Kriminante auf die x, y-Ebene längs der p-Richtung wird *Diskriminantenkurve* genannt[1]).

Nach dem Satz über implizite Funktionen wird die Umgebung eines Punktes der Kriminante diffeomorph auf die x, y-Ebene längs der p-Richtung projiziert, wenn die Kriminante im betrachteten Punkt die p-Richtung nicht tangiert.

---

[1]) Diese Definition ist eine andere Formulierung der Definition der Diskriminantenkurve aus 1.3.

Bemerkung. Trotzdem kann unter diesen Bedingungen die Diskriminantenkurve Singularitäten haben.

Sie entstehen dadurch, daß auf einen Punkt der Diskriminantenkurve mehrere Punkte der Kriminante abgebildet werden. Diese Singularitäten sind „im allgemeinen“ Kreuzungspunkte der Diskriminantenkurve. Für die „allgemeine Gleichung“ besteht die Diskriminantenkurve in der Umgebung eines solchen Punktes aus zwei Zweigen, die sich unter von 0 verschiedenem Winkel schneiden.

Den Punkten jedoch, in denen die Kriminante die p-Richtung tangiert, entsprechen „im allgemeinen“ Rückkehrpunkte der Diskriminantenkurve.

Alle komplizierteren Singularitäten der Diskriminantenkurve, ausgenommen die Kreuzungs- und Rückkehrpunkte, verschwinden bei geringer Änderung der Gleichung. Singularitäten der beiden genannten Typen dagegen bleiben bei kleinen Deformationen der Gleichung erhalten, sie verschieben sich nur ein wenig.

1.4.4. Berührungspunkte der Kriminanten mit der Kontaktebene

In jedem Punkt (x, y, p) des Jet-Raumes hat man die Kontaktebene $dy = p\,dx$, insbesondere auch in den Punkten der Kriminante. Die Tangente in einem Punkt der Kriminanten kann in der Kontaktebene liegen oder sie schneiden.

Definition. Ein Punkt der Kriminante heißt *Berührungspunkt* mit der Kontaktebene, wenn die Tangente an die Kriminante in diesem Punkt in der Kontaktebene liegt.

Wir bemerken, daß Punkte, in denen die Kriminante die p-Richtung tangiert, Berührungspunkte mit der Kontaktebene sind. Die Kontaktebene enthält nämlich in jedem Punkt die p-Richtung.

1.4.5. Reguläre singuläre Punkte

Definition. Ein singulärer Punkt der Gleichung (1) heißt *regulär*, wenn in diesem Punkt die Glattheitsbedingung[1])

$$\operatorname{rang}\big((x, y, p) \mapsto (F, F_p)\big) = 2$$

für die Kriminante erfüllt ist und die Kriminante die Kontaktebene in diesem Punkt nicht berührt.

Beispiel. Wir betrachten die Gleichung $p^2 = x$. Die Kriminante hat die Gleichung $p = 0$, $x = 0$. Das ist die y-Achse. Die Glattheitsbedingung ist erfüllt. Der Tangentialvektor $(0, 1, 0)$ an die Kriminante liegt nicht in der Kontaktebene $dy = 0 \cdot dx$. Folglich ist jeder singuläre Punkt der Gleichung $p^2 = x$ regulär.

Bemerkung. Für eine Gleichung „in allgemeiner Lage“ sind fast alle singulären Punkte regulär: nicht-reguläre Punkte liegen auf der Kriminante diskret. Trifft dies für eine gegebene Gleichung nicht zu, so kann man es zumindest durch eine kleine Änderung der Gleichung erreichen. (Die Begründung dafür und für die vorangegangenen „Betrachtungen in allgemeiner Lage“ wird mit Hilfe des Satzes von Sard erbracht, vgl. 3.1.).

1.4.6. Der Satz über die Normalform

Satz. *Es sei (x_0, y_0, p_0) ein regulärer singulärer Punkt der Gleichung $F(x, y, p) = 0$. Dann existiert ein Diffeomorphismus einer Umgebung des Punktes (x_0, y_0) der x,y-Ebene auf eine Umgebung des Punktes $(0, 0)$ der X, Y-Ebene, der die Gleichung $F = 0$ in die Gleichung $P^2 = X$ überführt, wobei $P = dY/dX$ ist.*

[1]) Unter dem Rang einer Abbildung versteht man den Rang ihrer Ableitung.

Erläuterung. Die Gleichung $F = 0$ definiert eine Fläche im dreidimensionalen Raum der linearen Elemente der x, y-Ebene. Ein Diffeomorphismus der Ebene überführt jedes Linienelement in ein neues Linienelement. Es wird nun behauptet, daß der Teil der Fläche $F = 0$ aus der Umgebung eines regulären singulären Punktes in einen Teil der Fläche $P^2 = X$ in einer Umgebung des Punktes (0, 0, 0) übergeführt werden kann.

Folgerung. *Die Schar der Integralkurven der Gleichung* (1) *ist in einer Umgebung eines regulären singulären Punktes als Kurvenschar der x, y-Ebene diffeomorph zur Schar halbkubischer Parabeln $y = x^{3/2} + C$.*

Der im Satz genannte Diffeomorphismus überführt die Integralkurven der Gleichung (1) der x, y-Ebene in Integralkurven der Gleichung $P^2 = X$ der X, Y-Ebene. Die Integralkurven der letzteren sind halbkubische Parabeln mit Spitzen auf der Diskriminantenkurve: $dY/dX = \sqrt{X}$, $Y = 2X^{3/2}/3 + C$.

1.4.7. Der Beweis des Satzes über die Normalform

◀ 1. *Reduktion auf den Fall, bei dem die y-Achse die Kriminante ist.* Es sei (x_0, y_0, p_0) ein regulärer singulärer Punkt der Gleichung $F(x, y, p) = 0$. Dann ist die Diskriminantenkurve in der Umgebung des Punktes (x_0, y_0) glatt. Wir betrachten die Projektionen der Kontaktebene in den Punkten der Kriminante auf die x, y-Ebene. Wir erhalten dann in einer Umgebung des Punktes (x_0, y_0) eine glatte Geradenschar, die die Diskriminantenkurve nicht tangiert.

Wir wählen jetzt so ein lokales Koordinatensystem der x, y-Ebene in der Nähe des Punktes (x_0, y_0) aus, daß 1. die Diskriminantenkurve die Gleichung $x = 0$ hat und daß 2. die Linien $y = \text{const}$ die Diskriminantenkurve in den gerade konstruierten Richtungen schneidet.

Diese Koordinaten werden wir wie vorher schon mit (x, y) bezeichnen, die Ableitung dy/dx wie vorher mit p. Der singuläre Punkt (x_0, y_0, p_0) erhält jetzt die Koordinaten (0, 0, 0).

2. *Analyse der Regularitätsbedingungen.* Die y-Achse ist der Auswahl unseres Koordinatensystems entsprechend die Kriminante, auf ihr gilt $x = 0$, $p = 0$ ($y = \text{const}$). Daraus folgt, daß für unsere Gleichung in den eingeführten Koordinaten $F(0, y, 0) = 0$ und $F_p(0, y, 0) = 0$ gilt. Die Regularitätsbedingung für die Kriminante hat jetzt die Gestalt

$$\det\left|\frac{D(F, F_p)}{D(x, p)}\right| \neq 0, \quad \text{d. h.} \quad \det\begin{vmatrix} F_x & F_{xp} \\ F_p & F_{pp} \end{vmatrix} \neq 0$$

(da in den Punkten der Kriminante $F_y = 0$ und $F_{yp} = 0$ ist). Weiterhin ist in den Punkten der Kriminante $F_p = 0$. Folglich hat die Regularitätsbedingung für die Kriminante die Gestalt

$$F_x(0, y, 0) \neq 0 \quad \text{und} \quad F_{pp}(0, y, 0) \neq 0.$$

Die Bedingung des Nichtberührens der Kontaktebene ist automatisch erfüllt.

Wir zerlegen F in die Taylorreihe nach p mit dem Restglied zweiten Grades:

$$F(x, y, p) = A(x, y) + p \cdot B(x, y) + p^2 \cdot C(x, y, p).$$

Aus dem obigen folgt, daß $A(0, y) = 0$ und $B(0, y) = 0$ sind. Deshalb können wir

$$A(x, y) = x \cdot \alpha(x, y), \qquad B(x, y) = x \cdot \beta(x, y)$$

schreiben, wobei α und β glatte Funktionen sind.

Die Regularitätsbedingungen für die Kriminante lauten nun $A_x(0, y) \neq 0$, $C(0, y, 0) \neq 0$. Wir können für das weitere sogar annehmen, daß $C > 0$ und $A_x < 0$ sind (ist das nicht der Fall, so ändert man das Vorzeichen von F und/oder x). Es ist also $\alpha(0, 0) < 0$ und $C(0, 0, 0) > 0$.

3. *Die Untersuchung der quadratischen Gleichung.* Wir fassen $F = 0$ als quadratische Gleichung bezüglich p mit den Koeffizienten C, B und A auf und erhalten dabei

$$p = \frac{-B \pm \sqrt{B^2 - 4AC}}{2C} = \frac{-x\beta \pm \sqrt{x\gamma}}{2C},$$

wobei $\gamma = -4\alpha C + x\beta^2$ eine Funktion von (x, y, p) mit $\gamma(0, 0, 0) = -4\alpha(0, 0, 0) \cdot C(0, 0, 0) > 0$ ist.

Es sei schließlich $x = \xi^2$. Wir erhalten, wenn wir „$\pm$" durch „$+$" ersetzen:

$$p = \frac{-\xi^2 \cdot \beta(\xi^2, y) + \xi\sqrt{\gamma(\xi^2, y, p)}}{2C(\xi^2, y, p)}.$$

Auf diese Gleichung wenden wir bezüglich $p(\xi, y)$ den Satz über implizite Funktionen an. Wir erhalten eine Lösung $p = \xi \cdot \omega(\xi, y)$, wobei ω eine glatte Funktion mit $\omega(0, 0) \neq 0$ ist.

4. *Die Differentialgleichung für $y(\xi)$.* Wir bemerken, daß $p = dy/dx = dy/2\xi\, d\xi$ ist. Deshalb erhalten wir als Differentialgleichung für $y(\xi)$

$$\frac{dy}{d\xi} = 2 \cdot \xi^2 \cdot \omega(\xi, y), \qquad \omega(0, 0) \neq 0. \tag{2}$$

Die Integralkurven in der ξ,y-Ebene schneiden die Achse $\xi = 0$ und haben dabei mit den Linien $y = \text{const}$ Berührungspunkte zweiter Ordnung. Deshalb hat die Gleichung ein erstes Integral der Form $I(\xi, y) = y - \xi^3 K(\xi, y)$, wobei $K(\xi, y)$ eine glatte Funktion und $K(0, 0) \neq 0$ ist (I ist die Koordinate des Schnittpunktes mit der Achse $\xi = 0$; $K(0, 0) = 0$, weil $\omega(0, 0) \neq 0$ ist).

5. *Konstruktion der normalisierenden Koordinaten.* Wir zerlegen K in einen bezüglich ξ geraden und einen ungeraden Bestandteil:

$$K(\xi, y) = L(\xi^2, y) + \xi M(\xi^2, y).$$

L und M sind hierbei in x und y glatte Funktionen, $L(0, 0) \neq 0$. Mit diesen Bezeichnungen ist $I(\xi, y) = y - \xi^4 M(\xi^2, y) - \xi^3 L(\xi^2, y)$. Wir führen neue Variable Y und Ξ durch

$$\Xi = \xi \sqrt[3]{L(\xi^2, y)}, \qquad Y = y - \xi^4 M(\xi^2, y)$$

ein. Dann ist $I = Y - \Xi^3$.

Wir setzen noch $X = \Xi^2$ und erhalten

$$X = x \sqrt[3]{L^2(x, y)}, \qquad Y = y - x^2 M(x, y).$$

Diese Formeln definieren einen lokalen Diffeomorphismus der Ebene in einer Umgebung des Punktes $(0, 0)$, weil $L(0, 0) \neq 0$ ist. Das erste Integral hat die Gestalt

$$I = Y - X^{3/2}.$$

Jetzt ist $(dY/dX)^2 = (9/4)\, X$, und man erhält die im Satz genannte Normalform durch Dehnung einer Koordinatenachse. ▶

1.4.8. Bemerkungen

Der wesentliche Schritt des angeführten Beweises besteht in der Substitution $x = \xi^2$, d. h. im Übergang zur zweiblättrigen Überlagerung der x,y-Ebene mit Verzweigung über der Diskriminantenkurve. Aus topologischen Betrachtungen (allerdings im Komplexen) ist von vornherein klar, daß auf dieser zweiblättrigen Überlagerung die Zweideutigkeit von $p(x, y)$ verschwindet und daß die Gleichung in zwei Gleichungen zerfällt. Die Quälerei mit der quadratischen Gleichung ist nur für die Begründung im reellen Gebiet notwendig. Die erhaltene Gleichung (2) auf der Überlagerung braucht man nur noch auf die Normalform mit Hilfe eines Diffeomorphismus zu bringen, der von der Überlagerung auf die ursprüngliche Ebene zurückführt. Letzteres erreicht man leicht durch die Zerlegung des ersten Integrals in einen bezüglich ξ geraden und einen ungeraden Bestandteil.

Der erste Beweis des Satzes über die Normalform wurde von Ju. A. Brodskij angegeben. Er beruht auf einer Arbeit von R. Thom, der die Gleichung auf die Form $p^2 = x \cdot E(x, y)$ zurückführte.

Bemerkung. Unser Beweis benutzte die Darstellung einer geraden Funktion in Form einer Funktion des Quadrates des Arguments. Für analytische Funktionen (oder formale Reihen) ist eine solche Darstellung offensichtlich. Im Fall glatter Funktionen bedarf sie jedoch einer Begründung.

In der Tat läßt sich eine gerade unendlich oft differenzierbare Funktion als Funktion des Quadrates des Arguments, definiert auf der positiven Halbachse, auffassen. Sie ist unendlich oft differenzierbar einschließlich des Nullpunktes. Sie ist nun darzustellen als Einschränkung einer auf der ganzen Achse unendlich oft differenzierbaren Funktion auf die positive Halbachse.

Die Möglichkeit einer solchen Darstellung ist nichts weiter als die Möglichkeit der glatten Fortsetzbarkeit auf die negative Halbachse. Dieses garantiert ein Satz (von E. Borel) über die Existenz unendlich oft differenzierbarer Funktionen auf der Geraden mit beliebiger Taylorreihe im Nullpunkt. Auf den Beweis dieses Satzes (der übrigens nicht schwer ist) gehen wir hier nicht ein.

1.5. Die zeitfreie Schrödinger-Gleichung

In diesem Abschnitt werden die einfachsten mathematischen Grundlagen der elementaren Quantenmechanik dargelegt. Wir gehen dabei nicht auf die physikalische Motivierung der eingeführten Definitionen ein, benutzen aber die physikalische Terminologie zur Beschreibung der Eigenschaften der Lösungen einer Gleichung.

1.5.1. Definitionen und Bezeichnungen

In der Physik wird die Gleichung

$$\frac{d^2\Psi}{dx^2} + \big(E - U(x)\big)\,\Psi = 0 \tag{1}$$

zeitfreie (stationäre) Schrödinger-Gleichung genannt.

Die unabhängige Variable x heißt *kartesische Koordinate* des Teilchens. Die unbekannte, im allgemeinen komplexe Funktion Ψ wird *Wellenfunktion des Teilchens* genannt. Die Lösungen der Schrödinger-Gleichung nennt man *Zustände des Teilchens*. Der Spektralparameter E wird *Energie des Teilchens*, die bekannte Funktion U *Potential* oder *potentielle Energie des Teilchens* genannt. Die Quantenmechanik beschäftigt sich im wesentlichen mit der Untersuchung der Gleichung (1) oder mit Gleichungen und partiellen Gleichungssystemen, die diese Gleichung verallgemeinern.

Beispiel. Es sei $U = 0$. Dann heißt das Teilchen *frei*. Die Schrödinger-Gleichung für ein freies Teilchen mit der Energie $E = k^2$ hat die Gestalt

$$\Psi_{xx} + k^2\Psi = 0.$$

Diese Gleichung hat zwei linear unabhängige Lösungen

$$\Psi_+ = e^{ikx}, \quad \Psi_- = e^{-ikx}.$$

Diese beiden Lösungen heißen (mit einem Impuls $k > 0$) *sich nach rechts bewegendes Teilchen* bzw. *sich nach links bewegendes Teilchen.* Also ist der Zustandsraum eines freien Teilchens mit der Energie E der zweidimensionale komplexe Raum.

Das Quadrat des Betrages der Wellenfunktion nennen die Physiker *Dichte der Wahrscheinlichkeit* dafür, daß sich das Teilchen am gegebenen Ort befindet. Also befindet sich das freie Teilchen mit dem Impuls k „überall gleicher Wahrscheinlichkeit in irgendeinem Punkt" (diese Terminologie kann man verwenden, ohne sich darum zu kümmern, was diese Worte bedeuten und wie das alles mit der Wahrscheinlichkeitsrechnung zusammenhängt).

1.5.2. Potentialwälle

Wir wollen annehmen, daß das Potential finit (nur in einem gewissen Gebiet von 0 verschieden) ist. Ist $U \geqq 0$, so spricht man von einem *Potentialwall* und für $U \leqq 0$ von einem *Potentialtopf*. Das Gebiet, in dem das Potential von 0 verschieden ist, heißt *Träger des Potentials* (Abb. 29).

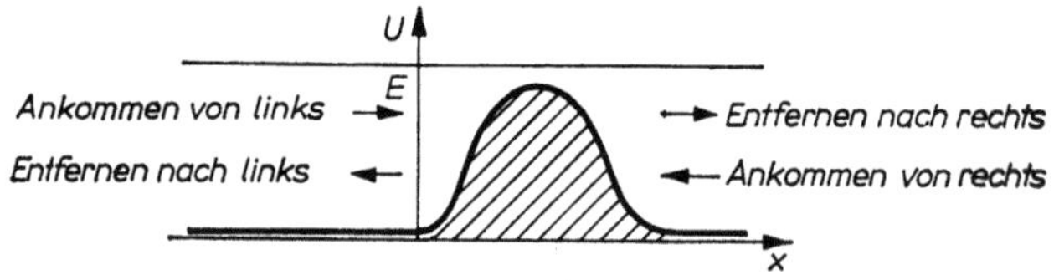

Abb. 29

Die Energie $E = k^2$ sei positiv. Links vom Träger ist dann die Schrödinger-Gleichung (1) identisch mit der Gleichung (2) eines freien Teilchens. Folglich hat die Schrödinger-Gleichung zwei Lösungen, welche links vom Träger mit e^{ikx} bzw. e^{-ikx} übereinstimmen. Diese beiden Lösungen heißen *von links kommendes Teilchen* bzw. *sich nach links entfernendes Teilchen.* Wir bemerken, daß diese Lösungen für alle x definiert sind, aber mit e^{ikx} und e^{-ikx} nur links vom Träger übereinstimmen.

Ebenso existieren zwei Lösungen, die rechts vom Träger mit e^{ikx} bzw. e^{-ikx} übereinstimmen. Diese Lösungen heißen *sich nach rechts entfernendes Teilchen* bzw. *von rechts kommendes Teilchen.*

Aufgabe. Kann ein Teilchen, das von links kam, vollständig nach links reflektiert werden (d. h., kann die Wellenfunktion rechts von einem Wall identisch 0 sein, links davon jedoch nicht)? Kann es sich vollständig nach rechts entfernen?

Antwort. Nein, ja.

1.5.3. Der Monodromieoperator

Definition. Der lineare Operator, der auf dem Zustandsraum des freien Teilchens mit der Energie $E = k^2$ operiert, heißt *Monodromieoperator der Schrödinger-Gleichung* (1) mit finitem Potential.

Einer Lösung der Gleichung (2) des freien Teilchens wird diejenige Lösung der Schrödinger-Gleichung zugeordnet, die mit ihr links vom Träger übereinstimmt, und dieser Lösung wiederum ihr Wert rechts vom Träger.

Es zeigt sich, daß der Monodromieoperator die bemerkenswerten Eigenschaften der (1,1)-Unitarität besitzt. Um sie formulieren zu können, benötigen wir folgende

Bezeichnungen. Mit $\boldsymbol{R}^2$ bezeichnen wir den *Raum der reellen Lösungen der Schrödinger-Gleichung* (1). Der *Zustandsraum des Teilchens* (d. h. der Raum der komplexen Lösungen der Gleichung) ist die Komplexifizierung von $\boldsymbol{R}^2$; wir bezeichnen sie mit $\boldsymbol{C}^2 = {}^{C}\boldsymbol{R}^2$. In diesem Raum liegen alle vier Zustände der von links und rechts kommenden und der sich nach links und rechts entfernenden Teilchen.

Den *Raum der reellen Lösungen der Gleichung des freien Teilchens* (2) bezeichnen wir mit $\boldsymbol{R}_0{}^2$ (weil für ein freies Teilchen $U = 0$ ist). In diesem Raum haben wir eine natürliche Basis:

$$e_1 = \cos kx \qquad \text{und} \qquad e_2 = \sin kx.$$

Den *Zustandsraum des freien Teilchens* bezeichnen wir mit $\boldsymbol{C}_0{}^2$, das ist die Komplexifizierung des Raumes $\boldsymbol{R}_0{}^2$. Eine natürliche Basis bilden hier die Zustände der Teilchen, die sich nach links und nach rechts bewegen. Wir bezeichnen sie mit

$$f_1 = e^{ikx}, \quad f_2 = e^{-ikx}.$$

Wir bemerken, daß e_1 und e_2 auch eine Basis im Zustandsraum bilden. Diese zwei Basen sind durch die Gleichungen

$$f_1 = e_1 + ie_2, \quad f_2 = e_1 - ie_2$$

miteinander verbunden.

Definition. Die Gruppe $\boldsymbol{SU}(1, 1)$ der (1, 1)-unitären unimodularen Matrizen besteht aus allen komplexen Matrizen zweiter Ordnung mit der Determinante 1, die die hermitesche Form $|z_1|^2 - |z_2|^2$ invariant lassen. Mit anderen Worten, es sind die Matrizen $\begin{pmatrix} a & b \\ c & d \end{pmatrix}$, für die

$$|a|^2 - |b|^2 = |c|^2 - |d|^2 = 1, \quad a\bar{c} - b\bar{d} = 0 \quad \text{und} \quad ad - bc = 1$$

ist.

Satz. *Die Matrix des Monodromieoperators ist in der Basis* $\{\boldsymbol{f}_1, \boldsymbol{f}_2\}$ *ein Element der Gruppe* $\boldsymbol{SU}(1, 1)$.

Der Grund, weshalb der Monodromieoperator aus $\boldsymbol{SU}(1, 1)$ ist, besteht darin, daß der Phasenfluß der Gleichung (1) den Flächeninhalt invariant läßt. Für den Beweis erinnere man sich an einige Eigenschaften der Gruppe $\boldsymbol{SU}(1, 1)$.

1.5.4. Einiges aus der Algebra: Die Gruppe $SU(1, 1)$

Wir betrachten den reellen linearen Raum $\boldsymbol{R}^2$ und seine Komplexifizierung $\boldsymbol{C}^2$. Wir wählen in $\boldsymbol{R}^2$ ein Flächenelement und werden mit $[\xi, \eta]$ den orientierten Flächeninhalt des von den Vektoren ξ und η aufgespannten Parallelogramms bezeichnen. Das Skalarschiefprodukt $[\cdot, \cdot]$ wird *symplektische Struktur* genannt. Ist in $\boldsymbol{R}^2$ eine Basis $\{\boldsymbol{e}_1, \boldsymbol{e}_2\}$ fixiert, für die $[\boldsymbol{e}_1, \boldsymbol{e}_2] = 1$ gilt, so ist $[\xi, \eta]$ der Wert der Determinante aus den Komponenten der Vektoren ξ, η in der Basis $\{\boldsymbol{e}_1, \boldsymbol{e}_2\}$.

Die Komplexifizierung der Bilinearform $[\cdot, \cdot]$ definiert eine symplektische Struktur in $\boldsymbol{C}^2$, wir werden sie ebenfalls mit eckigen Klammern bezeichnen.

Wir bemerken, daß die Form $[\cdot, \cdot]$ nicht ausgeartet ist; denn ist $[\xi, \eta] = 0$ für alle ξ, so gilt $\eta = 0$.

In $\boldsymbol{C}^2$ betrachten wir die *hermitesche Form* $\langle \xi, \eta \rangle = \frac{i}{2} [\xi, \bar{\eta}]$. Das ist tatsächlich eine hermitesche Form, denn es gilt

$$\langle \lambda\xi, \eta \rangle = \lambda \langle \xi, \eta \rangle, \qquad \langle \xi, \eta \rangle = \overline{\langle \eta, \xi \rangle}.$$

Für das weitere ist es nützlich, die hermiteschen Produkte der Vektoren $\boldsymbol{f}_1 = \boldsymbol{e}_1 + i\boldsymbol{e}_2$ und $\boldsymbol{f}_2 = \boldsymbol{e}_1 - i\boldsymbol{e}_2$ zu berechnen. Man beweist leicht das folgende

Lemma. *Es gilt* $\langle \boldsymbol{f}_1, \boldsymbol{f}_2 \rangle = 1$, $\langle \boldsymbol{f}_2, \boldsymbol{f}_2 \rangle = -1$, $\langle \boldsymbol{f}_1, \boldsymbol{f}_2 \rangle = 0$.

◀ Beispielsweise ist

$$\langle \boldsymbol{f}_1, \boldsymbol{f}_1 \rangle = -\frac{i}{2} [\boldsymbol{f}_1, \bar{\boldsymbol{f}}_1] = \frac{i}{2} [\boldsymbol{f}_1, \boldsymbol{f}_2] = \frac{i}{2} \begin{vmatrix} 1 & i \\ 1 & -i \end{vmatrix} = 1. \ ▶$$

Also hat die hermitesche Form den „Typ (1, 1)" (in der kanonischen Form ein positives und ein negatives Quadrat: $\langle z, z \rangle = |z_1|^2 - |z_2|^2$).

Wir betrachten jetzt lineare Transformationen der Ebene $\boldsymbol{C}^2$, die die hermitesche, die symplektische und die reelle Struktur invariant lassen.

Definition. Die Gruppe der linearen Transformationen der Ebene $\boldsymbol{C}^2$, die die hermitesche Form $\langle \cdot, \cdot \rangle$ invariant lassen, wird $(1, 1)$-*unitäre Gruppe* genannt und mit $U(1, 1)$ bezeichnet.

Die Gruppe der linearen Transformationen der Ebene $\boldsymbol{C}^2$, die die symplektische Struktur $[\cdot, \cdot]$ invariant lassen, wird *spezielle* (oder *unimodulare*) *lineare Gruppe zweiter Ordnung* genannt und mit $\boldsymbol{SL}(2, \boldsymbol{C})$ bezeichnet.

Die Gruppe aller reellen linearen Transformationen der Ebene $\boldsymbol{C}^2$ (d. h. die Gruppe, deren Elemente Komplexifizierungen linearer Transformationen des $\boldsymbol{R}^2$ sind) wird *reelle lineare Gruppe zweiter Ordnung genannt* und mit $\boldsymbol{GL}(2, \boldsymbol{R})$ bezeichnet.

Somit haben wir in der Gruppe $\boldsymbol{GL}(2, \boldsymbol{C})$ aller linearen Transformationen der Ebene $\boldsymbol{C}^2$ drei Untergruppen definiert: die $(1, 1)$-unitäre $\boldsymbol{U}(1, 1)$, die spezielle $\boldsymbol{SL}(2, \boldsymbol{C})$ und die reelle $\boldsymbol{GL}(2, \boldsymbol{R})$.

Dabei sind die hermitesche Form, die die unitäre Gruppe definiert, die symplektische Struktur, die die spezielle Gruppe definiert, und die komplexe Konjugation, die die reelle Gruppe definiert, durch folgende Beziehung miteinander verknüpft:

$$\langle \boldsymbol{a}, \boldsymbol{b} \rangle = \frac{i}{2} [\boldsymbol{a}, \bar{\boldsymbol{b}}].$$

Satz. *Der Durchschnitt von zwei dieser drei Untergruppen ist schon der Durchschnitt aller drei* (Abb. 30).

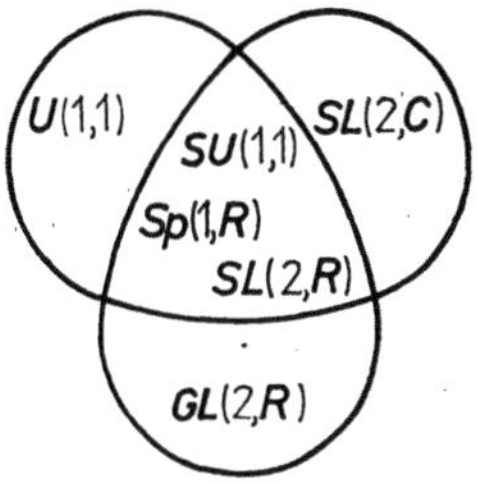

Abb. 30

Dieser Durchschnitt heißt *spezielle* (1, 1)-*unitäre Gruppe*[1]) und wird mit $\boldsymbol{SU}(1, 1)$ bezeichnet. (Sie heißt auch spezielle reelle Gruppe und wird mit $\boldsymbol{SL}(2, \boldsymbol{R})$ bezeichnet. Sie wird auch reelle symplektische Gruppe zweiter Ordnung genannt und mit $\boldsymbol{Sp}(1, \boldsymbol{R})$ bezeichnet.

◀ Ist die Transformation A reell und unimodular, so ist $[A\xi, A\eta] = [\xi, \eta]$ und $A\bar{\xi} = \overline{A\xi}$. Deshalb ist $\langle A\xi, A\eta \rangle = \frac{i}{2}[A\xi, \overline{A\eta}] = \frac{i}{2}[A\xi, A\bar{\eta}] = \frac{i}{2}[\xi, \bar{\eta}] = \langle \xi, \eta \rangle$.

Ist die Transformation A reell und (1, 1)-unitär, so ist $\langle A\xi, A\eta \rangle = \langle \xi, \eta \rangle$ und $A\bar{\xi} = \overline{A\xi}$. Deshalb ist $[A\xi, A\eta] = -2i\langle A\xi, \overline{A\eta} \rangle = -2i\langle A\xi, A\bar{\eta} \rangle = -2i\langle \xi, \bar{\eta} \rangle = [\xi, \eta]$.

Ist A (1, 1)-unitär und unimodular, so ist $[A\xi, A\eta] = [\xi, \eta]$ und $[A\xi, \overline{A\eta}] = [\xi, \bar{\eta}]$. Deshalb ist $[A\xi, \overline{A\eta}] = [A\xi, A\bar{\eta}]$ für alle ξ und η. Folglich ist $[\xi, \overline{A\eta} - A\bar{\eta}] = 0$ für alle ξ, also $\overline{A\eta} = A\bar{\eta}$ für alle η, d. h., A ist reell. ▶

Folgerung. *Ist die Matrix eines Operators in der reellen Basis* $\{\boldsymbol{e}_1, \boldsymbol{e}_2\}$ *reell und unimodular, so ist die Matrix dieses Operators in der komplex adjungierten Basis* $\boldsymbol{f}_1 = \boldsymbol{e}_1 + i\boldsymbol{e}_2, \boldsymbol{f}_2 = \boldsymbol{e}_1 - i\boldsymbol{e}_2$ *speziell* (1, 1)-*unitär und umgekehrt.*

◀ Das hermitesche skalare Quadrat des Vektors $z_1\boldsymbol{f}_1 + z_2\boldsymbol{f}_2$ hat in den (z_1, z_2)-Koordinaten der Basis $\{\boldsymbol{f}_1, \boldsymbol{f}_2\}$ die Gestalt $\langle \boldsymbol{z}, \boldsymbol{z} \rangle = |z_1|^2 - |z_2|^2$ (vgl. obiges Lemma). Daher gelten die folgenden Äquivalenzen:

Die Matrix A ist in der Basis $\{\boldsymbol{e}_1, \boldsymbol{e}_2\}$ reell und unimodular
$\Leftrightarrow A \in \boldsymbol{GL}(2, \boldsymbol{R}) \cap \boldsymbol{SL}(2, \boldsymbol{C})$
$\Leftrightarrow A \in \boldsymbol{SU}(1, 1)$
$\Leftrightarrow$ Die Matrix A ist in der Basis $\{\boldsymbol{f}_1, \boldsymbol{f}_2\}$ (1, 1)-unitär und unimodular. ▶

---

[1]) Wir betonen, daß von einer Gruppe von Operatoren und nicht von Matrizen die Rede ist. Die Matrizen dieser Operatoren gehören zur Matrixgruppe $\boldsymbol{SU}(1, 1)$ in der speziellen oben erwähnten Basis.

1.5.5. Einiges aus der Geometrie: $SU(1, 1)$ und die nichteuklidische Geometrie

Die Matrizengruppen $\boldsymbol{SL}(2, \boldsymbol{R})$ und $\boldsymbol{SU}(1, 1)$ hängen folgendermaßen mit der nichteuklidischen (Lobačevskijschen) Geometrie zusammen (Abb. 31).

Eine reelle unimodulare Matrix zweiter Ordnung bestimmt eine gebrochen-lineare Transformation $z \mapsto (az + b)/(cz + d)$, die die obere Halbebene auf sich abbildet. Diese Transformation ist eine Bewegung in der nichteuklidischen Lobačevskij-Ebene, die in der Form der oberen Halbebene dargestellt ist. Alle Bewegungen der Lobačevskij-Ebene erhält man auf diese Art. Die Gruppe der Bewegungen der Lobačevskij-Ebene ist isomorph zu $\boldsymbol{SL}(2, \boldsymbol{R})/\pm E$.

Eine unimodulare (1, 1)-unitäre Matrix zweiter Ordnung bestimmt eine gebrochen-lineare Transformation, die den Einheitskreis auf sich abbildet. Bei einer (1, 1)-unitären unimodularen Transformation wird nämlich der Kegel $|z_1|^2 < |z_2|^2$ in sich übergeführt, und bei der natürlichen Projektion

$$\boldsymbol{C}^2 \setminus O \to \boldsymbol{CP}^1, \qquad (z_1, z_2) \mapsto w = z_1/z_2$$

wird dieser Kegel in den Einheitskreis $|w| < 1$ und die gebrochen-linearen Transformationen von $\boldsymbol{C}^2$ werden in gebrochen-lineare Transformationen von $\boldsymbol{CP}^1$ übergeführt (Abb. 32).

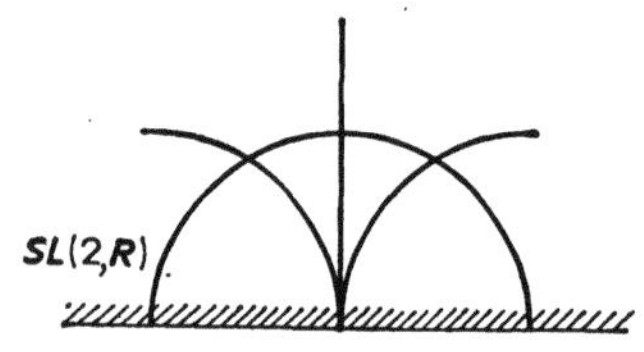

Abb. 31

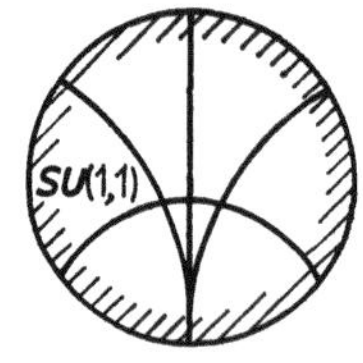

Abb. 32

Die gebrochen-linearen Transformationen des Einheitskreises auf sich, die man aus den Matrizen aus $\boldsymbol{SU}(1, 1)$ erhält, sind Bewegungen der Lobačevskij-Ebene, die als Inneres des Einheitskreises dargestellt ist. Alle Bewegungen der Lobačevskij-Ebene erhält man so. Die Gruppe der Bewegungen der Lobačevskij-Ebene ist isomorph zu $\boldsymbol{SU}(1, 1)/\pm E$.

Die Matrizengruppen $\boldsymbol{SL}(2, \boldsymbol{R})$ und $\boldsymbol{SU}(1, 1)$ sind isomorph: man erhält sie nämlich aus einundderselben Operatorengruppe. Die Matrizen dieser Operatoren sind in der reellen Basis $\{\boldsymbol{e}_1, \boldsymbol{e}_2\}$ aus $\boldsymbol{SL}(2, \boldsymbol{R})$, in der komplex adjungierten $\{\boldsymbol{f}_1, \boldsymbol{f}_2\}$ aus $\boldsymbol{SU}(1, 1)$. Der Übergang von $\boldsymbol{SL}(2, \boldsymbol{R})$ zu $\boldsymbol{SU}(1, 1)$ entspricht dem Übergang von einer reellen Basis zur komplex adjungierten bzw. vom Poincaréschen Modell (obere Halbebene) zum Kleinschen Modell (Einheitskreis) der Lobačevskij-Ebene.

Aufgabe. Man beweise, daß die Gruppe $\boldsymbol{SL}(2, \boldsymbol{R})$ homöomorph zum Volltorus $S^1 \times D^2$ (dem Inneren eines Vollrings) ist.

1.5.6. Eigenschaften des reellen Monodromieoperators

Wir kehren nun zum Monodromieoperator der Schrödinger-Gleichung (1) zurück. Außer den Lösungsräumen $\boldsymbol{R}^2$ und $\boldsymbol{R}_0{}^2$ der Gleichung (1) und der Gleichung (2) des freien Teilchens betrachten wir noch die *Phasenebene* $\boldsymbol{R}_\Phi{}^2$. Die Punkte der Phasenebene sind Paare (Ψ, Ψ_x) reeller Zahlen.

Wir fixieren $x \in \boldsymbol{R}$ und betrachten den linearen Operator, der jeder (reellen) Lösung der Gleichung (1) ihre Anfangsbedingungen im Punkt x zuordnet:

$$B^x: \boldsymbol{R}^2 \to \boldsymbol{R}_\Phi{}^2, \qquad \Psi \mapsto \big(\Psi(x), \Psi_x(x)\big).$$

Dieser Operator ist ein Isomorphismus. Der Isomorphismus $g_{x_1}^{x_2} = B^{x_2}(B^{x_1})^{-1}$ heißt *Phasentransformation* von x_1 nach x_2.

Für die Gleichung (2) des freien Teilchens wird der Operator (Lösung $\mapsto$ Phasenpunkt)

$$B_0{}^x: \boldsymbol{R}_0{}^2 \to \boldsymbol{R}_\Phi{}^2$$

auf die gleiche Art definiert.

Mit diesen Bezeichnungen ist der reelle Monodromieoperator M durch das folgende kommutative Diagramm aus Isomorphismen bestimmt:

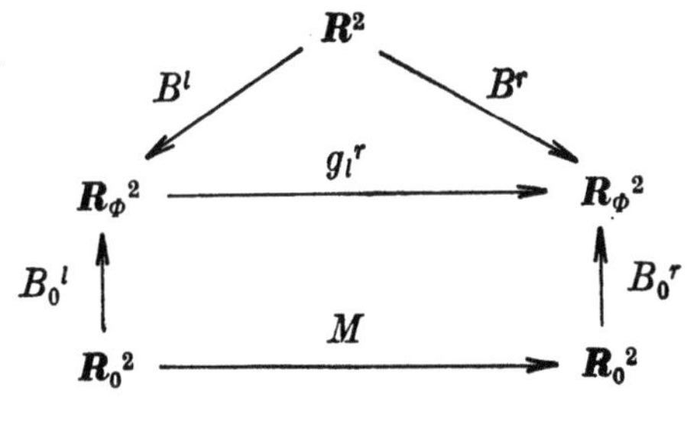

Hier bezeichnet l einen Punkt x links vom Träger und r einen Punkt rechts davon. Von der Wahl dieser Punkte ist M unabhängig.

Satz. *Die Determinante des Monodromieoperators der Schrödinger-Gleichung ist* 1.

◀ Im reellen Zustandsraum $\boldsymbol{R}_0{}^2$ des freien Teilchens sei die Basis $e_1 = \cos kx$, $e_2 = \sin kx$ ausgewählt. Im reellen Phasenraum $\boldsymbol{R}_\Phi{}^2$ seien die Koordinaten Ψ, Ψ_x und folglich ebenfalls eine Basis gewählt. In dieser Basis erhalten wir folgende Matrix des Operators $B_0{}^x$:

$$(B_0{}^x) = \begin{pmatrix} \cos kx & \sin kx \\ -k \sin kx & k \cos kx \end{pmatrix}.$$

Folglich hängt $\det B_0{}^x = k$ nicht von x ab. Insbesondere stimmen die Determinanten des rechten und des linken Isomorphismus im Diagramm überein. Es gilt also $\det M = \det g_l{}^r$ (das Diagramm ist kommutativ). Der Phasenfluß erhält aber nach dem Satz von Liouville den Flächeninhalt (in der Schrödinger-Gleichung kommt Ψ_x nicht vor), d. h., es ist $\det g_l{}^r = 1$, und folglich gilt $\det M = 1$. ▶

1.5.7. Eigenschaften des komplexen Monodromieoperators

◀ Beweis des Satzes über die (1, 1)-Unitarität aus 1.5.3.

Der komplexe Monodromieoperator ist die Komplexifizierung des reellen (vgl. 1.5.3.).

Die Matrix des reellen Monodromieoperators in der Basis $\{\boldsymbol{e}_1, \boldsymbol{e}_2\}$ ist aus $\boldsymbol{SL}(2, \boldsymbol{R})$ (vgl. 1.5.6.). Folglich ist die Matrix dieses Operators in der komplex adjungierten Basis $\boldsymbol{f}_1 = \boldsymbol{e}_1 + i\boldsymbol{e}_2$, $\boldsymbol{f}_2 = \boldsymbol{e}_1 - i\boldsymbol{e}_2$ aus $\boldsymbol{SU}(1, 1)$ (vgl. 1.5.4.). ▶

Aufgabe. Man beweise, daß die Schrödinger-Gleichung (1) keine von 0 verschiedene Lösung besitzt, die mit ae^{ikx} links vom Träger und mit be^{-ikx} rechts vom Träger übereinstimmt (ein Teilchen kann nicht ankommen und sich nicht entfernen).

Lösung. Der Monodromieoperator erhält das hermitesche (1,1)-Quadrat $|z_1|^2 - |z_2|^2$. Aber es ist $\langle ae^{ikx}, ae^{ikx}\rangle = |a|^2$, $\langle be^{-ikx}, be^{-ikx}\rangle = -|b|^2$ (vgl. das Lemma aus 1.5.4.) und folglich $|a|^2 = -|b|^2$, d. h. $a = b = 0$.

1.5.8. Durchlaß- und Reflexionskoeffizienten

Definition. Man sagt, daß ein Teilchen mit dem Impuls $k > 0$, das von links kam, einen Wall mit dem *Durchlaßkoeffizienten* $|A|^2$ und dem *Reflexionskoeffizienten* $|B|^2$ durchdringt, wenn die Schrödinger-Gleichung (1) mit $E = k^2$ eine Lösung Ψ hat, die

links vom Wall $e^{ikx} + B\,e^{-ikx}$ und

rechts vom Wall $A\,e^{ikx}$ ist (Abb. 33).

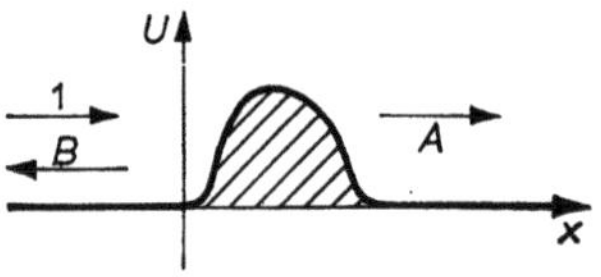

Abb. 33

Lemma. *Die Lösung Ψ und die komplexen Konstanten A und B, die den angegebenen Bedingungen genügen, existieren für jedes $k > 0$ und sind eindeutig bestimmt.*

◀ Wir betrachten das sich nach rechts entfernende Teilchen (die Lösung, die rechts vom Wall gleich e^{ikx} ist). Links vom Wall ist die Lösung, wie jede andere Lösung auch, eine Linearkombination von e^{ikx} und e^{-ikx}, wobei der Koeffizient von e^{ikx} wegen der (1, 1)-Unitarität des Monodromieoperators von 0 verschieden ist (vgl. die Aufgabe in 1.5.7.).

Dividiert man durch diesen von 0 verschiedenen Koeffzienten, so erhält man die gesuchte Lösung.

Die Koeffizienten A und B sind also eindeutig bestimmt. ▶

Aufgabe. Man beweise, daß der Durchlaßkoeffizient immer von 0 verschieden ist.

Lösung. Ist $\Psi \equiv 0$ rechts vom Wall, so ist auch links davon $\Psi \equiv 0$.

Satz. *Die Summe aus dem Durchlaß- und dem Reflexionskoeffizienten ist* 1.

◀ Lemma. *Die Matrix des Monodromieoperators läßt sich in der Basis* $\boldsymbol{f}_1 = \boldsymbol{e}_1 + i\boldsymbol{e}_2, \boldsymbol{f}_2 = \boldsymbol{e}_1 - i\boldsymbol{e}_2$ *durch die komplexen Koeffizienten A und B wie folgt darstellen:*

$$(M) = \begin{pmatrix} \dfrac{1}{\bar{A}} & -\dfrac{B}{\bar{A}} \\[2ex] -\dfrac{\bar{B}}{A} & \dfrac{1}{A} \end{pmatrix}.$$

◀ Nach der Definition der Koeffizienten A und B operiert der Monodromieoperator so, daß $\boldsymbol{f}_1 + B\boldsymbol{f}_2 \mapsto A\boldsymbol{f}_1$ ist. Da der Monodromieoperator reell ist, kann man auch das Bild des konjugiert komplexen Vektors bestimmen. Berücksichtigt man, daß $\bar{\boldsymbol{f}}_1 = \boldsymbol{f}_2$ ist, so erhält man $\boldsymbol{f}_2 + \bar{B}\boldsymbol{f}_1 \mapsto \bar{A}\boldsymbol{f}_2$. Dividiert man durch $A \neq 0$ und $\bar{A} \neq 0$, so erhält man als Matrix für die Umkehrung des Monodromieoperators

$$(M^{-1}) = \begin{pmatrix} \dfrac{1}{\bar{A}} & \dfrac{\bar{B}}{\bar{A}} \\[2ex] \dfrac{B}{A} & \dfrac{1}{A} \end{pmatrix}.$$

[Um eine unimodulare Matrix zweiter Ordnung umzukehren, braucht man nur die Elemente auf der Hauptdiagonalen zu vertauschen und die Vorzeichen der beiden anderen Elemente zu wechseln:

$$\begin{pmatrix} a & b \\ c & d \end{pmatrix} \cdot \begin{pmatrix} d & -b \\ -c & a \end{pmatrix} = \begin{pmatrix} ad - bc & 0 \\ 0 & ad - bc \end{pmatrix}. \blacktriangleright$$

Wegen $M \in \boldsymbol{SU}(1, 1)$ gilt $(1/|A|^2) - (|B|^2/|A|^2) = 1$. ▶

Aufgabe. Man berechne den Durchlaß- und den Reflexionskoeffizienten für ein Potential, das für $0 \leq x \leq a$ konstant U_0 und sonst gleich 0 ist (Abb. 34).

Antwort.

$$|A|^2 = \frac{1}{1 + \dfrac{U_0^2 \sin^2 ak_1}{4E(E - U_0)}},$$

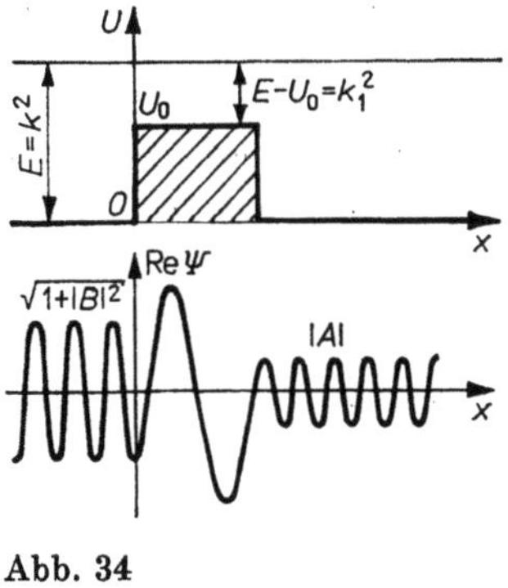

Abb. 34

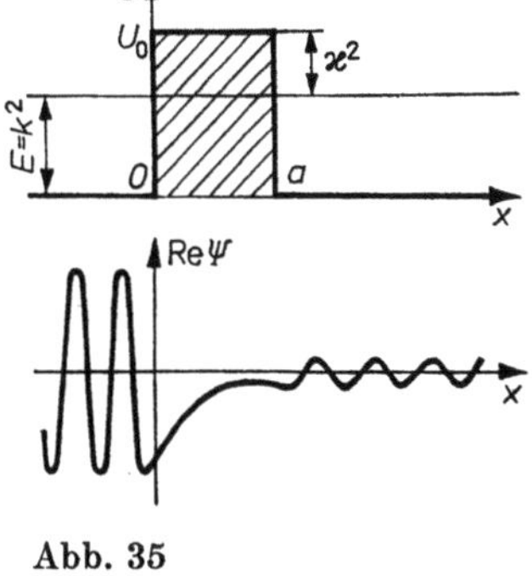

Abb. 35

wobei $E = k^2$, $E - U_0 = k_1^2$ ist (während sich das Teilchen über dem Wall befindet, wird es langsamer, und deshalb ist die Dichte der Wahrscheinlichkeit dafür, das Teilchen zu finden, innerhalb der Grenzen des Walls größer als außerhalb). Für großes E strebt der Reflexionskoeffizient gegen 0,

$$|B|^2 \sim \frac{U_0^2}{4E(E - U_0)} \sin^2 ak_1.$$

Ist die Energie des Teilchens geringer als die Höhe des Walls, so ist der Durchlaßkoeffizient exponentiell klein:

$$|A|^2 = \frac{4k^2\varkappa^2}{(k^2 + \varkappa^2)\sinh^2(a\varkappa) + 4k^2\varkappa^2},$$

wobei $E = k^2$ und $U_0 - E = \varkappa^2$ gilt (Abb. 35). Obwohl der Durchlaßkoeffizient für einen breiten und hohen Wall klein ist, ist er doch immer von 0 verschieden („Tunneleffekt": ein quantenmechanisches Teilchen „durchdringt" den Wall, der für ein klassisches unüberwindlich ist).

1.5.9. Die Streumatrix

Neben dem Durchdringen eines Walls von links nach rechts, kann man das Durchdringen von rechts nach links betrachten. Die entsprechende Lösung Ψ_2 ist

rechts vom Wall $e^{-ikx} + B_2 e^{ikx}$ und

links davon $A_2 e^{-ikx}$ (Abb. 36).

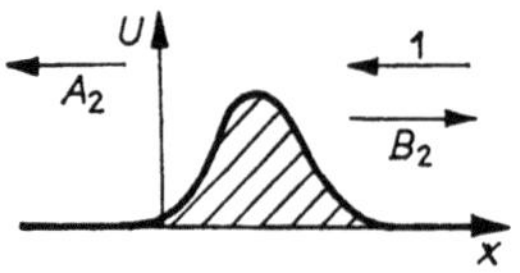

Abb. 36

Definition. Die Matrix

$$S = \begin{pmatrix} A & B \\ B_2 & A_2 \end{pmatrix}$$

wird *Streumatrix* (oder S-Matrix) genannt.

Bemerkung. Geht man von der zeitfreien Schrödinger-Gleichung aus, so ist es nicht leicht zu verstehen, welcher Operator dieser Matrix entspricht und warum diese Matrix jene bemerkenswerten Eigenschaften hat, die wir gleich beweisen werden. Die Erklärung besteht darin, daß S „ankommende in sich entfernende Teilchen transformiert". Diesen Worten kann man einen Sinn geben, wenn man die nichtstationäre Schrödinger-Gleichung betrachtet (was wir aber nicht machen werden).

Satz. *Die Streumatrix ist unitär, und der Durchlaßkoeffizient von links nach rechts stimmt mit dem Durchlaßkoeffizienten von rechts nach links überein. Es gilt* $A = A_2$.

◄ Der Monodromieoperator wirkt folgendermaßen:

$$A_2 f_2 \mapsto f_2 + B_2 f_1,$$

$$\bar{A}_2 f_1 \mapsto f_1 + \bar{B}_2 f_2.$$

Folglich ist

$$(M) = \begin{pmatrix} \dfrac{1}{\bar{A}_2} & \dfrac{B_2}{A_2} \\[2ex] \dfrac{\bar{B}_2}{\bar{A}_2} & \dfrac{1}{A_2} \end{pmatrix}.$$

Vergleicht man das mit der im Lemma aus 1.5.8. berechneten Matrix, so erhält man $A_2 = A$ und $B_2 = -\bar{B}A/\bar{A}$. Weil $|A|^2 + |B|^2 = 1$, $|A_2|^2 + |B_2|^2 = 1$ und $A\bar{B}_2 + B\bar{A}_2 = 0$ ist, ist die Matrix S unitär. ▶

Bemerkung. Wir haben die Schrödinger-Gleichung (1) mit reellen Werten des spektralen Parameters $E = k^2$ betrachtet. Sehr nützlich ist auch die Betrachtung komplexer Werte für k. Für komplexes k erweist es sich, daß die Matrix unitär bleibt und auch die Symmetrieeigenschaft erhalten bleibt. Außerdem hat S die Eigenschaft „fast reell" zu sein, $S(-k) = \overline{S(\bar{k})}$, und ist außerdem „fast analytisch": $A(k)$ ist der Randwert einer Funktion, die in der oberen Halbebene analytisch ist und auf der imaginären Achse endlich viele Pole hat.

Da man die Durchlaß- und Reflexionskoeffizienten messen kann, entsteht das sogenannte Umkehrproblem der Streuungstheorie der Bestimmung des Potentials U aus der Streumatrix $S(k)$.

Das Potential U wird durch eine reelle Funktion auf der reellen Achse oder zwei reelle Funktionen auf der Halbachse definiert. Die Koeffizienten A und B sind zwei komplexe Funktionen auf der Halbachse $k > 0$, d. h. vier reelle Funktionen auf der Halbachse. Die Bedingung der Unitarität von S, $|A|^2 + |B|^2 = 1$, verringert die Zahl der reellen Funktionen auf der Halbachse von 4 auf 3.

Weil $3 > 2$ ist, kann man erwarten, daß nicht jedes Paar A, B mit der Bedingung $|A|^2 + |B|^2 = 1$ einem Potential entspricht. Zur Rekonstruktion des Potentials aus A und B benötigt man für diese Koeffizienten eine weitere Bedingung. Als eine solche erweist sich die Bedingung, „fast analytisch" zu sein.

Es ist erstaunlich, aber es gelang, die hier angeführten groben heuristischen Betrachtungen auf der Grundlage des Abzählens von Funktionen in exakt formulierte und bewiesene Sätze umzuwandeln (die aber den Rahmen dieses Buches sprengen würden).

1.5.10. Gebundene Zustände

Wir werden jetzt einen finiten Potentialtopf betrachten $\big(U(x) \leqq 0,\ U(\infty) = 0\big)$. Man sagt, daß sich ein Teilchen *im Potentialtopf* befindet, wenn Ψ für $x \to \pm\infty$ gegen 0 strebt (Abb. 37). Es ist klar, daß ein Teilchen nur dann im Potentialtopf sein kann, wenn seine Energie negativ ist. Links und rechts vom Potentialtopf ist die Lösung eine Linearkombination der Exponentialfunktionen $e^{\varkappa x}$, $e^{-\varkappa x}$, wobei $\varkappa^2 = -E$,

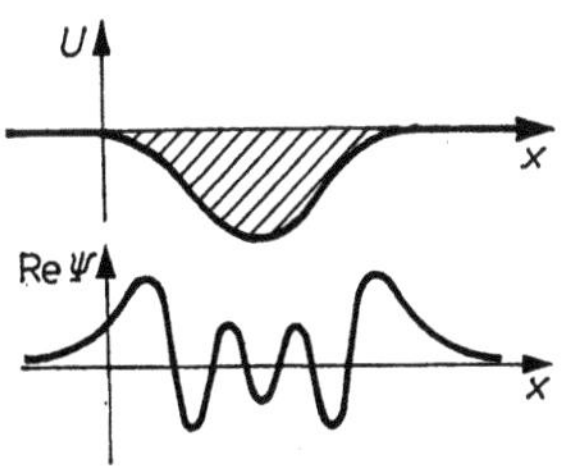

Abb. 37

$\varkappa > 0$ ist. Folglich besteht die Bedingung dafür, daß sich das Teilchen im Potentialtopf befindet darin, daß der Koeffizient der nach links wachsenden Exponentialfunktion links vom Potentialtopf 0 wird und der Koeffizient der nach rechts wachsenden rechts davon. Eine Lösung mit diesen Eigenschaften existiert jedoch nicht für jeden negativen Energiewert.

Es zeigt sich, daß endlich viele negative Energiewerte existieren, für die das entsprechende Teilchen stationär im Potentialtopf bleibt, wenn der Potentialtopf genügend breit und tief ist. Die Anzahl dieser Werte ist um so größer, je breiter und tiefer der Potentialtopf ist.

Die entsprechenden Energiewerte heißen *stationäre Energieniveaus* und die für $x \to \pm\infty$ gedämpften Wellenfunktionen heißen *gebundene Zustände* (ist der Potentialtopf nicht finit, so fordert man $\int |\Psi|^2 \, dx < \infty$).

Aufgabe. Man bestimme die stationären Energieniveaus in einem rechteckigen Potentialtopf der Tiefe U_0 zwischen $x = 0$ und $x = a$ (Abb. 38).

Antwort. $E = 4\xi^2/a^2 - U_0$, wobei ξ Lösungen der Gleichungen

$$\cos\xi = \pm\gamma\xi, \qquad \sin\xi = \pm\gamma\xi \qquad \left(\gamma = \frac{1}{a}\sqrt{\frac{4}{U_0}}\right)$$

sind ($\tan\xi$ ist für die erste Gleichung > 0 und für die zweite < 0).

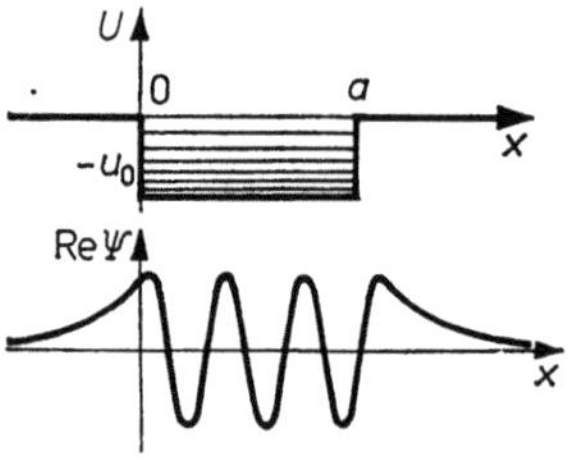

Abb. 38

Aufgabe. Man beweise, daß die Wellenfunktionen Ψ_j, die gebundenen Zuständen mit unterschiedlichen Energieniveaus entsprechen, zueinander orthogonal sind: $\int \Psi_1 \overline{\Psi}_2 \, dx = 0$.

Aufgabe*. Welcher Zusammenhang besteht zwischen den stationären Energieniveaus gebundener Zustände und den Polen der S-Matrix auf der imaginären Achse der k-Werte?

1.6. Die Geometrie einer Differentialgleichung zweiter Ordnung und die Geometrie eines Paares von Richtungsfeldern im dreidimensionalen Raum

In diesem Abschnitt werden die lokalen Eigenschaften der Lösungen einer Differentialgleichung zweiter Ordnung betrachtet, die geometrischen Charakter haben, d. h. die bezüglich Diffeomorphismen der Ebene invariant sind.

Mit jeder Differentialgleichung zweiter Ordnung ist ein Paar von Richtungsfeldern im dreidimensionalen Raum verbunden. Das Problem der lokalen Klassifikation der Differentialgleichungen zweiter Ordnung bis auf Diffeomorphismen der Ebene ist äquivalent zum Problem der lokalen Klassifikation eines Paares von Richtungsfeldern in allgemeiner Lage im dreidimensionalen Raum bis auf Diffeomorphismen dieses Raumes. Im folgenden werden Invarianten und „Normalformen" bei diesen äquivalenten Problemen betrachtet.

1.6.1. Lageeigenschaften der Lösungen linearer Gleichungen

Die Graphen der Lösungen der Gleichung $d^2y/dx^2 = 0$ (Geraden) genügen Sätzen der projektiven Geometrie über die Lage im Raum (Sätze von Pappus, Desargue usw.).

Satz. *Die Schar der Graphen aller Lösungen einer beliebigen homogenen linearen Differentialgleichung zweiter Ordnung*

$$\frac{d^2y}{dx^2} + a(x)\frac{dy}{dx} + b(x)\,y = 0$$

ist lokal (in einer Umgebung eines beliebigen Punktes $x = x_0$) diffeomorph[1]) *zur Schar der Graphen aller Lösungen der einfachsten Gleichung $d^2y/dx^2 = 0$.*

Folgerung. *Die Sätze der projektiven Geometrie über die Lage gelten (lokal) für die Graphen der Lösungen einer beliebigen linearen Differentialgleichung, beispielsweise für die Kurvenscharen $y = A \sin x + B \cos x$ oder $y = Ae^x + Be^{-x}$.*

◀ Wir betrachten eine Lösung y_1, die im Punkt x_0 nicht 0 ist, und eine andere Lösung y_2, die im Punkt x_0 den Wert 0 annimmt, aber nicht identisch 0 ist. Die Formeln

$$Y = \frac{y}{y_1}, \quad X = \frac{y_2}{y_1}$$

definieren den gesuchten Diffeomorphismus. ▶

Bemerkung 1. Die Koordinaten (X, Y) sind bis auf gebrochen-lineare Transformationen (denen sie beim Ersetzen der Lösungen y_1 und y_2 durch ihre Linearkombinationen unterworfen werden) bestimmt. Insbesondere definiert die X-Koordinate auf der x-Achse die Struktur einer lokal projektiven eindimensionalen Mannigfaltigkeit (einen Atlas, in dem die Übergangsfunktionen projektive Transformationen der Geraden, d. h. gebrochen-lineare Funktionen, sind).

Ebenso definiert eine homogene lineare Differentialgleichung zweiter Ordnung in der x,y-Ebene die Struktur einer lokal projektiven Ebene.

Bemerkung 2. Ein Diffeomorphismus zweier lokal projektiver Mannigfaltigkeiten wird *Äquivalenz* genannt, wenn dieser die lokal projektive Struktur der einen Mannigfaltigkeit in die der anderen überführt.

Aufgabe. Man gebe bis auf Äquivalenz alle verschiedenen Strukturen einer lokal projektiven Mannigfaltigkeit auf a) der Geraden und b) der Kreislinie an.

Hinweis. Alle lokal projektiven Strukturen auf der Ebene werden durch eine Abbildung mit nicht verschwindender Ableitung in die projektive Gerade (d. h. in die Kreislinie) induziert. Die Anzahl der Urbilder eines Punktes des Kreises bei dieser Abbildung ist dabei eine Strukturinvariante.

Eine zweiblättrige Überlagerung der projektiven Geraden definiert auf der Kreislinie die Struktur einer lokal projektiven Mannigfaltigkeit, die zur Struktur der projektiven Geraden nicht äquivalent ist. Allerdings wird nicht jede lokal projektive Struktur auf der Kreislinie aus der Struktur der projektiven Geraden induziert. Die Klassifikation der lokal projektiven Strukturen auf der Kreislinie hängt mit der Klassifikation der Hillschen Gleichungen (lineare Differentialgleichungen zweiter Ordnung mit periodischen Koeffizienten) zusammen. Schon Gleichungen mit konstanten Koeffizienten definieren Strukturen, die nicht von der projektiven Geraden induziert sind.

---

[1]) Das heißt, daß ein Diffeomorphismus einer Umgebung der Geraden $x = x_0$ in der x,y-Ebene existiert, der die Graphen der Lösungen in Geraden überführt.

1.6.2. Die Normalform des quadratischen Bestandteiles einer Differentialgleichung zweiter Ordnung in einer Umgebung der gegebenen Lösung

Wir betrachten jetzt eine beliebige nichtlineare Differentialgleichung zweiter Ordnung

$$\frac{d^2y}{dx^2} = \Phi\left(x, y, \frac{dy}{dx}\right).$$

Wir wollen die Geometrie der zweiparametrigen Kurvenschar untersuchen, die durch diese Gleichung in der x,y-Ebene definiert wird. Insbesondere interessiert uns die Frage, ob in dieser Schar die Sätze der Lage gelten, ob man diese Schar mit einem passenden Diffeomorphismus der Ebene begradigen (in eine Geradenschar verwandeln) kann. Wir werden sehen, daß eine solche Begradigung nicht immer möglich ist, und definieren Invarianten, die die „infinitesimale Nichtdesarguesheit" (die Verletzung der Sätze der Lage) messen.

Satz. *Jede Differentialgleichung zweiter Ordnung kann in einer Umgebung eines jeden Linienelements (x, y, p) der Ebene durch einen lokalen Diffeomorphismus der x,y-Ebene in die Gleichung*

$$\frac{d^2y}{dx^2} = A(x)\, y^2 + O(|y|^3 + |p|^3), \qquad p = \frac{dy}{dx},$$

in der Umgebung des Elements $(x = 0, y = 0, p = 0)$ transformiert werden.

◀ 1. *Beseitigung linearer Glieder.* Das gegebene Linienelement bestimmt eine Lösung, die man als x-Achse wählen kann. In einer Umgebung dieser eindeutig bestimmten Lösung linearisieren wir die gegebene Gleichung. Die erhaltene lineare Gleichung begradigen wir (transformieren sie in die Gestalt $d^2y/dx^2 = 0$) lokal durch die Auswahl eines entsprechenden Koordinatensystems[1]) nach dem Satz aus 1.6.1. In diesem Koordinatensystem hat unsere Gleichung zweiter Ordnung eine rechte Seite $\Phi(x, y, p)$, die zusammen mit ihren beiden partiellen Ableitung nach y und p für $y = 0$ und $p = 0$ gleich 0 wird. Die Entwicklung in die Taylorreihe beginnt also mindestens mit quadratischen Gliedern:

$$\frac{d^2y}{dx^2} = A(x)\, y^2 + B(x)\, yp + C(x)\, p^2 + O(|y|^3 + |p|^3).$$

2. *Die Transformation der unabhängigen Variablen.* Wir betrachten einen lokalen Diffeomorphismus der x,y-Ebene, der durch

$$x = F(X, Y), \qquad y = Y$$

gegeben ist (und der den Punkt (x, y) in den Punkt (X, Y) überführt).

Lemma. *Die Gleichung*

$$\frac{d^2y}{dx^2} = \Phi(x, y, p), \qquad p = \frac{dy}{dx},$$

wird durch diese Transformation in

$$\frac{d^2Y}{dX^2} = \hat{\Phi}(X, Y, P), \quad P = \frac{dY}{dX},$$

übergeführt, wobei

$$\hat{\Phi}(X, Y, P) = \frac{\Delta^3}{F'}\Phi\left(F, Y, \frac{P}{\Delta}\right) + \frac{F'' + 2PF' + P^2F}{F'}\, P,$$

[1]) Für das weitere ist es nützlich, sich zu merken, daß in dem Fall, daß die rechte Seite Φ ein Polynom in p vom Grad $n \geqq 1$ war, auch in den in 1.6.1. konstruierten Koordinaten die rechte Seite diese Eigenschaft besitzt.

$\Delta = F' + PF_y$ ist. Der Strich bezeichnet dabei die partielle Ableitung nach X, und die Argumente von F und ihren Ableitungen sind X und Y.

◀ Es sei $y = u(x)$ eine Lösung der ursprünglichen Gleichung, und $Y = U(X)$ sei ihr Bild Dann ist

$$P = \frac{dU}{dX} = \frac{du}{dx}\bigg|_F (F' + PF_Y), \qquad \frac{du}{dx}\bigg|_{F(X,U(X))} = \frac{P}{\Delta}.$$

Folglich ist

$$\frac{d^2U}{dX^2} = \Delta \frac{d}{dX}\frac{du}{dx}\bigg|_{F(X,U(X))} + \frac{P}{\Delta}\left(F'' + 2F_Y'P + F_{YY}P^2 + F_Y\frac{d^2U}{dX^2}\right).$$

Weiterhin gilt

$$\frac{d}{dX}\frac{du}{dx}\bigg|_{F(X,U(X))} = \frac{d^2u}{dx^2}\bigg|_F \Delta = \Phi\big(F(X, U(X)), U(X), P/\Delta\big)\,\Delta.$$

Also ist

$$\left(1 - \frac{PF_Y}{\Delta}\right)\frac{d^2U}{dX^2} = \Phi\left(F, U, \frac{P}{\Delta}\right)\Delta^2 + \frac{P}{\Delta}(F'' + 2PF_Y' + P^2F_{YY}),$$

woraus die geforderte Identität folgt. ▶

Aus dem Lemma folgt unmittelbar

Folgerung 1. *Ist $\Phi = 0$, dann ist $\hat{\Phi}$ ein Polynom höchstens dritten Grades in P.*

Folgerung 2. *Ist Φ ein Polynom höchstens dritten Grades in p, dann ist auch $\hat{\Phi}$ ein Polynom höchstens dritten Grades in P.*

Bemerkung. Die Polynome in p von n-tem Grad ($n \geqq 4$) gehen bei unserer Transformation $\Phi \mapsto \hat{\Phi}$ schon nicht mehr in Polynome in P über, denn $\Delta^3\, \Phi(F, Y, P/\Delta)$ ist für $n > 3$ kein Polynom mehr

Folgerung 3. *Eine Differentialgleichung zweiter Ordnung definiert auf dem Graphen jeder Lösung die Struktur einer lokal projektiven Geraden und im Normalenbündel des Graphen die Struktur einer lokal projektiven Ebene.*

◀ Wir betrachten die Gleichung der Variationen längs der gegebenen Lösung. Das ist eine homogene lineare Differentialgleichung zweiter Ordnung, und deshalb wird in der Ebene der unabhängigen und abhängigen Variablen die Struktur einer lokal projektiven Ebene und längs der gegebenen Lösung die Struktur einer lokal projektiven Geraden definiert (vgl. 1.6.1.).

In den Bezeichnungen des Lemmas lautet die Gleichung der Variationen $d^2y/dx^2 = \Phi_1$, wobei $\Phi = \Phi_1 + \Phi_2 + \cdots$ die Entwicklung in eine Reihe in y und p ist.

Wir betrachten jetzt in der Ebene das Normalenbündel des Graphen der gegebenen Lösung. Der Normalenraum einer Untermannigfaltigkeit in einem ihrer Punkte ist der Faktorraum des Tangentialraumes an die umfassende Mannigfaltigkeit nach dem Tangentialraum an die Untermannigfaltigkeit in diesem Punkt. Das Normalenbündel einer Untermannigfaltigkeit ist die Vereinigung der Normalenräume aller Punkte der Untermannigfaltigkeit (mit der natürlichen Projektion auf die Untermannigfaltigkeit).

Den Wertebereich einer Lösung der Gleichung der Variationen kann man als Teilmenge des Normalenbündels des Graphen der betrachteten Lösung der ursprünglichen Gleichung auffassen.

Denn die Gleichung der Variationen wurde mit Hilfe eines solchen x, y-Koordinatensystems bestimmt, in dem die x-Achse der Graph der betreffenden Lösung war. Der Wert einer Lösung der Gleichung der Variationen in einem Punkt ist ein Tangentialvektor an die umfassende Ebene in y-Richtung im betrachteten Punkt der x-Achse. Seine Projektion in den Normalenraum zur x-Achse in diesem Punkt ist ein Vektor des Normalenbündels. Lösungen der Gleichung der Variationen definieren auf diese Weise Kurven im Raum des Normalenbündels. Es zeigt sich nun, daß *diese Kurven unabhängig von der Wahl des verwendeten Koordinatensystems sind.* Genau das ist gemeint, wenn wir davon sprechen, daß die Gleichung der Variationen als Gleichung im Normalenbündel aufgefaßt werden kann.

Den Beweis der kursiv hervorgehobenen Behauptung erhält man leicht aus dem oben bewiesenen Lemma: in den Bezeichnungen des Lemmas lautet die zu beweisende Behauptung wie folgt.

Ist $F(X, 0) = X$ und Φ_1 der in y und p lineare Bestandteil der Taylor-Entwicklung von Φ nach y und p, so gilt $\hat{\Phi}_1(X, Y, P) = \Phi_1(X, Y, P)$. Die letzte Gleichung folgt leicht aus den Formeln des Lemmas.

Die durch die Gleichung der Variationen definierte Struktur einer lokal projektiven Ebene ist also im Normalenbündel gegeben. ▶

3. *Die Transformation der abhängigen Variablen.* Wir wollen einen lokalen Diffeomorphismus der x,y-Ebene betrachten, der durch $y = G(X, Z)$, $x = X$ gegeben ist, und der den Punkt (x, y) in den Punkt (X, Z) überführt.

Lemma. *Die Gleichung*

$$\frac{d^2y}{dx^2} = \Phi(x, y, p), \qquad p = \frac{dy}{dx},$$

wird durch den genannten Diffeomorphismus in die Gleichung

$$\frac{d^2Z}{dX^2} = \tilde{\Phi}(X, Z, \Pi), \qquad \Pi = \frac{dZ}{dX},$$

übergeführt, wobei

$$\tilde{\Phi}(X, Z, \Pi) = \frac{1}{G_Z}\left(\Phi(X, G(X, Z), G' + \Pi G_Z) - G'' - 2\Pi G_Z' - \Pi^2 G_{ZZ}\right)$$

ist. Der Strich bezeichnet hier die partielle Ableitung nach X, und die Argumente von G und seinen Ableitungen sind immer X und Z.

◀ Ist $y = v(x)$ eine Lösung der ursprünglichen Gleichung und $Z = V(X)$ ihr Bild, dann ist

$$\frac{dv}{dx} = G' + V'G_Z$$

(hier und im weiteren sind die Argumente von G und seinen Ableitungen X und $V(X)$). Weiter ist

$$\frac{d^2v}{dx^2} = G'' + 2G_Z'V' + G_{ZZ}V'^2 + G_ZV'' = \Phi(X, G, G' + XG_Z).$$

Indem man V'' aus der letzten Gleichung bestimmt, erhält man die in der Formulierung des Lemmas angegebene Identität. ▶

Aus dem Lemma folgt unmittelbar

Folgerung 1. Ist $\Phi = 0$, *dann ist $\tilde{\Phi}$ ein Polynom höchstens zweiten Grades in Π.*

Folgerung 2. *Es sei Φ ein Polynom höchstens n-ten Grades ($n \geq 2$) in p. Dann ist $\tilde{\Phi}$ ein Polynom höchstens n-ten Grades in Π.*

4. *Die Berechnung der quadratischen Glieder.* Wir betrachten einen lokalen Diffeomorphismus der Ebene, der durch

$$x = F(X, Z) = X + f(X)\,Z + O(|Z|^2)$$

$$y = G(X, Z) = Z + g(X)\,Z^2 + O(|Z|^3)$$

gegeben ist.

Lemma. *Die Gleichung*

$$\frac{d^2y}{dx^2} = \Phi(x, y, p), \quad p = \frac{dy}{dx}, \quad \Phi = O(|y|^2 + |p|^2),$$

wird durch den genannten lokalen Diffeomorphismus in die Gleichung

$$\frac{d^2Z}{dX^2} = \Psi(X, Z, \Pi), \quad \Pi = \frac{dZ}{dX},$$

übergeführt, wobei

$$\Psi(X, Z, \Pi) = \Phi(X, Z, \Pi) + \Omega(X, Z, \Pi) + O(|Z|^3 + |\Pi|^3),$$

$$\Omega = \alpha Z^2 + \beta Z\Pi + \gamma \Pi^2,$$

$$\alpha = -g'', \quad \beta = -4g' + f'', \quad \gamma = -2g + 2f'$$

ist. Das Argument von f, g und ihren Ableitungen ist X.

◀ Den Beweis erhält man durch Anwendung des Lemmas über die Transformation der unabhängigen Variablen und anschließend des Lemmas über die Transformation der abhängigen Variablen. Indem man die rechten Seiten der entsprechenden Formeln nach (Z, Π) entwickelt und nur quadratische Bestandteile berücksichtigt, erhält man als Ergänzung zu den quadratischen Gliedern von Φ die oben angegebene Funktion Ω. ▶

5. *Die Reduktion der quadratischen Glieder.* Wir bezeichnen die quadratischen Glieder der ursprünglichen rechten Seite Φ mit

$$\Phi_2 = Ay^2 + Byp + Cp^2.$$

Dann lauten die quadratischen Glieder der transformierten Gleichung

$$\Psi_2 = (A - g'')\, Z^2 + (B - 4g' + f'')\, Z\Pi + (C - 2g + 2f')\, \Pi^2$$

(das Argument der Funktionen A, B, C, f, g und ihrer Ableitungen ist überall X, das übrigens längs der betrachteten Lösung gleich x ist). Unmittelbar einsichtig ist das folgende

Lemma. *Der Term*

$$I = 6A - 2B' + C''$$

ändert sich nicht beim Übergang von Φ_2 zu Ψ_2.

Indem man geeignete Funktionen f und g auswählt, kann man zwei der drei Koeffizienten A, B, C annullieren (I bleibt dabei invariant). Konkret bestimmt man f und g aus den Bedingungen $4g' - f'' = B$, $2g - 2f' = C$. Dann erhalten wir $\Psi_2 = \tilde{A}Z^2$, $\tilde{A} = I/6$, was auch den Satz beweist. ▶

1.6.3. Infinitesimale Abweichung vom desarguesschen Typ

Das Koordinatensystem, in dem die Differentialgleichung zweiter Ordnung in einer Umgebung einer fixierten Lösung die Gestalt

$$\frac{d^2y}{dx^2} = A(x)\, y^2 + O(|y|^3 + |p|^3), \quad p = \frac{dy}{dx},$$

hat, ist nicht eindeutig bestimmt. Wir wollen im folgenden untersuchen, in welchem Maße der Koeffizient A, der die Begradigung der Lösungsschar behindert und die infinitesimale Abweichung vom desarguesschen Typ in einem gegebenen Punkt und in einer gegebenen Richtung mißt, invariant ist, d. h. nicht mehr von der Art der Reduktion auf die Normalform abhängt.

Satz. *Die Differentialform ω vom Grad 5/2*

$$\omega = A(x)\,|dx|^{5/2}$$

ist längs der Nullösung bis auf eine multiplikative Konstante invariant.

Mit anderen Worten, ist (X, Y) ein anderes Koordinatensystem, in dem die Gleichung gleichfalls Normalform hat, der Lösung $Y = 0$ die Lösung $y = 0$ entspricht und der Koeffizient $A(x)$ durch $\bar{A}(x)$ ersetzt ist, dann gilt

$$A(X) = CA(x)\left|\frac{dx}{dX}\right|^{5/2},$$

wobei C von x nicht abhängt.

Wir werden die Form ω die „Form der Abweichung vom desarguesschen Typs längs der gegebenen Lösung" nennen.

◀ Der allgemeinste Diffeomorphismus, der die Achse $y = 0$ invariant läßt, transformiert den Punkt (x, y) in den Punkt

$$X = f_0(x) + yf_1(x) + \cdots,$$
$$Y = yg_1(x) + y^2g_2(x) + \cdots.$$

Der Vektor des Normalenbündels im Punkt x mit der y-Komponente ξ geht hierbei in den Vektor im Punkt $f_0(x)$ mit der Y-Komponente $g_1(x)\cdot\xi$ über.

Da die projektive Struktur des Normalenbündels invariant ist (vgl. 1.6.2.), muß der Diffeomorphismus $(x, y) \mapsto (X, Y)$, der eine Gleichung in Normalform in eine andere Normalform überführt, eine projektive Transformation $(x, \xi) \mapsto (f_0(x), g_1(x)\,\xi)$ im Normalenbündel erzeugen. Daraus erhalten wir

$$f_0 = \frac{ax + b}{cx + d}, \quad g_1 = \frac{C}{cx + d}.$$

Jeder Diffeomorphismus, der die Achse $y = 0$ invariant läßt und die projektive Struktur des Normalenbündels nicht ändert, kann deshalb als Komposition einer speziellen Transformation

$$X = f_0(x), \quad Y = yg_1(x)$$

und eines Diffeomorphismus, der das Normalenbündel punktweise invariant läßt,

$$(X, Y) \mapsto (X + Yf_1(X) + \cdots,\ Y + Y^2g_2(X) + \cdots),$$

dargestellt werden.

Den letzten Diffeomorphismus kann man noch als Komposition von Transformationen der abhängigen und unabhängigen Variablen wie in 1.6.2. darstellen. Deshalb wird sich die aus den in y und p quadratischen Gliedern der rechten Seite zusammengesetzte Invariante I (siehe 1.6.2., Punkt 5 des Beweises) bei diesem Diffeomorphismus nicht ändern.

Wir untersuchen nun das Verhalten von I bei der speziellen projektiven Transformation.

Jede projektive Transformation der Geraden läßt sich als Komposition von Translationen, Dehnungen und der Transformation $x \mapsto 1/x$ darstellen.

Bei Translationen ändert sich I nicht, und bei Dehnungen wird sie nur mit einer Konstanten multipliziert. Deshalb ist die Betrachtung ihres Verhaltens bei der Transformation $x = 1/X$, $y = Y/X$ ausreichend.

Aus der Berechnung von $P = dY/dX$ und $dP/dX = d^2Y/dX^2$ erhält man $P = y - px$, $dP/dX = X^{-3}\,dp/dx$ (wobei $p = dy/dx$ ist). Folglich ist

$$\frac{d^2Y}{dX^2} = X^{-3}A\left(\frac{1}{X}\right)\left(\frac{Y}{X}\right)^2 + O(|Y|^3 + |P|^3).$$

Damit ist der Koeffizient von Y^2 gleich $X^{-5}A(x)$. ▶

1.6.4. Konstruktion skalarer Invarianten

Aus der oben konstruierten Differentialform ω kann man skalare Funktionen erhalten, die invariant an die Gleichung gebunden sind.

Zuvor wollen wir bemerken, daß mit einer Differentialform ω (beliebigen Grades) einer eindimensionalen Mannigfaltigkeit ein Vektorfeld (eine Form vom Grad -1) invariant verbunden ist: in jedem Punkt nimmt auf dem Vektor dieses Vektorfeldes die Form den Wert 1 an.

Beispielweise ist invariant mit der Form $A(x)\,(dx)^{5/2}$ das Vektorfeld $v(x) \cdot \partial/\partial x$ verbunden, wobei $v = A^{-2/5}$ ist.

Satz. *Es sei $v(x) \cdot \partial/\partial x$ ein Vektorfeld auf der Geraden. Dann sind invariant bezüglich projektiver Transformationen der Geraden mit dem Vektorfeld folgende skalare Funktionen verbunden:*

$$I_2 = 2v''v - v'^2,\ I_3 = 2v'''v^2, \ldots, I_n = vI'_{n-1}, \ldots$$

Hier bezeichnet der Strich die Ableitung nach x.

◀ Die Invarianz von I_2 überprüft man leicht durch direkte Berechnung: es reicht dabei die Betrachtung der Inversion $x = 1/X$ aus, weil die Invarianz bezüglich Translationen und Dehnungen offensichtlich ist. Die Ableitung einer Funktion längs eines Vektorfeldes ist nicht nur bezüglich projektiver Transformationen invariant mit der Funktion und dem Vektorfeld verbunden, sondern sogar bezüglich aller Diffeomorphismen der Geraden. Deshalb folgt die Invarianz aller I_n aus der Invarianz von I_2. ▶

Bemerkung 1. Die Invariante I_2 wurde aus folgenden Überlegungen heraus konstruiert. Die Lie-Algebra der projektiven Gruppe der Geraden wird von den Feldern $\partial/\partial x$, $x \cdot \partial/\partial x$ und $x^2 \cdot \partial/\partial x$ erzeugt[1]). Deshalb kann jedes Vektorfeld in jedem beliebigen Punkt durch projektive Vektorfelder (Felder aus der Lie-Algebra der projektiven Gruppe) bis zu den quadratischen Gliedern einschließlich approximiert werden.

Bei projektiven Transformationen geht das das ursprüngliche Feld in einem Punkt approximierende projektive Feld in ein neues projektives Feld über, das das transformierte Feld im entsprechenden Bildpunkt approximiert. Die Operation der projektiven Transformationen der Geraden auf dem dreidimensionalen Raum der projektiven Felder ist die adjungierte Darstellung der projektiven Gruppe in ihrer Lie-Algebra. Aber eine solche Operation läßt eine quadratische Form auf der Algebra invariant. Wenn man nämlich die projektiven Transformationen durch Matrizen zweiter Ordnung und die projektiven Felder durch die ihnen entsprechenden Operatoren der einparametrigen Gruppen darstellt, dann ist die Operation der Transformation g auf dem Feld $\boldsymbol{v}$ das Matrizenprodukt gvg^{-1}. Nun ist aber $\det gvg^{-1} = \det v$. Deshalb ist die Determinante der Matrix v eine quadratische Form auf der Lie-Algebra der Vektorfelder, die bezüglich der adjungierten Darstellung invariant ist. Folglich ist diese Determinante, berechnet für das projektive Feld, das das gegebene Vektorfeld approximiert, ein Skalar, der invariant bezüglich projektiver Transformationen mit dem gegebenen Feld verbunden ist.

Das approximierende projektive Feld hat in der oben genannten Basis der Lie-Algebra die Komponeten $(v, v', v''/2)$. Die diesem Vektorfeld entsprechende Matrix ist deshalb

$$\begin{pmatrix} v'/2 & v \\ -v''/2 & -v'/2 \end{pmatrix},$$

deren Determinante I_2 ist (bis auf einen unwesentlichen Faktor).

---

[1]) Die entsprechenden einparametrigen Gruppen projektiver Transformationen sind in affinen Koordinaten von der Gestalt $g^t x = x + t$, $g^t x = e^t x$, $g^t x = x/(1 - tx)$ und haben folglich in homogenen Koordinaten die unimodularen Matrizen zweiter Ordnung

$$\begin{pmatrix} 1 & t \\ 0 & 1 \end{pmatrix}, \quad \begin{pmatrix} \exp(t/2) & 0 \\ 0 & \exp(-t/2) \end{pmatrix}, \quad \begin{pmatrix} 1 & 0 \\ -t & 1 \end{pmatrix}.$$

Die Matrizen der erzeugenden Operatoren sind deshalb

$$\begin{pmatrix} 0 & 1 \\ 0 & 0 \end{pmatrix}, \quad \begin{pmatrix} 1/2 & 0 \\ 0 & 1/2 \end{pmatrix}, \quad \begin{pmatrix} 0 & 0 \\ -1 & 0 \end{pmatrix}.$$

Bemerkung 2. Allem Anschein nach läßt sich jede Funktion (jedes Polynom, jede Reihe, ...) von v und einer endlichen Zahl gewisser Ableitungen von v, die bezüglich projektiver Transformationen invariant mit dem Vektorfeld v verbunden ist, als Funktion der konstruierten Invarianten I_k darstellen.

Bemerkung 3. Projektive Invarianten einer Funktion auf der projektiven Geraden kann man folgendermaßen konstruieren: der Funktion wird ihr Differential (1-Form), dieser Form wird ein Vektorfeld und dem Vektorfeld werden die Invarianten I_k zugeordnet. Die einfachste Invariante einer Funktion f bezüglich projektiver Transformationen der unabhängigen Variablen ist insbesondere

$$I_2[f] = \frac{2f'f''' - 3f''^2}{f'^2}$$

(diese Größe unterscheidet sich von der Schwarzschen Ableitung, die bezüglich projektiver Transformationen der Achse des Wertebereiches invariant ist, durch einen zusätzlichen Faktor f'^2 im Nenner).

Bemerkung 4. Wird das Vektorfeld mit der Zahl λ multipliziert, so werden die oben konstruierten Invarianten $I_2, I_3, \ldots$ mit den Faktoren $\lambda^2, \lambda^3, \ldots$ multipliziert. Aus ihnen kann man also leicht Kombinationen zusammenstellen, die sich auch bei der Multiplikation eines Vektorfeldes mit einer Zahl nicht mehr ändern, beispielweise $J = I_3^2/I_2^3$.

Die Größe J, die dem aus der (5/2)-Form ω konstruierten Vektorfeld v entspricht, ist eine skalare Funktion auf dem Raum der Linienelemente der Ebene und ist völlig unabhängig von der Auswahl des Koordinatensystems und hängt nur noch von der ursprünglich gegebenen Differentialgleichung zweiter Ordnung ab.

1.6.5. Gleichungen, die in $\frac{dy}{dx}$ kubisch sind

Das Verschwinden der oben konstruierten Form ω der Abweichung vom desarguesschen Typ längs jeder Lösung ist notwendig für die Begradigung der Gleichung (Reduktion auf die Gestalt $d^2y/dx^2 = 0$), ist jedoch, wie wir gleich sehen werden, nicht hinreichend.

Satz 1. *Wir nehmen an, daß sich die Differentialgleichung*

$$\frac{d^2y}{dx^2} = \Phi(x, y, p) \qquad \left(p = \frac{dy}{dx}\right)$$

durch einen Diffeomorphismus der Ebene auf die Gestalt $d^2y/dx^2 = 0$ reduzieren läßt. Dann ist Φ ein Polynom höchstens dritten Grades in p.

Mit anderen Worten, die Differentialgleichung der Schar aller Geraden der Ebene in einem beliebigen krummlinigen Kooordinatensystem hat als rechte Seite ein Polynom höchstens dritten Grades in der ersten Ableitung.

Satz 1 ist eine Folgerung aus dem folgenden (erstaunlichen)

Satz 2. *Nehmen wir an, daß die rechte Seite der Differentialgleichung*

$$\frac{dy^2}{dx^2} = \Phi(x, y, p)$$

ein Polynom höchstens dritten Grades in p ist, dann geht nach jedem Diffeomorphismus der Ebene diese Gleichung in eine Gleichung der gleichen Art über, d. h., die rechte Seite ist wieder ein Polynom höchstens dritten Grades in der ersten Ableitung.

◀ Satz 2 folgt aus den Lemmata des Abschnittes 1.6.2. über die Änderung der rechten Seite der Gleichung bei Transformationen der unabhängigen und abhängigen Variablen (vgl. die Folgerungen in 1.6.2.), weil man jeden Diffeomorphismus der Ebene als Komposition dieser Transformationen erhält. ▶

◀ Satz 1 folgt aus Satz 2 und daraus, daß die Null ein Polynom höchstens dritten Grades in p ist. ▶

Aufgabe. Man führe in der Gleichung

$$\frac{d^2y}{dx^2} = a_0y'^3 - a_1y'^2 + b_1y' - b_0$$

(wobei a_i, b_i Funktionen von x und y sind) die Transformation $(x, y) \mapsto (y, x)$ durch.

Antwort.

$$\frac{d^2x}{dy^2} = b_0x'^3 - b_1x'^2 + a_1x' - a_0.$$

Bemerkung. Man kann zeigen, daß die Bedingungen $\omega \equiv 0$ und $d^4\Phi/dp^4 \equiv 0$ voneinander unabhängig sind. Deshalb ist die Bedingung $\omega \equiv 0$ nicht hinreichend für die Reduzierbarkeit auf die Gestalt $d^2y/dx^2 = 0$.

Beide Bedingungen $\{\omega \equiv 0, d^4\Phi/dp^4 \equiv 0\}$ zusammen sind schon hinreichend für die Reduzierbarkeit der Gleichung auf die Gestalt $d^2y/dx^2 = 0$. Das kann man aus den Formeln des Abschnitts 1.6.2. (nach einigen Berechnungen) ableiten.

Aufgabe. Man beweise, daß jede Lösung einer Gleichung zweiter Ordnung lokal (in einer Umgebung des Punktes $x = 0$ der Lösung $y = 0$ auf die Gestalt $d^2y/dx^2 = p^2 B(x, y, p)$, $p = dy/dx$, reduziert werden kann.

1.6.6. Die Geometrie eines Paares von Richtungsfeldern im dreidimensionalen Raum

Wir betrachten ein Paar von Richtungsfeldern im dreidimensionalen Raum. Es zeigt sich, daß die lokale Klassifikation solcher Paare in allgemeiner Lage (bis auf Diffeomorphismen des Raumes) äquivalent zur lokalen Klassifikation der Differentialgleichungen zweiter Ordnung (bis auf Diffeomorphismen der Ebene der unabhängigen und der abhängigen Variablen, lokal = in einer Umgebung eines gegebenen Punktes mit einer gegebenen Richtung) ist.

Zuerst werden wir einem Paar von Richtungsfeldern im dreidimensionalen Raum eine zweiparametrige Kurvenschar in der Ebene zuordnen.

Dazu begradigen wir das erste Feld mit einem lokalen Diffeomorphismus des Raumes, der die Geradenschar des ersten Richtungsfeldes in eine Schar vertikaler Geraden überführt. Danach projizieren wir die Integralkurven des zweiten Feldes längs der vertikalen Geraden auf die horizontale Ebene. Auf dieser Ebene (der Faktorebene des Raumes nach den Integralkurven des ersten Feldes) erhalten wir eine zweiparametrige Kurvenschar.

Jetzt werden wir mit dieser zweiparametrigen Kurvenschar eine Differentialgleichung zweiter Ordnung definieren, für die diese Kurven die Graphen der Lösungen sind.

Dazu bemerken wir, daß in einer allgemeinen lokalen zweiparametrigen Kurvenschar in der Ebene in einer Umgebung eines Linienelements (Punkt und Richtung) einer Kurve der Schar durch jeden Punkt in jede Richtung eine und nur eine Kurve der Schar verläuft (dafür ist hinreichend, daß die entsprechende Jacobische Determinante nicht verschwindet).

Wenn die Schar in diesem Sinne allgemein ist und (x, y) die Koordinaten der Ebene sind, so ist der Wert von d^2y/dx^2 in den Punkten der Kurve eine glatte Funktion des Linienelements, d. h. von $(x, y, dy/dx)$. Wir erhalten auf diese Weise eine Differentialgleichung zweiter Ordnung $d^2y/dx^2 = \Phi(x, y, dy/dx)$. Die Graphen der Lösungen dieser Gleichung sind die Kurven der betrachteten Schar (nach dem Satz über Eindeutigkeit der Lösungen).

So haben wir unter einer gewissen Regularitätsbedingung, daß nämlich die Jacobische Determinante nicht verschwindet, einem Paar von Richtungsfeldern im dreidimensionalen Raum eine Differentialgleichung zweiter Ordnung zugeordnet.

Definition. Ein Richtungsfeld im dreidimensionalen Raum heißt *bezüglich der Vertikalen nichtentartet*, wenn nirgends die Richtung des Feldes vertikal ist und wenn sich die horizontale

Projektion bei einer Bewegung des Fußpunktes längs einer vertikalen Geraden mit von 0 verschiedener Geschwindigkeit dreht.

Ein Paar von Richtungsfeldern im dreidimensionalen Raum heißt *nichtentartet*, wenn nach Anwendung eines Diffeomorphismus, der das erste Feld vertikal macht, das zweite Feld bezüglich des ersten nicht entartet ist.

Bemerkung. Es ist nicht schwer zu sehen, daß diese Definition korrekt ist. Wenn das zweite Feld bezüglich des ersten nicht entartet nach einem Diffeomorphismus wird, der das erste Feld vertikalisiert, dann wird es das auch bei jedem anderen das erste Feld vertikalisierenden Diffeomorphismus. Ohne Schwierigkeiten überprüft man auch, daß die Eigenschaft „nicht entartet zu sein" bei der Änderung der Reihenfolge der Felder erhalten bleibt (d. h., es ist gleichgültig, welches der beiden Felder vertikalisiert wird).

Nach dem obigen haben wir jedem nicht entarteten Paar lokaler Richtungsfelder im dreidimensionalen Raum eine Differentialgleichung zweiter Ordnung zugeordnet. Unsere Bedingung des Nichtentartetseins stimmt nämlich genau mit der Bedingung des Nichtverschwindens der Jacobi-Determinante $\partial(y, y')/\partial(u, v)$ überein, wobei (u, v) die Scharparameter sind. Wir zeigen jetzt, daß dieser Zusammenhang die völlige Äquivalenz der Aufgaben der lokalen Klassifikation der Paare von Richtungsfeldern im $\boldsymbol{R}^3$ und der der Differentialgleichungen zweiter Ordnung gewährleistet.

Satz. *Man kann jede Differentialgleichung zweiter Ordnung durch die oben beschriebene Konstruktion aus einem geeigneten nichtentarteten Paar von Richtungsfeldern im dreidimensionalen Raum erhalten.*

Werden zwei Paare von Richtungsfeldern durch einen Diffeomorphismus ineinander übergeführt, dann werden die entsprechenden Gleichungen durch einen Diffeomorphismus der Ebene ineinander übergeführt. Wenn umgekehrt zwei Gleichungen zweiter Ordnung durch einen Diffeomorphismus der Ebene ineinander übergeführt werden, so werden zwei beliebige Paare, die diesen Gleichungen entsprechen, durch einen Diffeomorphismus des Raumes ineinander übergeführt.

Also wird das Paar von Feldern durch die Gleichung eindeutig (bis auf Diffeomorphismen des Raumes) bestimmt.

◀ Für jede Gleichung $d^2y/dx^2 = \Phi(x, y, dy/dx)$ betrachten wir im dreidimensionalen Raum der 1-Jets mit den Koordinaten (x, y, p) die „vertikale" Geradenschar in p-Richtung ($x =$ const, $y =$ const) und die Schar der Integralkurven des der Gleichung äquivalenten Systems $dy/dx = p$, $dp/dx = \Phi$.

Nach der Projektion längs der vertikalen Richtung erhalten wir die Schar der Graphen der Lösungen unserer Gleichung. Auf diese Weise haben wir für jede Gleichung ein Paar von Richtungsfeldern konstruiert, aus dem man diese Gleichung erhält.

Ein Diffeomorphismus des Raumes, der jede vertikale Gerade in eine vertikale überführt, induziert einen Diffeomorphismus der horizontalen Ebene. Deshalb erhält man aus einem Diffeomorphismus zweier Paare von Richtungsfeldern im $\boldsymbol{R}^3$ einen Diffeomorphismus der entsprechenden Gleichungen.

Umgekehrt: ein Diffeomorphismus der horizontalen Ebene operiert auf den Linienelementen (Richtungen) von Kurven der Ebene. Deshalb definiert ein Diffeomorphismus, der die erste Gleichung in die zweite Gleichung überführt, einen Diffeomorphismus des dreidimensionalen Raumes mit dem ersten Paar von Richtungsfeldern in einen zweiten. [Einem Punkt des ersten Raumes entspricht ein Kurvenelement der Ebene; der Diffeomorphismus der Ebene bildet dieses auf ein neues ab, das die Projektion der Richtung des zweiten Richtungsfeldes des zweiten Paares in einem eindeutig bestimmten Punkt des zweiten Raumes ist. Dieser ist dann auch das Bild des Punktes des ersten Raumes.] ▶

Aus diesem Satz folgt, daß alle bisher erhaltenen Ergebnisse über die Geometrie einer Schar von Lösungen einer Gleichung zweiter Ordnung in die Sprache der Geometrie eines nichtentarteten Paares von Richtungsfeldern im dreidimensionalen Raum übersetzt werden können (oder auch in die Sprache der Geometrie eines Systems zweier impliziter Gleichungen erster Ordnung im einfachsten Fall, wenn die Abhängigkeit der Ableitungen von den Koordinaten zweideutig ist).

Wir bemerken weiter, daß ein nichtentartetes Paar von Richtungsfeldern im dreidimensionalen Raum eine Kontaktstruktur definiert (ein vollständig nichtintegrierbares Feld von Ebenen, die von den gegebenen Richtungen aufgespannt werden, ausführlicher findet man das im Kapitel 2). Die Integralkurven unserer Felder sind in diesem Sinne Legendre-Faserungen[1]). Deshalb können wir die bisherigen Ergebnisse auch als Aussagen über die Geometrie eines Paares von Legendre-Faserungen im $\boldsymbol{R}^3$ formulieren.

1.6.7. Dualität

Im vorigen Abschnitt haben wir zu jedem nichtentarteten Paar von Richtungsfeldern im dreidimensionalen Raum eine Differentialgleichung zweiter Ordnung konstruiert, indem wir das erste Feld vertikalisiert und die Integralkurven des zweiten projiziert haben. Man könnte auch anders herangehen und das zweite Feld vertikalisieren und dafür die Integralkurven des ersten Feldes projizieren. Als Ergebnis erhält man im allgemeinen eine andere Gleichung.

Also gibt es zu jeder Differentialgleichung zweiter Ordnung eine duale Gleichung.

In der Sprache der Paare von Richtungsfeldern im dreidimensionalen Raum bedeutet der Übergang zur dualen Gleichung das Vertauschen der Felder des Paares. Eine andere Beschreibung der dualen Gleichung besteht in folgendem. Wir wollen annehmen, daß die von zwei Parametern (u, v) abhängige Schar der Lösungen $y(x)$ einer Gleichung zweiter Ordnung durch $F(x, y; u, v) = 0$ gegeben ist. Jetzt fassen wir x und y als Parameter und u und v als Variable auf. Damit definiert dieselbe Gleichung eine zweiparametrige Schar von Lösungen einer Gleichung zweiter Ordnung, die dann auch genau die zur ersten duale Gleichung ist.

Aufgabe. Man beweise, daß die Form ω der Abweichung einer Gleichung zweiter Ordnung vom desarguesschen Typ (vgl. 1.6.2.) genau dann gleich 0 ist, wenn die rechte Seite der dualen Gleichung ein Polynom höchstens dritten Grades in der ersten Ableitung ist.

Also kann man die Bedingung für die Begradigung einer Gleichung zweiter Ordnung wie folgt formulieren:

Die Gleichung $d^2y/dx^2 = \Phi(x, y, dy/dx)$ läßt sich genau dann in die Gestalt $d^2y/dx^2 = 0$ überführen, wenn die rechte Seite der gegebenen Gleichung wie auch die der zu ihr dualen Gleichung Polynome höchstens dritten Grades in der ersten Ableitung sind.

1.6.8. Übersicht

Die Geometrie einer Gleichung war die Quelle einer Reihe mathematischer Theorien:

1. A. Tresse, ein Schüler von S. Lie, konstruierte in der auch preisgekrönten Bewerbungsschrift [2] zum Preisausschreiben der Fürstlich-Jablonskischen Gesellschaft (vgl. auch seine Dissertation [1]) alle „Semiinvarianten" einer Gleichung.

Eine Funktion der rechten Seite einer Gleichung und ihrer partieller Ableitungen von höchstens k-ter Ordnung, die, wenn sie in einem Punkt (x, y, p) des dreidimensionalen Raumes der Linienelemente verschwindet, auch nach einer Transformation der Koordinatenebene der Gleichung mit einem Diffeomorphismus im transformierten Linienelement verschwindet, wird *Semiinvariante* k-ter Ordnung genannt.

Es stellt sich nun heraus, daß es genau zwei funktional unabhängige Semiinvarianten vierter Ordnung gibt. Die eine ist $\partial^4\Phi/\partial p^4$, die andere ist die skalare Invariante I_2 der Form ω der infi-

[1]) Unter der Legendre-Untermannigfaltigkeit einer Kontaktstruktur versteht man eine Integralmannigfaltigkeit der größtmöglichen Dimension. Eine Legendre-Faserung ist eine Faserung mit Legendre-Untermannigfaltigkeiten als Fasern.

nitesimalen Abweichung vom desarguesschen Typ (vgl. 1.6.4.). Für die Gleichung in Normalform $d^2y/dx^2 = A(x)\, y^2 + O(|y|^3 + |p|^3)$ ist

$$I_2 = 2v''v - v'^2, \qquad v = A^{-2/5},$$

und die Semiinvariante ist folglich $5AA'' - 12A'^2$.

TRESSE hat noch drei Semiinvarianten fünfter Ordnung und für $k > 5$ weitere $(k^2 - k - 8)/2$ Semiinvarianten k-ter Ordnung gefunden. Alle weiteren Semiinvarianten sind Funktionen von ihnen. TRESSE weist auch darauf hin, daß man alle Semiinvarianten „aus den drei einfachsten" durch Differenzieren erhält.

2. Die Geometrie einer Differentialgleichung zweiter Ordnung wurde von E. CARTAN (vgl. [1]) zur Theorie der Mannigfaltigkeiten mit projektivem Zusammenhang weiterentwickelt.

Ein projektiver Zusammenhang auf einer Mannigfaltigkeit ist eine Vorschrift, die jedem glatten Weg auf der Mannigfaltigkeit eine glatt vom Weg abhängende projektive Abbildung des Tangentialraumes des Anfangspunktes in den Tangentialraum des Endpunktes dieses Weges zuordnet[1]). Insbesondere entspricht einem geschlossenen Weg eine projektive Transformation des Tangentialraumes in sich, und damit entspricht dem Weg auf einem „unendlich kleinen Parallelogramm" eine „unendlich kleine projektive Transformation", die die Krümmungsform des Zusammenhangs genannt wird.

Ein projektiver Zusammenhang heißt Zusammenhang ohne Torsion (torsionsfrei), wenn der Koordinatenursprung der Tangentialebene nach dem Durchlaufen eines geschlossenen Weges in sich übergeht. Unter den torsionsfreien Zusammenhängen werden von CARTAN die normalen hervorgehoben. Im zweidimensionalen Fall ist das ein solcher Zusammenhang, bei dem jede Gerade, die durch den Koordinatenursprung der Tangentialebene geht, nach dem Durchlaufen eines geschlossenen Weges in sich übergeht.

Eine Kurve auf der Mannigfaltigkeit, deren Tangente während der Übertragung längs dieser Kurve immer die Tangente an diese Kurve bleibt, wird geodätische Linie des Zusammenhangs genannt.

Es zeigt sich, daß die Geodätischen eines torsionsfreien projektiven Zusammenhangs die Graphen der Lösungen einer Differentialgleichung zweiter Ordnung sind, deren rechte Seite ein Polynom höchstens dritten Grades in der Ableitung ist. Umgekehrt entspricht jeder Gleichung zweiter Ordnung, deren rechte Seite ein Polynom höchstens dritten Grades in der Ableitung ist, genau ein normaler torsionsfreier Zusammenhang, dessen Geodätische die Graphen der Lösungen sind.

Was die allgemeinen Gleichungen zweiter Ordnung angeht, so ordnet ihnen CARTAN auch eindeutig einen normalen torsionsfreien projektiven Zusammenhang zu, wobei aber die Übertragung einer zweidimensionalen Ebene längs Wegen im dreidimensionalen Raum der Linienelemente erfolgen muß (Einzelheiten findet man in [1]).

3. Die Theorie von Tresse wurde durch G. BOL [1] in die Sprache der Paare von Richtungsfeldern im Raum übersetzt.

Allem Anschein nach blieb in dieser Theorie die Frage nach dem Orbitraum ungelöst, insbesondere die Frage, durch wieviel Parameter die Orbits von k-Jets einer Gleichung zweiter Ordnung (der Operation der Diffeomorphismengruppe der Ebene auf dem Raum der k-Jets der Gleichung) in der Umgebung eines allgemeinen Punktes bestimmt ist.

---

[1]) und einigen natürlichen Bedingungen genügt, die wir hier aber nicht aufführen.

2. Partielle Differentialgleichungen erster Ordnung

Partielle Differentialgleichungen sind weit weniger untersucht als gewöhnliche Differentialgleichungen. Eines der Resultate der Theorie der partiellen Differentialgleichungen erster Ordnung ist, daß es gelingt, ihre Untersuchung auf das Studium spezieller gewöhnlicher Differentialgleichungen, der sogenannten Gleichungen der Charakteristiken, zurückzuführen. Das Wesen dieses Zusammenhangs besteht in folgendem: ein dichtes Medium aus Teilchen ohne Wechselwirkung kann mathematisch sowohl durch eine partielle Differentialgleichung (für das Feld) als auch durch eine gewöhnliche Differentialgleichung (für die Teilchen) beschrieben werden.

Im vorliegenden Kapitel wird diese Theorie dargelegt (mathematisch führt dies zur Geometrie der sogenannten Kontaktstrukturen). Außerdem wird die Frage der Integrierbarkeit eines Feldes von Hyperflächen betrachtet (Satz von Frobenius).

2.1. Lineare und quasilineare partielle Differentialgleichungen erster Ordnung

Die Integration einer partiellen Differentialgleichung erster Ordnung führt auf die Integration eines Systems gewöhnlicher Differentialgleichungen, der sogenannten Gleichungen der Charakteristiken. Diesem Zusammenhang liegt die einfache geometrische Überlegung zugrunde, daß man sich eine Fläche aus einer Familie von Kurven gebildet vorstellen kann. Wir beginnen mit geometrischen Überlegungen und wenden sie dann auf partielle Differentialgleichungen an.

2.1.1. Integralflächen von Richtungsfeldern

Es sei X eine glatte Mannigfaltigkeit, V ein Richtungsfeld auf X.

Definition. Eine glatte Untermannigfaltigkeit $Y \subset X$ heißt *Integralfläche* (oder auch Integralmannigfaltigkeit) des Feldes V, wenn die Tangentialebene an Y in jedem Punkt die Richtung des Feldes V enthält (Abb. 39).

Satz. *Eine Untermannigfaltigkeit $Y \subset X$ ist genau dann eine Integralfläche des Feldes V, wenn sie mit jedem Punkt auch ein Intervall der durch diesen Punkt führenden Integralkurve enthält.*

◀ Die Behauptung des Satzes ist lokaler Natur und invariant bezüglich Diffeomorphismen. Daher genügt es, den Satz für das parallele Standardrichtungsfeld im linearen Raum zu beweisen. In diesem Fall ist die Richtigkeit der Behauptung aber offensichtlich. Sie folgt aus der Tatsache, daß eine auf einem Intervall definierte Funktion genau dann konstant ist, wenn ihre Ableitung verschwindet (Abb. 40). ▶

Es sei Γ eine k-dimensionale Untermannigfaltigkeit einer n-dimensionalen Mannigfaltigkeit X (Abb. 41). Γ heißt Hyperfläche, wenn $k = n - 1$ ist.

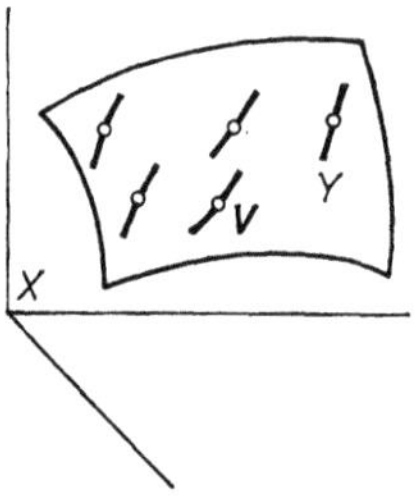

Abb. 39

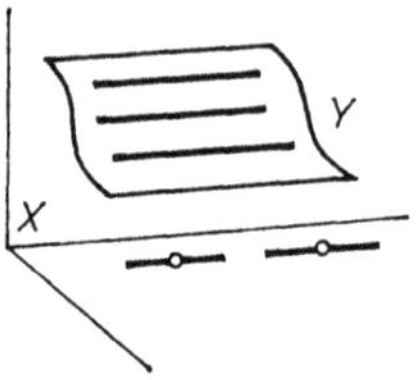

Abb. 40

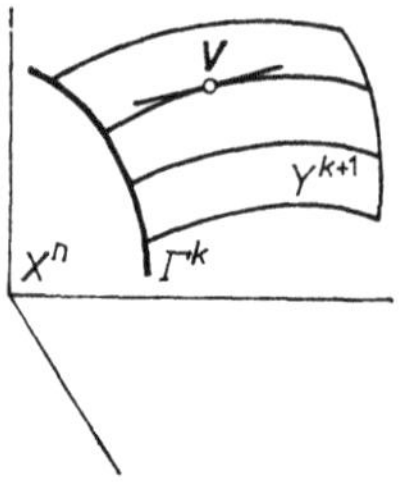

Abb. 41

Definition. Unter dem *Cauchyschen Problem* für das Richtungsfeld V mit Anfangsmannigfaltigkeit Γ versteht man die folgende Aufgabe: Sind Γ und V gegeben, so ist eine $(k + 1)$-dimensionale Integralmannigfaltigkeit von V gesucht, die die Anfangsmannigfaltigkeit Γ enthält.

Wir bemerken, daß Integralkurven, die Γ schneiden, selbst in einer Umgebung der Anfangsmannigfaltigkeit Γ nicht immer eine Untermannigfaltigkeit bilden (siehe Abb. 42).

Abb. 42

Definition. Ein Punkt der Anfangsmannigfaltigkeit heißt *charakteristisch für das Richtungsfeld V*, wenn die Richtung des Feldes V in diesem Punkt die Anfangsmannigfaltigkeit berührt.

Satz. *Gegeben sei ein Punkt einer k-dimensionalen Anfangsmannigfaltigkeit, der für das Richtungsfeld V nicht charakteristisch ist. Dann gibt es eine $(k + 1)$-dimensionale Integralmannigfaltigkeit des Feldes, die eine Umgebung des Punktes auf der Anfangsmannigfaltigkeit enthält. Diese Integralmannigfaltigkeit ist im folgenden Sinne eindeutig bestimmt: Zwei Integralmannigfaltigkeiten, die eine Umgebung des Punktes auf der Anfangsmannigfaltigkeit enthalten, stimmen in einer Umgebung des Punktes überein.*

◀ Die Behauptung ist lokaler Natur und invariant gegen Diffeomorphismen. Daher genügt es, sie für das parallele Standardvektorfeld im linearen Raum zu beweisen. In diesem Fall ist die Behauptung aber offensichtlich (warum?). ▶

2.1.2. Die lineare homogene Gleichung erster Ordnung

Definition. Ist $\boldsymbol{a}$ ein Vektorfeld auf der Mannigfaltigkeit M, so heißt die Gleichung

$$L_{\boldsymbol{a}} u = 0 \tag{1}$$

lineare homogene Gleichung erster Ordnung.

Das Vektorfeld $\boldsymbol{a}$ habe in den Koordinaten $(x_1, \ldots, x_n)$ die Komponenten $(a_1, \ldots, a_n)$, wobei jede Komponente eine Funktion der Koordinaten ist. Dann läßt sich die Gleichung (1) in der Gestalt

$$a_1 \frac{\partial u}{\partial x_1} + \cdots + a_n \frac{\partial u}{\partial x_n} = 0 \tag{2}$$

schreiben.

Definition. Das Feld $\boldsymbol{a}$ heißt *charakteristisches Vektorfeld* für die Gleichung (1), ihre Phasenkurve heißt *Charakteristik.* Die Gleichung $\dot{x} = \boldsymbol{a}(x)$ heißt *charakteristische Gleichung* der partiellen Differentialgleichung (1).

Satz. *Eine Funktion u ist genau dann Lösung einer linearen Gleichung erster Ordnung, wenn u das erste Integral der charakteristischen Gleichung ist.*

◀ Definition des ersten Integrals. ▶

Definition. Die folgende Aufgabe wird *Cauchysches Problem* für die Gleichung (1) genannt: Es sei γ eine glatte Hyperfläche in M und φ eine auf dieser Hyperfläche definierte glatte Funktion. Man finde eine Lösung u, die der Bedingung $u|\gamma = \varphi$ genügt.
Die Hyperfläche γ heißt *Anfangshyperfläche,* die Funktion φ *Anfangsbedingung.*

Wir bemerken, daß diese Aufgabe nicht immer eine Lösung hat. Längs jeder Charakteristik ist die Lösung u konstant. Nun kann eine Charakteristik die Anfangshyperfläche γ einige Male schneiden. Ist die Funktion φ in solchen Schnittpunkten verschieden, so hat das entsprechende Cauchysche Problem in keinem Gebiet, das die vorgegebene Charakteristik enthält, eine Lösung (Abb. 43).

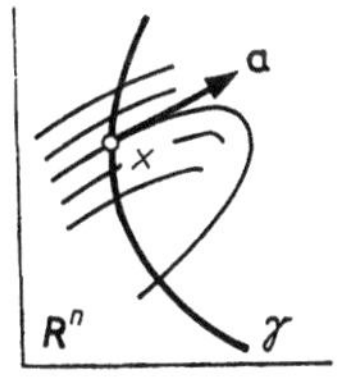

Abb. 43

Definition. Ein Punkt x der Anfangshyperfläche γ heißt *nichtcharakteristisch,* wenn die Charakteristik durch diesen Punkt transversal (nicht tangential) zur Anfangshyperfläche liegt.

Satz. *Es sei x ein nichtcharakteristischer Punkt der Anfangshyperfläche. Dann gibt es eine solche Umgebung des Punktes x, daß das Cauchysche Problem der Gleichung* (1) *in dieser Umgebung eine eindeutig bestimmte Lösung hat.*

◀ Nach dem Satz über die Begradigung kann man Koordinaten nahe bei x so wählen, daß die Komponenten des Feldes $\boldsymbol{a}$ die Form $(1, 0, \ldots, 0)$ und die Gleichung für γ die Gestalt $x_1 = 0$ hat (Abb. 44).

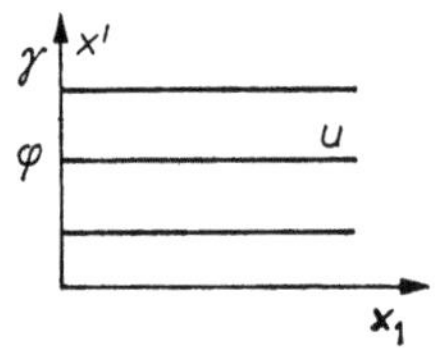

Abb. 44

Das Cauchysche Problem in diesen Koordinaten bekommt die Gestalt

$$\frac{\partial u}{\partial x_1} = 0, \qquad u|_{x_1=0} = \varphi. \tag{3}$$

Die (in einem konvexen Gebiet) eindeutige Lösung ist $u(x_1, x') = \varphi(x')$ mit $x' = (x_2, \ldots, x_n)$. ▶

Bemerkung. Die Lösungen einer beliebigen gewöhnlichen Differentialgleichung bilden eine eindimensionale Mannigfaltigkeit: jede Lösung ist durch die Vorgabe einer endlichen Menge von Anfangsbedingungen bestimmt. Wir stellen fest, daß eine lineare homogene partielle Differentialgleichung erster Ordnung in Funktionen von n Veränderlichen „genauso viele Lösungen hat, wie es Funktionen von $n - 1$ Veränderlichen gibt". Wir werden im weiteren sehen, daß ein analoges Ergebnis auch für allgemeine partielle Differentialgleichungen erster Ordnung gilt.

2.1.3. Die lineare inhomogene Gleichung erster Ordnung

Definition. Ist $\boldsymbol{a}$ ein Vektorfeld auf der Mannigfaltigkeit M und b eine auf M definierte Funktion, so heißt die Gleichung

$$L_{\boldsymbol{a}} u = b \tag{4}$$

lineare inhomogene Gleichung erster Ordnung. In Koordinatenschreibweise ist dies

$$a_1 \frac{\partial u}{\partial x_1} + \cdots + a_n \frac{\partial u}{\partial x_n} = b, \tag{5}$$

wobei $a_k = a_k(x_1, \ldots, x_n)$, $b = b(x_1, \ldots, x_n)$ ist.

Das Cauchysche Problem der Gleichung (4) stellt sich genauso wie das der homogenen Gleichung (1).

Satz. *Das Cauchysche Problem der Gleichung* (4) *hat in einer genügend kleinen Umgebung jedes nichtcharakteristischen Punktes* x_0 *der Anfangsmannigfaltigkeit* γ *eine eindeutig bestimmte Lösung.*

Die Lösung ist gegeben durch

$$u\big(g(x, t)\big) = \varphi(x) + \int_0^t b\big(g(x, \tau)\big)\, d\tau ,$$

wobei $g(x, t)$ der Wert der Lösung der charakteristischen Gleichung (mit Anfangswert $g(x, 0) = x$ auf der Anfangsmannigfaltigkeit) zum Zeitpunkt t ist.

◀ Nach Begradigung des Feldes $\boldsymbol{a}$ gelangen wir zur Aufgabe

$$\frac{\partial u}{\partial x_1} = b, \qquad u|_{x_1=0} = \varphi(x').$$

Deren eindeutige Lösung ist

$$u(x_1, x') = \varphi(x') + \int_0^{x_1} b(\xi, x')\, d\xi . \ ▶$$

Mit anderen Worten besagt (4), daß die Ableitung der Lösung längs der Charakteristik gleich der vorgegebenen Funktion b ist. Folglich ist der Zuwachs der Lösung längs eines Segments der Charakteristik gleich dem Integral von b über dieses Segment (Abb. 45).

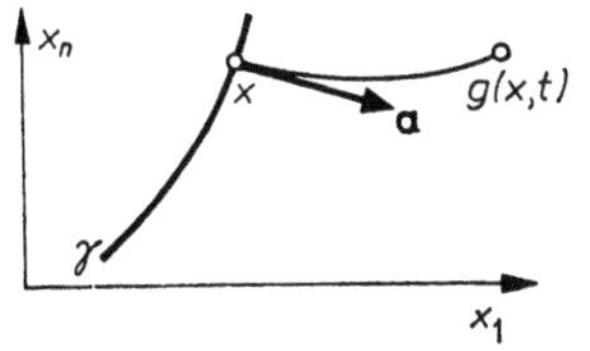

Abb. 45

2.1.4. Die quasilineare Gleichung erster Ordnung

Definition. Unter einer *quasilinearen Gleichung* erster Ordnung verstehen wir eine Gleichung

$$L_\alpha u = \beta \tag{6}$$

mit $\alpha(x) = \boldsymbol{a}\big(x, u(x)\big)$, $\beta(x) = b\big(x, u(x)\big)$. Dabei ist x ein Punkt der Mannigfaltigkeit M, u eine unbekannte Funktion auf M, $\boldsymbol{a}$ ein tangentiales Vektorfeld auf M, das als Parameter den Punkt $u(x) \in \boldsymbol{R}$ hat, und b eine auf $M \times \boldsymbol{R} = J^0(M, \boldsymbol{R})$ gegebene Funktion.

In Koordinaten hat eine quasilineare Gleichung (6) die Gestalt

$$a_1(x, u)\frac{\partial u}{\partial x_1} + \cdots + a_n(x, u)\frac{\partial u}{\partial x_n} = b(x, u). \tag{7}$$

Der Unterschied zur linearen Gleichung besteht lediglich darin, daß die Koeffizienten a_k und b von einer unbekannten Funktion abhängen können.

Beispiel. Wir betrachten ein eindimensionales Medium aus Teilchen, die sich auf Grund ihrer Trägheit längs einer Geraden bewegen und deren Geschwindigkeit somit konstant bleibt. Wir bezeichnen die Geschwindigkeit eines Teilchens, das sich zum Zeitpunkt t im Punkt x befindet, mit $\boldsymbol{u}(x, t)$. Wir erinnern an die Newtonsche Gleichung: die Beschleunigung der Teilchen ist 0. Ist also $x = \varphi(t)$ die Bewegung eines Teilchens, so gilt $\dot{\varphi} = \boldsymbol{u}(\varphi(t), t)$ und

$$\ddot{\varphi} = \frac{\partial \boldsymbol{u}}{\partial x} \dot{\varphi} + \frac{\partial \boldsymbol{u}}{\partial t} = \boldsymbol{u} \frac{\partial \boldsymbol{u}}{\partial x} + \frac{\partial \boldsymbol{u}}{\partial t}.$$

Folglich genügt das Geschwindigkeitsfeld $\boldsymbol{u}$ eines Mediums aus Teilchen ohne Wechselwirkung der quasilinearen Gleichung

$$\boldsymbol{u}\boldsymbol{u}_x + \boldsymbol{u}_t = 0. \tag{8}$$

Aufgabe. Man konstruiere den Graphen der Funktion $u(\cdot, t)$, wenn der Graph der Funktion $u(\cdot, 0)$ die in Abb. 46 angegebene Gestalt hat.

Lösung. Man betrachte Abb. 47. Für $t \geqq t_1$ existiert keine glatte Lösung. Beginnend mit diesem Zeitpunkt, stoßen die Teilchen im Medium aufeinander. (Die physikalische Bedingung für Trägheitsbewegungen, d. h. das Fehlen der Wechselwirkung zwischen Teilchen, ist vom

Abb. 46

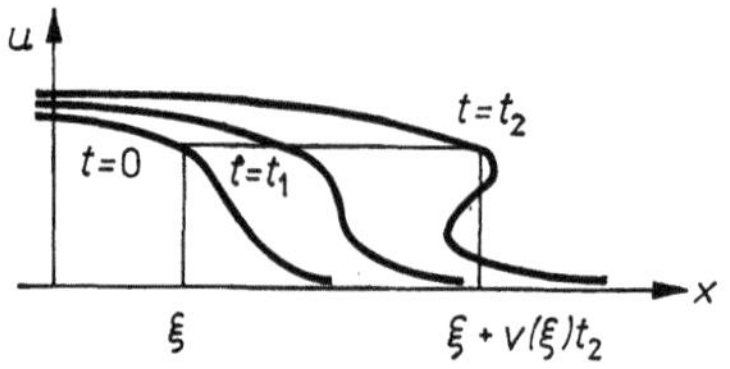

Abb. 47

Zeitpunkt t_1 an nicht mehr realistisch und muß durch eine andere physikalische Bedingung — die Beschreibung des Stoßes — ersetzt werden. So entstehen die sogenannten Stoßwellen, d. h. Funktionen wie die in Abb. 48 dargestellte, die der Differentialgleichung (8) außerhalb des Unstetigkeitsbereichs und zusätzlichen Bedingungen über die Herkunft der Unstetigkeiten genügen.)

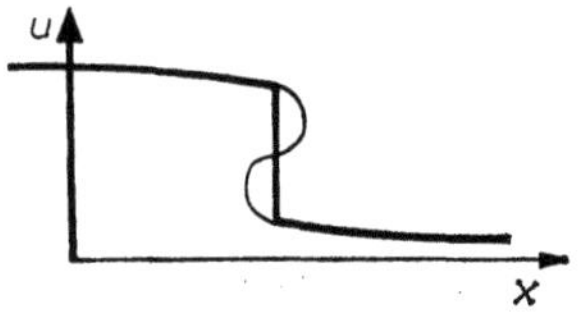

Abb. 48

2.1.5. Die Charakteristik einer quasilinearen Differentialgleichung erster Ordnung

Wir haben gesehen, wie nützlich es ist, bei der speziellen quasilinearen Differentialgleichung (8) zur Bewegung der Teilchen überzugehen. Ähnlich kann man auch im Fall der allgemeinen Gleichung (6) vorgehen. Die Rolle der Teilchenbewegung wird dabei von Kurven übernommen, die im direkten Produkt von Definitionsbereich und Wertevorrat der unbekannten Funktion liegen. Diese Kurven nennt man Charakteristiken der quasilinearen Differentialgleichung.

Die quasilineare Differentialgleichung (6) besagt, daß sich der Wert der Lösung $u = u_0$ mit der Geschwindigkeit $\boldsymbol{b}(x_0, u_0)$ zu ändern beginnt, wenn sich der Punkt x beginnend in x_0 mit der Anfangsgeschwindigkeit $\boldsymbol{a}(x_0, u_0)$ durch $\boldsymbol{M}$ bewegt und die Gleichung bezüglich der unbekannten Funktion $u\colon M \to \boldsymbol{R}$ als

$$L_{\alpha(x,u(x))}u = b(x, u(x)) \tag{6}$$

gegeben ist.

Mit anderen Worten, der Vektor $\boldsymbol{A}(x_0, u_0)$, der im Punkt (x_0, u_0) des Raumes $M \times \boldsymbol{R}$ angeheftet ist und die Komponenten $\boldsymbol{a}(x_0, u_0)$ und $\boldsymbol{b}(x_0, u_0)$ bezüglich M bzw. $\boldsymbol{R}$ hat, berührt den Graphen der Lösung (Abb. 49).

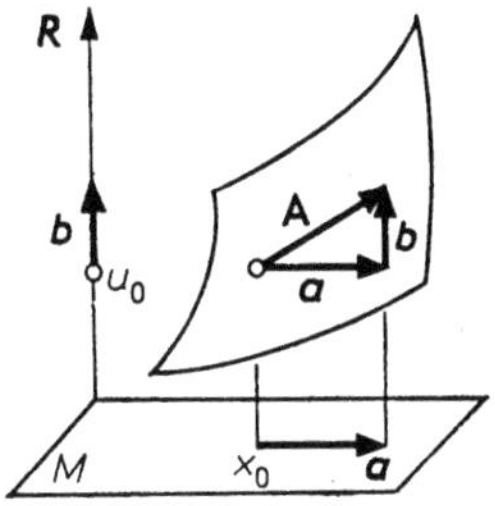

Abb. 49

Definition. Der Vektor $\boldsymbol{A}(x_0, u_0)$ heißt *charakteristischer Vektor* der quasilinearen Differentialgleichung (6) im Punkt (x_0, u_0). Die charakteristischen Vektoren im ganzen Raum $M \times \boldsymbol{R}$ bilden ein Vektorfeld $\boldsymbol{A}$. Dieses Feld heißt *charakteristisches Vektorfeld* der quasilinearen Differentialgleichung (6). Die Phasenkurven des charakteristischen Vektorfeldes nennt man *Charakteristiken der quasilinearen Gleichung.*

Die Differentialgleichung, die durch das Feld der Phasengeschwindigkeit $\boldsymbol{A}$ gegeben ist, heißt *Differentialgleichung der Charakteristik.*

Beispiel. Es sei M der $\boldsymbol{R}^n$ mit den Koordinaten $(x_1, \ldots, x_n)$. Das charakteristische Feld ist durch seine Komponenten, deren Werte im Punkt (x, u) gleich $a_1(x, u), \ldots, a_n(x, u)$; $b(x, u)$ sind, gegeben.

Die Gleichung der Charakteristik hat die Gestalt

$$\dot{x}_1 = a_1(x, u), \ldots, \dot{x}_n = a_n(x, u);\ \dot{u} = b(x, u).$$

Aufgabe. Man finde die Charakteristik der Gleichung eines Mediums aus Teilchen ohne Wechselwirkung $uu_x + u_t = 0$.

Lösung. $\dot{x} = u$, $\dot{t} = 1$, $\dot{u} = 0$. Die Geraden $x = a + bt$, $u = b$ sind die Charakteristiken.

Bemerkung. Eine lineare Gleichung ist ein Spezialfall einer quasilinearen Gleichung. Jedoch stimmen die Charakteristiken einer linearen Gleichung nicht mit den Charakteristiken derselben Gleichung, betrachtet als quasilineare Differentialgleichung, überein, denn die Charakteristik einer linearen Gleichung liegt in M, die einer quasilinearen aber in $M \times \boldsymbol{R}$. Die Charakteristik einer linearen Gleichung ist die Projektion von $M \times \boldsymbol{R}$ auf M der Charakteristik derselben Gleichung, betrachtet als quasilineare Gleichung.

2.1.6. Integration einer quasilinearen Gleichung erster Ordnung

Es sei $\boldsymbol{A}$ das charakteristische Vektorfeld einer quasilinearen Gleichung (6). Wir nehmen an, daß das Feld $\boldsymbol{A}$ nirgends verschwindet und somit ein Richtungsfeld definiert.

Definition. Das Richtungsfeld des charakteristischen Vektorfeldes einer quasilinearen Gleichung heißt *charakteristisches Richtungsfeld* dieser Gleichung.

Die Charakteristiken einer quasilinearen Gleichung sind Integralkurven des charakteristischen Richtungsfeldes.

Beispiel. Die Gleichung der Charakteristik im Fall $M = \boldsymbol{R}^n$ mit Koordinaten $(x_1, \ldots, x_n)$ wird üblicherweise in ihrer sogenannten symmetrischen Form

$$\frac{dx_1}{a_1} = \frac{dx_2}{a_2} = \cdots = \frac{dx_n}{a_n} = \frac{du}{b}$$

geschrieben. Sie bedeutet, daß die Tangente an die Charakteristik und der charakteristische Vektor parallel sind.

Satz. *Die Funktion u ist genau dann eine Lösung einer quasilinearen Gleichung, wenn ihr Graph eine Integralfläche für das charakteristische Richtungsfeld darstellt.*

◀ Die Behauptung ist offensichtlich, da die Gleichung (6) die Berührung des Graphen und des charakteristischen Vektors ausdrückt. ▶

Folgerung. *Die Funktion u ist genau dann Lösung einer quasilinearen Gleichung, wenn ihr Graph mit jedem Punkt ein Intervall der Charakteristik durch diesen Punkt enthält.*

◀ Vgl. 2.1.1. ▶

Auf diese Weise führt die Suche nach einer Lösung einer quasilinearen Gleichung auf die Suche nach ihrer Charakteristik. Wenn die Charakteristik bekannt ist, so muß man nur eine Fläche zusammensetzen, die dann der Graph einer Funktion ist. Diese Funktion ist nun Lösung der quasilinearen Gleichung, und jede Lösung kann auf die beschriebene Weise erhalten werden.

2.1.7. Das Cauchysche Problem für die quasilineare Gleichung erster Ordnung

Es sei $\gamma \subset M$ eine Hyperfläche (eine Untermannigfaltigkeit der Kodimension 1) in der Mannigfaltigkeit M, und $\varphi: \gamma \to \boldsymbol{R}$ sei eine glatte Funktion (Abb. 50).

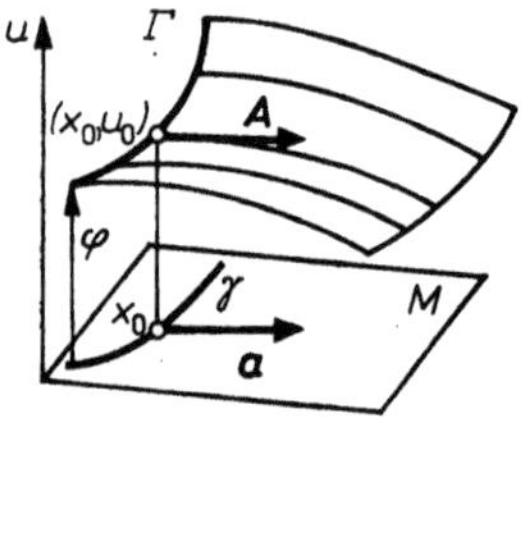

Abb. 50

Definition. Das *Cauchysche Problem* für eine quasilineare Gleichung (6) *mit Anfangsbedingung* φ *auf* γ besteht im Auffinden einer Lösung u, die auf γ in φ übergeht.

Die Lösung dieses Problems kann man leicht in die Lösung des Cauchyschen Problems für das charakteristische Richtungsfeld überführen.

Wir betrachten den Graphen Γ der Funktion $\varphi: \gamma \to \boldsymbol{R}$. Dieser ist eine Hyperfläche in $\gamma \times \boldsymbol{R}$. Da γ in M enthalten ist, können wir Γ als Untermannigfaltigkeit (der Kodimension 2) von $M \times \boldsymbol{R}$ betrachten (Abb. 50).

Definition. Es sei $\Gamma \subset M \times \boldsymbol{R}$ der Graph der Funktion φ auf γ. Die Untermannigfaltigkeit Γ heißt *Anfangsuntermannigfaltigkeit* für die Anfangsbedingung φ auf γ. Somit bestimmt die Anfangsmannigfaltigkeit sowohl die Hyperfläche γ in M als auch die Anfangsbedingung φ auf γ.

Definition. Die Anfangsbedingung (γ, φ) heißt für die quasilineare Gleichung (6) *nichtcharakteristisch,* wenn der Vektor $\boldsymbol{a}(x_0, u_0)$ $\big(u_0 = \varphi(x_0)\big)$ im Punkt x_0 die Fläche γ nicht berührt (Abb. 50).

[Bemerkung. Ist die Gleichung linear, so hängt der Vektor $\boldsymbol{a}(x_0, u_0)$ nicht von u_0 ab, und man kann daher nichtcharakteristische Punkte der Fläche γ definieren. Für quasilineare Gleichungen sind die Punkte $(x_0, u_0) \in \Gamma$ charakteristisch oder nichtcharakteristisch und darüber, ob Punkte $x_0 \in \gamma$ charakteristisch sind oder nicht, wird nicht gesprochen.]

Satz. *Ist die Anfangsbedingung einer quasilinearen Gleichung* (6) *in einem Punkt* x_0 *nichtcharakteristisch, so existiert in einer Umgebung dieses Punktes eine Lösung, die lokal eindeutig bestimmt ist.*

◀ Aus der Tatsache, daß die Anfangsbedingung im Punkt x_0 nichtcharakteristisch ist, folgt:

1. Das charakteristische Feld $\boldsymbol{A}$ verschwindet in einer Umgebung des Punktes (x_0, u_0) nicht. Daher ist in einer Umgebung dieses Punktes ein glattes charakteristisches Richtungsfeld definiert.

2. Die charakteristische Richtung ist in einer Umgebung des betrachteten Punktes der Anfangsmannigfaltigkeit Γ nicht tangential. Daher existiert eine eindeutig bestimmte lokale Integralfläche des charakteristischen Richtungsfeldes, die die Anfangsmannigfaltigkeit Γ enthält (vgl. 2.1.1.).

3. Die Tangentialebene an die Integralfläche ist im Punkt (x_0, u_0) nicht vertikal (enthält die Achse u nicht). Daher ist die Integralfläche der Graph einer Funktion. Diese Funktion ist die gesuchte Lösung (vgl. 2.1.5.). ▶

Bemerkung. Der Beweis beinhaltet auch ein Verfahren zur Konstruktion der Lösung des Cauchyschen Problems für eine quasilineare Gleichung.

2.2. Nichtlineare partielle Gleichungen erster Ordnung

Nichtlineare partielle Gleichungen erster Ordnung lassen sich wie lineare partielle Gleichungen mit Hilfe der Charakteristiken integrieren. Während jedoch die Charakteristiken einer linearen Gleichung bezüglich einer Funktion auf M in M und die bezüglich einer quasilinearen Funktion in $M \times \boldsymbol{R}$ liegen, werden im allgemeinen Fall einer nichtlinearen partiellen Gleichung erster Ordnung die Charakteristiken in der Mannigfaltigkeit der 1-Jets $J^1(M, \boldsymbol{R})$ liegen.

Die Mannigfaltigkeit der 1-Jets besitzt eine natürliche Kontaktstruktur.

Der Integration einer nichtlinearen partiellen Gleichung erster Ordnung liegen einfache Grundtatsachen der Geometrie der Kontaktstrukturen zugrunde, mit denen wir beginnen werden.

2.2.1. Kontaktmannigfaltigkeiten

Eine Mannigfaltigkeit, die mit einem Feld von Hyperflächen, die in den Tangentialräumen liegen und der Bedingung der „maximalen Nichtintegrierbarkeit" genügen, heißt Kontaktmannigfaltigkeit.

Ein Ebenenfeld muß (im Unterschied zu einem Richtungsfeld) keine Integralfläche derselben Dimension wie die Ebenen haben. Um die Schwierigkeiten der Existenz einer Integralhyperfläche eines Feldes von Hyperebenen abzuschätzen, führen wir die folgende Konstruktion durch.

In einer Umgebung des uns interessierenden Punktes O der Mannigfaltigkeit führen wir Koordinaten so ein, daß die Ebene des Feldes in O eine Koordinatenhyperebene wird und nennen die entsprechenden Koordinaten horizontal und die übrigbleibende Koordinatenachse vertikal.

Für einen beliebigen Weg in der horizontalen Ebene konstruieren wir einen Zylinder mit vertikaler Erzeugender über diesem Weg. Die Spur des Ebenenfeldes auf der Zylinderfläche ist ein Richtungsfeld (Abb. 51).

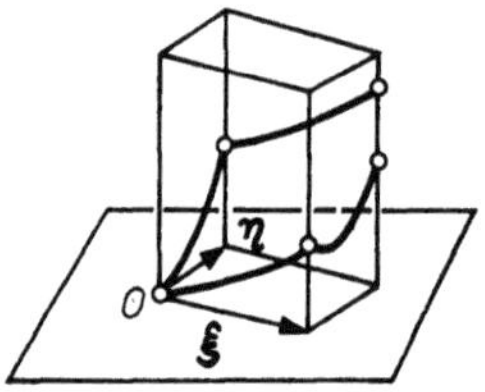

Abb. 51

Somit können wir jeden Weg in der Horizontalebene in die gesuchte Fläche liften.

Es seien nun ξ, η zwei Vektoren im betrachteten Punkt, die in der horizontalen Koordinatenebene liegen. Wir betrachten das Parallelogramm, das von ξ und η aufgespannt wird. Vom betrachteten Punkt zum gegenüberliegenden Punkt des Parallelogramms führen zwei Wege über die Seiten des Parallelogramms. Liftet man diese Wege, so erhält man über dem gegenüberliegenden Punkt i. a. zwei verschiedene Punkte. Die Verschiedenheit dieser Punkte ist das Hindernis für die Konstruktion einer Integralhyperfläche, also für die „Integrierbarkeit" eines Feldes von Hyperebenen.

Wir betrachten die Differenz der vertikalen Koordinaten der erhaltenen Punkte. Der (bezüglich ξ und η) bilineare Hauptteil dieser Differenz mißt den Grad der „Nichtintegrierbarkeit" des Feldes. Um eine formale Definition geben zu können, führen wir die folgende Betrachtung durch.

Ein Feld tangentialer Hyperebenen ist auf einer Mannigfaltigkeit lokal durch eine 1-Differentialform α gegeben, die nirgends die Nullform ist und bis auf Multiplikation mit einer nirgends verschwindenden Funktion eindeutig bestimmt ist. Die Ebenen des Feldes sind die Nullstellen der Form (die Unterräume des Tangentialraums, auf dem der Wert der Form 0 ist).

Beispiel. Wir betrachten im Raum $\boldsymbol{R}^{2n+1}$ mit den Koordinaten $(x_1, \ldots, x_n, u, p_1, \ldots, p_n)$ die 1-Form $\alpha = du - p\,dx$ (mit $p\,dx = p_1\,dx_1 + \cdots + p_n\,dx_n$). Die 1-Form α geht in keinem Punkt des $\boldsymbol{R}^{2n+1}$ in die Nullform über und definiert ein Feld $2n$-dimensionaler Ebenen $\alpha = 0$ im $\boldsymbol{R}^{2n+1}$ (Abb. 52).

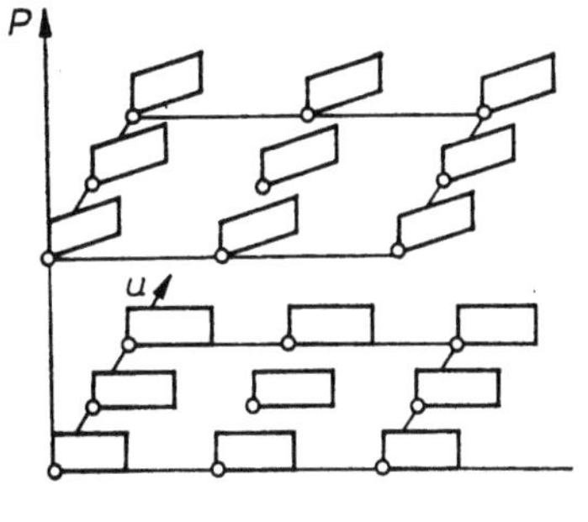

Abb. 52

Definition. Eine 1-Differentialform α, die nirgends auf der Mannigfaltigkeit M in die Nullform übergeht, heißt *Kontaktdifferentialform,* wenn die äußere Ableitung $d\alpha$ der Form α in jeder Ebene $\alpha = 0$ eine nichtausgeartete äußere 2-Form definiert.

[Eine Bilinearform $\omega: L \times L \to \boldsymbol{R}$ ist nichtausgeartet, wenn für jedes $\xi \in L \setminus \{O\}$ ein $\eta \in L$ existiert derart, daß $\omega(\xi, \eta) \neq 0$ ist.]

Eine schiefsymmetrische nichtausgeartete 2-Form auf einem linearen Raum nennt man auch eine *symplektische Struktur.*

Beispiel. Die im vorigen Beispiel angegebene Form ist eine Kontaktform. Die äußere Ableitung der Form α ist gleich

$$dx_1 \wedge dp_1 + \cdots + dx_n \wedge dp_n .$$

In der Ebene $\alpha = 0$ dienen $(x_1, \ldots, x_n; p_1, \ldots, p_n)$ als Koordinaten. Die Matrix von $\omega = d\alpha|_{\alpha=0}$ hat in diesen Koordinaten die Gestalt $\begin{pmatrix} 0 & -E \\ E & 0 \end{pmatrix}$, wobei E die Einheitsmatrix der Ordnung n ist. Die Determinante dieser Matrix ist gleich 1, und folglich ist die 2-Form ω nichtausgeartet.

Bemerkung. Nichtausgeartete schiefsymmetrische Bilinearformen gibt es nur in Räumen gerader Dimension. Daher können Kontaktformen nur auf Mannigfaltigkeiten ungerader Dimensionen existieren.

Satz. *Es sei α eine Kontaktform und f eine überall von 0 verschiedene Funktion. Dann ist $f\alpha$ ebenfalls eine Kontaktform. Die symplektischen Strukturen*

$$d\alpha|_{\alpha=0}, \qquad d(f\alpha)|_{f\alpha=0}$$

unterscheiden sich auf der Ebene $\alpha = 0$ nur durch einen von 0 verschiedenen Faktor.

◀ Nach der Leibnizschen Formel gilt

$$d(f\alpha) = df \wedge \alpha + fd\alpha.$$

Auf $\alpha = 0$ ist $df \wedge \alpha$ die Nullform. Folglich unterscheiden sich die 2-Formen $d\alpha$ und $d(f\alpha)$ auf der Ebene $\alpha = 0$ um den von 0 verschiedenen Faktor f. Speziell ist die 2-Form $d(f\alpha)|_{\alpha=0} = f\, d\alpha|_{\alpha=0}$ nichtausgeartet, also eine Kontaktform. ▶

Definition. Eine *Kontaktstruktur auf einer Mannigfaltigkeit M* ist ein Feld tangentialer Hyperebenen, das lokal als Nullstellenmenge einer 1-Kontaktform gegeben ist. Die Hyperebenen des Feldes heißen *Kontakthyperebenen.* Die Kontakthyperebene im Punkt x werden wir mit Π_x bezeichnen (Abb. 53).

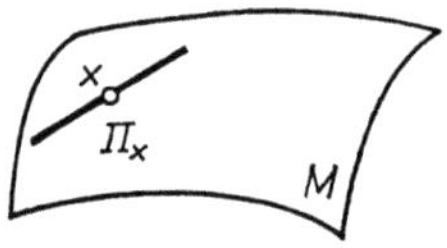

Abb. 53

Bemerkung 1. Aus obigem Satz folgt, daß die Eigenschaft einer ein Ebenenfeld definierenden 1-Form, Kontaktform zu sein, nicht von der Auswahl der Form abhängig ist. Ist β eine andere Form, die dasselbe Feld definiert, so unterscheidet sich β (lokal) von α durch einen nirgends verschwindenden Faktor, und folglich sind β und α gleichzeitig Kontaktformen (oder nicht).

Bemerkung 2. Kontaktstrukturen gibt es nur auf Mannigfaltigkeiten ungerader Dimension.

Definition. Eine Untermannigfaltigkeit einer Kontaktmannigfaltigkeit heißt *Integralmannigfaltigkeit* des Feldes von Kontaktebenen, wenn die Tangentialebene an die Untermannigfaltigkeit in jedem Punkt in der Kontaktebene liegt.

Aufgabe. Man zeige, daß die Dimension einer Integralmannigfaltigkeit eines Feldes von Kontaktebenen auf einer Kontaktmannigfaltigkeit der Dimension $2n + 1$ die Zahl n nicht übersteigt.

Lösung. Auf jeder Mannigfaltigkeit Y ist die Form $i^*\alpha$ (wobei $i\colon Y \to M^{2n+1}$ eine Einbettung ist) die Nullform. Daher ist $i^*\, d\alpha = di^*\alpha = 0$, und je zwei Tangentialvektoren sind orthogonal, d. h. $\omega(\xi, \eta) = 0$. Hieraus folgt, daß die Dimension der Tangentialebene nicht größer als n ist (vgl. 2.2.4., Aufgabe 2).

Bemerkung. Integralmannigfaltigkeiten der Dimension n eines Kontaktfeldes in M^{2n+1} existieren. Sie heißen Legendre-Untermannigfaltigkeiten. Wie wir im folgenden sehen werden, entspricht jeder Funktion eine Legendre-Untermannigfaltigkeit im Raum der 1-Jets.

2.2.2. Kontaktstrukturen auf der Mannigfaltigkeit der 1-Jets

Es sei V eine n-dimensionale Mannigfaltigkeit. Wir betrachten die Mannigfaltigkeit der 1-Jets auf V, $J^1(V, \boldsymbol{R})$.

Der 1-Jet einer Funktion f auf V ist in einem Punkt $x \in V$ durch den Wert $u = f(x)$ der Funktion in diesem Punkt und die erste Ableitung der Funktion in diesem Punkt bestimmt. Daher hat die Mannigfaltigkeit der 1-Jets auf V die Dimension $2n + 1$. Sind $(x_1, \ldots, x_n)$ lokale Koordinaten auf V, so ist der 1-Jet der Funktion f durch ein $(2n + 1)$-Tupel $(x_1, \ldots, x_n; u; p_1, \ldots, p_n)$ mit $p_i = (\partial f/\partial x_i)(x)$, $u = f(x)$ gegeben.

Definition. Unter der *Standardkontaktform* auf der Mannigfaltigkeit der 1-Jets $J^1(V, \boldsymbol{R})$ verstehen wir die 1-Form

$$\alpha = du - p\,dx \qquad (p\,dx = p_1\,dx_1 + \cdots + p_n\,dx_n).$$

Wir sahen bereits, daß dies tatsächlich eine 1-Kontaktform auf $\boldsymbol{R}^{2n+1}$ ist.

Es ist nicht schwer zu sehen, daß α zwar mit Hilfe von Koordinaten definiert, in Wirklichkeit aber von der Wahl der $(x_1, \ldots, x_n)$ unabhängig und somit wohldefiniert ist.

Definition. Die Untermannigfaltigkeit, die aus dem 1-Jet der Funktion f in allen Punkten von V besteht, heißt *1-Graph* der Funktion $f\colon V \to \boldsymbol{R}$.

Der 1-Graph einer Funktion von n Veränderlichen ist somit eine n-dimensionale Fläche in einem $(2n + 1)$-dimensionalen Raum.

Satz. *Die Standardkontaktform auf der Mannigfaltigkeit der 1-Jets von Funktionen n Veränderlicher verschwindet auf allen Tangentialebenen an die 1-Graphen der Funktionen. Der Abschluß der Vereinigung der Tangentialebenen an alle 1-Graphen dieser Funktionen stimmt (in jedem Punkt im Raum der Jets) mit dem Nullraum dieser Form überein.*

◄ Der erste Teil der Behauptung folgt aus der Definition der totalen Ableitung einer Funktion $du = p\,dx$. Der zweite folgt aus der Existenz einer Funktion mit vorgegebenen partiellen Ableitungen in einem Punkt. ►

Aus dem soeben bewiesenen Satz folgt, daß das durch die Standardkontaktform gegebene Ebenenfeld nicht von der Wahl der Koordinaten abhängt, die zur Definition der Standardkontaktform benutzt wurden. Dies gestattet die folgende

Definition. Das Feld von Hyperebenen, die Vereinigung von Tangentialebenen an Graphen von Funktionen auf V sind, heißt *Standardkontaktstruktur* auf der Mannigfaltigkeit der 1-Jets von V.

Aufgabe. Die Gruppen von Diffeomorphismen von V und $\boldsymbol{R}$ operieren kanonisch auf der Mannigfaltigkeit der 1-Jets $J^1(V, \boldsymbol{R})$. Man zeige, daß *die Standardkontaktstruktur des Raumes der 1-Jets invariant bezüglich dieser Operation ist.*

Außerdem ist die Standardkontaktform α invariant bezüglich der Operation der Diffeomorphismen von V und bezüglich der Diffeomorphismen der Geraden $\boldsymbol{R}$, multipliziert mit einer nicht verschwindenden Funktion.

2.2.3. Geometrie auf Hyperflächen in einer Kontaktmannigfaltigkeit

Wir gehen jetzt zu allgemeinen Kontaktmannigfaltigkeiten M^{2n+1} über. Es sei E^{2n} eine glatte Hyperfläche in M^{2n+1} (Abb. 54).

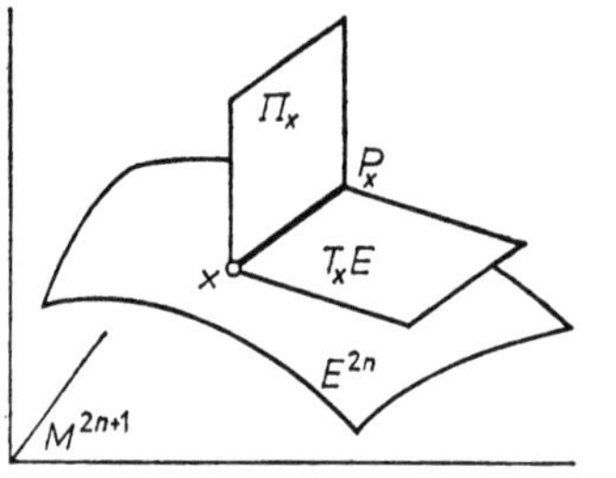

Abb. 54

Definition. Die Fläche E^{2n} in einer Kontaktmannigfaltigkeit M^{2n+1} heißt *nichtcharakteristisch,* wenn ihre Tangentialebene und die Kontaktebene in jedem Punkt transversal sind (d. h., ihre Summe ergibt den Tangentialraum an M^{2n+1} oder, was dasselbe ist, ihr Durchschnitt ist ein $(2n - 1)$-dimensionaler Raum).

Definition. Der Schnitt der Tangentialebene an einer nichtcharakteristischen Hyperfläche mit der Kontaktebene im Fußpunkt der Tangentialebene heißt *charakteristische Ebene* in diesem Punkt:

$$P_x = T_xE \cap \Pi_x.$$

Die charakteristischen Ebenen auf einer Hyperfläche in M^{2n+1} bilden demnach ein Feld von $(2n - 1)$-dimensionalen Ebenen auf einer $2n$-dimensionalen Mannigfaltigkeit. Dieses Ebenenfeld wird auf den Tangentialräumen der Hyperfläche durch die Kontaktebenen zerlegt.

Es zeigt sich, daß die Kontaktstruktur in jeder der $(2n - 1)$-dimensionalen Ebenen noch eine ausgezeichnete Gerade — die sogenannte *charakteristische Richtung* — definiert.

2.2.4. Schieforthogonale Ergänzungen

Um die charakteristische Richtung zu definieren, erinnern wir uns, wie die orthogonale Ergänzung in einem linearen Raum mit nichtausgearteter Bilinearform definiert ist. (Die Orthogonalität eines Paares von Vektoren ist definiert als das Verschwinden der Form auf diesem Paar.)

Beispiel 1. Es sei (L, ω) ein euklidischer Raum, d. h., L sei ein linearer Raum und ω ein Skalarprodukt. Jedem Vektor ξ entspricht eine 1-Form $\omega(\xi, \cdot)$, das Skalarprodukt mit dem Vektor ξ. Der Wert dieser 1-Form auf dem Vektor η ist $\omega(\xi, \eta)$.

Zum Beispiel ist grad f derjenige Vektor, der der 1-Form df entspricht.

Einer Geraden in L entspricht die orthogonale Ergänzung zu dieser Geraden (= die Nullfläche der 1-Form, die einem Vektor der Geraden zugeordnet ist). Jede Ebene der Kodimension 1 in L ist die orthogonale Ergänzung einer Geraden (Abb. 55).

Wir bemerken, daß die Orthogonalität zweier Vektoren erhalten bleibt, wenn man ω mit einer von 0 verschiedenen Zahl multipliziert. Daher ändert sich die Beziehung zwischen einer Geraden und ihrem orthogonalen Komplement nicht, wenn man ω mit einer von 0 verschiedenen Zahl multipliziert.

Beispiel 2. Es sei (L, ω) ein symplektischer Raum, d. h., L sei ein linearer Raum und ω ein Schiefskalarprodukt (eine schiefsymmetrische, nichtausgeartete Bilinearform). Jedem Vektor ξ entspricht die 1-Form $\omega(\xi, \cdot)$, d. h. das Skalarprodukt mit ξ. Der Wert dieser 1-Form auf einem Vektor η ist $\omega(\xi, \eta)$ (Abb. 56).

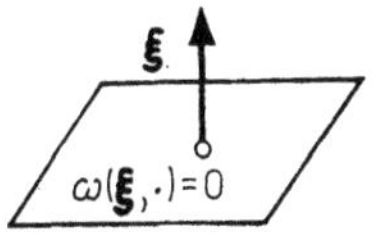

Abb. 55

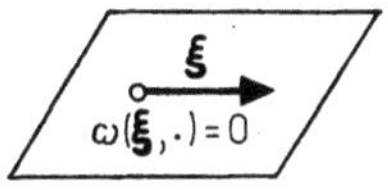

Abb. 56

Zum Beispiel entspricht einem Hamiltonschen Feld mit Hamilton-Funktion H die 1-Form dH.

Einer Geraden in L entspricht die *schieforthogonale Ergänzung* dieser Geraden (= der Nullfläche der 1-Form, die einem Vektor der Geraden entspricht). Jede Ebene der Kodimension 1 in L ist die schieforthogonale Ergänzung genau einer Geraden.

Wir bemerken, daß bei Multiplikation von ω mit einer von 0 verschiedenen Zahl die Orthogonalität erhalten bleibt. Darum ändert sich die Beziehung zwischen einer Geraden und ihrer schieforthogonalen Ergänzung nicht, wenn ω mit einer Zahl ungleich 0 multipliziert wird.

Aufgabe 1. Man zeige, daß jede Gerade in ihrer schieforthogonalen Ergänzung liegt.

Lösung. $\omega(\xi, \xi) = -\omega(\xi, \xi) = 0$.

Aufgabe 2. Man beweise: Wenn alle Vektoren eines Unterraumes eines $2n$-dimensionalen symplektischen Raumes zueinander schieforthogonal sind, so übersteigt die Dimension des Unterraumes nicht die Zahl n.

Lösung. Die schieforthogonale Ergänzung eines k-dimensionalen Unterraumes hat die Dimension $2n - k$. (Ist nämlich $(\boldsymbol{e}_1, \ldots, \boldsymbol{e}_k)$ eine Basis, so sind die Gleichungen $\omega(\boldsymbol{e}_1, \xi) = 0, \ldots, \omega(\boldsymbol{e}_k, \xi) = 0$ linear unabhängig, da aus einer Abhängigkeit zwischen den Gleichungen eine Abhängigkeit für die Vektoren $\boldsymbol{e}_i$ folgen würde; denn ω ist nichtausgeartet.) Ist nun $k > n$, so ist die Dimension der schieforthogonalen Ergänzung kleiner als n, und der Raum kann nicht selbst sein schieforthogonales Komplement sein.

Bemerkung. In einem $2n$-dimensionalen Raum existieren Unterräume der Dimension n, die zu sich selbst schieforthogonal sind. Man nennt sie *Lagrange-Unterräume.*

2.2.5. Charakteristiken auf einer Hyperfläche im Kontaktraum

Wir kehren zur Geometrie auf einer nichtcharakteristischen Hyperfläche in einer Kontaktmannigfaltigkeit zurück.

In jedem Punkt der Hyperfläche E^{2n} definieren wir eine charakteristische $(2n-1)$-dimensionale Ebene P als Durchschnitt der Kontaktebene und der Tangentialebene an E^{2n} (Abb. 57).

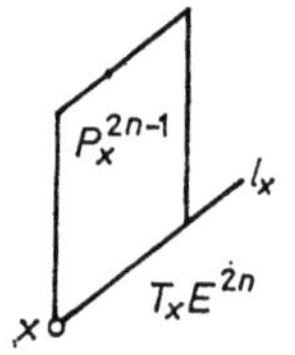

Abb. 57

Definition. Die schieforthogonale Ergänzung zur charakteristischen Ebene in der Kontaktebene (das Schiefskalarprodukt ist definiert als $d\,\alpha|_{\alpha=0}$) heißt *charakteristische Richtung* in einem nichtcharakteristischen Punkt x der Hyperfläche im Kontaktraum:

$$l_x = \text{die schieforthogonale Ergänzung in } \Pi_x^{2n} \text{ zu } P_x^{2n-1} = T_xE^{2n} \cap \Pi_x^{2n}.$$

Wir bemerken, daß die charakteristische Richtung in der charakteristischen Ebene liegt (vgl. 2.2.4.). Für $n = 1$ stimmen charakteristische Richtung und charakteristische Ebene überein.

Im allgemeinen Fall bilden die charakteristischen Richtungen in allen Punkten einer nichtcharakteristischen glatten Hyperfläche im Kontaktraum ein glattes Richtungsfeld auf eben dieser Hyperfläche. Die charakteristische Richtung liegt in jedem Punkt in der Kontakthyperebene an diesen Punkt. (Abb. 58).

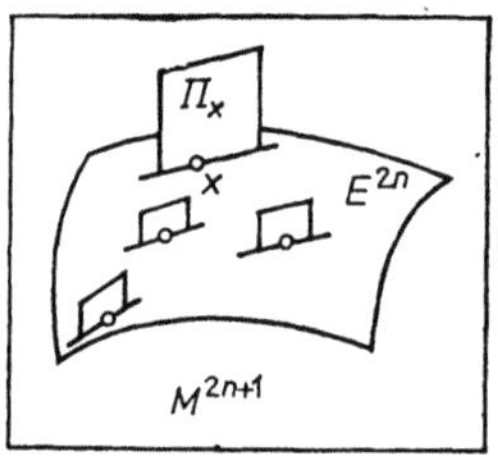

Abb. 58

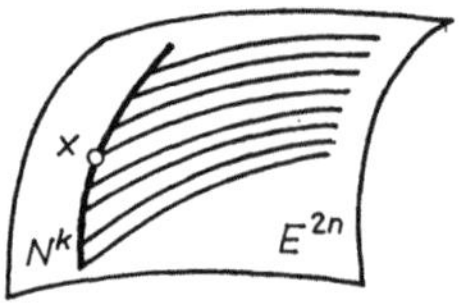

Abb. 59

Definition. Die Integralkurven des charakteristischen Richtungsfeldes einer nichtcharakteristischen Hyperfläche E in der Kontaktmannigfaltigkeit heißen *Charakteristiken der Hyperfläche E.*

Es sei N^k eine k-dimensionale Integralmannigfaltigkeit in E^{2n} des Feldes der Kontaktebenen.

Definition. Der Punkt $x \in N^k$ heißt *nichtcharakteristisch*, wenn die Tangentialebene an N in diesem Punkt die charakteristische Richtung nicht enthält (Abb. 59).

Aufgabe. Man beweise: Ist x ein nichtcharakteristischer Punkt einer Mannigfaltigkeit N^k, so ist $k \leq n - 1$. Man gebe ein Beispiel für eine n-dimensionale Integralfläche eines Kontaktfeldes von Ebenen in M^{2n+1} an, die in E^{2n} liegt.

Es zeigt sich, daß die Charakteristiken, die durch einen Punkt einer nichtcharakteristischen Integralmannigfaltigkeit N^k gehen, selbst (lokal) eine $(k+1)$-dimensionale Integralmannigfaltigkeit des Feldes der Kontaktebenen bilden, die auf der Hyperfläche E^{2n} liegt. Um dies zu beweisen, benötigen wir ein einfaches allgemeines Lemma über die Invarianz eines Ebenenfeldes bezüglich einparametriger Gruppen von Diffeomorphismen.

2.2.6. Eine Bedingung für die Invarianz eines Ebenenfeldes

Es sei a eine nichtverschwindende 1-Differentialform. Eine solche Form definiert ein Feld von Hyperebenen. Es sei $\boldsymbol{v}$ ein nichtverschwindendes Vektorfeld. Ein solches Feld definiert ein Richtungsfeld (d. h. ein Feld von Geraden).

Wir nehmen an, daß in jedem Punkt die Richtung des Feldes $\boldsymbol{v}$ in der Hyperfläche der Nullstellen der Form a liegt, d. h.

$$a(\boldsymbol{v}) \equiv 0.$$

Lemma. *Damit das zur Form a gehörige Ebenenfeld invariant gegen den Phasenfluß des Feldes $\boldsymbol{v}$ ist, ist notwendig und hinreichend, daß $da(\boldsymbol{v}, \xi) = 0$ für alle ξ aus der Ebene des Feldes ist, $a(\xi) = 0$.*

◀ Die Behauptung des Lemmas ist lokaler Natur und invariant gegen Diffeomorphismen. Daher genügt es, die Behauptung für das Standardfeld $\boldsymbol{v} = \partial/\partial x_1$ im euklidischen Raum mit den Koordinaten $(x_1, \ldots, x_n)$ zu beweisen. (Dies folgt aus dem Satz über die Begradigung eines Vektorfeldes). Es sei $a = a_1\,dx_1 + \cdots + a_n\,dx_n$. Nach Voraussetzung ist $a_1 \equiv 0$ (wegen $a(\boldsymbol{v}) = 0$).

Aufgabe. Man zeige, daß der Wert der äußeren Ableitung der Form a auf dem Paar $(\boldsymbol{v}, \xi)$ (wobei $\boldsymbol{v} = \partial/\partial x_1$, $a(\boldsymbol{v}) \equiv 0$ und ξ ein beliebiger Vektor ist) mit dem Wert der partiellen Ableitung $\partial a/\partial x_1$ auf ξ übereinstimmt.

Lösung.

$$da = \sum \frac{\partial a_i}{\partial x_j}\,dx_j \wedge dx_i \Rightarrow da(\boldsymbol{v}, \xi) = \sum \frac{\partial a_i}{\partial x_1}\,\xi_i - \sum \frac{\partial a_1}{\partial x_j}\,\xi_j.$$

Andererseits gilt $a_1 \equiv 0$.

[Eine zweite, vielleicht verständlichere Lösung erhält man durch Anwendung der Stokesschen Formel auf das Parallelogramm mit den Seiten $\xi, \boldsymbol{v}$.]

Die Invarianzbedingung des Ebenenfeldes zur Form a bezüglich Verschiebungen längs der x_1-Achse besteht darin, daß die partielle Ableitung $\partial a/\partial x_1$ auf der Ebene $a = 0$ verschwindet.

Da wir wissen, daß $(\partial a/\partial x_1)(\xi) = da(\boldsymbol{v}, \xi)$ gilt, folgern wir, daß die Invarianzbedingung die Gestalt

$$a(\xi) = 0 \Rightarrow da(\boldsymbol{v}, \xi) = 0$$

annimmt. ▶

2.2.7. Die Cauchy-Aufgabe für das charakteristische Richtungsfeld

Wir kehren zur nichtcharakteristischen Hyperfläche E^{2n} in der Kontaktmannigfaltigkeit M^{2n+1} zurück. Es sei N^k eine in E^{2n} liegende Integralmannigfaltigkeit des Feldes der Kontaktebenen.

Definition. Die *Cauchy-Aufgabe* für die Hyperfläche E^{2n} in der Kontaktmannigfaltigkeit M^{2n+1} und die Anfangsmannigfaltigkeit N^{n-1} besteht in folgendem: Gesucht ist eine Integralmannigfaltigkeit Y^n des Feldes der Kontaktebenen, die in E^{2n} liegt und die Anfangsmannigfaltigkeit N^{n-1} enthält (Abb. 60).

Satz. *Es sei x ein nichtcharakteristischer*[1]) *Punkt der Anfangsmannigfaltigkeit N^{n-1}. Dann existiert eine solche Umgebung U von x, daß eine Lösung der Cauchy-Aufgabe für $E^{2n} \cap U$ mit der Anfangsbedingung $N^{n-1} \cap U$ existiert und lokal eindeutig ist (d. h., zwei beliebige Lösungen mit gemeinsamer Anfangsbedingung stimmen in einer Umgebung von x überein). Die Mannigfaltigkeit Y^n besteht aus den Charakteristiken, die durch die Punkte der Anfangsmannigfaltigkeit N^{n-1} gehen.*

◄ Die Familie der Charakteristiken, die durch die Punkte der Anfangsmannigfaltigkeit verlaufen, bilden in einer Umgebung des Punktes x eine glatte Untermannigfaltigkeit der Dimension n von E^{2n}. Wir zeigen, daß diese Mannigfaltigkeit Y^n eine Integralmannigfaltigkeit für das Feld der Kontakthyperebenen ist.

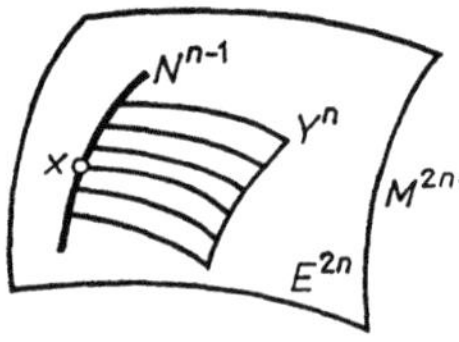

Abb. 60

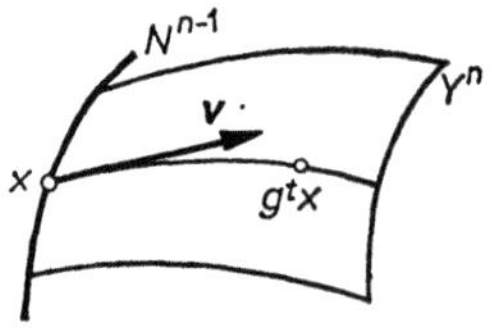

Abb. 61

Wir betrachten die 1-Kontaktform α, die in einer Umgebung des Punktes x durch das Kontaktfeld von Hyperebenen gegeben ist. Wir bezeichnen mit a die Einschränkung von α auf eine Umgebung von x in der Hyperfläche E^{2n}. Da die Hyperfläche nichtcharakteristisch ist, verschwindet die Form a nicht (vgl. 2.2.3.). Diese Form definiert auf E^{2n} ein Feld tangentialer Hyperebenen (die Spuren der Kontakthyperebenen auf E^{2n}). Das Feld der charakteristischen Richtungen auf E^{2n} liegt im Feld der Nullebenen der Form a (vgl. 2.2.5.).

Wir betrachten in einer Umgebung des Punktes x auf E^{2n} ein beliebiges Vektorfeld $\boldsymbol{v}$, dessen Richtung in jedem Punkt charakteristisch ist. Wir bezeichnen dann mit $\{g^t\}$ die durch das Feld $\boldsymbol{v}$ definierte einparametrige Gruppe lokaler Diffeomorphismen auf E^{2n} (g^t ist in einer Umgebung von x für kleine Werte t definiert), Abb. 61.

Jeder Punkt der Mannigfaltigkeit Y^n kann aus einem Punkt der Anfangsmannigfaltigkeit mit Hilfe eines geeigneten Diffeomorphismus g^t erhalten werden.

---

[1]) Die Definition nichtcharakteristischer Punkte wurde in 2.2.5. gegeben.

Lemma A. *Die Form a ist auf den Tangentialebenen an Y in den Punkten der Anfangsmannigfaltigkeit* 0.

Lemma B. *Die Diffeomorphismen g^t führen Nullebenen der Form a in ebensolche über.*

A ◀ Da N eine Integralmannigfaltigkeit ist, ist die Form a auf Vektoren, die tangential zu N sind, gleich 0. Auf dem Vektor $\boldsymbol{v}$ ist die Form a gleich 0, da die charakteristische Richtung in der Kontakthyperebene liegt. Folglich ist a auf der Summe $T_xN + \boldsymbol{Rv}$ gleich 0. ▶

B ◀ Wir betrachten einen Vektor ξ, auf dem die Form a verschwindet (der Vektor muß nicht unbedingt in einem Punkt der Anfangsmannigfaltigkeit beginnen). Wir berechnen den Wert von da auf $(\boldsymbol{v}, \xi)$ in diesem Punkt. Nach Definition der Form $a = \alpha|_E$ ist dieser Wert gleich dem Wert der Ableitung der Kontaktform $d\alpha(\boldsymbol{v}, \xi)$. Nun ist nach Definition der charakteristischen Richtung der letzte Wert für alle Vektoren ξ der Kontaktebene gleich 0. Nach dem Lemma aus 2.2.6. ist somit $a = 0$ invariant bezüglich $\{g^t\}$. ▶

Aus den Lemmata A und B folgt, daß die Form a auf allen Tangentialvektoren an Y^n verschwindet. Folglich ist Y^n-Integralmannigfaltigkeit.

Außerdem konstruierten wir eine Integralmannigfaltigkeit $Y^n \leqq E^{2n}$ des Feldes von Kontakthyperebenen, die durch die Anfangsmannigfaltigkeit N^{n-1} geht.

2.2.8. Eindeutigkeitsbeweis

Lemma. *Die Tangentialebene an eine beliebige n-dimensionale Integralmannigfaltigkeit in E^{2n} des Feldes der Kontaktebenen enthält die charakteristische Richtung.*

◀ Die Einschränkung der 1-Kontaktform α auf eine beliebige Integralmannigfaltigkeit ist 0. Die Einschränkung der 2-Form $d\alpha$ auf diese Mannigfaltigkeit ist die Ableitung der Einschränkung von α und somit 0. Damit sind zwei beliebige Tangentialvektoren an die Integralmannigfaltigkeit schieforthogonal (im Sinne der schiefsymmetrischen Form $d\alpha|_{\alpha=0}$).

Ein Vektor der charakteristischen Richtung auf E^{2n} ist schieforthogonal zu allen Vektoren aus E^{2n}, die in der Ebene $\alpha = 0$ liegen. Angenommen, er liegt nicht in der Tangentialebene an die Integralmannigfaltigkeit in E^{2n} des Feldes der Kontaktebenen. Dann hat der von diesem Vektor und der Tangentialebene aufgespannte Unterraum die Dimension $n + 1$, und alle Vektoren des konstruierten Unterraumes sind zueinander schieforthogonal. Jedoch ist nach Aufgabe 2 aus 2.2.4. die Dimension eines solchen Unterraums höchstens n. ▶

Aus dem Lemma folgt, daß jede n-dimensionale Integralmannigfaltigkeit in E^{2n} des Feldes der Kontaktebenen mit jedem Punkt auch ein Intervall der Charakteristiken, die durch diesen Punkt gehen, enthält. Hieraus folgt die Eindeutigkeit der Integralmannigfaltigkeit, die durch eine gegebene Anfangsmannigfaltigkeit geht. ▶

2.2.9. Anwendung auf nichtlineare partielle Differentialgleichungen erster Ordnung

Wir betrachten jetzt eine nichtlineare partielle Gleichung erster Ordnung bezüglich einer Funktion $u\colon V^n \to \boldsymbol{R}$ als Hyperfläche E^{2n} in der Mannigfaltigkeit der 1-Jets $M^{2n+1} = J^1(V, \boldsymbol{R})$, die mit der Standardkontaktstruktur ausgestattet ist.

Es seien $(x_1, \ldots, x_n)$ lokale Koordinaten auf V^n, u auf $\boldsymbol{R}$. Mit $(x_1, \ldots, x_n; u; p_1, \ldots, p_n)$ bezeichnen wir die zugehörigen lokalen Koordinaten im Raum der 1-Jets. Dann läßt sich die Differentialgleichung (lokal) in der Gestalt

$$\Phi(x, u, p) = 0 \tag{1}$$

schreiben.

Das Auffinden einer Lösung dieser Gleichung führt auf die Suche nach einer Integralfläche des Feldes von Kontaktebenen, die der 1-Graph einer Funktion ist (vgl. 2.2.1.).

Unsere allgemeinen Sätze führen die Lösung dieser Gleichung auf die Konstruktion der Charakteristiken in E^{2n} zurück. Hierfür sind Integralkurven eines Richtungsfeldes auf E^{2n} zu finden (d. h., ein System von $2n - 1$ gewöhnlichen Differentialgleichungen ist zu lösen).

Satz. *Eine Lösung der Gleichung* (1) *ist eine Funktion, deren* 1-*Graph aus Charakteristiken auf* E^{2n} *besteht.*

◀ Vgl. 2.2.2., 2.2.7. und 2.2.9. ▶

2.2.10. Die Cauchy-Aufgabe für nichtlineare partielle Differentialgleichungen erster Ordnung

Es sei $\gamma^{n-1} \subset V^n$ eine $(n - 1)$-dimensionale Untermannigfaltigkeit von V^n, und $\varphi\colon \gamma^{n-1} \to \boldsymbol{R}$ sei eine glatte Funktion. Weiter sei $E^{2n} \subset J^1(V^n, \boldsymbol{R})$ eine glatte nichtcharakteristische Hyperfläche, die durch die Gleichung (1) gegeben ist.

Definition. Unter der *Cauchy-Aufgabe* für die Gleichung (1) verstehen wir das Auffinden einer Lösung u, die auf γ mit φ übereinstimmt.

Definition. Unter der *Anfangsmannigfaltigkeit* N zur Anfangsbedingung (γ, φ) verstehen wir die Menge der 1-Jets von Funktionen auf V^n, die folgenden Bedingungen genügen (Abb. 62):

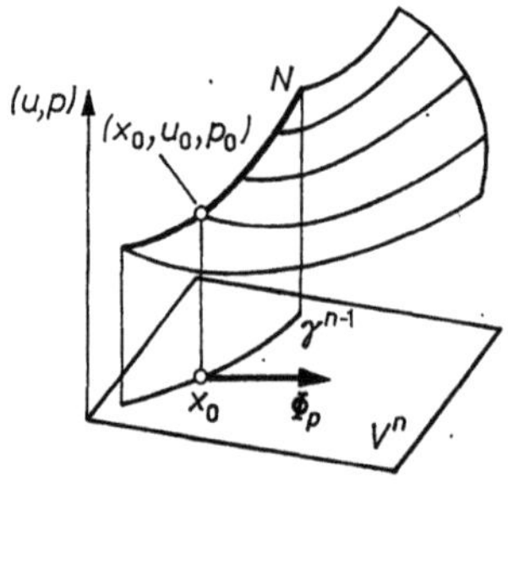

Abb. 62

1. Der Aufpunkt des Jets liegt auf γ^{n-1}.

2. Der Wert der zugehörigen Funktion in diesem Punkt ist gleich dem Wert von φ in diesem Punkt.

3. Der Wert der totalen Ableitung der Funktion in diesem Punkt ist so beschaffen, daß ihre Einschränkung auf die Tangentialebene an γ^{n-1} gleich der totalen Ableitung der Anfangsbedingung φ ist.

4. Der Jet liegt in E^{2n}.

Definition. Ein Punkt der Anfangsmannigfaltigkeit heißt für die Gleichung (1) *nichtcharakteristisch,* wenn die Projektion der charakteristischen Richtung in diesem Punkt auf V transversal zu γ ist. (Diese Definition unterscheidet sich von der in 2.2.5. gegebenen.)

Bemerkung. Man sagt, daß „die Ableitungen der gesuchten Funktion in den $n-1$ Richtungen längs γ durch die Anfangsbedingung definiert sind und die Ableitung in der letzten Richtung (der zu γ transversalen) durch die Gleichung (1) definiert ist".

Beispiel. Es sei γ durch die Gleichung $x_1 = 0$ in einem Raum mit den Koordinaten (x_1, x') definiert, und p_1 sei durch die Gleichung $\Phi(x, u, p) = 0$ gegeben. Dann ist N durch $x_1 = 0$, $u = \varphi(x')$ und $p' = \partial\varphi/\partial x'$ bestimmt.

Satz. *Der Punkt* (x_0, u_0, p_0) *des Raumes der* 1-*Jets sei nichtcharakteristischer Punkt der Anfangsmannigfaltigkeit* N. *Dann existiert eine Lösung der Gleichung* (1) *mit der Anfangsbedingung* N *in einer Umgebung* U *des Anfangspunktes* x_0 *und ist dort lokal eindeutig* (*in dem Sinne, daß je zwei Lösungen der Gleichung, die der Anfangsbedingung* $u|_{U\cap\gamma} = \varphi|_{U\cap\gamma}$, $u(x_0) = u_0$, $du(x_0) = p_0$ genügen, in einer Umgebung des Punktes x_0 übereinstimmen).

◀ Dies folgt aus dem Satz aus 2.2.7., der auch eine Methode zur Konstruktion der Lösung liefert. ▶

2.2.11. Numerische Formeln

Aufgabe. Man gebe explizite Differentialgleichungen für die Charakteristiken der Gleichung $\Phi(x, u, p) = 0$ an.

Antwort. $\dot{x} = \Phi_p$, $\quad \dot{p} = -\Phi_x - p\Phi_u$, $\quad \dot{u} = p\Phi_p$.

Lösung. Wir betrachten einen zur Mannigfaltigkeit $\Phi = 0$ tangentialen Vektor. Für einen solchen Vektor mit den Komponenten (X, U, P) gilt

$$\Phi_x X + \Phi_u U + \Phi_p P = 0.$$

Dieser Vektor liegt in der Kontaktebene, wenn die Form $du - p\,dx$ auf ihm verschwindet, d. h., wenn $U = pX$ ist.

Die Bedingung

$$(\Phi_x + \Phi_u p)\, X + \Phi_p P = 0 \tag{2}$$

ist notwendig und hinreichend dafür, daß der charakteristische Vektor $(\dot{x}, \dot{u} = \dot{p}x, \dot{p})$, dessen schiefsymmetrisches Produkt mit allen Vektoren (X, pX, P) gleich 0 ist, im Durchschnitt der Kontaktebene mit der Tangentialebene an die Mannigfaltigkeit $\Phi = 0$ liegt.

Das schiefsymmetrische Produkt ist aber gleich dem Wert von $d\alpha = dx \wedge dp$ auf dem Paar von Vektoren $((\dot{x}, \dot{u} = p\dot{x}, \dot{p}), (X, U = pX, P))$, d. h., es ist gleich $\dot{x}P - \dot{p}X$.

Damit muß Gleichung (2) bezüglich X und P äquivalent zu

$$\dot{x}P - \dot{p}X = 0 \tag{3}$$

sein. Folglich müssen die Koeffizienten bei X und P in den Gleichungen (2) und (3) proportional sein. Gemäß der Gleichung $\dot{u} = p\dot{x}$ ergibt dies die obige Antwort.

2.2.12. Eine Bedingung für einen Punkt, nichtcharakteristisch zu sein

Aufgabe. Man beschreibe die Bedingungen an γ, φ, Φ, unter denen ein Punkt (x_0, u_0, p_0) für die Gleichung $\Phi(x, u, p) = 0$ mit der Anfangsbedingung φ auf γ nicht charakteristisch ist.

Antwort. $\Phi_p(x_0, u_0, p_0)$ berührt γ im Punkt x_0 nicht.

Lösung. Die Tangentialebene an die Fläche, die von den Charakteristiken gebildet wird, die durch die Anfangsmannigfaltigkeit gehen, projizieren wir auf die x-Ebene. Ist die Fläche der 1-Graph einer Lösung und der Punkt (x_0, u_0, p_0) nichtcharakteristisch, so ist die Tangentialebene von einer Tangentialebene an N und der charakteristischen Richtung erzeugt und wird isomorph projiziert. Folglich muß die x-Komponente des charakteristischen Vektors transversal zu γ im Punkt x_0 sein. Diese Komponente ist aber Φ_p (vgl. 2.2.11.).

Umgekehrt berühre Φ_p nun γ im Punkt x_0 nicht. Dann gilt:

1. Die Hyperfläche $\Phi = 0$ ist in einer Umgebung des Punktes (x_0, u_0, p_0) glatt. Tatsächlich ist $\Phi_p \neq 0$ und somit $d\Phi|_{(x_0,u_0,p_0)} \neq 0$.

2. Die Gleichung $\Phi = 0$ ist im Punkt (x_0, u_0, p_0) nichtcharakteristisch. Der Vektor $(0, 0, \Phi_p)$ liegt in der Kontaktebene und berührt die Fläche $\Phi = 0$ im Punkt (x_0, u_0, p_0) nicht, da $\Phi_p(x_0, u_0, p_0) \neq 0$ ist.

3. In der Nähe von (x_0, u_0, p_0) ist die Anfangsmannigfaltigkeit N glatt. Wir wählen solche Koordinaten $(x_1, \ldots, x_n) = (x_1, x')$, daß lokal die Gleichung für γ die Gestalt $x_1 = 0$ annimmt. Die Bedingung für die Auflösbarkeit der Gleichung

$$\Phi\left(0, x', \varphi(x'), p_1, \frac{\partial\varphi}{\partial x'}\right) = 0$$

nach $p_1(x')$ nimmt dann die Form $\partial\Phi/\partial p_1|_{(x_0,u_0,p_0)} \neq 0$ an. Dies ist die Bedingung dafür, daß Φ_p die Hyperfläche γ nicht berührt.

4. Der Punkt (x_0, u_0, p_0) der Anfangsmannigfaltigkeit ist nichtcharakteristisch.

Berührte nämlich ein charakteristischer Vektor die Anfangsmannigfaltigkeit N, so würde auch seine Projektion Φ_p die Projektion von γ auf den x-Raum berühren.

5. Charakteristiken, die die Anfangsmannigfaltigkeit in einer Umgebung des Punktes (x_0, u_0, p_0) schneiden, bilden in dieser Umgebung eine glatte Mannigfaltigkeit, die sich diffeomorph auf den x-Raum projiziert (und die daher der 1-Graph einer Funktion sein muß).

Tatsächlich enthält das Bild der Tangentialebene an diese Mannigfaltigkeit im Punkt (x_0, u_0, p_0) bei Projektion auf den x-Raum die Tangentialebene an γ und einen hierzu transversalen Vektor. Folglich ist die Ableitung der studierten Abbildung im Punkt (x_0, u_0, p_0) ein Isomorphismus und somit die Abbildung selbst ein lokaler Diffeomorphismus (nach dem Satz über implizite Funktionen).

Damit sind im Punkt (x_0, u_0, p_0) alle fünf Bedingungen dafür, daß (x_0, u_0, p_0) nichtcharakteristisch ist, erfüllt, wenn γ in diesem Punkt Φ_p nicht berührt.

2.2.13. Die Hamilton-Jacobi-Gleichung

Definition. Die Gleichung

$$H(x, u_x) = 0 \tag{1}$$

heißt *Hamilton-Jacobi-Gleichung.*

Der Unterschied zu allgemeinen partiellen Differentialgleichungen erster Ordnung besteht darin, daß der Wert der unbekannten Funktion nicht explizit in die Gleichung eingeht.

Beispiel. Es sei γ eine glatte Hyperfläche im euklidischen Raum R^n und $u(x)$ der Abstand des Punktes x von γ (Abb. 63). Dann erfüllt die Funktion u (in den Punkten, in denen sie glatt ist) die Hamilton-Jacobi-Gleichung

$$\left(\frac{\partial u}{\partial x_1}\right)^2 + \cdots + \left(\frac{\partial u}{\partial x_n}\right)^2 = 1. \tag{2}$$

Tatsächlich ist der Betrag des Gradienten dieser Funktion gleich dem Betrag der Ableitung des Abstandes von γ längs der Normalen an γ, d. h. gleich 1.

Im Großen kann die Funktion nicht glatt sein. Es sei z. B. γ eine Ellipse in der Ebene. Dann bilden die Singularitäten innerhalb der Ellipse ein Intervall (Abb. 64).

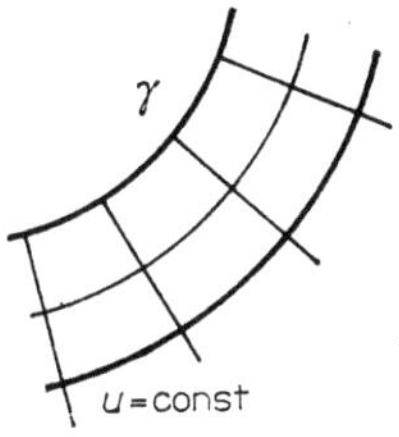

Abb. 63

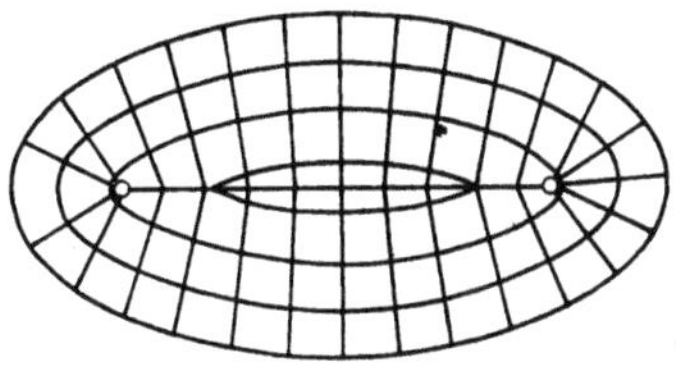

Abb. 64

Aufgabe. Man zeige, daß jede Lösung der Hamilton-Jacobi-Gleichung (2) die Summe des Abstandes zu einer Hyperfläche und einer Konstanten ist.

Bei der Betrachtung der Hamilton-Jacobi-Gleichung ist es nützlich, mit der Mannigfaltigkeit der 1-Jets $J^1(V^n, \boldsymbol{R})$ von Funktionen auf V^n auch das *Kotangentialbündel* T^*V^n hinzuzuziehen. Der Raum T^*V^n wird in der Mechanik *Phasenraum* des Konfigurationsraumes V^n genannt. Nach Definition ist ein *Kotangentialvektor* an V^n im Punkt x eine lineare Funktion auf dem Tangentialraum an V^n im Punkt x. Die Gesamtheit der Kotangentialvektoren an V^n in x bildet einen linearen Raum, der mit $T_x^*V^n$ bezeichnet und *Kotangentialraum* an V^n im Punkt x genannt wird. Die Kotangentialvektoren an V^n bilden eine glatte Mannigfaltigkeit der Dimension $2n$. Diese heißt *Kotangentialbündel* an V^n *und wird mit* T^*V^n *bezeichnet.*

Es seien $(x_1, \ldots, x_n)$ lokale Koordinaten auf V^n. Dann ist ein Kotangentialvektor an V^n im Punkt x durch ein n-Tupel $(p_1, \ldots, p_n)$ gegeben, das der 1-Form $p_1\,dx_1 + \cdots + p_n\,dx_n$ auf dem Tangentialraum an V^n im Punkt x entspricht. Die $2n$-Tupel $(p_1, \ldots, p_n; x_1, \ldots, x_n)$ bilden dann ein System lokaler Koordinaten im Kotangentialbündel an V^n.

Es gibt eine kanonische Projektion π des Raumes der 1-Jets $J^1(V^n, \boldsymbol{R})$ auf das Kotangentialbündel an V^n

$$\pi: J^1(V^n, \boldsymbol{R}) \to T^*V^n.$$

Die Abbildung π besteht im „Vergessen des Funktionswertes", d. h., in Koordinaten gilt

$$(x_1, \ldots, x_n; u; p_1, \ldots, p_n) \mapsto (p_1, \ldots, p_n; x_1, \ldots, x_n).$$

Definition. Unter *Charakteristiken der Hamilton-Jacobi-Gleichung* (1) verstehen wir die Projektionen von Charakteristiken partieller Differentialgleichungen erster Ordnung auf das Kotangentialbündel.

Aufgabe. Man finde die Differentialgleichung der Charakteristiken der Hamilton-Jacobi Gleichung (1).

Antwort. $\dot{x} = H_p$, $\dot{p} = -H_x$.

Bemerkung. Dieses Differentialgleichungssystem heißt *System kanonischer Hamilton-Gleichungen.* Das zugehörige Vektorfeld ist nicht nur auf der Fläche $H = 0$, sondern auf dem ganzen Phasenraum definiert.

Aufgabe. Man finde die Charakteristiken der Hamilton-Jacobi-Gleichung (2).

Antwort. $x = 2at + b$, $p = a$ (a und b Konstanten, $a^2 = 1$).

Damit sind die Projektionen der Charakteristiken auf V^n Geraden.

In der geometrischen Optik heißt die Hamilton-Jacobi-Gleichung (2) *Eikonalgleichung,* die Projektion der Charakteristiken heißen *Strahlen.* Die Funktion u heißt *optische Weglänge,* ihre Niveauflächen heißen *Fronten.* Außer diesen Objekten spielen in der geometrischen Optik die *Kaustiken* eine wesentliche Rolle. Wir betrachten beispielsweise eine Wand, die von Strahlen beleuchtet wird, die von einer konkaven Fläche widergespiegelt werden (z. B. vom Inneren einer Schale). Auf der Wand sind hellere Linien mit singulären Punkten zu sehen, dies sind die Kaustiken.

Die Definition der Kaustik ist die folgende. Wir betrachten die Cauchy-Aufgabe für partielle Differentialgleichungen erster Ordnung. Sind weiter die entsprechenden Charakteristiken unbegrenzt fortgesetzt und schneiden sie sich nicht, so bilden sie global eine Integralmannigfaltigkeit. Die Projektion dieser Integralmannigfaltigkeit auf V^n ist i. a. kein Diffeomorphismus. Die Menge der kritischen Werte dieser Projektion heißt *Kaustik.*

Im Spezialfall der Hamilton-Jacobi-Gleichung (2) mit Anfangsbedingung $u = 0$ auf γ sind die Kaustiken der geometrische Ort der *Brennpunkte* oder der *Krümmungszentren* der Hyperfläche γ.

Aufgabe 1. Man zeichne den geometrischen Ort der Krümmungszentren der Ellipse in der Ebene.

Aufgabe 2. Auf jeder inneren Normalen an die Ellipse sei eine Strecke der Länge t abgetragen. Man zeichne die erhaltene Kurve und studiere ihre Änderung bei wachsendem t.

Antwort. Vgl. Abb. 65.

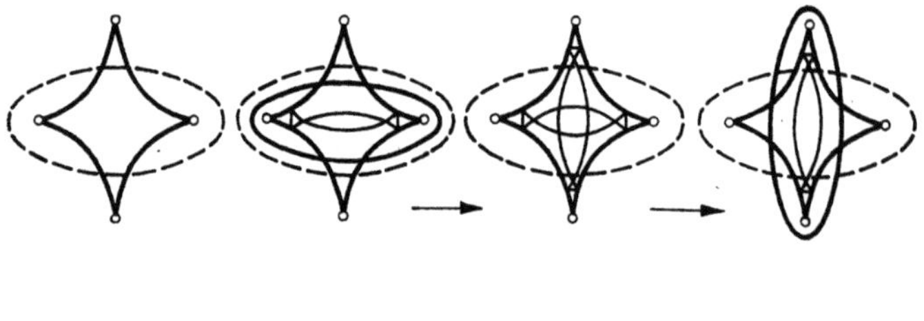

Abb. 65

2.3. Der Satz von Frobenius

Ein Richtungsfeld in der Ebene definiert immer eine Familie von Integralkurven und eine lokale Begradigung (einen Diffeomorphismus, der zu einem Feld paralleler Ebenen führt). Beginnend mit dem dreidimensionalen Raum, ist dies nicht mehr der Fall — ein Ebenenfeld im $\boldsymbol{R}^3$ braucht i. a. keine Integralfläche zu haben.

In diesem Punkt werden Bedingungen für die Existenz einer lokalen Begradigung eines Feldes von Hyperebenen gegeben; d. h. solche Bedingungen, für die das Feld ein Feld von Tangentialebenen an eine Familie glatter Hyperflächen ist.

2.3.1. Vollständig integrierbare Felder von Hyperebenen

Es sei M^n eine glatte Mannigfaltigkeit, auf der ein Feld tangentialer Hyperebenen gegeben ist. In einer Umgebung eines Punktes eines solchen Feldes ist dazu eine 1-Form α gegeben, die von der Nullform verschieden ist und darüber hinaus bis auf die Multiplikation mit einer nirgends verschwindenden Funktion eindeutig bestimmt ist.

Definition. Ein Feld von Hyperebenen heißt *vollständig integrierbar*, wenn die Form $d\alpha$ auf den Ebenen des Feldes identisch verschwindet.

Bemerkung. Die Eigenschaft der vollständigen Integrierbarkeit eines Feldes hängt nicht davon ab, wie α lokal gegeben ist; denn wenn α mit einer nirgends verschwindenden Funktion multipliziert wird, multipliziert sich $d\alpha|_{\alpha=0}$ ebenfalls mit dieser Funktion (vgl. 2.2.1.).

Satz. *Ein Feld von Hyperebenen $\alpha = 0$ ist genau dann vollständig integrierbar, wenn $\alpha \wedge d\alpha \equiv 0$ gilt.*

◀ Es sei x ein Punkt von M^n. Im Tangentialraum an M^n in x wählen wir eine Basis aus $n - 1$ „horizontalen" Vektoren $\boldsymbol{e}_1, \ldots, \boldsymbol{e}_{n-1}$ in der Ebene $\alpha = 0$ und einem „vertikalen" Vektor $\boldsymbol{f}$ (Abb. 66). Der Wert der 3-Form auf drei horizontalen Vektoren ist gleich 0, da $\alpha = 0$ ist. Weiter ist $(d\alpha \wedge \alpha)\,(\boldsymbol{e}_i, \boldsymbol{e}_j, \boldsymbol{f}) = 0$ als Summe, in der jeder Summand als Faktor entweder $\alpha(\boldsymbol{e}_i)$ oder $d\alpha(\boldsymbol{e}_i, \boldsymbol{e}_j)$, die beide gleich 0 sind, enthält.

Ist umgekehrt $\alpha \wedge d\alpha = 0$, so ist $d\alpha(\boldsymbol{e}_i, \boldsymbol{e}_j) = 0$, denn der einzige Bestandteil von $(\alpha \wedge d\alpha)\,(\boldsymbol{e}_i, \boldsymbol{e}_j, \boldsymbol{f})$, der einen Faktor der Form $\alpha(\boldsymbol{e}_i)$ bzw. $\alpha(\boldsymbol{e}_j)$ nicht enthält, ist $d\alpha(\boldsymbol{e}_i, \boldsymbol{e}_j)\,\alpha(\boldsymbol{f})$ und $\alpha(\boldsymbol{f}) \neq 0$. ▶

Bemerkung. Die Bedingung $\alpha \wedge d\alpha \equiv 0$ heißt *Frobeniussche Integrierbarkeitsbedingung*. Aus dem bewiesenen Satz folgt, daß diese Bedingung eine Bedingung an das Feld ist. Sie ist entweder für alle Formen α des Feldes erfüllt oder für keine.

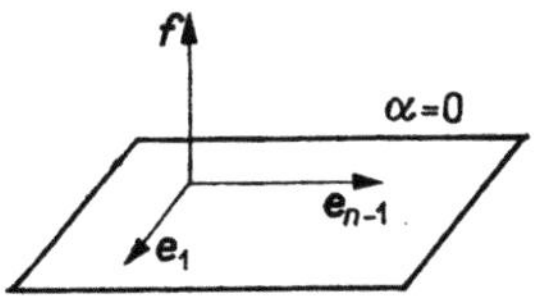

Abb. 66

2.3.2. Existenz einer Integralmannigfaltigkeit

Satz. *Das Feld von Hyperebenen $\alpha = 0$ ist genau dann ein Feld tangentialer Hyperebenen an eine Familie von Hyperflächen, wenn das Feld die Frobeniussche Integrierbarkeitsbedingung $\alpha \wedge d\alpha = 0$ erfüllt.*

◀ Auf den Flächen der Familie ist $\alpha = 0$ und daher $d\alpha = 0$. Es sei umgekehrt $d\alpha = 0$ in den Ebenen $\alpha = 0$. Dann konstruieren wir in einer Umgebung eines Punktes x wie folgt eine Familie von Integralflächen. Es sei $\boldsymbol{v}$ ein beliebiges Vektorfeld mit $\alpha(\boldsymbol{v}) \equiv 0$, d. h., in jedem Punkt liegt der Vektor des Feldes in der Ebene an diesen Punkt des Feldes von Ebenen. Es sei Γ^k eine beliebige Integralmannigfaltigkeit des Ebenenfeldes (Abb. 67), und $\boldsymbol{v}(x)$ liege nicht in der Tangentialebene $T_x\Gamma^k$.

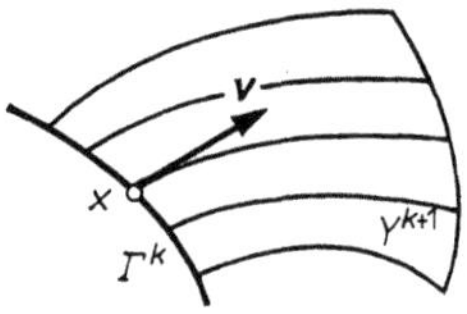

Abb. 67

Lemma. *In der Nähe von x bilden die Phasenkurven des Feldes $\boldsymbol{v}$, die durch Punkte der Integralmannigfaltigkeit Γ^k gehen, eine glatte Integralmannigfaltigkeit Y^{k+1} des vollständig integrierbaren Ebenenfeldes $\alpha = 0$.*

◀ Wir bezeichnen mit $\{g^t\}$ den lokalen Phasenfluß des Feldes $\boldsymbol{v}$. Dann gilt:

a) Die Diffeomorphismen g^t führen Ebenen des Feldes $\alpha = 0$ in ebensolche über. Tatsächlich ist nämlich für alle Vektoren ξ der Ebenen des Feldes $d\alpha(\xi) = 0$, und somit ist das Ebenenfeld gemäß 2.2.6. invariant gegen die Diffeomorphismen g^t.

b) In den Punkten der Anfangsmannigfaltigkeit Γ^k liegen die Tangentialebenen in den Ebenen des Feldes. Da die Tangentialebene $T_x\Gamma^k$ und $\boldsymbol{v}(x)$ in der Ebene des Feldes im Punkt x liegen und die Tangentialebene an Y^{k+1} im Punkt x von $T_x\Gamma^k$ und $\boldsymbol{v}(x)$ erzeugt wird, ist dies richtig.

Nach a) und b) ist die Mannigfaltigkeit Y^{k+1} Integralmannigfaltigkeit für das Ebenenfeld $\alpha = 0$. ▶

Eine Integralmannigfaltigkeit der Dimension $n - 1$ wird jetzt durch induktive Vergrößerung der Dimension aufgebaut.

Wir betrachten ein lokales Koordinatensystem $(x_1, \ldots, x_{n-1}, y)$, so daß die Koordinatenebene $y = 0$ im Punkt 0 im Ebenenfeld $\alpha = 0$ liegt.

Die Projektion der Ebene des Feldes längs der y-Achse auf die Koordinatenebene $(x_1, \ldots, x_{n-1})$ ist in einer Umgebung der Null ein Isomorphismus (Abb. 68).

Wir betrachten die Basisvektorfelder in der Koordinatenebene, $(\partial/\partial x_1, \ldots, \partial/\partial x_{n-1})$. Ihre Urbilder in den Ebenen des Feldes bilden in einer Umgebung von 0 glatte Vektorfelder, die wir mit $(\boldsymbol{v}_1, \ldots, \boldsymbol{v}_{n-1})$ bezeichnen.

Als Anfangsintegralmannigfaltigkeit (der Dimension 0) wählen wir den Punkt y_0 der y-Achse (Abb. 69).

Wendet man auf diese Anfangsmannigfaltigkeit Γ^0 und auf $\boldsymbol{v}_1$ das Lemma an, so erhält man eine eindimensionale Integralmannigfaltigkeit Y^1. Auf Y^1 haben wir $x_2 = \cdots = x_{n-1} = 0$ und daher $\boldsymbol{v}_2 \notin T_0 Y^1$.

Die Anwendung des Lemmas auf Y^1 und $\boldsymbol{v}_2$ ergibt eine zweidimensionale Integralmannigfaltigkeit Y^2. Verfährt man in dieser Art weiter, so beginnt man mit einer Integralmannigfaltigkeit Y^k, auf der $x_{k+1} = \cdots = x_{n-1} = 0$ ist und auf der der Fluß des Feldes $\boldsymbol{v}_{k+1}$ operiert, und erhält eine Integralmannigfaltigkeit Y^{k+1}, auf der $x_{k+2} = \cdots = x_{n-1} = 0$ gilt.

Der Prozeß endet mit der Konstruktion der gesuchten Mannigfaltigkeit Y^{n-1}. ▶

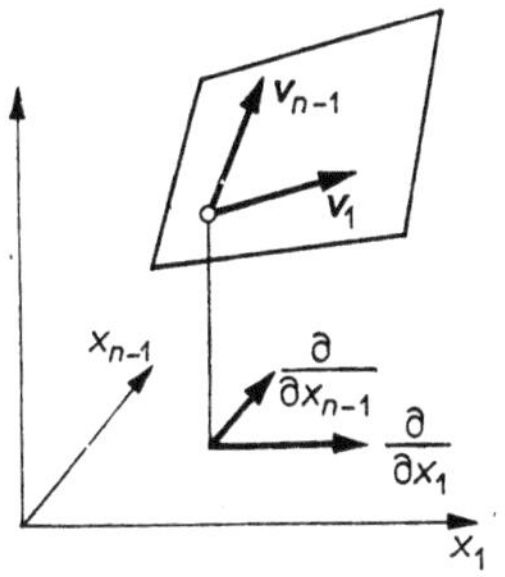

Abb. 68

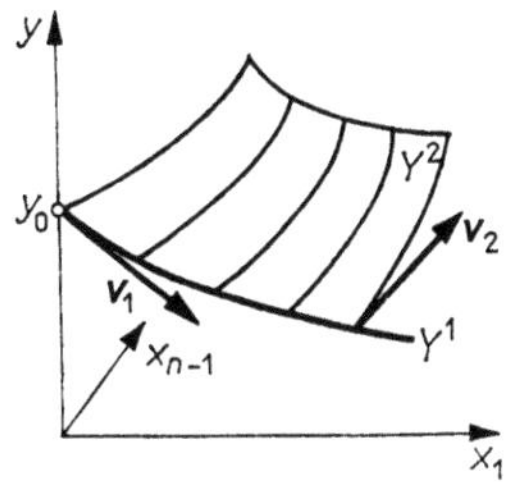

Abb. 69

3. Strukturstabilität

Bei der Verwendung eines beliebigen mathematischen Modells stellt sich die Frage, ob es legitim ist, die mathematischen Aussagen über das Verhalten des Modells auf die Realität anzuwenden. Setzt man nämlich einmal voraus, daß eine Aussage sehr empfindlich auf kleinste Änderungen im Modell reagiert, so führt in diesem Fall eine beliebig kleine Änderung (beispielsweise eine kleine Änderung des Vektorfeldes, durch das eine Differentialgleichung bestimmt wird) zu einem Modell mit völlig anderen Eigenschaften. Es ist gefährlich, Aussagen dieser Art auf den untersuchten realen Prozeß auszudehnen, da bei der Konstruktion des Modells immer eine gewisse Idealisierung vorgenommen wird, die Parameter nur näherungsweise bestimmt werden usw. So entsteht das Problem der Auswahl solcher Eigenschaften des Modells des Prozesses, die gegenüber geringen Änderungen des Modells nicht empfindlich sind und die folglich als Eigenschaften des realen Prozesses aufgefaßt werden können.

Einer der Versuche, solche Eigenschaften auszuwählen, führte zum Begriff der *Strukturstabilität* (A. A. Andronov und L. S. Pontrjagin 1937). Bedeutende Erfolge der Theorie der Strukturstabilität im Falle kleiner Dimensionen (1 und 2) nährten optimistische Hoffnungen, die erst in den sechziger Jahren durch die Arbeiten von S. Smale zerschlagen wurden. Smale hat gezeigt, daß es bei großen Dimensionen des Phasenraumes Systeme gibt, in deren Umgebung sich nicht ein einziges strukturstabiles System befindet. Dieses Ergebnis hat für die qualitative Theorie der Differentialgleichungen eine ähnliche Bedeutung wie der Satz von Liouville über die Nichtauflösbarkeit durch Quadraturen für die Theorie der Integration von Differentialgleichungen. Es zeigt somit, daß die vollständige topologische Klassifikation von Differentialgleichungen mit mehrdimensionalem Phasenraum sogar dann hoffnungslos ist, wenn man sich auf Systeme in allgemeiner Lage beschränkt und alle ausgearteten Fälle vernachlässigt.

Dieses Kapitel ist eine kurze Übersicht über die Grundbegriffe, Methoden und Ergebnisse der Theorie der Strukturstabilität.

3.1. Der Begriff der Strukturstabilität

In diesem Abschnitt wird Strukturstabilität definiert, und es werden strukturstabile Vektorfelder im eindimensionalen Phasenraum untersucht.

3.1.1. Eine naive Definition der Strukturstabilität

Wir betrachten die Differentialgleichung

$$\dot{x} = \boldsymbol{v}(x), \qquad x \in M,$$

die durch das Vektorfeld $\boldsymbol{v}$ auf der Mannigfaltigkeit M gegeben ist. Wir sagen auch, daß das Feld $\boldsymbol{v}$ ein *dynamisches System* (oder kürzer ein System) definiert. Wir werden (in der Regel) voraussetzen, daß die Lösungen der Gleichung unbegrenzt fortsetzbar sind. Das ist immer dann der Fall, wenn M kompakt ist.

Beispiel. Die Gleichung des Pendels mit Reibung (Abb. 70) lautet

$$\dot{x}_1 = x_2, \qquad \dot{x}_2 = -x_1 - kx_2.$$

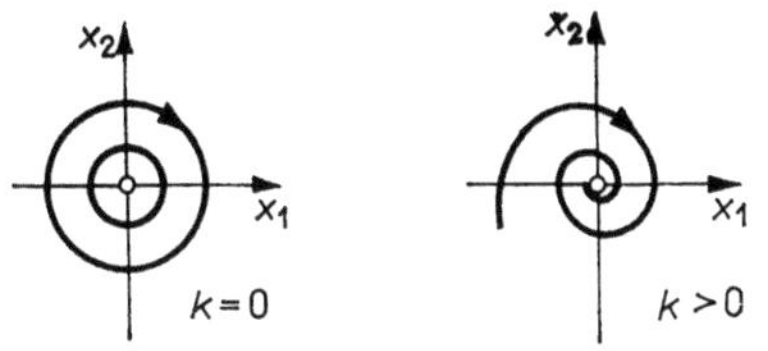

Abb. 70

Ist $k = 0$, so sind alle Phasenkurven geschlossen. Ist $k > 0$, so winden sie sich um den singulären Punkt 0 in Form eines Strudels. Folglich bewirkt eine geringe Änderung des Reibungskoeffizienten eine qualitative Änderung des Verhaltens der Phasenkurven, wenn er vor der Änderung 0 war, und bewirkt keine Änderung des qualitativen Bildes, wenn der Reibungskoeffizient positiv war.

Die folgende Definition der Strukturstabilität formalisiert diesen Unterschied: ein Pendel ohne Reibung ist kein strukturstabiles System, ein Pendel mit Reibung dagegen ist ein strukturstabiles System.

Definition. Ein System heißt *strukturstabil*, wenn man bei jeder hinreichend kleinen Änderung des Vektorfeldes ein zum ursprünglichen äquivalentes System erhält.

Um dieser Definition einen Sinn zu geben, muß man definieren, was eine kleine Änderung des Vektorfeldes ist und wann Systeme äquivalent sind.

3.1.2. Topologische Äquivalenz

Die feinste Klassifikation von Differentialgleichungen beruht auf dem Begriff des Diffeomorphismus. Zwei Systeme $(M_1, \boldsymbol{v}_1)$ und $(M_2, \boldsymbol{v}_2)$ heißen *diffeomorph*, wenn ein Diffeomorphismus $h\colon M_1 \to M_2$ existiert, der das Vektorfeld $\boldsymbol{v}_1$ in das Vektorfeld $\boldsymbol{v}_2$ überführt.

Diffeomorphe Systeme sind von Standpunkt der Geometrie glatter Mannigfaltigkeiten absolut ununterscheidbar. Das folgende Beispiel zeigt, daß die Klassifikation bis auf Diffeomorphie zu fein ist (zu viele Systeme erweisen sich als nicht äquivalent).

Beispiel. Wir betrachten die Gleichungen $\dot{x} = x$ und $\dot{x} = 2x$ im eindimensionalen Phasenraum.

In beiden Fällen ist 0 die einzige und instabile Gleichgewichtslage. Dennoch sind beide Systeme nicht diffeomorph.

◀ Ist das Bild eines singulären Punktes eines Vektorfeldes bei einem Diffeomorphismus von Vektorfeldern singulärer Punkt des Bildes, so wird durch die Ableitung dieses Diffeomorphismus in den jeweiligen singulären Punkten der Operator des linearen Bestandteils des ersten Feldes in den Operator des linearen Bestandteils des zweiten Feldes übergeführt. Demnach sind diese Operatoren ähnlich und haben insbesondere die gleichen Eigenwerte. Also sind die Eigenwerte der Linearisierungen eines Vektorfeldes in singulären Punkten sich stetig mit dem Feld ändernde Invarianten bezüglich Diffeomorpnismen. Solche Invarianten heißen *Moduli*. Die Existenz der Moduli führt dazu, daß die Einteilung der Menge der Vektorfelder in Diffeomorphieklassen nicht diskret, sondern stetig ist (Abb. 71).

Insbesondere sind die oben angegebenen Vektorfelder nicht diffeomorph, weil $1 \neq 2$ ist. ▶

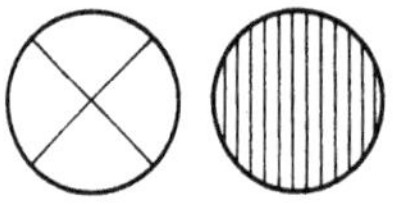

Abb. 71

Um diese Felder nicht unterscheiden zu müssen, wird eine gröbere Äquivalenzrelation eingeführt — die sogenannte topologische Äquivalenz. Wir bemerken, daß Homöomorphismen (eineindeutige stetige Abbildungen mit stetiger Umkehrung) auf den Vektorfeldern nicht operieren. Deshalb definiert man die topologische Äquivalenz folgendermaßen.

Wir betrachten die Phasenflüsse, die durch die gegebenen Vektorfelder definiert werden. Der Phasenfluß des Feldes $\boldsymbol{v}$ auf M besteht aus den Transformationen $g^t\colon M \to M$, die jede Anfangsbedingung x_0 der Gleichung $\dot{x} = \boldsymbol{v}(x)$ zum Zeitpunkt 0 in den Wert $g^t x_0$ der dieser Anfangsbedingung entsprechenden Lösung zum Zeitpunkt t überführt. Offensichtlich ist $g^{t+s} = g^t g^s$ und $g^0 = 1$. Ist M kompakt, so ist $g^t x$ für alle $t \in \boldsymbol{R}$ und alle $x \in M$ definiert.

Definition. Zwei Systeme sind *topologisch äquivalent*, wenn ein Homöomorphismus des Phasenraums des ersten Systems auf den Phasenraum des zweiten existiert, der den Phasenfluß des ersten in den Phasenfluß des zweiten überführt:

$$h g_1{}^t x \equiv g_2{}^t h x.$$

Mit anderen Worten, das Diagramm

$$\begin{array}{ccc} M_1 & \xrightarrow{g_1{}^t} & M_1 \\ {\scriptstyle h}\downarrow & & \downarrow{\scriptstyle h} \\ M_2 & \xrightarrow{g_2{}^t} & M_2 \end{array}$$

ist kommutativ.

Zum Beispiel sind die Systeme $\dot{x} = x$ und $\dot{x} = 2x$ topologisch äquivalent.

Bemerkung. Die Verwendung von Homöomorphismen zum Eliminieren der Moduli in der oben beschriebenen Art war der Hauptgrund für die Schaffung des Begriffs „Homöomorphismus" und der Topologie (ohne Differenzierbarkeit).

3.1.3. Orbitweise Äquivalenz

Leider schützt der Begriff der topologischen Äquivalenz nicht vor den Moduli.

Beispiel. Wir betrachten ein Vektorfeld mit einer geschlossenen Phasenkurve, etwa einem Grenzzykel. Dann hat jedes dazu topologisch äquivalente System auch einen Grenzzykel, und zwar mit der gleichen Periode. Bei kleiner Änderung des Feldes kann man die Periode etwas ändern. Folglich ist die Periode der Bewegung auf einem Grenzzykel eine sich stetig ändernde Invariante (ein Modul), auch wenn man nur topologische Äquivalenz betrachtet. Um sich auch von diesem Modul zu befreien, führt man eine solche Klassifikation der Systeme ein, die noch gröber als die Klassifikation bis auf Homöomorphie ist.

Definition. Zwei Systeme heißen *topologisch orbitweise äquivalent,* wenn ein Homöomorphismus des Phasenraumes des ersten Systems auf den Phasenraum des zweiten Systems existiert, der die gerichteten Phasenkurven des ersten Systems in die gerichteten Phasenkurven des zweiten überführt. Dabei wird keine Übereinstimmung der Bewegung auf diesen Phasenkurven gefordert.

Man vermutet nun, daß die Klasseneinteilung bezüglich orbitweiser Äquivalenz keinen Modul mehr hat (diskret ist), zumindest wenn man sich auf Systeme „in allgemeiner Lage" beschränkt und Entartungen nicht berücksichtigt.

3.1.4. Endgültige Definition der Strukturstabilität

Es sei M eine kompakte glatte Mannigfaltigkeit (der Klasse C^{r+1}, $r \geqq 1$). Ferner sei $\boldsymbol{v}$ ein Vektorfeld der Klasse C^r (hat M einen Rand, so sei vorausgesetzt, daß $\boldsymbol{v}$ den Rand nicht tangiert).

Das System $(M, \boldsymbol{v})$ heißt *strukturstabil,* wenn eine solche Umgebung des Feldes $\boldsymbol{v}$ im Raum C^1 existiert, daß jedes Vektorfeld dieser Umgebung ein System definiert, das topologisch orbitweise äquivalent zum Ausgangssystem ist und für das der diese Äquivalenz vermittelnde Homöomorphismus sich nur wenig von der Identität unterscheidet.

3.1.5. Der eindimensionale Fall

Es sei M eine Kreislinie. Ein Vektorfeld auf der Kreislinie wird durch eine periodische Funktion definiert. Den singulären Punkten des Vektorfeldes entsprechen die Nullstellen dieser Funktion. Ein singulärer Punkt heißt *nichtausgeartet,* wenn in diesem Punkt die Ableitung der Funktion nicht verschwindet.

Satz. *Ein Vektorfeld auf der Kreislinie definiert genau dann ein strukturstabiles System, wenn es nur nichtausgeartete singuläre Punkte hat.*

Zwei Vektorfelder mit nichtausgearteten singulären Punkten auf der Kreislinie sind genau dann topologisch orbitweise äquivalent, wenn sie gleich viele singuläre Punkte besitzen.

Die strukturstabilen Vektorfelder bilden im Raum aller Vektorfelder auf der Kreislinie eine offene überall dichte Menge.

◀ Alle singulären Punkte eines Feldes seien nichtausgeartet. Dann sind es endlich viele, und sie sind abwechselnd stabil und instabil. Jede nicht konstante Lösung der Gleichung $\dot{x} = \boldsymbol{v}(x)$ strebt für $t \to +\infty$ zu einer stabilen Gleichgewichtslage und für $t \to -\infty$ zu einer instabilen. Hieraus folgen alle Behauptungen des Satzes bis auf eine: es bleibt zu zeigen, daß man alle singulären Punkte des Feldes durch eine beliebig kleine Änderung des Feldes zu nichtausgearteten Punkten machen kann.

Diese Behauptung läßt sich mit Hilfe des sogenannten Sardschen Lemmas leicht beweisen.

Lemma. *Die Menge der kritischen Werte einer glatten Funktion auf dem Intervall* [0, 1] *hat das Maß* 0.

◀ Wir teilen das Intervall in N gleiche Teile und markieren solche Teile, die kritische Punkte enthalten. Ist N hinreichend groß, so ist die Ableitung der Funktion in jedem der markierten Teile durch C/N beschränkt (C ist eine von N unabhängige Konstante). Deshalb ist die Länge des Bildes jedes markierten Teils nicht größer als C/N^2. Dieses Bild wird also durch ein Intervall der Länge $2C/N^2$ überdeckt. Auf diese Weise erhält man eine Überdeckung der Menge der kritischen Werte durch Intervalle mit der Gesamtlänge $2C/N$. ▶

Wir betrachten nun die Familie der Vektorfelder auf der Kreislinie mit dem Parameter ε, die durch $\boldsymbol{v}(x, \varepsilon) = \boldsymbol{v}(x) - \varepsilon$ gegeben ist. Der Punkt x ist ein entarteter singulärer Punkt des Feldes $\boldsymbol{v}(x, \varepsilon)$ genau dann, wenn ε ein kritischer Wert der Funktion $\boldsymbol{v}$ im Punkt x ist.

Da jedoch die kritischen Werte eine Menge vom Maß Null bilden, existieren beliebig kleine nichtkritische Werte. Man nehme einen nichtkritischen Wert ε. Alle singulären Punkte des Feldes, das diesem Parameterwert entspricht, sind nichtausgeartet. ▶

3.1.6. Der Satz von Sard

Es sei $f: M \to N$ eine glatte Abbildung von Mannigfaltigkeiten beliebiger Dimension. Ein Punkt der Mannigfaltigkeit M heißt *kritisch*, wenn die Dimension des Bildes des Differentials in diesem Punkt kleiner als die Dimension der Bildmannigfaltigkeit N ist. Der Wert der Abbildung in einem kritischen Punkt heißt *kritischer Wert.*

Satz. *Die Menge der kritischen Werte einer hinreichend glatten Abbildung hat das Maß* 0.

◀ 1. Ist die Dimension der Urbildmannigfaltigkeit M gleich 0, so ist der Satz offensichtlich, ist sie 1, so ist der Satz schon bewiesen worden. Wir setzen jetzt den Satz für Urbildmannigfaltigkeiten der Dimension $m - 1$ voraus und beweisen ihn für die Dimension m.

2. Wir teilen die Menge K der kritischen Punkte der Abbildung auf. Ein Punkt der Urbildmannigfaltigkeit heißt *Punkt der Ordnung r*, wenn die partiellen Ableitungen bis einschließlich der Ordnung r verschwinden. Wir bezeichnen die Menge der Punkte der Ordnung r mit K_r.

3. Zuerst betrachten wir die Menge der kritischen Punkte aus $K \setminus K_1$. Wir beweisen, daß das Maß der entsprechenden Menge kritischer Werte (d. h. das Maß der Menge $f(K \setminus K_1)$) gleich 0 ist.

In jedem Punkt aus $K \setminus K_1$ ist eine der partiellen Ableitungen von 0 verschieden, in lokalen Koordinaten beispielsweise $\partial f_1/\partial x_1$. In einer Umgebung dieses Punktes kann man im Urbild anstelle von x_1 die Funktion f_1 als lokale Koordinate nehmen und $x_2, \ldots, x_m$ beibehalten. In den so definierten Koordinaten ist f eine einparametrige Familie glatter Abbildungen $(m-1)$-dimensionaler Räume in $(n-1)$-dimensionale Räume

$$(f_1; x_2, \ldots, x_m) \mapsto (f_1; f_2, \ldots, f_n).$$

Wir fixieren einen Wert c des Parameters f_1. Die Abbildung f induziert eine Abbildung f_c der Ebene $f_1 = c$ der Dimension $m-1$ im Urbild in eine Ebene $f_1 = c$ der Dimension $n-1$ im Bild.

Die Menge der kritischen Werte der Abbildung f_c hat in der Ebene $f_1 = c$ im Bild nach Induktionsvoraussetzung das $(n-1)$-dimensionale Maß 0 (der Satz ist für alle $(m-1)$-dimensionalen Urbildmannigfaltigkeiten bewiesen). Nach dem Satz von Fubini ist das n-dimensionale Maß der Vereinigung über c der Mengen kritischer Werte der Abbildungen f_c auch gleich 0.

Das Bild der Menge der kritischen Punkte aus $K \setminus K_1$, die in der Umgebung des betrachteten Punktes liegen, ist in dieser Vereinigung enthalten. Daraus folgt, daß das Maß von $f(K \setminus K_1)$ gleich 0 ist.

4. Wir betrachten die Menge der Punkte der Ordnung r, $K_r \setminus K_{r+1}$, und zeigen, daß das Maß der entsprechenden Menge kritischer Werte 0 ist.

In jedem Punkt der Menge $K_r \setminus K_{r+1}$ ist eine der partiellen Ableitungen der Ordnung $r+1$ von 0 verschieden, etwa $\partial g/\partial x_1$, wobei g eine der partiellen Ableitungen der Ordnung r von f_1 (in geeigneten lokalen Koordinaten) ist.

In einer Umgebung eines solchen Punktes ist die Menge $K_r \setminus K_{r+1}$ in eier glatten $(m-1)$-dimensionalen Hyperfläche $g = 0$ enthalten. Die Punkte der Menge $K_r \setminus K_{r+1}$ sind kritisch für die Einschränkung von f auf diese Hyperfläche, da $df = 0$ auf K_r ist. Nach Voraussetzung hat die Menge der kritischen Werte der Einschränkung von f auf die Hyperfläche das Maß 0. Folglich hat $f(K_r \setminus K_{r+1})$ das Maß 0.

5. Wir betrachten zum Schluß die Menge K_r der kritischen Punkte, deren Ordnung mindestens r ist. Wir beweisen, daß das Maß der entsprechenden Menge kritischer Werte $f(K_r)$ für ein hinreichend großes r gleich 0 ist.

Dazu teilen wir jede Seite eines m-dimensionalen Würfels im Urbildraum (nach einer Auswahl lokaler Koordinaten) in N gleiche Teile und damit den Würfel in N^m kleine Würfelchen. Wir markieren unter ihnen diejenigen, die Punkte aus K_r enthalten. Der Durchmesser des Bildes eines markierten Würfelchens ist dann durch $c(1/N)^{r+1}$ beschränkt (wobei c nicht von N abhängt). Deshalb kann man alle Bilder markierter Würfelchen durch offene Würfel überdekken, deren Gesamtmaß

$$c_1 N^m (1/N)^{n(r+1)}$$

nicht übersteigt, selbst wenn alle N^m Würfelchen markiert waren.

Diese Zahl strebt für $N \to \infty$ gegen 0, und deshalb ist das Maß von $f(K_r)$ gleich 0 für $r > (m/n) - 1$.

Die Menge K der kritischen Punkte kann als Vereinigung der Mengen K/K_1, K_i/K_{i+1} und K_r dargestellt werden. Wir haben bewiesen, daß das Bild jeder dieser Mengen das Maß 0 hat. Somit ist auch das Maß der gesamten Menge kritischer Werte gleich 0. ▶

3.1.7. Strukturstabile Systeme auf der zweidimensionalen Sphäre

Geht man zu Systemen mit einem Phasenraum der Dimension größer als 0 über, so stößt man zuerst auf singuläre Punkte und geschlossene Phasenkurven.

Definition. Ein singulärer Punkt eines Vektorfeldes heißt *ausgeartet*, wenn 0 ein Eigenwert der Linearisierung des Feldes in diesem Punkt ist.

Bemerkung. Ein nichtausgearteter singulärer Punkt eines Feldes verschwindet bei einer kleinen Änderung des Feldes nicht, sondern verschiebt sich nur ein wenig (nach dem Satz über implizite Funktionen). Dagegen wird ein ausgearteter singulärer Punkt bei einer kleinen Änderung des Feldes im allgemeinen einer Bifurkation unterworfen (er teilt sich in mehrere nichtausgeartete Punkte), oder aber er verschwindet. Deshalb sind bei einem strukturstabilen System alle singulären Punkte nichtausgeartet.

Definition. Eine geschlossene Phasenkurve (Zykel) heißt *ausgeartet*, wenn 1 Eigenwert der Linearisierung der Poincaré-Abbildung ist. [Unter der Poincaré-Abbildung versteht man die Abbildung der Transversalen zum Zykel in sich, die jedem Punkt der Transversalen einer Umgebung des Zykels den nächsten Schnittpunkt der Phasenkurve durch diesen Punkt der Transversalen mit der Transversalen zuordnet, vgl. Abb. 72.]

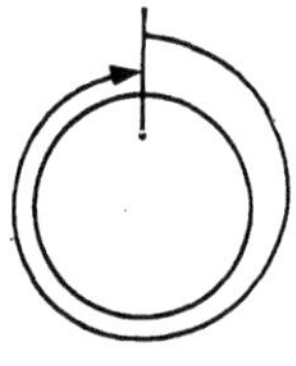

Abb. 72

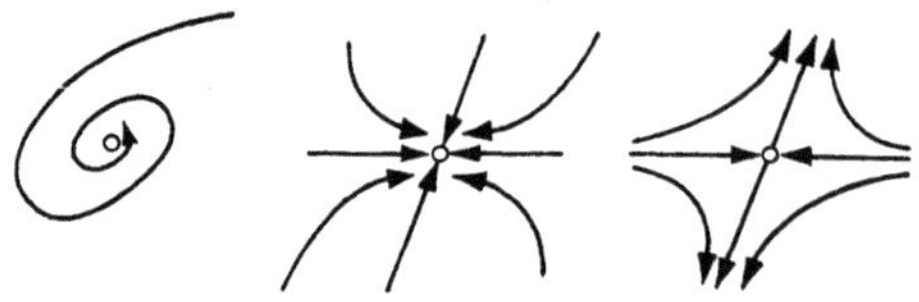

Abb. 73

Bemerkung. Ein nichtausgearteter Zykel verschwindet bei einer kleinen Änderung des Feldes nicht, sondern verschiebt sich nur ein wenig (nach dem Satz über implizite Funktionen). Dagegen wird ein ausgearteter Zykel bei einer kleinen Änderung des Feldes im allgemeinen einer Bifurkation unterworfen (er teilt sich in mehrere Zyklen), oder aber er verschwindet. Deshalb sind bei einem strukturstabilen System alle Zyklen nichtausgeartet.

Wir betrachten ein Vektorfeld auf einer zweidimensionalen Fläche. Im zweidimensionalen Fall sind die nichtausgearteten singulären Punkte topologisch entweder Sattelpunkte oder Knoten. Die Phasenkurve, die zum Sattelpunkt für $t \to +\infty$ strebt, heißt stabile Separatrix des Sattels, die, die für $t \to -\infty$ zu ihm strebt, heißt instabile Separatrix des Sattels (Abb. 73).

Satz. *Ein Vektorfeld auf einer zweidimensionalen Sphäre definiert genau dann ein strukturstabiles System, wenn die folgenden Bedingungen erfüllt sind:*

(1) *Alle singulären Punkte des Feldes sind nicht ausgeartet.*

(2) *Die Realteile der Eigenwerte der linearen Bestandteile des Feldes sind in allen singulären Punkten von 0 verschieden.*

(3) *Keine stabile Separatrix eines Sattels ist gleichzeitig die instabile Separatrix.*

(4) *Alle geschlossenen Phasenkurven sind nichtausgeartete Zyklen.*

Bemerkung. Ist eine der Bedingungen (1) bis (4) verletzt, so kann man leicht zeigen, daß das System dann nicht strukturstabil ist (vgl. Abb. 74). Der Nachweis, daß aus den Bedingungen (1) bis (4) die Strukturstabilität folgt, ist komplizierter. Er ist bis ins einzelne von DE BAGGIS geführt worden (vgl. H. F. DE BAGGIS [1], M. M. PEIXOTO [1]).

Zu strukturstabilen Systemen in der Ebene vergleiche man auch H. F. DE BAGGIS [2], M. S. PEIXOTO und M. M. PEIXOTO [1].

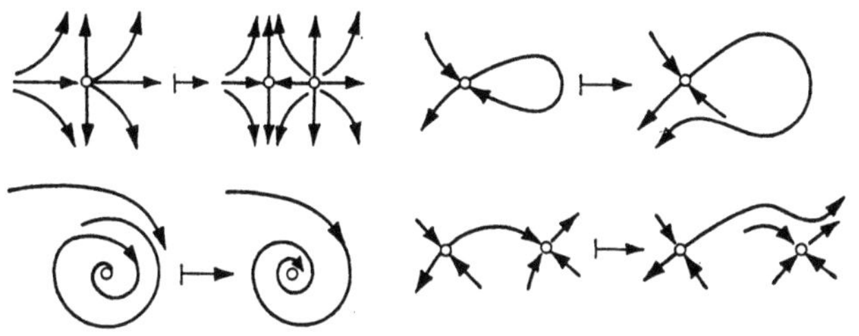

Abb. 74

Satz. *Die strukturstabilen Vektorfelder bilden im Raum aller Vektorfelder auf der zweidimensionalen Sphäre eine offene überall dichte Menge.*

◀ Dieser Satz folgt aus dem vorigen. ▶

Bemerkung. Analoge Resultate gibt es für Vektorfelder auf der Kreisscheibe, die den berandenden Kreis nicht tangieren.

3.2. Differentialgleichungen auf dem Torus

In diesem Abschnitt wird die von H. POINCARÉ und H. DENJOY entwickelte Theorie der singularitätenfreien Vektorfelder auf dem zweidimensionalen Torus dargestellt, insbesondere werden alle strukturstabilen Felder beschrieben.

3.2.1. Der zweidimensionale Torus

Das direkte Produkt von n Kreislinien wird *n-dimensionaler Torus T^n* genannt. Den zweidimensionalen Torus kann man sich als ein Quadrat

$$T^2 = S^1 \times S^1 = \{(x, y);\, 0 \leqq x \leqq 2\pi,\, 0 \leqq y \leqq 2\pi\}$$

vorstellen, bei dem die gegenüberliegenden Seiten verheftet sind (die Punkte $(0, y)$ und $(2\pi, y)$, wie auch $(x, 0)$ und $(x, 2\pi)$ werden identifiziert, vgl. Abb. 75).

Man kann unter dem Torus auch die Menge der Nebenklassen der Gruppe $\boldsymbol{R}^2$ nach der Untergruppe $2\pi\boldsymbol{Z}^2$ der mit 2π multiplizierten ganzzahligen Vektoren verstehen:

$$T^2 = \boldsymbol{R}^2/2\pi\boldsymbol{Z}^2 = \{(x, y) \in \boldsymbol{R}^2 \bmod 2\pi\}.$$

Der Torus wird durch die Ebene lokal diffeomorph überlagert. Die Überlagerung $\boldsymbol{R}^2 \to T^2$ (Abb. 76) gestattet es, jedes Bild vom Torus auf die Ebene zu übertragen (wo es unendlich oft erscheint). Den glatten Funktionen auf dem Torus entsprechen die glatten 2π-periodischen Funktionen in der Ebene.

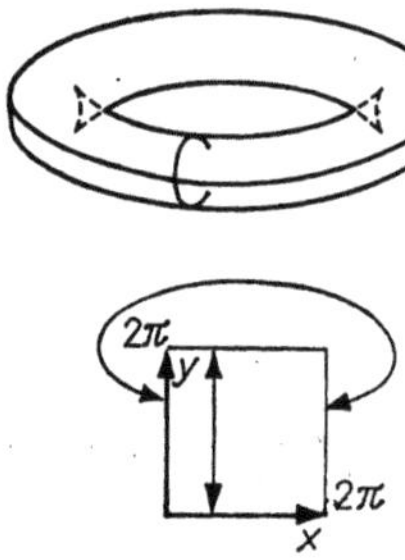

Abb. 75

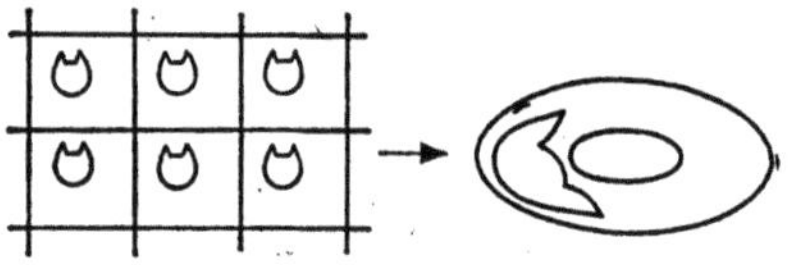

Abb. 76

Jeder geschlossenen Kurve in der Ebene entspricht eine geschlossene Kurve auf dem Torus. Die Umkehrung ist nicht richtig: Den geschlossenen Kurven auf dem Torus entsprechen nicht nur die geschlossenen Kurven in der Ebene, sondern auch die Abbildungen $\varphi\colon [0, 1] \to \boldsymbol{R}^2$, für die $\varphi(0) \equiv \varphi(1) \bmod 2\pi$ gilt.

Ist in diesem Fall $\varphi(1) = \varphi(0) + (2\pi p, 2\pi q)$, so sagt man, daß sich die Kurve nach *p-maligem Durchlaufen des Breitenkreises und nach q-maligem Durchlaufen des Längenkreises schließt.*

3.2.2. Vektorfelder auf dem Torus

Jedes Vektorfeld auf dem Torus definiert in der Ebene ein Feld, das in beiden Koordinaten periodisch mit der Periode 2π ist. Umgekehrt entspricht jedem Vektorfeld, das 2π-periodisch in beiden Koordinaten der Ebene ist, ein Vektorfeld auf dem Torus.

Beispiel. Die Gleichung

$$\dot{x} = \alpha, \qquad \dot{y} = \beta,$$

wobei α und β Konstanten sind, definiert auf dem Torus ein Vektorfeld ohne singuläre Punkte.

Satz. *Ist der Quotient $\lambda = \beta/\alpha$ rational, so sind auf dem Torus alle Phasenkurven der Gleichung geschlossen, ist er irrational, so ist jede Kurve überall dicht.*

◄ 1. Es sei $\lambda = p/q$. Die Phasenkurve durch den Punkt (x_0, y_0) hat die Gleichung $y - y_0 = (x - x_0)\,p/q$. Ist $x - x_0 = 2\pi q$, so ist $y - y_0 = 2\pi p$ und folglich $(x, y) \equiv (x_0, y_0) \bmod 2\pi$, d. h., die Phasenkurve ist geschlossen.

2. Wir zeigen weiter unten, daß für irrationales λ jede Phasenkurve gleichmäßig auf dem Torus verteilt ist, d. h., daß die Zeit, die sie in einem beliebigen Teil des Torus[1]) verweilt, proportional zur Fläche dieses Teils ist. Daraus folgt insbesondere, daß ein hinreichend langes Stück der Phasenkurve in einer beliebig kleinen Umgebung eines beliebigen Punktes des Torus liegt, d. h., die Phasenkurve ist überall dicht (vgl. 3.2.3.). ▶

3.2.3. Gleichmäßige Verteilung

Die allgemeine Definition der gleichmäßigen Verteilung besteht in folgendem.

Es sei $\boldsymbol{v}$ ein Vektorfeld auf der glatten kompakten Mannigfaltigkeit M mit fixiertem Volumenelement (z. B. ein Feld auf dem Torus mit dem Flächenelement $dx\,dy$). Wir bezeichnen das Volumen (die Fläche) eines Gebietes D mit $\mu(D)$.

Es sei φ eine Lösung der Gleichung $\dot{x} = \boldsymbol{v}(x)$ mit der Anfangsbedingung z. Mit $\tau(D, T, z)$ bezeichnen wir das Maß der Menge der Werte $t \in [0, T]$, für die $\varphi(t)$ in D liegt.

Definition. Die Lösungen der Gleichung $\dot{x} = \boldsymbol{v}(x)$ heißen *gleichmäßig verteilt* oder *gleichverteilt*, wenn für jedes Gebiet mit stückweise glattem Rand

$$\lim_{T\to\infty} \frac{\tau(D, T, z)}{T} = \frac{\mu(D)}{\mu(M)}$$

gilt.

Satz. *Bei irrationalem β/α sind die Lösungen der Gleichung $\dot{x} = \alpha$, $\dot{y} = \beta$ auf dem Torus gleichverteilt.*

Die gleichmäßige Verteilung kann auch durch Zeitmittel von Funktionen definiert werden.

Es sei f eine (im allgemeinen komplexwertige) Funktion auf M.

Definition. Der Grenzwert

$$\lim_{T\to\infty} \frac{1}{T} \int_0^T f(g^t z)\, dt = \hat{f}(z)$$

wird *Zeitmittel* der Funktion f genannt (hierbei ist g^t der Phasenfluß).

Bemerkung. Es ist klar, daß ein solcher Grenzwert nicht immer existiert, ja selbst wenn er existiert, hängt er im allgemeinen vom Anfangswert z ab.

Der Satz über die Gleichverteilung auf dem Torus ergibt sich aus folgendem Satz.

[1]) Unter einem Teil des Torus verstehen wir ein Jordan-meßbares Gebiet, z. B. ein Gebiet mit stückweise glattem Rand.

Satz (über die Gleichheit der Mittelwerte). *Bei irrationalem $\lambda = \beta/\alpha$ existiert das Zeitmittel jeder stetigen (oder wenigstens Riemann-integrierbaren) Funktion $f\colon T^2 \to C$ längs der Lösungen der Gleichung $\dot{x} = \alpha$, $\dot{y} = \beta$ auf dem Torus, es hängt nicht vom Anfangswert ab und ist gleich dem Raummittel*

$$f_0 = \frac{1}{4\pi^2} \oiint f\, dx\, dy.$$

Um aus diesem Satz den Satz über die Gleichverteilung zu erhalten, genügt es, für f die charakteristische Funktion der Menge D zu wählen (die auf D den Wert 1 und sonst den Wert 0 annimmt).

3.2.4. Beweis des Satzes über die Gleichheit der Mittelwerte

Wir bezeichnen mit ω den Vektor mit den Komponenten (α, β). Dann ist $z + \omega t$ die Lösung mit dem Anfangswert z. Die Behauptung des Satzes lautet dann

$$\lim_{T\to\infty} \frac{1}{T} \int_0^T f(z + \omega t)\, dt = \frac{1}{4\pi^2} \oiint f(z)\, dx\, dy.$$

◀ Wir bemerken, daß man auf dem Torus harmonische Funktionen, d. h. Funktionen der Gestalt $e^{i(\boldsymbol{k},z)}$, wobei $\boldsymbol{k}$ ein ganzzahliger Vektor ist, definieren kann. Für diese überprüft man den Satz durch direkte Berechnung des Integrals. Es sei $\boldsymbol{k} \neq 0$, dann ist

$$\int_0^T e^{i(\boldsymbol{k},z+\omega t)}\, dt = e^{i(\boldsymbol{k},z)} \int_0^T e^{i(\boldsymbol{k},\omega)t}\, dt = \frac{e^{i(\boldsymbol{k},z)}}{i(\boldsymbol{k},\omega)} [e^{(\boldsymbol{k},\omega)T} - 1].$$

Die Funktion in der eckigen Klammer ist beschränkt, und deshalb ist das Zeitmittel einer harmonischen Funktion mit nichtverschwindendem $\boldsymbol{k}$ gleich 0. Das Raummittel ist ebenfalls 0. Für $\boldsymbol{k} = 0$ ist die Funktion konstant 1. Beide Mittelwerte für die Eins sind gleich 1. Der Satz über die Gleichheit der Mittelwerte ist damit für harmonische Funktionen bewiesen.

Aus der Gleichheit für harmonische Funktionen folgt die Gleichheit der Mittelwerte für trigonometrische Polynome, denn das Mittel einer Linearkombination ist die Linaerkombination der Mittel mit den gleichen Koeffizienten. Insbesondere gilt der Satz für $f = \cos(\boldsymbol{k}, \boldsymbol{z})$ und $f = \sin(\boldsymbol{k}, \boldsymbol{z})$.

Jetzt beweisen wir den Satz für reelle Funktionen. Dann ist er (wegen der Linearität der Mittelwertbildung) auch für komplexwertige Funktionen bewiesen. Wir suchen dazu für die Funktion f stetige Funktionen P und Q derart, daß $P < f < Q$ gilt und $\oiint (Q - P)\, dx\, dy/4\pi^2 < \varepsilon$ ist (die Existenz dieser Funktionen für jedes $\varepsilon > 0$ ist charakteristisch für Riemann-integrierbare Funktionen). Wir nähern dann diese Funktionen P und Q durch trigonometrische Polynome p und q derart an, daß $|p - P| < \varepsilon$, $q - Q| < \varepsilon$ ist.

Mit p_0 und q_0 bezeichnen wir die konstanten Glieder dieser Polynome. Die Zahlen p_0 und q_0 sind die Mittelwerte der Polynome p und q bezüglich Zeit und Raum (weil die Mittelwerte für trigonometrische Polynome übereinstimmen). Also ist das Raummittel f_0 der Funktion f durch p_0 und q_0 beschränkt:

$$p_0 < f_0 < q_0, \qquad |q_0 - p_0| < \varepsilon.$$

Wir bezeichnen mit p_T, f_T, q_T die Zeitmittel von p, f, q in der Zeit T:

$$p_T(z) = \frac{1}{T}\int_0^T p(z + \omega t)\, dt \qquad \text{usw.}$$

Dann ist $p_T(z) < f_T(z) < q_T(z)$ für jedes T, und für hinreichend große T ist

$$|p_T(z) - p_0| < \varepsilon, \qquad |q_T(z) - q_0| < \varepsilon.$$

Folglich ist für hinreichend großes T

$$|f_T(z) - f_0| < 2\varepsilon. \blacktriangleright$$

3.2.5. Einige Folgerungen

1. Die Zweidimensionalität des Torus hat in den vorhergehenden Betrachtungen nie eine Rolle gespielt. Wir betrachten die Gleichung $\dot{z} = \omega$, $z \in T^n$ auf dem n-dimensionalen Torus. Der Vektor ω der Frequenz heißt *Resonanzvektor,* wenn ein vom Nullvektor verschiedener ganzzahliger Vektor $\boldsymbol{k}$ existiert derart, daß $(\boldsymbol{k}, \omega) = 0$ ist.

Ist ω kein Resonanzvektor, dann stimmen die Mittelwerte bezüglich Raum und Zeit stetiger (oder wenigstens Riemann-integrierbarer) Funktionen überein, und die Lösungen sind gleichverteilt.

2. Aus dem Satz über die Gleichverteilung folgt, daß die erste Ziffer der Zahlen 2^n häufiger 7 als 8 ist. Mit anderen Worten, ist $N_k(n)$ die Anzahl der natürlichen Zahlen $m \leqq n$, für die 2^m mit der Ziffer k beginnt, dann ist

$$\lim_{n\to\infty} \frac{N_7(n)}{N_8(n)} = \frac{\log 8 - \log 7}{\log 9 - \log 8}.$$

3. Der Ausgangspunkt für die Entdeckung des Satzes über die Gleichverteilung war die folgende Aufgabe von Lagrange: Man finde

$$\omega = \lim_{t\to\infty} \frac{1}{t} \arg f(t), \qquad \text{wenn } f(t) = \sum_{k=1}^{n} a_k e^{i\omega_k t} \text{ ist.}$$

Wir geben die Lösung für einen Nichtresonanzvektor $\omega = (\omega_1, \ldots, \omega_n)$ an. Es sei $n = 3$. Wenn man aus den drei Strecken (a_1, a_2, a_3) ein Dreieck bilden kann, so ist $\omega = \sum \alpha_k \omega_k / \pi$, wobei α_k der der Seite a_k gegenüberliegende Winkel ist.

Für beliebiges n ist die Lösung gleichfalls ein gewichtetes Mittel der Frequenz ω_k: $\omega = \sum W_k \omega_k$. Die Gewichte W_k erhält man folgendermaßen. Es sei $W(a_1, \ldots, a_s; b)$ die Wahrscheinlichkeit dafür, daß der Abstand zwischen Anfang und Ende eines ebenen Polygonzuges, der aus s Stücken der Längen $a_1, \ldots, a_s$ mit zufälligen Richtungen besteht, kleiner als b ist. Dann ist $W_k = W(\hat{a}_k, a_k)$ ($\hat{a}_k$ ist die Menge aller a_i ohne a_k).

Den Beweis findet man z. B. bei H. WEYL [1, 2].

LAGRANGE kam folgendermaßen zur oben formulierten Aufgabe (der sogenannten Aufgabe der mittleren Bewegung). Wir betrachten den Vektor, der die Sonne mit dem Zentrum der Ellipse, auf der sich ein Planet bewegt, verbindet (Laplace-Vektor). In erster Näherung ist die Evolution des Laplace-Vektors unter dem Einfluß der gegenseitigen Anziehung der Planeten die Bewegung der Resultierenden einer Menge gleichmäßig rotierender Vektoren (ihre Anzahl ist gleich der Anzahl der Planeten).

Berechnet man für die Planeten des Sonnensystems die Frequenzen ω_k und die Amplituden a_k, so erweist sich, daß für alle Planeten außer Erde und Venus eine der Amplituden a_k größer als die Summe der anderen ist. Deshalb konnte LAGRANGE die mittlere Bewegung des Perihels jedes Planeten außer Erde und Venus bestimmen. Im Fall von Erde und Venus haben einige Summanden annähernd gleiche Amplituden. Dieses Problem wurde erst im 20. Jahrhundert durch Arbeiten von G. BOL, W. SIERPIŃSKI ind H. WEYL bewältigt.

3.2.6. Die Poincaré-Abbildung und die Winkeländerung

Wir betrachten die allgemeine Differentialgleichung auf dem Torus

$$\dot{z} = \omega(t), \qquad z \in T^2.$$

Wir nehmen an, daß das Feld ω keine singulären Punkte hat und daß darüber hinaus $\omega_1 \neq 0$ ist. [Wenn es keine singulären Punkte und keine Zyklen gibt, so ist in einem passenden Koordinatensystem die erste Komponente des Feldes überall von 0 verschieden (vgl. C. L. SIEGEL [1]); es ist nicht schwer, ein Feld ohne singuläre Punkte, aber mit Zyklen zu konstruieren, das diese Eigenschaft nicht besitzt.

Wir gehen nun zur Untersuchung der Integralkurven der nichtautonomen Gleichung mit doppeltperiodischer rechter Seite über:

$$\frac{dy}{dx} = \lambda(x, y), \qquad \lambda = \omega_2/\omega_1.$$

Da die rechte Seite beschränkt ist, sind alle Lösungen unbegrenzt fortsetzbar.

Definition. Die Abbildung A der y-Achse in sich, die jedem Anfangswert $(0, y_0)$ den Wert der Lösung mit diesem Anfangswert im Punkt $x = 2\pi$ (Abb. 77) zuordnet, heißt *Poincaré-Abbildung* für die Gleichung auf dem Torus.

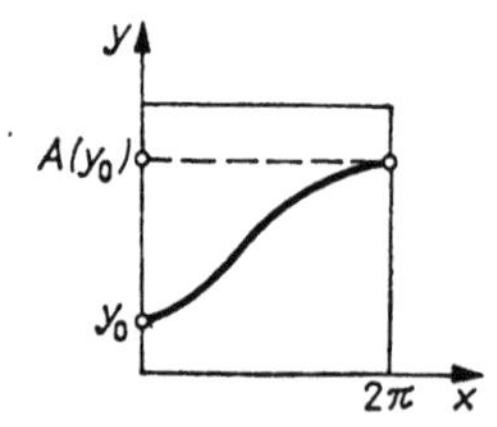

Abb. 77

Die Poincaré-Abbildung ist (nach dem Satz über die Differenzierbarkeit der Lösungen nach den Anfangswerten) differenzierbar und periodisch, d. h. $A(y + 2\pi) = A(y) + 2\pi$. Die Umkehrabbildung A^{-1} ist ebenfalls differenzierbar. Folglich definiert A einen Diffeomorphismus der Kreislinie auf sich. Man kann sich die Poincaré-Abbildung als Diffeomorphismus des Längenkreises eines Torus vorstellen, der jeden Punkt des Längenkreises in den nachfolgenden Schnittpunkt der Integralkurve mit dem Längenkreis überführt.

Die Untersuchung der Eigenschaften der Integralkurven auf dem Torus ist somit auf die Untersuchung der Eigenschaften von Diffeomorphismen der Kreislinie zurückgeführt. Setzt man beispielsweise voraus, daß der Diffeomorphismus der Kreislinie einen Fixpunkt hat, dann existiert auf dem Torus eine geschlossene Kurve. Die Umkehrung ist nicht richtig (ein Beispiel ist die Drehung des Kreises um π). Dafür, daß eine Integralkurve durch einen Punkt des Längenkreises geschlossen ist, ist hinreichend und notwendig, daß dieser Punkt ein periodischer Punkt des Diffeomorphismus ist, d. h., daß er nach wiederholter Anwendung des Diffeomorphismus in sich übergeht.

Die Poincaré-Abbildung definiert einen die Orientierung erhaltenden Diffeomorphismus der Kreislinie, und deshalb kann man sie in der Gestalt

$$Ay = y + a(y)$$

schreiben, wobei $a(y + 2\pi) = a(y)$ und $a'(y) > -1$ ist. Die Funktion a nennen wir die *Winkeländerung.*

3.2.7. Die Rotationszahl

Die Rotationszahl charakterisiert den mittleren Anstieg der Integralkurven auf dem Torus. Für die einfachste Gleichung mit konstanter rechter Seite $dy/dx = \lambda$ ist die Rotationszahl λ.

Definition. Unter der *Rotationszahl* der Gleichung $dy/dx = \lambda$ auf dem Torus wird der Grenzwert

$$\mu = \lim_{x\to\infty} \frac{\varphi(x)}{x}$$

verstanden, wobei φ eine Lösung der entsprechenden Gleichung in der Ebene ist.

Die Rotationszahl läßt sich wie folgt durch die Winkeländerung ausdrücken:

$$\mu = \frac{1}{2\pi} \lim_{k\to\infty} \frac{a(y) + a(Ay) + \cdots + a(A^{k-1}y)}{k}.$$

In dieser Form kann man die Definition auf beliebige die Orientierung erhaltende Diffeomorphismen der Kreislinie übertragen.

Satz. *Der die Rotationszahl definierende Grenzwert existiert und hängt nicht vom Anfangswert ab. Er ist genau dann rational, wenn eine Potenz des Diffeomorphismus einen Fixpunkt hat (d. h., wenn die Differentialgleichung eine geschlossene Phasenkurve besitzt).*

◀ 1. Wir betrachten die Winkeländerung des Punktes y nach k-maliger Anwendung des Diffeomorphismus. Wir bezeichnen sie mit

$$a_k(y) = a(y) + a(Ay) + \cdots + a(A^{k-1}y).$$

Für zwei beliebige Punkte y_1 und y_2 gilt

$$|a_k(y_1) - a_k(y_2)| < 2\pi.$$

Für $|y_1 - y_2| < 2\pi$ gilt die Ungleichung, weil die Transformationen der Geraden A und A^k Strecken der Länge 2π in Strecken der Länge 2π überführen. Da die Funktion a_k aber 2π-periodisch ist, kann man y_2 so um ein Vielfaches von 2π ändern, daß sich $a_k(y_2)$ nicht ändert und $|y_1 - y_2|$ kleiner als 2π wird.

2. Es sei m_k die ganze Zahl, die für

$$2\pi m_k \leqq a_k(0) < 2\pi(m_k + 1)$$

ist.

Wir zeigen, daß *für alle y und jedes ganzzahlige l*

$$\left|\frac{a_{kl}(y)}{2\pi kl} - \frac{m_k}{k}\right| < \frac{2}{k}$$

ist. Wegen 1. ist nämlich $|a_k(y) - 2\pi m_k| < 4\pi$ für alle y und daher

$$\left|\frac{a_k(y)}{2\pi k} - \frac{m_k}{k}\right| < \frac{2}{k}.$$

Der Rest folgt, weil $a_{kl}(y)/2kl$ das arithmetische Mittel der l Größen $a_k(y_i)/2\pi k$ ist, wobei $y_i = A^i y$, $i = 0, 1, \ldots, l - 1$, ist.

3. Wir bezeichnen das abgeschlossene Intervall

$$\left[\frac{m_k - 2}{k}, \frac{m_k + 2}{k}\right]$$

mit σ_k. Wir haben bewiesen, daß $a_{kl}(y)/2\pi kl$ *für alle l in σ_k liegt.* Wir werden zeigen, daß *sich die Strecken σ_k mit unterschiedlichem k schneiden.*

Der Punkt $a_{kl}(y)/2\pi kl$ liegt nämlich sowohl in σ_k als auch in σ_l.

4. Also haben die *Strecken σ_k eine gegen 0 strebende Länge und schneiden sich paarweise.* Folglich existiert ein eindeutig bestimmter gemeinsamer Schnittpunkt: dieser ist die Rotationszahl. Wir haben damit gezeigt, daß der die Rotationszahl bestimmende Grenzwert existiert und daß er vom Anfangswert unabhängig ist.

5. Ist y ein Fixpunkt von A^q auf der Kreislinie, dann verschiebt sich der entsprechende Punkt auf der Geraden nach q-maliger Anwendung der Abbildung um ein Vielfaches von 2π, d. h. $a_q(y) = 2\pi p$. In diesem Fall ist $a_{ql}(y) = 2\pi pl$ für jedes l und die *Rotationszahl $\mu = p/q$ rational.*

6. Es sei $\mu = p/q$. Ist $a_q(y) > 2\pi p$ für alle y, so gilt für ein passendes $\varepsilon > 0$ die Ungleichung $a_q(y) > 2\pi p + \varepsilon$ für alle y.

Dann ist aber $\mu > p/q$. Wäre $a_q(y) < 2\pi p$ für alle y, so wäre $\mu < p/q$. Also ändert $a_q - 2\pi p$ sein Vorzeichen. Dann gibt es aber ein solches y, daß $a_q(y) = 2\pi p$ ist. ▶

Bemerkung. Ist die Rotationszahl μ irrational, so sind die Punkte $y, Ay, A^2y, \ldots, A^Ny$ auf der Kreislinie für jedes y genauso wie bei einer Drehung um den Winkel $2\pi\mu$ angeordnet. Es ist nämlich $a_q(y) > 2\pi p$ genau dann, wenn $\mu > p/q$ ist.

Wir bemerken weiter, daß die Rotationszahl einer Gleichung auf dem Torus von der Auswahl des zu den Phasenkurven transversalen Kreises (in unseren Bezeichnungen die y-Achse) abhängig ist.

3.2.8. Strukturstabile Gleichungen auf dem Torus

Die einfachste Gleichung $\dot{z} = \omega$ auf dem Torus ist weder für Resonanzwerte noch für Nichtresonanzwerte von ω strukturstabil.

Satz 1. *Die Differentialgleichung $dy/dx = \lambda(x, y)$ ist genau dann strukturstabil, wenn die Rotationszahl rational ist und alle periodischen Lösungen nichtausgeartet sind.*[1])

◀ Dieser Satz folgt aus einem entsprechenden im folgenden zu beweisenden Satz über die Orientierung erhaltenden Diffeomorphismen der Kreislinie. ▶

Definition. Unter dem *Zyklus der Ordnung* q des Diffeomorphismus $A: M \to M$ versteht man eine Menge aus q Punkten $y, Ay, \ldots, A^{q-1}y$, die alle paarweise verschieden sind und für die $A^qy = y$ ist. Ein Zyklus heißt *nichtausgeartet,* wenn der Punkt y ein nichtausgearteter Fixpunkt der Abbildung A^q ist (d. h., wenn 1 kein Eigenwert der Ableitung der Abbildung A^q im Punkt y ist).

Bemerkung. Die Ableitung der Abbildung A^q in verschiedenen Punkten eines Zyklus sind einander ähnlich, und deshalb sind die Punkte eines Zyklus entweder alle ausgeartet oder nichtausgeartet.

Satz 2. *Ein die Orientierung erhaltender Diffeomorphismus der Kreislinie ist genau dann strukturstabil, wenn die Rotationszahl rational ist und alle Zyklen nichtausgeartet sind. Die strukturstabilen Diffeomorphismen bilden eine offene überall dichte Menge im Raum C^2 aller zweimal differenzierbaren die Orientierung erhaltenden Diffeomorphismen der Kreislinie.*

Also sind Diffeomorphismen in allgemeiner Lage mit rationaler Rotationszahl hinreichend einfach: Der topologische Typ wird durch die Anzahl der Zyklen bestimmt, die gerade sein muß (stabile und instabile Zyklen wechseln sich immer ab). Die Ordnung aller Zyklen ist q, wenn die Rotationszahl $\mu = p/q$ ist. Die Reihenfolge der Punkte eines Zyklus auf der Kreislinie ist die gleiche wie bei der Drehung um den Winkel $2\pi\mu$.

---

[1]) Vgl. A. G. Majer [1] und V. A. Pliss [1].

Satz 2 wird in 3.2.10. bewiesen. Der Beweis ist nicht schwer, wenn man den folgenden nichtrivialen Satz von Denjoy (1932) heranzieht.

Satz 3. *Besitzt ein die Orientierung erhaltender Diffeomorphismus der Klasse C^2 der Kreislinie eine irrationale Rotationszahl μ, so ist er topologisch zu einer Drehung der Kreislinie um den Winkel $2\pi\mu$ äquivalent.*

Die beschriebene Theorie wurde von Poincaré (1885) entwickelt, der Satz von Denjoy wurde von Poincaré (für Gleichungen, deren rechte Seite ein trigonometrisches Polynom ist) als Hypothese formuliert. Denjoy hat auch Beispiele angegeben, die zeigen, daß man C^2 nicht durch C^1 ersetzen kann.

3.2.9. Der Beweis des Satzes von Denjoy

◄ 1. Die Punkte $\ldots, A^{-1}y, y, Ay, A^2y, \ldots$ des Orbits der Abbildung A auf der Kreislinie sind genauso angeordnet wie die Punkte des Orbits der Drehung um den Winkel $2\pi\mu$ (vgl. 3.2.7.). Deshalb genügt es zu zeigen, daß *ein Orbit der Abbildung A auf der Kreislinie überall dicht ist.* Wir erhalten nämlich dann einen Homöomorphismus der Kreislinie, der A in eine Drehung überführt, wenn wir die Abbildung, die die Punkte des Orbits $\ldots, A^{-1}y, y, Ay, A^2y, \ldots$ in die entsprechenden Punkte des Orbits der Drehung überführt, stetig fortsetzen.

2. *Gibt es auf der Kreislinie einen von Punkten des Orbits von A freien Bogen, so sind alle Bilder dieses Bogens bei der Anwendung von Potenzen des Diffeomorphismus paarweise disjunkt.* Betrachtet man nämlich einen maximalen von Punkten des Orbits freien Bogen, der den gegebenen Bogen enthält, dann sind alle seine Bilder auch maximale Bögen. Die Endpunkte maximaler Bögen liegen in der Abschließung des Orbits. Deshalb können die Endpunkte eines maximalen Bogens nicht in anderen maximalen Bögen liegen. Das bedeutet, daß zwei sich schneidende maximale Bögen übereinstimmen. Stimmt aber ein maximaler Bogen mit seinem Bild überein, so liegt sein Randpunkt in einem Zyklus im Widerspruch zur Irrationalität von μ.

3. Die Summe der Längen der Bilder eines maximalen Bogens b ist beschränkt. Deshalb strebt die Länge der Bilder $A^N(b)$ und $A^{-N}(b)$ des maximalen Bogens gegen 0 für $N \to \infty$. Folglich *streben die Integrale der Jacobischen Funktionaldeterminanten der positiven und negativen Iterationen von A gegen 0. Setzt man*

$$u_N = \prod_{i=0}^{N-1} \frac{dA}{dy}(A^i y) \quad \text{und} \quad v_N = \prod_{i=0}^{N-1} \frac{dA^{-1}}{dy}(A^{-i}y),$$

so ist für $N \to \infty$

$$\int u_N\, dy \to 0 \quad \text{und} \quad \int v_N\, dy \to 0,$$

wobei über einen maximalen Bogen integriert wird.

4. Wir betrachten die Folge $\{\alpha_0, \alpha_1, \ldots\}$ von Punkten des Orbits der Drehung um den Winkel $2\pi\mu$. *Wir setzen voraus, daß α_q der α_0 am nächsten liegende Punkt unter den $\{\alpha_1, \alpha_2, \ldots, \alpha_{q-1}\}$ ist. Dann ordnen sich die Punkte $\alpha_q, \ldots, \alpha_{2q-1}$ abwechselnd zwischen den Punkten $\alpha_0, \ldots, \alpha_{q-1}$ ein.*

In der Tat, wir betrachten den Bogen (α_s, α_{q+s}), $s < q$, der Länge δ, die gleich dem Abstand zwischen α_0 und α_q ist, und nehmen an, daß auf diesem Bogen α_r liegt. Ist $r < s$, so liegt α_0 auf dem Bogen $(\alpha_{s-r}, \alpha_{s-r+q})$, und entgegen der Auswahl von α_q wäre der Abstand von α_{s-r} zu α_0 geringer als δ. Ist $r > s$, so liegt α_{r-s} auf dem Bogen (α_0, α_q), und deshalb ist $r - s > q$. Dann ist der Abstand von α_0 zu α_{r-s-q} geringer als δ. Also liegen auf dem Bogen (α_s, α_{q+s}) keine Punkte α_r, $r < 2q$, was zu zeigen war.

5. Wir betrachten die Punkte $y, Ay, \ldots, A^{q-1}y$ und $A^{-1}y, \ldots, A^{-q}y$. Sie ordnen sich abwechselnd auf der Kreislinie an (vgl. 4.). Deshalb ist für jede Funktion mit beschränkter Variation auf der Kreislinie, für jeden Punkt y und für jedes q aus 4. *die Größe*

$$\sum f(A^i y) - \sum f(A^{-j} y), \quad 0 \leqq i < q, \quad 0 < j \leqq q,$$

von oben und unten durch von y und q unabhängige Konstanten beschränkt.

6. Als Funktion f nehmen wir die Funktion $\ln (dA/dy)$. Das ist eine Funktion mit beschränkter Variation, da A aus C^2 ist. Folglich ist *die Größe*

$$\frac{\prod\limits_{i=0}^{q-1} \frac{dA}{dy}(A^i y)}{\prod\limits_{j=1}^{q} \frac{dA}{dy}(A^{-j} y)} = u_q v_q$$

von oben und unten durch von y und q unabhängige Konstanten beschränkt (wenn q wie in 4. ausgewählt ist).

7. Der folgende Widerspruch zu 3. beendet den Beweis des Satzes: Wenn man auf $\sqrt{u_q}$ und $\sqrt{v_q}$ die Cauchy-Schwarzsche Ungleichung anwendet, erhält man

$$\left(\int \sqrt{u_q v_q}\, dy\right)^2 \leqq \int u_q\, dy \int v_q\, dy. \ ▶$$

3.2.10. Der Beweis des Satzes über strukturstabile Diffeomorphismen der Kreislinie

◀ 1. *Für zwei beliebige die Orientierung erhaltende Diffeomorphismen der Kreislinie mit gleichen rationalen Rotationszahlen und gleicher Anzahl nichtausgearteter Zyklen existiert ein Homöomorphismus, der den ersten Diffeomorphismus in den zweiten überführt.*

Zum Beweis ordnet man zuerst den Punkten eines stabilen Zyklus des ersten Diffeomorphismus die Punkte eines beliebigen stabilen Zyklus des zweiten zu, danach geht man zum benachbarten instabilen Zyklus über usw. für alle Zyklen (die Reihenfolge der Punkte des Zyklus ist die gleiche wie bei einer Drehung). Diese Zuordnung kann man dann auf die dazwischen liegenden Intervalle fortsetzen, wenn man das folgende leicht beweisbare Lemma verwendet.

Zwei beliebige Homöomorphismen des Intervalls auf sich, die beide keine Fixpunkte haben, sind topologisch konjugiert.

2. Ist die Rotationszahl rational und sind all Zyklen nichtausgeartet, so wird bei kleiner Änderung (nach dem Satz über implizite Funktionen) die Rotationszahl, die Anzahl der Zyklen und das Nichtausgeartetsein der Zyklen erhalten bleiben. Folglich

ist ein Diffeomorphismus mit rationaler Rotationszahl, dessen Zyklen alle nichtausgeartet sind, strukturstabil.

3. Hat der Diffeomorphismus einen ausgearteten Zyklus, so kann man durch kleine Änderung des Diffeomorphismus in einer Umgebung der Punkte des Zyklus die Anzahl der Zyklen ändern. Deshalb *ist ein Diffeomorphismus mit ausgeartetem Zyklus nicht strukturstabil.*

4. *Ist die Rotationszahl irrational, so kann man sie durch eine beliebig kleine Störung des Diffeomorphismus ändern.* Betrachtet man nämlich den gestörten Diffeomorphismus $y \mapsto Ay + \varepsilon$, $\varepsilon > 0$, so gilt nach dem Satz von Denjoy in einem gewissen (nicht glatten) Koordinatensystem $z \mapsto z + 2\pi\mu + \varphi(z)$, $\varphi > 0$. Deshalb ist die Rotationszahl des gestörten Diffeomorphismus größer als μ. Also *ist jeder Diffeomorphismus mit irrationaler Rotationszahl nicht strukturstabil.*

5. *Die Rotationszahl ist eine stetige Funktion des Diffeomorphismus.* Es gilt nämlich $\mu < p/q$ genau dann, wenn bei q-facher Anwendung des Diffeomorphismus alle Punkte um weniger als $2\pi p$ verschoben werden. Diese Eigenschaft bleibt bei hinreichend kleiner Änderung des Diffeomorphismus erhalten.

6. *Diffeomorphismen mit rationalen Rotationszahlen bilden eine dichte Menge.* Das folgt aus 4., 5. und aus der Dichtheit der rationalen Zahlen.

7. *Alle Zyklen eines Diffeomorphismus mit rationaler Rotationszahl kann man durch eine beliebig kleine Änderung des Diffeomorphismus in nichtausgeartete Zyklen umwandeln.*

Durch eine beliebig kleine Änderung in einer Umgebung eines Zyklus kann man diesen in einen nichtausgearteten umwandeln. Es sei γ einer der Bögen, in die ein nichtausgearteter Zyklus die Kreislinie teilt. Wir definieren eine glatte Funktion φ, die auf γ außerhalb einer kleinen Umgebung der Enden von γ den Wert 1 annimmt und außerhalb von γ gleich 0 ist. Wir setzen $A_\varepsilon(y) = A(y) + \varepsilon\varphi(y)$. Die Rotationszahlen der beiden Diffeomorphismen sind gleich, weil der Zyklus erhalten bleibt. Es sei q die Ordnung des Zyklus. Dann gilt auf dem Bogen $A\gamma$ und außerhalb einer kleinen Umgebung der Enden von $A\gamma$ die Beziehung $A_\varepsilon^q(y) = A^q(y) + \varepsilon$.

Auf die Funktion $A^q(y) - y$ auf $A\gamma$ wenden wir das Lemma von Sard an. Wir überzeugen uns davon, daß für fast alle ε alle Fixpunkte von A_ε^q nicht ausgeartet sind. Aber jeder Zyklus der Abbildung A_ε hat einen Repräsentaten auf dem Bogen $A\gamma$. Folglich sind alle Zyklen der Abbildung A_ε nichtausgeartet. ▶

3.2.11. Diskussion

1. Die vorangegangenen Sätze erwecken den Eindruck, als habe der „allgemeine" Diffeomorphismus der Kreislinie eine rationale Rotationszahl und als seien Diffeomorphismen mit irrationaler Rotationszahl die Ausnahme. Zahlenexperimente führen allerdings gewöhnlich auf überall dichte Orbits (zumindest dem Anschein nach). Um diese Erscheinung zu erklären, betrachten wir beispielsweise die folgende Familie von Diffeomorphismen:

$$A_{\alpha,\varepsilon}: y \mapsto y + \alpha + \varepsilon \sin y, \qquad \alpha \in [0, 2\pi],\ \varepsilon \in [0, 1).$$

Wir werden jeden Diffeomorphismus durch einen Punkt in der α, ε-Ebene darstellen. Die Menge der Diffeomorphismen mit Rotationszahl $\mu = p/q$ wird durch ein Paar glatter Kurven begrenzt (wie man leicht ausrechnet), die sich der Achse $\varepsilon = 0$ um so spitzer nähern, je größer q ist. Die Vereinigung aller dieser Mengen ist überall dicht. Es erweist sich aber, daß das Maß der Menge der Punkte der Parameterebene, für die die Rotationszahl rational ist im Gebiet $0 \leqq \varepsilon \leqq \varepsilon_0$, $0 \leqq \alpha \leqq 2\pi$ klein ist im Vergleich zum Maß dieses Gebietes (Abb. 78).

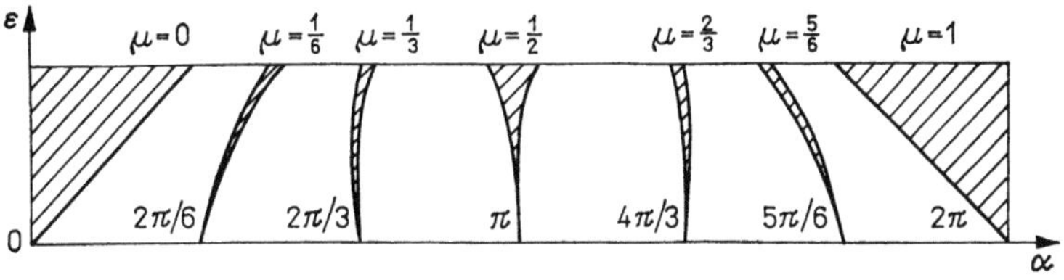

Abb. 78

So hat ein willkürlich ausgewählter Diffeomorphismus unserer Familie für kleines ε mit größter Wahrscheinlichkeit eine irrationale Rotationszahl.

Ein analoges Resultat findet man für jede analytische oder hinreichend glatte Familie von Diffeomorphismen, die in einer Umgebung einer Drehung liegen, z. B. für die Familie $y \mapsto y + \alpha + \varepsilon a(y)$ mit beliebiger analytischer Funktion a. Bei kleinem ε sind die Orbits mit größter Wahrscheinlichkeit überall dicht, und die Rotationszahl ist irrational.

So ist also der Standpunkt der Strukturstabilität nicht der einzige Begriff des Systems in allgemeiner Lage. Das oben beschriebene metrische Herangehen ist in einer Reihe von Fällen besser für die Beschreibung des real zu beobachtenden Verhaltens des Systems geeignet.

2. Nach dem Satz von Denjoy ist eine glatte Abbildung mit irrationaler Rotationszahl zu einer Drehung topologisch äquivalent. Es entsteht die Frage, ob sie zu einer Drehung *glatt* äquivalent ist.

Die Antwort auf diese Frage ist negativ, wenn sich die Rotationszahl unnormal schnell durch rationale Zahlen approximieren läßt (A. Finzi). Die Frage der glatten Äquivalenz läßt sich auf die Frage der Glattheit des invarianten Maßes der Abbildung zurückführen. Ist die Rotationszahl rational, so ist das invariante Maß in einzelnen Punkten konzentriert. Läßt sich die Rotationszahl sehr schnell durch rationale Zahlen mit nicht zu großen Nennern approximieren, so wird das invariante Maß genauso schnell durch in einzelnen Punkten konzentrierte Maße approximiert, daß es sogar (hinsichlich des Lebesgue-Maßes) nicht einmal absolut stetig zu sein braucht. Deshalb kann man die Homöomorphismen im Satz von Denjoy nicht durch Diffeomorphismen ersetzen.

3. Vom metrischen Standpunkt aus ist eine willkürlich gewählte Zahl μ mit der Wahrscheinlichkeit 1 irrational, mehr hoch, sie gestattet keine schnelle Approximation durch rationale Zahlen mit kleinen Nennern. Zum Beispiel existiert für jedes

beliebige $\varepsilon > 0$ mit Wahrscheinlichkeit 1 ein $C > 0$ derart, daß

$$\left|\mu - \frac{p}{q}\right| > \frac{C}{q^{2+\varepsilon}}$$

für beliebige ganze p und $q > 0$ ist. Deshalb vermutet man, daß die Erscheinung aus 2. nur mit Wahrscheinlichkeit 0 auftritt. Wir formulieren zwei Ergebnisse in dieser Richtung.

Satz. *Für fast jede Rotationszahl μ ist ein hinreichend glatter (der Klasse C^n, $n \geqq 3$) Diffeomorphismus der Kreislinie mit der Rotationszahl μ zur Drehung um den Winkel $2\pi\mu$ glatt äquivalent* (M. Herman, 1976).

Hier bedeutet „fast jede", daß das Lebesguesche Maß der ausgeschlossenen Werte der Rotationszahl 0 ist.

Dem Satz von Herman gingen ein analoger Satz für Abbildungen aus einer Umgebung einer Drehung und das folgende Resultat voraus (es wurde im analytischen Fall 1959[1]) und im glatten Fall von J. Moser 1962 bewiesen).

Satz. *In einer hinreichend glatten Familie $y \mapsto y + \varepsilon a(y)$ strebt das Maß der Menge der Paare (α, ε) im Gebiet $0 \leqq \alpha \leqq 2\pi$, $0 < \varepsilon \leqq \varepsilon_0$, für die sich der Diffeomorphismus nicht durch einen glatten Diffeomorphismus auf eine Drehung zurückführen läßt, zusammen mit ε_0 gegen 0.*

Dieser Satz gilt auch für Abbildungen des n-dimensionalen Torus.

Der Beweis dieser Sätze geht über den Rahmen dieses Buches hinaus; im folgenden Abschnitt werden wir jedoch die von A. N. Kolmogorov entwickelte Beweistechnik für Sätze dieser Art im einfachsten Fall analytischer Diffeomorphismen betrachten.

3.2.12. Die Annäherung irrationaler Zahlen durch rationale Zahlen

Satz. *Für jede irrationale Zahl μ existieren beliebig genaue rationale Näherungen, deren Abweichungen kleiner als die Kehrwerte der Quadrate der Nenner sind:*

$$\left|\mu - \frac{p}{q}\right| < \frac{1}{q^2}.$$

Zum Beispiel kann man die Zahl π mit einem Fehler der Größenordnung eines Millionstels durch einen rationalen Bruch mit dreistelligem Zähler und Nenner annähern, $\pi \approx 355/113$.

Bevor wir den Satz beweisen, geben wir ein geometrisches Verfahren zum Auffinden einer unendlichen Folge solcher Näherungen an (es wird auch Kettenbruchalgorithmus oder einfach euklidischer Algorithmus genannt).

Wir betrachten die x,y-Ebene (Abb. 79). Dort zeichnen wir die Gerade $y = \mu x$ ein. Ohne Beschränkung der Allgemeinheit nehmen wir $\mu > 0$ an. Im ersten Quadranten

---

1) Vgl. V. I. Arnol'd und L. D. Mešalkin [1].

markieren wir alle Punkte mit ganzzahligen Koordinaten. Keiner von ihnen (ausgenommen der Nullpunkt) liegt auf unserer Geraden, da μ irrational ist. Wir betrachten die konvexen Hüllen der ganzzahligen Punkte des Quadranten, die jeweils auf einer Seite der Geraden liegen (einmal „unter“ und einmal „über“ ihr). [Um diese Hüllen zu kontruieren, kann man sich einen im Unendlichen befestigten Faden vorstellen, der auf unserer Geraden liegt. Wir stellen uns vor, daß in jeden ganzzahligen Punkt ein Nagel eingeschlagen ist (der Nullpunkt sei ausgenommen). Zieht man den Faden am freien Ende O nach unten (entsprechend nach oben), dann spannt sich der Faden über einige Nägel und bildet dann die Grenze der unteren (entsprechend der oberen) konvexen Hülle.] Die Eckpunkte der konstruierten konvexen Polygonzüge sind die genannten Näherungen der irrationalen Zahl μ. Sind die ganzen Zahlen (q, p) die Koordinaten des Eckpunktes, so heißt der dem Eckpunkt entsprechende Bruch p/q *geeignet* für μ. Es zeigt sich, daß für jeden geeigneten Bruch $|\mu - (p/q)| < 1/q^2$ ist.

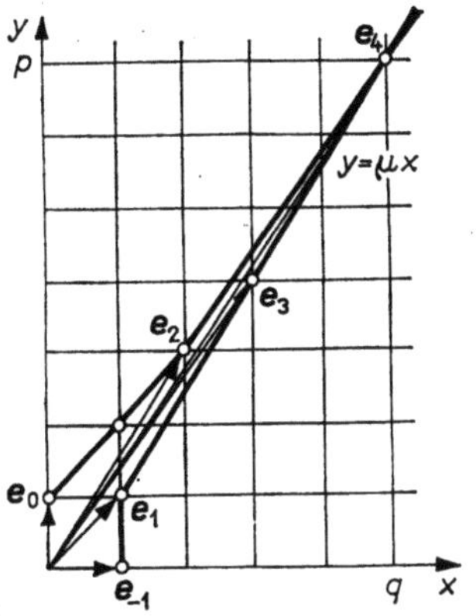

Abb. 79

Zum Beweis dieser Ungleichung beschreiben wir die Konstruktion unserer Polygonzüge etwas anders. Wir bezeichnen mit $\boldsymbol{e}_{-1}$ und $\boldsymbol{e}_0$ die Basisvektoren (1, 0) und (0, 1). Diese Vektoren liegen auf verschiedenen Seiten der Geraden $y = \mu x$. Wir konstruieren eine Folge $\boldsymbol{e}_1, \boldsymbol{e}_2, \ldots$ von Vektoren nach folgendem Verfahren. Angenommen, $\boldsymbol{e}_{k-1}$ und $\boldsymbol{e}_k$ seien schon konstruiert und liegen auf verschiedenen Seiten der Geraden. Wir addieren den Vektor $\boldsymbol{e}_k$ so oft zu $\boldsymbol{e}_{k-1}$, bis die Summe auf der gleichen Seite der Geraden wie $\boldsymbol{e}_{k-1}$ liegt. Auf diese Weise erhält man eine Folge von natürlichen Zahlen a_k und eine Folge ganzzahliger Vektoren

$$\boldsymbol{e}_1 = \boldsymbol{e}_{-1} + a_0\boldsymbol{e}_0, \ldots, \boldsymbol{e}_{k+1} = \boldsymbol{e}_{k-1} + a_k\boldsymbol{e}_k, \ldots$$

Die Vektoren $\boldsymbol{e}_k$ bilden die Eckpunkte der beiden konvexen Hüllen (der oberen für gerades k und der unteren für ungerades k).

Lemma. *Der Flächeninhalt des Parallelogramms, das die Vektoren $(\boldsymbol{e}_{k+1}, \boldsymbol{e}_k)$ aufspannen, ist (mit Berücksichtigung der Orientierung) gleich* $(-1)^k$.

◀ Für das erste Parallelogramm $(\boldsymbol{e}_0, \boldsymbol{e}_{-1})$ ist das offensichtlich. Jedes folgende Parallelogramm hat mit dem vorangehenden eine gemeinsame Seite und die gleiche Höhe und definiert die entgegengesetzte Orientierung der Ebene. ▶

Folgerung. *Bezeichnet man die Koordinaten des Endpunktes von* $\boldsymbol{e}_k$ *mit* q_k *und* p_k, *dann ist die Differenz zweier aufeinanderfolgender geeigneter Brüche*

$$\left|\frac{p_k}{q_k} - \frac{p_{k+1}}{q_{k+1}}\right| = \frac{(-1)^k}{q_k q_{k+1}}.$$

◀ Bei der Bildung des Hauptnenners und der nachfolgenden Addition der Brüche entsteht im Zähler die Determinante aus den Komponenten von $\boldsymbol{e}_{k+1}$ und $\boldsymbol{e}_k$. Das ist der orientierte Flächeninhalt des von diesen Vektoren aufgespannten Parallelogramms. ▶

Beweis des Satzes. ◀ Da die Vektoren $\boldsymbol{e}_k$ abwechselnd auf verschiedenen Seiten der Geraden $y = \mu x$ liegen, sind die geeigneten Brüche abwechselnd größer und kleiner als μ. Folglich ist der Abstand zwischen μ und einem geeigneten Bruch kleiner als der Betrag der Differenz dieses geeigneten Bruches mit dem folgenden. Nach dem Lemma ist diese Differenz dem Betrag nach $1/q_k q_{k+1}$ und somit nicht größer als $1/q_k{}^2$, weil $q_{k+1} \geqq q_k$ für $k \geqq 0$ ist. ▶

Bemerkung. Die Zahlen a_k heißen *partielle Quotienten*, ihre Kehrwerte *Teilbrüche*. Die geeigneten Brüche p_k/q_k heißen k-ter Näherungsbruch und lassen sich durch die partiellen Quotienten wie folgt darstellen:

$$\frac{p_k}{q_k} = a_0 + \cfrac{1}{a_1 + \cfrac{}{\ddots + \cfrac{1}{a_{k-1}}}}.$$

Der Ausdruck $a_0 + \cfrac{1}{a_1 + \cdots}$ heißt *unendlicher Kettenbruch*. Die Zahl μ läßt sich in einen Kettenbruch entwickeln, es ist nämlich $\lim\limits_{k\to\infty} p_k/q_k = \mu$.

3.3. Die analytische Reduktion analytischer Diffeomorphismen der Kreislinie auf Drehungen

In diesem Abschnitt wird der Satz über analytische Diffeomorphismen der Kreislinie, die in einer Umgebung einer Drehung liegen und fast alle Rotationszahlen haben können, mit Hilfe des von A. N. Kolmogorov modifizierten Newton-Verfahrens bewiesen.

3.3.1. Formulierung des Satzes

Wir bezeichnen mit Π_ϱ den Streifen $|\mathrm{Im}\, y| < \varrho$. Für eine in diesem Streifen beschränkte holomorphe Funktion a schreiben wir

$$||a||_\varrho = \sup |a(y)|, \quad y \in \Pi_\varrho.$$

Es sei μ eine irrationale Zahl, $K > 0$, $\sigma > 0$. Wir sagen, daß μ eine *Zahl vom Typ* (K, σ) ist, wenn für alle ganzen $p, q \neq 0$

$$\left|\mu - \frac{p}{q}\right| \geqq \frac{K}{|q|^{2+\sigma}}$$

gilt.

Satz. *Es existiert eine Zahl $\varepsilon > 0$, die nur von K, ϱ, σ abhängt mit folgender Eigenschaft: Ist a eine analytische 2π-periodische, auf der reellen Achse reelle Funktion mit $\|a\|_\varrho < \varepsilon$ und definiert die Transformation*

$$y \mapsto y + 2\pi\mu + a(y)$$

einen Diffeomorphismus der Kreislinie mit der Rotationszahl μ vom Typ (K, σ), so ist dieser Diffeomorphismus zu einer Drehung um den Winkel $2\pi\mu$ analytisch äquivalent.

3.3.2. Die homologische Gleichung

Wir bezeichnen mit $\mathfrak{A}$ die Drehung um den Winkel $2\pi\mu$ und mit H den gesuchten Diffeomorphismus, der die Drehung in A überführt. Dann ist das Diagramm

$$\begin{array}{ccc} S^1 & \xrightarrow{\;A\;} & S^1 \\ H\Big\uparrow & & \Big\uparrow H \\ S^1 & \xrightarrow{\;\mathfrak{A}\;} & S^1 \end{array}$$

kommutativ, d. h., es gilt $H \circ \mathfrak{A} = A \circ H$.

Schreibt man H in der Gestalt $Hz = z + h(z)$, $h(z + 2\pi) = h(z)$, so erhält man für h die Funktionalgleichung

$$h(z + 2\pi\mu) - h(z) = a\big(z + h(z)\big).$$

Ist A aus einer kleinen Umgebung der Drehung, so ist a klein. Natürlicherweise erwartet man, daß h die gleiche Größenordnung hat. Dann unterscheidet sich $a\big(z + h(z)\big)$ von $a(z)$ um Glieder von höherer Ordnung als a. Deshalb erhält man „in erster Näherung" für h die Gleichung

$$h(z + 2\pi\mu) - h(z) = a(z).$$

Diese lineare Gleichung heißt *homologische Gleichung.*

Bemerkung. Wir können die Gesamtheit aller Diffeomorphismen A als eine „unendlichdimensionale Mannigfaltigkeit" auffassen, auf der die „unendlichdimensionale Diffeomorphismengruppe" H operiert. Dann kann man die Funktion a als Tangentialvektor an die Diffeomorphismenmannigfaltigkeit im Punkt $\mathfrak{A}$ auffassen und die Funktion h als Tangentialvektor an das Einselement der Gruppe.

In dieser Terminologie besagt die homologische Gleichung: a liegt genau dann im Tangentialraum an den Orbit der Operation der Gruppe im Punkt $\mathfrak{A}$, wenn die homologische Gleichung eine Lösung h hat.

3.3.3. Die formale Lösung der homologischen Gleichung

Wir entwickeln die bekannte Funktion a und die unbekannte Funktion h in ihre Fourierreihen:

$$a(z) = \sum a_k e^{ikz}, \qquad h = \sum h_k e^{ikz}.$$

Vergleicht man die Koeffizienten bei e^{ikz}, so erhält man

$$h_k = \frac{a_k}{e^{2\pi ik\mu} - 1}.$$

Für die Lösbarkeit der Gleichung ist notwendig, daß die Nenner nur gleichzeitig mit dem Zähler verschwinden. Insbesondere hat die homologische Gleichung keine Lösung, wenn $a_0 \neq 0$ ist. Wenn dagegen $a_0 = 0$ und die Rotationszahl μ irrational ist, geben die obigen Formeln die Lösung der homologischen Gleichung in der Klasse der formalen Fourierreihen an. Um eine echte Lösung zu erhalten, muß man die Konvergenz dieser Reihe untersuchen.

3.3.4. Das Verhalten der Fourierkoeffizienten analytischer Funktionen

Lemma 1. *Ist f eine 2π-periodische Funktion, die im Streifen Π_ϱ analytisch und stetig in seinem Abschluß ist, und gilt $\|f\|_\varrho \leq M$, so fallen ihre Fourierkoeffizienten wie eine geometrische Folge:*

$$|f_k| \leq Me^{-|k|\varrho}.$$

◀ Bekanntlich ist $f_k = \frac{1}{2\pi} \oint f(z)\, e^{-ikz}\, dz$. Es sei $k > 0$. Wir verschieben den Integrationsweg (um $-i\varrho$) nach unten. Das Integral ändert sich dadurch nicht, da die Integrale längs der Vertikalen des erhaltenen Rechtecks übereinstimmen. Also ist

$$f_k = \frac{1}{2\pi} \int_0^{2\pi} f(x - i\varrho)\, e^{-ikx - k\varrho}\, dx, \qquad |f_k| \leq Me^{-k\varrho}.$$

Für $k < 0$ muß man den Weg (um $i\varrho$) nach oben verschieben. ▶

Lemma 2. *Gilt $|f_k| \leq Me^{-|k|\varrho}$, so ist die Funktion $f = \sum f_k e^{ikz}$ analytisch im Streifen Π_ϱ, und es ist*

$$\|f\|_{\varrho-\delta} \leq \frac{4M}{\delta} \quad \textit{für} \quad \delta < \varrho,\ \delta < 1.$$

◀ $\|f\|_{\varrho-\delta} \leq \sum |f_k|\, |e^{ikz}| \leq M \sum e^{-|k|\varrho}\, e^{|k|(\varrho-\delta)} = M \sum e^{-|k|\delta} \leq \frac{2M}{1 - e^{-\delta}} \leq \frac{4M}{\delta}$. ▶

Bemerkung. Für Funktionen von n Veränderlichen bleibt Lemma 1 richtig, und in Lemma 2 wird die Abschätzung $4M/\delta$ durch CM/δ ersetzt, wobei $C = C(n)$ eine von δ und f unabhängige Konstante ist.

3.3.5. Kleine Nenner

Bei der Lösung der homologischen Gleichung muß man die Fourierkoeffizienten der rechten Seite durch $e^{2\pi ik\mu} - 1$ dividieren. Ist μ irrational, so sind diese Zahlen für $k \neq 0$ von 0 verschieden. Allerdings liegen sie sehr dicht bei 0. Jede Zahl μ besitzt nämlich rationale Nährungen p/q mit der Abweichung $|\mu - (p/q)| < 1/q^2$ für beliebig großes q. Für $k = q$ ist aber der Nenner $e^{2\pi ik\mu} - 1$ sehr klein.

Es zeigt sich, daß mit Wahrscheinlichkeit 1 alle diese kleinen Nenner eine in k polynomiale Abschätzung von unten haben.

Lemma 3. Es sei $\sigma > 0$. *Dann existiert für fast jedes reelle μ eine Zahl $K = K(\mu, \sigma) > 0$ so, daß*

$$\left|\mu - \frac{p}{q}\right| \geq \frac{K}{q^{2+\sigma}}$$

für alle ganzen p und $q > 0$ gilt.

◀ Wir betrachten im Intervall [0, 1] die Zahlen μ, für die die obige Ungleichung (mit fixierten p, q, K, σ) nicht gilt. Diese Zahlen bilden eine Strecke, deren Länge höchstens $2K/|q|^{2+\sigma}$ ist. Die Vereinigung über p aller dieser Strecken (mit fixiertem $q > 0$, K, σ) hat eine Länge von höchstens $2K/q^{1+\sigma}$. Summiert man über q, so erhält man eine Menge vom Maß kleiner als CK, wobei $C = 2 \sum q^{-(1+\sigma)} < \infty$ ist. Folglich kann man die Menge der Zahlen $\mu \in [0, 1]$, für die das im Lemma geforderte K nicht existiert, durch Mengen von beliebig kleinem Maß überdecken. Also hat diese Menge das Maß 0 (im Intervall [0, 1] und folglich auch auf der ganzen Geraden). ▶

Bemerkung. Die Zahlen μ, die der obigen Ungleichung genügen, wurden in 3.3.1. Zahlen vom Typ (K, σ) genannt.

Für Zahlen μ vom Typ (K, σ) gestattet der kleine Nenner die folgende Abschätzung von unten:

$$|e^{2\pi i k\mu} - 1| \geqq \frac{K}{2\,|k|^{1+\sigma}} \qquad (|k| > 0).$$

◀ Der Abstand von $k\mu$ bis zur darauffolgenden ganzen Zahl ist von unten durch $K/|k|^{1+\sigma}$ beschränkt, und die Sehne im Einheitskreis ist nicht kürzer als die durch π dividierte Länge des von ihr aufgespannten kleineren Bogens. ▶

3.3.6. Untersuchung der homologischen Gleichung

Es sei a eine analytische 2π-periodische Funktion mit dem Mittelwert 0.

Lemma 4. *Für fast alle μ hat die homologische Gleichung eine analytische 2π-periodische Lösung h (die reell ist, wenn a reell ist). Es existiert eine solche Konstante $\nu = \nu(K, \sigma) > 0$, daß, wenn μ eine Zahl vom Typ (K, σ) ist, für jedes δ mit $0 < \delta < \varrho < 1/2$*

$$\|h\|_{\varrho-\delta} \leqq \|a\|_\varrho\, \delta^{-\nu}$$

ist.

Bemerkung. So verschlechtert also der Übergang von a zu h die Eigenschaften der Funktion nicht mehr als ein ν-maliges Differenzieren. [Es ist nützlich zu bemerken, daß $\|d^\nu f/dz^\nu\|_{\varrho-\delta} \leqq c\, \|f\|_\varrho\, \delta^{-\nu}$ nach der Abschätzung des Cauchyschen Restgliedes der Taylorreihe ist.] Wenn man die Verschlechterung der Funktion durch ν-maliges Differenzieren unberücksichtigt läßt, kann man sagen, daß die Lösung h der homologischen Gleichung die gleiche Größenordnung wie ihre rechte Seite a hat.

◀ 1. Nach Lemma 1 ist $|a_k| \leqq Me^{-|k|\varrho}$, wenn $\|a\|_\varrho \leqq M$ ist.

2. Da μ vom Typ (K, σ) ist, gilt $|h_k| \leqq 2Me^{-|k|\varrho}\, |k|^{1+\sigma}/K$.

3. Die Funktion $x^m e^{-\alpha x}$ hat ein Maximum im Punkt $x = m/\alpha$. Deshalb ist $x^m e^{-\alpha x} \leqq C\alpha^{-m}$, $C = (m/e)^m$ für alle $\alpha > 0$, $x > 0$. Folglich ist für jedes $\alpha > 0$

$$|k|^{1+\sigma}\, e^{-\alpha|k|} \leqq C\alpha^{-m}, \qquad m = 1 + \sigma.$$

4. Es ist also $|h_k| \leqq Me^{-(\varrho-\alpha)|k|}\, 2CK^{-1}\, \alpha^{-m}$. Nach Lemma 2 ist also $\|h\|_{\varrho-\delta} \leqq DM$, wobei $D = 8C/K\alpha^m(\delta - \alpha)$ ist. Wir wählen $\alpha = \delta/2$. Die Zahl D ist nicht größer als $\delta^{-\nu}$, wenn ν hinreichend groß ist (weil $\delta < 1/2$ ist). ▶

3.3.7. Konstruktionen sukzessiver Näherungen

Wir lösen die homologische Gleichung mit der rechten Seite $\tilde{a} = a - a_0$ (a_0 sei der Mittelwert der Funktion a). Ihre Lösung bezeichnen wir mit h^0. Wir definieren eine Abbildung H_0 durch $H_0 z = z + h^0(z)$. Daraus konstruieren wir eine Abbildung $A_1 = H_0^{-1} \circ A \circ H_0$. Die Funktion a^1 sei durch $A_1 z = z + 2\pi\mu + a^1(z)$ definiert.

Wir haben mit anderen Worten auf der Kreislinie eine neue Koordinate z_1 eingeführt (mit $z = H_0(z_1)$) und A in diesem Koordinatensystem aufgeschrieben. Wir erhielten eine Abbildung $z_1 \mapsto A_1 z_1$, die sich von der Drehung um den Winkel $2\pi\mu$ durch die „Abweichung" a^1 unterscheidet.

Die nächste Näherung bestimmt man, indem man anstelle von A von A_1 ausgeht. Man konstruiert h^1 und die Transformation H_1, die A_1 in $A_2 = H_1^{-1} \circ A_1 \circ H_1$ überführt.

Auf diese Weise entsteht eine Folge von Koordinatentransformationen H_n. Wir betrachten die Transformation $\mathcal{H}_n = H_0 \circ H_1 \circ \cdots \circ H_{n-1}$ und erhalten $A_n = \mathcal{H}_n^{-1} \circ A \circ \mathcal{H}_n$.

Es zeigt sich, daß die Folge $\mathcal{H}_n$ konvergent ist, wenn μ eine Zahl vom Typ (K, σ) und $\|a\|_\varrho$ hinreichend klein ist. Die Grenztransformation $\mathcal{H}$ führt die Ausgangsabbildung in $\mathcal{H}^{-1} \circ A \circ \mathcal{H} = \lim A_n =$ Drehung um den Winkel $2\pi\mu$ über.

3.3.8. Die Abschätzung der Abweichung nach einem Näherungsschritt

Lemma 5. *Es existieren nur von K und σ abhängende Konstanten $\varkappa, \lambda > 0$ derart, daß für jedes δ aus dem Intervall $(0, \varrho)$, $\varrho < 1/2$,*

$$\|a\|_\varrho \leqq \delta^\varkappa \Rightarrow \|a^1\|_{\varrho-\sigma} \in \|a\|_\varrho^2\, \delta^{-\lambda}$$

gilt.

Bemerkung. Das bedeutet, daß die nach der ersten Koordinatentransformation verbleibende Abweichung a^1 von zweiter Ordnung im Vergleich zur ursprünglichen Abweichung a von der Drehung ist (bis auf eine Verschlechterung von der Art eines λ-fachen Differenzierens einer Funktion). So erhalten wir im obigen Verfahren der sukzessiven Näherung, daß der Fehler der nächsten Näherung die Größenordnung des Quadrates des Fehlers der vorangehenden Näherung hat. Nach n Näherungsschritten erhalten wir einen Fehler der Größenordnung ε^{2^n}, wobei ε der Fehler der nullten Näherung ist.

Diese Konvergenz, die charakteristisch für das Newtonsche Tangentenverfahren ist (Abb. 80), gestattet, den Einfluß der bei jedem Schritt auftretenden kleinen Nenner (d. h. den Einfluß des verschlechternden Faktors $\delta^{-\lambda}$) zu neutralisieren. Diese Methode des Beherrschens der kleinen Nenner wurde von A. N. Kolmogorov gefunden (1954).

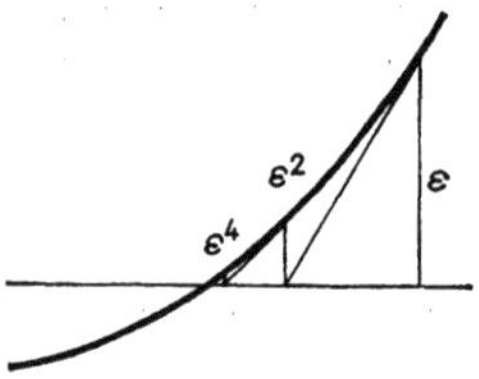

Abb. 80

◀ 1. Es sei Ω ein konvexes Gebiet in $\boldsymbol{C}^n$ (oder $\boldsymbol{R}^n$), $h\colon \Omega \to \boldsymbol{C}^n$ (entsprechend $\boldsymbol{R}^n$) eine glatte Abbildung mit $\|h_*\| = \sup_{x\in\Omega} \|h_*(x)\| < 1$. *Dann ist die Abbildung H, die x auf $x + h(x)$ abbildet, ein Diffeomorphismus von Ω auf $H\Omega$.*

◀ Die Eigenwerte von $H_*(x)$ sind von 0 verschieden, damit ist H ein lokaler Diffeomorphismus. Da $|h_*| < q < 1$ gilt und Ω konvex ist, ist die Abbildung h kontrahierend. Folglich ist der Abstand zweier Bildpunkte der Abbildung h kleiner als der Abstand der Urbilder, und deshalb sind die Bilder verschiedener Punkte bei H verschieden. Damit ist H eineindeutig. ▶

2. Wir zeigen, daß *die Abbildung A_1 bei hinreichend großem $\varkappa$ im Streifen $\Pi_{\varrho-\delta}$ analytisch ist.*

◀ Es sei $\|a\|_\varrho \leqq M = \delta^\varkappa$. Dann ist $|a_0| < M$, $\|\tilde{a}\|_\varrho \leqq 2M$. Nach dem Satz aus 3.3.6. gilt $\|h^0\|_{\varrho-\alpha} \leqq 2M\alpha^{-\nu}$ und folglich $\|dh^0/dz\|_{\varrho-2\alpha} \leqq 2M\alpha^{-(\nu+1)}$.
Wir wählen $\alpha = \delta/8$. Dann erhält man für hinreichend großes $\varkappa$ aus den vorangegangenen Ungleichungen $\|a\|_\varrho < \alpha$, $\|h^0\|_{\varrho-\alpha} < \alpha$, $\|dh^0/dz\|_{\varrho-2\alpha} < \alpha$.

Folglich ist H_1 wegen 1. ein Diffeomorphismus des Streifens $\Pi_{\varrho-2\alpha}$, und das Bild enthält den Streifen $\Pi_{\varrho-3\alpha}$. Jetzt gilt $H_0\Pi_{\varrho-\delta} \subseteq \Pi_{\varrho-\delta+\alpha}$, $A \circ H \circ \Pi_{\varrho-\delta} \subseteq \Pi_{\varrho-\delta+2\alpha} \subseteq \Pi_{\varrho-3\alpha}$. Folglich ist der Diffeomorphismus H_0^{-1} auf $A \circ H_0\Pi_{\varrho-\delta}$ definiert. Das bedeutet, daß die Abbildung $A_1 = H_0^{-1} \circ A \circ H_0$ in $\Pi_{\varrho-\delta}$ analytisch und dort ein Diffeomorphismus ist. ▶

3. *Wir schätzen die Abweichung a^1 ab.* ◀ Das a^1 definierende kommutative Diagramm ergibt

$$z + 2\pi\mu + a^1(z) + h^0(z + 2\pi\mu + a^1(z)) \equiv z + h^0(z) + 2\pi\mu + a(z + h^0(z)).$$

Verwendet man die homologische Gleichung, so erhält man

$$a^1(z) = [a(z + h^0(z)) - a(z)] - [h^0(z + 2\pi\mu + a^1(z)) - h^0(z + 2\pi\mu)] + a_0.$$

Den Term in der ersten eckigen Klammer schätzt man nach dem Mittelwertsatz und der Cauchy-Schwarzschen Ungleichung ab. Auf der Grundlage von 2. erhält man

$$\|a(z + h^0(z)) - a(z)\|_{\varrho-\delta} \leqq \frac{M}{\delta}\|h^0\|_{\varrho-\sigma} \leqq M^2\delta^{-u},$$

wobei die Konstante u nur von ν, d. h. von K und σ abhängt.

Analog schätzt man den Term in der zweiten eckigen Klammer ab:

$$\|[\ ]\|_{\varrho-\delta} \leqq 2M\alpha^{-(\nu+1)}\|a^1\|_{\varrho-\delta} \leqq M\delta^{-u_1}\|a^1\|_{\varrho-\delta}.$$

Also ist

$$\|a^1\|_{\varrho-\delta}(1 - M\delta^{-u_1}) \leqq a_0 + M^2\delta^{-u}. \text{ ▶}$$

4. *Nun schätzen wir $|a_0|$ ab,* indem wir ausnutzen, daß die Rotationszahl von A und A_1 gleich $2\pi\mu$ ist.

◀ Daraus folgt, daß a^1 in einem reellen Punkt z_0 verschwindet. Wenn man in die Formel für $a^1(z)$ den Wert z_0 einsetzt, erhält man $a_0 = a(z_0) - a(z_0 + h^0(z_0))$ und folglich $|a_0| \leqq M^2\delta^{-u}$ (vgl. 3.). ▶

5. Aus den Abschätzungen von 3. und 4. folgt, daß $\|a^1\|_{\varrho-\delta} \leqq 4M^2\delta^{-u}$ ist. ▶

3.3.9. Die Konvergenz der Näherungen

1. Die im n-ten Schritt konstruierte Abbildung A_n betrachten wir im Streifen mit dem Radius ϱ_n, der sich mit jeder Näherung verkleinert: $\varrho_0 = \varrho$, $\varrho_n = \varrho_{n-1} - \delta_{n-1}$.

Die Folge der Zahlen δ_n wählen wir so, daß

$$\delta_n = \delta_{n-1}^{3/2}, \quad \delta_0 < \frac{1}{2}$$

ist. Bei hinreichend kleinem δ_0 gilt dann $\sum \delta_n < \varrho/2$.

2. Wir bilden die Folge der Zahlen M_n, indem wir

$$M_n = \delta_n^N$$

setzen. Ein hinreichend großes N (das nur von K und σ abhängt) wird später ausgewählt. Wir bemerken, daß $M_n = M_{n-1}^{3/2}$ ist.

3. *Wir nehmen an, daß $\|a\|_\varrho \leqq M_0$ ist, und zeigen, daß $\|a^n\|_{\varrho_n} \leqq M_n$ gilt.*

◀ Nach Lemma 5 (aus 3.3.8.) ist für $N > \varkappa$

$$\|a^1\|_{\varrho_1} \leqq M_0^2\delta_0^{-\lambda} = \delta_0^{2N-\lambda}.$$

Aber es gilt $\delta_0^{2N-\lambda} < \delta_1^N = \delta_0^{3N/2}$, wenn $N > 2\lambda$ ist. Wir wählen also N größer als 2λ und $\varkappa$.

Dann erhält man

$$\|a^1\|_{\varrho_1} \leqq \delta \frac{N}{1} = M_1.$$

Der Übergang von a^{n-1} zu a^n geschieht analog. ▶

4. *Wir beweisen die Konvergenz der Kompositionen* $\mathcal{H}_n = H_0 \circ \cdots \circ H_{n-1}$ in $\Pi_{\varrho/2}$.
Der Diffeomorphismus H_0 ist analytisch in Π_{ϱ_1} und genügt den Ungleichungen $\|h^0\|_{\varrho_1} \leqq \delta_0$, $\|dh^0/dz\|_{\varrho_1} \leqq \delta_0$ (vgl. 2. in 3.3.8.).

Für H_n erhält man analog $\|h^{n-1}\|_{\varrho_n} \leqq \delta_{n-1}$, $\|dh^{n-1}/dz\|_{\varrho_n} \leqq \delta_{n-1}$. Folglich ist $\mathcal{H}_n$ in Π_{ϱ_n} analytisch und hat eine von oben durch $C = \Pi(1 + \delta_k)$ und von unten durch $c = \Pi(1 - \delta_k)$ beschränkte Ableitung.

Daraus folgt, daß $\mathcal{H}_n$ ein Diffeomorphismus in Π_{ϱ_n} ist und daß in $\Pi_{\varrho/2}$ die Folge $\mathcal{H}_n$ konvergiert. Es ist nämlich

$$\|\mathcal{H}_n - \mathcal{H}_{n+1}\|_{\varrho/2} \leqq C\, \|h^n\|_{\varrho/2} \leqq C\delta_n.$$

Bezeichnet man mit H den Grenzwert der Folge $\mathcal{H}_n$ und geht in $A \circ \mathcal{H}_n = \mathcal{H}_n \circ A_n$ zum Grenzwert über, so erhält man $A \cdot H = H \cdot \mathfrak{A}$, wobei $\mathfrak{A}$ die Drehung um den Winkel $2\pi\mu$ ist. Der Satz ist bewiesen. ▶

3.3.10. Bemerkungen

1. J MOSER hat bemerkt, daß man durch Kombinieren der beschriebenen Näherungen und dem Glätten nach NASH einen analogen Satz im Fall endlicher Glattheit beweisen kann (vgl. J. MOSER [1]).

In den ersten Arbeiten von MOSER waren Hunderte Ableitungen erforderlich. Durch weitere Anstrengungen konnten MOSER und RÜSSMANN die Anzahl der erforderlichen Ableitungen verringern (vgl. H. RÜSSMANN [1]).

2. Im mehrdimensionalen Fall ist die Rotationszahl nicht definiert. Nichtsdestoweniger ist in der Familie von Abbildungen $y \mapsto y + \alpha + a(y)$ mit kleinem a, $y \in T^n$ für die meisten α die Abbildung zu einer Verschiebung $y \mapsto y + 2\pi\mu$ glatt äquivalent. Insbesondere existiert für die analytische Familie $y \mapsto y + \alpha + \varepsilon a_1(y) + \varepsilon^2 a_2(y) + \cdots$ für fast alle μ eine analytische Funktion $\alpha(\varepsilon) = 2\pi\mu + \varepsilon\mu_1 + \cdots$ derart, daß die Abbildung $y \mapsto y + \alpha(\varepsilon) + \varepsilon a_1(y) + \cdots$ durch die analytische Transformation $y = z + \varepsilon h_1(z) + \cdots$ in $z \mapsto z + 2\pi\mu$ übergeführt wird.

Die Koeffizienten $h_1, \ldots$ findet man durch Koeffizientenvergleich bezogen auf die Potenzen von ε. Allerdings kann man die Konvergenz der so erhaltenen Reihen in ε nur über den Umweg der Newtonschen Nährungen beweisen.

3. Es erscheint wahrscheinlich, daß ein analytischer Diffeomorphismus der Kreislinie genau dann zu einer irrationalen Drehung analytisch äquivalent ist, wenn sich die Fixpunkte der Potenzen des Diffeomorphismus nicht auf der reellen Achse häufen. Es könnte auch der Fall eintreten, daß für einige irrationale μ, die sich unnormal gut durch rationale Zahlen annähern lassen, die Funktion $\alpha(\varepsilon)$, die in 2. angegeben wurde, (sogar im eindimensionalen Fall) nicht einmal glatt ist.

3.4. Einführung in die hyperbolische Theorie

In diesem Abschnitt wird der Satz von ANOSOV über die Strukturstabilität eines Automorphismus des Torus und der Satz von GROBMAN-HARTMAN über die Strukturstabilität des Sattels bewiesen.

3.4.1. Das einfachste Beispiel: der lineare Automorphismus des Torus

Differentialgleichungen mit mehrdimensionalem Phasenraum definieren eine große Klasse strukturstabiler Systeme, in denen jede Phasenkurve zwischen den benachbarten so wie die Gleichgewichtslage eines Sattels zwischen den benachbarten Hyperbeln liegt. Wir beginnen mit dem einfachsten Beispiel (Abb. 81).

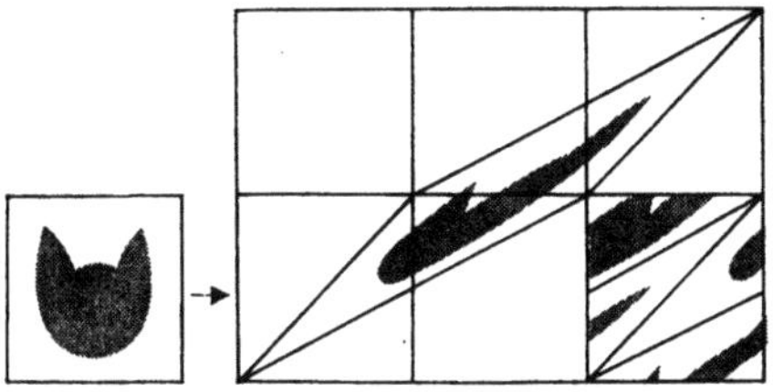

Abb. 81

Wir betrachten den Automorphismus A des Torus T^2, der durch eine ganzzahlige unimodulare (mit der Determinante 1) lineare Transformation $\hat{A}$ der Ebene mit der Matrix

$$\begin{pmatrix} 2 & 1 \\ 1 & 1 \end{pmatrix}$$

gegeben ist. Das Gitter $2\pi \boldsymbol{Z}^2$ geht bei der Operation von $\hat{A}$ in sich über. Deshalb werden äquivalente (kongruent mod 2π) Punkte der Ebene durch $\hat{A}$ in äquivalente Punkte übergeführt. Folglich definiert $\hat{A}$ eine Abbildung A des Torus auf sich selbst. Die inverse Matrix $\hat{A}^{-1}$ ist wegen $\det \hat{A} = 1$ ebenfalls ganzzahlig. Deshalb ist A ein Diffeomorphismus des Torus auf sich selbst. Außerdem ist A ein Automorphismus der Gruppe $T^2 = \boldsymbol{R}^2/2\pi\boldsymbol{Z}^2$.

3.4.2. Eigenschaften dieses Automorphismus des Torus

Eine endliche Punktmenge heißt *Zyklus der Abbildung A*, wenn A ihre Elemente zyklisch vertauscht.

Satz 1. *Der Automorphismus A des Torus hat abzählbar viele Zyklen. Alle Punkte, deren Koordinaten rationale Vielfache von 2π sind, und nur diese, gehören zu Zyklen des Automorphismus A.*

◀ 1. Wir fixieren eine ganze Zahl N, dann bilden die Punkte des Torus, deren Koordinaten rationale Vielfache von 2π mit dem Nenner N sind, eine endliche Menge. Die Transformation A führt diese Menge in sich über. Folglich sind alle Punkte dieser Menge Elemente von Zyklen.

2. Es sei $2\pi\xi$ ein Punkt in einem Zyklus der Ordnung $n > 1$. Dann ist $\hat{A}^n\xi = \xi + m$, wobei m ein ganzzahliger Vektor ist. Diese lineare Gleichung hat eine von 0 verschiedene Determinante. Deshalb sind die Komponenten von ξ rational. ▶

Satz 2. *Die Iterationen des Automorphismus A verschmieren ein beliebiges Gebiet F gleichmäßig über den Torus. Für ein beliebiges Gebiet G gilt*

$$\lim_{n\to\infty} \frac{\operatorname{mes}(A^n F) \cap G}{\operatorname{mes} F} = \frac{\operatorname{mes} G}{\operatorname{mes} T^2}.$$

Ein Automorphismus mit dieser Eigenschaft heißt *mischend*. Sie muß für alle meßbaten Mengen F und G gelten.

◀ In der Sprache der Funktionen auf dem Torus kann man diese Beziehung auch in der Gestalt

$$\lim_{n\to\infty} (A^{n*}f, g) = \frac{(f, 1)(1, g)}{(1, 1)}$$

schreiben, wobei $(u, v) = \int u(x)\,\bar{v}(x)\,dx$ und $(A^{n*}f)(x) = f(A^n x)$ ist.

Es sei f jetzt eine Exponentialfunktion $f = e^{i(p,x)}$. Dann ist $A^{n*}f$ auch eine Exponentialfunktion mit dem Wellenvektor $p' = \hat{A}^{n'}p$. Ist $p \neq 0$, so ist der Orbit des Punktes p bei der Operation der Operatoren $\hat{A}^{n'}$ unendlich groß. Deshalb ist $\lim_{n\to\infty} (A^{n*}f, g) = 0$ für jede Exponentialfunktion $g = e^{i(q,x)}$. Approximiert man f und g in der Norm des Skalarproduktes durch Exponentialsummen, so erhält man das Verlangte. ▶

Einen Beweis für die Mischungseigenschaft, der lehrreicher (bei akkurater Ausführung aber auch komplizierter) ist, erhält man folgendermaßen.

Satz 3. *Auf dem Torus gibt es zwei bezüglich A invariante Richtungsfelder. Die Integralkurven eines jeden von ihnen sind auf dem Torus überall dicht. Der Automorphismus A führt die Integralkurven des einen Feldes in λ-mal ($\lambda > 1$) gestreckte Integralkurven dieses Feldes über und staucht die Integralkurven des anderen Feldes auf $1/\lambda$-fache* (Abb. 82).

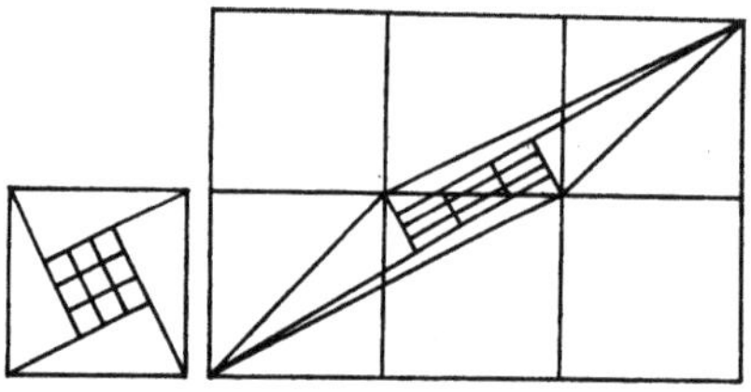

Abb. 82

◀ Wir betrachten die Eigenwerte der Transformation A, $\lambda_{1,2} = \frac{3 \pm \sqrt{5}}{2}$. Offensichtlich ist $\lambda_1 > 1 > \lambda_2$, und die Zahlen λ_1 und λ_2 sind irrational. Wir betrachten in der Ebene alle Geraden, die parallel zum ersten Eigenvektor der Transformation A sind. Da λ_1 irrational ist, sind die Komponenten des Eigenvektors inkommensurabel. Auf dem Torus ergeben die Geraden dieser Familie überall dichte „Einwicklungen". Die Transformation A der Ebene führt diese Familie mit Dehnung um das λ_1-fache in sich über. Deshalb führt die Transformation des Torus die Familie von Einwicklungen mit der gleichen Dehnung in sich über. Diese Familie wird die *expandierende* (sich ausdehnende) *Blätterung* des Torus genannt.

Die zweite Eigenrichtung definiert auf die gleiche Art und Weise die *kontrahierende* (sich zusammenziehende) *Blätterung.* ▶

Wir betrachten jetzt das Bild eines ebenen Gebietes $\hat{F}$ bei der Transformation $\hat{A}^n$ der Ebene. Diese Transformation ist eine hyperbolische Drehung: eine Dehnung auf das λ_1^n-fache in der ersten Eigenrichtung und ein Stauchen auf das λ_2^n-fache in der zweiten Eigenrichtung. Deshalb ist das Bild des Gebietes F für großes n ein schmaler langer Streifen in der ersten Eigenrichtung. Folglich ist auf dem Torus das Bild des Gebietes $\hat{F}$ bei der Operation A^n ein schmaler langer Streifen, der in einem langen Stück einer Phasenkurve der Gleichung $\dot{x} = \omega$ mit einem Nichtresonanzvektor ω sehr nahe ist. Aber diese Kurve ist auf dem Torus gleichverteilt. Hieraus folgt, daß mit Vergrößerung von n die Bilder A^nF jedes Gebiet G auf dem Torus schneiden. Wenn man sich noch etwas bemüht, kann man aus diesen Gedanken auch die Mischungseigenschaft ableiten.

3.4.3. Der Automorphismus des Torus ist strukturstabil

Ein erstaunliches Ergebnis, das man zu Beginn der sechziger Jahre fand und das einer der wichtigsten Erfolge der letzten Jahrzehnte in der Theorie der Differentialgleichungen ist, war der Nachweis, daß der oben betrachtete Automorphismus des Torus strukturstabil in der Klasse aller Diffeomorphismen des Torus ist. Insbesondere hat jeder Diffeomorphismus, der A genügend nahe ist, abzählbar viele Zyklen und eine überall dichte Menge periodischer Punkte.

Satz. (Anosov). *Der Automorphismus des Torus $A\colon\ T^2 \to T^2$, der durch die Matrix $\begin{pmatrix} 2 & 1 \\ 1 & 1 \end{pmatrix}$ gegeben ist, ist in der C^1-Topologie strukturstabil. Mit anderen Worten ist jeder Diffeomorphismus B, der mit seiner Ableitung A und dessen Ableitung hinreichend nahe ist, zu A durch einen Homöomorphismus H konjugiert: $B = H^{-1} \circ A \circ H$.*

Bemerkung. Den Homöomorphismus H kann man aus einer beliebig kleinen Umgebung der Identität wählen, wenn nur B aus einer genügend kleinen Umgebung von A ist, es ist jedoch im allgemeinen unmöglich, B glatt zu wählen.

Der Satz von Anosov zeigt, daß für Systeme mit mehrdimensionalem Phasenraum ein solches Verhalten der Phasenkurven möglich ist, das sich nicht wie im Fall der Vektorfelder auf der zweidimensionalen Sphäre oder dem Torus auf Annäherungen an stabile Gleichgewichtslagen oder Zyklen zurückführen läßt und das darüber hinaus bei kleinen Störungen erhalten bleibt. Wir erörtern später die physikalische Bedeutung dieses Verhaltens dynamischer Systeme, das komplizierter als Selbstschwingungen ist. Der Beweis des Satzes von Anosov folgt in den Abschnitten 3.4.4. bis 3.4.7.

3.4.4. Die homologische Gleichung

Wir suchen einen Homöomorphismus H, $H(\boldsymbol{x}) = \boldsymbol{x} + h(\boldsymbol{x})$, der das Diagramm

$$\begin{array}{ccc} \boldsymbol{R}^2 & \xrightarrow{B} & \boldsymbol{R}^2 \\ H\uparrow & & \uparrow H \\ \boldsymbol{R}^2 & \xrightarrow{A} & \boldsymbol{R}^2 \end{array}$$

kommutativ macht. Hierbei ist $B(\boldsymbol{x}) = A(\boldsymbol{x}) + f(\boldsymbol{x})$, die Funktionen f und h sind in $\boldsymbol{x}$ 2π-periodisch.

Aus dem Diagramm erhält man eine nichtlineare Funktionalgleichung für h

$$h(A\boldsymbol{x}) - Ah(\boldsymbol{x}) = f\big(\boldsymbol{x} + h(\boldsymbol{x})\big).$$

Die Funktion f sei klein, und wir nehmen an, daß h von der gleichen Größenordnung ist, und ersetzen deshalb die rechte Seite durch $f(\boldsymbol{x})$ und lassen „die Glieder höherer Ordnung“ weg. Wir erhalten die linearisierte Gleichung

$$h(A\boldsymbol{x}) - ah(\boldsymbol{x}) = f(\boldsymbol{x}).$$

Diese Gleichung heißt *homologische Gleichung.*

3.4.5. Die Lösung der homologischen Gleichung

Die linke Seite der homologischen Gleichung hängt linear von h ab. Wir bezeichnen mit L den linearen Opertor, der h in die linke Seite der Gleichung überführt. Die Lösung der homologischen Gleichung hat die Gestalt $L^{-1}f$. Man muß nur noch zeigen, daß der Operator L invertierbar ist.

Lemma 1. *Der Raum der Vektorfelder auf dem Torus zerfällt in die direkte Summe zweier Unterräume, die bezüglich L invariant sind.*

◀ Die Unterräume der Vektorfelder, die jeweils zur ersten oder zur zweiten Eigenrichtung des Operators A parallel sind, sind invariant, und jedes Vektorfeld kann man auf genau eine Art in eine Summe zweier Felder zerlegen, die zu den entsprechenden Eigenrichtungen parallel sind. ▶

Es seien $\boldsymbol{f} = f_1\boldsymbol{e}_1 + f_2\boldsymbol{e}_2$ und $\boldsymbol{h} = h_1\boldsymbol{e}_1 + h_2\boldsymbol{e}_2$ die Zerlegungen der Felder $\boldsymbol{f}$ und $\boldsymbol{h}$. Dann lautet die homologische Gleichung

$$h_1(A\boldsymbol{x}) - \lambda_1 h_1(\boldsymbol{x}) = f_1(\boldsymbol{x}),$$

$$h_2(A\boldsymbol{x}) - \lambda_2 h_2(\boldsymbol{x}) = f_2(\boldsymbol{x}).$$

Hier sind $\lambda_1 = \lambda_2^{-1} > 1 > \lambda_2 = \lambda$ die Eigenwerte.

Wir betrachten im Raum der stetigen Funktionen auf dem Torus den Operator, der das Argument mit Hilfe von A verschiebt. Wir bezeichnen ihn mit S. Dann gilt

$(Sg)(\boldsymbol{x}) = g(A\boldsymbol{x})$, $\|S\| = 1$, $\|S^{-1}\| = 1$. Die homologische Gleichung hat jetzt die Gestalt

$$(S - \lambda_i E)\, h_i = f_i, \qquad i = 1, 2.$$

Es sei $i = 1$. Dann ist

$$(S - \lambda_1 E)^{-1} = -\lambda(E + \lambda S + \lambda^2 S^2 + \cdots).$$

Da $\lambda < 1$ und $\|S\| = 1$ gilt, existiert der inverse Operator, und es gilt

$$\|(S - \lambda_1 E)^{-1}\| < \frac{\lambda}{1 - \lambda}.$$

Analog ist

$$(S - \lambda_2 E)^{-1} = S^{-1}(E - \lambda S^{-1})^{-1} = S^{-1}(E + \lambda S^{-1} + \lambda^2 S^{-2} + \cdots),$$

$$\|(S - \lambda_2 E)^{-1}\| \leqq (1 - \lambda)^{-1}.$$

Also existiert der Operator L^{-1}, und es gilt $\|L^{-1}\| \leqq (1 - \lambda)^{-1}$. Damit ist die homologische Gleichung gelöst.

3.4.6. Konstruktion der Abbildung H

Die nichtlineare Funktionalgleichung aus 3.4.4. löst man nun einfach mit Hilfe kontrahierender Abbildungen. Wir setzen

$$\Phi[h]\,(\boldsymbol{x}) = f\big(\boldsymbol{x} + h(\boldsymbol{x})\big) - f(\boldsymbol{x}).$$

Unsere Funktionalgleichung lautet dann

$$Lh = \Phi h + f, \qquad h = L^{-1}\Phi h + L^{-1} f.$$

Lemma 2. *Wenn die Norm von f in C^1 hinreichend klein ist, ist der Operator $L^{-1}\Phi$ im Raum C^0 kontrahierend.*

◀ Man braucht nur nachzuweisen, daß der nichtlineare Operator Φ einer Lipschitzbedingung mit kleiner Konstanten genügt. Wegen 3.4.5. ist nämlich

$$\|L^{-1}\Phi h^1 - L^{-1}\Phi h^2\| \leqq \|\Phi h^1 - \Phi h^2\|\,(1 - \lambda)^{-1}.$$

Aber es ist

$$\|\Phi h^1 - \Phi h^2\| = \max\,\big|f\big(\boldsymbol{x} + h^1(\boldsymbol{x})\big) - f\big(\boldsymbol{x} + h^2(\boldsymbol{x})\big)\big| \leqq \|f\|_{C^1}\,\|h^1 - h^2\|.$$

Also ist $L^{-1}\Phi$ kontrahierend, wenn $\|f\|_{C^1} \leqq 1 - \lambda$ ist. ▶

Mit dieser Bedingung ist die Gleichung lösbar und H konstruiert.

3.4.7. Eigenschaften der Abbildung H

Wir beweisen, daß H ein Homöomorphismus des Torus ist.

◀ Wenn h klein in der C^1-Metrik ist, dann ist die Abbildung $H = E = h$ ein Homöomorphismus. Wir wissen aber nur, daß h klein in der C^0-Metrik ist. Nichtsdestoweniger folgt aus $H(\boldsymbol{x}) = H(\boldsymbol{y})$, daß $\boldsymbol{x} = \boldsymbol{y}$ ist, und zwar aufgrund der hyperbolischen Eigenschaft der Transformation $\hat{A}$ der Ebene.

In der Ebene ist nämlich $\hat{B} \circ \hat{H} = \hat{H} \circ \hat{A}$. Deshalb gilt $\hat{H} \circ \hat{A}\hat{\boldsymbol{x}} = \hat{H} \circ \hat{A}\hat{\boldsymbol{y}}$ und allgemein $\hat{H} \circ \hat{A}^n\hat{\boldsymbol{x}} = \hat{H} \circ \hat{A}^n\hat{\boldsymbol{y}}$. Der Abstand zwischen $\hat{A}^n\boldsymbol{x}$ und $\hat{A}^n\boldsymbol{y}$ wird nun für $n \to +\infty$ oder $n \to -\infty$ wegen der Hyperbolizität unendlich groß. Das widerspricht aber der Beschränktheit von h. Also ist $\hat{\boldsymbol{x}} = \hat{\boldsymbol{y}}$ und damit $\boldsymbol{x} = \boldsymbol{y}$.

Wir zeigen nun, daß das Bild von H der ganze Torus ist. Das Bild eines Kreises mit genügend großem Radius in der Ebene unter der Wirkung von $\hat{H}$ enthält einen Kreis vom Radius 2π (da h beschränkt ist). Deshalb ist $HT^2 = T^2$. Somit ist H ein Homöomorphismus des Torus, und es gilt $B \circ H = H \circ A$. ▶

Der Satz aus 3.4.3. ist damit bewiesen.

3.4.8. Der Satz über die Strukturstabilität eines Sattels

Die vorangegangenen Erörterungen beweisen auch den folgenden Satz.

Satz von Grobman-Hartman. *Es sei $A: \boldsymbol{R}^n \to \boldsymbol{R}^n$ eine lineare Transformation ohne Eigenwerte mit dem Betrag 1. Dann ist jeder lokale Diffeomorphismus $B: (\boldsymbol{R}^n, O) \to (\boldsymbol{R}^n, O)$ mit dem linearen Bestandteil A im Fixpunkt O zu A in einer hinreichend kleinen Umgebung von O topologisch äquivalent.*

◀ Der lokale Diffeomorphismus B stimmt in einer Umgebung des Punktes O mit dem globalen Diffeomorphismus $C: \boldsymbol{R}^n \to \boldsymbol{R}^n$, der wie folgt definiert ist, überein. Es sei φ eine glatte Funktion, die außerhalb der 1-Umgebung von O verschwindet und in einer kleinen Umgebung von O gleich 1 ist. Dann ist C außerhalb einer ε-Umgebung von O, wo $\varphi_\varepsilon \neq 0$ ist, die Abbildung A, und im Inneren dieser Umgebung ist $C = A + \varphi_\varepsilon(B - A)$. Hierbei ist $\varphi_\varepsilon(x) = \varphi(x/\varepsilon)$.

Der Beweis des Satzes von Anosov zeigt, daß jeder bei A C^1-nahe Diffeomorphismus $\boldsymbol{R}^n \to \boldsymbol{R}^n$ zu A topologisch äquivalent ist. Die erforderliche C^1-Nähe von C zu A erreicht man aber durch passende Auswahl von $\varepsilon > 0$, denn in einer ε-Umgebung von O ist

$$|B - A| < c\varepsilon^2, \qquad |(B - A)'| < c\varepsilon.$$

Also ist C zu A topologisch äquivalent.

Aber sowohl C als auch A haben nur einen Fixpunkt O. Deshalb hat der Homöomorphismus, der A in C überführt, den Fixpunkt O.

3.5. Anosov-Systeme

In diesem Abschnitt werden Anosov-Diffeomorphismen und Anosov-Flüsse definiert und ihre Anwendungen in der Theorie der geodätischen Flüsse auf Mannigfaltigkeiten negativer Krümmung und in anderen Gebieten untersucht.

3.5.1. Definition der Anosov-Diffeomorphismen

Die Analyse des oben betrachteten Automorphismus des Torus zeigt, daß für die vorangegangenen Erörterungen nur die expandierende und die kontrahierende Blätterung entscheidend waren. Deshalb kann man einen hyperbolischen Diffeomorphismus allgemein definieren, ohne im weiteren vorauszusetzen, daß M ein Torus ist.

Es sei $A: M \to M$ ein Diffeomorphismus einer kompakten Mannigfaltigkeit. Wir setzen voraus, daß

(1) der Tangentialraum an M in jedem Punkt in eine direkte Summe zweier Unterräume zerlegt ist;

$$T_x M = X_x \oplus Y_x;$$

(2) die Ebenenfelder $X = \{X_x\}$ und $Y = \{Y_x\}$ stetig und invariant bezüglich A sind;

(3) in einer Riemannschen Metrik der Diffeomorphismus A die Ebenen des einen Feldes staucht und die des anderen dehnt: Es existiert eine Zahl $\lambda < 1$, so daß für jeden Punkt x aus M folgende Bedingungen gelten:

$$\|A_* \xi\| \leqq \lambda \, \|\xi\| \quad \text{für alle} \quad \xi \in X_x,$$

$$\|A_* \eta\| \geqq \lambda^{-1} \, \|\eta\| \quad \text{für alle} \quad \eta \in Y_x.$$

Dann sagt man, daß A ein *Anosov-System* ist.

Beispiel. Es sei $M = T^2$ der Torus und

$$A = \begin{pmatrix} 2 & 1 \\ 1 & 1 \end{pmatrix}$$

sein Automorphismus. Dann ist A ein Anosov-System.

Die Eigenrichtungen des entsprechenden Automorphismus der Ebene definieren nämlich auf dem Torus zwei invariante Richtungsfelder: das expandierende und das kontrahierende.

Bemerkung 1. Anstelle der angeführten Ungleichungen kann man die scheinbar schwächeren Forderungen stellen:

$$\|A_*^n|_X\| \leqq c\lambda^n, \quad n > 0; \qquad \|A_*^n|_Y\| \leqq c\lambda^{-n}, \quad n < 0.$$

Wenn diese Bedingungen für eine Metrik erfüllt sind, dann sind sie auch für jede andere (mit möglicherweise anderem c) erfüllt, und es folgen die oben angeführten Ungleichungen (mit eventuell geänderter Metrik).

Bemerkung 2. In der Definition wird die *Glattheit* der Richtungsfelder X und Y nicht gefordert. Ein Diffeomorphismus des Torus, der in einer Umgebung des Automorphismus

$$\begin{pmatrix} 2 & 1 \\ 1 & 1 \end{pmatrix}$$

liegt, ist immer ein Anosov-System, obwohl das expandierende und das kontrahierende Richtungsfeld nicht einmal dann in der Klasse C^2 liegen müssen, wenn der Diffeomorphismus analytisch ist (im mehrdimensionalen Fall brauchen die Ebenenfelder nicht einmal aus C^1 zu sein).

Bemerkung 3. Die Definition der Anosov-Systeme geht auf Anosov zurück. Er nannte solche Systeme У-Systeme. Die Bezeichnung kommt vom russischen Wort УСЛОВИЕ (Bedingung). Anosov nannte die Bedingungen (1) bis (3) die Bedingungen У und schlug vor, sie im englischen „conditions C" zu nennen. У-Diffeomorphismen sollten auch У-Kaskaden genannt werden. Für sie hat Smale die Bezeichnung „Anosov-Diffeomorphismen" eingeführt.

3.5.2. Eeigenschaften der Anosov-Diffeomorphismen

Satz (D. V. Anosov). *Jeder Anosov-Diffeomorphismus ist strukturstabil.*

Der Beweis wird mit der gleichen Methode geführt, wie sie in 3.4. für den Automorphismus des Torus verwandt wurde. Details findet man z. B. in J. Mather [1].

Der erste Beweis hing mit folgender Eigenschaft der Anosov-Diffeomorphismen zusammen.

Satz. *Das kontrahierende und das expandierende Ebenenfeld eines Anosov-Diffeomorphismus sind vollständig integrierbar.*

Mit anderen Worten, es existieren eine kontrahierende und eine expandierende Blätterung[1]), deren Tangentialebenen jeweils das kontrahierende oder expandierende Ebenenfeld bilden. Wir bemerken, daß man den Satz von Frobenius nicht anwenden kann, da diese Felder nicht glatt sind.

Der Beweis beruht darauf, daß sich bei der Operation eines Anosov-Diffeomorphismus der Winkel zwischen den Ebenen, die nicht zu weit von den Ebenen des expandierenden Feldes entfernt sind, verkleinert. Das expandierende Feld ist bezüglich der induzierten Operation eines Anosov-Diffeomorphismus ein anziehender Fixpunkt im Funktionalraum aller Ebenenfelder.

Um die expandierende Blätterung zu konstruieren, kann man die Mannigfaltigkeit

---

[1]) Eine Blätterung auf einer n-dimensionalen Mannigfaltigkeit ist ihre Zerlegung in Untermannigfaltigkeiten (Blätter) ein und derselben Dimension k, die folgender Bedingung genügt: Jeder Punkt der Mannigfaltigkeit hat eine Umgebung, deren Zerlegung in zusammenhängende Komponenten der Blätter diffeomorph zur Zerlegung des n-dimensionalen Würfels in parallele k-dimensionale Ebenen ist.

in hinreichend kleine Gebiete unterteilen und in jedem dort eine Blätterung auswählen, deren Blätter die gleiche Dimension wie die Ebenen des expandierenden Feldes haben und die mit diesen Ebenen keinen zu großen Winkel bilden. Wendet man auf diese Blätterungen den Anosov-Diffeomorphismus und seine Iterationen an, so stellt sich heraus, daß diese Folge partieller Blätterungen gegen die richtige expandierende Blätterung strebt.

Bemerkung. Ein Spezialfall dieser Konstruktion ist die Konstruktion der stabilen und der instabilen invarianten Mannigfaltigkeit eines Fixpunktes eines Diffeomorphismus in dem Fall, daß die Beträge aller Eigenwerte der Linearisierung des Diffeomorphismus von 1 verschieden sind. Zur Konstruktion der instabilen Mannigfaltigkeit kann man die Iterationen des Diffeomorphismus auf eine beliebige Mannigfaltigkeit anwenden, die den instabilen invarianten Unterraum der Linearisierung des Diffeomorphismus tangiert.

Die beschriebene Konstruktion gestattet, nicht nur für den gegebenen, sondern gleichzeitig für alle nur wenig abweichenden Anosov-Diffeomorphismen die expandierende und die kontrahierende Blätterung mit zu konstruieren. Die Eigenschaft, Anosov-Diffeomorphismus zu sein, bleibt bei kleiner Änderung des Diffeomorphismus (und seiner Ableitung) erhalten. Außerdem sieht man aus der Konstruktion, daß die kontrahierende und die expandierende Blätterung (oder besser die Ebenenfelder) stetig vom Diffeomorphismns abhängen.

Nachdem die kontrahierende und die expandierende Blätterung für den gegebenen und den gestörten Diffeomorphismus konstruiert sind, ist der Beweis des Satzes von Anosov schon nicht mehr schwer.

Wir betrachten dazu einen beliebigen Phasenpunkt und die Folge seiner Bilder unter der Wirkung des gegebenen Diffeomorphismus und ein System von ε-Umgebungen dieser Bilder. Die Zahl ε wird klein gewählt und ihr entsprechend wird der Abstand des gestörten zum ungestörten Diffeomorphisnus ausgewählt. Wenn dieser Abstand hinreichend klein ist, dann ist jede ε-Umgebung in zusammenhängende Komponenten von Blättern der kontrahierenden Blätterungen des ursprünglichen und des gestörten Diffeomorphismus zerlegt.

Wir nennen diese Komponenten vertikale *Scheiben*. Wir betrachten die vertikale Scheibe der ursprünglichen Blätterung, die durch unseren Punkt geht, zusammen mit ihren Bildern bei der Wirkung der positiven Itarationen des ursprnglichen Anosov-Diffeomorphismus.

Es existiert eine eindeutig bestimmte vertikale Scheibe der gestörten Blätterung, deren Blätter bei der Wirkung der positiven Iterationen des gestörten Diffeomorphismus in den oben beschriebenen ε-Umgebungen verbleibt.

Da nämlich der gegebene Anosov-Diffeomorphismus in horizontaler Richtung dehnt, dehnt der gestörte Diffeomorphismus auch in horizontaler Richtung.

Wir bezeichnen die oben beschriebenen Umgebung mit U_n, ihre Zerlegung in gestörte vertikale Scheiben mit $U_n \to B_n$ und den gestörten Diffeomorphismus mit A. Da A in horizontaler Richtung dehnt, induziert A^{-1} *kontrahierende* Abbildungen $a_n\colon B_n \to B_n \to B_{n-1}$. Der gesuchte Punkt $b_0 \in B_0$ ist durch

$$b_0 = \bigcap_{n\to+\infty} a_1 a_2 \cdots a_n B_n$$

bestimmt.

Ebenso existiert eine eindeutig bestimmte horizontale gestörte Scheibe, deren Bilder bei der Wirkung der negativen Iterationen unseres Diffeomorphismus die Umgebungen mit negativen Indizes nicht verlassen.

Der Schnitt der konstruierten horizontalen und vertikalen gestörten Scheiben definiert jenen Punkt, der das Bild des gegebenen Phasenpunktes beim konjugierenden Homöomorphismus ist.

Der Nachweis dessen, daß diese Konstruktion wirklich einen Homöomorphismus defniert, der den gestörten und den ungestörten Diffeomorphismus konjugiert, stellt nach allem, was gesagt wurde, keine besondere Schwierigkeit mehr dar.

Anosov-Diffeomorphismen mit invariantem Maß, das durch eine positive Dichte gegeben ist, haben eine überall dichte Menge periodischer Punkte (Zyklen). Eine ziemlich vollständige Untersuchung der ergodischen Eigenschaften von Anosov-Diffeomorphismen mit invariantem Maß (Mischungseigenschaft usw.) wurde von D. V. Anosov und Ja. G. Sinaj durchgeführt (vgl. D. V. Anosov [2]).

3.5.3. Anosov-Flüsse

Beim Übergang zu einparametrigen Gruppen von Diffeomorphismen muß man die Definition der Hyperbolizität etwas ändern, da es längs der Phasenkurven weder Dehnung noch Stauchung gibt.

Wir betrachten die Integralkurven im Fall eines Sattels $\dot{x} = -x$, $\dot{y} = y$ (Abb. 83). Die t-Achse ist der Schnitt zweier Ebenen aus Integralkurven, die sich einmal für $t \to +\infty$ (x,t-Ebene) und einmal für $t \to -\infty$ (y,t-Ebene) an diese Achse annähern. Die übrigen Integralkurven entfernen sich von dieser Achse sowohl für $t \to +\infty$ als auch für $t \to -\infty$.

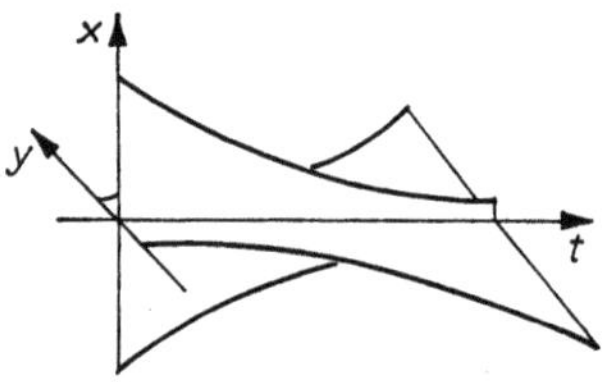

Abb. 83

Eine einparametrige Gruppe von Diffeomorphismen heißt *Anosov-Fluß*, wenn die Phasenkurven in der Nähe jeder beliebigen Phasenkurve so wie die Integralkurven im obigen Beispiel verlaufen. Die formale Definition lautet wie folgt.

Definition. Es sei M eine kompakte glatte Mannigfaltigkeit, $\boldsymbol{v}$ ein singularitätenfreies Vektorfeld, $\{g^t\}$ der entsprechende Phasenfluß. Es seien

(1) der Tangentialraum an M in jedem Punkt in die Summe dreier Unterräume zerlegt:

$$T_xM = X_x \oplus Y_x \oplus Z_x,$$

(2) die Ebenenfelder X, Y, Z stetig und bezüglich des Phasenflusses invariant,

(3) das Feld Z durch das Feld der Phasengeschwindigkeit erzeugt und

(4) für gewisse positive Konstanten c, λ und eine Riemannsche Metrik auf M

$$\|g_*{}^t|_X\| \leqq ce^{-\lambda t} \quad \text{für} \quad t > 0,$$

$$\|g_*{}^t|_Y\| \leqq ce^{\lambda t} \quad \text{für} \quad t < 0.$$

Dann heißt der Phasenfluß *Anosov-Fluß* und die Gleichung $\dot{x} = \boldsymbol{v}(x)$ *Anosov-System.*

Beispiel. Es sei M die dreidimensionale Mannigfaltigkeit, die aus dem kartesischen Produkt des Torus mit dem Intervall $[0, 1]$ nach dem Verkleben der Randtori vermöge des Anosov-Diffeomorphismus A entsteht: $(x, 1)$ wird mit $(Ax, 0)$ verklebt, wobei $x \in T^2$ und $A = \begin{pmatrix} 2 & 1 \\ 1 & 1 \end{pmatrix}$ ist. Wir betrachten im kartesischen Produkt $T^2 \times [0, 1]$ das Vektorfeld, das parallel zum zweiten Faktor $[0, 1]$ ist. Dieses Feld wird nach der Verheftung des kartesischen Produktes zu M ein glattes (warum?) Vektorfeld $\boldsymbol{v}$ auf M.

Dieses Feld $\boldsymbol{v}$ definiert einen Anosov-Fluß auf M.

Satz. *Jeder Anosov-Fluß ist strukturstabil.*

◀ Die Behauptung wird mit der gleichen Methode bewiesen, die für Anosov-Diffeomorphismen verwendet wurde (vgl. die oben zitierten Arbeiten). ▶

Jeder Anosov-Fluß hat unendlich viele geschlossene Phasenkurven. So kann man, selbst wenn man sich auf strukturstabile Vektorfelder beschränkt, nicht erwarten, daß man im mehrdimensionalen Fall genau wie auf der zweidimensionalen Sphäre ein einfaches Bild mit einer endlichen Anzahl von Gleichgewichtslagen und Zyklen erhält.

Im Jahre 1961 hat S. Smale die ersten Beispiele für strukturstabile Systeme mit unendlich vielen Zyklen angegeben. In diesen Beispielen hatte man die exponentielle Divergenz nicht im gesamten Phasenraum, sondern nur auf einer abgeschlossenen Teilmenge. Diese Mengen nennt man jetzt hyperbolisch. Die allgemeine Theorie hyperbolischer Mengen ist dann später und unter dem Einfluß der Theorie der Anosov-Systeme entstanden.

Das Erscheinen derartiger Beispiele hat zur entscheidenden Änderung der Vorstellungen über das Verhalten der Phasenkurven mehrdimensionaler Systeme geführt. Einige Spezialisten beeilten sich, diese Ergebnisse als irreal und ohne Bedeutung hinzustellen, da solche Systeme, obwohl strukturstabil, ja „keine realen physikalischen Prozesse" beschreiben können, da die einzelnen Trajektorien instabil sind.

Nichtsdestoweniger existieren wichtige reale Situationen, in denen die exponentielle Divergenz der Trajektorien die beste Beschreibung der Realität ist. Es handelt sich dabei um die mathematische Beschreibung von Erscheinungen wie Turbulenz oder die Bewegung kollidierender Teilchen (beispielweise in Gasmodellen mit festen Kügelchen). Einfacher, doch völlig real, ist das Problem der Bewegung längs Geodätischer auf einer Mannigfaltigkeit negativer Krümmung. Wir untersuchen jetzt den einfachsten Fall — das Problem der Geodätischen auf Oberflächen konstanter negativer Krümmung. Dazu benötigen wir einige Ergebnisse der nichteuklidischen (Lobačevskijschen) Geometrie.

3.5.4. Die Lobačevskij-Ebene

Die obere Halbebene $\operatorname{Im} z > 0$ mit der Metrik[1])

$$ds^2 = \frac{dx^2 + dy^2}{y^2}, \quad \text{wobei } z = x + iy \text{ ist,}$$

wird *Lobačevskij-Ebene* genannt.

Die Gerade $y = 0$ heißt *Absolute*. Die Winkel in dieser Metrik stimmen mit denen der euklidischen Halbebene überein. Der Abstand zur Absoluten ist unendlich groß.

Satz. *Die zur Absoluten orthogonalen Kreise und Geraden der Ebene und nur sie sind die geodätischen Linien der Lobačevskij-Ebene* (Abb. 84).

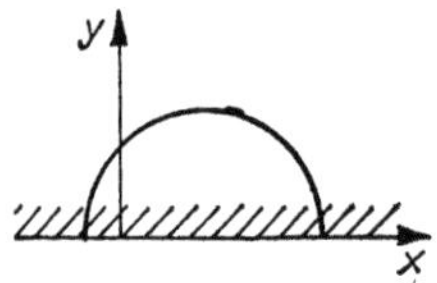

Abb. 84

◀ Die Metrik ist bezüglich (1) der Verschiebungen längs der Absoluten, (2) der zentrischen Streckungen vom Ursprung aus und (3) der Spiegelung $z \to -\bar{z}$ invariant (das ist offensichtlich klar). Nicht schwer zu überprüfen ist die Invarianz bezüglich (4) der Inversion $z \to 1/\bar{z}$.

Aus (1) bis (4) folgt die Invarianz gebrochen-linearer Transformationen der oberen Halbebene in sich. Außerdem folgt aus (3), daß die y-Achse geodätische Linie ist. Aber durch eine reelle gebrochen-lineare Transformation läßt sich die y-Achse auf beliebige zur Absoluten orthogonale Kreise oder Geraden abbilden. Folglich sind sie alle Geodätische.

Umgekehrt geht durch jeden Punkt in jeder Richtung ein zur Absoluten orthogonaler Kreis oder eine zur Absoluten orthogonale Gerade. Folglich gibt es keine anderen Geodätischen. ▶

Bemerkung. Gleichzeitig ist damit bewiesen, daß die Bewegungen (Metrik und Orientierung erhaltende Abbildungen) der Lobačevskij-Ebene genau die gebrochen-linearen Transformationen der oberen Halbeben in sich sind.

Satz. *Alle die Absolute nicht schneidenden euklidischen Kreise und nur sie sind Kreise der Lobačevskij-Ebene.*

◀ Wir betrachten dazu den Einheitskreis. Durch eine gebrochen-lineare Transformation läßt sich die obere Halbebene auf den Einheitskreis abbilden (vgl. 1.5.5.). Deshalb kann man das Innere des Einheitskreises auch als Modell der Lobačevskij-Ebene auffassen (Abb. 32).

Gebrochen-lineare Transformationen der oberen Halbebene gehen dabei in gebrochen-lineare Transformationen des Einheitskreises in sich über. Deshalb ist die Metrik

---

[1]) aber auch jede dazu isometrische Riemannsche Mannigfaltigkeit

der Lobačevskij-Ebene im Kreismodell invariant bezüglich aller gebrochen-linearen Transformationen, die den Kreis invariant lassen.

Unter diesen Transformationen befinden aber die Rotationen um den Mittelpunkt. Folglich haben alle Punkte eines zum Einheitskreis konzentrischen Kreises im euklidischen Sinne auch im Sinne der Lobačevskij-Metrik den gleichen Abstand zum Mittelpunkt. Ein euklidischer Kreis ist also ein Lobačevskij-Kreis, wenn sein Mittelpunkt der Mittelpunkt des Einheitskreises ist. Man kann aber jeden euklidischen Kreis, der die Absolute nicht schneidet, durch eine Bewegung der Lobačevskij-Ebene in einen zum Einheitskreis konzentrischen euklidischen Kreis überführen. Folglich ist jeder euklidische Kreis, der die Absolute nicht schneidet, ein Kreis im Sinne der Lobačevskij-Metrik (sowohl im Einheitskreis- als auch im Halbebenenmodell). Daraus folgt umgekehrt, daß auch jeder Lobačevskij-Kreis ein euklidischer Kreis ist. ►

Definition. Der Grenzwert einer Folge von sich in einem Punkt tangierenden Kreisen mit wachsenden Radien in die Lobačevskij-Ebene heißt *Grenzkreis* (oder *Orizykel*).

Satz. *Euklidische Kreise und Geraden, die die Absolute berühren, und nur sie sind die Grenzkreise der Lobačevskij-Ebene.*

◄ Wir betrachten einen geodätischen Strahl in einem Punkt der Lobačevskij-Ebene (Abb. 85). Auf diesem Strahl wählen wir einen Punkt im Abstand t vom Ausgangspunkt. Der Kreis um diesen Punkt mit dem Radius t geht dann durch den Aus-

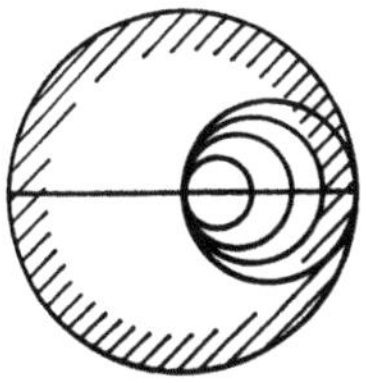

Abb. 85

gangspunkt und ist orthogonal zur Geodätischen. Wenn t nach $+\infty$ strebt, dann strebt der im euklidischen Sinne konstruierte Kreis gegen einen Kreis, der zur betrachteten Geodätischen orthogonal ist und durch ihren Schnittpunkt mit der Absoluten geht. Dieser euklidische Kreis berührt die Absolute. ►

Bemerkung 1. Durch den gleichen Grenzübergang $t \to \infty$ kann man Orizyklen auf Flächen negativer Krümmung oder Orisphären auf Mannigfaltigkeiten negativer Krümmung konstruieren.

Bemerkung 2. Durch jeden Punkt der Lobačevskij-Ebene gehen zwei Grenzkreise mit gemeinsamer Tangente: man erhält sie aus der angegebenen Konstruktion für $t \to +\infty$ und $t \to -\infty$.

3.5.5. Geodätische Flüsse auf Flächen negativer Krümmung

Es sei M eine Riemannsche Mannigfaltigkeit. Wir setzen voraus, daß M als metrischer Raum vollständig ist. Zum Beispiel ist jede kompakte Mannigfaltigkeit vollständig, die Lobačevskij-Ebene ist es auch, da der Abstand zur Absoluten unendlich groß ist.

Wir betrachten die Menge aller Tangentialvektoren der Länge 1 an die Mannigfaltigkeit M. Diese Menge ist eine Mannigfaltigkeit der Dimension $2n - 1$, wenn M n-dimensional ist. Sie wird mit T_1M bezeichnet.

Definition. Die wie folgt definierte einparametrige Gruppe von Diffeomorphismen der Mannigfaltigkeit der Tangentialvektoren der Länge 1 wird *geodätischer Fluß* genannt: Jeder Vektor wird nach der Zeit t längs der ihn tangierenden Geodätischen um den Abstand t in den Tangentialraum an diese Geodätische verschoben.

Satz. *Der geodätische Fluß auf der Lobačevskij-Ebene erfüllt die Bedingungen* (1) *bis* (4) *der Definition des Anosov-Flusses* (vgl. 3.5.3.)

◄ 1. Wir konstruieren die expandierende und die kontrahierende Blätterung. Dazu konstruieren wir für jeden Vektor den zu ihm orthogonalen Grenzkreis, der der Grenzwert der Folge von Kreisen ist, deren Zentren in Richtung des Vektors liegen. In jedem Punkt des Grenzkreises tragen wir den normalen Einheitsvektor an und erhalten so ein stetiges Feld von Normalvektoren (Abb. 86).

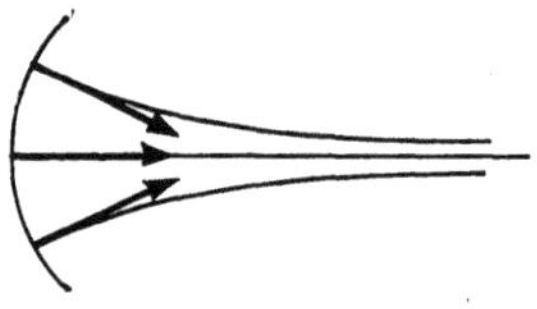

Abb. 86

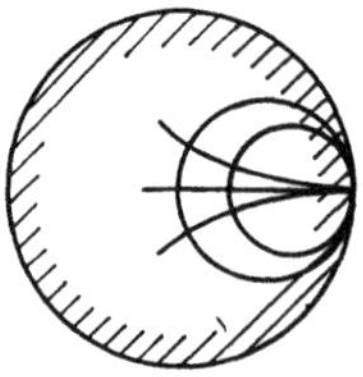

Abb. 87

Hätten wir mit einem beliebigen dieser Vektoren begonnen, so hätten wir den gleichen Grenzkreis mit dem gleichen Feld erhalten. Diesen Grenzkreis mit dem Feld kann man als Kurve im dreidimensionalen Raum T_1M der Tangentialeinheitsvektoren der Lobačevskij-Ebene auffassen. Wir haben so eine eindimensionale Blätterung in T_1M definiert — eine Zerlegung des Raumes der Tangentialeinheitsvektoren in Kurven. Diese Zerlegung ist die kontrahierende Blätterung.

Die expandierende Blätterung erhält man genauso, indem man von den Kreisen ausgeht, deren Zentren hinter dem Fußpunkt des Vektors liegen.

2. Die Bedingungen (2) und (3) drücken die Invarianz der Geodätischen und der Grenzkreise bezüglich des geodätischen Flusses aus und lassen sich unmittelbar nachprüfen. In der Tat, die Schar der Geodätischen, die zu einem Grenzkreis orthogonal ist, schneidet die Absolute im Berührungspunkt der Absoluten und dieses Grenzkreises, und jeder Grenzkreis, der die Absolute in diesem Punkt berührt, ist zu allen Geodätischen der Schar orthogonal (Abb. 87).

Deshalb führt der geodätische Fluß jeden Grenzkreis (mit dem Normalenfeld) in einen Grenzkreis (auch mit Normalenfeld) über, der die Absolute im gleichen Punkt berührt.

3. Die Bedingung (1) beinhaltet, daß die Tangentialvektoren an eine Geodätische mit einem Tangentialfeld und an beide Grenzkreise mit den entsprechenden Normalenfeldern linear unabhängig sind. Das läßt sich sofort nachprüfen: wichtig ist nur, daß die Berührung der Grenzkreise nur von erster und nicht von höherer Ordnung ist.

4. Wir beweisen jetzt, daß sich Strecken eines kontrahierenden Grenzkreises unter der Wirkung des Phasenflusses exponentiell verkürzen. Wir nehmen an, daß der initiale Grenzkreis die Gerade $y = 1$ der oberen Halbebene ist. Geodätische sind die Geraden $x = \text{const}$, und der geodätische Fluß führt in der Zeit t die Gerade $y = 1$ in die Gerade $y = e^t$ über (der Abstand längs der y-Achse vom Punkt 1 bis zum Punkt y ist $\ln y$). Folglich geht jede Strecke auf dem Grenzkreis in eine e^t-mal kürzere Strecke über. Daraus folgt, daß der Phasenfluß die Blätter der kontrahierenden Blätterung (im Sinne der natürlichen Metrik auf T_1M) kontrahiert.

Der Nachweis der Bedingung (4) der Definition eines Anosov-Flusses wird durch eine analoge Betrachtung für die expandierenden Grenzkreise abgeschlossen. ►

Folgerung. *Der geodätische Fluß auf einer kompakten Fläche konstanter negativer Krümmung ist ein Anosov-Fluß.*

◄ Durch eine Zeittransformation kann man alles auf den Fall mit der Krümmung -1 zurückführen. Für eine Fläche mit konstanter negativer Krümmung -1 ist die Lobačevskij-Ebene die universelle Überlagerung: Man erhält die Fläche aus der Lobačevskij-Ebene, indem man Punkte, die ineinander unter der Wirkung einer diskreten Bewegungsgruppe der Lobačevskij-Ebene übergehen, identifiziert (Abb. 88).

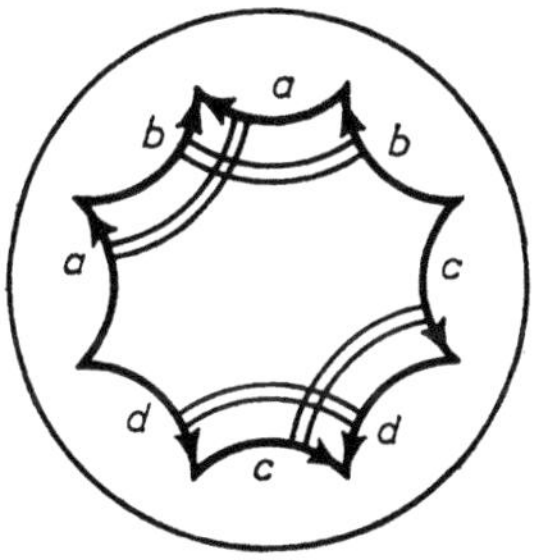

Abb. 88

Bei dieser Identifizierung werden die Geodätischen, die Kreise und die Grenzkreise der Lobačevskij-Ebene auf Geodätische, Kreise und Grenzkreise der Fläche projiziert. Der geodätische Fluß der Lobačevskij-Ebene und seine expandierende und kontrahierende Blätterung werden dabei auf gleiche Blätterungen der Fläche projiziert. ►

Insbesondere folgt daraus, daß *der geodätische Fluß auf einer kompakten Fläche konstanter negativer Krümmung strukturstabil ist und eine überall dichte Menge geschlossener Geodätischer hat.*

Bemerkung. Für eine höherdimensionale Mannigfaltigkeit (nicht notwendig konstanter) negativer Krümmung ist der geodätische Fluß auch ein Anosov-Fluß. Der Beweis ist dem obigen für den einfachsten Fall ähnlich, nur der Nachweis der Existenz von Orizyklen (Orisphären) ist etwas komplizierter. Vgl. D. V. Anosov [2].

3.5.6. Billard-Systeme

Wir betrachten den geodätischen Fluß auf der Oberfläche eines Ellipsoids. Wir wollen annehmen, daß die kleinste Achse des Ellipsoides gegen 0 strebt, so daß sich das Ellipsoid in eine Ellipse verwandelt. Der geodätische Fluß wird im Grenzfall zu dem sogenannten Billard-System in dem von der Ellipse begrenzten Gebiet: im Inneren bewegt sich ein Punkt geradlinig und vom Rand wird er nach „Einfallswinkel = Ausfallswinkel" reflektiert (Abb. 89).

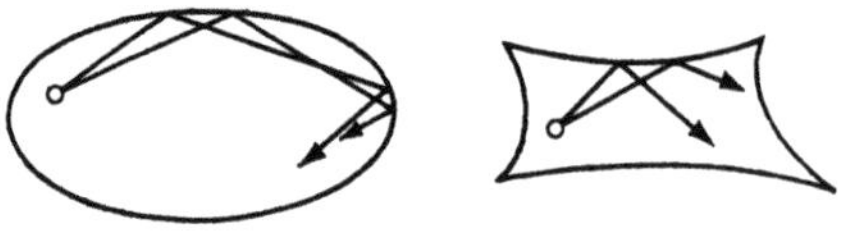

Abb. 89

Diese Billard-Trajektorie ist im Innern der Ellipse nie überall dicht. Aber für Gebiete, die durch andere Kurven begrenzt sind (z. B. nicht glatte nach innen gekrümmte Kurven), hat die Billard-Bewegung fast die gleichen Eigenschaften der Mischung und der exponentiellen Instabilität der Trajektorien wie Anosov-Flüsse.

Wir betrachten insbesondere das Billard-System auf dem gelochten Torus. Dieses System kann man als Grenzfall geodätischer Flüsse auf der Brezelfläche auffassen (die Brezel entartet in den zweiseitigen gelochten Torus genauso wie das Ellipsoid in die zweiseitige Ellipse). Mehr noch, den zweiseitigen gelochten Torus mit der ebenen Metrik kann man als Grenzfall einer Brezel negativer Krümmung auffassen (bei der Entartung ist die ganze Krümmung am Rande des Lochs konzentriert). Deshalb ist es nicht verwunderlich, daß dieses Billard-System die Eigenschaften eines Anosov-Flusses hat.

Es besteht die Hoffnung, daß solche Gedankengänge wie in der hyperbolischen Theorie zum Beweis der Ergodizität eines Systems fester Kugeln in einem Kasten führen, die seit Boltzmann in der statistischen Mechanik immer postuliert wird. (Ergodizität bedeutet, daß jede invariante Teilmenge des Phasenraumes entweder das Maß 0 oder volles Maß hat, sie zieht die Gleichheit der Zeit- und Raummittelwerte fast überall nach sich.) In unserem Beispiel ist der Phasenraum die Menge der Energieniveaus). Im ebenen Fall ist der Beweis von Ja. G. Sinaj [2] publiziert worden. Zu Billard-Systemen vgl. auch L. A. Bunimovič [1, 2].

3.5.7. Anosov-Systeme und die numerische Lösung von Randwertaufgaben mit dem Thomas-Algorithmus

Die hyperbolische Situation tritt auch bei Aufgaben der numerischen Mathematik auf, die man mit dem Thomas-Algorithmus (russ. прогонка) löst. Als Beispiel nehmen wir die Randwertaufgabe für die gewöhnliche Differentialgeichung zweiter Ordnung $\ddot{x} = x$ (d. h. für das System $\dot{x} = p$, $\dot{p} = x$) im Intervall $[0, T]$. Wir nehmen an, daß inhomogene Randbedingungen gegeben sind, der Anfangspunkt $\varphi(0)$ mit den Koordinaten $(x(0), p(0))$ liegt auf einer Geraden l_0 der x,p-Phasenebene und der Endpunkt $\varphi(T)$ auf einer Geraden l_T.

Wenn der Anfangspunkt $\varphi(0)$ bekannt wäre, so würde die Genauigkeit beim Lösen des Anfangswertproblems mit dem Anfangswert $\varphi(0)$ exponentiell mit dem Anwachsen von T abnehmen. Die Lösungen mit einem zu (1, 1) proportionalen Anfangsvektor wachsen nämlich exponentiell. So erhält man beim Übergang von der Ebene $t = 0$ zur Ebene $t = T$ eine Dehnung in Richtung des Vektors (1, 1) und eine Stauchung in der Richtung des Vektors (1, −1) (die Richtung (1, 1) wird im folgenden horizontal, die von (1, −1) vertikal genannt, vgl. Abb. 90).

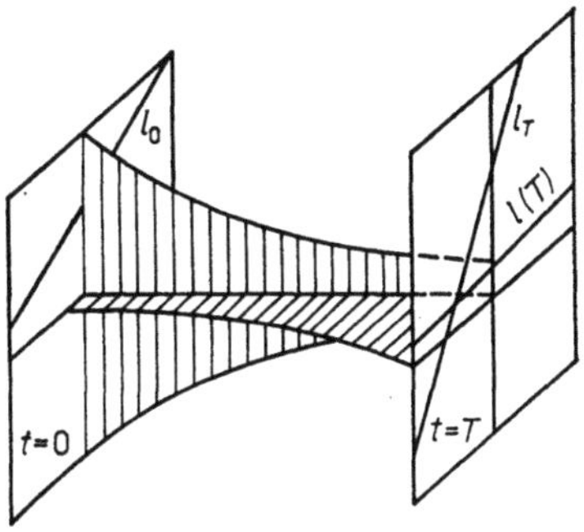

Abb. 90

Wir betrachten jetzt das Bild der Geraden l_0 nach diesem Übergang. Obwohl man das Bild jedes Punktes nur mit experimentell abnehmender Genauigkeit findet, ist das Bild der Geraden im allgemeinen ziemlich genau bestimmbar. Die Richtung dieses Bildes wird nämlich im allgemeinen fast horizontal sein.

Deshalb hat der Fehler, der bei der Berechnung eines Punktes auf dieser fast horizontalen Geraden auftritt, wenig Einfluß auf die Lage der Geraden: gerade die horizontale Komponente des Fehlers ist groß und die vertikale klein.

Den Punkt $\varphi(T)$ finden wir als Schnittpunkt der Geraden l_T und dem Bild der Geraden l_0. Zur endgültigen Bestimmung der Lösung muß man nun die Anfangswertaufgabe rückwärts lösen. Dabei wird der Fehler in der Horizontalen nicht wachsen, und die vertikale Komponente des Punktes $\varphi(t)$ ist dadurch bestimmt, daß dieser Punkt auf der schon gefundenen Geraden $l(t) = g^t l_0$ liegen muß. So findet man zuerst auf dem Hinweg von 0 nach T die Geraden $l(t)$ und danach auf dem Rückweg von T nach 0 auf jeder von ihnen einen Punkt, und alles ohne den exponentiellen Verlust der Genauigkeit.

3.5.8. Über Anwendungen der Anosov-Systeme

Die Anosov-Systeme und die mit ihnen verwandten Objekte befinden sich gegenwärtig in der Situation, in der sich die Grenzzyklen zur Zeit von Poincaré befanden. Der ganze mathematische Apparat zur Untersuchung der Grenzzyklen war geschaffen, aber eine ernsthafte Anwendung fanden die Grenzzyklen erst einige Jahrzehnte später, als die Entwicklung der Radiotechnik die Theorie der nichtlinearen Schwingungen zu einem Gebiet der angewandten Mathematik machte.

Seit Anfang der sechziger Jahre vermutet man, daß das natürliche Anwendungsgebiet der Anosov-Systeme die Theorie der turbulenten Bewegung einer Flüssigkeit ist. Wir wollen uns ein geschlossenes Gefäß vorstellen, das mit einer inkompressiblen zähen Flüssigkeit gefüllt ist und durch eine äußere Kraft (Quirl) in Bewegung versetzt wird. Quirlen ist deshalb notwendig, weil sonst die Zähigkeit mit der Zeit jede Bewegung dämpfen würde.

Die hydrodynamische Navier-Stokes-Gleichung definiert ein dynamisches System[1]) in einem Funktionalraum (die Punkte dieses unendlichdimensionalen Phasenraumes sind die divergenzenfreien Vektorfelder, die Geschwindigkeitsfelder der Flüssigkeit).

Gleichgewichtslagen dieses dynamischen Systems sind die stationären Geschwindigkeitsfelder, d. h. solche Bewegungen der Flüssigkeit, bei denen sich die Geschwindigkeit in keinem Punkt des Raumes mit der Zeit ändert. Zyklen dieses Systems entsprechen die periodischen Bewegungen der Flüssigkeit, bei denen sich die Geschwindigkeit in jedem Punkt des Raumes periodisch ändert. Solche Bewegung kann man manchmal beim Öffnen eines Wasserhahns beobachten (und hören).

Man vermutet bei der mathematischen Beschreibung der Turbulenz, daß im wesentlichen alles auf ein endlichdimensionales System zurückführbar ist, da die Zähigkeit schnelle Schwingungen dämpft. Es wird, mit anderen Worten, angenommen, daß im unendlichdimensionalen Phasenraum eine endlichdimensionale Mannigfaltigkeit oder Menge liegt, die alle Phasenkurven anzieht. Auf der Menge selbst ist der Phasenfluß dann ein Anosov-System oder er hat wenigstens ähnliche Eigenschaften wie die Mischungseigenschaft oder die exponentielle Instabilität der Trajektorien.

In diesem Fall würden die beobachtbaren Eigenschaften der Bewegung der Flüssigkeit folgende sein: Bei jeder Anfangsbedingung stellt sich die Bewegung ziemlich schnell auf ein bestimmtes Regime ein; dieses wird allerdings weder stationär noch periodisch sein, und obwohl diese Grenzbewegung auch eine endliche Zahl von Parametern („Phasen" des Grenzregimes) hat, sind letztere doch äußerst instabil (die Grenzströmungen mit nahen Anfangsphasen divergieren exponentiell). Im übrigen hängen aber die statistischen Charakterisierungen der Strömung von diesen instabilen Phasen nicht ab.

In dieser Richtung ist bis jetzt folgendes getan. Wenn die Zähigkeit hinreichend groß ist, hat das Navier-Stokes-System einen einzigen Fixpunkt, der alle Phasenkurven anzieht. Das ist die sogenannte laminare Bewegung. Jede andere Strömung wird unter dem Fluß der Zähigkeit zur laminaren Bewegung streben. Mit der Verringerung der Zähigkeit kann die laminare Bewegung ihre Stabilität verlieren, und es kann ein stabiler Grenzzykel auftreten (vgl. Kap. 6). Man erwartet, daß, allgemein gesagt, diese Bewegung die Eigenschaft der exponentiellen Instabilität der Phasenkurven auf der anziehenden Menge (dem Attraktor) hat. Obwohl dieser Frage in den letzten Jahren viele theoretische und experimentelle Untersuchungen gewidmet wurden (vgl. z. B. den Übersichtsartikel von P. C. Martin [1]), ist die oben geäußerte Vermutung noch weit von einem Satz entfernt.

---

[1]) Es ist bis jetzt noch nicht gelungen, das Problem der Existenz und Eindeutigkeit der Lösungen der dreidimensionalen Navier-Stokes-Gleichung mit Hilfe der Theorie der partiellen Differentialgleichungen zu lösen; wir wollen dies aber ignorieren.

Im übrigen sollte man bemerken, daß das Auftreten eines Attraktors mit exponentiell instabilen Trajektorien nicht unbedingt mit dem Stabilitätsverlust der laminaren Strömung einhergeht, diese Menge kann auch weit entfernt von der Gleichgewichtslage auftreten und ist sogar bei solchen Zähigkeitswerten zu finden, bei denen die laminare Strömung noch stabil ist.

3.6. Strukturstabile Systeme sind nicht überall dicht

In diesem Abschnitt wird ein von strukturstabilen Systemen freies Gebiet im Funktionalraum der glatten dynamischen Systeme der Klasse C^1 angegeben.

3.6.1. Das Beispiel von Smale

Im Jahre 1965 wurde von S. SMALE ein Diffeomorphismus eines dreidimensionalen Torus konstruiert, in dessen Umgebung kein einziger strukturstabiler Diffeomorphismus existiert.

Folglich gibt es ein Vektorfeld auf einer vierdimensionalen Mannigfaltigkeit, das man durch eine kleine Änderung nicht strukturstabil machen kann.

Später sind Vektorfelder mit dieser Eigenschaft auch auf dreidimensionalen Mannigfaltigkeiten konstruiert worden (vgl. S. NEWHOUSE [1]).

In diesem Abschnitt erörtern wir SMALES Konstruktion.

3.6.2. Beschreibung des Beispiels

Die Koordinaten auf T^3 seien (x, y, z) mod 2π. Den Diffeomorphismus $A: T^3 \to T^3$ definieren wir in einer Umgebung des Torus $T^2: z = 0$ und eines Intervalls der z-Achse (wie der Diffeomorphismus im übrigen Teil des dreidimensionalen Torus aussieht, ist für uns unwichtig).

In einer Umgebung U des Torus T^2 ist die Abbildung A durch

$$A(x, y; z) = \left(2x + y, x + y; \frac{z}{2}\right)$$

gegeben.

In einer Umgebung des Punktes O mit den Koordinaten $(0, 0, \pi)$ ist die Abbildung A durch

$$A(x, y; \pi + u) = \left(\frac{x}{2}, \frac{y}{2}; \pi + 2u\right)$$

gegeben.

Der Punkt O ist also ein Sattelpunkt, und die instabile invariante Mannigfaltigkeit (der entspringende Zweig) ist die Kurve γ, die das Intervall $(\pi, \pi - \varepsilon)$ der z-Achse enthält.

Die Kurve γ ist bezüglich A invariant und wird durch die Wirkung von A gedehnt. So erhält man durch Iterationen von A aus dem gegebenen Intervall eine Hälfte der invarianten Mannigfaltigkeit, die entweder in einem Fixpunkt von A endet oder unendliche Länge hat.

Wir fordern, daß diese Kurve das obengenannte Gebiet U erreicht und dort unendliche Länge hat. Es ist leicht zu sehen, daß es Diffeomorphismen des Torus mit diesen Eigenschaften gibt.

3.6.3. Stabile Eigenschaften des Diffeomorphismus A

1. *Die Einschränkung von A auf eine hinreichend kleine Umgebung des Torus T^2 ist strukturstabil.*

◀ Das kann man mit Hilfe des gleichen Verfahrens beweisen, mit dem wir den Satz von Grobman-Hartman bewiesen haben. Wir ersetzen den Diffeomorphismus $A: T^3 \to T^3$ durch die Transformation $A': T^2 \times \boldsymbol{R} \to T^2 \times \boldsymbol{R}$, die überall so wie A in der Umgebung U definiert ist. Einen A nahen Diffeomorphismus $\tilde{A}$ kann man durch eine Transformation $\tilde{A}': T^2 \times \boldsymbol{R} \to T^2 \times \boldsymbol{R}$ ersetzen, die mit $\tilde{A}$ in einer Umgebung des Torus $T^2 \times O$ so übereinstimmt, daß die Differenz $\tilde{A}' - \tilde{A}$ einen kompakten Träger hat und C^1-klein ist. Jetzt können wir den Satz von Anosov (oder genauer seinen Beweis) anwenden und erhalten die topologische Äquivalenz von $\tilde{A}'$ mit A' und damit von $\tilde{A}$ und A in einer Umgebung des Torus T^2. ▶

2. Aus dem bisher Bewiesenen folgt, daß der Diffeomorphismus $\tilde{A}$ in der Nähe von T^2 eine invariante Mannigfaltigkeit $\tilde{T}^2$ hat, auf der eine unendliche überall dichte Menge periodischer Punkte liegt. Durch jeden Punkt einer Umgebung $\tilde{U}$ des Torus $\tilde{T}^2$ verläuft ein eindeutig bestimmtes und stetig vom Punkt abhängendes glattes Blatt der zweidimensionalen kontrahierenden Blätterung des Diffeomorphismus $\tilde{A}$ (es besteht aus den Punkten, die sich einander unter der Wirkung der Iterationen des Diffeomorphismus nähern).

3. *Die Transformation $\tilde{A}$ hat einen Fixpunkt $\tilde{O}$, der nahe beim Fixpunkt O der Transformation A liegt.*

◀ Das folgt aus dem Satz über implizite Funktionen, da der Punkt O nicht ausgeartet ist und $\tilde{A}$ nahe bei A ist. ▶

Die Eigenwerte der Linearisierung von $\tilde{A}$ in diesem Punkt $\tilde{O}$ und die Eigenwerte von A in O unterscheiden sich nur wenig.

Nach dem Satz von Grobman-Hartman ist der Punkt $\tilde{O}$, wie auch O, ein Sattelpunkt und hat eine eindimensionale instabile invariante Mannigfaltigkeit (entspringenden Zweig) $\tilde{\gamma}$, der, wie leicht zu sehen ist, dicht bei $\tilde{\gamma}$ liegt. Insbesondere erreicht $\tilde{\gamma}$ die Umgebung $\tilde{U}$ des Torus $\tilde{T}^2$.

4. Durch eine beliebig kleine Änderung der Abbildung A weit von $\tilde{U}$ kann man die Kurve γ so ändern, daß sie „eine Nase hat", daß sie lokal auf einer Seite des Blattes der kontrahierenden Blätterung für A liegt, das einen Punkt der Kurve γ enthält, und dabei soll die Berührung mit diesem Blatt von erster Ordnung sein. Die so definierte Abbildung bezeichnen wir mit A_1.

3.6.4. Strukturstabilität

Wir beweisen, daß *der Diffeomorphismus* A_1 *mit allen Diffeomorphismen in seiner Nähe nicht strukturstabil ist.*

◀ Wir betten die Abbildung A_1 in eine einparametrige Familie A_s von Diffeomorphismen ein, die sich nur durch eine kleine Änderung in der Umgebung des Urbildes der Nase der Abbildung A_1 unterscheiden. Jede der Abbildungen A_s, die A_1 hinreichend nahe ist, hat die oben angeführten Eigenschaften von A_1: invarianter Torus, zweidimensionale kontrahierende Blätter, Sattelpunkt mit instabiler invarianter Mannigfaltigkeit und mit einer Nase darauf. Wir wählen A_s derart, daß mit der Änderung von s die Nase die Blätter der kontrahierenden Blätterung durchdringt.

Wir betrachten jetzt ein kontrahierendes Blatt, das eine Nase enthält. Dieses Blatt kann periodische Punkte auf dem Torus haben oder nicht. Da die periodischen Punkte auf dem Torus überall dicht sind, kann man durch beliebig kleine Änderung von A_1 in unserer Familie die Nase sowohl auf ein periodische Punkte enthaltendes Blatt wie auch auf ein solche Punkte nicht enthaltendes Blatt bringen.

Die Eigenschaft des Blattes, periodische Punkte zu haben oder nicht, ist aber topologisch invariant, und deshalb ändert sich der topologische Typ von A_1 bei beliebig kleiner Änderung dieser Abbildung. Folglich ist die Abbildung nicht strukturstabil.

Es sei jetzt $\tilde{A}_1$ ein beliebiger Diffeomorphismus, der A_1 hinreichend nahe ist. Dann kann man nach 3.6.3. für $\tilde{A}_1$ die gleiche Konstruktion wie eben für A_1 durchführen. Folglich ist $\tilde{A}_1$ kein strukturstabiler Diffeomorphismus. ▶

4. Störungstheorie

Die Mehrzahl der Differentialgleichungen gestattet weder eine exakte analytische Lösung noch eine vollständige quantitative Untersuchung. Die Störungstheorie stellt eine Sammlung von Methoden zur Untersuchung von Differentialgleichungen dar, die nahe bei speziellen Differentialgleichungen liegen. Diese speziellen Differentialgleichungen heißen *ungestörte Differentialgleichungen*, und ihre Lösungen werden als bekannt vorausgesetzt. Die Störungstheorie untersucht den Einfluß einer kleinen Änderung der Differentialgleichung auf das Verhalten der Lösung.

Wird die Störgröße durch einen kleinen Parameter ε charakterisiert, so führt der Einfluß der Störung in einer Zeit der Größenordnung 1 zur Veränderung der Lösung um eine Größe der Ordnung ε. Löst man die Gleichung durch Variation entlang der ungestörten Lösung, so kann man annähernd diese Größe erhalten. Interessiert man sich jedoch für das Verhalten der Lösung in einer größeren Zeitspanne, sagen wir der Ordnung $1/\varepsilon$, so entsteht eine weitaus kompliziertere Aufgabe, die der Forschungsgegenstand der sogenannten asymptotischen Methoden der Störungstheorie ist. Die wichtigste dieser Methoden ist die Mittelungsmethode, die in diesem Kapitel betrachtet wird.

Die Mittelungsmethode wurde in der Zeit von LAGRANGE und LAPLACE in der Himmelmechanik zur Definition der Evolution der Planetenbahnen unter der gegenseitigen Störung der Planeten genutzt. GAUSS formulierte dies so: Zur Definition der Evolution verschmiere man die Masse jedes Planeten über die Bahn proportional zur Zeit, die in jedem Teil der Bahn verbraucht wird, und ersetze die Anziehungskraft der Planeten durch die der so erhaltenen Ringe.

Die Begründung der Mittelungsmethode ist jedoch eine Aufgabe und diese ist bei weitem noch nicht gelöst.

4.1. Die Mittelungsmethode

In diesem Abschnitt wird das Rezept der Mittelungsmethode in seiner einfachsten Variante beschrieben. Fragen der Begründung dieser Methode werden in den folgenden Abschnitten erörtert.

4.1.1. Gestörte und ungestörte Systeme

Wir betrachten eine glatte Faserung $\pi: M \to B$. Ein Vektorfeld $\boldsymbol{v}$ auf der Mannigfaltigkeit M heißt *vertikal*, wenn es jede Faser berührt (Abb. 91). In den Anwendungen ist die Faser gewöhnlich ein Torus.

Funktionen auf der Basis B der Faserung π definieren erste Integrale von Gleichungen $\dot{x} = \boldsymbol{v}(x)$ auf M. Ein vertikales Vektorfeld $\boldsymbol{v}$ heißt *ungestört*. Ein nahe bei $\boldsymbol{v}$ liegendes Feld $\boldsymbol{v} + \varepsilon \boldsymbol{v}_1$ heißt *gestörtes Feld*. Wir betrachten die gestörte Differentialgleichung

$$\dot{x} = \boldsymbol{v}(x) + \varepsilon \boldsymbol{v}_1(x).$$

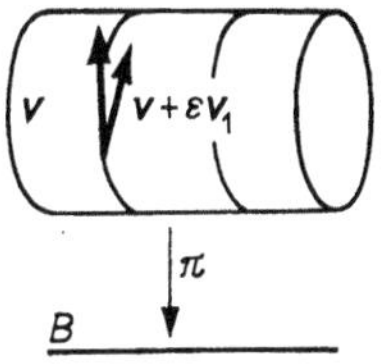

Abb. 91

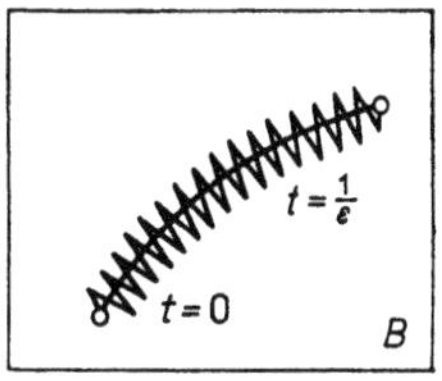

Abb. 92

Jede Phasenkurve der ungestörten Differentialgleichung wird durch die Abbildung π auf einen Punkt der Basis abgebildet. Die Projektion einer Bewegung längs einer Phasenkurve einer gestörten Bewegung auf die Basis ergibt eine langsame Bewegung mit der Geschwindigkeit ε. Eine merkliche Verschiebung der Projektion auf die Basis ergibt sich nach einer Zeit der Ordnung $1/\varepsilon$. Die Mittelungsmethode ist für die Beschreibung dieser langsamen Bewegung in der Basis mit Hilfe eines Vektorfeldes in der Basis bestimmt. Diese langsame Bewegung wird in der Mittelungsmethode als Kombination kleiner Schwingungen in der systematischen Evolution und der Drift beschrieben (Abb. 92).

Beispiel. Wir betrachten das Planetensystem. Die ungestörten Gleichungen berücksichtigen lediglich die Wechselwirkung Sonne—Planet. Im ungestörten Fall bewegen sich die Planeten auf Kepler-Bahnen. Die Rolle der Störung spielt hier die gegenseitige Anziehung der Planeten. Das Verhältnis von Planeten- zu Sonnenmasse, eine Größe der Ordnung 10^{-3}, übernimmt die Rolle von ε. Eine charakteristische Zeiteinheit ist die Umlaufzeit um die Sonne, d. h. eine Größe in der Ordnung von einigen Jahren oder Dutzenden von Jahren. Charakteristische Längeneinheit ist der Radius der Planetenbahn.

In diesem Beispiel ist M der Phasenraum, B die Menge der Kepler-Ellipsen; Fasern sind Tori, deren Dimension gleich der Anzahl der Planeten ist (jede Familie von Kepler-Ellipsen definiert einen Torus, dessen Punkt durch die Lage der Planeten auf den Ellipsen gegeben ist). Eine Verschiebung in der Basis um eine Größe der Ordnung 1 entspricht somit einer Änderung der Bahnradien auf, sagen wir, das Doppelte. Eine Zeit der Ordnung $1/\varepsilon$ ist eine der Ordnung von Tausenden oder Zehntausenden von Jahren.

Auf diese Weise könnte sich durch eine systematische langsame Bewegung (Drift) in der Basis mit Geschwindigkeit ε in einer Zeit von Tausenden von Jahren der Radius der Erdbahn verdoppeln, was für unsere Zivilisation verhängnisvoll wäre. Ihre Existenz ist der Tatsache zu verdanken, daß diese Drift faktisch nicht stattfindet (in jedem Fall nicht in Richtung der Veränderung des Bahnradius, eine Veränderung der Exzentrizität findet statt, und wahrscheinlich beeinflußt sie die Eiszeiten).

4.1.2. Die Mittelungsprozedur

Zur Beschreibung der Mittelung führen wir einige Bezeichnungen ein. Wir werden annehmen, daß die Fasern der Faserung n-dimensionale Tori sind. In einer Umgebung eines jeden Punktes der Basis ist die Faserung ein direktes Produkt. Wir werden uns auf solche Umgebungen beschränken und ordnen einem Punkt aus M ein Paar (I, φ) zu, wobei I ein Punkt der Basis und φ ein Punkt des n-dimensionalen Torus ist.

Die Bezeichnung I ist gewählt worden, da die Koordinaten $(I_1, \ldots, I_k)$ des Punktes I auf M erste Integrale des ungestörten Systems definieren. Der Punkt φ des Torus F ist gegeben durch n Kugelkoordinaten $(\varphi_1, \ldots, \varphi_n) \bmod 2\pi$. [In den Anwendungen sind die Koordinaten φ_k bis auf die Wahl des Anfangspunktes auf jedem Torus und auf eine ganzzahlige unimodulare Transformation eindeutig bestimmt. Wir fixieren ein System von Koordinaten (I, φ).]

Definition. Die Gleichung

$$\dot{\varphi} = \omega(I), \qquad \dot{I} = 0$$

heißt *ungestörte Gleichung* der Mittelungsmethode. Hier ist ω ein vertikales Vektorfeld, das durch Frequenzvektoren $\big(\omega_1(I), \ldots, \omega_n(I)\big)$ in jedem Punkt I der Basis gegeben ist.

Definition. Die Gleichung

$$\dot{\varphi} = \omega(I) + \varepsilon f(I, \varphi, \varepsilon), \qquad \dot{I} = \varepsilon g(I, \varphi, \varepsilon)$$

heißt *gestörte Gleichung* der Mittelungsmethode. Dabei haben f und g bezüglich φ die Periode 2π, und $\varepsilon \ll 1$ ist ein kleiner Parameter. Die Kugelkoordinaten φ_i heißen *schnelle*, die Koordinaten I_j der Basis *langsame Veränderliche*.

Definition. Es sei $G(J) = \oint g(J, \varphi, 0)\, d\varphi \big/ \oint d\varphi$ der Mittelwert von g längs der Faser. Die Gleichung

$$\dot{J} = \varepsilon G(J)$$

heißt *gemittelte Gleichung*.

Eine Lösung der gemittelten Gleichung heißt *gemittelte Bewegung*.

Beispiel. Wir betrachten die gestörte Gleichung

$$\dot{\varphi} = \omega, \qquad \dot{I} = \varepsilon(a + b\cos\varphi).$$

Die gemittelte Gleichung lautet

$$\dot{J} = \varepsilon a.$$

Auf diese Weise beseitigen wir beim Übergang zur gemittelten Gleichung auf der rechten Seite der Gleichung für I eine Größe, die dieselbe Ordnung hat wie die, die in der gemittelten Gleichung übrigbleibt. In einer Zeit der Ordnung 1 ergeben die weggelassene wie die übrigbleibende Größe denselben Effekt (der Ordnung 1). Ihr Einfluß in einer Zeit der Ordnung $1/\varepsilon$ ist jedoch völlig verschieden: die übrigbleibenden Glieder führen zur systematischen Drift, die weggelassenen lediglich zu kleinen Schwingungen.

◀ Die Lösung der gestörten Gleichung (sagen wir für $\varphi_0 = 0$) ergibt sich als $I(t) = I_0 + \varepsilon at + \varepsilon b \sin \omega t/\omega$, die sich lediglich durch eine kleine oszillierende Ergänzung von der Lösung der gemittelten Gleichung $J(t) = I_0 + \varepsilon at$ unterscheidet (Abb. 93). ▶

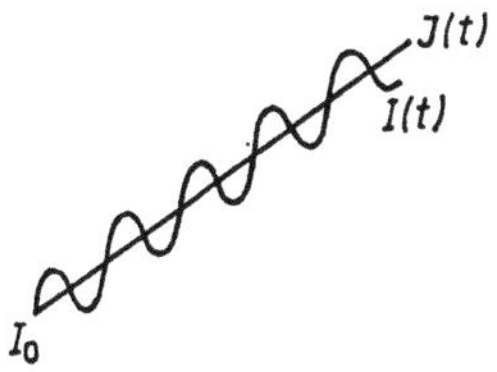

Abb. 93

4.1.3. Raum- und Zeitmittel

Wir betrachten ein Zeitintervall T, welches groß im Vergleich mit 1 und klein im Vergleich mit $1/\varepsilon$ ist. Nach einer solchen Zeit hat sich die Trajektorie der gestörten Bewegung kaum merklich mit der Anfangsfaser bewegt.

Wir berechnen die Verschiebung der Projektion der gestörten Trajektorie auf die Basis nach der Zeit T. Diese Verschiebung ist eine Größe der Ordnung $\varepsilon T \ll 1$. Die Geschwindigkeit der Verschiebung ist gleich $\varepsilon g(I, \varphi, \varepsilon)$. In erster Näherung kann man hier annehmen, daß I konstant, ε gleich 0 ist und sich φ entsprechend der ungestörten Gleichung ändert. Dann erhalten wir für die Verschiebung nach der Zeit T den Näherungsausdruck

$$\Delta I = \varepsilon T \left[\frac{1}{T} \int_0^T g\big(I, \varphi(t), 0\big)\, dt \right] + o(\varepsilon T).$$

Der Zeitpunkt $T \gg 1$ ist groß, und folglich ist die Größe in der Klammer annähernd das Zeitmittel der Funktion g.

Führen wir eine langsame Zeit $\tau = \varepsilon t$ ein, so entspricht der Änderung von t von 0 bis $1/\varepsilon$ die Änderung von τ von 0 bis 1. Wir bezeichnen die Geschwindigkeit der Verschiebung bezüglich der langsamen Zeit mit einem Strich. Dann erhält die obige Gleichung die folgende Gestalt:

$$\frac{\Delta I}{\Delta \tau} \approx \text{Zeitmittel von } g, \qquad I' \text{ Zeitmittel von } g.$$

Ersetzt man das Zeit- durch das Raummittel, dann erhält man als gemittelte Gleichung

$$J' = G(J), \qquad G \text{ Raummittel von } g.$$

Somit entspricht dem Übergang zur gemittelten Gleichung die Ersetzung des Zeitmittel längs der ungestörten Bewegung durch das Raummittel.

4.1.4. Diskussion

Die Anwendung der Mittelungsmethode besteht darin, daß die gestörte Gleichung durch die um vieles einfachere gemittelte Gleichung ersetzt wird. Die Lösungen der gemittelten Gleichung werden in Zeitintervallen der Ordnung $1/\varepsilon$ studiert (d. h. im langsamen Zeitintervall der Ordnung 1). Danach zieht man Schlußfolgerungen über den Verlauf der gestörten Bewegung während einer Zeit der Ordnung $1/\varepsilon$ (i. allg. Schlußfolgerungen darüber, daß die I-Komponente der Lösungen der gestörten Gleichung den Lösungen der gemittelten Gleichung während der Zeit $1/\varepsilon$ nahe ist).

Diese Schlußfolgerung ergibt sich nicht aus den vorherigen Erörterungen und bedarf einer Begründung. Wir ersetzten bei der Herleitung der gemittelten Gleichung das Zeit- durch das Raummittel. Diese Ersetzung ist vernünftig, wenn die Trajektorien der ungestörten Bewegung auf einem Torus der Dimension n gleichverteilt sind, d. h., wenn die Frequenzen unabhängig sind. Bei Resonanzen der Trajektorien der ungestörten Bewegung wird jedoch nur ein Torus mit einer Dimension kleiner als n überall dicht ausgefüllt. Daher ist in der Nähe von Resonanzen das Ersetzen des Zeitmittels durch das Raummittel längs eines n-dimensionalen Torus offenbar nicht gestattet.

Tatsächlich existieren Beispiele, die zeigen, daß der Unterschied zwischen der Projektion der gestörten Trajektorie auf die Basis und der Lösung der gemittelten Gleichung nach der Zeit $1/\varepsilon$ eine Größe der Ordnung 1 erreicht. Außerdem sind die mittlere Drift und die Projektion der wahren Bewegung in verschiedene Richtungen gerichtet.

Praktisch ist das monofrequente System, d. h. der Fall, in dem die Faser ein eindimensionaler Torus, also ein Kreis, ist, der einzige zu Ende untersuchte Fall.

4.2. Mittelbildung in monofrequenten Systemen

Hier wird ein Satz bewiesen, der die Mittelungsmethode für monofrequente Systeme begründet.

4.2.1. Formulierung des Satzes

Wir betrachten den Phasenraum M, der das direkte Produkt eines Gebiets des Euklidischen Raumes $\boldsymbol{R}^k$ und des Kreises S^1 ist. Kugelkoordinate auf dem Kreis ist $\varphi \bmod 2\pi$. Der Punkt aus B wird mit I bezeichnet.

Die gestörte Gleichung

$$\dot{\varphi} = \omega(I) + \varepsilon f(I, \varphi, \varepsilon), \qquad \dot{I} = \varepsilon g(I, \varphi, \varepsilon)$$

mit Funktionen f, g, die bezüglich φ die Periode 2π haben, ergibt die gemittelte Gleichung

$$\dot{J} = \varepsilon G(J), \qquad G(J) = \frac{1}{2\pi} \int_0^{2\pi} g(J, \varphi, 0)\, d\varphi.$$

Wir betrachten den Anfangspunkt I_0 aus B und nehmen an, daß die Lösung $J(t)$ der gemittelten Gleichung mit Anfangsbedingung $J(0) = I_0$ während der Zeit $t = T/\varepsilon$ in B bleibt (d. h., während der langsamen Zeit $\tau = T$ verläßt die Lösung der Gleichung $dJ/d\tau = G(J)$ mit Anfangsbedingung I_0 das Gebiet B nicht).

Satz. *Wir nehmen an, daß die Frequenz ω in B nicht 0 wird. Dann bleibt die Differenz zwischen der Lösung der gemittelten Gleichung $J(t)$ und der I-Komponente der Lösung der gestörten Gleichung $I(t)$ mit Anfangsbedingung $I(0) = J(0)$ für genügend kleines ε in der Zeit $t \in [0, T/\varepsilon]$ klein, d. h.*

$$|I(t) - J(t)| < C\varepsilon$$

für eine Konstante C, die nicht von ε abhängt.

4.2.2. Die grundlegende Konstruktion

Die grundlegende Idee für den Beweis des Satzes besteht darin, die Störung durch eine geeignete Transformation der Veränderlichen zu beseitigen. Diese Idee hat viele Anwendungen (siehe z. B. Kap. 3 und 5) und ist grundlegend für den gesamten formalen Apparat der Störungstheorie.

Wir wählen anstelle von I die neue Koordinate $P = I + \varepsilon R(I, \varphi)$, so daß die P-Komponente der Lösung zu oszillieren aufhört. Dazu beseitigen wir in der rechten Seite der Gleichung von $\dot{P}$ die Glieder der Ordnung ε, die von φ abhängen. Mit anderen Worten, wir bemühen uns, einen Diffeomorphismus der Mannigfaltigkeit M, $(I, \varphi) \mapsto (P, \varphi)$, so zu konstruieren, daß das gestörte Feld in ein Feld transformiert wird, das in jeder Faser eine fast konstante (bis auf einen Fehler der Ordnung ε^2) Projektion auf die Basis hat.

Differenziert man $P = I + \varepsilon h(I, \varphi)$ nach der Zeit und faßt alle Glieder, die in ε von erster Ordnung sind, zusammen, so erhält man

$$\dot{P} = \varepsilon \left[g + \omega \frac{\partial h}{\partial \varphi} \right] + r.$$

Hier ist das Argument ε in der Funktion g gleich 0 gesetzt, und der Fehler r ist (wie wir unten bestätigen werden) eine Größe zweiter Ordnung bezüglich ε.

Wir wollen h so wählen, daß die Größen, die in ε von erster Ordnung sind, verschwinden, d. h., daß der Klammerausdruck 0 wird. Formal erhalten wir

$$h(I, \varphi) = -\frac{1}{\omega(I)} \int_{\varphi_0}^{\varphi} g(I, \psi, 0)\, d\psi.$$

(Hier wird die Bedingung $\omega \neq 0$ des Satzes genutzt.) In Wirklichkeit ist eine solche Wahl der Lösung von $g + \omega(\partial h/\partial \varphi) = 0$ nicht berechtigt; denn die Abbildung $(I, \varphi) \mapsto (P, \varphi)$ ist auf M definiert, und daher muß h bezüglich φ die Periode 2π haben.

Die obige Formel definiert die Funktion h auf der Kreislinie (und nicht auf der sie überlagernden Gerade) nur, wenn der Mittelwert von g auf der Kreislinie 0 ist.

Auf diese Weise gestattet die Wahl von h nicht die Beseitigung der ganzen Störung g, sondern nur ihres oszillierenden Teils

$$\tilde{g}(I, \varphi, 0) = g(I, \varphi, 0) - G(I).$$

Der Mittelwert der Funktion $\tilde{g}$ in einer Periode ist gleich 0, und wir können eine periodische Funktion durch die Formel

$$h(I, \varphi) = -\frac{1}{\omega(I)} \int_0^{\varphi} \tilde{g}(I, \psi, 0)\, d\psi \tag{1}$$

definieren.

Jetzt erhalten wir für P die Gleichung

$$\dot{P} = \varepsilon G(P) + \varepsilon R.$$

Diese Gleichung unterscheidet sich in der kleinen Veränderlichen εR der Ordnung ε^2 von der gemittelten Gleichung

$$\dot{J} = \varepsilon G(J).$$

Daher entfernen sich die Lösungen mit einer Geschwindigkeit ε^2 voneinander, und folglich ist die Differenz nach der Zeit $1/\varepsilon$ von der Ordnung ε.[1])

Der Beweis dieser Behauptung erfordert noch einige (einfache) Abschätzungen der oben weggelassenen Glieder.

4.2.3. Abschätzungen

1. *Bezeichnungen.* Es sei $K \subset B$ ein kompaktes konvexes Gebiet, das den Punkt I_0 enthält. Wir setzen voraus, daß $J(t)$ während der Zeit T/ε das Gebiet K nicht verläßt. Wir werden mit $|\cdot|_0$ und $|\cdot|_1$ die Normen in den Räumen C^0 bzw. C^1 bezeichnen (Maximum des Betrages der Funktion bzw. Maximum des Betrages der Funktion und ihrer Ableitung). Wir bezeichnen mit c_1 eine solche Konstante, für die

$$|f|_1 \leqq c_1, \quad |g_1| \leqq c_1, \quad |\omega^{-1}|_1 \leqq c_1$$

für $I \in K$ gilt.

2. Wir zeigen, daß *für genügend kleines ε die Abbildung A: $(I, \varphi) \mapsto (P, \varphi)$ ein Diffeomorphismus von $K \times S^1$ ist.*

◀ Aus der Definition von h (Formel (1)) folgt, daß $h \in C^1$ ist. Folglich gilt $|\varepsilon h|_1 < 1$ für genügend kleines ε. Würden durch die Abbildung A zwei Punkte auf einen abgebildet, so wäre die Differenz der Werte von εh in diesen Punkten gleich der Differenz der Werte von I. Da aber K konvex ist, ist dies ein Widerspruch zu $|\varepsilon h|_1 < 1$. Aus $|\varepsilon h|_1 < 1$ folgt auch, daß A ein lokaler Diffeomorphismus ist. Also ist A ein Diffeomorphismus. ▶

---

[1]) Die Differenz zwischen P und I ist ebenfalls von der Ordnung ε. Folglich ist die Differenz zwischen $I(t)$ und $J(t)$ nach einer Zeit der Ordnung $1/\varepsilon$ eine Größe der Ordnung ε.

3. *Abschätzung der Größe R.* Wir haben

$$R(P(I, \varphi, \varepsilon), \varphi, \varepsilon) = R_1 + R_2 + R_3 + R_4 + R_5,$$

$$R_1 = g(I, \varphi, 0) - g(P(I, \varphi, \varepsilon), \varphi, 0), \quad R_2 = g(I, \varphi, \varepsilon) - g(I, \varphi, 0),$$

$$R_3 = h(I, \varphi) - h(P(I, \varphi, \varepsilon), \varphi), \quad R_4 = \varepsilon g(I, \varphi, \varepsilon) \frac{\partial h}{\partial I},$$

$$R_5 = \varepsilon f(I\, \varphi, \varepsilon) \frac{\partial h}{\partial \varphi}.$$

Wir setzen voraus, daß I und $P(I, \varphi, \varepsilon)$ zu K gehören. Dann gilt mit $P = I + \varepsilon h(I, \varphi)$

$$|R_1| \leqq \varepsilon\, |g|_1\, |h|_0, \quad |R_2| \leqq \varepsilon\, |g|_1, \quad |R_3| \leqq \varepsilon\, |h|_1\, |h|_0,$$

$$|R_4| \leqq \varepsilon\, |h|_1\, |g|_0, \quad |R_5| \leqq \varepsilon\, |h|_1\, |f|_0.$$

Nehmen wir nun an, daß die Normen von f, g und h durch c_1 beschränkt sind, so erhalten wir schließlich

$$|R(P(I, \varphi, \varepsilon), \varphi, \varepsilon)| \leqq c_2 \varepsilon,$$

wobei $c_2(c_1) > 0$ eine Konstante ist, die nicht von I, φ, ε abhängt.

4. *Abschätzung für $P(t) - J(t)$.* Bezeichnet man mit einem Strich die Ableitung bezüglich der langsamen Zeit $\tau = \varepsilon t$, so erhält man, daß P und J den folgenden Bedingungen genügen:

$$P' = G(P) + \varepsilon R(P, \varphi(t), \varepsilon), \quad J' = G(J).$$

Folglich erfüllt $Z = P - J$ solange die Ungleichung

$$|Z|' \leqq a\, |Z| + b$$

mit $a = |G|_1$, $b = c_2 \varepsilon$, wie P, I und J das Gebiet K nicht verlassen. Wir setzen $c = |Z(0)|$. Löst man die Gleichung $z' = az + b$ mit Anfangsbedingung c, so erhält man die Abschätzung $|Z(\tau)| \leqq (c + b\tau)\, e^{a\tau}$, solange P, I, J das Gebiet K nicht verlassen.

5. *Ende des Beweises.*

◀ Es sei c_3 die Größe $|h|_0$. Dann gilt $|P(I, \varphi, \varepsilon) - I| \leqq c_3 \varepsilon$. Gleichzeitig ergibt die oben bewiesene Abschätzung

$$|P(t) - J(t)| \leqq c_4 \varepsilon, \quad c_4 = (c_3 + c_2 T)\, e^{aT},$$

mit $\varepsilon t \leqq T$ und solange $I(t)$ und $P(t) = P(I(t), \varphi(t), \varepsilon)$ und $J(t)$ das Gebiet K nicht verlassen.

Wir bezeichnen mit ϱ den Abstand der Trajektorien der gemittelten Bewegung $\{J(t), \varepsilon t \leqq T\}$ vom Rand von K. Ist $(c_3 + c_4)\, \varepsilon < \varrho$, so können wegen der obigen Abschätzungen $I(t)$, $P(t)$ und $J(t)$ für $\varepsilon t \leqq T$ den Rand von K nicht überschreiten. Dann gilt aber während dieser Zeit

$$|I(t) - J(t)| \leqq |I(t) - P(t)| + |P(t) - J(t)| \leqq c_3 \varepsilon + c_4 \varepsilon. \;▶$$

4.2.4. Ein Beispiel

Die Gleichung $\ddot{x} = -x + (1 - x^2)\, \dot{x}$ heißt *van-der-Polsche Gleichung.*

Das ist eine Pendelgleichung, die um eine nichtlineare „Reibung“ ergänzt ist, die positiv für große und negativ für kleine Amplituden ist.

Die ungestörte Gleichung $\ddot{x} = -x$ kann in Standardform als $\dot{\varphi} = -1$, $\dot{I} = 0$ mit $\varphi = \arg\,(x + i\dot{x})$, $2I = x^2 + \dot{x}^2$ geschrieben werden.

In der gestörten Bewegung hat die Gleichung für I die Gestalt

$$\dot{I} = \varepsilon(1 - x^2)\,\dot{x}^2 = 2\varepsilon I(1 - 2I\cos^2\varphi)\sin^2\varphi.$$

Demzufolge ist

$$\dot{J} = \varepsilon\left(J - \frac{J^2}{2}\right)$$

die gemittelte Gleichung. Diese Gleichung hat bei $J = 0$ eine (instabile) und bei $J = 2$ eine (stabile) Gleichgewichtslage.

Den Gleichgewichtslagen der Gleichung für J entsprechen Zyklen der gestörten Gleichung. Der oben bewiesene Satz gestattet zu behaupten, daß die Änderung von I im gestörten System annähernd die Änderung von J während der Zeit $1/\varepsilon$ im gemittelten System ist. Hat aber die gemittelte Gleichung eine nichtausgeartete (z. B. in erster Näherung stabile) Gleichgewichtslage, so hat das gestörte System einen nichtausgearteten (also z. B. in erster Näherung stabilen) Zyklus (für genügend kleine ε). Dies folgt aus dem Satz über implizite Funktionen.

Insbesondere hat die van-der-Polsche Gleichung für kleine ε einen stabilen Grenzzyklus nahe dem Kreis $x^2 + \dot{x}^2 = 4$ (Abb. 94).

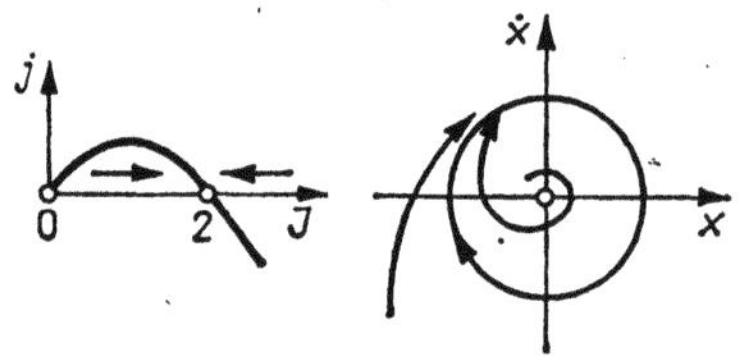

Abb. 94

4.3. Mittelbildung in multifrequenten Systemen

Der Mehrfrequenzfall ist wesentlich schlechter erforscht als der Einfrequenzfall. In diesem Abschnitt wird eine Übersicht über die grundlegenden Resultate im Mehrfrequenzfall gegeben.

4.3.1. Resonanzflächen

Wir betrachten das allgemeine gestörte System der Mittelungsmethode

$$\dot{\varphi} = \omega(I) + \varepsilon f(I, \varphi, \varepsilon), \qquad \varphi \in T^n,\ \varepsilon \ll 1,\ \omega \neq 0,$$

$$\dot{I} = \varepsilon g(I, \varphi, \varepsilon), \qquad I \in B \subset \boldsymbol{R}^k.$$

Der Frequenzvektor $\omega = (\omega_1, \ldots, \omega_n)$ heißt *Resonanzvektor*, wenn ein von 0 verschiedener Vektor mit ganzzahligen Komponenten $\boldsymbol{m} = (m_1, \ldots, m_n)$ so existiert, daß $(\boldsymbol{m}, \omega) = 0$ gilt.

Den ganzzahligen Vektor $\boldsymbol{m}$ nennt man *Resonanznummer*.

Der Punkt I aus der Basis B heißt *Resonanzpunkt*, wenn der Vektor $\omega(I)$ ein Resonanzvektor ist. Alle Resonanzpunkte I, die einer Resonanz mit der Nummer $\boldsymbol{m}$ entsprechen, bilden in der Basis B unseres Faserbündels eine Hyperfläche $\Gamma_{\boldsymbol{m}} = \{I \in B: (\boldsymbol{m}, \omega(I)) = 0\}$, die man *Resonanzfläche* nennt.

Im allgemeinen Fall liegen sowohl die Resonanz- als auch die Nichtresonanzpunkte in B dicht (wenn die Frequenzzahl $n > 1$ ist).

Beispiel 1. Wir betrachten das ungestörte Zweifrequenzsystem

$$\dot{\varphi}_1 = I_1, \quad \dot{\varphi}_2 = I_2, \quad \dot{I} = 0.$$

Hier ist B die Ebene mit Koordinaten I_1, I_2 (ohne den Nullpunkt, da wir voraussetzen, daß $\omega \neq 0$ ist). Alle Geraden durch den Nullpunkt, die mit der Achse I_1 einen Neigungswinkel mit rationalem Tangens haben, sind Resonanzflächen.

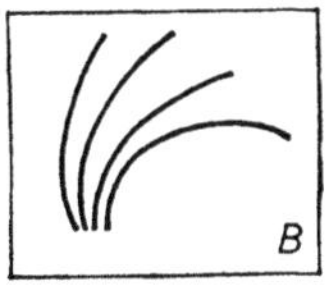

Abb. 95

Abb. 96

Wie in diesem Beispiel bilden, grob gesagt, auch im allgemeinen Zweifrequenzfall die Resonanzflächen eine Familie sich nicht schneidender Hyperflächen (Abb. 95; grob gesagt bedeutet hier: der Rang von $\partial\omega/\partial I$ ist maximal). Bei Bewegung des Punktes I in der Basis B schneidet in diesem Fall der Punkt die Resonanzflächen transversal.

Ist die Frequenzzahl 3 oder größer, so liegen die Resonanzflächen völlig anders.

Beispiel 2. Wir betrachten das ungestörte Dreifrequenzsystem

$$\dot{\varphi}_1 = I_1, \quad \dot{\varphi}_2 = I_2, \quad \dot{\varphi}_3 = I_3, \quad \dot{I} = 0.$$

Hier ist B die Ebene mit den Koordinaten I_1, I_2. Resonanzflächen sind alle Geraden mit rationaler Gleichung.

Wenn auch der Punkt I bei Bewegung in der Ebene alle Resonanzkurven transversal schneidet, so werden doch viele der Resonanzkurven unter kleinen Winkeln geschnitten. Es gibt nämlich beliebig nah zu jedem Linienelement ein Linienelement einer Resonanzkurve (Abb. 96).

Bemerkung. Das Gesagte wird vielleicht verständlicher, wenn man die Abbildung

$$\boldsymbol{\Omega}: B \to \boldsymbol{RP}^{n-1}, \quad \boldsymbol{\Omega}(I) = (\omega_1(I): \cdots : \omega_n(I))$$

der Basis in den $(n-1)$-dimensionalen projektiven Raum betrachtet. Resonanzflächen sind Urbilder rationaler Hyperflächen des $\boldsymbol{RP}^{n-1}$. Im Zweifrequenzfall ist $n = 2$, und den Resonanzen entsprechen rationale Punkte auf projektiven Geraden.

Ist die Anzahl der Frequenzen $n > 2$, so sind rationale Hyperflächen zusammenhängende überall dichte Mengen, so daß man von einer Umgebung eines Punktes zu der eines anderen entlang einer Resonanz gelangt.

Entsprechend dem Gesagten ist im Zweifrequenzfall das Passieren von Resonanzen der wesentliche Effekt, während bei größerer Frequenzzahl unbedingt auch die Berührung von Resonanzen berücksichtigt werden muß.

4.3.2. Der Einfluß der einzelnen Resonanz

Um den möglichen Effekt schon einer Resonanz darzustellen, betrachten wir einige einfache Beispiele.

Beispiel 1. Wir haben das gestörte System:

$$\dot{\varphi}_1 = I_1, \quad \dot{\varphi}_2 = 1, \quad \dot{I}_1 = \varepsilon, \quad \dot{I}_2 = \varepsilon \cos \varphi_1 .$$

Wir betrachten die Resonanz $\omega_1 = 0$. Die Resonanzkurve $I_1 = 0$ schneidet sich mit der gemittelten Bewegung mit einer Geschwindigkeit ungleich 0. Die Änderung von I_2 wird, wie man leicht verifiziert, im Zeitintervall $(-\infty, +\infty)$ durch das Fresnel-Integral

$$\Delta I_2 = \varepsilon \int_{-\infty}^{\infty} \cos\left(\varphi_0 + \frac{\varepsilon t^2}{2}\right) dt = c(\varphi_0) \sqrt{\varepsilon}$$

gegeben. Im gemittelten System ändert sich J_2 in der Zeit nicht.

Wir bemerken, daß eine Umgebung der Resonanz, deren Breite die Ordnung $\sqrt{\varepsilon}$ hat, den entscheidenden Beitrag zum Integral liefert. Das Integral selbst hat die Ordnung $\sqrt{\varepsilon}$ und hängt von der Anfangsphase φ_0 ab.

Auf diese Weise führt in diesem einfachen Beispiel der Schnitt mit der Resonanz zum Zerstreuen der Lösungen des gestörten Systems, die den gemeinsamen Anfangswert I haben, auf einen Abstand der Ordnung $\sqrt{\varepsilon}$ voneinander. Dieses Zerstreuen geschieht in einer Umgebung der Resonanzfläche mit einer Breite der Ordnung $\sqrt{\varepsilon}$.

Das Auftreten der Größe $\sqrt{\varepsilon}$ ist charakteristisch für alle Aufgaben, die mit dem Passieren einer Resonanz zu tun haben.

Während im ersten Beispiel das Passieren einer Resonanz lediglich zu einer nicht zu großen Differenz zwischen der Projektion der Trajektorie des gestörten Systems auf die Basis und der Trajektorie des gemittelten Systems führt, werden im folgenden Beispiel gestörte und gemittelte Bewegung völlig verschieden sein.

Beispiel 2. Wir betrachten das gestörte System

$$\dot{\varphi}_1 = I_1, \quad \dot{\varphi}_2 = I_2, \quad \dot{I}_1 = \varepsilon, \quad \dot{I}_2 = \varepsilon \cos (\varphi_1 - \varphi_2).$$

Das gemittelte System ist:

$$\dot{J}_1 = \varepsilon, \quad \dot{J}_2 = 0.$$

Die gemittelte Bewegung mit Anfangsbedingung $J_1(0) = 1$, $J_2(0) = 1$ ergibt für $t = 1/\varepsilon$ die Werte $J_1(t) = 2$, $J_2(t) = 1$.

Die gestörte Bewegung mit Anfangsbedingung $I_1(0) = 1$, $I_2(0) = 1$, $\varphi_1(0) = 0$ und $\varphi_2(0) = 0$ führt für $t = 1/\varepsilon$ zu $I_1(t) = 2$, $I_2(t) = 2$.

Auf diese Weise verläuft die Projektion der gestörten Bewegung auf die Basis im ganzen nicht zu derselben Seite wie die Trajektorie der gemittelten Bewegung. Nach der Zeit $t = 1/\varepsilon$ unterscheiden sich die beiden Trajektorien um eine große Differenz (der Ordnung 1).

Die gemittelte Gleichung ist zur Beschreibung der gestörten Bewegung nicht geeignet, da die gestörte Trajektorie während der gesamten Zeit auf einer Resonanzfläche verbleibt und die in der Nähe der Resonanz liegende gemittelte Bewegung nicht nutzbar ist, da ihr Zeit- und Raummittel auf dem gesamten n-dimensionalen Torus nicht nahe genug beieinander liegen.

Es ist charakteristisch für ein System mit einer Frequenzzahl größer als 1, daß ein Teil der Trajektorien von den Resonanzen eingefangen wird.

Beispiel 3 (A. I. Nejštadt). Wir betrachten das System[1])

$$\dot{\varphi}_1 = I_1, \quad \dot{\varphi}_2 = 1, \quad \dot{I} = \varepsilon(a + \sin \varphi_1 - I).$$

Um dieses System zu studieren, betrachten wir die Pendelgleichung mit Drehmoment und Reibung $\ddot{\varphi} = \varepsilon(a + \sin \varphi - \dot{\varphi})$, in die es leicht transformierbar ist. Wir führen die langsame Zeit $\tau = \sqrt{\varepsilon}\, t$ ein (dem Intervall $t \sim 1/\varepsilon$ entspricht $\tau \sim 1/\sqrt{\varepsilon}$). Bezeichnet man mit einem Strich die Ableitung nach τ, so erhält man die Gleichung

$$\varphi'' = a + \sin \varphi - \sqrt{\varepsilon}\, \varphi'.$$

Das Phasenbild für $\varepsilon = 0$ ist durch Abb. 97 gegeben (U ist die potentielle Energie).

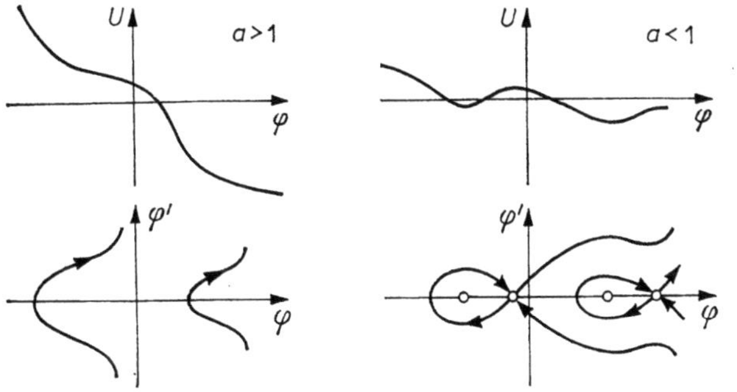

Abb. 97

Wir nehmen an, daß $a > 0$ ist. In Abhängigkeit von der Größe des Drehmoments a sind zwei Fälle möglich. Ist $a > 1$ (das Drehmoment ist im Vergleich zum Pendelmoment beherrschend), so spielt $\sin \varphi$ keine wesentliche Rolle, und I ändert sich monoton. Das Durchlaufen der Resonanz $I = 0$ bewirkt eine Änderung der Drehrichtung des Pendels.

Ist $a < 1$, so ist eine schwingende Bewegung des Pendels möglich (Schleifen innerhalb der Separatrizen im Phasenbild). Diesem schwingenden Verlauf entsprechen Trajektorien, die immer in der Nähe der Resonanzen verbleiben. Die kleine Reibung $\sqrt{\varepsilon}\, \varphi'$ hat im wesentlichen den Effekt, daß die Schleifen der Separatrizen zerstört werden. Statt dessen zeigt sich in der Ebene (φ, φ') ein schmaler Streifen (mit einer Breite der Ordnung $\sqrt{\varepsilon}$) längs dem nicht beschränkten Teil der Separatrize, der eine stabile,

[1]) Die Gleichung erhält man aus einem Einfrequenzsystem durch Hinzufügen der trivialen Gleichung $\dot{\varphi}_2 = 1$. Einer Resonanz im erhaltenen System entspricht das Verschwinden der Frequenz im Einfrequenzsystem.

resonanzeinfangende Gleichgewichtslage der Phasenpunkte ist. Das gesamte Gebiet innerhalb der Separatrize ist ebenfalls resonanzeinfangend (Abb. 98).

Kehrt man zum ursprünglichen System zurück, so entdeckt man, daß für $a < 1$ ein Resonanzeinfang stattfindet. Hierbei ist ein kleiner Teil aller möglichen Trajektorien resonanzeinfangend (die Menge der Anfangsbedingungen, die nach der Zeit $1/\varepsilon$ die Resonanz einfangen, hat das Maß $\sqrt{\varepsilon}$). Für diese Anfangsbedingungen erreicht die Differenz zwischen der langsamen Veränderlichen I und der Lösung der gemittelten Gleichung J nach der Zeit $1/\varepsilon$ eine Größe der Ordnung 1.

Für die restlichen Anfangsbedingungen (d. h. für alle Anfangsbedingungen bis auf eine Menge vom Maß $\sqrt{\varepsilon}$) bleibt die Differenz zwischen der Größe I und J nach der Zeit $1/\varepsilon$ klein (der Ordnung $\sqrt{\varepsilon} \ln \varepsilon$, wie man nachrechnen kann).

Ist $a > 1$, so wird die Resonanz im allgemeinen nicht eingefangen.

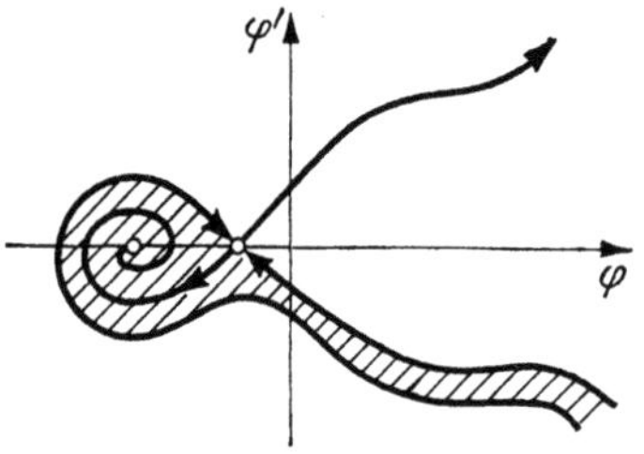

Abb. 98

4.3.3. Passieren einer Resonanz im Zweifrequenzfall

Wir betrachten das Zweifrequenzsystem:

$$\dot{\varphi}_1 = \omega_1 + \varepsilon f_1, \quad \dot{\varphi}_2 = \omega_2 + \varepsilon f_2,$$
$$\dot{I}_1 = \varepsilon g_1, \quad \dot{I}_2 = \varepsilon g_2$$

mit den Frequenzen $\omega_1(I)$ und $\omega_2(I)$.

Definition. Ein System *genügt der Bedingung A*, falls die Geschwindigkeit der Änderung der Frequenzbeziehung ω_1/ω_2 längs den Trajektorien der gestörten Bewegung immer von 0 verschieden ist:

$$\omega_2 \frac{\partial \omega_1}{\partial I} g \neq \omega_1 \frac{\partial \omega_2}{\partial I} g.$$

Ein System *genügt der Bedingung $\bar{A}$*, falls die Änderungsgeschwindigkeit der Frequenzbeziehung ω_1/ω_2 längs den Trajektorien des gemittelten Systems nicht verschwindet:

$$\omega_2 \frac{\partial \omega_1}{\partial I} G \neq \omega_1 \frac{\partial \omega_2}{\partial I} G.$$

Wir setzen voraus, daß alle betrachteten Systeme analytisch sind.

Satz. *Erfüllt ein System die Bedingung A, so bleibt die Differenz zwischen der langsamen Bewegung $I(t)$ im gestörten System und $J(t)$ im gemittelten System in der Zeit $t = 1/\varepsilon$ klein:*

$$|I(t) - J(t)| \leqq c\sqrt{\varepsilon}, \quad \textit{falls } I(0) = J(0) \textit{ und } 0 \leqq t \leqq \frac{1}{\varepsilon}.$$

◀ Der Beweis beruht darauf, daß sich eine endliche Zahl von Resonanzen mit kleiner Nummer aussondern läßt (diese Zahl ist für kleine ε groß). Außerhalb kleiner Umgebungen der ausgesonderten Resonanzflächen kann die übliche Ersetzung der Veränderlichen vorgenommen werden (vgl. 4.2.).

Ein Passieren der Umgebungen der ausgesonderten Resonanzen führt zu einer Streuung der Ordnung $\sqrt{\varepsilon}$ (wie in den obigen Beispielen).

Summiert man die Streuung in der Nähe der ausgesonderten Resonanzen und die Drift in den Zwischenräumen, so erhält man die obige Schranke. ▶

Für Details vgl. V. I. Arnol'd [3], A. I. Nejštadt [2]. Die Dissertation von A. I. Nejštadt [1] enthält den Beweis der oben angegebenen Schranke $c\sqrt{\varepsilon}$ anstelle der in der ersten der zitierten Arbeiten angegebenen Schranke $\sqrt{\varepsilon}\ln^2 \varepsilon$.

Satz (A. I. Nejštadt). *Genügt ein System der Bedingung $\bar{A}$ und noch einer Bedingung B (die fast immer erfüllt ist), so ist mit Ausnahme einer Menge von Anfangspunkten (I_0, φ_0), deren Maß $c_1\sqrt{\varepsilon}$ nicht übersteigt, die Differenz zwischen der langsamen Bewegung $I(t)$ im gestörten System und der Bewegung $J(t)$ im gemittelten System in der Zeit $1/\varepsilon$ klein:*

$$|I(t) - J(t)| \leqq c_2\sqrt{\varepsilon}\,|\ln \varepsilon|, \qquad \textit{falls } I(0) = J(0) \textit{ ist.}$$

◀ Der Beweis beruht auf der Eliminierung einer endlichen Zahl von Resonanzen mit kleinen Nummern und dem üblichen Wechsel der Veränderlichen außerhalb kleiner Umgebungen der Resonanzflächen.

Bei der Untersuchung der ausgesonderten Resonanzen benutzt man eine Mittelung über Kreise, die Trajektorien der ungestörten Bewegung in der Nähe der Resonanz sind.

Dazu fixieren wir die Nummer der Resonanz (m_1, m_2), m_1 und m_2 coprim, und wählen auf dem Torus für die Koordinaten (φ_1, φ_2) neue Koordinaten (γ, δ) mit $\gamma = m_1\varphi_1 + m_2\varphi_2$. Da im Resonanzfall $m_1\omega_1 + m_2\omega_2 = 0$ gilt, verschwindet die Änderungsgeschwindigkeit der Kugelkoordinate γ in der ungestörten Bewegung in der Nähe der Resonanz.

In der Basis führen wir ebenfalls eine spezielle Koordinate $\varrho = m_1\omega_1 + m_2\omega_2$ ein. Die Gleichung für die Resonanzfläche hat jetzt die Gestalt $\varrho = 0$, so daß die Größe ϱ die Abweichung von der Resonanz charakterisiert. Einen Punkt der Resonanzfläche werden wir mit σ bezeichnen. In einer Umgebung dieser Fläche kann ein Punkt der Basis durch den Abstand ϱ von der Resonanz und die Projektion σ auf die Resonanzfläche charakterisiert werden.

In den eingeführten Koordinaten nimmt das gestörte System folgende Gestalt an:

$$\dot{\gamma} = \varrho + \varepsilon F_1, \quad \dot{\delta} = \alpha(I) + \varepsilon F_2, \quad \dot{\varrho} = \varepsilon F_3, \quad \dot{\sigma} = \varepsilon F_4,$$

wobei die F_k bezüglich γ und δ die Periode 2π haben.

Eine Mittelung längs Trajektorien der Resonanzbewegung führt zur Mittelung längs δ. Das gemittelte System hat die Gestalt

$$\dot{\gamma} = \varrho + \varepsilon G_1, \quad \dot{\delta} = \varepsilon G_3, \quad \dot{\sigma} = \varepsilon G_4.$$

Die Funktionen G_k haben bezüglich γ die Periode 2π und hängen außerdem von ϱ und ε ab.

Führen wir die langsame Zeit $\tau = \sqrt{\varepsilon}\, t$ und den normierten Abstand (von der Resonanz) $r = \varrho/\sqrt{\varepsilon}$ ein und bezeichnen die Ableitung nach τ mit einem Strich, so schreibt sich die gemittelte Gleichung als

$$\gamma' = r + \sqrt{\varepsilon}\, G_1, \quad r' = G_3, \quad \sigma' = \sqrt{\varepsilon}\, G_4.$$

Die Argumente der Funktionen G_k sind γ, $\sqrt{\varepsilon}\, r$, σ und ε.

Setzt man in den Gleichungen $\varepsilon = 0$, so erhält man als erste Näherung die Gleichungen

$$\gamma' = r, \quad r' = u(\gamma, \sigma), \quad \sigma' = 0.$$

Auf diese Weise erhält man als erste Näherung eine Pendelgleichung mit Drehmoment, das vom Parameter σ abhängt. Es ist eine erstaunliche Tatsache, die durchaus nicht offensichtlich ist und erst durch die Rechnung zu tage tritt, daß die erhaltene erste Näherung ein Hamiltonsches System ist.

Wir betrachten das Phasenbild der ersten Näherung in der Ebene (γ, r). Es sieht aus wie das in 4.3.2., Beispiel 3, für $a < 1$ oder $a > 1$. In Abhängigkeit hiervon ändert sich das Vorzeichen der Funktion u.

Es zeigt sich, daß Schleifen von Separatrizen nur für eine kleine Anzahl von Resonanzen mit nicht allzugroßen Nummern entstehen (hier wird Bedingung $\bar{A}$ benutzt). Tatsächlich folgt aus der Bedingung A, daß der Mittelwert der Funktion u längs γ von 0 verschieden ist. Für Resonanzen mit großen Nummern erhält man in der Gleichung der ersten Näherung eine Funktion u, die sich wenig von ihrem Mittelwert unterscheidet (in diesem Fall ist die Mittelung längs γ annähernd die Mittelung entlang dem Torus). Daher ist u überall von 0 verschieden. Dies entspricht einem Pendel mit einem Drehmoment, das groß gegen das Pendelmoment ist. In diesem Fall hat die erste Näherung weder eine Gleichgewichtslage noch ein Schwingungsgebiet.

Beim Übergang von der ersten Näherung zur vollständigen Gleichung entstehen wie in 4.3.2., Beispiel 3[1]) aus den Schleifen der Separatrizen Zonen mit Resonanzeinfang. Das Maß der Menge der resonanzeinfangenden Punkte des Phasenraums ist durch eine Größe der Ordnung $\sqrt{\varepsilon}$ beschränkt, falls alle Gleichgewichtslagen der ersten Näherung einfach sind, d. h., wenn alle Nullstellen von u einfach sind: $u = 0 \Rightarrow \partial u/\partial\gamma \neq 0$. Diese Einschränkung ist die Bedingung B in NEJŠTADTS Satz. Wir bemerken, daß die Bedingung an die erste Näherung nur eine endliche Zahl von Resonanzen betrifft (nach Bedingung $\bar{A}$ haben nur für eine endliche Zahl von Resonanzen die ersten Näherungen Gleichgewichtslagen).

Der Beweis des Satzes wird durch die Vereinigung der Schranken für die Änderung von I in den Zwischenräumen der Resonanzen und in der Nähe der Resonanzen im nicht resonanzeinfangenden Teil des Phasenraumes vervollständigt. Für die Details sei auf die Dissertation [1] von NEJŠTADT verwiesen. ▶

Bemerkung. Für den Zweifrequenzfall wird nicht untersucht, was geschieht, wenn die Bedingung $\bar{A}$ verletzt ist, d. h., wenn sich die Frequenz der schnellen Bewegung in Beziehung zur Frequenz der gemittelten Bewegung nicht monoton ändert. Ein solches Verhalten ist im Fall einer eindimensionalen Basis nicht möglich. Ist aber die Zahl der langsamen Veränderlichen I mindestens gleich 2, so ist die Umkehrung der Beziehung der Frequenzen eine Erscheinung allgemeiner Natur, die nicht zu beseitigen ist.

4.3.4. Multifrequente Systeme

Der Fall, daß die Frequenzzahl größer als 2 ist, ist viel weniger untersucht als der Zweifrequenzfall. In einem System in allgemeiner Lage sind die Frequenzen der schnellen Bewegung für fast alle Werte der langsamen Veränderlichen unvergleichbar. Daher ist natürlich zu erwarten, daß für die Mehrzahl der Anfangsbedingungen die Mittelungsmethode die Evolution der langsamen Veränderlichen in einem Zeitintervall der Ordnung $1/\varepsilon$ richtig beschreibt.

Die ersten allgemeinen Sätze in dieser Richtung findet man bei D. V. ANOSOV [1] und bei T. CASUGA [1].

Der Satz von ANOSOV besagt, daß für eine beliebige positive Zahl ϱ das Maß der Menge der Anfangsbedingungen (aus einem Kompaktum des Phasenraumes), für die

$$\max_{0 \leq t \leq 1/\varepsilon} |I(t) - J(t)| > \varrho \quad \text{für} \quad I(0) = J(0)$$

---

[1]) Im Unterschied zum Beispiel aus 4.3.2. müssen im allgemeinen Fall die „eingefangenen" Trajektorien nicht für immer in der Nähe der Resonanz verbleiben.

gilt, gegen 0 strebt, wenn ε gegen 0 geht. (Wie üblich ist hier I die Projektion der gestörten Bewegung und J die gemittelte Bewegung. Es ist vorausgesetzt, daß die Frequenzen unabhängig sind, d. h., daß der Rang der Ableitung nach den langsamen Veränderlichen $\partial\omega/\partial I$ gleich der Anzahl der schnellen Veränderlichen ist.)

Der Satz wurde in Wirklichkeit unter allgemeineren Voraussetzungen bewiesen: die vereinbarte Periodizität der schnellen Bewegung wird nicht vorausgesetzt, dafür aber die Ergodizität derselben auf fast allen Tori, und wie üblich wird vorausgesetzt, daß sich eine Lösung J der gemittelten Gleichung in der Zeit $1/\varepsilon$ fortsetzen läßt.

Die Menge mit einem gemeinsamen mit ε kleinen Maß, für die nach der Zeit $1/\varepsilon$ die Abweichung von der gemittelten Bewegung groß sein kann, entspricht den Trajektorien, die eine Resonanz einfangen oder zwischen verschiedenen Resonanzflächen pendeln, was möglich ist, wenn die Frequenzzahl größer als 2 ist.

Eine wirkliche Schranke für das Maß dieser Menge ist durchaus von Interesse. Beispielweise folgt für Zweifrequenzsysteme aus den Resultaten von NEJŠTADT die Schranke $|I(t) - J(t)| < c_2\sqrt{\varepsilon}\,|\ln \varepsilon|$ außerhalb einer Menge, deren Maß $c_1\sqrt{\varepsilon}$ nicht übersteigt. Dies gilt bei nicht zu starken Einschränkungen des Systems.

Wir nehmen an, daß die Frequenzen unabhängig sind, d. h., daß der Rang von $\partial\omega/\partial I$ gleich der Anzahl der Frequenzen ist.

Satz (A. I. NEJŠTADT). *Für ein System mit unabhängigen Frequenzen ist der Fehler der Mittelungsmethode*

$$\max_{0\leqq t\leqq 1/\varepsilon} |I(t) - J(t)| \qquad \text{für } I(0) = J(0)$$

außerhalb einer Menge mit kleinem Maß $\varkappa$ *nach oben durch* $c_3\sqrt{\varepsilon}/\varkappa$ *beschränkt.*

Eine äquivalente Formulierung lautet: Bezeichnen wir mit $E(\varepsilon, \varrho)$ die Menge der Anfangsbedingungen innerhalb eines fixierten Kompaktums, für die der Fehler bei bestimmten ε die Größe ϱ übersteigt, so gilt

$$\operatorname{mes} E(\varepsilon, \varrho) \leqq c_4 \frac{\sqrt{\varepsilon}}{\varrho}.$$

Für den Beweis siehe A. I. NEJŠTADT [3]. Der Beweis benutzt eine Idee der oben zitierten Arbeit [1] von T. CASUGA. Das Resultat von A. I. NEJŠTADT kann als Hinweis auf die statistische Unabhängigkeit des Wachstums der Abweichung von I zu J in aufeinanderfolgenden Zeitintervallen der Länge 1 interpretiert werden. Tatsächlich ist die Abweichung $I - J$ nach einer Zeit T der Ordnung 1 eine Größe der Ordnung ε, und im Intervall $1/\varepsilon$ hat die Anzahl der Intervalle der Länge T die Ordnung $1/\varepsilon$. Wären die Zuwächse in jedem Intervall der Länge T unabhängig, so wäre nach den Gesetzen der Wahrscheinlichkeitstheorie der zu erwartende Zuwachs nach der Zeit $1/\varepsilon$ proportional dem Produkt aus dem Zuwachs nach der Zeit T und der Wurzel aus der Anzahl der Proben, d. h., es wäre eine Größe der Ordnung $\varepsilon\sqrt{1/\varepsilon} = \sqrt{\varepsilon}$.

Der Satz von NEJŠTADT gibt eine solche Größenordnung für den Zuwachs, jedoch nicht für alle Anfangsbedingungen. Ausgeschlossen ist eine Menge von Anfangsbedingungen mit einem Maß der Ordnung $\sqrt{\varepsilon}$, auf der eine Resonanz eingefangen wird und sich große Abweichungen bemerkbar machen und die somit keinem Schema mit unabhängigen Zuwächsen entspricht.

Die Vorstellung über die Unabhängigkeit des Zuwachses der Abweichung von I und J ist wahrscheinlich grundlegend in einem vollständigeren Sinn, wenn die schnelle Bewegung nicht bedingt-periodisch, sondern ein Anosov-System ist. Speziell verweist das zentrale Grenzwerttheorem für Funktionen im Phasenraum hierauf (vgl. JA. G. SINAJ [1], M. E. RATNER [1]). Dieser Satz begründet die obige Vorstellung für den Spezialfall, daß die langsame wie die schnelle Bewegung nicht von den langsamen Veränderlichen abhängen:

$$\dot{I} = \varepsilon g(\varphi), \quad \dot{\varphi} = \omega(\varphi).$$

Die wahrscheinlichkeitstheoretischen Überlegungen werden dann besonders anregend, wenn wie in unserem Fall das Verhalten eines Systems in einer Zeit, die im Vergleich mit $1/\varepsilon$ groß ist, interessiert (sagen wir, der Ordnung $1/\varepsilon\sqrt{\varepsilon}$ oder $1/\varepsilon^2$). Wenn $\sqrt{\varepsilon}$ viele der Trajektorien nach der Zeit $1/\varepsilon$ die Resonanz einfangen und in den folgenden Zeitintervallen der Länge $1/\varepsilon$ auf dieselbe Weise alle neuen Trajektorien Resonanzen einfangen, dann befindet sich nach einer Zeit der Ordnung $1/\varepsilon\sqrt{\varepsilon}$ die Mehrzahl der Trajektorien in diesem Zustand, und nach einer Zeit der Ordnung $1/\varepsilon^2$ lassen sich nur noch Resonanzbewegungen beobachten. Natürlich ist die Unabhängigkeit des Einfangens von Resonanzen in verschiedenen Zeitintervallen der Länge $1/\varepsilon$ eine starke zusätzliche Voraussetzung, und gemeinsam mit dem Resonanzeinfang findet auch der umgekehrte Prozeß statt.

Im Satz von NEJŠTADT gibt es eine Einschränkung bezüglich der Unabhängigkeit der Frequenzen, die den Anwendungsbereich des Satzes wesentlich einengt. Die Bedingung

$$\operatorname{rg}\frac{\partial\omega}{\partial I} = \text{Anzahl der Frequenzen}$$

kann gegen eine Bedingung bezüglich der Unabhängigkeit der Relationen zwischen den Frequenzen ausgetauscht werden:

Der Rang der Abbildung $I \mapsto (\omega_1(I) : \cdots : \omega_n(I))$ ist gleich $n - 1$.

Ist jedoch die Anzahl der langsamen Veränderlichen klein (kleiner als die Anzahl der Frequenzen minus 1, so kann auch diese Bedingung nicht erfüllt werden.

Speziell erfordert eine Ausdehnung des Wirkungsbereiches des Satzes von NEJŠTADT auf den Fall wesentlich weniger langsamer Veränderlicher als Frequenzen das Studium der Diophantischen Approximation von Untermannigfaltigkeiten eines euklidischen Raumes.

Für eine Abbildung

$$\omega\colon \boldsymbol{R}^k \to \boldsymbol{R}^n, \quad k < n,$$

die nicht ausgeartet ist (einige Determinanten sind von 0 verschieden) erwartet man eine untere Schranke

$$|(\boldsymbol{m}, \omega(I))| \geqq C\,|\boldsymbol{m}|^{-\nu}, \quad \boldsymbol{m} \in \boldsymbol{Z} \setminus \{0\},$$

für fast alle $I \in \boldsymbol{R}^k$ anstelle fast aller Punkte von $\boldsymbol{R}^n$.

Resultate dieser Gestalt wurden für spezielle Kurven ($\omega_S = I^S$) erhalten, vgl. V. G. SPRINDŽUK [1]; für den allgemeinen Fall vgl. A. S. PJARTLI [1].

Wir bemerken, daß diese Arbeiten weder die diskutierte Frage der Verallgemeinerung des Satzes von NEJŠTADT noch die nach einer exakten Schranke für ν beantworten. (Sie haben im übrigen für unsere Aufgaben keine große Bedeutung, da hier eine Veränderung des Wertes von ν lediglich die notwendige Glattheit der Gleichungen ändert.)

4.4 Die Mittelbildung in Hamiltonschen Systemen

In diesem Abschnitt werden kurz die Besonderheiten der Mittelbildung beschrieben, wenn sowohl gestörtes als auch ungestörtes System Hamiltonsche Systeme sind.

4.4.1. Die Bestimmung des gemittelten Systems

Wir setzen voraus, daß im ungestörten System solche Wirkungs-Kugel-Veränderliche, d. h. kanonisch-konjugierte Veränderliche[1] ($I_1, \ldots, I_n$; $\varphi_1, \ldots, \varphi_n$ mod 2π), eingeführt sind, daß die ungestörte Hamilton-Funktion H_0 nur von der Wirkung I abhängt. Die kanonischen Hamilton-Gleichungen haben die Gestalt

$$\dot{\varphi} = \frac{\partial H}{\partial I}, \quad \dot{I} = -\frac{\partial H}{\partial \varphi},$$

d. h., für $H = H_0(I)$ ist

$$\dot{\varphi} = \omega(I), \quad \dot{I} = 0,$$

wobei der Frequenzvektor gleich $\partial H_0/\partial I$ ist.

Das gestörte System liefert die Hamilton-Funktion $H = H_0(I) + \varepsilon H_1(I, \varphi, \varepsilon)$, wobei H_1 bezüglich der Kugelkoordinaten φ die Periode 2π hat. Folglich haben die Gleichungen der gestörten Bewegung die Gestalt

$$\dot{\varphi} = \omega(I) + \varepsilon \frac{\partial H_1}{\partial I} \quad \dot{I} = -\varepsilon \frac{\partial H_1}{\partial \varphi}.$$

Satz. *In einem Hamiltonschen System mit n Freiheitsgraden und n Frequenzen gibt es in folgendem Sinne keine Evolution der langsamen Veränderlichen: das gemittelte System hat die Gestalt* $\dot{J} = 0$.

◀ Bei der Berechnung des Integrals von $\partial H_1/\partial \varphi_s$ längs eines n-dimensionalen Torus kann man zuerst über φ_s integrieren. Dieses einfache Integral ist gleich dem Zuwachs der Funktion H_1 in einer Periode, d. h. gleich 0. ▶

Dieser einfache Satz zeigt, daß sich die Evolution der langsamen Veränderlichen in einem Hamiltonschen System markant von der in einem Nichthamiltonschen System unterscheidet.

4.4.2. Ein Satz von Kolmogorov

Wir nehmen an, daß die Frequenzen in dem Sinne unabhängig sind, daß die Ableitung nach den Wirkungsveränderlichen nichtausgeartet ist. Wie A. N. Kolmogorov [1] feststellte, ist in diesem Fall bei einer kleinen Hamiltonschen Störung ein großer

---

[1]) Koordinaten (I, φ) heißen *kanonisch-konjugiert*, wenn die symplektische Struktur des Phasenraumes durch $\omega = \sum dI_k \wedge d\varphi_k$ gegeben ist.

Teil der invarianten Tori $I = \text{const}$ nur wenig deformiert. Man vergesse nicht, daß die Phasenkurven für die Mehrzahl der Anfangsbedingungen des gestörten Systems wie im ungestörten Fall die invarianten Tori überall dicht ausfüllen.

Ist die Jacobische Determinante der Abbildung $I \mapsto (\partial H_0/\partial I_1 : \cdots : \partial H_0/\partial I_n)$, die die $(n-1)$-dimensionale Fläche $H_0(I) = h$ in den $(n-1)$-dimensionalen projektiven Raum abbildet, von 0 verschieden, so füllen die invarianten Tori die $(2n-1)$-dimensionale Niveaufläche der Hamilton-Funktion $H(I, \varphi) = h$ bis auf einen Rest mit kleinem Maß aus.

Ist speziell die Frequenzzahl $n = 2$, so erzeugen die zweidimensionalen Tori dreidimensionale Niveauflächen. Daher ändern sich auch für die Phasenkurven, die nicht auf den Tori liegen, die Veränderlichen der Wirkung in einem unendlichen Zeitintervall nur wenig. Eine Phasenkurve, die im Zwischenraum zweier invarianter Tori beginnt, kann aus diesem nicht heraustreten.

Ist aber die Frequenzzahl größer als 2, so teilen die Tori die Niveauflächen der Hamilton-Funktion nicht, und einige Phasenkurven (die eine Menge mit kleinem Maß bilden), die in der Nähe von Resonanzflächen zwischen invarianten Tori umherwandern, können sich weit von den Ausgangswerten der Wirkungsveränderlichen entfernen.

Es gibt Beispiele (vgl. V. I. Arnol'd [2]), in denen solche Abweichungen tatsächlich auftreten. Die durchschnittliche Geschwindigkeit der Abweichung in Beispielen dieser Art ist exponentiell klein (die Ordnung ist $e^{-\sqrt{\varepsilon}}$).

4.4.3. Der Satz von Nechorošev

Es zeigt sich, daß die mittlere Geschwindigkeit der Abweichung der Wirkungsveränderlichen von ihren Anfangswerten in beliebigen Hamiltonschen Systemen im allgemeinen so klein ist, daß sie durch keine Näherung der Störungstheorie erfaßt wird, d. h., sie erscheint für kein N als bemerkbare Abweichung in einer Zeit der Ordnung $1/\varepsilon^N$, wobei ε der Störungsparameter ist.

Genauer zeigte N. N. Nechorošev, daß für fast alle ungestörten Hamilton-Funktionen $H_0(I)$ positive Zahlen a, b so existieren, daß die mittlere Änderungsgeschwindigkeit der Wirkungsveränderlichen I nach der Zeit $T = e^{(1/\varepsilon)^a}$ im gestörten System ε^b nicht übersteigt (vgl. N. N. Nechorošev [1, 2] sowie seine Dissertation an der Lomonosov-Universität 1973).

Wir bemerken, daß die Zeit T für $\varepsilon \to 0$ schneller als eine beliebige Potenz von $1/\varepsilon$ wächst, so daß die Änderung von I nach der Zeit $1/\varepsilon^N$ für beliebiges N klein ist.

Die Konstanten a und b hängen von geometrischen Eigenschaften der ungestörten Hamilton-Funktion H_0 ab. Ist z. B. die Funktion H_0 streng konvex (d. h., die Matrix $\partial^2 H_0/\partial I^2$ ist positiv definit), so kann man $a = 2/(6n^2 - 3n + 14)$, $b = 3a/2$ wählen. Hier ist n die Frequenzzahl.

Der Satz ist in dem Sinne für fast alle H_0 bewiesen, daß lediglich solche Funktionen ausgeschlossen sind, deren Taylorkoeffizienten einer unendlichen Familie expliziter algebraischer Gleichungen genügen. N. N. Nechorošev nennt die ausgeschlossenen Funktionen *nichtsteil*. Für nichtsteile H_0 ist eine Abweichung schon nach einer Zeit der Ordnung $1/\varepsilon$ möglich. In den Beispielen mit exponentiell langsamer Abweichung (siehe 4.2.4.) sind die Funktionen H_0 steil.

Der Beweis des Satzes von NECHOROŠEV basiert auf der folgenden einfachen Eigenschaft der Mittelbildung in Hamiltonschen Systemen.

Wir nehmen an, daß es für einige Werte der langsamen Veränderlichen I eines Hamiltonschen n-Frequenz-Systems eine Resonanz $(\boldsymbol{m}, \omega) = 0$ gibt. In der Nähe der entsprechenden Resonanzfläche ergibt sich die Mittelbildung nicht längs n-dimensionaler Tori, sondern längs Resonanztori kleinerer Dimension. Die Dimension eines Resonanztorus ist $n - 1$, wenn die Resonanz einfach ist, d. h., wenn die Richtung des ganzzahligen Vektors $\boldsymbol{m}$ eindeutig bestimmt ist. Hat die Gleichung $(\boldsymbol{m}, \omega) = 0$ bezüglich $\boldsymbol{m}$ k rational unabhängige Lösungen, so füllen die Trajektorien der schnellen Bewegung Resonanztori der Dimension $n - k$ überall dicht aus. Über diese Tori erfolgt dann auch die Mittelbildung.

Satz. *Bei Mittelbildung über Resonanztori, die der Resonanz* $(\boldsymbol{m}, \omega) = 0$ *entsprechen, liegt die Richtung der Evolution der Wirkungsveränderlichen I des gemittelten Systems in der Ebene, die durch die Resonanzvektoren* $\boldsymbol{m}$[1]) *aufgespannt wird. (Im Fall einer einfachen Resonanz ist die Evolutionsrichtung eindeutig bestimmt: es ist die Richtung des Vektors* $\boldsymbol{m}$.)

◀ Wir betrachten der Einfachheit halber den Fall einer einfachen Resonanz. Wir bezeichnen mit γ, $\gamma = (\boldsymbol{m}, \varphi)$, eine Kugelkoordinate, die sich bei Resonanz nicht ändert. Für die Mittelbildung des gestörten Systems genügt es, die Hamilton-Funktion bezüglich der schnellen Veränderlichen zu mitteln. Als Ergebnis erhalten wir eine gemittelte Hamilton-Funktion $H_0 + \varepsilon\overline{H}_1$, wobei $\overline{H}_1$ von den Wirkungsveränderlichen und der einen Kugelkoordinate γ abhängt.

Die Gleichung der gemittelten Bewegung lautet jetzt

$$\dot{I} = \varepsilon \frac{\partial \overline{H}_1}{\partial \varphi}.$$

Aber: $\partial\overline{H}_1/\partial\varphi = (\partial\overline{H}_1/\partial\gamma)\,(\partial\gamma/\partial\varphi)$ hat die Richtung des Vektors $\partial\gamma/\partial\varphi = \boldsymbol{m}$. ▶

Der Satz von NECHOROŠEV folgt aus dem soeben bewiesenen Satz auf der Grundlage folgender Überlegungen. Eine schnelle Evolution (mit einer Geschwindigkeit der Ordnung ε) ist nur bei Resonanz und nur in Richtungen, die von Resonanzvektoren erzeugt sind, möglich. Die Bedingung an H_0, steil zu sein (z. B. eine genügend strenge Konvexität der Funktion H_0) garantiert aber, daß eine Evolution in eine solche Richtung stattfindet, die aus der Resonanzfläche herausführt. Folglich wird die Resonanz zerstört, und die Evolution erstreckt sich nur über eine kurze Zeit. Hieraus ergibt sich auch eine exponentiell kleine obere Schranke für die mittlere Geschwindigkeit der Evolution.

Ist die Bedingung der Steilheit verletzt, so findet man auf der Resonanzfläche eine Kurve, deren Tangente in jedem Punkt in der von den Resonanzvektoren erzeugten

---

[1]) Wir bemerken, daß die affine Struktur im Raum der Wirkungsveränderlichen eindeutig bestimmt ist und daß die Identifizierung der Vektoren des zum Frequenzraum dualen Raumes mit den Vektoren des Raumes der Wirkungsveränderlichen ebenfalls eindeutig ist.

Ebene liegt. Längs dieser Kurve kann sich eine Evolution mit der mittleren Geschwindigkeit ε erstrecken. Diese Geschwindigkeit ist ausreichend für eine Abweichung der Wirkungsveränderlichen von ihren Anfangswerten nach einer Zeit der Ordnung $1/\varepsilon$.

4.5. Adiabatische Invarianten

In diesem Abschnitt wird eine Auswahl grundlegender Resultate der Theorie adiabatischer Invarianten in Hamiltonschen Systemen mit sich langsam ändernden Parametern gegeben.

4.5.1. Der Begriff der adiabatischen Invariante

Bei der Betrachtung eines Hamiltonschen Systems mit sich langsam ändernden Parametern stößt man auf eine eigenartige Erscheinung: Größen, die im allgemeinen unabhängig sind, werden (wenn die Änderungsgeschwindigkeit der Parameter gegen 0 strebt) asymptotisch zu Funktionen voneinander.

Wir betrachten beispielweise ein Pendel mit veränderlicher Länge. Die Länge des Pendels und die Amplitude der Schwingung sind, allgemein ausgedrückt, unabhängig: Wird die Länge des Pendels geändert, so kann sich bei der Rückkehr der Länge des Pendels zum Anfangswert die Amplitude der Schwingung auf beliebige Art ändern, in Abhängigkeit davon, wie sich die Länge änderte.

Es zeigt sich jedoch, daß sich die Amplitude der Schwingung bei Rückkehr der Länge zum vorherigen Wert fast nicht ändert, wenn die Längenänderung nur genügend langsam erfolgt. Darüber hinaus bleibt das Verhältnis der Energie des Pendels zur Frequenz während des gesamten Prozesses im wesentlichen ungeändert, obwohl sich Energie und Frequenz bei einer Längenänderung des Pendels ändern.

Größen, die bei genügend langsamer Änderung der Parameter eines Hamiltonschen Systems asymptotisch unverändert bleiben, nennt man adiabatische Invarianten.

Exakter: Wir betrachten ein System Hamiltonscher Differentialgleichungen $\dot{x} = \boldsymbol{v}(x, \lambda)$, λ ein Parameter.

Eine Funktion I, die von den Punkten x des Phasenraumes und vom Parameter λ abhängt, heißt *adiabatische Invariante*, wenn für eine beliebige glatte (genügend oft differenzierbare) Funktion $\lambda(\tau)$ der langsamen Zeit $\tau = \varepsilon t$ die Änderung der Größe $I\big(x(t), \lambda(\varepsilon t)\big)$ für genügend kleines ε im Zeitintervall $0 \leqq t \leqq 1/\varepsilon$ längs einer Lösung der Gleichung $\dot{x} = \boldsymbol{v}\big(x, \lambda(\varepsilon t)\big)$ klein bleibt.

4.5.2. Konstruktion einer adiabatischen Invariante für ein System mit einem Freiheitsgrad

Wir nehmen an, daß die Hamilton-Funktion $H(p, q; \lambda)$ für jeden Wert von λ eine geschlossene Phasenkurve $H(p, q; \lambda) = h$ besitzt (sagen wir eine Umgebung einer Gleichgewichtslage, in der die Frequenz kleiner Schwingungen ungleich 0 ist).

Wir betrachten die Fläche, die bei fixiertem λ von der Phasenkurve durch den Punkt (p, q) begrenzt wird. Deren Flächeninhalt, geteilt durch 2π, bezeichnen wir mit $I(p, q; \lambda)$. Die Größe I nennt man *Wirkungsveränderliche* oder auch *Wirkung*.

Beispiel. Für das Pendel $H = ap^2/2 + bq^2/2$ ist die Phasenkurve $H = h$ eine Ellipse mit dem Flächeninhalt $\pi \sqrt{2h/a}\,\sqrt{2h/b} = 2\pi h/\sqrt{ab}$. Die Frequenz der Schwingung ist $\omega = \sqrt{ab}$. Für das Pendel ist also

$$I = H/\omega .$$

Das Paar (a, b) spielt hier die Rolle des Parameters λ.

Satz. *Die Wirkung I ist eine adiabatische Invariante eines Hamiltonschen Systems mit einem Freiheitsgrad.*

4.5.3. Beweis der adiabatischen Invarianz der Wirkung

Dem Beweis liegt die Mittelungsmethode zugrunde. Wir bezeichnen mit φ eine Winkelkoordinate auf geschlossenen Phasenkurven. Diese sei so gewählt, daß sie sich längs jeder Kurve proportional zur Zeit der Bewegung auf der Kurve ändert und nach jedem Umlauf um 2π gewachsen ist (es sei daran erinnert, daß die Winkelkoordinate φ wie auch die Wirkungsveränderliche I nicht nur von den Koordinaten (p, q) des Phasenraumes, sondern auch vom Parameter λ abhängt).

Dann können die Gleichungen unseres Systems für jeden fixierten Wert von λ als ungestörtes System der Mittelungsmethode in Standardform aufgeschrieben werden:

$$\dot{\varphi} = \omega\big(I, \lambda(\tau)\big), \quad \dot{I} = 0, \quad \dot{\tau} = 0.$$

Ändert sich nun λ langsam, so erhält man anstelle des ungestörten das gestörte System

$$\dot{\varphi} = \omega + \varepsilon f, \quad \dot{I} = \varepsilon g, \quad \dot{\tau} = \varepsilon,$$

wobei die Funktionen f und g bezüglich φ 2π-periodisch sind.

Wir stellen das gemittelte System auf.

Lemma. *Die Wirkungsveränderliche ist ein erstes Integral des gemittelten Systems, d. h., der Mittelwert von g bezüglich φ ist gleich* 0.

◀ Wir betrachten das Gebiet, das von der geschlossenen Phasenkurve $I = I_0$, wobei I_0 der Wert für den Anfangswert des Parameters ist, begrenzt wird. Nach dem Satz über die Mittelbildung ist das Bild dieses Gebiets nach einer Zeit t aus dem Intervall $[0, 1/\varepsilon]$ das Gebiet, das von der geschlossenen Phasenkurve $I = I_t$ für den Wert des Parameters $\lambda = \lambda(\varepsilon t)$ begrenzt wird. Dies gilt bis auf einen Fehler der Ordnung ε.

Die Bewegungsgleichung ist aber Hamiltonsch (auch im nichtautonomen Fall). Nach dem Satz von Liouville ist der Flächeninhalt des Bildes gleich dem Flächeninhalt des Urbildes. Hieraus folgt $I_t = I_0$. ▶

Folgerung. *Das Verhältnis Energie zu Frequenz eines Pendels ist eine adiabatische Invariante.*

Aufgabe. Eine Kugel bewegt sich horizontal zwischen zwei absolut elastischen Wänden, deren Abstand sich langsam ändert. Man zeige, daß das Produkt der Geschwindigkeit der Kugel mit dem Abstand der Wände eine adiabatische Invariante ist.

Aufgabe. Ein geladenes Teilchen bewegt sich in einem Magnetfeld, das sich während einer Larmorpräzession des Teilchens längs einer Magnetlinie langsam ändert. Man beweise: Das Verhältnis des Quadrats der Geschwindigkeitskomponente des Teilchens längs der Normalen an die Feldlinie zur Intensität des Magnetfeldes, $v_\perp^2/H$, ist eine adiabatische Invariante (vgl. etwa L. A. Arzimovič [1]).

4.5.4. Adiabatische Invarianten von multifrequenten Hamiltonschen Systemen

Wir betrachten ein multifrequentes System der Hamilton-Gleichung $\dot{p} = -H_q$, $\dot{q} = H_p$, das von einem Parameter λ abhängt und für fixierte λ Wirkungsveränderliche der Gestalt $\dot{\varphi} = \omega(I, \lambda)$, $\dot{I} = 0$ hat. Hierbei ist $\omega = \partial H_0/\partial I$ mit einer Hamilton-Funktion $H_0(I, \lambda)$, die von den n Wirkungsveränderlichen so abhängt, daß

$$\det\left(\frac{\partial\omega}{\partial I}\right) = \det\left(\frac{\partial^2 H_0}{\partial I^2}\right) \neq 0$$

gilt.

Wir nehmen wie vorher an, daß sich der Parameter λ langsam zu ändern beginnt. Die Änderung von p und q wird durch Hamilton-Gleichungen mit veränderlichen Funktionen H, das Verhalten der Veränderlichen I durch ein gestörtes System beschrieben. (Wir setzen $\lambda = \varepsilon t$ voraus, wobei ε ein kleiner Parameter ist.)

Lemma. *Das gestörte System ist ein Hamiltonsches System mit der eindeutig bestimmten Hamilton-Funktion* $H = H_0(I, \lambda) + \varepsilon H_1(I, \varphi, \lambda, \varepsilon)$.

Der Beweis des Lemmas erfordert entweder ein tieferes Eindringen in die symplektische Geometrie oder Hamiltonsche Formalismen (vgl. etwa V. I. Arnol'd [10]) oder aber umfangreiche Rechnungen, die wir übergehen wollen.

Folgerung. *Die Wirkungsveränderlichen I sind erste Integrale des gemittelten Systems.*

◀ Tatsächlich ist die zu mittelnde Funktion die rechte Seite der Gleichung $\dot{I} = -\varepsilon(\partial H_1/\partial\varphi)$ und somit die Ableitung einer periodischen Funktion. Daher hat sie den Mittelwert 0 (vgl. den Satz aus 4.4.1.). ▶

Zusammen mit dem Satz von Nejštadt (vgl. 4.3.4.) ergibt die bewiesene Folgerung:

Die Änderung der Wirkungsveränderlichen I in einem multifrequenten Hamiltonschen System mit sich langsam ändernden Parametern bleibt in einer Zeit $1/\varepsilon$ kleiner als ϱ. Ausgenommen ist eine Menge von Anfangsbedingungen im ursprünglichen Phasenraum, deren Maß $c\sqrt{\varepsilon}/\varrho$ nicht übersteigt. (Der Phasenraum ist als kompakt, die Ableitung $\partial\omega/\partial I$ als nichtausgeartet vorausgesetzt.)

Definition. Es sei F eine Funktion, die von den Punkten des Phasenraumes eines Hamiltonschen Systems und einem Parameter abhängt.

Für beliebiges ϱ sei $\mu(\varrho)$ das Maß der Menge derjenigen Anfangsbedingungen im kompakten Phasenraum, für die die Änderung von F längs einer Lösung der Hamilton-Gleichungen mit sich langsam ändernden Parametern die Zahl ϱ nach der Zeit $1/\varepsilon$ übersteigt. Strebt nun $\mu(\varrho)$ für beliebiges ϱ gegen 0, wenn nur ε gegen 0 strebt, so heißt F *fastadiabatische Invariante.*

Die Wirkungsveränderlichen $(I_1, \ldots, I_n)$ *sind also fastadiabatische Invarianten eines multifrequenten nichtausgearteten Hamiltonschen Systems.*

4.5.5. Das Verhalten adiabatischer Invarianten für $t \gg 1/\varepsilon$

Obwohl sich adiabatische Invarianten in der Zeit $1/\varepsilon$ nur wenig ändern, ist nicht grundsätzlich angenommen, daß ihre Änderung auch in größeren Zeitintervallen (etwa der Ordnung $1/\varepsilon^2$) oder auch in unendlichen Zeitintervallen klein bleibt.

Beispiel. Wir betrachten ein Pendel mit sich langsam periodisch änderndem Parameter

$$\ddot{x} = -\omega^2(1 + a \cos \varepsilon t)\, x.$$

Für genügend kleine ε (d. h. für eine genügend kleine Änderung des Parameters) ist eine Parameterresonanz möglich, für die die Gleichgewichtslage $x = 0$ instabil wird. Es ist klar, daß sich bei Parameterresonanz eine adiabatische Invariante des linearen Pendels (während eines unendlich großen Zeitintervalls) unbegrenzt ändern wird.

Es zeigt sich, daß ein solches Verhalten einer adiabatischen Invariante in einem System mit sich langsam *periodisch* änderndem Parameter gebunden ist an die Linearität des Systems, genauer an die Unabhängigkeit der Periode der Schwingung von ihrer Amplitude. Ist in einem solchen System die Ableitung der Frequenzen der schnellen Bewegung nach den Wirkungsveränderlichen von 0 verschieden, so ändert sich die Wirkungsveränderliche auch in einem unendlichen Zeitintervall nur wenig (vgl. V. I. Arnold' [1]).

Der Beweis beruht auf der Tatsache, daß wie im Satz von Kolmogorov (vgl. 4.4.2.) in dieser Situation invariante Tori existieren.

Ein anderer interessanter Fall ist der, wenn sich der Parameter so ändert, daß er für $t \to -\infty$ und für $t \to +\infty$ definierte Grenzwerte besitzt. In diesem Fall ist es sinnvoll, über den Wert einer adiabatischen Invariante in $-\infty$ und in $+\infty$ und über ihren Zuwachs nach unendlich langer Zeit zu sprechen,

$$\Delta I = I(+\infty) - I(-\infty).$$

Für die lineare Gleichung

$$\ddot{x} = -\omega^2(\varepsilon t)\, x, \qquad \omega(-\infty) = \omega_-, \qquad \omega(+\infty) = \omega_+,$$

kann man zeigen, daß der Zuwachs einer adiabatischen Invariante nach unendlich langer Zeit exponentiell klein bezüglich ε ist (unter der Voraussetzung, daß ω analytisch ist, das Vorzeichen nicht wechselt und sich im Unendlichen vernünftig verhält). Darüber hinaus kann man den Hauptteil der Asymptote für den Zuwachs einer adiabatischen Invariante exakt angeben (vgl. A. M. Dychne [1]). Analoge Resultate wurden auch für mehrdimensionale Systeme erzielt. Exakte Formulierungen und Beweise findet man bei M. V. Fedorjuk [1] (jedoch sind hier Verweise auf vorhergehende physikalische Arbeiten weggelassen worden).

Von Physikern wurde auch die Frage des Zuwachses adiabatischer Invarianten eindimensionaler nichtlinearer Systeme studiert. Es wurde bewiesen, daß der Zuwachs im Verhältnis zu ε^N klein ist, d. h., für alle Ordnungen, die in der Störungstheorie möglich sind, tritt eine Änderung einer adiabatischen Invariante nicht ein (A. Lenard [1]). A. I. Nejštadt erhielt im analytischen Fall ebenfalls eine exponentielle Schranke.

Was nichtlineare Systeme mit mehreren Freiheitsgraden betrifft, so gibt es in ihnen — entgegen Behauptungen in der physikalischen Literatur — keine adiabatische Invarianz der Wirkungsveränderlichen. Diese Größen sind lediglich fastadiabatische Invarianten, d. h., für die Mehrzahl der Anfangsbedingungen ändern sie sich nur wenig.

4.6. Mittelbildung in Seifert-Blätterungen

Bei der Untersuchung der Umgebung einer geschlossenen Phasenkurve wird man auf den Fall treffen, daß sich nahegelegene Phasenkurven in erster Näherung ebenfalls schließen. Bevor sie sich jedoch schließen, umlaufen sie die geschlossene Phasenkurve einige Male (sogenannter Resonanzfall). Das Studium des Verhaltens von Systemen mit periodischer Bewegung in der Nähe einer Resonanz führt zu einer ungewöhnlichen Mittelungsmethode: der Mittelbildung in Seifert-Blätterungen.

4.6.1. Seifert-Blätterungen

Unter einer Seifert-Blätterung hat man sich eine Zerlegung des direkten Produkts $\boldsymbol{R}^2 \times S^1$ in Kreise vorzustellen, die auf folgende Art konstruiert werden. Wir betrachten im dreidimensionalen euklidischen Raum einen Zylinder mit horizontaler Grundfläche und vertikaler Achse. Das Innere des Zylinders unterteilen wir in vertikale Streifen und identifizieren die obere und untere Grundfläche, nachdem die obere um den Winkel $2\pi p/q$ gedreht wurde. (Die Punkte $(z, 0)$ der unteren und $(Az, 1)$ der oberen Grundfläche werden zusammengeklebt. Hier ist A die Drehung um den Winkel $2\pi p/q$, und p, q sind teilerfremde ganze Zahlen.)

Definition. Die dreidimensionale Mannigfaltigkeit $\boldsymbol{R}^2 \times S^1$ zusammen mit einer Zerlegung in Kreise, die von der Zerlegung des Inneren eines Zylinders in Scheiben längs parallelen Achsen herrührt, deren Grndflächen nach Drehung der oberen um den Winkel $2\pi p/q$ verklebt wurden, heißt *Seifert-Blätterung* vom Typ (p, q).

Damit erhält man jeden Kreis der Seifert-Blätterung als Zusammenklebung von q Scheiben. Eine Ausnahme bildet der zentrale Kreis, den man aus der Achse des Zylinders erhält.

Wir betrachten eine q-fache Überlagerung des Raumes $\boldsymbol{R}^2 \times S^1$ der Seifert-Blätterung vom Typ (p, q). Der Überlagerungsraum ist diffeomorph zu $\boldsymbol{R}^2 \times S^1$. Die Seifert-Blätterung in der Ausgangsmannigfaltigkeit induziert in der überlagernden Mannigfaltigkeit eine Zerlegung in Kreise. Diese Zerlegung kann als Seifert-Blätterung vom Typ $(p, 1)$ betrachtet werden. (Das Verkleben erfolgt jetzt nach einer Drehung um den Winkel $2\pi p$.)

Eine Seifert-Blätterung vom Typ $(p, 1)$ ist bereits eine Faserung in Kreise und außerdem ein direktes Produkt. Bei der Überlagerung der ursprünglichen Seifert-Blätterung wird jeder Kreis von q Kreisen diffeomorph überlagert, mit Ausnahme wieder eines Kreises, des zentralen, der q-fach überlagert wird (Abb. 99).

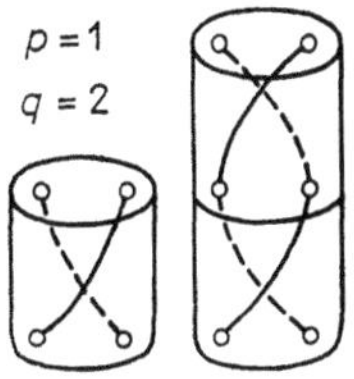

Abb. 99

4.6.2. Definition der Mittelbildung in Seifert-Blätterungen

Wir setzen voraus, daß im Raum $\boldsymbol{R}^2 \times S^1$ der Seifert-Blätterung ein Vektorfeld gegeben ist. Dann ist in der überlagernden Faserung ebenfalls ein Vektorfeld gegeben. Jeder Vektor dieses Feldes kann auf die Basis $\boldsymbol{R}^2$ der Faserung projiziert werden. Wir mitteln den erhaltenen Vektor über einen Halm der überlagernden Faserung und erhalten in jedem Punkt der Basis einen wohldefinierten Vektor. Auf diese Weise ist in der Basis ein Vektorfeld definiert. Die beschriebene Operation der Konstruktion eines Vektorfeldes auf der Ebene aus einem Vektorfeld des Raumes einer Seifert-Blätterung nennt man *Mittelung des ursprünglichen Feldes längs der Seifert-Blätterung.*

Mit anderen Worten: Mittelbildung längs einer Seifert-Blätterung vom Typ (p, q) ist definiert als gewöhnliche Mittelbildung in einer q-fachen Überlagerung derselben.

4.6.3. Eigenschaften des gemittelten Feldes

Bei Mittelbildung in einer gewöhnlichen Faserung erhält man auf der Basis beliebige Vektorfelder. Bei Mittelbildung in einer Seifert-Blätterung erhält man auf der Basis ein Vektorfeld mit speziellen Eigenschaften. Beispielsweise ist für $q > 1$ der Vektor des gemittelten Felds im zentralen Punkt immer der Nullvektor.

Satz. *Ein Feld, das durch Mittelbildung in einer Seifert-Blätterung vom Typ* $(p, q$ *entstanden ist, ist invariant bezüglich Drehungen der Ebene um den Winkel* $2\pi/q$.

◀ Realisieren wir die Basis als eine Grundfläche des Ausgangszylinders, so verwandelt sich die Mittelbildung in einer Seifert-Blätterung in eine Mittelbildung in q Scheiben parallel zu den Achsen des Zylinders. Bei Drehung um den Winkel $2\pi/q$ gehen diese q Scheiben ineinander über. Es ist nun leicht zu sehen, daß Mittelbildung und Drehung um $2\pi/q$ miteinander kommutieren. (Nach der Drehung wird über dieselben Scheiben — nur in anderer Reihenfolge — gemittelt.) ▶

4.6.4. Ein Beispiel

Wir betrachten die Differentialgleichung

$$\dot{z} = i\omega z + \varepsilon f(z, t) \qquad \text{mit } z \in \boldsymbol{C},$$

f eine komplexe (nicht unbedingt holomorphe) Funktion mit Periode 2π bezüglich der reellen Veränderlichen t, ε ein kleiner Parameter. Die Gleichung für $\varepsilon = 0$ nennen wir *ungestört*.

Wir setzen voraus, daß die Frequenz ω der ungestörten Bewegung rational bzw. nahe der rationalen Zahl p/q ist.

Die Integralkurven der ungestörten Gleichung mit $\omega = p/q$ bilden in $\boldsymbol{C} \times S^1 = \{z, t \bmod 2\pi\}$ eine Seifert-Blätterung vom Typ (p, q). Nach Mittelbildung längs dieser Blätterung erhält man die gemittelte Gleichung

$$\dot{z} = \varepsilon \boldsymbol{F}(z),$$

wobei das Vektorfeld $\boldsymbol{F}$ bei Drehung der z-Ebene um den Winkel $2\pi/q$ in sich übergeht.

4.6.5. Die Taylorkoeffizienten eines symmetrischen Feldes

Wir werden ein Vektorfeld der Ebene als komplexe (nicht unbedingt holomorphe) Funktion einer komplexen Veränderlichen z angeben. Die Taylorreihe einer komplexen Funktion $\boldsymbol{F}$ bezüglich der Veränderlichen x und y $(z = x + iy)$ kann als Taylorreihe in den Veränderlichen z und $\bar{z}$ geschrieben werden:

$$\sum \boldsymbol{F}_{k,l} z^k \bar{z}^l .$$

Satz. *Es sei $\boldsymbol{F}$ ein bezüglich Drehungen um einen Winkel $2\pi/q$ invariantes Feld. $\boldsymbol{F}_{k,l}$ ist genau dann von 0 verschieden, wenn $k - 1 \equiv 1 \bmod q$ ist.*

◀ Da die Taylorreihe eindeutig bestimmt ist, definiert jeder Summand der Reihe ein bezüglich Drehungen um $2\pi/q$ invariantes Vektorfeld. Der Vektor $z^k\bar{z}^l$ wird bei Drehung von z um $2\pi/q$ um den Winkel $(k - l)\, 2\pi/q$ gedreht. Dies ist genau dann eine Drehung um den Winkel $2\pi/q$, wenn $k - l \equiv 1 \bmod q$ ist. ▶

Wir betrachten das Gitter der nichtnegativen ganzen Zahlen und kennzeichnen die Punkte (k, l), für die $k - l \equiv 1\ (q)$ gilt. Unter den gekennzeichneten Punkten befindet sich immer der Punkt $(1, 0)$ sowie alle ganzzahligen Punkte auf der von diesem Punkt ausgehenden und parallel zur Winkelhalbierenden des ersten Quadranten verlaufenden Geraden. Diese Punkte entsprechen Feldern $z\Phi(|z|^2)$, die invariant gegen beliebige Drehungen sind.

Unter den markierten Punkten befindet sich auch immer $(0, q-1)$. Dieser Punkt entspricht dem Feld $\bar{z}^{q-1}$, das invariant bezüglich Drehungen um $2\pi/q$ ist. Alle markierten Punkte bilden eine Serie von Strahlen im ersten Quadraten, die in Punkten $(0, mq-1)$ bzw. $(mq+1, 0)$ beginnen und parallel zur Winkelhalbierenden sind.

4.6.6. Symmetrien der Ordnung 3

Wir betrachten Vektorfelder, die invariant bezüglich einer Gruppe von Symmetrien der Ordnung 3 sind (d. h., wir betrachten den Fall $q = 3$). Die Monome mit kleinstem Grad in der Taylorreihe des Feldes, das invariant gegen Drehungen um 120° ist, ergeben sich entsprechend denjenigen markierten Punkten der k,l-Ebene mit kleinster Summe $k + l$. Die beiden ersten Monome sind z und $\bar{z}^2$. Somit hat jedes gegen Drehungen um $2\pi/3$ feste Feld in der Ebene die Gestalt

$$\boldsymbol{F}(z) = az + b\bar{z}^2 + O(|z|^3).$$

Beseitigt man den letzten Summanden, so erhält man die einfachste Differentialgleichung mit einer Symmetrie der Ordnung 3:

$$\dot{z} = az + b\bar{z}^2.$$

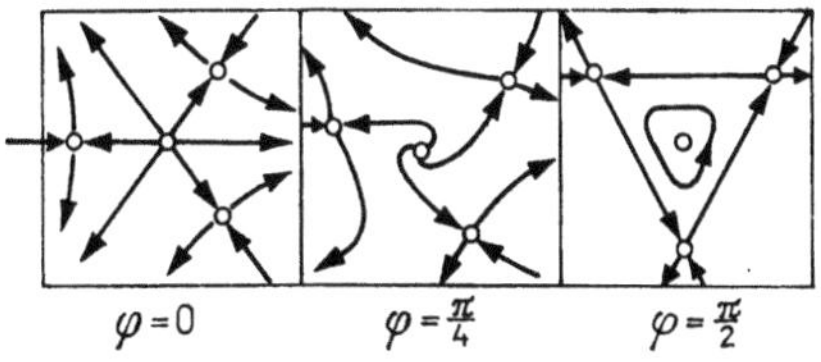

Abb. 100

Hier sind die Koeffizienten a, b und die Koordinate z des Phasenraumes komplex.

Wir nehmen $a \neq 0$ und $b \neq 0$ an. Multipliziert man z mit einer Zahl und ändert die Zeiteinheit, so kann man $b = 1$ und $|a| = 1$ erreichen. Die Änderung des Phasenbildes für $a = e^{i\varphi}$, $b = 1$ ist in Abb. 100 gezeigt. Für beliebiges a gibt es vier Gleichgewichtslagen — in den Ecken eines gleichseitigen Dreiecks und in dessen Zentrum. Für rein imaginäre a ergibt sich ein Hamiltonsches System. Studiert man ein System für beliebiges a, so genügt es zu bemerken, daß man dieses immer durch formale Multiplikation der Veränderlichen z und von t mit komplexen Zahlen aus einem Hamiltonschen System erhalten kann (d. h. durch Drehung und Streckung der z-Ebene und Drehung eines Hamiltonschen Feldes um einen konstanten Winkel).

4.6.7. Die Berücksichtigung des unterdrückten Gliedes

Wir versuchen jetzt, die beseitigten Glieder $O(|z|^3)$ zu berücksichtigen. Wir nehmen an, daß $|a|$ klein ist (dies entspricht der Tatsache, daß das ursprüngliche Differentialgleichungssystem fast eine Resonanz dritter Ordnung hat). Der Radius des

Dreiecks der singulären Punkte ist dann auch klein (er hat die Ordnung $|a|$). Wir betrachten unser symmetrisches Vektorfeld in einer Umgebung des Punktes $z = 0$. Die Umgebung soll groß im Vergleich mit $|a|$, im Vergleich mit 1 jedoch klein sein.

In einer solchen Umgebung sind die weggelassenen Glieder gegen die betrachteten Glieder klein. Es ist nicht schwer hieraus abzuleiten, daß ihre Berücksichtigung das Phasenbild nicht wesentlich ändert, wenn es strukturstabil ist. In unserem Fall ist es nur für rein imaginäre a, d. h., wenn ein Hamiltonsches System vorlag, strukturell instabil. Die Eigenschaft, Hamiltonsch zu sein, bleibt bei Berücksichtigung der weggelassenen Glieder nicht erhalten.

Das Phasenbild des vollständigen System (für $b \neq 0$) hat in einer Umgebung des Koordinatenursprungs, die klein im Vergleich mit 1 und groß im Vergleich mit $|a|$ ist, für jeden Strahl in der komplexen a-Ebene, der die imaginäre Achse nicht schneidet, und für genügend kleine $|a|$ die in Abb. 100 gezeigte Gestalt ($\varphi \neq \pm \pi/2$).

Die Untersuchung der Änderung des Phasenbildes ist, wenn a die imaginäre Achse schneidet, eine spezielle Aufgabe, zu der wir in Kapitel 6 zurückkehren. Im allgemeinen Fall ist die Änderung schon durch ein zusätzliches Glied der Taylorreihe bestimmt, d. h., sie verhält sich wie bei der Gleichung:

$$\dot{z} = az + \bar{z}^2 + cz\,|z|^2 \qquad \text{mit } \operatorname{Re} c \neq 0 .$$

4.6.8. Anwendung auf die ursprüngliche Gleichung

Wenn ε genügend klein ist, gibt die durchgeführte Analyse der gemittelten Gleichung bemerkenswerte Informationen über das ursprüngliche System. Ohne uns bei Begründungen aufzuhalten, geben wir eine Übersetzung der erhaltenen Resultate in die Sprache der Phasenkurven der ursprünglichen Gleichung an.

Den drei Gleichgewichtslagen in den Ecken eines gleichseitigen Dreiecks entspricht eine geschlossene Insgralkurve der Ausgangsgleichung. Strebt die Differenz zwischen der Frequenz ω der ungestörten Bewegung und der Resonanzfrequenz p/q gegen 0, so verschmilzt diese geschlossene Kurve mit der ursprünglichen geschlossenen Kurve, die dreimal umlaufen wird. Stabilität der Gleichgewichtslagen des gemittelten Systems interpretiert sich als Stabilität der periodischen Lösungen des gestörten Systems usw. Ein wesentlicher Unterschied entsteht nur an einer Stelle: wenn das gemittelte System eine Separatrize besitzt, die von einem Sattel zu einem Sattel verläuft.

Im gestörten System entspricht einem Sattel eine geschlossene Kurve; einlaufender und ausgehender Separatrize entsprechen dann die stabile bzw. die instabile invariante Mannigfaltigkeit dieser geschlossenen Kurve. Wenn nun im gemittelten System Separatrizen, die sich schneiden, verschmelzen, so ist dies im gestörten System im allgemeinen nicht so. Um sich vorzustellen, wie sich zwei invariante Mannigfaltigkeiten des gestörten Systems im dreidimensionalen Raum schneiden, betrachtet man den Schnitt dieses Raumes mit der Ebene $t = 0$.

Unsere Lösung schneidet diese Ebene in drei Punkten, die Fixpunkte der dreifachen Komposition einer Abbildung mit sich sind. Jeder dieser drei Fixpunkte hat eine einlaufende und eine abgehende invariante Mannigfaltigkeit (Kurve). Wenn sich diese Kurven schneiden, müssen sie aber nicht notwendig verschmelzen (im Unterschied zu Phasenkurven von Gleichungen in der Ebene, die, wenn sie sich einmal schneiden, notwendig für alle Zeit übereinstimmen).

Durch Iteration der Abbildung entsteht aus den sich schneidenden Bögen der invarianten Mannigfaltigkeiten ein kompliziertes Netz, das homoklinisches Bild genannt wird[1]) (Abb. 101).

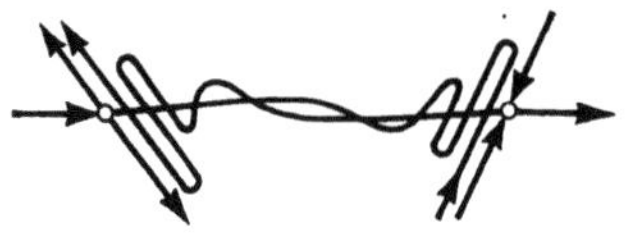

Abb. 101

4.6.9. Resonanzen anderer Ordnungen

Für Resonanzen der Ordnung $q > 3$ erhält man als gemitteltes System in erster, nichttrivialer Näherung auf dieselbe Art das System

$$\dot{z} = az + Az\,(|z|^2) + \bar{z}^{q-1}.$$

Speziell erhält man für eine Resonanz der Ordnung 4 das System

$$\dot{z} = az + Az\,|z|^2 + \bar{z}^3.$$

Solche Systeme wie auch Systeme, die Resonanzen der Ordnung 2 entsprechen, werden in Kapitel 6 detailliert untersucht.

In Abb. 102 ist die Änderung des Phasenbildes des gemittelten Systems, das einer Resonanz der Ordnung 5 entspricht, gezeigt:

$$\dot{z} = az + Az\,|z|^2 + \bar{z}^4 \quad \text{mit} \quad \operatorname{Re} A < 0,\ \operatorname{Im} A < 0,\ a = \varepsilon e^{i\varphi},\ \varepsilon \ll 1.$$

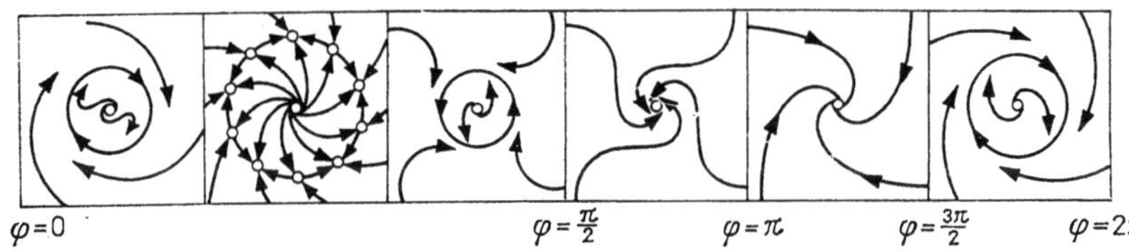

Abb. 102

[1]) Ein Fixpunkt eines Diffeomorphismus der Ebene heißt homoklinisch, wenn sich die einfallenden und abgehenden invarianten Kurven schneiden, aber nicht übereinstimmen.

5. Normalformen

Eine sehr fruchtbare Methode bei der Arbeit mit Differentialgleichungen besteht darin, die Differentialgleichungen nicht zu lösen, sondern in eine möglichst einfache Form zu transformieren. Die Poincarésche Theorie der Normalformen behandelt einfache Formen, in die Differentialgleichungen in einer Umgebung von Gleichgewichtslagen oder periodischen Bewegungen übergeführt werden können.

Die Transformation in Normalformen wird mit Hilfe von Potenzreihen durchgeführt, deren Veränderliche die Abweichung vom Gleichgewicht bzw. der periodischen Bewegung ist. Diese Reihen konvergieren nicht immer. Aber auch wenn die Reihen divergieren, erweist sich die Normalformenmethode als ein äußerst starkes Werkzeug zur Untersuchung von Differentialgleichungen. Oft geben die ersten Glieder der Reihe schon wesentliche Informationen über das Verhalten der Lösung, die dann für die Konstruktion des Phasenbildes genügen. Darüber hinaus ist die Normalformenmethode ein grundlegendes Hilfsmittel in der Bifurkationstheorie, wo sie auf eine Familie von Gleichungen angewandt wird, die von einem Parameter abhängen.

In diesem Kapitel werden die einfachsten grundlegenden Sätze der Normalformenmethode dargelegt.

5.1. Formale Reduktion auf eine lineare Normalform

Der Satz von Poincaré besagt, daß ein „nichtresonantes“ Vektorfeld in der Klasse der formalen Potenzreihen durch einen formalen Diffeomorphismus in seinen linearen Bestandteil im singulären Punkt übergeführt werden kann. Wir formulieren jetzt die „Nichtresonanzbedingung“.

5.1.1. Resonanzen

Statt eines Vektorfeldes betrachten wir die formalen vektoriellen Potenzreihen $v(x) = Ax + \cdots$ von n Veränderlichen mit komplexen Koeffizienten. Es wird vorausgesetzt, daß die Eigenwerte der Matrix A sämtlich verschieden sind.

Definition. Ein n-Tupel $\boldsymbol{\lambda} = (\lambda_1, \ldots, \lambda_n)$ von Eigenwerten heißt *resonant*, wenn es zwischen den Eigenwerten eine ganzzahlige Beziehung der Gestalt $\lambda_s = (\boldsymbol{m}, \boldsymbol{\lambda})$ mit $\boldsymbol{m} = (m_1, \ldots, m_n)$, $m_k \geqq 0$, $\sum m_k \geqq 2$, gibt. Diese Beziehung nennt man *Resonanz*, die Zahl $|\boldsymbol{m}| = \sum m_k$ heißt *Ordnung* der Resonanz.

Beispiel. Die Beziehung $\lambda_1 = 2\lambda_2$ ist eine Resonanz der Ordnung 2; $2\lambda_1 = 3\lambda_2$ ist keine Resonanz, während $\lambda_1 + \lambda_2 = 0$ eine Resonanz der Ordnung 3 ist (exakter folgt aus dieser Beziehung die Resonanz $\lambda_1 = 2\lambda_1 + \lambda_2$).

5.1.2. Der Satz von Poincaré

Der folgende Satz ist das grundlegende Ergebnis von POINCARÉs Dissertation.

Satz. *Sind die Eigenwerte der Matrix A nicht resonant, so geht die Gleichung*

$$\dot{x} = Ax + \cdots$$

durch die formale Variablentransformation $x = y + \cdots$ in die lineare Gleichung

$$\dot{y} = Ay$$

über (... soll eine Reihe bezeichnen, die mit höherer als erster Ordnung beginnt).

Der Beweis des Satzes von POINCARÉ besteht in der fortlaufenden Eliminierung der Glieder zweiten, dritten usw. Grades auf der rechten Seite. Jeder Schritt basiert auf der Lösung einer linearen homologischen Gleichung, mit deren Herleitung wir beginnen.

5.1.3. Herleitung der homologischen Gleichung

Es sei $\boldsymbol{h}$ ein vektorielles Polynom[1]) in y der Ordnung $r \geqq 2$ und $\boldsymbol{h}(0) = \boldsymbol{h}'(0) = 0$.

Lemma. *Die Differentialgleichung $\dot{y} = Ay$ geht durch die Transformation $x = y + \boldsymbol{h}(y)$ in*

$$\dot{x} = Ax + \boldsymbol{v}(x) + \cdots$$

über. Hierbei ist $\boldsymbol{v}(x) = (\partial \boldsymbol{h}/\partial x)\, Ax - A\boldsymbol{h}(x)$, und die Punkte deuten Glieder höherer als r-ter Ordnung an.

$$◀\ \dot{x} = \left(E + \frac{\partial \boldsymbol{h}}{\partial y}\right) Ay = \left(E + \frac{\partial \boldsymbol{h}}{\partial y}\right) A\bigl(x - \boldsymbol{h}(x) + \cdots\bigr)$$

$$= Ax + \left[\frac{\partial \boldsymbol{h}}{\partial x} Ax - A\boldsymbol{h}(x)\right] + \cdots.\ ▶$$

[1]) d. h. ein Vektorfeld, dessen Komponenten Polynome sind. Ein Vektorpolynom ist die Summe von *Vektormonomen*, die selbst Felder darstellen. Eine Komponente dieses Feldes ist ein Monom und die anderen sind gleich 0. Die *Ordnung* eines Polynoms ist der Grad des niedrigsten Gliedes.

Bemerkung. Der Ausdruck in eckigen Klammern stellt die Poisson-Klammer der Vektorfelder Ax und $\boldsymbol{h}(x)$ dar.

Wir werden mit L_A den Operator bezeichnen, der jedes Vektorfeld $\boldsymbol{h}$ in die Poisson-Klammer von $\boldsymbol{h}$ mit dem linearen Feld Ax überführt, d. h.

$$L_A(\boldsymbol{h}) = \frac{\partial \boldsymbol{h}}{\partial x} Ax - A\boldsymbol{h}(x).$$

Definition. Es sei $\boldsymbol{h}$ ein unbekanntes, $\boldsymbol{v}$ ein bekanntes Vektorfeld. Die Gleichung

$$L_A(\boldsymbol{h}) = \boldsymbol{v}$$

heißt *homologische Gleichung zum linearen Operator* A.

5.1.4. Die Lösung der homologischen Gleichung

Der lineare Operator L_A bildet den Raum der formalen Vektorfelder in sich ab. Der Raum der homogenen Vektorpolynome ist invariant bezüglich L_A.

Wir berechnen die Eigenwerte und Eigenvektoren des Operators L_A. Mit $\boldsymbol{e}_i$ werden die Eigenvektoren, mit λ_i die Eigenwerte des Operators A und mit $(x_1, \ldots, x_n)$ die Koordinaten in der Basis $(\boldsymbol{e}_1, \ldots, \boldsymbol{e}_n)$ bezeichnet. Wie üblich schreiben wir abkürzend $\boldsymbol{x}^{\boldsymbol{m}}$ für $x_1^{m_1} \cdots x_n^{m_n}$.

Lemma. *Ist A ein Diagonaloperator, so ist L_A auf dem Raum der homogenen Vektorpolynome diagonal. Eigenvektoren des Operators L_A sind die Vektormonome $\boldsymbol{x}^{\boldsymbol{m}}\boldsymbol{e}_s$. Die Eigenwerte von L_A hängen linear von den Eigenwerten von A ab:*

$$L_A \boldsymbol{x}^{\boldsymbol{m}}\boldsymbol{e}_s = [(\boldsymbol{m}, \lambda) - \lambda_s]\, \boldsymbol{x}^{\boldsymbol{m}}\boldsymbol{e}_s.$$

◀ Es sei $\boldsymbol{h} = \boldsymbol{x}^{\boldsymbol{m}}\boldsymbol{e}_s$. Der Vektor $(\partial \boldsymbol{h}/\partial x)\, Ax$ hat nur eine von 0 verschiedene Komponente, nämlich die s-te, und diese ist gleich

$$\frac{\partial \boldsymbol{x}^{\boldsymbol{m}}}{\partial x} Ax = \sum \frac{m_i}{x_i} \boldsymbol{x}^{\boldsymbol{m}} \lambda_i x_i = (\boldsymbol{m}, \lambda)\, \boldsymbol{x}^{\boldsymbol{m}}.$$

Andererseits ist $A\boldsymbol{h}(x) = \lambda_s \boldsymbol{h}(x)$. ▶

Sind alle Eigenwerte des Operators L_A von 0 verschieden, so ist L_A umkehrbar.

Folgerung. *Sind die Eigenwerte des Operators A nichtresonant, so ist die homologische Gleichung $L_A\boldsymbol{h} = \boldsymbol{v}$ in der Klasse der formalen Potenzreihen für $\boldsymbol{h}$ lösbar. Hier ist $\boldsymbol{v}$ ein beliebiges formales Vektorfeld, dessen lineares und absolutes Glied 0 ist.*

Gibt es keine Resonanzen der Ordnung k und ist $\boldsymbol{v}$ ein beliebiges homogenes Vektorpolynom der Ordnung k, so ist die homologische Gleichung $L_A\boldsymbol{h} = \boldsymbol{v}$ in der Klasse der homogenen Vektorpolynome mit Grad k lösbar (hier ist $k \geqq 2$).

Bemerkung. Ist der Operator A nichtdiagonal (es treten echte Jordan-Kästchen auf), so hat auch der Operator L_A echte Jordan-Kästchen. Die Eigenwerte von L_A ergeben sich aber — wie man leicht sieht — nach derselben Formel wie im

Diagonalfall. Daher ist der Operator L_A für nichtresonante (aber eventuell mehrfache) Eigenwerte auf dem Raum der homogenen Vektorpolynome umkehrbar. Somit ist obige Folgerung auch im Fall mehrfacher Eigenwerte richtig.

5.1.5. Beweis des Satzes von Poincaré

◀ Die Ausgangsgleichung habe die Gestalt $\dot{x} = Ax + \boldsymbol{v}_r(x) + \cdots$, und in $\boldsymbol{v}_r(x)$ seien alle Glieder der Ordnung r ($r \geqq 2$) zusammengefaßt.

Auf der Grundlage der Folgerung von 5.1.4. lösen wir die homologische Gleichung $L_A \boldsymbol{h}_r = \boldsymbol{v}_r$ und führen die Substitution $x = y + \boldsymbol{h}(y)$ durch.

Die ursprüngliche Gleichung erhält die Gestalt $\dot{y} = Ay + \boldsymbol{w}_{r+1}(y) + \cdots$ (wir benutzen das Lemma aus 5.1.3.). Auf diese Weise beseitigen wir die Glieder vom Grad r auf der rechten Seite der Ausgangsgleichung.

Beseitigt man der Reihe nach die Glieder zweiten, dritten, ... Grades, so erhält man eine Folge von Substitutionen. Das Produkt dieser Substitutionen stabilisiert sich in der Klasse der formalen Reihen, d. h., die Glieder — der Substitution — eines beliebig fixierten Grades ändern sich von einer bestimmten Stelle (der Iteration) an nicht mehr. Im Grenzwert erhalten wir eine Substitution, die unsere Gleichung formal in $\dot{y} = Ay$ überführt. ▶

Bemerkung 1. Wenn auch die Konvergenz der Reihe nicht gezeigt wurde, so kann die Störung im nichtresonanten Fall dennoch beliebig weit hinausgeschoben werden; denn es wurde gezeigt, daß für beliebiges N durch Variablentransformation die Ausgangsgleichung in eine Gleichung der Gestalt $\dot{y} = Ay + o(|y|^N)$ übergeführt werden kann.

Bemerkung 2. Hat die Störung $\boldsymbol{v} = \boldsymbol{v}_r + \boldsymbol{v}_{r+1} + \cdots$ die Ordnung r, so erhält man durch die Substitution $x = y + \boldsymbol{h}, \boldsymbol{h}$ eine Lösung der homologischen Gleichung $L_A \boldsymbol{h} = \boldsymbol{v}$, eine Gleichung mit einer Störung der Ordnung $2r - 1$. Dies hängt eng mit der schnellen Konvergenz der Näherungsprozedur zusammen (vgl. 3.3.).

Bemerkung 3. Wenn die Eigenwerte zwar mehrfach, aber nichtresonant sind, bleibt der Beweis des Poincaréschen Satzes richtig (vgl. die Bemerkung am Schluß von 5.1.4.).

Bemerkung 4. Ist die Ausgangsgleichung reell, die Eigenwerte jedoch nicht, so kann eine Eigenbasis aus komplex-konjugierten Vektoren gewählt werden. In diesem Fall können sämtliche Substitutionen des Poincaréschen Satzes reell gewählt werden, d. h., sie führen komplex-konjugierte Vektoren in ebensolche über.

5.2. Der Resonanzfall

Im Resonanzfall behauptet der Satz von Poincaré-Dulaque, daß durch formale Variablensubstitutionen alle nichtresonanten Glieder in einer Gleichung beseitigt werden können.

5.2.1. Resonante Monome

Das n-Tupel $\lambda = (\lambda_1, \ldots, \lambda_n)$ von Eigenwerten des Operators A sei resonant, $\boldsymbol{e}$ sei ein Vektor einer Eigenbasis, x_i seien die Koordinaten in dieser Basis und $\boldsymbol{x}^{\boldsymbol{m}} = x_1^{m_1} \cdots x_n^{m_n}$ ein (homogenes) Monom in diesen Koordinaten.

Definition. Ein Vektormonom $\boldsymbol{x}^{\boldsymbol{m}}\boldsymbol{e}_s$ heißt *resonant,* wenn $\lambda_s = (\boldsymbol{m}, \lambda)$, $|\boldsymbol{m}| \geqq 2$, gilt.

Beispiel. Für die Resonanz $\lambda_1 = 2\lambda_2$ ist das Monom $x_2{}^2\boldsymbol{e}_1$ das eindeutig bestimmte resonante Monom. Für die Resonanz $\lambda_1 + \lambda_2 = 0$ sind alle Monome $(x_1x_2)^k\, x_s\boldsymbol{e}_s$ resonant.

5.2.2. Der Satz von Poincaré-Dulaque

Wir betrachten eine Differentialgleichung, die durch die formale Reihe $\boldsymbol{v}(x) = Ax + \cdots$ gegeben ist:

$$\dot{x} = Ax + \cdots.$$

Satz. *Durch die formale Substitution $x = y + \cdots$ wird die Gleichung in eine kanonische Form*

$$\dot{y} = Ay + \boldsymbol{w}(y)$$

übergeführt. Die Substitution kann so gewählt werden, daß alle Monome der Reihe $\boldsymbol{w}$ resonant sind.

◂ Wir beginnen mit der Beseitigung der nichtlinearen Glieder der Reihe $\boldsymbol{v}$. Nach einigen Schritten stoßen wir — eventuell — auf die nicht lösbare homologische Gleichung

$$L_A\boldsymbol{h} = \boldsymbol{v}$$

mit dem homogenen Vektorpolynom $\boldsymbol{h}$, dessen Grad r gleich der Ordnung der Resonanz ist. In diesem Fall kann man nicht alle Glieder vom Grad r der Störung $\boldsymbol{v}$ durch entsprechende Substitutionen beseitigen. Statt dessen eliminieren wir nur diejenigen, für die dies möglich ist. Mit anderen Worten, wir stellen $\boldsymbol{h}$ und $\boldsymbol{v}$ als Summe von Vektormonomen dar,

$$\boldsymbol{v} = \sum \boldsymbol{v}_{\boldsymbol{m},s}\boldsymbol{x}^{\boldsymbol{m}}\boldsymbol{e}_s, \qquad \boldsymbol{h} = \sum \boldsymbol{h}_{\boldsymbol{m},s}\boldsymbol{x}^{\boldsymbol{m}}\boldsymbol{e}_s,$$

und setzen

$$\boldsymbol{h}_{\boldsymbol{m},s} = \frac{\boldsymbol{v}_{\boldsymbol{m},s}}{(\boldsymbol{m}, \lambda) - \lambda_s}$$

für diejenigen $\boldsymbol{m}$ und s, für die der Nenner von 0 verschieden ist. Dadurch ist das Feld $\boldsymbol{h}$ definiert.

Wir führen nun die Substitution wie im Beweis des Poincaréschen Satzes $x = y + \boldsymbol{h}(y)$ aus. Dann fallen bis auf die resonanten Glieder in der ursprünglichen Gleichung alle Glieder vom Grad r weg. Die resonanten Glieder ändern sich nicht. Die Gleichung nimmt die Gestalt

$$\dot{y} = Ay + \boldsymbol{w}_r(y) + \cdots$$

an. $\boldsymbol{w}_r$ besteht nur aus resonanten Gliedern.

Die folgenden Schritte werden genauso ausgeführt. Die übriggebliebenen resonanten Glieder $\boldsymbol{w}_r$ haben keinen Einfluß auf die zu lösenden homologischen Gleichungen und ändern sich durch die folgenden Substitutionen nicht. Tatsächlich wird durch die Substitution $y = z + g_s(z)$ die Gleichung

$$\dot{y} = Ay + \boldsymbol{w}_2(y) + \cdots + \boldsymbol{w}_s(y) + \cdots$$

in die Gleichung

$$\dot{z} = Az + \boldsymbol{w}_2(z) + \cdots + \boldsymbol{w}_{s-1}(z) + [\boldsymbol{w}_s(z) - L_A g_s(z)] + \cdots$$

transformiert; denn die Poisson-Klammer von $\boldsymbol{w}_2$ mit g_s hat bereits die Ordnung $s + 1$.

Daher werden alle nichtresonanten Glieder vom Grad s durch die Wahl von g_s eliminiert, und der Beweis wird wie im nichtresonanten Fall beendet. ▶

5.2.3. Beispiele

In der Praxis wird der Satz von Poincaré-Dulaque gewöhnlich benutzt, um die resonanten Glieder kleiner Ordnung auszusondern und die Störung in Glieder einer gewissen Ordnung zu verschieben, d. h., die Gleichung in die Gestalt

$$\dot{x} = Ax + \boldsymbol{w}(x) + o(|x|^N)$$

überzuführen. $\boldsymbol{w}$ ist ein Polynom aus Resonanzmonomen, und die Variablentransformationen sind nicht formal, sondern tatsächliche Transformationen (eventuell polynomiale Transformationen).

Beispiel 1. Wir betrachten ein Vektorfeld in der Ebene mit einem singulären Punkt — einem Knoten und Resonanz $\lambda_1 = 2\lambda_2$. Der Satz von Poincare-Dulaque gestattet es (formal), die Gleichung in eine Normalform

$$\dot{x}_1 = \lambda_1 x_1 + \lambda_2 x_2^2,$$
$$\dot{x}_2 = \lambda_2 x_2$$

zu transformieren. In diesem Fall ist die Normalform polynomial, da die Anzahl der resonanten Glieder endlich ist (lediglich 1).

Beispiel 2. Wir betrachten ein Vektorfeld in der Ebene $\boldsymbol{R}^2$ mit singulärem Punkt und rein imaginären Eigenwerten $\lambda_{1,2} = \pm i\omega$ (Zentrum der linearen Näherung)

Wir gehen zu einer Eigenbasis über, wobei die Eigenvektoren komplex-konjugiert gewählt werden. Die Koordinaten von $\boldsymbol{C}^2$ bezüglich der Basis aus komplex-konjugierten Vektoren werden mit z und $\bar{z}$ bezeichnet (diese Zahlen sind in Wirklichkeit nur über $\boldsymbol{R}^2 \subset \boldsymbol{C}^2$ konjugiert).

Unsere Differentialgleichung auf $\boldsymbol{R}^2$ ergibt auf $\boldsymbol{C}^2$ eine Gleichung, die in der Gestalt

$$\dot{z} = \lambda z + \cdots, \quad \dot{\bar{z}} = \bar{\lambda}\bar{z} + \cdots$$

geschrieben werden kann (die Punkte geben eine Potenzreihe in z bzw. $\bar{z}$ an). Da man die zweite Gleichung aus der ersten durch Konjugation erhalten kann, wird sie nicht mitgeschrieben.

Wir haben die Resonanz $\lambda_1 + \lambda_2 = 0$. Nach dem Satz von POINCARÉ-DULAQUE geht unsere Gleichung durch eine reelle (vgl. Bemerkung 4 aus 5.1.4.) Variablentransformation über in

$$\dot{\zeta} = \lambda\zeta + c\zeta\,|\zeta|^2 + O(|\zeta|^5).$$

Folglich ist $r^2 = |\zeta|^2$ eine glatte, reellwertige Funktion auf $\boldsymbol{R}^2$. Für diese gilt

$$(r^2)^{\cdot} = \dot{\zeta}\bar{\zeta} + \zeta\dot{\bar{\zeta}} = (2\,\mathrm{Re}\,c)\,r^4 + O(r^6).$$

Ist der Realteil von c negativ (bzw. positiv), so ist die Gleichgewichtslage stabil (bzw. instabil).

Auf diese Weise geben die ersten Schritte der Poincaré-Transformation eine Methode zur Untersuchung der Stabilität in einem singulären Punkt, was in der linearen Näherung nicht möglich ist. Dabei ist es völlig unerheblich, ob die Konstruktion fortgesetzt werden kann oder ob die Prozedur im ganzen konvergiert. Wichtig ist nur, daß die Größe des „nichtlinearen Verlustes" Re c von 0 verschieden ist.

Bemerkung. Eine Verallgemeinerung des Poincaréschen Satzes stellt der Satz von CARTAN dar, der ein grundlegendes Resultat der Theorie der Lie-Algebren ist und gleichzeitig den Satz über die Jordansche Normalform verallgemeinert.

Wir betrachten eine endlichdimensionale Lie-Algebra. Es sei u ein Element dieser Lie-Algebra. Der Kommutator mit diesem Element definiert eine lineare Abbildung des Raumes der Lie-Algebra in sich, $v \mapsto [u, v]$. Das Element u heißt *halbeinfach*, wenn dieser Operator diagonalisierbar ist (eine Eigenbasis besitzt). Das Element u heißt *nilpotent*, wenn der Operator $v \mapsto [u, v]$ nilpotent ist, d. h., alle Eigenwerte sind 0. Der Satz von CARTAN besagt nun, daß sich jedes Element u eindeutig in ein halbeinfaches Element s und ein nilpotentes Element n, die miteinander kommutieren, zerlegen läßt:

$$u = s + n, \qquad sn = ns.$$

Die Elemente s, n heißen *Zerlegungselemente* von u.

Im Fall der Jordanschen Normalform ist s ein Operator mit Diagonalmatrix und n die Summe der nilpotenten Jordankästchen.

In der Lie-Algebra der Jets eines Vektorfeldes mit singulärem Punkt 0 ist ein halbeinfaches Feld ein solches, das in einem geeigneten Koordinatensystem linear ist und durch eine Diagonalmatrix gegeben werden kann. Ein nilpotentes Feld besteht aus einem nilpotenten linearen Bestandteil und Gliedern höheren Grades. Die Bedingung, daß n und s kommutieren, bedeutet, daß im festgesetzten Koordinatensystem im nichtlinearen Bestandteil des Feldes nur resonante Glieder vorkommen.

Der Satz von POINCARÉ-DULAQUE könnte aus dem gegebenen allgemeinen Satz hergeleitet werden. (Man hätte ihn auf die endlichdimensionale Lie-Algebra der Jets von Vektorfeldern in 0 anzuwenden.)

5.3. Poincarésche und Siegelsche Gebiete

Bei der Untersuchung der Konvergenz der Poincaré-Reihen, die im vorigen Abschnitt konstruiert wurden, kann man im wesentlichen, in Abhängigkeit von der Lage der Eigenwerte in der komplexen Ebene, zwei Fälle unterscheiden.

5.3.1. Resonanzebenen

Wir betrachten den n-dimensionalen komplexen Raum aller möglichen n-Tupel von Eigenwerten, $\boldsymbol{C}^n = \{\lambda = (\lambda_1, \ldots, \lambda_n)\}$.

Definition. Eine Hyperebene im C^n heißt *Resonanzebene*, wenn sie durch eine ganzzahlige Gleichung

$$\lambda_s = (\boldsymbol{m}, \lambda) \qquad \text{mit } m_k \geqq 0, \sum m_k \geqq 2$$

gegeben ist.

Ändert man den ganzzahligen Vektor $\boldsymbol{m}$ und die Nummer s, so erhält man eine (abzählbare) Menge von Resonanzebenen. Wir untersuchen, wie die Menge der Resonanzebenen im Raum der Eigenwerte C^n liegt. Es zeigt sich, daß in einem Teil des C^n die Resonanzebenen diskret und im anderen überall dicht liegen.

Definition. Ein n-Tupel λ von Eigenwerten liegt im *Poincaréschen Gebiet*, wenn die konvexe Hülle der Punkte $\lambda_1, \ldots, \lambda_n$ die Null nicht enthält.

Ein n-Tupel λ von Eigenwerten liegt im *Siegelschen Gebiet*, wenn die Null im Innern der konvexen Hülle der n Punkte $\lambda_1, \ldots, \lambda_n$ enthalten ist.

Bemerkung. Für $n > 2$ sind Poincarésche und Siegelsche Gebiete offen und durch einen Kegel getrennt. Für $n = 2$ hat das Siegelsche Gebiet die reelle Kodimension 1 in C^2.

5.3.2. Resonanzen im Poincaréschen Gebiet

Wir setzen voraus, daß das n-Tupel λ der Eigenwerte im Poincaréschen Gebiet liegt.

Satz 1. *Jeder Punkt des Poincaréschen Gebietes genügt höchstens einer endlichen Zahl von Resonanzbeziehungen $\lambda_s = (\boldsymbol{m}, \lambda)$ mit $|\boldsymbol{m}| \geqq 2$, $m_i \geqq 0$. Darüber hinaus gibt es eine Umgebung des Punktes, deren Schnitt mit jeder anderen Resonanzebene leer ist.*

Mit anderen Worten, die Resonanzebenen liegen im Poincaréschen Gebiet diskret.

◀ Gemäß der Definition des Poincaréschen Gebiets gibt es in der komplexen Ebene eine reelle Gerade, die das n-Tupel der Eigenwerte von 0 trennt. Wir betrachten die orthogonalen Projektionen der Eigenwerte auf die zu 0 gerichtete Normale an diese Gerade. Alle diese Projektionen sind nicht kleiner als der Abstand der Geraden von 0. Da die Koeffizienten m_i einer Resonanz nicht negativ sind, wird für genügend großes $|\boldsymbol{m}|$ die Projektion von $(\boldsymbol{m}, \lambda)$ auf die Normale größer als die größte Projektion eines Eigenwertes auf die Normale der trennenden Geraden. ▶

Satz 2. *Liegen die Eigenwerte λ des linearen Bestandteils eines Feldes $\boldsymbol{v}$ in 0 im Poincaréschen Gebiet, so kann das Feld auch im resonanten Fall durch eine formale Variablentransformation in eine polynomiale Normalform übergeführt werden.*

◀ Gemäß Satz 1 ist die Anzahl der resonanten Glieder endlich. Somit folgt Satz 2 aus Satz 1 und dem Satz von Poincaré-Dulaque. ▶

Bemerkung. Im Poincaréschen Gebiet ist Resonanz nur dann möglich, wenn folgendes gilt: Ist ein Eigenwert durch die restlichen darstellbar, *so leistet er zur Summe keinen Beitrag*, d. h., ist $\lambda_s = (\boldsymbol{m}, \lambda)$, so ist $m_s = 0$. Wäre $m_s > 0$, so hätte $0 = (\boldsymbol{m}, \lambda) - \lambda_s$ eine positive Projektion auf die Normale an die trennende Gerade.

5.3.3. Resonanzen im Siegelschen Gebiet

Wir setzen voraus, daß das n-Tupel der Eigenwerte $\boldsymbol{\lambda}$ im Siegelschen Gebiet liegt.

Satz 3. *Die Resonanzebenen liegen im Siegelschen Gebiet überall dicht.*

◀ Der Punkt O liegt entweder im Inneren eines Dreiecks mit den Ecken $(\lambda_1, \lambda_2, \lambda_3)$ oder auf der Strecke (λ_1, λ_2). Im ersten Fall betrachten wir den Winkelraum, den die Linearkombinationen von λ_1, λ_2 mit nichtnegativen reellen Koeffizienten vom Punkt O ausbilden.

Die negativen Vielfachen von λ_3 liegen in diesem Winkelraum. Wir unterteilen den Winkelraum in Parallelogramme, deren Ecken die ganzzahligen Linearkombinationen von λ_1 und λ_2 sind. Es sei d der Durchmesser eines solchen Parallelogramms. Für beliebige natürliche Zahlen N liegt die Zahl $-N\lambda_3$ in einem dieser Parallelogramme. Sie liegt also nicht weiter als d von einer Ecke entfernt, so daß $|N\lambda_3 + m_1\lambda_1 + m_2\lambda_2| \leqq d$ ist.

Aus dieser Ungleichung folgt, daß der Abstand unseres Punktes von der Resonanzebene $\lambda_3 = m_1\lambda_1 + m_2\lambda_2 + (N+1)\lambda_3$ die Zahl d/N nicht übersteigt. Somit ist der Satz bewiesen, wenn Null in einem Dreieck liegt.

Wenn O auf der Strecke zwischen λ_1 und λ_2 liegt, existieren beliebig große Zahlen p_1 und p_2 mit $|p_1\lambda_1 + p_2\lambda_2| \leqq d$. Dies ergibt eine Resonanzebene mit einem Abstand kleiner als $d/|p|$ von $\boldsymbol{\lambda}$. ▶

Definition. Ein Punkt $\boldsymbol{\lambda} = (\lambda_1, \ldots, \lambda_n)$ heißt *vom Typ* (C, ν), wenn für beliebiges s

$$|\lambda_s - (\boldsymbol{m}, \boldsymbol{\lambda})| \geqq \frac{1}{C} |\boldsymbol{m}|^\nu$$

für alle ganzzahligen Vektoren $\boldsymbol{m}$ mit nichtnegativen Koeffizienten m_i und $\sum m_i = |\boldsymbol{m}| \geqq 2$ gilt.

Satz 4. *Es sei* $\nu > (n-2)/2$. *Dann gilt: Die Menge der Punkte, die für kein* C *vom Typ* (C, ν) *sind, hat das Maß* 0.

◀ Wir fixieren eine Kugel im $\boldsymbol{C}^n$ und schätzen das Maß der Punkte in der Kugel ab, die nicht vom Typ (C, ν) sind. Die in die Definition eingehende Ungleichung bestimmt eine Umgebung der Resonanzebene mit einer Breite, die nicht größer als $C_1C/|\boldsymbol{m}|^{\nu+1}$ ist. Daher übersteigt das Maß des Teils der Umgebung, der in der Kugel liegt, $C_2C/|\boldsymbol{m}|^{2\nu+2}$ nicht. Summiert man bei fixiertem $|\boldsymbol{m}|$ über $\boldsymbol{m}$, so erhält man weniger als $|\boldsymbol{m}|^{n-1} C_3C^2/|\boldsymbol{m}|^{2\nu+2}$. Summiert man nun über $|\boldsymbol{m}|$, so folgt $C_4(\nu)\, C^2 < \infty$, falls $\nu > (n-2)/2$ ist. Folglich wird die Menge der Punkte in der Kugel, die nicht vom Typ (C, ν) sind, von einer Menge mit beliebig kleinem Maß überdeckt. ▶

Im reellen Fall muß in Satz 4 gefordert werden, daß $\nu > n - 1$ ist.

5.3.4. Die Sätze von Poincaré und Siegel

Wir nehmen nun an, daß das Vektorfeld nicht formal, sondern als konvergierende Reihe gegeben ist, d. h., wir betrachten eine Differentialgleichung mit holomorpher rechter Seite.

Satz von Poincaré. *Wenn die Eigenwerte des linearen Bestandteils eines Vektorfeldes im singulären Punkt nicht resonant sind und im Poincaréschen Gebiet liegen, so ist das Vektorfeld in einer Umgebung des singulären Punktes zu seinem linearen Bestandteil biholomorph äquivalent.*

Mit anderen Worten, die Poincaréreihe konvergiert, wenn die Eigenwerte im Poincaréschen Gebiet liegen.

Satz von Siegel. *Es sei $\lambda = (\lambda_0, \ldots, \lambda_n)$ das n-Tupel der Eigenwerte des linearen Bestandteils eines Vektorfeldes im singulären Punkt. Hat λ den Typ (C, ν), so ist das Feld in einer Umgebung des singulären Punktes zu seinem linearen Bestandteil biholomorph äquivalent.*

Mit anderen Worten, die Poincaréreihe konvergiert für fast alle (im Sinne der Maßtheorie) linearen Glieder eines Feldes im singulären Punkt.

Bemerkung. Alle nichtresonanten Vektoren des Poincaréschen Gebietes sind für beliebiges $C > 0$ vom Typ (C, ν). Dagegen werden im Siegelschen Gebiet überall dichte Mengen sowohl von den Vektoren vom Typ (C, ν) als auch von resonanten Vektoren sowie von nichtresonanten Vektoren, die für kein C und kein ν vom Typ (C, ν) sind, gebildet.

Für n-Tupel von Eigenwerten vom letzten Typ, die unabhängig sind, aber fast abhängig, können die Poincaréreihen divergieren, so daß das Feld formal, aber nicht biholomorph äquivalent zu seinem linearen Bestandteil ist.

Die Beweise der Sätze von Poincaré und Siegel ergeben sich durch leichte Änderungen aus Beweisen von Sätzen über Abbildungen, die in 5.7. geführt werden.

5.3.5. Der Satz von Poincaré-Dulaque

Wir betrachten den Fall resonanter Eigenwerte.

Satz. *Liegen die Eigenwerte des linearen Bestandteils eines holomorphen Vektorfeldes im singulären Punkt im Poincaréschen Gebiet, so ist das Feld in einer Umgebung des singulären Punktes zu einem polynomialen Feld biholomorph äquivalent. Die auftretenden Vektormonome vom Grad größer als* 1 *sind resonant.*

Mit anderen Worten, die Poincaréreihen konvergieren auch im resonanten Fall, wenn die Eigenwerte im Poincaréschen Gebiet liegen.

Bemerkung. Liegen die Eigenwerte dagegen im Siegelschen Gebiet, so divergieren die zur formalen Normalform führenden Reihen oft, wenn Resonanz vorliegt. Das erste Beispiel dieser Art findet sich schon bei Euler [1], S. 601.

Im Eulerschen Beispiel

$$\dot{x} = x^2, \quad \dot{y} = y - x$$

ist der Koordinatenursprung ein singulärer Punkt — ein Sattel-Strudel. Ungeachtet der Analytizität der rechten Seite ist die Separatrize, die die Halbebene $x < 0$ teilt, nichtanalytisch, sondern nur unendlich oft differenzierbar: $y = \sum (k-1)!\, x^k$.

A. D. Brjuno [1] konstruierte zahlreiche Beispiele, in denen die Poincaréreihen divergieren. (In dieser Arbeit ist auch die Konvergenz von Reihen in solchen Fällen bewiesen, die aus dem Rahmen der Theorie von Siegel herausfallen.)

5.3.6. Reeller und nichtanalytischer Fall

Die Sätze von Poincaré und von Poincaré-Dulaque lassen sich auf den reell-analytischen Fall und auf den Fall unendlich oft differenzierbarer Vektorfelder und weiter auf den Fall von Feldern mit endlicher (genügend großer) Glattheit übertragen.

Im Fall des Satzes von Siegel ist eine solche Verallgemeinerung auch möglich (vgl. etwa S. Sternberg [1]).

Diese Sätze gelten; es ist jedoch zu bemerken, daß die Situationen, in denen sie anwendbar sind, topologisch trivial sind. Tatsächlich kann der Poincarésche Fall für ein reelles Feld nur auftreten, wenn alle Eigenwerte entweder in der linken oder in der rechten Halbebene liegen. In diesem Fall (unabhängig von Resonanzen) ist das System in einer Umgebung eines Fixpunktes im reellen Raum topologisch äquivalent zum Standardsytem $\dot{x} = -x$ (bzw. $\dot{x} = x$). Alle Phasenkurven laufen in einen asymptotisch stabilen Gleichgewichtszustand für $r \to +\infty$ (bzw. verlassen den Gleichgewichtszustand für $t \to -\infty$).

In der Situation des Satzes von Siegel in einem reellen Gebiet ist der Satz von Grobman-Hartman anwendbar (das System ist topologisch zum Standardsattel äquivalent). Liegt ein von 0 verschiedener Eigenwert λ des linearen Bestandteils auf der imaginären Achse, so liegt auch der komplex-konjugierte Wert auf dieser Achse. Das Paar $\lambda_{1,2} = \pm i\omega$ führt somit zur Resonanz $\lambda_1 + \lambda_2 = 0$. Die Null als Eigenwert ist immer resonant. Damit ist der Satz von Siegel nur auf Systeme anwendbar, die keine Eigenwerte auf der imaginären Achse besitzen. Solche Systeme sind aber lokal topologisch äquivalent zu ihrem linearen Bestandteil (Satz von Grobman-Hartman, siehe 3.4.).

Im Unterschied zu den *Sätzen* von Poincaré und Siegel ist die Poincarésche *Methode* für die Untersuchung topologisch komplizierter Fälle, d. h. solcher mit Eigenwerten auf der reellen Achse, geeignet. Man benutzt diese Methode zur Normalisierung endlich vieler Glieder der Taylorreihe. Dannach zeigt sich, daß die Glieder höherer Ordnung das qualitative Bild nicht mehr ändern. Ein einfaches Beispiel dieser Art wurde in 5.2.3. analysiert. Äußerst nützlich ist diese Methode in der Bifurkationstheorie (vgl. Kap. 6).

5.4. Die Normalform einer Abbildung in einer Umgebung eines Fixpunktes

Die Konstruktion eines geeigneten Koordinatensystems für Abbildungen eines Raumes in sich in der Nähe eines Fixpunktes ist der Theorie der Normalformen von Differentialgleichungen in der Umgebung einer Gleichgewichtslage vergleichbar. In diesem Punkt wird gezeigt, wie die grundlegenden Sätze der Normalformentheorie in diesem Fall angewandt werden.

5.4.1. Resonanzen. Poincarésche und Siegelsche Gebiete

Wir betrachten die formale Abbildung $F: \boldsymbol{C}^n \to \boldsymbol{C}^n$, gegeben durch eine formale Potenzreihe $F(x) = Ax + \cdots$. Es seien $(\lambda_1, \ldots, \lambda_n)$ die Eigenwerte des linearen Operators A. Eine Beziehung $\lambda_s = \boldsymbol{\lambda}^{\boldsymbol{m}}$, mit $\boldsymbol{\lambda}^{\boldsymbol{m}} = \lambda_1^{m_1} \cdots \lambda_n^{m_n}$, $m_k \geqq 0$, $\sum m_k \geqq 2$, nennt man Resonanz.

Beispiel. Für $n = 1$ sind alle Einheitswurzeln und die Null resonant.

Definition. Ein Tupel von Eigenwerten *liegt im Poincaréschen Gebiet,* wenn ihre Beträge entweder alle größer oder alle kleiner als 1 sind.

Liegen die Eigenwerte des linearen Bestandteils einer Abbildung F im Poincaréschen Gebiet, so ist sie in einer Umgebung des Koordinatenursprungs kontrahierend (wenn $|\boldsymbol{\lambda}| < 1$ ist), oder ihre inverse Abbildung ist dort kontrahierend (wenn $|\boldsymbol{\lambda}| > 1$ ist).

Definition. Die Ergänzung des Poincaréschen Gebiets bildet das Siegelsche Gebiet. Für $n = 1$ ist das *Siegelsche Gebiet* im Grenzwert gleich dem Einheitskreis $|\boldsymbol{\lambda}| = 1$. Eine Resonanzgleichung $\lambda_s = \boldsymbol{\lambda}^{\boldsymbol{m}}$ definiert im Raum $\boldsymbol{C}^n$ der Eigenwerte eine komplexe Hyperfläche. Im Poincaréschen Gebiet liegen die *Resonanzflächen* diskret. Im Siegelschen Gebiet liegen sowohl die Resonanz- als auch die Nichtresonanzpunkte überall dicht.

5.4.2. Formale Linearisierung

Zuerst betrachten wir die Frage nach der formalen Normalform einer Abbildung in einem Fixpunkt.

Satz. *Das n-Tupel der Eigenwerte der Abbildung F sei in einem Fixpunkt nichtresonant. Dann führt die formale Variablentransformation $x = \mathcal{H}(y) = y + \cdots$ die Abbildung $x \mapsto F(x)$ in ihren linearen Bestandteil $x \mapsto Ax$ über, und es ist $F \circ \mathcal{H} = \mathcal{H} \circ A$.*

◄ Es sei $H(y) = y + \boldsymbol{h}(y)$, wobei $\boldsymbol{h}$ ein homogenes Vektorpolynom mit Grad r, $r \geqq 2$, ist. Dann ist

$$H \circ A \circ H^{-1}(x) = Ax + [\boldsymbol{h}(Ax) - A\boldsymbol{h}(x)] + \cdots,$$

wobei die Punkte Glieder höheren als r-ten Grades bezeichnen. Der Ausdruck in eckigen Klammern ist ein homogenes Vektorpolynom vom Grad r. Dieses Polynom hängt linear von $\boldsymbol{h}$ ab. Der lineare Operator

$$M_A: \boldsymbol{h}(x) \mapsto [\boldsymbol{h}(Ax) - A\boldsymbol{h}(x)],$$

der auf dem Raum der homogenen Vektorpolynome definiert ist, hat die Eigenwerte $\boldsymbol{\lambda}^{\boldsymbol{m}} - \lambda_s$ und die Eigenvektoren $\boldsymbol{h}(x) = \boldsymbol{x}^{\boldsymbol{m}}\boldsymbol{e}_s$ (wie üblich bilden die Vektoren $\boldsymbol{e}_s$ eine Eigenbasis des Operators A, $\boldsymbol{x}^{\boldsymbol{m}} = x_1^{m_1} \cdots x_n^{m_n}$, x_k Koordinaten in der Basis $\boldsymbol{e}_k$; der Einfachheit halber sind die Eigenwerte des Operators A als verschieden vorausgesetzt).

Auf diese Weise kommen wir zur homologischen Gleichung bezüglich $\boldsymbol{h}$,

$$M_A \boldsymbol{h} = \boldsymbol{v},$$

zu deren Lösung die Zerlegungskoeffizienten von $\boldsymbol{v}$ durch die Zahl $\boldsymbol{\lambda}^{\boldsymbol{m}} - \lambda_s$ geteilt werden müssen. Unsere Resonanzbedingung hat also das Aussehen $\lambda_s = \boldsymbol{\lambda}^{\boldsymbol{m}}$.

Der weitere Beweis unterscheidet sich nicht von dem in 5.1. für Differentialgleichungen gegebenen. ▶

5.4.3. Konvergenzfragen

Die Sätze von POINCARÉ und SIEGEL lassen sich auf folgende Art auf den betrachteten Fall diskreter Zeit übertragen.

Satz von POINCARÉ. *Angenommen, alle Eigenwerte eines holomorphen Diffeomorphismus in einem Fixpunkt seien dem Betrag nach kleiner als* 1 (*oder alle größer als* 1) *und es gäbe keine Resonanzen. In einer Umgebung des Fixpunktes läßt sich die Abbildung dann durch einen lokalen, biholomorphen Diffeomorphismus in ihren linearen Bestandteil transformieren.*

Satz von SIEGEL. *Für fast alle* (*im Sinne des Lebesgue-Maßes*) *n-Tupel von Eigenwerten des linearen Bestandteils eines holomorphen Diffeomorphismus in einem Fixpunkt ist dieser zu seinem linearen Bestandteil im Fixpunkt biholomorph äquivalent.*

Für die Äquivalenz des Diffeomorphismus zu seinem linearen Bestandteil genügt es nämlich, daß die Eigenwerte die Ungleichungen

$$|\lambda_s - \boldsymbol{\lambda}^{\boldsymbol{m}}| \geqq C |\boldsymbol{m}|^{-\nu}$$

für alle $s = 1, \ldots, n$, $|\boldsymbol{m}| = \sum m_k \geqq 2$, $m_k \geqq 0$, erfüllen. Diejenigen n-Tupel, die einer solchen Ungleichung genügen, heißen vom multiplikativen Typ (C, ν). Die Menge derjenigen n-Tupel von Eigenwerten, die für kein C vom multiplikativen Typ (C, ν) sind, hat für $\nu > (n-1)/2$ das Maß 0.

Die Beweise der Sätze von POINCARÉ und SIEGEL werden fast genauso wie die für Differentialgleichungen geführt. Obgleich der Satz von SIEGEL schon mehr als 30 Jahre bekannt ist, scheint es, als ob ein Beweis bis heute nicht publiziert worden wäre. Ein solcher Beweis ist in 5.7. gegeben.

5.4.4. Der Resonanzfall

Jeder Resonanz $\lambda_s = \boldsymbol{\lambda}^{\boldsymbol{m}}$ entspricht ein resonantes Vektormonom $\boldsymbol{x}^{\boldsymbol{m}} \boldsymbol{e}_s$; $\boldsymbol{e}_s$ ist ein Eigenvektor, $\boldsymbol{x}^{\boldsymbol{m}} = x_1^{m_1} \cdots x_n^{m_n}$, die x_k sind die Koordinaten in der Eigenbasis.

Satz von POINCARÉ-DULAQUE. *Die formale Abbildung* $x \mapsto Ax + \cdots$ *mit Diagonalmatrix für den Operator* A *wird durch die formale Transformation* $x = y + \cdots$ *in die Normalform* $y \mapsto Ay + \boldsymbol{w}(y)$ *übergeführt. Die Reihe* $\boldsymbol{w}$ *besteht aus einem resonanten*

Monom. Sind die Eigenwerte des linearen Bestandteils des Operators A dem Betrag nach alle kleiner (oder alle größer) als 1, so wird die holomorphe Abbildung $x \mapsto Ax + \cdots$ durch eine biholomorphe Transformation in eine polynomiale Normalform, bestehend aus einem resonanten Monom, übergeführt.

Im Resonanzfall wird die Poincarésche Methode gewöhnlich benutzt, um endlich viele Glieder der Taylorreihe der Abbildung in Normalform überzuführen.

Beispiel. Wir betrachten eine Abbildung des $\boldsymbol{C}^1$ in sich. Diese habe den Fixpunkt O und Eigenwert λ, der eine n-te Einheitswurzel ist. Bei geeigneter Wahl der Koordinaten geht eine solche Abbildung in die Gestalt

$$x \mapsto \lambda x + cx^{n+1} + O(|x|^{2n+1})$$

über. Ist z. B. $\lambda = -1$, so geht die Abbildung in

$$x \mapsto -x + cx^3 + O(|x|^5)$$

über. Diese Formel gestattet, die Stabilität eines Fixpunktes einer reellen Abbildung zu studieren. Tatsächlich ergibt die Komposition dieser Abbildung mit sich selbst

$$x \mapsto x - 2cx^3 + O(|x|^5).$$

Ist folglich $c > 0$, so ist der Fixpunkt O unserer Abbildung stabil.

Die ersten Schritte der Poincaré-Methode gestatten also die Untersuchung der Stabilität von Fixpunkten, und dies in Fällen, deren Behandlung durch lineare Näherung fragwürdig ist.

5.5. Die Normalform einer Gleichung mit periodischen Koeffizienten

Eine Variante der Poincaréschen Normalformenmethode ist die Reduktion auf einfachere Gleichungen mit periodischen Koeffizienten.

5.5.1. Die Normalform einer linearen Gleichung mit periodischen Koeffizienten

Wir betrachten eine Gleichung mit komplexem Phasenraum,

$$\dot{x} = A(t)\, x.$$

Dabei ist $A(t)\colon \boldsymbol{C}^n \to \boldsymbol{C}^n$ ein komplexer linearer Operator mit Periode 2π.

Ein linearer Operator $M\colon \boldsymbol{C}^n \to \boldsymbol{C}^n$ heißt *Monodromieoperator*, wenn er den Anfangswert für $t = 0$ in den Wert der Lösung mit diesem Anfangswert für $t = 2\pi$ überführt. (Monodromieabbildungen werden nicht nur für lineare Gleichungen, sondern für alle Gleichungen mit periodischen Koeffizienten, definiert. In diesem allgemeineren Fall nennt man die Monodromieabbildungen meist *Abbildung der Poincaré-Folge* oder einfach *Poincaré-Abbildung*.)

Satz von Floquet. *Der Monodromieoperator sei ein diagonaler Operator, und $\mu_s = e^{2\pi\lambda_s}$ seien seine Eigenwerte. Die Ausgangsgleichung mit periodischen Koeffizienten kann dann durch eine lineare Transformation $x = B(t)\, y$ in eine Gleichung mit konstanten Koeffizienten*

$$\dot{y} = \Lambda y$$

übergeführt werden. Dabei hat B die Periode 2π, und Λ ist ein Diagonaloperator mit den Eigenwerten λ_s, der sich entsprechend der Transformation $x = B(t)\,y$ ergibt.

◀ Wir betrachten den linearen Oprator, der den Anfangswert der ursprünglichen Gleichung für $t = 0$ in den Wert der Lösung mit diesem Anfangswert zur Zeit t überführt. Wir bezeichnen diesen Operator mit $g^t : \mathbf{C}^n \to \mathbf{C}^n$. Mit $f^t : \mathbf{C}^n \to \mathbf{C}^n$ bezeichnen wir den analogen Operator für die Gleichung $\dot{y} = \Lambda y$. Dann ist $g^0 = f^0 = E$, $g^{2\pi} = f^{2\pi} = M$ der Monodromieoperator entsprechend der Wahl von Λ. Wir setzen $B(t) = g^t \circ (f^t)^{-1}$. Der Operator $B(t)$ definiert die gesuchte Substitution. ▶

Bemerkung. Im Beweis des Satzes von FLOQUET wurde nur die Darstellung des Monodromieoperators als $M = e^{2\pi\Lambda}$ benutzt. Daher führt eine periodische Variablentransformation nicht nur komplexe Gleichungen mit diagonalem Monodromieoperator, sondern jede Gleichung, deren Monodromieoperator einen Logarithmus besitzt, in eine Gleichung mit konstanten Koeffizienten über. Jeder nichtausgeartete komplex-lineare Operator besitzt einen Logarithmus. Dies erhält man leicht, in dem man die Matrix des Operators in Jordanscher Normalform schreibt.

Folgerung 1. *Jede komplex-lineare Gleichung mit 2π-periodischen Koeffizienten kann durch eine lineare 2π-periodische Variablentransformation in eine Gleichung mit konstanten Koeffizienten übergeführt werden.*

Ein reeller, linearer Operator besitzt nicht immer einen Logarithmus, auch dann nicht, wenn die Determinante positiv ist. Die Determinante eines Monodromieoperators ist immer positiv. Betrachten wir z. B. den linearen Operator der Ebene in sich mit den Eigenwerten $(-1, -2)$. Wäre dieser Operator der Exponent eines anderen linearen Operators, so hätte dieser komplexe, aber nicht konjugiert-komplexe Eigenwerte. Daher hat dieser Operator auf der rellen Ebene keinen reellen Logarithmus.

Andererseits ist es nicht schwer zu überprüfen, daß F^2 immer einen reellen Logarithmus besitzt, wenn F ein reeller linearer Operator ist. Hieraus folgt:

Folgerung 2. *Jede reell-lineare Gleichung mit 2π-periodischen Koeffizienten kann durch eine lineare 4π-periodische Variablentransformation in eine Gleichung mit konstanten Koeffizienten übergeführt werden.*

Gewöhnlich ist es bequemer, die komplexe Transformation als die reelle mit doppelter Periode zu benutzen.

5.5.2. Einführung der homologischen Gleichung

Wir betrachten eine lineare Gleichung $\dot{y} = \Lambda y$ mit konstanten Koeffizienten. In dieser Gleichung führen wir eine bezüglich der Zeit 2π-periodische, nichtlineare Koordinatentransformation

$$x = y + \boldsymbol{h}(y, t)$$

durch. Dabei ist $\boldsymbol{h}$ eine Vektorfunktion (oder eine formale Reihe in y) mit 2π-periodischen Koeffizienten.

Lemma *Ist* $\boldsymbol{h} = O(|y|^r)$ *(oder beginnt die Reihe* $\boldsymbol{h}$ *mit Gliedern vom Grad größer gleich* r*),* $r \geqq 2$*, so gilt*

$$\dot{x} = \Lambda x + \left[\frac{\partial \boldsymbol{h}}{\partial x} \Lambda x - \Lambda \boldsymbol{h} + \frac{\partial h}{\partial t}\right] + \cdots,$$

wobei die Punkte Glieder höheren als r-ten Grades andeuten.

$$◀ \quad \dot{x} = (E + \boldsymbol{h}_y)\, \Lambda y + \boldsymbol{h}_t = (E + \boldsymbol{h}_y)\, \Lambda\big(x - \boldsymbol{h}(x, t)\big) + \boldsymbol{h}_t + \cdots$$

$$= \Lambda x + [h_x \Lambda x - \Lambda \boldsymbol{h}(x, t) + \boldsymbol{h}_t] + \cdots. \quad ▶$$

Definition. Die Gleichung $\dot{y} = \Lambda y$ habe 2π-periodische Koeffizienten. Die *zugehörige homologische Gleichung,*

$$L_\Lambda \boldsymbol{h} + h_t = \boldsymbol{v},$$

ist eine Gleichung bezüglich $\boldsymbol{h}$. $\boldsymbol{h}$ ist ein bezüglich t 2π-periodisches und $\boldsymbol{v}$ ein gegebenes 2π-periodisches Vektorfeld. Weiter ist

$$(L_\Lambda \boldsymbol{h})\,(x, t) = \frac{\partial \boldsymbol{h}}{\partial x} \Lambda x - \Lambda \boldsymbol{h}(x, t).$$

Wir werden auch den Fall betrachten, daß $\boldsymbol{h}$ und $\boldsymbol{v}$ formale Reihen mit 2π-periodischen Koeffizienten sind.

5.5.3. Lösung der homologischen Gleichung

Es seien zuerst $\boldsymbol{v}$ und $\boldsymbol{h}$ Taylor-Fourier-Reihen:

$$\boldsymbol{v}(x, t) = \sum v_{m,k,s} x^m e^{ikt} \boldsymbol{e}_s, \qquad \boldsymbol{h} = \sum h_{m,k,s} x^m e^{ikt} \boldsymbol{e}_s.$$

Eine formale Lösung der homologischen Gleichung wird durch die Formel

$$h_{m,k,s} = \frac{v_{m,k,s}}{ik + (m, \lambda) - \lambda_s}$$

gegeben. Dabei sind die λ_j Eigenwerte des Operators Λ.

Die Resonanzbedingung lautet

$$\lambda_s = (m, \lambda) + ik,$$

$$m_j \geqq 0, \quad \sum m_j \geqq 2, \quad -\infty < k < +\infty, \quad 1 \leqq s \leqq n.$$

Besteht für gegebene m und s keine Resonanz, so konvergieren die Fourierreihen $\sum h_{m,k,s} e^{ikt}$ und ihre Ableitung nach t. Liegt also keine Resonanz vor, so ist die homologische Gleichung in der Klasse der Polynome mit 2π-periodischen Koeffizienten und damit in der Klasse der formalen Potenzreihen mit bezüglich t 2π-periodischen Koeffizienten lösbar.

Liegt eine Resonanz vor, so ist die homologische Gleichung formal lösbar, wenn die Taylor-Fourier-Reihe für $\boldsymbol{v}$ keine resonanten Glieder enthält, d. h., wenn die Koeffizienten $v_{k,m,s}$ für die Glieder der Reihe verschwinden, für die die Resonanzbedingung $\lambda_s = ik + (m, \lambda)$ erfüllt ist.

5.5.4. Formale Normalformen

Tatsächlich führen wir auf die gewöhnliche Art im nichtresonanten Fall eine Gleichung mit 2π-periodischen Koeffizienten in eine lineare Gleichung $\dot{y} = Ay$ mit konstanten Koeffizienten über. Die Variablentransformation ist dabei eine formale Reihe in y mit Koeffizienten, die bezüglich t die Periode 2π haben.

Im resonanten Fall kommen wir zu einer Gleichung

$$\dot{y} = Ay + w(y, t).$$

w ist eine formale Potenzreihe in y mit bezüglich t 2π-periodischen Koeffizienten, die nur resonante Glieder hat. (Wir bemerken, daß resonante Glieder mit beliebigem, aber fixiertem Grad in y lediglich endlich viele Elemente der Fourierzerlegung enthalten, da die Resonanzbedingung $\lambda_s = (m, \lambda) + ik$ das k eindeutig bestimmt.)

Beispiel. Wir betrachten eine Gleichung mit 2π-periodischen Koeffizienten. Wir setzen voraus, daß die Dimension des Phasenraumes gleich 2 ist und beide Eigenwerte des Monodromieoperators komplex und dem Betrag nach gleich 1 sind.

Die linearisierte komplexifizierte Gleichung hat in einem geeigneten Koordinatensystem die Gestalt

$$\dot{z} = i\omega z.$$

(Wie üblich ist die Gleichung für $\bar{z}$ als konjugierte zur aufgeschriebenen Gleichung weggelassen.) Die Eigenwerte sind $\lambda_{1,2} = \pm i\omega$. Die resonanten Glieder in der Gleichung für z sind durch die Bedingung

$$ik + (m_1 - m_2 - 1)\, i = 0$$

definiert. Ist die reelle Zahl ω irrational, so ist $k = 0$ und $m_1 = m_2 + 1$. Folglich kann die Gleichung in

$$\dot{z} = i\omega z + c_1 z\, |z|^2 + c_2 z\, |z|^4 + \cdots$$

übergeführt werden. (Diese formale Normalform hängt nicht von der Zeit t ab.)

Durch eine reale (d. h. nicht formale) Variablentransformation kann die Gleichung z. B. in eine Gestalt

$$\dot{z} = i\omega z + c_1 z\, |z|^2 + \cdots$$

übergeführt werden, in der die (2π-periodische) Abhängigkeit von t nur in den Gliedern fünfter und höherer Ordnung in z, die durch Punkte angedeutet sind, auftritt.

Wir bemerken, daß in diesem Fall die Poincaré-Methode zu einer Mittelbildung bezüglich t und $\arg z$ führt und die erhaltene Gleichung invariant gegen Verschiebungen von t und Drehungen von z ist.

5.5.5. Der abhängige Fall

Wir setzen jetzt voraus, daß im obigen Beispiel die Zahl ω rational ist, d. h. $\omega = p/q$. In diesem Fall erhalten wir aus der Gleichung für die resonanten Glieder

$$k = pr, \quad m_1 = m_2 + 1 - qr.$$

Für die Untersuchung der Normalform ist es günstig, eine q-fache Überlagerung längs der Zeitachse zu betrachten. Wir bemerken, daß die Integralkurven des linearen Bestandteils unserer Gleichung eine Seifert-Blätterung vom Typ (p, q) bilden (vgl. 4.6.). Auf dem Raum der q-fachen Überlagerung bilden die Integralkurven eine triviale Faserung, und wir können Koordinaten eines direkten Produkts einführen. Die Koordinate längs einer Faser werden wir mit t (mod $2\pi q$) bezeichnen. Die Koordinate der Basis ζ ist durch die Bedingung $z = e^{i\omega t}\zeta$ definiert.

Mit diesen Bezeichnungen erhält der lineare Bestandteil unserer Gleichung die Gestalt $\dot{\zeta} = 0$. Die Normalform ist eine nicht von t abhängige formale Potenzreihe

$$\dot{\zeta} = \sum w_{k,l}\zeta^k\bar{\zeta}^l,$$

mit $k - l \equiv 1 \bmod q$.

Mit anderen Worten, in der Basis der q-fachen Überlagerung erhält man eine (formale) Gleichung, die invariant gegen Drehungen um $2\pi/q$ ist.

Beschränkt man sich statt der vollständigen Reduktion auf die Normalisierung der ersten Glieder der Reihe, so erhält man für ζ eine Gleichung

$$\dot{\zeta} = \zeta a(|\zeta|^2) + b\bar{\zeta}^{q-1} + \cdots$$

mit Koeffizienten, die von der Ordnung $q + 1$ an mit der Periode $2\pi q$ von der Zeit abhängen.

In diesem Fall führt jeder Schritt der Poincaré-Methode zu einer Mittelbildung entlang einer Seifert-Blätterung. Daher ist die erhaltene Gleichung invariant gegen Verschiebungen von t und Drehungen von ζ um Vielfache von $2\pi/q$.

Im Kapitel 6 werden die erhaltenen Gleichungen studiert.

5.5.6. Diskussion der Konvergenz

Das Poincarésche Gebiet einer Gleichung mit periodischen Koeffizienten $\dot{x} = Ax + \cdots$ ist durch folgende Bedingungen definiert: Alle Eigenwerte der linearisierten Gleichung liegen in der linken Halbebene Re $\lambda < 0$ (oder alle liegen in der rechten Halbebene). In diesem Gebiet gilt: 1. Die Resonanzebenen $\{\lambda_s = (\boldsymbol{m}, \lambda) + ik\}$ liegen diskret. 2. Bei Resonanz enthält die Normalform nur endlich viele Glieder. 3. Die Poincaré-Reihe konvergiert.

Die Ergänzung zum Poincaréschen Gebiet ist das Siegelsche Gebiet. In diesem Gebiet gilt: 1. Die Resonanzebenen bilden eine überall dichte Menge. 2. Die Normalformen können unendlich viele Glieder enthalten. 3. Die Poincaréreihe kann divergieren.

Für fast alle (im Sinne des Lebesgue-Maßes) Tupel von Eigenwerten λ des Operators A gilt jedoch: Die Differentialgleichung $\dot{x} = Ax + \cdots$ mit holomorphen bezüglich t 2π-periodischen Koeffizienten läßt sich in einer Umgebung der Nullösung in die autonome Normalform $\dot{x} = Ax$ überführen (Satz von Siegel für periodische Koeffizienten).

◀ Für den Beweis vgl. 5.7. ▶

5.5.7. Die Umgebung einer geschlossenen Phasenkurve

Wir betrachten eine autonome Differentialgleichung $\dot{x} = \boldsymbol{v}(x)$, die eine periodische Lösung und damit eine geschlossene Phasenkurve besitzt. Alles für eine Umgebung der Nullösung einer Gleichung mit periodischen Koeffizienten Gezeigte läßt sich unmittelbar auf diesen Fall übertragen.

Tatsächlich kann man die Koordinaten in einer Umgebung einer geschlossenen Phasenkurve so wählen, daß das durch das Vektorfeld $\boldsymbol{v}$ gegebene Richtungsfeld das Richtungsfeld einer Gleichung mit periodischen Koeffizienten wird. Außerdem verringert sich die Dimension des Phasenraums auf 1. (Die Koordinate, die sich längs der Phasenkurve ändert, wird Zeitkoordinate genannt.)

Bemerkung. Ist der Phasenraum eine Mannigfaltigkeit, so kann sich eine Umgebung einer geschlossenen Phasenkurve als nicht diffeomorph zum direkten Produkt von Kreisen auf einer transversalen Scheibe erweisen.

Beispiel. Der Phasenraum ist ein Möbiusband und die Phasenkurve die Achsenlinie des Möbiusbandes.

Allgemein ist die Umgebung eines Kreises auf einer Mannigfaltigkeit genau dann kein direktes Produkt, wenn die Mannigfaltigkeit nicht orientierbar und der Kreis ein entsprechender nichtorientierbarer Weg ist. In diesem Fall ist es für den Übergang zu einer Gleichung mit periodischen Koeffizienten notwendig, sich einer zweifachen Überlagerung des ursprünglichen Kreises zu bedienen.

5.5.8. Zusammenhang mit einer einparametrigen Gruppe

Die Theorie der Normalformen von Gleichungen mit periodischen Koeffizienten könnte auch aus der Normalformentheorie ihrer einparametrigen Gruppe von Diffeomorphismen, d. h. aus den Normalformen von Diffeomorphismen in der Umgebung eines Fixpunktes, hergleitet werden. Umgekehrt kann das Studium eines Diffeomorphismus in der Umgebung eines Fixpunktes zurückgeführt werden auf das Studium einer Gleichung mit periodischen Koeffizienten, für die der Diffeomorphismus ein Element der entsprechenden einparametrigen Gruppe ist.

Ist die gegebene Abbildung endlich und weiter unendlich oft differenzierbar, so macht die Konstruktion einer Differentialgleichung mit periodischen Koeffizienten keine größeren Schwierigkeiten.[1]) Im analytischen oder holomorphen Fall ist die Situation komplizierter. Die Frage ist dann der Frage nach der analytischen (holomorphen) Trivialität einer analytischen (holomorphen) Faserung über einem Kreis bei vorausgesetzter topologischer Trivialität äquivalent. Im wesentlichen jedoch gibt es eine positive Antwort, die aus der Theorie Steinscher Mannigfaltigkeiten und der Garbentheorie folgt. Der Beweis ist, soviel mir bekannt ist, nicht publiziert. (Ich bedanke mich bei V. P. Palamodov und Ju. S. Il'jasenko für diese Aufklärung.) Wir werden nicht näher auf diese Theorie eingehen, da alle für das Studium von Differentialgleichungen und Diffeomorphismen notwendigen Resultate nicht auseinander hergeleitet werden können, wenn man diese Methode benutzt.

---

[1]) Allgemein ausgedrückt, darf man die gegebene Abbildung nicht in den Phasenfluß einer autonomen Gleichung einbeziehen (Beispiel: ein Diffeomorphismus eines Kreises mit einer irrationalen Rotationszahl, der zu einer Drehung nicht differenzierbar äquivalent ist).

5.5.9. Der Fall bedingt-periodischer Koeffizienten

Die Poincaré-Methode gestattet eine direkte Verallgemeinerung auf den Fall bedingt-periodischer Koeffizienten. Es handelt sich um eine Gleichung

$$\dot{x} = \Lambda x + \boldsymbol{v}(x, \boldsymbol{\varphi}), \qquad \dot{\varphi} = \boldsymbol{\omega},$$

dabei ist φ ein Punkt eines r-dimensioanlen Torus, ω ein konstanter Vektor, Λ: $\boldsymbol{C}^n \to \boldsymbol{C}^n$ ein linearer Operator (unabhängig von φ) und $\boldsymbol{v}$ ein Vektorfeld, dessen linearer Bestandteil im Punkt Null verschwindet.

Die Komponenten des Frequenzvektors ω erfüllen die übliche Unabhängigkeitsbedingung. Die Resonanzbedingung hat in dieser Situation die Gestalt

$$\lambda_s = i(\boldsymbol{k}, \omega) + (\boldsymbol{m}, \lambda),$$

wobei $\boldsymbol{k}$ das Gitter der ganzzahligen Punkte in einem r-dimensionalen Raum durchläuft und $\boldsymbol{m}$ den üblichen Bedingungen, $m_p \geqq 0$, $\sum m_p \geqq 2$, genügt.

Die Funktion $\boldsymbol{v}$ ist analytisch (holomorph) bezüglich x und 2π-periodisch bezüglich $\boldsymbol{\varphi} = (\varphi_1, \ldots, \varphi_r)$ vorausgesetzt. Man kann beweisen, daß dieses System durch eine bezüglich $\boldsymbol{\varphi}$ 2π-periodische analytische Transformation $x = y + \boldsymbol{h}(y, \boldsymbol{\varphi})$ in ein System

$$\dot{y} = \Lambda y, \qquad \dot{\boldsymbol{\varphi}} = \omega$$

übergeführt werden kann (É. G. Belaga [1]).

Ein Mangel dieser Theorie ist die Unvollständigkeit der Theorie linearer Differentialgleichungen mit bedingt-periodischen Koeffizienten. Während für Gleichungen mit periodischen Koeffizienten durch eine geeignete periodische lineare Koordinatentransformation eine Konstanz des linearen Bestandteils erreicht werden konnte, ist für Gleichungen mit bedingt-periodischen Koeffizienten die Voraussetzung der Unabhängigkeit von Λ und $\boldsymbol{\varphi}$ eine wesentliche Einschränkung.

5.5.10. Das Problem der Transformierbarkeit einer linearen Gleichung mit bedingt-periodischen Koeffizienten

Es sei $\boldsymbol{x} \in \boldsymbol{C}^n$, $\boldsymbol{\varphi} \in T^r$; ω sei ein Vektor mit ganzzahligen unabhängigen Komponenten und $A(\boldsymbol{\varphi})$ ein linearer Operator des $\boldsymbol{C}^n$. Dann verstehen wir unter einer linearen Gleichung mit bedingt-periodischen Koeffizienten ein System der Gestalt

$$\dot{x} = A(\boldsymbol{\varphi})\, \boldsymbol{x}, \qquad \dot{\boldsymbol{\varphi}} = \omega.$$

Auf diese Weise ist die Gleichung durch ein Paar (A, ω) — A eine glatte Funktion auf dem Torus mit Werten in den linearen Abbildungen (wenn es bequemer ist, auch in Matrizen), $\boldsymbol{\varphi}$ ein Vektor auf dem Torus — gegeben.

Definition. Eine lineare Gleichung mit bedingt-periodischen Koeffizienten heißt *transformierbar*, wenn eine auf einem Torus definierte (glatte) Funktion B, deren Werte lineare Operatoren sind, existiert derart, daß durch die Transformation $x = B(\boldsymbol{\varphi})\, y$ die ursprüngliche Gleichung in eine solche mit konstanten Koeffizienten $\dot{y} = Cy$ übergeführt wird.

Das *Transformationsproblem* ist nun die Frage, *ob eine lineare Gleichung in allgemeiner Lage transformierbar ist.*

Dabei ist nicht bekannt, *ob es im Funktionalraum der analytischen Paare (A, ω) ein Gebiet gibt, das frei von transformierbaren Systemen ist.* Die Frage nach der Transformierbarkeit einer linearen (oder nichtlinearen) Gleichung mit bedingt-periodischen Koeffizienten tritt bei der Untersuchung der Umgebung eines invarianten Torus einer autonomen Gleichung mit nicht wesentlicher fast-periodischer Bewegung auf. Eben diesen Torus findet man mit Hilfe einer Folge von Näherungen, die in den Fällen allgemeiner Lage in der Regel so modifiziert werden können, daß man gleichzeitig mit dem invarianten Torus auch die Normalform erhält, indem man längs des invarianten Torus variiert. Auf diese Weise umgeht man das ungelöste Problem der Transformierbarkeit. (Genau genommen wird die Transformierbarkeit einiger „nicht gestörter" Aufgaben genutzt.)

5.6. Die Normalform einer Umgebung einer elliptischen Kurve

Die Poincarésche Normalformentheorie von Differentialgleichungen in Umgebungen von singulären Punkten besitzt ein annäherndes Analogon in der Normalformentheorie von Umgebungen elliptischer Kurven auf komplexen Flächen. Im vorliegenden Abschnitt wird diese Theorie kurz betrachtet. Sie ist ein Anwendungsgebiet für Methoden der Theorie der Differentialgleichungen auf die analytische Geometrie und besitzt selbst Anwendungen in der Theorie der Differentialgleichungen (vgl. 6.8.).

5.6.1. Elliptische Kurven

Eine eindimensionale komplexe Mannigfaltigkeit, die zum Torus homöomorph ist, heißt *elliptische Kurve.*

Beispiel. Wir betrachten die komplexe Ebene $\boldsymbol{C}$ und zwei komplexe Zahlen (ω_1, ω_2), die reell-unabhängig sind. Wir identifizieren einen Punkt φ aus $\boldsymbol{C}$ mit dem Punkt, der durch Verschiebung um ω_1 und ω_2 aus φ hervorgeht (und folglich mit allen Punkten $\varphi + k_1\omega_1 + k_2\omega_2$, k_1, k_2 ganze Zahlen). Nach dieser Identifizierung ist die Ebene $\boldsymbol{C}$ in die elliptische Kurve $\Gamma = \boldsymbol{C}/(\omega_1\boldsymbol{Z} + \omega_2\boldsymbol{Z})$ übergegangen. Damit stellt sich die elliptische Kurve Γ als ein Parallelogramm mit den Seiten (ω_1, ω_2) dar, wobei entsprechende Punkte auf gegenüberliegenden Seiten identifiziert werden.

Man kann zeigen, daß durch Konstruktionen wie im beschriebenen Beispiel (bis auf biholomorphe Äquivalenz) alle elliptischen Kurven erhalten werden können. Dies ist durchaus nicht offensichtlich.

Wir betrachten z. B. den Streifen $0 \leqq \operatorname{Im} \varphi \leqq \tau$ und verkleben alle Punkte $\varphi, \varphi + 2\pi$ und dann auch alle Punkte des Randes des Streifens. Schließlich identifiziere man φ mit $\varphi + i\tau + \sigma + 0{,}5 \sin \varphi$ für reelle φ. Die so erhaltene Mannigfaltigkeit läßt sich biholomorph auf die Faktormannigfaltigkeit $\boldsymbol{C}/(\omega_1\boldsymbol{Z} + \omega_2\boldsymbol{Z})$ abbilden. Dies ist jedoch nicht einfach zu zeigen. Unter üblichen Diophantischen Bedingungen strebt ω_1/ω_2 für $\tau \to 0$ gegen die Zahl der Drehungen.

Die Zahlen ω_1 und ω_2 heißen *Perioden* der Kurve. Multipliziert man beide Perioden mit ein und derselben komplexen Zahl, so erhält man neue Perioden, die eine zur ersten biholomorph äquivalente Kurve definieren. Daher können die Perioden stets so gewählt werden, daß $\omega_1 = 2\pi$ gilt.

In diesem Fall werden wir die zweite Periode mit ω bezeichnen. Es kann immer $\operatorname{Im} \omega > 0$ vorausgesetzt werden. Grob gesprochen entsprechen verschiedenen ω biholomorph nicht äquivalente elliptische Kurven. (Genauer: Die elliptischen Kurven sind biholomorph nicht äquivalent, wenn die entsprechenden Gitter $\omega_1 \mathbf{Z} + \omega_2 \mathbf{Z}$ nicht durch Multiplikation mit einer komplexen Zahl ineinander übergeführt werden können.)

Aufgabe.[1]) Man zeige, daß die Phasenkurven einer eindimensionalen Newton-Gleichung mit potentieller Energie dritten oder vierten Grades elliptische Kurven sind (wenn man sie im Komplexen betrachtet).

Hinweis. Die Rolle der Koordinaten φ auf der überlagernden Ebene der elliptischen Kurve spielt die Zeit t der Bewegung längs der Phasenkurve. Die definierende Beziehung ist $dt = dx/y$ (die Zeit nennt man auch elliptisches Integral erster Art).

Aufgabe. Die potentielle Energie sei durch ein Polynom vierten Grades mit zwei Minima gegeben. Man zeige, daß die Perioden von Schwingungen (nicht nur kleiner) mit gleicher Gesamtenergie in beiden Senken übereinstimmen.

Hinweis. Die ersten Integrale längs zweier beliebiger Meridiane eines Torus stimmen überein.

Aufgabe. Die potentielle Energie sei durch ein Polynom dritten Grades mit lokalem Minimum und lokalem Maximum gegeben. Man zeige, daß die Periode der Schwingung in der Senke gleich der Periode der Bewegung längs einer nichtkompakten Phasenkurve mit derselben Gesamtenergie von $-\infty$ bis $+\infty$ ist.

Bemerkung. Wählt man eine entsprechende potentielle Energie als ein Polynom dritten oder vierten Grades, so kann man jede elliptische Kurve erhalten. Daher folgt aus den Resultaten obiger Aufgaben, daß elliptische Kurven algebraische Mannigfaltigkeiten sind.

5.6.2. Trivialisierung einer Faserung über einer elliptischen Kurve

Die einfachste Fläche, die eine elliptische Kurve enthält, ist das direkte Produkt dieser elliptischen Kurve und einer komplexen Geraden. Ähnlich wie es über Kreisen außer den direkten Produkten der Kreise mit Geraden auch nichttriviale Faserungen gibt, deren Fasern Geraden (Möbiusbänder) sind, existieren über elliptischen Kurven außer den direkten Produkten andere Faserungen mit Faser $\mathbf{C}$.

Wir betrachten die Faserung einer zweidimensionalen komplexen Ebene auf eine komplexe Gerade. Fasern dieser Faserung werden wir *vertikale Geraden* nennen.

Koordinaten in $\mathbf{C}^2$ werden mit $(\mathbf{r}, \varphi)$ bezeichnet, außerdem ist $\mathbf{r}$ vertikal und φ horizontal gerichtet. Unsere Faserung $\mathbf{C}^2 \to \mathbf{C}$ bildet den Punkt $(\mathbf{r}, \varphi)$ auf den Punkt φ der horizontalen komplexen Geraden ab.

Es sei Γ eine elliptische Kurve, die von der horizontalen Geraden überlagert wird. Die Kurve Γ erhält man aus der horizontalen Achse φ, indem man die Punkte identifiziert, die sich um ganze Vielfache der Perioden (ω_1, ω_2) unterscheiden. Wir identifizieren in der Ebene $\mathbf{C}^2$ die vertikalen Geraden, deren Projektionen auf die Horizontale sich um ganze Vielfache der Perioden unterscheiden.

Eine solche Identifizierung macht $\mathbf{C}^2$ zu einer Faserung über der elliptischen Kurve Γ. Die Identifizierung der vertikalen Geraden kann auf verschiedene Arten durchgeführt werden (ähnlich wie beim Verkleben einer Faserung aus Rechtecken über einem Kreis, in Abhängigkeit davon, wie man die vertikalen Geraden verklebt, entweder ein Zylinder oder ein Möbiusband entsteht).

---

[1]) Zur Lösung dieser und der folgenden Aufgabe werden elementare Kenntnisse der Topologie Riemannscher Flächen benötigt, wie sie in einem beliebigen Kurs der Funktionentheorie gegeben werden.

Die einfachste Art ist die Identifizierung des Punktes (r, φ) mit den Punkten $(r, \varphi + \omega_1)$ und $(r, \varphi + \omega_2)$. Dabei erhält man ein direktes Produkt. Die folgende kompliziertere Art des Verklebens beinhaltet ein Verdrehen der zu verklebenden vertikalen Geraden.

Beispiel. Es sei λ eine von 0 verschiedene komplexe Zahl und Γ eine elliptische Kurve mit den Perioden $(2\pi, \omega)$. Wir identifizieren in C^2 den Punkt (r, φ) mit den Punkten $(r, \varphi + 2\pi)$, $(\lambda r, \varphi + \omega)$. Dadurch wird C^2 in eine glatte komplexe Fläche Σ übergeführt und die Faserung $C^2 \to C$, $(r, \varphi) \mapsto \varphi$, in eine Faserung Σ, deren Basis die elliptische Kurve Γ und deren Fasern gleich C sind. Die Gleichung $r = 0$ definiert eine Einbettung von Γ in Σ.

Die Fläche Σ selbst kann wie folgt dargestellt werden (im Fall, daß λ reell ist). Wir betrachten den dreidimensionalen reellen Raum, der die horizontale Ebene $\{\varphi \in C\}$ enthält und von den vertikalen Geraden gefasert wird. Wir betrachten weiter den Streifen $0 \leqq \operatorname{Im} \varphi \leqq \operatorname{Im} \omega$. Wir verkleben die vertikalen Ebenen, die diesen Streifen begrenzen, d. h., wir identifizieren den Punkt (r, φ) der vertikalen Ebene $\operatorname{Im} \varphi = 0$ (r ist die vertikale Koordinate) mit dem Punkt $(\lambda r, \varphi + \omega)$ der Ebene $\operatorname{Im} \varphi = \operatorname{Im} \omega$. Außerdem verkleben wir die Punkte, die sich in der Koordinate φ nur um 2π unterscheiden. Wir erhalten eine Faserung über der elliptischen Kurve, deren Fasern Geraden sind.

Um die komplexe Fläche Σ selbst darzustellen, muß man die reelle vertikale Achse durch eine ebensolche komplexe ersetzen.

Die konstruierte Faserung ist topologisch ein direktes Produkt. Aus holomorphen Blickwinkel aber ist sie, allgemein gesagt, nicht trivial.

5.6.3. Trivale und nichttrivale Faserungen

Satz. *Es sei $\lambda \neq e^{ik\omega}$, $k \in Z$. Dann kann keine Umgebung der elliptischen Kurve Γ in der oben beschriebenen Fläche Σ biholomorph auf eine Umgebung dieser Kurve Σ in einem direkten Produkt abgebildet werden.*

◀ In einem direkten Produkt kann die Kurve Γ deformiert werden, d. h., für beliebiges ε definiert die Gleichung $r = \varepsilon$ eine elliptische Kurve in diesem direkten Produkt. Es sei Γ_1 eine elliptische Kurve im Raum der Faserung Σ, die nahe bei Γ liegt. Γ ist der Nullschnitt der Faserung (die Gleichung für Γ hat die Gestalt $r = 0$). Dann wird die Kurve Γ_1 durch eine Gleichung $r = f(\varphi)$ mit $f(\varphi + 2\pi) = f(\varphi)$, $f(\varphi + \omega) = \lambda f(\varphi)$ gegeben. Zerlegt man f in seine Fourierreihe $f = \Sigma f_k e^{ik\varphi}$, so findet man $f_k e^{ik\varphi} = \lambda f_k$. Folglich gilt $f_k = 0$, und Γ_1 stimmt mit Γ überein. Daher ist unsere elliptische Kurve in einer Faserung mit $\lambda \neq e^{ik\omega}$ nicht deformierbar. ▶

Aufgabe. Man zeige, daß die Faserungen $\Sigma_1 \to \Gamma$ und $\Sigma_2 \to \Gamma$, die durch komplexe Zahlen λ_1 und λ_2 gegeben sind, genau dann biholomorph äquivalent sind, wenn $\lambda_1 = \lambda_2 e^{ik\omega}$ für ein ganzzahliges k gilt.

Bemerkung. Die Klassen biholomorph äquivalenter Faserungen der beschriebenen Art über einer fixierten elliptischen Kurve bilden eine Gruppe. (Die Multiplikation ergibt sich aus der Multiplikation der Zahlen λ!)

Aus den Resultaten der obigen Aufgaben folgt, daß diese Gruppe kanonisch mit der Faktorgruppe der multiplikativen Gruppe der komplexen Zahlen nach der Untergruppe der Zahlen $e^{ik\omega}$ identifiziert werden kann. Die Faktorgruppe $C^*/\{e^{ik\omega}\}$ selbst kann biholomorph auf die ursprüngliche elliptische Kurve abgebildet werden. Diese Gruppe nennt man auch *Picard-Gruppe* oder *Jacobi-Mannigfaltigkeit* der Kurve Γ. (Diese Begriffe sind nicht nur für elliptische Kurven, sondern für beliebige algebraische Mannigfaltigkeiten definiert. In dieser allgemeinen Situation stimmen sie nicht mit der Ausgangsmannigfaltigkeit überein.)

Aufgabe. Wir betrachten die Faserung über einer elliptischen Kurve, die durch die Identifizierungen $(r, \varphi) \sim (\lambda_1 r, \varphi + \omega_1) \sim (\lambda_2 r, \varphi + \omega_2)$ gegeben ist. Man zeige, daß diese Faserung biholomorph äquivalent zur Faserung mit $\omega_1 = 2\pi$, $\lambda_1 = 1$ ist.

Bemerkung. Man kann zeigen, daß alle topologisch trivialen eindimensionalen Vektorbündel über elliptischen Kurven biholomorph äquivalent zu den oben beschriebenen Faserungen $\Sigma \to \Gamma$ sind.

5.6.4. Topologisch nichttrivale Faserungen

Topologisch sind alle oben beschriebenen Faserungen trivial (d. h. zu einem direkten Produkt homöomorph). Eine Invariante, die es gestattet, topologisch nicht äquivalente Faserungen zu unterscheiden, ist die Zahl der Selbstschnitte des Nullschnitts.

Es seien M_1, M_2 glatte orientierte kompakte Untermannigfaltigkeiten einer orientierten glatten reellen Mannigfaltigkeit M (wir sprechen von Mannigfaltigkeiten ohne Rand). Wir setzen voraus, daß die Dimension von M gleich der Summe der Dimension der Mannigfaltigkeiten M_1 und M_2 ist und daß sich M_1 und M_2 transversal schneiden (d. h., in jedem Schnittpunkt ergibt die Summe des Tangentialraumes von M_1 und des Tangentialraumes von M_2 den Tangentialraum von M in diesem Punkt).

Die Anzahl der Punkte des Durchschnitts unter Berücksichtigung der Orientierung heißt *Schnittindex* von M_1 und M_2 in M. (Ein Schnittpunkt zählt positiv, wenn ein Repère, das M_1 positiv orientiert, gefolgt von einem Repère, das M_2 positiv orientiert, ein Repère definiert, das M positiv orientiert — alles im betrachteten Schnittpunkt.)

Es sei M_1 eine orientierte glatte kompakte Untermannigfaltigkeit von M mit $\dim M_1 = (1/2) \dim M$. Der *Selbstschnittindex* von M_1 in M ist definiert als der Schnittindex von M_1 mit einer Mannigfaltigkeit M_2, die aus M_1 durch eine kleine Deformation erhalten wird und M_1 transversal schneidet. Der Selbstschnittindex eines Meridians eines Torus ist gleich 0, da sich benachbarte Meridiane nicht schneiden.

Man kann zeigen, daß der Selbstschnittindex von M_1 in M nicht von der Wahl der Mannigfaltigkeit M_2 abhängt, wenn sie nur aus M_1 durch eine kleine Deformation erhalten wurde.

Aufgabe. Man finde den Selbstschnittindex der Sphäre S^2 im Raum ihres Tangentialbündels.

Antwort. $+2$. Allgemein ist der Selbstschnittindex einer Mannigfaltigkeit in ihrem Tangentialbündel gleich ihrer Euler-Charakteristik.

Wir betrachten jetzt das eindimensionale Vektorbündel $\Sigma \to \Gamma$ über der elliptischen Kurve Γ, das aus der Faserung $\boldsymbol{C}^2 \to \boldsymbol{C}$ durch Verkleben der vertikalen Geraden (die vertikale Koordinate wird mit $\boldsymbol{r}$ bezeichnet) nach der Regel

$$(\boldsymbol{r}, \varphi) \sim (\boldsymbol{r}, \varphi + 2\pi) \sim (\lambda e^{ip\varphi}\boldsymbol{r}, \varphi + \omega)$$

entsteht. p ist eine ganze und λ eine von 0 verschiedene komplexe Zahl.

Aufgabe. Man finde den Selbstschnittindex des Nullschnitts ($r = 0$) im Raum der erhaltenen Faserung, wenn man voraussetzt, daß Σ wie eine komplexe Mannigfaltigkeit orientiert ist. (Eine komplexe Mannigfaltigkeit ist so orientiert, daß der Schnittindex komplexer Ebenen stets positiv ist, d. h., der Raum mit den komplexen Koordinaten $(z_1, \ldots, z_n)$ wird entsprechend $(\mathrm{Re}\, z_1, \mathrm{Im}\, z_1, \ldots, \mathrm{Re}\, z_n, \mathrm{Im}\, z_n)$ orientiert.)

Antwort. $-p$, wenn $\mathrm{Im}\, \omega > 0$.

Bemerkung. Die erhaltenen Faserungen sind bis auf biholomorphe Äquivalenz alle eindimensionalen Vektorbündel über elliptischen Kurven.

5.6.5. Die Umgebung einer elliptischen Kurve auf einer komplexen Fläche

Wir betrachten eine elliptische Kurve auf einer komplexen Fläche. Eine Umgebung der Kurve auf der Fläche definiert ein eindimensionales Vektorbündel über dieser Kurve — ihr *Normalenbündel*. Die Faser des Normalenbündels in einem Punkt der Kurve ist der Tangentialraum der Fläche in diesem Punkt, faktorisiert nach dem Unterraum, der tangential zur Kurve in diesem Punkt ist.

Der Raum des Normalenbündels ist selbst eine komplexe Fläche, und die elliptische Kurve ist (als Nullschnitt der Faserung) in diese Fläche eingebettet.

Es ergibt sich die Frage, ob eine genügend kleine Umgebung der Kurve auf der ursprünglichen Fläche biholomorph auf eine Umgebung der Kurve im Normalenbündel abgebildet werden kann. Es zeigt sich, daß diese Frage mit der Frage der Transformierbarkeit einer Differentialgleichung (oder einer glatten Abbildung) in eine lineare Normalform in einer Umgebung eines Fixpunktes verwandt ist und mit den gleichen Methoden gelöst werden kann.

Wir zeigen zunächst, daß eine Umgebung einer elliptischen Kurve auf einer Fläche im allgemeinen nicht holomorph über dieser Kurve gefasert werden kann.

Beispiel. Wir betrachten eine solche Familie elliptischer Kurven, daß benachbarte Kurven der Familie biholomorph nicht äquivalent sind. Eine solche Familie kann z. B. erhalten werden, wenn in der zweidimensionalen, komplexen Ebene mit Koordinaten (φ, ω) die Punkte (φ, ω), $(\varphi + 2\pi, \omega)$, $(\varphi + \omega, \omega)$ identifiziert werden. Das Gebiet $\operatorname{Im} \omega > 0$ geht nach der Identifizierung in eine Familie elliptischer Kurven $\omega = \text{const}$ über. Keine Umgebung irgendeiner dieser Kurven kann holomorph so auf die Kurve abgebildet werden, daß die Kurve selbst an ihrem Platz bleibt.

Wäre eine solche Abbildung nämlich möglich, so erhielten wir eine nahe bei der Identität liegende biholomorphe Abbildung von elliptischen Kurven mit verschiedenen, aber nahe beieinander liegenden ω, was unmöglich ist.

Es zeigt sich jedoch, daß das betrachtete Beispiel in gewissem Sinne eine Ausnahme darstellt. Eine Umgebung einer elliptischen Kurve auf einer komplexen Fläche, deren Selbstschnittindex 0 ist, ist allgemein biholomorph äquivalent einer Umgebung dieser Kurve im Normalenbündel (in eben dem Sinne, wie eine Differentialgleichung in einer Umgebung eines singulären Punktes, allgemein gesagt, äquivalent zu einer linearen Differentialgleichung ist). Der Ausnahmecharakter des betrachteten Beispiels hängt damit zusammen, daß die Normalenbündel aller elliptischen Kurven der konstruierten Familie trivial (d. h. direkte Produkte) sind.

5.6.6. Eine vorbereitende Normalform

Eine elliptische Kurve kann aus einem Kreisring durch holomorphes Verkleben der Grenzkreise erhalten werden. Genauso kann eine Umgebung der elliptischen Kurve auf einer Fläche aus einer Umgebung des Kreisringes auf einer Fläche durch Verkleben der Grenzmannigfaltigkeiten erhalten werden. Diese Grenzmannigfaltigkeiten haben die reelle Dimension 3; das Verkleben wird holomorph auf eine Umgebung der Grenze fortgesetzt.

Es zeigt sich, daß eine genügend kleine Umgebung des biholomorphen Bildes eines geschlossenen Kreisrings auf einer komplexen Fläche immer biholomorph auf eine Umgebung eines Kreisrings abgebildet werden kann, der in die komplexe Gerade $\boldsymbol{C}$ im direkten Produkt $\boldsymbol{C} \times \boldsymbol{C}$ eingebettet werden kann.

Ähnlich wie bei den oben angeführten Resultaten über die holomorphe Klassifikation eindimensionaler Vektorbündel über elliptischen Kurven ist auch das formulierte Resultat über eine Umgebung eines Kreisrings nicht einfach zu beweisen. Der Beweis erfordert einige Techniken aus der Theorie von Funktionen mehrerer komplexer Veränderlicher (Garben, elliptische partielle Differentialgleichungen oder etwas hierzu Äquivalentes).

Wir werden dies nicht beweisen, sondern direkt voraussetzen, daß unsere die elliptische Kurve enthaltende Fläche aus einer Umgebung eines Kreisrings im direkten Produkt durch Verkleben entsteht.

Auf diese Weise betrachten wir Flächen, deren Punkte aus den Punkten (r, φ) einer zweidimensionalen komplexen Fläche durch Verklebungen

$$\begin{pmatrix} r \\ \varphi \end{pmatrix} \sim \begin{pmatrix} r \\ \varphi + 2\pi \end{pmatrix} \sim \begin{pmatrix} rA(r, \varphi) \\ \varphi + \omega + rB(r, \varphi) \end{pmatrix}$$

entstehen. A und B sind bezüglich φ 2π-periodisch und holomorph in einer Umgebung der reellen Achse von φ.

Der Kreisring entsteht hier aus dem Streifen $0 \leqq \operatorname{Im} \varphi \leqq \operatorname{Im} \omega$ der komplexen Achse φ durch Verkleben der Punkte $(0, \varphi) \sim (0, \varphi + 2\pi)$, wobei r und φ Koordinaten des direkten Produkts sind.

Das Funktionenpaar (A, B), das durch die Identifizierung gegeben ist, definiert eine Umgebung. Durch eine geeignete Wahl der Koordinaten (r, φ) kann das Aussehen der Funktionen A und B verändert werden. Wir bemühen uns, die Koordiaten so zu wählen, daß die Funktionen A und B möglichst einfach werden.

Zuerst betrachten wir eine lineare Koordinatentransformation $r_{\text{neu}} = C(\varphi)\, r$. Dabei ist C eine im Streifen $0 \leqq \operatorname{Im} \varphi \leqq \operatorname{Im} \omega$ der Achse φ holomorphe, dort nirgends verschwindende und 2π-periodische Funktion.

Satz. *Die Funktion C, die die lineare Transformation der vertikalen Koordinate definiert, kann so gewählt werden, daß die Funktion $A(0, \varphi)$ in den neuen Koordinaten die Gestalt $\lambda e^{ip\varphi}$ annimmt (p ist gleich dem negativen Selbstschnittindex der elliptischen Kurve $r = 0$ in der betrachteten Fläche).*

◀ Die Funktion $A(0, \varphi)$ definiert das Normalenbündel der Kurve $r = 0$ in unserer Fläche. Diese Faserung ist zu derjenigen biholomorph äquivalent, die durch die Identifizierung

$$(r, \varphi) \sim (r, \varphi + 2\pi) \sim (\lambda e^{ip\varphi} r, \varphi + \omega)$$

gegeben ist (vgl. die Bemerkung von 5.6.4.). Die lineare Transformation der Veränderlichen r, die das Verkleben des Normalenbündels in diese kanonische Form bringt, führt zur oben behaupteten Gestalt der Funktion $A(0, \varphi)$. ▶

Definition. Es sei λ eine von 0 verschiedene komplexe Zahl. Ferner seien a und b in einer reellen Umgebung der Achse φ holomorphe und bezüglich φ 2π-periodische Funktionen. *Vorbereitende Normalform* einer Umgebung einer elliptischen Kurve auf einer Fläche nennt man eine Identifizierung der Gestalt

$$\begin{pmatrix} r \\ \varphi \end{pmatrix} \sim \begin{pmatrix} r\lambda(1 + ra(r, \varphi)) \\ \varphi + \omega + rb(r, \varphi) \end{pmatrix} \sim \begin{pmatrix} r \\ \varphi + 2\pi \end{pmatrix}.$$

Dabei ist der Selbstschnittindex der Kurve nach Voraussetzung gleich 0.

Im weiteren werden wir nicht jedes Mal auf die Identifizierung von Punkten hinweisen, die sich in der Koordinate φ um 2π unterscheiden. Wir merken uns, daß die auftretenden Funktionen bezüglich φ 2π-periodisch sind und die Koordinate φ so gezählt werden kann, als läge sie auf dem Zylinder $C \bmod 2\pi$.

5.6.7. Die formale Normalform

Definition. Ein Paar (λ, ω) heißt *resonant*, wenn $\lambda^n = e^{ik\omega}$ für ganze Zahlen n und k gilt, die nicht gleichzeitig verschwinden.

Satz. *Die resonanten Paare bilden im Raum der Paare komplexer Zahlen eine überall dichte Menge.*

◀ Dies folgt aus der Tatsache, daß die Menge der Punkte $i(\omega(k/n) + 2\pi(m/n))$ (k und m ganz, n natürlich) auf der komplexen Geraden eine überall dichte Menge bilden. ▶

Satz. *Das Paar (λ, ω) ist genau dann resonant, wenn die entsprechende Identifizierung $(r, \varphi) \sim (r, \varphi + 2\pi) \sim (\lambda r, \varphi + \omega)$ eine Faserung definiert, die über einer n-fachen zyklischen Überlagerung der ursprünglichen elliptischen Kurve trivial ist.*

◀ Mit $\lambda^n = e^{ik\varphi}$ gilt $(r, \varphi) \sim (e^{ik\omega}r, \varphi + n\omega)$. Folglich ist die Faserung über $\mathbf{C}/(2\pi\mathbf{Z} + n\omega\mathbf{Z})$ trivial (vgl. 5.6.3.). Die umgekehrte Richtung wird analog bewiesen. ▶

Definition. Die „Abbildung"

$$f\begin{pmatrix} r \\ \varphi \end{pmatrix} = \begin{pmatrix} rA(r, \varphi) \\ \varphi + \omega + rB(r, \varphi) \end{pmatrix}$$

wird *formales Verkleben* genannt. A und B sind formale Potenzreihen in r mit bezüglich φ 2π-periodischen und auf der reellen Achse von φ analytischen Koeffizienten, $A(0, \varphi) \neq 0$.

Eine „Abbildung"

$$g\begin{pmatrix} r \\ \varphi \end{pmatrix} = \begin{pmatrix} rC(r, \varphi) \\ \varphi + rD(r, \varphi) \end{pmatrix},$$

wobei C und D formale Potenzreihen in r mit im Streifen $0 \leqq \operatorname{Im} \varphi \leqq \operatorname{Im} \omega$ der komplexen Achse φ bezüglich φ analytischen und 2π-periodischen Koeffizienten sind und $C(0, \varphi) \neq 0$ ist, heißt *formale Koordinatentransformation.*

Die formale Koordinatentransformation g wirkt auf einer formalen Identifizierung f durch $f \mapsto g \circ f \circ g^{-1}$ (die rechte Seite ist als Substitution von Potenzreihen definiert und selbst eine formale Identifizierung).

Satz. *Ist das Paar (λ, ω) nichtresonant, so kann jede formale Identifizierung*

$$\begin{pmatrix} r \\ \varphi \end{pmatrix} \mapsto \begin{pmatrix} r\lambda(1 + ra(r, \varphi)) \\ \varphi + \omega + rb(r, \varphi) \end{pmatrix}$$

durch eine formale Koordinatentransformation in eine lineare Normalform

$$\begin{pmatrix} r \\ \varphi \end{pmatrix} \mapsto \begin{pmatrix} \lambda r \\ \varphi + \omega \end{pmatrix}$$

übergeführt werden.

◀ Wir werden Schritt für Schritt die Glieder vom Grad 1, 2, ... bezüglich r in ra und rb beseitigen. Hierzu ist es wie üblich erforderlich, eine homologische Gleichung zu lösen. Wir beschreiben diese Gleichung für die Normalisierung der Glieder vom Grad n.

Lemma. *Es sei v eine 2π-periodische Funktion, die im Streifen $\alpha \leqq \operatorname{Im} \varphi \leqq \beta$ analytisch ist. Wir betrachten nun die Gleichung*

$$\lambda^n u(\varphi + \omega) - u(\varphi) = v(\varphi).$$

Ist $\tau = \operatorname{Im} \omega > 0$, $\lambda \neq 0$ und $\lambda^n \neq e^{ik\omega}$ für alle ganzen k, so besitzt die Gleichung eine 2π-periodische Lösung u, die im Streifen $\alpha \leqq \operatorname{Im} \varphi \leqq \beta + \tau$ analytisch ist.

◀ Es sei $u(\varphi) = \sum u_k e^{ik\varphi}$, $v(\varphi) = \sum v_k e^{ik\varphi}$. Dann ist $u_k = v_k/(\lambda^n e^{ik\omega} - 1)$.

Für $k \to +\infty$ ist $|v_k|$ nach oben durch eine Größe der Ordnung $e^{k(\alpha-\varepsilon)}$ beschränkt, und $e^{ik\omega}$ strebt gegen 0. Daher ist $|u_k|$ nach oben durch eine Größe der Ordnung $e^{k(\alpha-\varepsilon)}$ beschränkt.

Für $k \to -\infty$ ist $|v_k|$ nach oben durch eine Größe der Ordnung $e^{-|k|(\beta+\varepsilon)}$ beschränkt, und $|e^{ik\omega}|$ wächst wie $e^{|k|\tau}$ $(\tau = \operatorname{Im} \omega > 0)$. Folglich ist $|u_k|$ nach oben durch eine Größe der Ordnung $e^{-|k|(\beta+\tau+\varepsilon)}$ beschränkt.

Hieraus folgt nun die Konvergenz der Fourierreihe von u in einer Umgebung des Streifens $\alpha \leqq \operatorname{Im} \varphi \leqq \beta + \tau$. ▶

Es sei $ra = r^n a_n(\varphi) + \cdots$, $rb = r^n b_n(\varphi) + \cdots$, wobei die Punkte die Glieder höherer als n-ter Ordnung bezeichnen.

Wir führen eine formale Koordinatentransformation der Gestalt $C(r, \varphi) = 1 + r^n C_n(\varphi)$ und $rD(r, \varphi) = r^n D_n(\varphi)$ durch. Man überzeugt sich unmittelbar, daß die Koeffizienten bei r^n in ra und rb nach dieser Transformations die Gestalt

$$\tilde{a}_n(\varphi) = a_n(\varphi) + \lambda^n C_n(\varphi + \omega) - C_n(\varphi),$$

$$\tilde{b}_n(\varphi) = b_n(\varphi) + \lambda^n D_n(\varphi + \omega) - D_n(\varphi)$$

haben.

Wir suchen solche C_n und D_n, daß $\tilde{a}_n = 0$ und $\tilde{b}_n = 0$ wird. Nach dem Lemma haben diese Gleichungen im Streifen $0 \leqq \operatorname{Im} \varphi \leqq \tau$ analytische Lösungen. Wir konstruiereten also eine formale Transformation, nach deren Anwendung sich der Grad der Glieder kleinster Ordnung in ra und rb erhöht. Wiederholt man diese Konstruktion für $n = 1, 2, \ldots$, so erhält man eine Koordinatentransformation, die ra und rb vollständig beseitigt. ▶

5.6.8. Die analytische Normalform

Definition. Ein Paar komplexer Zahlen (λ, ω), $\operatorname{Im} \omega \neq 0$, $\lambda \neq 0$, heißt *normal*, wenn Konstanten $C > 0$, $\nu > 0$ existieren derart, daß

$$|\lambda^n e^{ik\omega} - 1| > C(|n| + |k|)^{-\nu}$$

für alle ganzen Zahlen k und n $(n \neq 0)$ gilt.

Man zeigt leicht den

Satz. *Für jedes fixierte ω bilden die nichtnormalen Paare eine überall dichte Menge mit Lebesgue-Maß* 0.

Satz. *Ist (λ, ω) ein normales Paar, so kann jede holomorphe Identifizierung*

$$\begin{pmatrix} r \\ \varphi \end{pmatrix} \mapsto \begin{pmatrix} r\lambda(1 + ra(r, \varphi)) \\ \varphi + \omega + rb(r, \varphi) \end{pmatrix}$$

durch eine holomorphe Koordinatentransformation in die lineare Normalform $(r, \varphi) \mapsto (r, \lambda, \varphi + \omega)$ übergeführt werden.

▶ Der Beweis wird analog dem in 5.7. gegebenen Beweis des Satzes von Siegel geführt. ▶

Wir übersetzen diesen Satz in die Sprache der Einbettungen elliptischer Kurven.

Definition. Ein holomorphes Vektorbündel ξ heißt *starr*, wenn für jede Einbettung der Basis in eine komplexe Mannigfaltigkeit folgendes gilt: Ist ξ das Normalenbündel, so kann jede genügend kleine Umgebung der Basis, die in die Mannigfaltigkeit eingebettet ist, biholomorph auf eine Umgebung des Nullschnitts des Faserbündels ξ abgebildet werden.

In dieser Terminologie kann unser Satz auch wie folgt ausgesprochen werden.

Folgerung. *Fast alle (im Sinne des Lebesgue-Maßes) eindimensionalen Vektorbündel vom Grad* 0 *über elliptischen Kurven sind starr.*

Bemerkung. Für einige nichtresonante Faserungen, in denen die Paare (λ, ω) nichtnormal sind, können die formalen Potenzreihen, die die Verheftung in die Normalform überführen, divergieren. Solche nichtnormalen Paare (λ, ω) bilden eine überall dichte Menge vom Maß 0. Diese Frage wird in 6.8. genauer untersucht.

5.6.9. Negative Umgebungen

Wir betrachten den Fall, daß der Selbstschnittindex einer elliptischen Kurve auf einer Fläche von 0 verschieden ist. Ist dieser Index negativ, so ist die Kurve in der Klasse der holomorphen Kurven nicht deformierbar. Im anderen Fall könnte eine deformierte Kurve sich mit der ursprünglichen so schneiden, daß der Schnittindex positiv wird (da beide Kurven komplex sind).

Damit liegt eine Kurve mit negativem Selbstschnittindex auf der Fläche isoliert. Eine solche Kurve heißt *Ausnahmekurve*, eine Umgebung dieser Kurve *negative Umgebung*.

Satz (Grauert). *Das Normalenbündel einer Ausnahmekurve ist immer starr, d. h., eine Umgebung einer Kurve mit negativem Selbstschnittindex auf einer komplexen Fläche definiert das Normalenbündel der Kurve (bis auf holomorphe Äquivalenz).*

Wir skizzieren hier den einfachen Beweis dieses Satzes im Fall elliptischer Kurven.

◀ Wir beginnen mit einer vorbereitenden Normalform der Verheftung

$$f\begin{pmatrix} r \\ \varphi \end{pmatrix} = \begin{pmatrix} r\lambda e^{ip\varphi}(1 + ra(r, \varphi)) \\ \varphi + \omega + rb(r, \varphi) \end{pmatrix}$$

und setzen voraus, daß die Glieder kleineren als n-ten Grades bezüglich r in ra und rb bereits beseitigt sind, d. h. $ra = r^n a_n(\varphi) + \cdots$, $rb = r^n b_n(\varphi) + \cdots$.

Wendet man die formale Koordinatentransformation $g(r, \varphi) = \big(r(1 + r^n C_n(\varphi)), \varphi + r^n D_n(\varphi)\big)$ an, so haben die Koeffizienten bei r^n in ra und rb danach (d. h. in der Verheftung $g \circ f \circ g^{-1}$) die Gestalt

$$\tilde{a}_n(\varphi) = a_n(\varphi) + \lambda^n e^{ipn\varphi} C_n(\varphi + \omega) - C_n(\varphi) - ipD_n(\varphi),$$

$$\tilde{b}_n(\varphi) = b_n(\varphi) + \lambda^n e^{ipn\varphi} D_n(\varphi + \omega) - D_n(\varphi).$$

Wir machen a_n und b_n zu 0. Dazu bestimmen wir zuerst D_n aus der zweiten und dann C_n aus der ersten Gleichung. In beiden Fällen hat man eine homologische Gleichung

$$\lambda^n e^{ipn\varphi} u(\varphi + \omega) - u(\varphi) = v(\varphi),$$

mit den 2π-periodischen Funktionen u, v (v gegeben, u gesucht) zu lösen.

5.6.10. Untersuchung der homologischen Gleichung

Wir betrachten die Zerlegungen der unbekannten und der bekannten Funktion in Fourierreihen

$$u = \sum u_k e^{ik\varphi}, \qquad v = \sum v_k e^{ik\varphi}.$$

Für die Koeffizienten erhält man die Gleichungen

$$\lambda^n e^{i(k-pn)\omega} u_{k-pn} - u_k = v_k.$$

Diese Gleichungen gestatten im Prinzip, alle unbekannten Koeffizienten aus den ersten pn Schritt für Schritt zu bestimmen. Jedoch konvergieren die so erhaltenen Fourierreihen nicht immer. Es zeigt sich, daß im Fall eines negativen Selbstschnittindex der Ausgangskurve auf einer Fläche (d. h. mit positivem p) die Konvergenz garantiert ist.

Wir betrachten zuerst die homogene Gleichung, d. h., wir setzen voraus, daß alle v_k gleich 0 sind.

Unsere Gleichung verbindet die Werte von u_k und k in einer arithmetischen Progression der Schrittweite pn. Wir berechnen alle Werte u_k (k aus der arithmetischen Progression) unter Zuhilfenahme eines dieser Werte. Wir müssen Schritt für Schritt Zahlen der Gestalt $\lambda^n e^{i(k-pn)\omega}$ multiplizieren, wobei k aus unserer Progression ist. Die Logarithmen dieser Zahlen bilden eine arithmetische Progression mit Schrittweite ipn. Folglich bilden die Summen der Logarithmen eine Folge der Gestalt

$$\alpha s^2 + \beta s + \gamma;$$

hierbei bezeichnet s die Nummer des Folgegliedes, $2\alpha = ipn\omega$.

Ist $p > 0$, $\operatorname{Im} \omega > 0$, so ist $\operatorname{Re} \alpha < 0$. In diesem Fall strebt die Folge $|e^{\alpha s^2+\beta s+\gamma}|$ für $s \to +\infty$ und für $s \to -\infty$ schnell gegen 0. Hieraus folgt, daß die homogene homologische Gleichung für $p > 0$ genau pn linear unabhängige Lösungen besitzt, die für $|k| \to \infty$ schnell fallen.

Wir lösen jetzt die inhomogene Gleichung. Zu Anfang setzen wir voraus, daß nur ein Fourierkoeffizient v_m der bekannten Funktion v von 0 verschieden ist. Für $k < m$ setzen wir $u_k = 0$, und für $k \geqq m$ definieren wir u_k mit Hilfe der Gleichungen. Auf diese Weise stimmt u_k für $k < m$ mit einer Lösung der homogenen Gleichung überein und verhält sich somit wie $|e^{\alpha s^2}|$.

Eine Lösung der inhomogenen Gleichung im allgemeinen Fall wird als Linearkombination der konstruierten Lösungen mit Koeffizienten v_k aufgebaut. Die Konvergenz der konstruierten Lösung wird durch die Bedingung $\operatorname{Re} \alpha < 0$, d. h. den negativen Selbstschnittindex der elliptischen Kurve auf der Fläche, gesichert.

Um zu den hier angegebenen Schranken zu gelangen, überzeugten wir uns von der Lösbarkeit der homologischen Gleichung im Fall eines negativen Selbstschnittindex (d. h. für positives p). Genauso beweist man die formale Starrheit eines negativen Normalenbündels einer elliptischen Kurve auf einer Fläche. Eine genauere Analyse unserer Konstruktion zeigt sogar die analytische Starrheit (d. h. den Satz von GRAUERT). Der Konvergenzbeweis ist hier insoweit leichter als im Fall $p = 0$, der in 5.6.7. und 5.6.8. untersucht wurde, wie der Satz von POINCARÉ leichter ist als der Satz von SIEGEL (5.7.). ▶

5.6.11. Positive Umgebungen

Wir setzen voraus, daß der Selbstschnittindex der elliptischen Kurve auf einer Fläche positiv ist. In diesem Fall ist die im 5.6.10. studierte homologische Gleichung nicht lösbar, da $|e^{\alpha s^2+\beta s+\gamma}|$ für $|s| \to \infty$ wächst. Dies bedeutet nicht nur, daß eine Umgebung einer elliptischen Kurve mit positivem Selbstschnittindex auf einer komplexen Fläche nicht biholomorph auf eine Umgebung der Kurve in ihrem Normalenbündel abgebildet werden kann, sondern auch, daß eine solche Abbildung schon auf dem Niveau der 2-Jets (d. h. unter Nichtbeachtung der Glieder dritter Ordnung bezüglich des Abstands von der Kurve) unmöglich ist. Eine Umgebung einer elliptischen Kurve mit positivem Selbstschnittindex nennt man positiv.

Eine positive Umgebung einer elliptischen Kurve muß, nach dem oben Gesagten, Moduln und darüber hinaus Funktionalmoduln besitzen. Eine „Normalform" einer Umgebung muß beliebige Funktionen (und weiter, wahrscheinlich, Funktionen zweier Veränderlicher oder Keime von Funktionen zweier Veränderlicher in einigen Punkten) enthalten.

Während eine Kurve mit negativem Selbstschnittindex auf der Fläche isoliert liegt, kann eine elliptische Kurve mit positivem Selbstschnittindex stets deformiert werden.

Satz (Spezialfall des Satzes von RIEMANN-ROCH). *Ist der Selbstschnittindex einer elliptischen Kurve auf einer Fläche gleich p, so besitzt das Normalenbündel p linear unabhängige Schnitte.*

◀ Die Frage führt auf eine homogene homologische Gleichung der Gestalt

$$u(\varphi + \omega) = \lambda e^{ip\varphi} u(\varphi).$$

Diese hat, wie wir in 5.6.10. sahen, p linear unabhängige Lösungen. ▶

Geht man zu Gliedern höherer Ordnung bezüglich des Abstands zur elliptischen Kurve über, so kann man sich davon überzeugen, daß eine p-parametrische Deformation der Kurve in ihrer Umgebung existiert.

Hieraus folgt unter anderem, daß eine Umgebung einer elliptischen Kurve mit positivem Selbstschnittindex auf einer Fläche in der Regel nicht die Struktur einer Faserung über dieser Kurve besitzt. Tatsächlich ändert sich, allgemein gesprochen, die komplexe Struktur einer elliptischen Kurve bei einer Deformation. Daher findet man im allgemeinen unter den deformierten Kurven, die nahe bei der ursprünglichen liegen, einige, die keine biholomorphe Abbildung auf die Ausgangskurve zulassen.

Beim Studium von Differentialgleichungen, die Resonanzen passieren, treten nur Umgebungen von elliptischen Kurven auf solchen Flächen auf, die einen Selbstschnittindex 0 garantieren.

5.6.12. Elliptische Kurven im Raum

Vieles von dem, was bereits über Umgebungen elliptischer Kurven auf Flächen gesagt wurde, überträgt sich auf den Fall einer elliptischen Kurve in einem mehrdimensionalen Raum. Hierzu muß in den oben hergeleiteten Formeln die Veränderliche r mehrdimensional angesetzt werden.

Ein Vektorbündel beliebiger Dimension über einer elliptischen Kurve läßt sich durch Verheftungen $(r, \varphi) \sim (r, \varphi + 2\pi) \sim (\Lambda(\varphi)\, r, \varphi + \omega)$ beschreiben. Hierbei ist $\Lambda(\varphi)$ ein linearer Operator in Jordanscher Normalform mit den Eigenwerten $\lambda e^{ip\varphi}$.

Eine solche Faserung heißt *negativ* (*nichtpositiv, nullartig*), wenn alle p positiv (nichtnegativ, gleich 0) sind.

Wir setzen voraus, daß das Normalenbündel der elliptischen Kurve negativ ist. Dann kann eine Umgebung der Kurve in der Mannigfaltigkeit biholomorph auf eine ebensolche Umgebung im Normalenbündel abgebildet werden. Damit ist das Normalenbündel starr (Satz von Grauert). In der Klasse der nullartigen Normalenbündel ist die Eigenschaft, welk zu sein, mit der Wahrscheinlichkeit 0 verletzt. Die Resonanzbedingung hat die Gestalt $\lambda_s = \boldsymbol{\lambda}^{\boldsymbol{n}} e^{ik\omega}$, k eine ganze Zahl, $\boldsymbol{\lambda}^{\boldsymbol{n}} = \lambda_1^{n_1} \cdots \lambda_m^{n_m}$, $m = \dim \{r\}$, $n_j \geqq 0$, $\sum n_j \geqq 2$.

Nichtresonante Faserungen sind formal starr. Für die tatsächliche holomorphe Starrheit genügt die gewöhnliche Ungleichung der (C, ν)-Normalität: $|\boldsymbol{\lambda}^{\boldsymbol{n}} e^{ik\omega} - 1| > C(|\boldsymbol{n}| + |k|)^{-\nu}$, $|\boldsymbol{n}| = n_1 + \cdots + n_m$ für alle $\boldsymbol{n} \geqq 0$, $\sum n_i \geqq 2$ und ganzen k. Das Maß der Menge der λ, die für kein Paar (C, ν)-normal sind, ist gleich 0.

Anscheinend tritt auch für nicht positive Faserungen mit Wahrscheinlichkeit 1 Starrheit auf.

Die Frage des Aufbaus von Umgebungen von Kurven mit Geschlecht größer als 1 ist sehr wenig untersucht. Ausgenommen ist der Fall eines negativen Normalenbündels, das nach dem Satz von Grauert starr ist.

5.7. Beweis des Satzes von Siegel

In diesem Abschnitt wird der Satz über die lokale holomorphe Äquivalenz einer Abbildung und ihres linearen Teils in einem Fixpunkt bewiesen.

5.7.1. Formulierung des Satzes

Definition. Das n-Tupel $(\lambda_1, \ldots, \lambda_n) \in \boldsymbol{C}^n$ hat den *multiplikativen Typ* (C, ν), wenn

$$|\lambda_s - \boldsymbol{\lambda}^{\boldsymbol{k}}| > C\, |\boldsymbol{k}|^{-\nu} \qquad (|\boldsymbol{k}| = k_1 + \cdots + k_n, \quad \boldsymbol{\lambda}^{\boldsymbol{k}} = \lambda_1^{k_1} \cdots \lambda_n^{k_n})$$

für beliebiges s und alle ganzzahligen Vektoren $\boldsymbol{k}$ mit nichtnegativen Komponenten gilt, deren Betrag größer als 1 ist $(C > 0, \nu > 0)$.

Satz. *Wir setzen voraus, daß das n-Tupel der Eigenwerte des linearen Bestandteils einer holomorphen Abbildung in der Umgebung eines Fixpunktes $O \in \boldsymbol{C}^n$ den multiplikativen Typ (C, ν) hat. Dann ist die Abbildung in einer Umgebung des Punktes $O \in \boldsymbol{C}^n$ zu ihrem linearen Bestandteil biholomorph äquivalent.*

Es sei A eine in einer Umgebung des Punktes $O \in \boldsymbol{C}^n$ definierte und dort biholomorphe Abbildung. Es sei O ein Fixpunkt dieser Abbildung, und die lineare Abbildung Λ sei der lineare Bestandteil von A in O. Die Behauptung besagt dann, daß es einen Diffeomorphismus H gibt, der in einer Umgebung von O eine holomorphe Abbildung ist und O festläßt, und daß es eine weitere Umgebung von O gibt, in der $H \circ A \circ H^{-1} = \Lambda$ gilt.

Wir werden den Satz für den Fall beweisen, daß alle Eigenwerte λ_s des Operators Λ verschieden sind. In diesem Fall wird ein Koordinatensystem gewählt und fixiert, in dem Λ Diagonalform hat.

5.7.2. Konstruktion der Koordinatentransformation H

Wir schreiben die gegebene Abbildung A und die Transformation H als

$$A(z) = \Lambda z + \boldsymbol{a}(z), \qquad H(z) = z + \boldsymbol{h}(z),$$

wobei die Taylorreihen $\boldsymbol{a}$ und $\boldsymbol{h}$ in 0 keine Glieder vom Grad 0 und 1 enthalten. Schreiben wir nun $H \circ A \circ H^{-1}$, indem wir die Glieder nullten und ersten Grades in $\boldsymbol{h}$ und $\boldsymbol{a}$ berechnen, so erhalten wir

$$(H \circ A \circ H^{-1})(z) = \Lambda z + [\boldsymbol{a}(z) - \Lambda\boldsymbol{h}(z) + \boldsymbol{h}(\Lambda z)] + R([\boldsymbol{a}], [\boldsymbol{h}])(z).$$

Das Glied R hat bezüglich $\boldsymbol{a}$ und $\boldsymbol{h}$ zweite Ordnung. Dieser Begriff wird im folgenden definiert. Die Argumente von R sind in eckige Klammern gesetzt, um auszudrücken, daß der Operator auf den Funktionen und nicht auf deren Werten wirkt.

Wir untersuchen die homologische Gleichung in $\boldsymbol{h}$:

$$\Lambda\boldsymbol{h}(z) - \boldsymbol{h}(\Lambda z) = \boldsymbol{a}(z).$$

Die Taylorreihen der bekannten Vektorfunktion $\boldsymbol{a}$ und der unbekannten Funktion $\boldsymbol{h}$ haben weder ein freies noch ein lineares Glied. Da das n-Tupel der Eigenwerte nichtresonant ist, ist die Gleichung in der Klasse dieser Reihen eindeutig lösbar.

Wir werden in 5.7.3. zeigen, daß die erhaltenen Reihen konvergieren, wenn das n-Tupel der Eigenwerte für mindestens eine Wahl positiver C und ν den multiplikativen Typ (C, ν) hat. Wir bezeichnen mit U den Operator, der die rechte Seite $\boldsymbol{a}$ der homologischen Gleichung in eine Lösung $\boldsymbol{h} = \boldsymbol{h}([\boldsymbol{a}])$ überführt.

Beginnend mit $\boldsymbol{a}_0 = \boldsymbol{a}$, definieren wir induktiv Funktionen $\boldsymbol{a}_s$ und $\boldsymbol{h}_s$ entsprechend

$$\boldsymbol{h}_s = U([\boldsymbol{a}_s]), \qquad \boldsymbol{a}_{s+1} = R([\boldsymbol{a}_s], [\boldsymbol{h}_s]).$$

Indem wir Abbildungen $H_0, H_1, \ldots$ gemäß

$$H_s(z) = z + \boldsymbol{h}_s(z)$$

konstruieren, werden wir zeigen, daß

$$H = \lim_{s\to\infty} H_s \circ \cdots H_1 \circ H_0$$

die gesuchte Koordinatentransformation ist.

5.7.3. Untersuchung der homologischen Gleichung

Wir setzen voraus, daß die Taylorreihe der rechten Seite und der Lösung der homologischen Gleichung

$$\Lambda\boldsymbol{h}(z) - \boldsymbol{h}(\Lambda z) = \boldsymbol{a}(z)$$

keine freien und keine linearen Glieder enthält. Mit $|z|$ wird $\max |z_j|$ bezeichnet.

Lemma 1. *Das n-Tupel der Eigenwerte des linearen Operators Λ, der als diagonal angenommen ist, habe den multiplikativen Typ (C, ν). Weiter sei vorausgesetzt, daß die rechte Seite $\boldsymbol{a}$ der homologischen Gleichung im Polyzylinder $|z_j| \leqq r$ stetig und in dessen Inneren holomorph ist. Dann gibt* *es eine im Inneren des Polyzylinders holomorphe Lösung* $\boldsymbol{h}$ *der homologischen Gleichung. Außerdem gilt für alle* δ, $0 < \delta < 1/2$,

$$\max_{|z| \leq re^{-\delta}} |\boldsymbol{h}(z)| \leq \max_{|z| \leq r} \frac{|\boldsymbol{a}(z)|}{\delta^{\alpha}},$$

und die positive Konstante $\alpha = \alpha(\Lambda)$ *hängt weder von* δ *noch von* $\boldsymbol{a}$ *noch von* r *ab.*

◀ Wir zerlegen $\boldsymbol{a}$ und $\boldsymbol{h}$ in Taylorreihen und bezeichnen die Koeffizienten von $z^k \boldsymbol{e}_s$ mit $\boldsymbol{a_k}^s$ bzw. $\boldsymbol{h_k}^s$. Dann gilt $\boldsymbol{h_k}^s = \boldsymbol{a_k}^s(\lambda_s - \boldsymbol{\lambda^k})$. Wir schätzen den Zähler mit Hilfe der Cauchyschen Ungleichung für die Taylorkoeffizienten und den Nenner, ausgehend von der Tatsache, daß $\{\lambda_s\}$ den Typ (C, ν) hat, ab.

Wir setzen $\max\limits_{|z| \leq r} |\boldsymbol{a}(z)| = M$. Gemäß der Cauchyschen Ungleichung gilt $|\boldsymbol{a_k}^s| \leq M/r^{|\boldsymbol{k}|}$. Folglich ist $|\boldsymbol{h_k}^s| \leq MC^{-1} |\boldsymbol{k}|^{\nu}/r^{|\boldsymbol{k}|}$. Nun schätzen wir die Taylorsumme $\sum \boldsymbol{h}_k^s z^k$ ab. Wir betrachten die Glieder vom Grad $|\boldsymbol{k}| = p$. Ihre Anzahl übersteigt $c_1(n)\, p^{n-1}$ nicht, und daher ist

$$\left| \sum_{|\boldsymbol{k}|=p} \boldsymbol{h_k}^s z^k \right| \leq M c_2 p^m \left| \left(\frac{z}{r}\right)^k \right| \quad \text{mit } c_2 = \frac{c_1}{C} \text{ und } m = \nu + n - 1.$$

Die Funktion $x^m e^{-x}$ hat ein Maximum $(m/e)^m$. Daher ist $p^m e^{-\delta p/2} \leq c_3 \delta^{-m}$ mit $c_3 = (2m/e)^m$. Folglich haben wir für $|z| \leq re^{-\delta}$

$$|\boldsymbol{h}| \leq Mc_3\delta^{-m} \sum_{p=2}^{\infty} e^{-p\delta/2} = Mc_3\delta^{-m}/(e^{\delta} - e^{\delta/2}), \qquad |\boldsymbol{h}| \leq Mc_4\delta^{-(m+1)}$$

mit $c_4 = 4c_2c_3$, und c_4 hängt von $\boldsymbol{a}$, r, δ nicht ab. ▶

Im weiteren ist außer der Abschätzung für die Funktion $\boldsymbol{h}$ auch eine Abschätzung für die Funktion $\boldsymbol{h} \circ \Lambda$, definiert durch $(\boldsymbol{h} \circ \Lambda)(z) = \boldsymbol{h}(\Lambda z)$, erforderlich.

Lemma 2. *Mit den Bedingungen von Lemma* 1 *gilt*

$$\max_{|z| \leq re^{-\delta}} |\boldsymbol{h}(\Lambda z)| \leq \max_{|z| \leq r} \frac{|\boldsymbol{a}(z)|}{\delta^{\alpha_0}}.$$

Die positive Konstante $\alpha_0 = \alpha_0(\Lambda)$ *hängt nicht von* δ, $\boldsymbol{a}$, r *ab.*

◀ Wir beginnen mit der folgenden Bemerkung.

Hat $\{\lambda\}$ *den multiplikativen Typ* (C, ν), *dann existiert eine von* $\boldsymbol{k}$ *unabhängige Konstante* c_0, so *daß*

$$|\lambda_s - \boldsymbol{\lambda^k}| \geq c_0 |\boldsymbol{k}|^{-\nu} |\boldsymbol{\lambda^k}|$$

für alle $s = 1, \ldots, n$ *und alle ganzzahligen Vektoren* $\boldsymbol{k}$ *mit nichtnegativen Komponenten gilt, deren Summe* $|\boldsymbol{k}|$ *nicht kleiner als* 2 *ist.*

◀ Wir setzen $\max |\lambda_s| = \mu$. Für $|\boldsymbol{\lambda^k}| \leq 2\mu$ kann man $c_0 = C/2\mu$ und für $|\boldsymbol{\lambda^k}| > 2\mu$ kann man $c_0 = 1/2$ wählen. ▶

Eine Abschätzung für die Taylorreihe erhalten wir auf der Grundlage des bewiesenen Satzes:

$$|\boldsymbol{h}(\Lambda z)| \leq \sum M c_0^{-1} |\boldsymbol{k}|^{\nu} |\boldsymbol{\lambda^k}|^{-1} |\boldsymbol{\lambda^k} z^k / r^k|.$$

Die weiteren Abschätzungen sind analog zu denen in Lemma 1. ▶

5.7.4. Die Ordnung der Operatoren

Für die Herleitung weiterer Abschätzungen ist es vorteilhaft, die folgenden Bezeichnungen einzuführen. Es sei f eine im Polyzylinder $|z| \leq r$ stetige Funktion, die in den inneren Punkten des Polyzylinders holomorph ist und das Zentrum des Polyzylinders auf die 0 abbildet.

Für solche Funktionen führen wir die Norm

$$\|f\|_r = \sup_{0<|z|\leq r} \frac{|f(z)|}{|z|}$$

ein.

Beispiel. Die Funktion $f(z) = \varepsilon z$ hat unabhängig vom Radius des Polyzylinders die Norm ε.

Bemerkung. Die eingeführte Norm ist günstig, da sie invariant gegen eine Veränderung des Maßstabes ist, d. h., für jeden Dehnungskoeffizienten $\varkappa$ gilt

$$\|\varkappa \circ f \circ \varkappa^{-1}\|_{\varkappa r} = \|f\|_r.$$

Die Werte der Funktion f müssen nicht unbedingt Zahlen, sondern können auch Elemente eines normierten Raumes, z. B. Vektoren, Matrizen usw. sein.

Es sei Φ ein Operator, der auf Funktionen der oben beschriebenen Klasse wirkt.[1]) Ferner seien d, α, β positive Zahlen, und es sei $0 < r < 1$.

Definition. Der Operator Φ *hat die Ordnung* $(d;\, \alpha \mid \beta)$, wenn für alle δ aus dem Intervall $(0, 1/2)$ und alle r aus $(0, 1)$

$$\|\Phi([f])\|_{re^{-\delta}} \leq \|f\|_r^d\, \delta^{-\alpha}$$

gilt, solange nur $\|f\|_r \leq \delta^\beta$ ist.

Wir werden diese Beziehung als $\Phi([f]) \prec f^d(\alpha \mid \beta)$ oder kürzer $\Phi([f]) \prec f^d$ schreiben.

Ein Operator hat die Ordnung d, wenn Konstante α und β so existieren, daß der Operator *die Ordnung* $(d;\, \alpha \mid \beta)$ *hat* (es ist wesentlich, daß α und β nicht von f, $r \in (0, 1)$ und $\delta \in (0, 1/2)$ abhängen).

Beispiel 1. Wir betrachten einen Operator, der die rechte Seite $\boldsymbol{a}$ der homologischen Gleichung in eine Lösung $\boldsymbol{h}$ überführt. Ein solcher *Operator hat die Ordnung* 1, *wenn* $\{\lambda_s\}$ *den Typ* (C, ν) *hat.* Die nötige Ungleichung liefert Lemma 1.

Ebenso folgt aus Lemma 2, daß *der Operator, der die rechte Seite* $\boldsymbol{a}$ *der homologischen Gleichung in eine Funktion* $\boldsymbol{h} \circ \Lambda$ *überführt, die Ordnung* 1 *hat*; $\boldsymbol{h} \prec \boldsymbol{a}$, $\boldsymbol{h} \circ \Lambda \prec \boldsymbol{a}$.

Beispiel 2. Wir betrachten den lokalen Diffeomorphismus H, $H(z) = z + \boldsymbol{h}(z)$. Den inversen Diffeomorphismus schreiben wir als $H^{-1}(z) = z - g(z)$.

Wir betrachten den Operator, der $\boldsymbol{h}$ in $\boldsymbol{g}$ überführt.

Der Operator G *hat die Ordnung* 1, *d. h.* $\boldsymbol{g} \prec \boldsymbol{h}$.

◀ Zuerst bemerken wir, daß aus der Cauchy-Abschätzung die folgende Ungleichung folgt: Für $|z| \leq re^{-\delta/2}$ ist

$$\left|\frac{\partial \boldsymbol{h}_i}{\partial z_j}\right| \leq \frac{\|\boldsymbol{h}\|_r}{1 - e^{-\delta/2}}. \tag{1}$$

Ist $\|\boldsymbol{h}\|_r \leq \delta^\beta$ und β genügend groß, so ist die rechte Seite der letzten Ungleichung beliebig klein. Jetzt baut sich $\boldsymbol{g}$ als Grenzwert der Iteration

$$\boldsymbol{g}_{s+1}(z) = \boldsymbol{h}(z - \boldsymbol{g}_s(z)), \quad \boldsymbol{g}_0 = 0$$

auf. Die Konvergenz für $|z| \leq re^{-\delta}$ und die Abschätzung $\boldsymbol{g} \prec \boldsymbol{h}$ folgen dann leicht aus dem Satz über kontrahierende Abbildungen. ▶

[1]) Wir werden Operatoren, die auf Funktionenklassen mit verschiedenem r operieren, mit demselben Buchstaben bezeichnen, wenn sie als Operatoren auf dem Raum der Keime der Funktionen übereinstimmen. Diese Verfahrensweise ist derjenigen in der Analysis ähnlich, wo die Bezeichnung für den Sinus nicht geändert wird, wohl aber der Definitionsbereich.

Beispiel 3. In den Bezeichnungen von Beispiel 2 ist

$$\boldsymbol{h} - \boldsymbol{g} \prec \boldsymbol{h}^2.$$

◀ Tatsächlich ist nach Definition der Funktion $\boldsymbol{g}$

$$\boldsymbol{h}(z) - \boldsymbol{g}(z) = \boldsymbol{h}(z) - \boldsymbol{h}(z - \boldsymbol{g}(z)).$$

Benutzen wir die Ungleichung (1) und die oben erhaltene Abschätzung, $\|\boldsymbol{g}\|_{re^{-\delta}} \leqq \|\boldsymbol{h}\|_r \, \delta^{-\alpha}$, so erhalten wir für $|z| \leqq re^{-\delta}$

$$|\boldsymbol{h}(z) - \boldsymbol{g}(z)| \leqq C \, \|\boldsymbol{h}\|_r \, (1 - e^{-\delta/2})^{-1} \, r \, \|\boldsymbol{h}\|_r \, \delta^{-\alpha}. \ ▶$$

Wir bemerken, daß in unseren Bezeichnungen $2\boldsymbol{f} \prec \boldsymbol{f}$, $\boldsymbol{f}^2 \prec \boldsymbol{f}$ gilt und aus $\boldsymbol{f}_1 \prec \boldsymbol{f}_2$ und $\boldsymbol{f}_2 \prec \boldsymbol{f}_3$ die Beziehung $\boldsymbol{f}_1 \prec \boldsymbol{f}_3$ folgt.

Wir dehnen die oben eingeführte Bezeichnung auf Operatoren mehrerer Funktionen aus. Der Operator Ξ führe das Paar η, ζ von Funktionen in die Funktion ξ über. Es sei φ ein Polynom. Wir werden dann $\xi \prec \varphi(\eta, \zeta)$ schreiben, wenn solche positiven Konstanten $(\alpha; \beta_1, \beta_2)$ existieren, daß für beliebige δ aus dem Intervall (0, 1/2) und belibiges r aus (0, 1) die Ungleichung

$$\|\Xi([\eta], [\zeta])\|_{re^{-\delta}} \leqq \varphi(\|\eta\|_r, \|\zeta\|_r) \, \delta^{-\alpha}$$

erfüllt ist, sobald $\|\eta\|_r \leqq \delta^{\beta_1}$, $\|\zeta\|_r \leqq \delta^{\beta_2}$ gilt. Die Konstanten α und β dürfen hier nicht von η, ζ, $r \in (0, 1)$ und $\delta \in (0, 1/2)$ abhängen. Ist $\eta \prec \psi(\sigma, \tau)$, so ist $\xi \prec \psi(\psi(\sigma, \tau), \zeta)$.

Beispiel 4. *Definieren wir den Operator Ξ gemäß*

$$\xi(z) = \eta(z - \zeta(z)) - \eta(z),$$

so ist $\xi \prec \eta\zeta$.

◀ Der Beweis wird mit Hilfe derselben Ungleichung (1) erbracht, die schon in den Beispielen 2 und 3 benutzt wurde. ▶

5.7.5. Abschätzung des Restgliedes

Wir beschreiben explizit den Summanden R, der in 5.7.2. definiert wurde. Wir werden die Bezeichnungen $H(z) = z + \boldsymbol{h}(z)$, $H^{-1}(z) = z - \boldsymbol{g}(z)$ benutzen.

Nach Definition ist

$$R(z) = (H \circ A \circ H^{-1})(z) - \Lambda z - [\boldsymbol{a}(z) - \Lambda \boldsymbol{h}(z) + \boldsymbol{h}(\Lambda z)].$$

Wir stellen R als $R = R_1 + R_2 + R_3$ mit

$$R_1(z) = \Lambda(\boldsymbol{h}(z) - \boldsymbol{g}(z)), \qquad R_2(z) = \boldsymbol{a}(z - \boldsymbol{g}(z)) - \boldsymbol{a}(z),$$

$$R_3(z) = \boldsymbol{h}\big(\Lambda z - \Lambda \boldsymbol{g}(z) + \boldsymbol{a}(z - \boldsymbol{g}(z))\big) - \boldsymbol{h}(\Lambda z)$$

dar. Um die folgenden Abschätzungen günstiger zu gestalten, stellen wir R als Operator von drei Argumenten $\boldsymbol{a}$, $\boldsymbol{h}$ und $\boldsymbol{u} = \boldsymbol{h} \circ \Lambda$ dar.

Führen wir die Operatoren G, $G([\boldsymbol{h}]) = \boldsymbol{g}$, Ξ, $\Xi([\boldsymbol{a}], [\boldsymbol{g}])(z) = \boldsymbol{a}(z - \boldsymbol{g}(z)) - \boldsymbol{a}(z)$ ein, so erhalten wir mit $\boldsymbol{v}(z) = \boldsymbol{g}(z) - \Lambda^{-1}\boldsymbol{a}(z - \boldsymbol{g}(z))$

$$R_1([\boldsymbol{h}]) = \Lambda(h - G([\boldsymbol{h}])),$$

$$R_2([\boldsymbol{a}], [\boldsymbol{h}]) = \Xi([\boldsymbol{a}], G([\boldsymbol{h}])),$$

$$R_3([\boldsymbol{u}], [\boldsymbol{a}], [\boldsymbol{h}]) = \Xi([\boldsymbol{u}], [\boldsymbol{v}]).$$

Durch die Substitution $\boldsymbol{u} = \boldsymbol{h} \circ \Lambda$ geht der Operator $R_1 + R_2 + R_3$ in den uns interessierenden Summanden $R([\boldsymbol{a}], [\boldsymbol{h}])$ über. Es sei $\boldsymbol{h} \prec \mathrm{id}$ (id = Identität; die Bedingung bedeutet, daß die Ableitung von $\boldsymbol{h}$ klein ist).

Abschätzung 1. *Es gelten die Abschätzungen*

$$R_1([\boldsymbol{h}]) \prec \boldsymbol{h}^2, \quad R_2([\boldsymbol{a}], [\boldsymbol{h}]) \prec \boldsymbol{ah}, \quad R_3([\boldsymbol{u}], [\boldsymbol{a}], [\boldsymbol{h}]) \prec \boldsymbol{u}(\boldsymbol{h} + \boldsymbol{a}).$$

◀ Die Abschätzung $R_1 \prec \boldsymbol{h}^2$ wurde in 5.7.4., Beispiel 3 bewiesen, die Ungleichung $\Xi([\boldsymbol{a}], [\boldsymbol{h}]) \prec \boldsymbol{ag}$ im Beispiel 4. Nach Beispiel 2 ist $G([R]) \prec \boldsymbol{h}$ und somit $R_2([\boldsymbol{a}], [\boldsymbol{h}]) \prec \boldsymbol{ah}$.

Für die oben eingeführte Größe $\boldsymbol{v}$ erhalten wir mit den bereits gezeigten Abschätzungen $\boldsymbol{g} \prec \boldsymbol{h}$ die Abschätzung $\boldsymbol{v} \prec \boldsymbol{h} + \boldsymbol{a}$. Folglich ist entsprechend der Abschätzung für den Operator Ξ aus Beispiel 4 $R_3 \prec \boldsymbol{u}(\boldsymbol{h} + \boldsymbol{a})$. ▶

Abschätzung 2. *Es sei U ein Operator, der die homologische Gleichung löst. Dann hat der durch die Formel $\Phi([\boldsymbol{a}]) = R([\boldsymbol{a}], U([\boldsymbol{a}]))$ gegebene Operator Φ die Ordnung 2.*

◀ Nach den Lemmata 1, 2, 3 von 5.7.3. haben wir $\boldsymbol{h} \prec \boldsymbol{a}$, $\boldsymbol{h} \circ \Lambda \prec \boldsymbol{a}$ mit $h = U([\boldsymbol{a}])$.

Vergleicht man dies mit der Abschätzung 1, so erhält man

$$R_1(U([\boldsymbol{a}])) \prec \boldsymbol{a}^2, \quad R_2([\boldsymbol{a}], U([\boldsymbol{a}]) \prec \boldsymbol{a}^2,$$

$$R_3(U([\boldsymbol{a}]) \circ \Lambda, [\boldsymbol{a}], U([\boldsymbol{a}])) \prec \boldsymbol{a}^2. \text{ ▶}$$

5.7.6. Konvergenz der Näherung

Der Beweis des Satzes von Siegel wird genauso beendet wie die Abschätzungen in 3.3.

Wir wählen eine Folge von Zahlen

$$\delta_0, \quad \delta_1 = \delta_0^{3/2}, \quad \delta_2 = \delta_1^{3/2}, \ldots;$$

$$M_0 = \delta_0^N, \quad M_1 = M_0^{3/2}, \ldots, M_s = M_{s-1}^{3/2}, \ldots;$$

$$r_0, \quad r_1 = e^{-\delta_0} r_0, \quad r_2 = e^{-\delta_1} r_1, \ldots$$

Diese Folgen sind durch die Wahl von δ_0, N und r_0 bestimmt.

Die Zahl δ_0 wird so klein gewählt, daß alle r_s größer als $r_0/2$ sind. Wir beschreiben die Wahl von N:

Nach Abschätzung 2 existieren solche Konstanten α und β, daß

$$\|R([\boldsymbol{a}], U([\boldsymbol{a}]))\|_{re^{-\delta}} \leqq \|\boldsymbol{a}\|_r^2 \, \delta^{-\alpha}$$

gilt, wenn nur $\|\boldsymbol{a}\|_r \leqq \delta^\beta$ ist. ▶

6. Lokale Bifurkationstheorie

Das Wort Bifurkation heißt Gabelung und ist im weitesten Sinne für die Bezeichnung jeder qualitativen, topologischen Veränderung eines Bildes durch die Veränderung der Parameter, von denen das zu untersuchende Objekt abhängt, gebräuchlich. Die Objekte selbst können verschieden sein, z. B. reelle oder komplexe Kurven oder Ebenen, Funktionen oder Abbildungen, Mannigfaltigkeiten oder Faserbündel, Vektorfelder, Differential- oder Integralgleichungen.

Wenn ein Objekt von Parametern abhängt, so sagt man, daß eine Familie gegeben ist. Wenn uns die Familie lokal, bei kleinen Änderungen der Parameter in einer Umgebung fixierter Werte interessiert, sprechen wir von einer Deformation des Objektes, das diesen Parameterwerten entspricht.

Es zeigt sich, daß in vielen Fällen die Untersuchung aller möglichen Deformationen auf die Untersuchung einer einzigen Deformation, aus der man alle übrigen erhält, zurückführbar ist. Diese Deformation, im gewissen Sinne die reichste, muß alle Deformationen eines Objektes hervorbringen. Sie wird verselle Deformation genannt.

Im folgenden Kapitel betrachten wir hauptsächlich Bifurkationen und verselle Deformationen von Phasenbildern dynamischer Systeme in Umgebungen von Gleichgewichtslagen und geschlossener Trajektorien.

6.1. Familien und Deformationen

In diesem Abschnitt erörtern wir allgemeine „heuristische" Überlegungen, auf denen die Theorie der Bifurkationen beruht. Diese Überlegungen gehen bis auf H. Poincaré zurück.

6.1.1. Die Fälle allgemeiner Lage und die singulären Fälle kleiner Kodimension

Bei der Untersuchung verschiedenster Arten von analytischen Objekten (z. B. Differentialgleichungen, Randwertprobleme oder Optimierungsprobleme) kann man normalerweise die Fälle allgemeiner Lage (auch generische Fälle genannt) aussondern. So sind von den singulären Punkten eines Vektorfeldes auf einer Ebene Knoten,

Strudel und Sattel Punkte allgemeiner Lage, während beispielweise die Wirbel bei beliebig kleinen Bewegungen des Feldes zusammenbrechen können.

Die Untersuchung der Fälle allgemeiner Lage ist immer wichtig bei der Analyse von Erscheinungen und Prozessen, die durch ein mathematisches Modell beschrieben werden. In der Tat kann durch beliebig kleine Änderung des Modells aus einem nichtgenerischen Fall ein generischer werden, und die Parameter des Modells sind ja gewöhnlich nur näherungsweise bestimmt.

Andererseits gibt es Situationen, in denen es notwendig ist, den Fall nichtallgemeiner Lage zu untersuchen. Dazu nehmen wir an, daß wir nicht ein einzelnes Objekt (z. B. ein Vektorfeld) untersuchen, sondern eine ganze Familie betrachten, deren Objekte von gewissen Parametern abhängen.

Um die Situation besser zu verstehen, betrachten wir den Funktionalraum, dessen Punkte unsere Objekte sind (z. B. den Raum aller Vektorfelder). Die Fälle nichtallgemeiner Lage entsprechen gewissen Hyperflächen der Kodimension 1 in diesem Raum. Durch eine beliebig kleine Bewegung kann ein Punkt von solch einer Hyperfläche in das Gebiet der generischen Fälle verschoben werden. Die Hyperflächen der singulären Fälle bilden den Rand des Gebietes der allgemeinen Lagen (Abb. 103).

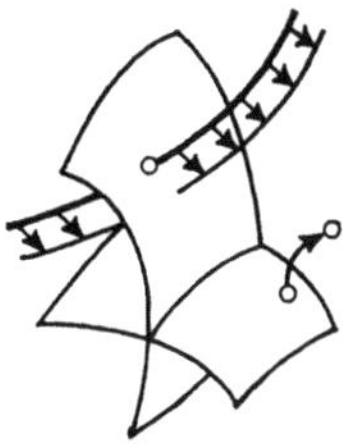

Abb. 103

Eine Familie mit k Parametern stellt eine k-dimensionale Mannigfaltigkeit in unserem Funktionalraum dar. Einparametrige Familien z. B. sind Kurven im Funktionalraum (fette Linie in der Abbildung).

Die Kurve in unserem Funktionalraum kann die Hyperfläche der singulären Fälle schneiden. Wenn dieser Schnitt unter „einem von 0 verschiedenen Winkel" (transversal) erfolgt, dann bleibt er bei einer kleinen Bewegung der Familie erhalten. Jede nahe Kurve schneidet die Hyperfläche der singulären Fälle in einem nahen Punkt (dünne Linie in der Abbildung).

Obwohl man jedes Element einer Familie durch eine beliebig kleine Bewegung in allgemeine Lage bringen kann, ist es unmöglich, so für alle Elemente der Familie zugleich allgemeine Lage zu erreichen. Bei einer Deformation der Familie kann man den nichtgenerischen Fall für jeden fixierten Parameterwert vermeiden, in einem nahen Parameterwert wird dieser Fall nichtallgemeiner Lage trotzdem wieder auftreten.

Die Hyperflächen der singulären Fälle in unserem Funktionalraum haben im allgemeinen auch Singularitäten, z. B. dort, wo eine der Hyperflächen eine andere schneidet. (Das entspricht dem gleichzeitigen Auftreten zweier Entartungen (Abb. 103).) Bei der Untersuchung allgemeiner einparametriger Familien kann man diese Singularitäten der Hyperfläche der singulären Fälle vernachlässigen. Die Menge all dieser Singularitäten hat nämlich im Funktionalraum die Kodimension $\geqq 2$, deshalb kann man eine Kurve im Funktionalraum mit diesen Singularitäten durch eine beliebig kleine Bewegung so verschieben, daß sie die Hyperfläche der singulären Fälle nur in den Punkten allgemeiner Lage schneidet. Also sind in einparametrigen generischen Familien nur die einfachsten Entartungen wesentlich, nämlich die, die nichtsingulären Punkten auf der Hyperfläche der singulären Fälle entsprechen. Diese Entartungen nennt man Entartungen der Kodimension 1. Die Untersuchung der Entartungen der Kodimension 1 gestatten den stetigen Übergang von einem beliebigen allgemeinen Punkt des Funktionalraumes zu einem beliebigen anderen allgemeinen Punkt, da der Funktionalraum von Mengen geteilt wird, deren Kodimension höchstens gleich 1 ist.

Während dieses Übergangs müssen wir im allgemeinen Flächen aus Entartungen der Kodimension 1 schneiden. Die Untersuchung der Singularitäten der Kodimension 1 ermöglicht es, Bifurkationen zu beschreiben, die durch Schnitte dieser Ebenen entstanden sind.

Bei der Untersuchung der k-parametrigen Familien allgemeiner Lage werden nur diejenigen Entartungen wesentlich sein, die eine Kodimension höchstens gleich k haben. Alle anderen entarteten Objekte bilden im Funktionalraum eine Menge der Kodimension größer als k, und diese kann man durch eine beliebig kleine Deformation einer k-parametrigen Familie beseitigen.

Je größer die Kodimension der Entartung ist, desto schwieriger ist sie zu untersuchen und um so geringer ist in der Regel der Nutzen dieser Untersuchung. Die Untersuchung der Singularitäten großer Kodimension k ist nur sinnvoll, wenn wir uns nicht für ein einzelnes Objekt, sondern auch für k-parametrige Familien interessieren. Das natürliche Untersuchungsobjekt ist also kein einzelnes (z. B. ein Vektorfeld mit einem komplizierten singulären Punkt), sondern eine so große Familie, bei der die Singularität des betrachteten Typs durch eine kleine Deformation der Familie nicht verschwindet.

Diese einfache Überlegung von Poincaré zeigt die Nutzlosigkeit einer großen Zahl von Untersuchungen in der Theorie der Differentialgleichungen und in anderen Gebieten der Analysis, so daß es immer etwas gefährlich ist, an sie zu erinnern. Im Grunde genommen muß jede Untersuchung einer Entartung die Bestimmung der entsprechenden Kodimension und die Angabe der Bifurkation in einer Familie, für die die betrachteten Entartungen wesentlich sind, enthalten.

Von diesem Standpunkt, der auf die Untersuchung k-parametriger Familien gegründet ist, kann man die Untersuchung der Entartungen unendlicher Kodimension ganz und gar vernachlässigen, weil man sie durch eine kleine Bewegung einer beliebigen k-parametrigen Familie bei einem endlichen k beseitigen kann. Selbstverständlich könnten aber in der Störungstheorie diese Entartungen als leicht zu untersuchende erste Näherungen nützlich sein.

6.1.2. Zu den Fällen unendlicher Kodimension

Manchmal muß man auch die Entartungen unendlicher Kodimension untersuchen. Zum Beispiel bilden die Hamiltonschen Systeme oder die Systeme mit irgendeiner Symmetriegruppe eine Untermannigfaltigkeit unendlicher Kodimension im Raum aller dynamischen Systeme. In diesen Fällen gelingt es oft, den Funktionalraum vorher so einzuschränken, daß die Kodimensionen der zu untersuchenden Entartungen endlich werden. (Zum Beispiel beschränkt man sich auf Hamiltonsche Systeme und ihre Hamiltonschen Deformationen.)

Im übrigen ist diese Einschränkung des Funktionalraumes nicht immer leicht. Betrachten wir beispielsweise die Randwertprobleme partieller Differentialgleichungen. Dabei handelt es sich um Durchschnitte zweier Untermannigfaltigkeiten im Funktionalraum: dem Raum der Lösungen und dem Raum der Funktionen, die die Randbedingungen erfüllen. Beide Mannigfaltigkeiten haben eine unendliche Dimension und eine unendliche Kodimension. Die Analyse dieser Situation erfordert es, verschiedene unendliche Dimensionen und Kodimensionen zu unterscheiden: die Bedingung für das Verschwinden einer Funktion in einer Veränderlichen zu einem gegebenen Objekt bildet im Funktionalraum eine „Mannigfaltigkeit kleinerer (unendlicher) Kodimension" als die Bedingung für das Verschwinden einer Funktion zweier Veränderlicher.

Eine dieser einfachsten Aufgaben, wo solch eine Berechnung unendlicher Kodimension erforderlich ist, d. h. von Kernen und Kokernen, die aus Funktionen auf Mannigfaltigkeiten verschiedener Dimensionen bestehen, ist das Randwertproblem mit geneigter Ableitung.

Bei diesem Randwertproblem sei auf einer Sphäre, die die n-dimensionale Kugel begrenzt, ein Vektorfeld tangential zum n-dimensionalen umfassenden Raum gegeben. Man finde eine im Inneren der Kugel harmonische Funktion, deren Ableitung in Richtung dieses Feldes gleich einer gegebenen Grenzfunktion ist.

Betrachten wir z. B. den Fall $m = 3$. In diesem Fall berührt ein Feld in allgemeiner Lage die Sphäre in einer glatten Kurve. Auf dieser Kurve sind noch singuläre Punkte, und zwar genau dort, wo das Feld die Kurve berührt. Die Struktur des Feldes in einer Umgebung eines jeden dieser singulären Punkte ist standardmäßig. Man zeigt, daß sich für jedes n ein Feld allgemeiner Lage[1]) in einer Umgebung jedes Randpunktes in einem passenden Koordinatensystem in folgender Gestalt darstellen läßt:

$$x_2\,\partial_1 + x_3\,\partial_2 + \cdots + x_k\,\partial_{k-1} + \partial_k, \qquad k \leqq n,$$

wobei $\partial_k = \partial/\partial x_k$ und auf dem Rand $x_1 = 0$ ist (siehe S. M. VIŠIK [1]).

Vermutlich muß man das Randwertproblem mit geneigter Ableitung nach folgendem Schema darstellen. Die Mannigfaltigkeiten der Berührungspunkte des Feldes mit dem Rand, die Mannigfaltigkeiten der Berührungspunkte des Feldes mit den ersten Mannigfaltigkeiten von Berührungspunkten usw. unterteilen den Rand in Gebiete unterschiedlicher Dimension. Auf einigen dieser Randgebiete sollte man Randbedingungen angeben, auf anderen dagegen muß die Randfunktion selbst bestimmte Bedingungen für die Existenz klassischer Lösungen dieses Problems erfüllen.

Trotz einer Fülle von Untersuchungen des Randwertproblems mit geneigter Ableitung ist das oben beschriebene Programm nur im zweidimensionalen Fall verwirklicht, wo der Rand ein Kreis ist. (Umfassend ist das Problem in den Arbeiten von V. G. MAZ'JA behandelt. Ihnen sind die Arbeiten von M. B. MALJUTOV und JU. V. EGOROV sowie V. A. KONDRAT'EV vorausgegangen.)

---

[1]) d. h. für jedes Feld aus einer offenen überall dichten Menge im Funktionalraum der glatten Felder

6.1.3. Der Raum der Jets

Eine Untersuchung der Bifurkationen in k-parametrigen Familien allgemeiner Lage ist im Grunde genommen die Untersuchung eines Funktionalraumes, der in Gebiete, die den unterschiedlichen Entartungen entsprechen, unterteilt ist, wobei die Entartungen der Kodimension größer als k vernachlässigt werden. Um den Fall des unendlichdimensionalen Funktionalraumes zu umgehen, entwickeln wir einen speziellen Apparat endlich dimensionaler Approximationen, die Mannigfaltigkeit der k-Jets.

Im folgenden werden im weiteren verwendete Termini und Bezeichnungen angegeben. Die Behauptungen dieses und des nächsten Abschnittes sind offensichtlich.

Es sei $f: M^m \to N^n$ eine glatte Abbildung glatter Mannigfaltigkeiten. (Man kann annehmen, daß M und N Gebiete im euklidischen Raum entsprechender Dimension sind.)

Definition. Zwei dieser Abbildungen f_1 und f_2 heißen *berührend mit k-ter Ordnung* oder *k-berührend im Punkt x aus M*, wenn (Abb. 104) für $y \to x$

$$\varrho_N(f_1(y), f_2(y)) = o(\varrho_M{}^k(x, y))$$

gilt. Hier bezeichnet ϱ eine Riemannsche Metrik. Man sieht leicht, daß die Eigenschaft der k-Berührung von der Auswahl der Metrik ϱ_M und ϱ_N nicht abhängt.

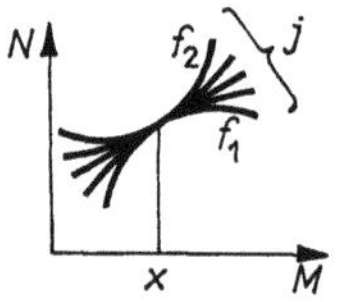

Abb. 104

Zwei Abbildungen heißen *0-berührend* im Punkt x, wenn ihre Werte im Punkt x übereinstimmen. Die Berührung der Ordnung k ist eine Äquivalenzrelation:

$$f \sim f,\ f_1 \sim f_2 \Rightarrow f_2 \sim f_1,\ f_1 \sim f_2 \sim f_3 \Rightarrow f_1 \sim f_3.$$

Definition. Die Klasse der sich im Punkt x k-berührenden Abbildungen heißt *k-Jet* der glatten Abbildung f im Punkt x.

Bezeichnung. $j_x^k(f) = \{f_1 : f_1$ und f sind k-berührend im Punkt $x\}$. Der Punkt x heißt die *Quelle* und der Punkt $f(x)$ das *Ziel* dieses Jets. Wir wählen Koordinaten auf M und N in den Umgebungen der Punkte x bzw. $f(x)$. Dann ist der k-Jet einer beliebigen Abbildung, die in der Nähe von f liegt, in einem beliebigen Punkt, der in der Nähe von x ist, das Tupel der Koeffizienten der Taylorreihe bis zum Grad k.

Beispiel. Der 0-Jet der Abbildung f von der x-Achse in die y-Achse ist im Punkt x durch ein Zahlenpaar (x,y) gegeben, wobei $y = f(x)$ ist. Der 1-Jet ist ein Zahlentripel (x, y, p), wobei $p = df/dx$ ist.

Außer der Berührung der Ordnung k existiert noch eine Äquivalenzrelation, die anstelle der Jets zu *Abbildungskeimen* führt.

Definition. Zwei Abbildungen, die in zwei Umgebungen ein und desselben Punktes gegeben sind, *haben einen gemeinsamen Keim in diesem Punkt*, wenn sie in irgendeiner dritten Umgebung dieses Punktes übereinstimmen. (Die dritte Umgebung kann kleiner sein als der Durchschnitt der ersten beiden.)

Der *Keim einer Abbildung im Punkt* ist die Äquivalenzklasse nach dieser eingeführten Äquivalenzrelation.

Ebenso wie bei Abbildungen kann man für einen Keim sein 0-Jet, 1-Jet usw. definieren.

Wir betrachten die Menge aller k-Jets von Keimen[1]) glatter Abbildungen aus M in N in allen Punkten aus M.

Definition. Die Menge aller k-Jets der Keime von Abbildungen von M nach N heißt *k-Jet-Raum der Abbildungen von M nach N* und wird mit

$$J^k(M, N) = k\text{-Jet-Raum der Abbildungen von } M \text{ nach } N$$

bezeichnet.

Beispiel. $J^1(\mathbf{R}, \mathbf{R})$ ist der dreidimensionale Raum mit den Koordinaten (x, y, p). (Vgl. 1.3.)

Behauptung. Die Menge $J^k(M, N)$ hat die natürliche Struktur einer glatten Mannigfaltigkeit.

Beweis. Wir wählen ein Koordinatensystem in einer Umgebung eines Punktes aus M und in einer Umgebung des Bildes dieses Punktes in N bei einer Abbildung f aus. Dann sind der k-Jet der Abbildung f und alle nahen Jets durch die Koordinaten des Punktes des Urbildpunktes und die Koeffiziententupel des Abschnittes der Taylorreihe der Abbildung in diesem Punkt gegeben. So haben wir die Karten der Jet-Mannigfaltigkeit $J^k(M, N)$ in einer Umgebung eines jeden Punktes, der ein k-Jet der Abbildung f ist, konstruiert.

Die Dimension der Jet-Mannigfaltigkeit ist leicht auszurechnen, z. B.

$$J^0(M, N) = M \times N, \qquad \dim J^0(M, N) = \dim M + \dim N,$$

$$\dim J^1(M, N) = \dim M + \dim N + \dim M \dim N.$$

Es existiert eine natürliche Abbildung $J^{k+1}(M, N) \to J^k(M, N)$. (Ein $(k + 1)$-Jet definiert ein k-Jet genauso, wie aus einer $(k + 1)$-Berührung eine k-Berührung folgt.) Diese glatte Abbildung ist eine Faserung. Wir erhalten eine Kette von Faserungen

$$\cdots \to J^k \to J^{k-1} \to \cdots \to J^1 \to J^0 = M \times N.$$

Für alle Faserungen gilt: Die Fasern sind jeweils diffeomorph zum linearen Raum, haben aber (bei $k > 1$) keine natürliche lineare Struktur („die Nichtinvarianz der höheren Differentiale").

---

[1]) Im reellen glatten Fall ist es gleichgültig, ob man die Jets der Keime oder die Jets einer Abbildung von ganz M betrachtet, weil jeder Keim hier ein Keim einer globalen Abbildung ist. Im komplexen Fall braucht eine globale glatte Abbildung mit einem gegebenen Jet nicht zu existieren.

Die Mannigfaltigkeiten J^k sind selbst eine Art endlichdimensionaler Approximationen des unendlichdimensionalen Funktionalraumes der glatten Abbildungen aus M nach N.

6.1.4. Die Gruppen der Jets der lokalen Diffeomorphismen und die Jet-Räume der Vektorfelder

Wir betrachten den Jet-Raum $J^k(M, M)$. In dieser Mannigfaltigkeit liegt die Untermannigfaltigkeit der k-Jets der Diffeomorphismen. Diese Unternannigfaltigkeit ist keine Gruppe, da man Jets nur dann multiplizieren kann, wenn das Ziel des einen die Quelle des anderen Jets ist.

Wir fixieren einen Punkt auf M und betrachten alle Keime der Diffeomorphismen auf M, die diesen Punkt festlassen. Seine Jets bilden schon eine Gruppe.

Definition. Die Gruppe der k-Jets der Keime der Diffeomorphismen von M, die den Punkt x invariant lassen, wird die *Gruppe der k-Jets der lokalen Diffeomorphismen der Mannigfaltigkeit M im Punkt x* genannt und mit $J_x{}^k(M)$ bezeichnet.

Beispiel. Die Gruppe der 1-Jets der lokalen Diffeomorphismen ist isomorph zur linearen Gruppe: $J_x{}^1(M^m) = \boldsymbol{GL}(\boldsymbol{R}^m)$.

Ist $k > 1$ so erhält man eine kompliziertere Liesche Gruppe. Da der k-Jet einen $(k - 1)$-Jet definiert, erhalten wir eine Kette von Abbildungen

$$J_x{}^k(M) \to \cdots \to J_x{}^1(M) = \boldsymbol{GL}(\boldsymbol{R}^m).$$

Man sieht leicht, daß diese Abbildungen, d. h. das Weglassen der Glieder des Grades k im Taylorpolynom, Homomorphismen und ihre Kerne kommutative Gruppen sind. Es sei beispielsweise $m = 1$. Dann haben wir:

◀ Ist $f(x) = x + ax^k \pmod{(x^{k+1})}$ und $g(x) = x + bx^k \pmod{x^{k+1}}$, dann ist $(f \cdot g)(x) = x + ax^k + bx^k \pmod{x^{k+1}}$. ▶

Ein *Vektorfeld* auf der Mannigfaltigkeit M ist ein Schnitt des Tangentialbündels $p: TM \to T$, d. h. eine glatte Abbildung $v: M \to TM$, so daß das Diagramm

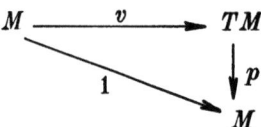

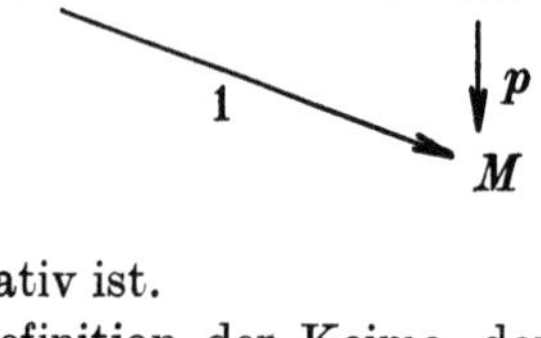

kommutativ ist.

Die Definition der Keime, der Jets und der Jet-Räume von Diffeomorphismen übertragen sich auf den Fall der Vektorfelder.

Die Gruppe der Diffeomorphismen der Mannigfaltigkeit M operiert auf dem Raum aller Vektorfelder auf M und so auch auf den Räumen der k-Jets der Vektorfelder auf M.

Die Gruppe der k-Jets lokaler Diffeomorphismen in einem Punkt der Mannigfaltigkeit M operiert auf dem Raum der $(k - 1)$-Jets der Vektorfelder auf M in diesem Punkt. Diese Operation ist linear.

Beispiel. Es sei $y = a_1x + a_2x^2 + \cdots$ ein 2-Jet eines lokalen Diffeomorphismus im Nullpunkt. Das Bild des 1-Jets des Feldes $\boldsymbol{v}(x) = \boldsymbol{v}_0 + \boldsymbol{v}_1x + \cdots$ ist durch $\boldsymbol{w}(x) = \boldsymbol{w}_0 + \boldsymbol{w}_1x + \cdots$ gegeben, wobei $\boldsymbol{w}_0 = a_1\boldsymbol{v}_0$, $\boldsymbol{w}_1 = a_1\boldsymbol{v}_1a_1^{-1} + 2a_2a_1^{-1}\boldsymbol{v}_0$ ist.

◀ Diese Formel erhält man durch das Aufschreiben der Gleichung $\dot{x} = \boldsymbol{v}(x)$ in y-Koordinaten. ▶

6.1.5. Der schwache Transversalitätssatz

Den Beweis der Möglichkeit der Überführung in allgemeine Lage kann man oft durch Verweis auf einige (offensichtliche) Standardtransversalitätsätze ersetzen. Im folgenden werden die Formulierungen und Beweisideen für die am meisten benutzten Transversalitätssätze angeführt. Die Verweise auf die Transversalitätssätze dienen im Grunde einer Ökonomie des Platzes. In jedem Einzelfall beweist man unmittelbar die entsprechende konkrete Behauptung leicht.

Definition. Zwei lineare Unterräume X und Y eines linearen Raumes L heißen *transversal*, wenn ihre Summe der ganze Raum ist:

$$L = X + Y.$$

Zum Beispiel sind zwei sich unter einem von 0 verschiedenen Winkel schneidende Ebenen im dreidimensionalen Raum transversal, aber zwei Geraden sind es nicht.

Es seien A und B glatte Mannigfaltigkeiten, und es sei C eine glatte Untermannigfaltigkeit in B (hier und weiterhin bezeichnet das Wort Mannigfaltigkeit die Mannigfaltigkeit ohne Rand).

Definition. Die Abbildung $f\colon A \to B$ heißt *transversal zu C im Punkt a aus A*, wenn entweder $f(a)$ nicht auf C liegt oder die Tangentialebene an C im Punkt $f(a)$ und das Bild der Tangentialebene zu A im Punkt a transversal sind (Abb. 105):

$$f_* T_a A + T_{f(a)}C = T_{f(a)}B.$$

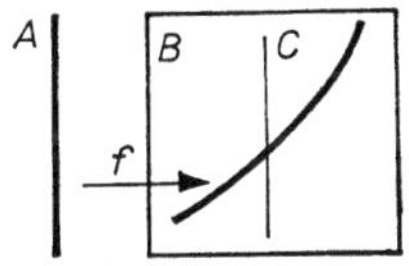

Abb. 105

Definition. Die Abbildung $f\colon A \to B$ heißt *transversal zu C*, wenn sie in jedem Punkt der Mannigfaltigkeit des Urbildes transversal zu C ist.

Zum Beispiel ist die Einbettung einer Geraden in einen dreidimensionalen Raum genau dann zu einer anderen Geraden in diesem Raum transversal, wenn sich diese Geraden nicht schneiden.

Bemerkung. Die Abbildung einer Geraden auf eine Ebene kann sogar dann zu einer in der Ebene liegenden Geraden nichttransversal sein, wenn das Bild der Abbildung die Normale dieser Geraden ist. (Das Bild eines Tangentialraumes und der Tangentialraum des Bildes stimmen nicht überein.)

Bemerkung. Ist $f: A \to B$ transversal zu C, dann ist das Urbild von C in A eine glatte Untermannigfaltigkeit, und ihre Kodimension in A ist gleich der Kodimension von C in B.

Oft trifft man Situationen an, in denen C keine glatte Untermannigfaltigkeit, sondern eine Untermannigfaltigkeit mit Singularitäten ist.

Definition. Die endliche Vereinigung sich nicht paarweise schneidender glatter Mannigfaltigkeiten (Strata) heißt eine *stratifizierte Untermannigfaltigkeit* einer glatten Mannigfaltigkeit, wenn sie der folgenden Bedingung genügt: Der Abschluß eines jeden Stratums besteht aus sich selbst und aus einer endlichen Vereinigung von Strata kleinerer Dimension. Die Abbildung heißt *zu einer stratifizierten Untermannigfaltigkeit transversal,* wenn sie zu jedem Stratum transversal ist.

Beispiel. Es sei C eine Vereinigung zweier sich in einer Geraden schneidenden Ebenen im dreidimensionalen Raum. Die Stratifizierung ist dann die Zerlegung in die Schnittgerade und in die vier Halbebenen. Die Transversalität zu C bedeutet dann die Transversalität zu jeder der Ebenen und zu der Schnittgeraden. Zum Beispiel schneidet eine Kurve, die transversal zur stratifizierten Mannigfaltigkeit C ist, die Gerade der Singularitäten von C nicht.

Satz. *Es sei A eine kompakte Mannigfaltigkeit und C eine kompakte Untermannigfaltigkeit in der Mannigfaltigkeit B. Dann bilden die Abbildungen $f: A \to B$, die zu C transversal sind, eine offene überall dichte Menge im Raum aller hinreichend glatten Abbildungen $A \to B$.* (Zwei Abbildungen heißen dabei nahe, wenn nicht nur sie selbst, sondern auch ihre Ableitungen bis zu einer hinreichend großen Ordnung r nahe sind.)

Dieser Satz heißt schwacher Transversalitätssatz. Die Behauptung besagt, daß man mit einer kleinen Bewegung die Abbildung so abändern kann, daß eine zu einer fixierten Untermannigfaltigkeit nichttransversale Abbildung zu einer transversalen wird (Abb. 106). Wenn jedoch die Transversalität schon gilt, dann bleibt sie bei kleinen Bewegungen erhalten.

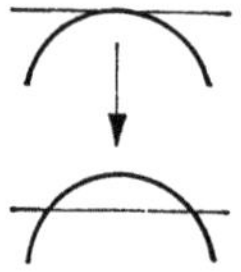

Abb. 106

◂ Wir betrachten den reellen Fall, wobei B der lineare Raum $B = \boldsymbol{R}^n$ und C sein Unterraum $\boldsymbol{R}^{n-k}$ ist.

Es sei B die Summe $B = C + D$ zweier Unterräume komplementärer Dimension, $C = \boldsymbol{R}^{n-k}$ und $D = \boldsymbol{R}^k$. Wir projizieren B längs C und D und bezeichnen diese Projektion mit π und betrachten die Abbildung $\pi \circ f: A \to D$.

Der Ursprung 0 ist kritischer Wert dieser Abbildung dann und nur dann, wenn die Abbildung $f: A \to B$ nicht transversal zur Untermannigfaltigkeit $C \subset B$ ist. Nach dem Lemma von Sard (Abschnitt 3.1) sind fast alle Punkte aus D keine kritischen Werte für die Abbildung $\pi \circ f$. Es sei ε ein Punkt aus D, der kein kritischer Wert für $\pi \circ f$ ist. Wir konstruieren die Abbildung $f_\varepsilon: A \to B$ durch $f_\varepsilon(a) = f(a) - \varepsilon$. Dann ist die Abbildung f_ε transversal zu C. Da man ε beliebig klein wählen kann, haben wir gezeigt, daß die Menge der transversalen Abbildungen in unserem reellen Fall überall dicht ist.

Die Offenheit folgt aus dem Satz über implizite Funktionen. Der allgemeine Fall ist leicht auf den betrachteten zurückzuführen. ▶

Bemerkung. Wenn C nicht kompakt ist, muß man im allgemeinen „offen" durch „der Durchschnitt abzählbar vieler offener Mengen" ersetzen.

Beispiel 1. Es sei B der Torus, C sei seine Entwicklung und A die Kreislinie.

Beispiel 2. Es sei B die Ebene, A ein in die Ebene eingebetteter Kreis und C eine Tangente an den Kreis (ohne den Berührungspunkt). Die Einbettung ist transversal zu C, aber es existieren beliebig viele zu C nichttransversale nahe Abbildungen. Dafür, daß die zu C transversalen Abbildungen eines kompakten A in B eine offene überall dichte Menge bilden, ist es ausreichend zu fordern, daß anstelle der Kompaktheit von C man um jeden Punkt aus B eine Umgebung finden kann derart, daß das Paar (Umgebung, ihr Durchschnitt mit C) zu dem Paar $(\boldsymbol{R}^b, \boldsymbol{R}^c)$ oder zu dem Paar $(\boldsymbol{R}^b$, leere Menge) diffeomorph ist.

Ist A nicht kompakt, dann ist der Raum der Abbildungen zweckmäßigerweise mit einer „verfeinerten Topologie" zu versehen. In dieser Topologie ist die Umgebung einer Abbildung $f\colon A \to B$ wie folgt definiert. Wir fixieren eine offene Menge G im Raum der Jets $J^k(A, B)$ für ein gewisses k. Die Menge der C^∞-Abbildungen $f\colon A \to B$, deren k-Jets in jedem Punkt in G liegen, ist in der verfeinerten Topologie offen. Diese nichtleeren offenen Mengen nimmt man als Umgebungsbasis für die verfeinerte Topologie im Raum der unendlich oft differenzierbaren Abbildungen.

Folglich bedeutet die Nähe zweier Abbildungen in der verfeinerten Topologie, daß sich diese Abbildungen (mit beliebiger Zahl von Ableitungen) beliebig schnell „im Unendlichen" nähern. Insbesondere liegt der Graph einer zu f hinreichend nahen Abbildung in einer sich „im Unendlichen" beliebig schnell verengenden Umgebung des Graphen der Abbildung f.

Folglich zieht die Konvergenz einer Folge in der verfeinerten Topologie die Übereinstimmung fast aller Elemente der Folge außerhalb einer kompakten Menge nach sich. Andererseits enthält eine beliebige Umgebung einer gegebenen Abbildung in der verfeinerten Topologie Abbildungen, die nirgends mit der gegebenen übereinstimmen.

Die Offenheit und die überall Dichtheit im Sinne der verfeinerten Topologie müssen erfüllt sein, damit der Transversalitätssatz auch für nichtkompakte A richtig ist. (Für die Offenheit muß C unbedingt kompakt sein, oder es muß die formulierte Bedingung erfüllt sein).

Der Transversalitätssatz läßt sich auf einleuchtende Weise auf den Fall der stratifizierten Untermannigfaltigkeit C fortsetzen. Jedoch garantiert der Satz in diesem Fall nicht, daß die transversalen Abbildungen eine überall dichte Menge bilden, sondern nur einen überall dichten Durchschnitt von abzählbar vielen offenen Mengen.

Damit die zu einer stratifizierten Mannigfaltigkeit transversalen Abbildungen eine offene überall dichte Menge bilden, ist hinreichend, daß die Stratifizierung die folgende zusätzliche Bedingung erfüllt: Jede zu einem Stratum kleinerer Dimension transversale Einbettung ist transversal zu allen angrenzenden Strata größerer Dimension in irgendeiner Umgebung dieses Stratums kleinerer Dimension.

Beispiel 1. Es sei die endliche Vereinigung C von Ebenen in einem linearen Raum auf natürliche Weise stratifiziert (z. B. ein Paar sich schneidender Ebenen in $\boldsymbol{R}^3$). Da unsere Bedingung erfüllt ist, folgt aus der Transversalität zu $\boldsymbol{R}^k$ die Transversalität zum umfassenden $\boldsymbol{R}^l$.

Beispiel 2. Es sei C der Doppelkegel $x^2 = y^2 + z^2$ in $\boldsymbol{R}^3$, die Stratifizierung sei die Zerlegung in den Nullpunkt und in zwei Kegel. Wie man leicht überprüft, ist unsere Bedingung erfüllt.

Beispiel. 3. Es sei C der Regenschirm von WHITNEY, gegeben durch die Gleichung[1] $y^2 = zx^2$ in $\boldsymbol{R}^3$ (Abb. 107). (Der Teil $z \geqq 0$ dieser stratifizierten Mannigfaltigkeit ist das Bild der Abbildung $\varphi: \boldsymbol{R}^2 \to \boldsymbol{R}^3$, gegeben durch die Formeln $x = u$, $z = v^2$, $y = uv$. WHITNEY zeigte, daß 1. bei einer kleinen Bewegung der Abbildung φ die Singularität dieses Typs erhalten bleibt (bis auf Diffeomorphismen von $\boldsymbol{R}^2$ in $\boldsymbol{R}^3$); 2. dies die einzige Singularität der Abbildung zwei-

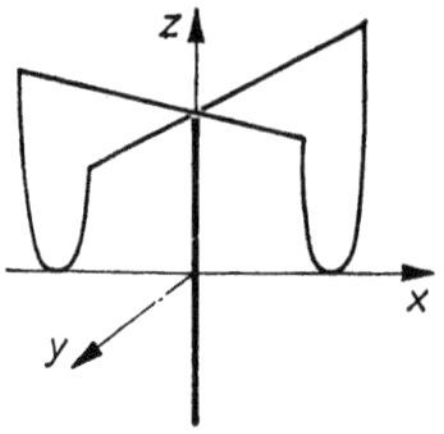

Abb. 107

dimensionaler Mannigfaltigkeiten in dreidimensionale ist, die bei kleinen Bewegungen erhalten bleibt (außer bei einer sich selbst schneidenden Kurve); alle übrigen Singularitäten zerfallen bei einer kleinen Bewegung in Singularitäten dieses Typs). Aus der Transversalität zu der singulären Geraden $x = y = 0$ folgt nicht die Transversalität zur Mannigfaltigkeit der zu dieser Geraden nahen regulären Punkte der Oberfläche (die Ebene $z = 0$ ist transversal zur Geraden, aber nicht zur Fläche).

Wenn die folgende Bedingung für die Stratifizierung von C

Transversalität zu kleinerer $\Rightarrow$ Transversalität zu größerer

erfüllt ist, dann erreicht man die Transversalität zu allen Stratifizierungen wie folgt:

1. Für die glatten Strata minimaler Dimension verwenden wir den üblichen Satz.

2. In einer Umgebung der Strata minimaler Dimension wird die Transversalität auf allen Strata erreicht.

3. Wir entfernen aus der umfassenden Mannigfaltigkeit den Abschluß der Umgebung der Strata minimaler Dimension und gehen zu den Strata der folgenden Dimension über.

Beispiel. Gegeben seien der Raum B der linearen Operatoren $b: \boldsymbol{R}^m \to \boldsymbol{R}^n$ und die Menge C der Operatoren, die nicht maximalen Rang haben. Die Operatoren des Ranges r bilden eine glatte Untermannigfaltigkeit, deren Kodimension im Raum W gleich $(m - r)(n - r)$ ist. Die Zerlegung in Mannigfaltigkeiten der Operatoren verschiedener Ränge gibt die Stratifizierung von C an.

Die Abbildung $f: A \to B$ sei eine Familie linearer Operatoren aus $\boldsymbol{R}^m$ in $\boldsymbol{R}^n$, die glatt von den Punkten der Mannigfaltigkeit A als Parameter abhängt. Die Mannigfaltigkeit A heißt *Basis* der Familie. Aus dem Transversalitätssatz erhält man sofort die

Folgerung. *Im Raum der glatten Familien von Matrizen der Ordnung $m \times n$ bilden die Familien, die transversal zu der stratifizierten Mannigfaltigkeit C der Matrizen nicht maximalen Ranges sind, eine überall dichte Menge.*

Insbesondere bilden im allgemeinen die Parameterwerte, die den Matrizen vom Rang r entsprechen, (für Familien aus dem überall dichten Durchschnitt offener Mengen im Raum der Familien) eine glatte Untermannigfaltigkeit der Kodimension $(m - r)(n - r)$ in der Basis der Familie.

[1]) Der Schirm schließt den Stiel mit ein, der in Abb. 107 mit einer fetten Linie dargestellt ist.

Beispielsweise wird in der fünfparametrigen Familie der Matrizen der Ordnung 2×3 in allgemeiner Lage der Rang auf einer dreidimensionalen glatten Untermannigfaltigkeit des Parameterraumes 1 und ist in keinem Punkt des Parameterraumes 0. Trifft dies für eine gegebene Familie nicht zu, so kann man durch eine beliebig kleine Deformation der Familie erreichen, daß die Familie eine Familie allgemeiner Lage wird.

6.1.6. Der Transversalitätssatz von Thom

Der Transversalitätssatz von Thom ist eine Verallgemeinerung des schwachen Transversalitätssatzes, in welchem die Rolle der Untermannigfaltigkeit C von einer Untermannigfaltigkeit des Jet-Raumes ersetzt wird.

Zu jeder glatten Abbildung $f: M \to N$ gehört ihre „k-Jet-Erweiterung“ $\hat{f}: M \to J^k(M, N)$, wobei $\hat{f}(x) = J_x^k$ ist. (Dem Punkt x aus M wird der k-Jet der Abbildung f im Punkt x zugeordnet.)

Satz. *Es sei C eine Untermannigfaltigkeit des Raumes der Jets $J^k(M, N)$. Dann ist die Menge der Abbildungen $f: M \to N$, deren „k-Jet-Erweiterung“ zu C transversal ist, ein überall dichter abzählbarer Durchschnitt offener Mengen im Raum aller glatten Abbildungen aus M in N.*

Dieser Satz besagt, daß man mit einer kleinen Änderung der glatten Abbildung diese nicht nur bezüglich einer beliebigen glatten Untermannigfaltigkeit in allgemeine Lage bringen kann, sondern sogar bezüglich beliebiger Bedingungen, die den Ableitungen endlicher Ordnung auferlegt werden.

Bemerkung. Den schwachen Transversalitätssatz erhält man aus dem formulierten Satz, indem man $k = 0$ setzt. Der stärkere Satz folgt nicht unmittelbar aus dem schwachen. Man könnte natürlich den schwachen Satz auf die Abbildung $\hat{f}: M \to J^k$ anwenden und würde eine zu f nahe und zu C transversale Abbildung erhalten. Jedoch wäre diese nahe Abbildung keine k-Jet-Erweiterung von einer Abbildung aus M in N.

Der Transversalitätssatz von Thom behauptet, daß man die transversalisierende Deformation aus einer kleineren Klasse von Deformationen auswählen kann: Es ist hinreichend, sich auf die Deformationen der k-Jet-Erweiterungen im Raum der k-Jet-Erweiterungen und nicht im Raum aller Schnitte $M \to J^k$ einzuschränken. Somit sagt der Satz, daß für das Erlangen der Transversalität die Integrierbarkeit nicht erforderlich ist. (Letzter unterscheidet nämlich die k-Jet-Erweiterungen der Abbildungen aus M in N von den beliebigen Schnitten $M \to J^k$.)

◀ Der Kern des Beweises besteht in der gleichen Reduktion auf das Lemma von Sard wie auch bei dem schwachen Transversalitätssatz. Der grundlegende Unterschied besteht darin, daß man die transversalisierende Deformation nicht in der Klasse der Abbildungen $f_\varepsilon = f - \varepsilon$ sucht, sondern in einer größeren Klasse der polynomialen Deformationen $f_\varepsilon = f + \varepsilon_1 e_1 + \cdots + \varepsilon_s e_s$, wobei die e_i alle möglichen Vektormonome höchstens k-ten Grades sind.

Lemma 1. *Wir betrachten die glatte Abbildung $F: A \times E \to B$ des direkten Produktes der glatten Mannigfaltigkeit A und E in die glatte Mannigfaltigkeit B.*

Wir werden F als Familie der Abbildungen F_ε der Mannigfaltigkeit A in B betrachten, die vom Punkt ε der Mannigfaltigkeit E wie von einem Parameter abhängt. Wenn F transversal zu einer Untermannigfaltigkeit C der Mannigfaltigkeit B ist, dann ist fast jedes Element $F_\varepsilon\colon A \to B$ der entsprechenden Familie F transversal zu C.

◀ Wir betrachten $F^{-1}(C)$. Nach dem Satz über implizite Funktionen ist das eine glatte Untermannigfaltigkeit in $A \times E$. Wir betrachten die Projektion dieser Untermannigfaltigkeit auf E längs A. Nach dem Lemma von SARD sind fast alle Werte keine kritischen Werte. Es sei ε ein nicht kritischer Wert. Dann ist $F_\varepsilon\colon A \to B$ transversal zu C, denn F ist transversal zu C, und $A \times \varepsilon$ ist transversal zu $F^{-1}(C)$. ▶

Lemma 2. *Es sei f eine glatte Abbildung von $\mathbf{R}^m$ in $\mathbf{R}^n$. Wir fixieren in $\mathbf{R}^m$ und in $\mathbf{R}^n$ Koordinatensysteme und betrachten die glatte Abbildung des direkten Produktes des Raumes $\mathbf{R}^n$ mit dem Raum $\mathbf{R}^s$ in den Raum der k-Jets der Abbildungen $J^k(M, N)$, die durch die Formel*

$$(x, \varepsilon) \mapsto (j_x^k f_\varepsilon)$$

definiert ist. Dabei ist $f_\varepsilon = f + \varepsilon_1 e_1 + \ldots + \varepsilon_s e_s$ ($e_1, \ldots, e_s$ sind alle möglichen Produkte von Monomen höchstens k-ten Grades von den Koordinaten des Punktes x aus $\mathbf{R}^m$ mit Basisvektoren in $\mathbf{R}^n$).

Die so konstruierte Abbildung besitzt keine kritischen Werte und ist folglich transversal zu einer beliebigen Untermannigfaltigkeit des Raumes der k-Jets.

◀ Die Koordinaten des Punktes x aus $\mathbf{R}^m$ und die Taylorkoeffizienten der Jets in diesem Punkt bis zum Grad k sind die Koordinaten im Raum J^k. Durch entsprechende Auswahl der Koeffizienten $\varepsilon_1, \ldots, \varepsilon_s$ wird das Vektorpolynom $\varepsilon_1 e_1 + \cdots + \varepsilon_s e_s$ in einem beliebig vorgegebenen Punkt x ein beliebig vorgegebenes Tupel von Taylorkoeffizienten bis zu den Gliedern des Grades k haben. Daraus folgt unmittelbar die Behauptung des Lemmas. ▶

Es sei C eine glatte Untermannigfaltigkeit in $B = J^k(\mathbf{R}^m, \mathbf{R}^n)$. Wir wenden das Lemma 1 auf die Abbildung des Lemmas 2 an (in diesem ist $A = \mathbf{R}^m$, $E = \mathbf{R}^s$, $F(X, \varepsilon) = j_x^k f_\varepsilon$). Nach Lemma 1 ist für alle ε die Abbildung $F_\varepsilon = F(\cdot, \varepsilon)$ transversal zu C. Wählt man ε hinreichend klein, so erhält man eine zu f beliebig nahe (in einem beliebigen endlichen Teil von $\mathbf{R}^m$) Abbildung $f_\varepsilon\colon \mathbf{R}^m \to \mathbf{R}^n$, deren k-Jet-Erweiterung transversal zu C ist. Der Übergang von dieser lokalen Konstruktion zur globalen (der Austausch von $\mathbf{R}^m$, $\mathbf{R}^n$ gegen M, N) stellt keine Schwierigkeit dar. ▶

6.1.7. Beispiel: der Zerfall der komplizierten singulären Punkte eines Vektorfeldes

Als Anwendung des Transversalitätssatzes behandeln wir die Frage, welche singulären Punkte ein Vektorfeld allgemeiner Lage besitzt.

Definition. Ein singulärer Punkt x eines Vektorfeldes $\mathbf{v}$ heißt *nichtausgeartet*, wenn der Operator des linearen Bestandteiles des Feldes im singulären Punkt *nichtausgeartet ist.*

Aus dem Transversalitätssatz folgt:

Folgerung. *Die Felder, in denen alle singulären Punkte nichtausgeartet (und folglich isoliert) sind, bilden im Funktionalraum der glatten Vektorfelder auf einer kompakten Mannigfaltigkeit eine offene überall dichte Menge.*

◀ Die singulären Punkte sind die Urbilder einer glatten Mannigfaltigkeit (des Nullschnittes) im Raum der 0-Jets der Vektorfelder. Die Nichtausartung des singulären Punktes ist die Transversalität der 0-Jet-Erweiterung des Feldes zu dieser Mannigfaltigkeit. ▶

Und so zerfällt ein ausgearteter singulärer Punkt bei einer beliebig kleinen Bewegung des Feldes in nichtausgeartete.

Beispiel. Wir betrachten den singulären Punkt des Typs „Sattel-Knoten“:

$$\dot{x} = x^2, \quad \dot{y} = -y.$$

Bei der Bewegung $\dot{x} = x^2 - \varepsilon$, $\dot{y} = -y$ zerfällt der Sattel-Knoten in zwei singuläre Punkte: in einen Sattel und in einen Knoten.

Es entsteht die Frage, in wie viele singuläre Punkte ein gegebener komplizierter singulärer Punkt bei kleinen Bewegungen zerfallen kann. Wie das (z. B. in der Theorie der algebraischen Gleichungen) üblich ist, löst man die Aufgabe am besten im Komplexen.

Definition. Die Anzahl der nichtausgearteten (komplexen) singulären Punkte, in die ein komplizierter singulärer Punkt bei einer kleinen Bewegung zerfallen kann, heißt die *Vielfachheit* des singulären Punktes.

Bemerkung. Streng genommen bestimmt man die Vielfachheit auf folgende Weise: 1. Man fixiert eine hinreichend kleine Umgebung des singulären Punktes im komplexen Raum; 2. der ausgewählten Umgebung angepaßt, wählt man eine kleine Bewegung; 3. für das bewegte Feld zählt man dann die Anzahl der singulären Punkte in der Umgebung des gegebenen Punktes.

Weiter unten wird die Formel für die Vielfachheit des singulären Punktes in den Termini des Newton-Diagrammes gezeigt (A. G. Kušnirenko, D. N. Bernštejn, A. G. Chovanskij).

Es sei $f = \sum f_m \boldsymbol{x}^{\boldsymbol{m}}$ eine formale Zahlenreihe nach den Potenzen der Unbekannten $x_1, \ldots, x_n$ ($\boldsymbol{x}^{\boldsymbol{m}} = x_1^{m_1} \cdots x_n^{m_n}$). Wir betrachten den Oktanten des Gitters der ganzen Punkte $\boldsymbol{m}$ mit nicht negativen Koordinaten m_k.

Wir bezeichnen diesen Oktanten mit $\boldsymbol{Z}_+^n$.

Definition. Die Menge der Punkte $\boldsymbol{m}$ aus dem Oktanten $\boldsymbol{Z}_+^n$, für die $f_{\boldsymbol{m}} \neq 0$ ist, heißt *Träger der* Reihe f und wird mit

$$\operatorname{supp} f = \{\boldsymbol{m} \in \boldsymbol{Z}_+^n : f_{\boldsymbol{m}} \neq 0\}$$

bezeichnet.

Definition. Die konvexe Hülle der Vereinigung der zu $\boldsymbol{Z}_+^n$ parallelen Oktanten mit Scheitelpunkten in den Punkten des Trägers im Oktanten $\boldsymbol{R}_+^n$ des reellen linearen

Raumes heißt das *Newton-Polyeder* der Reihe f. Wir bezeichnen es mit

$$\Gamma_f = \text{konvexe Hülle der Vereinigung } m + \mathbf{Z}_+^n,\ m \in \operatorname{supp} f.$$

Das Newton-Polyeder heißt *angenehm,* wenn es alle Koordinatenachsen schneidet.

Satz. *Gegeben seien n angenehme Newton-Polyeder $\Gamma_1, \ldots, \Gamma_n$. Wir betrachten die Vektorfelder $\boldsymbol{v}_1(\partial/\partial x_1) + \cdots + \boldsymbol{v}_n(\partial/\partial x_n)$, wobei $\Gamma_1, \ldots, \Gamma_n$ die Newton-Polyeder für die Komponenten $\boldsymbol{v}_1, \ldots, \boldsymbol{v}_n$ sind. Dann ist die Vielfachheit μ des singulären Punktes 0 unseres Vektorfeldes nicht kleiner als die unten definierte Newton-Zahl $\nu(\Gamma_1, \ldots, \Gamma_n)$ und stimmt mit ihr für fast alle Felder mit gegebenen Newton-Polyedern der Komponenten überein (bis auf eine Hyperfläche im Raum der Felder mit den gegebenen Polyedern).*

Bemerkung. Die Bedingung der Angenehmheit der Polyeder ist keine Einschränkung, da man zeigen kann, daß sie durch Hinzunahme von Gliedern beliebig hohen Grades erreicht werden kann, die die Vielfacheit ja nicht ändern (wenn sie nur endlich sind).

Für die Definition der Newton-Zahl eines Systems von angenehmen Polyedern ist der Begriff des Mischvolumens notwendig.

Es sei Γ ein angenehmes Newton-Polyeder. Unter dem *Volumen* $V(\Gamma)$ werden wir das Volumen des (nicht konvexen) Gebietes zwischen der Null und den Grenzen des Polyeders Γ im positiven Oktanten $\mathbf{R}_+^n$ verstehen.

Es seien Γ_1, Γ_2 zwei angenehme Newton-Polyeder. Die arithmetische Summe, d. h. die Menge aller möglichen Summen von Vektoren aus Γ_1 und aus Γ_2, heißt die Summe $\Gamma_1 + \Gamma_2$. Die Summe ist ebenfalls ein angenehmes Newton-Polyeder.

Folglich bilden die angenehmen Newton-Polyeder eine kommutative Halbgruppe. Aus dieser Halbgruppe bildet man nach der üblichen Methode eine Gruppe (sie heißt Grothendieck-Gruppe). Ein Element der Gruppe ist die formale Differenz zweier Newton-Polyeder $\Gamma_1 - \Gamma_2$, wobei nach Definition $\Gamma_1 - \Gamma_2 = \Gamma_3 - \Gamma_4$ genau dann gilt, wenn $\Gamma_1 + \Gamma_4 = \Gamma_2 + \Gamma_3$ ist.

Die so geschaffene Gruppe definiert auch einen Vektorraum über dem Körper der reellen Zahlen. Ist λ eine positive Zahl, dann bezeichnet $\lambda\Gamma$ ein Polyeder, das man aus Γ mit einer Homothetie mit dem Zentrum in 0 und mit dem Koeffizienten λ erhält. Das Volumen $V(\Gamma)$ setzt sich auf diesem linearen Raum als Form n-ten Grades eindeutig fort (der Beweis dieser nicht ganz offensichtlichen Tatsache bleibt dem interessierten Leser als Übung überlassen.)

Jede Form n-ten Grades ist eindeutig als symmetrische n-lineare Form bei übereinstimmenden Argumenten darstellbar, beispielsweise

$$a^2 = ab \mid a = b, \quad ab = \frac{1}{2}\left((a+b)^2 - a^2 - b^2\right).$$

Definition. Den Wert dieser eindeutigen symmetrischen n-Linearform auf dem Tupel $(\Gamma_1, \ldots, \Gamma_n)$, der mit dem Volumen $V(\Gamma)$ für $\Gamma_1 = \cdots = \Gamma_n = \Gamma$ übereinstimmt, nennt man *Mischvolumen* (gemischter Inhalt bei Minkowski) des Systems von Polyedern $(\Gamma_1, \ldots, \Gamma_n)$. Es wird mit $V(\Gamma_1, \ldots, \Gamma_n)$ bezeichnet.

Beispiel. Im ebenen Fall $n = 2$ ist das Mischvolumen eines Paares (Γ_1, Γ_2) gleich

$$V(\Gamma_1, \Gamma_2) = \frac{1}{2}\left(V(\Gamma_1 + \Gamma_2) - V(\Gamma_1) - V(\Gamma_2)\right).$$

Definition. Die Newton-Zahl $v(\Gamma_1, \ldots, \Gamma_n)$ ist wie folgt definiert:

$$v(\Gamma_1, \ldots, \Gamma_n) = n!\, V(\Gamma_1, \ldots, \Gamma_n).$$

Beispiel. Im zweidimensionalen Fall seien Γ_1, Γ_2 durch Geraden begrenzt, die die Koordinatenachsen in den Punkten (a_1, b_1) für Γ_1 und (a_2, b_2) für Γ_2 schneiden. Dann ist $v(\Gamma_1, \Gamma_2)$ gleich min $(a_1 b_2, a_2 b_1)$. Folglich ist fast immer die Vielfachheit des singulären Punktes gleich

$$\mu = \min (a_1 b_2, a_2 b_1).$$

6.2. Von Parametern abhängende Matrizen und Singularitäten der Dekrementdiagramme

Als Vorbereitung zur Untersuchung der Bifurkationen der singulären Punkte der Vektorfelder betrachten wir jetzt das Problem der Normalform der Familie der Endomorphismen eines Vektorraumes.

6.2.1. Die Normalform von Matrizen, die von Parametern abhängen

Wenn unter den Eigenwerten Vielfache sind, dann ist die Reduktion der Matrix auf Jordansche Normalform keine stabile Operation. Eine beliebig kleine Veränderung der Matrix kann nämlich bei der Existenz vielfacher Eigenwerte die Jordansche Form verändern. Ist die Matrix nur näherungsweise bekannt, so ist ihre Reduktion auf Jordansche Normalform in Fall der Existenz mehrfacher Eigenwerte praktisch nicht möglich. Da eine Matrix im allgemeinen keine mehrfachen Eigenwerte hat, ist das auch nicht nötig.

Mehrfache Eigenwerte kann man durch eine kleine Bewegung in dem Fall nicht beseitigen, wenn uns nicht nur die einzelne Matrix, sondern eine Familie von Matrizen, die von Parametern abhängt, interessiert. Da wir zu jeder einzelnen Matrix der Familie die Jordansche Normalform finden können, wird nicht nur diese Normalform, sondern auch die auf sie führende Transformation im allgemeinen nicht stetig vom Parameter abhängen.

Somit entsteht die Frage, zu welcher einfachen Gestalt man eine Familie von Matrizen, die glatt (oder auch holomorph) von den Parametern abhängen, mit Hilfe einer glatt (holomorph) von Parametern abhängenden Koordinatentransformation bringen kann.

Wir betrachten die Menge aller quadratischen komplexen Matrizen der Ordnung n als Vektorraum der Dimension n^2. Die Relation der Ähnlichkeit von Matrizen zerlegt den ganzen Raum $\boldsymbol{C}^{n^2}$ in Mannigfaltigkeiten (die Orbits einer linearen Gruppe). Zwei Matrizen liegen in einem Orbit, wenn bei ihnen die Eigenwerte und die Größe der Jordanschen Kästchen gleich sind. Wegen der Eigenwerte ist die Zerlegung stetig.

Als grobes Modell kann man sich die Zerlegung des dreidimensionalen Raumes in Strata der Mannigfaltigkeit $C = x^2 + y^2 - z^2$ (Abb. 108) vorstellen.

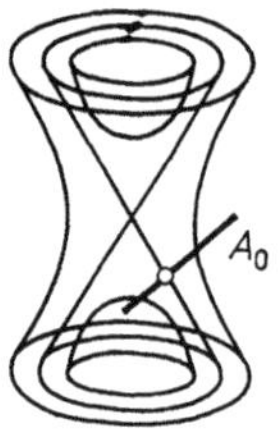

Abb. 108

Eine Familie von Matrizen definiert eine Abbildung des Parameterraumes der Familie in den Raum der Matrizen $\mathbf{C}^{n^2}$. Unter allen Familien von Matrizen gibt es solche Familien, auf die man schon durch einen glatt von Parametern abhängenden Basiswechsel (und glatte Parametertransformationen) reduzieren kann. Diese Familien heißen verselle Deformationen. (Eine exakte Definition erfolgt weiter unten.) Verselle Deformationen mit einer minimal möglichen Zahl von Parametern heißen miniverselle Deformationen.

Somit sind miniverselle Deformationen Normalformen mit kleinstmöglicher Anzahl von Parametern, bei denen man bei der Reduktion die glatte Abhängigkeit von den Parametern beibehalten kann.

Beispiel. Wenn alle Eigenwerte einer Diagonalmatrix verschieden sind, dann kann man als ihre miniverselle Deformation die Familie aller Diagonalmatrizen annehmen. (Die Parameter sind die Eigenwerte.) Wir geben unten die miniversellen Deformationen beliebiger Matrizen ein.

6.2.2. Verselle Deformationen

Definition. Eine holomorphe Abbildung $A: \lambda \to \mathbf{C}^{n^2}$, wobei λ eine Umgebung des Koordinatenursprunges in einem Parameterraum $\mathbf{C}^l$ ist, werden wir *Familie von Matrizen* nennen. Der Keim der Familie A im Nullpunkt heißt *Deformation* der Matrix $A(0)$.

Die Deformation A' der Matrix $A(0)$ heißt *äquivalent* zur Deformation A, wenn eine Deformation C der 1 existiert derart, daß

$$A'(\lambda) = C(\lambda)\, A(\lambda)\, \big(C(\lambda)\big)^{-1}$$

ist.

Es sei $\varphi: (M, 0) \to (\Lambda, 0)$ eine holomorphe Abbildung ($M \subset \mathbf{C}^m$, $\Lambda \subset \mathbf{C}^l$).

Definition. Die Familie φ^*A mit

$$(\varphi^*A)\,(\mu) = A\big(\varphi(\mu)\big), \qquad \mu \in M,$$

heißt *aus A durch die Abbildung φ induziert*. Die induzierte Deformation φ^*A der Matrix $A(0)$ ist durch die gleiche Formel definiert.

Definition. Die Deformation A der Matrix A_0 heißt *versell,* wenn eine beliebige Deformation A' der Matrix A_0 äquivalent zur Deformation ist, die durch A induziert wurde. Die verselle Deformation heißt *universell,* wenn diese induzierte Abbildung φ die Deformation A' eindeutig definiert. Die verselle Deformation heißt *miniversell,* wenn die Dimension des Parameterraumes dieser versellen Deformation minimal ist.

Beispiel. Die Familie der Diagonalmatrizen mit den Diagonalelementen $(\alpha_i + \lambda_i)$, wobei alle α_i verschieden und die λ_i die Parameter der Deformation sind, ist eine verselle, universelle und miniverselle Deformation der Matrix (α_i).

Die Familie aller Matrizen C^{n^2} definiert eine n^2-parametrige verselle Deformation einer beliebigen Matrix dieser Familie. Jedoch ist diese Deformation im allgemeinen weder universell noch miniversell.

Die Dimension einer miniversellen Deformation einer beliebigen Matrix ist durch den folgenden Satz gegeben. Wir bezeichnen mit α_i die Eigenwerte der Matrix A_0, und $n_1(\alpha_i) \geqq n_2(\alpha_i) \geqq \cdots$ seien die geordneten Dimensionen der in der Jordanschen Normalform zu α_i gehörenden Kästchen, beginnend mit der größten.

Satz 1. *Die kleinste Parameterzahl einer versellen Deformation der Matrix A_0 ist gleich*

$$\sum [n_1(\alpha_i) + 3n_2(\alpha_i) + 5n_3(\alpha_i) + \cdots].$$

Die miniversellen Deformationen kann man verschiedenartig auswählen. Insbesondere sind die drei Normalformen, die im folgenden Satz beschrieben werden, die versellen Deformationen einer oberen Dreiecksmatrix in Jordanscher Normalform.

Satz 2. *Es sei A die vom Parameter $\lambda \in C^l$ holomorph abhängende Familie der linearen Operatoren aus C^n in sich. Der Operator $A(\lambda_0)$ habe in einem Wert λ_0 des Parameters λ die Eigenwerte α_i und die Jordanschen Kästchen der Ordnungen*

$$n_1(\alpha_i) \geqq n_2(\alpha_i) \geqq \cdots.$$

Dann existiert eine vom Parameter λ in einer Umgebung von λ_0 holomorph abhängende Basis con C^n, die so gewählt ist, daß die Matrix des Operators $A(\lambda)$ eine Blockdiagonalgestalt

$$A_0 + B(\lambda)$$

hat. Hierbei ist A_0 die Jordansche obere Dreiecksmatrix des Operators $A(\lambda_0)$, und $B(\lambda)$ ist die Blockdiagonalmatrix, deren Blöcke den Eigenwerten der Matrix A_0 entsprechen.

Der Block B_i, der dem Eigenwert α_i entspricht, ist mit Nullen ausgefüllt, außer an den Stellen, die in Abb. 109 *gekennzeichnet sind. An diesen Stellen stehen holomorphe Funktionen von λ.*

In Abb. 109 sind drei Normalformen dargestellt. In den ersten beiden ist die Anzahl der von 0 verschiedenen Elemente in B_i gleich $n_1(\alpha_i) + 3n_2(\alpha_i) + \cdots$; in der dritten sind alle Elemente in jedem schrägen Teil gleich. Die miniversellen Deformationen der Matrix A_0 erhält man, indem man die verschiedenen Elemente der Matrix B_i zählt, die nicht von Variablen abhängen. Ihre Anzahl ist in allen drei Fällen gleich

$$\sum [n_1(\alpha_i) + 3n_2(\alpha_i) + \cdots].$$

Der Vorteil der beiden ersten Normalformen besteht darin, daß bei ihnen die Anzahl der von 0 verschiedenen Elemente der Matrix die kleinstmögliche ist. Der Vorteil der dritten Form besteht in der Orthogonalität der versellen Deformation zum entsprechenden Orbit (im Sinne dieser elementweisen skalaren Multiplikation von Matrizen).

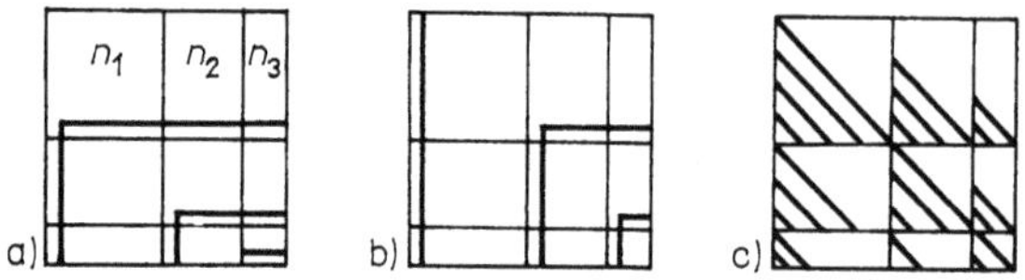

Abb. 109

6.2.3. Der Beweis der Versalität

◀ Es sei $A : \Lambda \to C^{n^2}$ eine Deformation der Matrix $A_0 = A(0)$ mit dem Parameter $\lambda \in \Lambda$, so daß die Abbildung A transversal zum Orbit C der Matrix A_0 bei der Operation der Truppe der linearen Koordinatentransformationen ist. Wir setzen voraus, daß die Zahl der Parameter der Deformation minimal ist, d. h., sie ist gleich der Kodimension des Orbits im Raum C^{n^2} aller Matrizen. Diese Deformation nennt man *minitransversal.*

Lemma 1. *Die minitransversale Deformation A ist miniversell.*

Für den Beweis des Lemmas ist folgende Definition notwendig.

Definition. Die Menge aller Matrizen, mit der Matrix u vertauschbar sind, heißt *Zentralisator* der Matrix und wird mit

$$Z_u = \{v : [u, v] = 0\}, \quad [u, v] = uv - vu,$$

bezeichnet.

Der Zentralisator einer beliebigen Matrix der Ordnung n ist ein linearer Unterraum im Raum C^{n^2} aller Matrizen der Ordnung n.

Es sei Z der Zentralisator der Matrix A_0. Legen wir durch das Einselement e im Raum der nichtausgearteten Matrizen eine glatte Fläche, die zu $e + Z$ transversal ist, dann ist die Dimension dieser Fläche gleich der Kodimension des Zentralisators, d. h., sie hat den minimal möglichen Wert.

Wir bezeichnen diese Fläche mit P und betrachten die Abbildung

$$\Phi : P \times \Lambda \to C^{n^2}, \quad \Phi(p, \lambda) = pA(\lambda)\, p^{-1}.$$

Lemma 2. *Die Abbildung Φ ist in einer Umgebung des Punktes* $(e, 0)$ *ein lokaler Diffeomorphismus auf* (C^{n^2}, A_0).

Für den Beweis des Lemmas 2 betrachten wir die Abbildung ψ der Gruppe der nichtausgearteten Matrizen im Raum aller Matrizen C^{n^2}, die durch die Formel $\psi(b) = bA_0b^{-1}$ gegeben sind.

1. *Die Ableitung der Abbildung ψ im Einselement ist der Operator, der dem Kommutator mit A_0 entspricht:*

$$\psi_*: \boldsymbol{C}^{n^2} \to \boldsymbol{C}^{n^2}, \qquad \psi_* u = [u, A_0].$$

◀ $(e + \varepsilon u)\, A_0 (e + \varepsilon u)^{-1} = A_0 + \varepsilon [u, A_0] + \cdots$. ▶

Aus 1. folgt:

2. *Die Dimension des Zentralisators der Matrix A_0 ist gleich der Kodimension des Orbits, und die Dimension der Transversalen zum Zentralisator ist gleich der Dimension des Orbits:*

$$\dim Z = \dim \Lambda, \qquad \dim P = \dim C.$$

Wir führen im Raum $\boldsymbol{C}^{n^2}$ ein hermitesches Skalarprodukt $\langle A, B\rangle = \operatorname{Sp}(AB^*)$ ein, wobei B^* die zu B transponierte und konjugiert-komplexe Matrix ist. Das entsprechende Skalarquadrat ist einfach die Summe der Quadrate der Beträge der Elemente der Matrix.

Lemma 3. *Ein Vektor B aus dem Tangentialraum zu $\boldsymbol{C}^{n^2}$ im Punkt A_0 ist genau dann senkrecht zum Orbit der Matrix A_0, wenn $[B^*, A_0] = 0$ ist.*

◀ Die Tangentialvektoren zum Orbit sind die Matrizen der Gestalt $[X, A_0]$. Die Orthogonalität von B zum Orbit bedeutet, daß $\langle [X, A_0], B\rangle = 0$ für beliebiges X gilt. Mit anderen Worten, für beliebiges X gilt

$$\begin{aligned} 0 &= \operatorname{Sp}([X, A_0], B^*) = \operatorname{Sp}(XA_0B^* - A_0XB^*) \\ &= \operatorname{Sp}([A_0, B^*], X) = \langle [A_0, B^*], X^*\rangle. \end{aligned}$$

Da X beliebig war, ist diese Bedingung äquivalent zu $[A_0, B^*] = 0$.

Somit haben wir gezeigt, daß man das orthogonale Komplement zum Orbit der Matrix aus ihrem Zentralisator durch Transponieren und Konjugieren erhält. ▶

Die Zentralisatoren der Matrizen, die Jordansche Normalform haben, kann man leicht aufschreiben. Wir setzen zuerst voraus, daß die Matrix nur einen Eigenwert hat und die Reihe der Jordan-Kästchen nach der Ordnung $n_1 \geqq n_2 \geqq \cdots$ geordnet ist.

Lemma 4. *Mit der Matrix A_0 kommutieren nur die Matrizen, die in Abb.* 110 *dargestellt sind.*

In Abb. 110 bezeichnet jeder schräge Teil eine Reihe gleicher Zahlen, und die nicht markierten Stellen seien Nullen. Folglich ist die Zahl der Teile gleich der Dimension des Zentralisators.

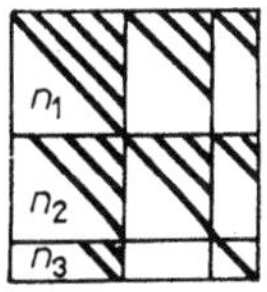

Abb. 110

◀ Lemma 4 beweist man durch unmittelbare Berechnung des Kommutators (vgl. etwa F. R. Gantmacher [1]). ▶

Aus Lemma 4 folgt, daß die Dimension des Zentralisators der Matrix A_0, die ja gleich der Kodimension des Orbits und der minimal möglichen Dimension der versellen Deformation war, durch die Formel $d = n_1 + 3n_2 + 5n_3 + \cdots$ gegeben ist.

Wenn die Jordansche Matrix A_0 mehrere Eigenwerte hat, unterteilen wir sie in Blöcke, die den jeweiligen Eigenwerten entsprechen. Dann werden die mit A_0 kommutierenden Matrizen blockdiagonal sein, wobei jedem Eigenwert ein Block der in Abb. 110 beschriebenen Gestalt entspricht. Dann erhält man die Formel für die Dimension des Zentralisators (die Kodimension des Orbits, die Dimension der miniversellen Deformation) aus der Addition aller verschiedenen Eigenwerte.

Denn ψ_* ist eine lineare Abbildung von Räumen gleicher Dimension. Deshalb ist die Dimension des Kernes gleich der Kodimension des Bildes.

Beweis von Lemma 2. ◀ Die Ableitung Φ nach p in $(e, 0)$ ist ψ_*, aber die Ableitung nach λ ist A_*. Diese Operatoren bilden nach dem oben Gezeigten die Tangentialräume zu P in e und zu Λ in 0 auf die transversalen Räume der gleichen Dimension ab, d. h. tangential zum Orbit C in A_0 für P und transversal zu ihm für Λ. Folglich ist die Ableitung von β im Punkt $(e, 0)$ ein Isomorphismus von Vektorräumen der Dimension n^2. Nach dem Satz über implizite Funktionen ist Φ ein lokaler Diffeomorphismus. ▶

Beweis von Lemma 1. ◀ Wir betrachten p und λ als Koordinaten des Punktes $\Phi(p, \lambda)$. Es sei $A' : (M, O) \to (C^{n^2}, A_0)$ eine beliebige Deformation der Matrix A_0. Es sei $\mu \in M$ der Parameter der Deformation. Wir definieren $\lambda = \varphi(\mu)$ durch $\varphi(\mu) = \lambda(A'(\mu))$ und erhalten $B(\mu) = p(A'(\mu))$. Damit ist $A'(\mu) = B(\mu)\, A(\varphi(\mu))\, B^{-1}(\mu)$, und wir haben die Versalität der Deformation A gezeigt.

Die Minimalität der Dimension der Basis dieser Deformation ist klar. ▶

Als transversale Deformation der Matrix A_0 kann man die Familie der Matrizen der Gestalt $A_0 + B$ nehmen, wobei die Matrix B zum oben beschriebenen orthogonalen Komplement des Orbits der Matrix A_0 gehört. Wir erhalten somit die miniverselle Deformation der Matrix A_0. Wenn die Matrix A_0 nur einen Eigenwert besitzt, hat die Matrix B die in Abb. 109c gezeigte Gestalt. Hier steht auf jedem schrägen Teil eine Reihe gleicher Zahlen. Die Parameterzahl ist gleich der Anzahl der Teile und ergibt sich aus der oben gezeigten Formel.

Die Matrix B hat viele von 0 verschiedene Elemente. Man kann die miniversellen Deformationen $A_0 + B$ so konstruieren, daß bei ihnen die Anzahl der von 0 verschiedenen Elemente in B die minimal mögliche ist. (Sie ist gleich der Parameterzahl.) Zu diesem Zweck wählen wir im Zentralisator eine Basis aus: Wir ordnen jedem schrägen Teil in Abb. 109c eine Matrix aus Nullen und Einsen zu, in der die Einsen auf diesem schrägen Teil stehen.

Das Gleichungssystem der Tangentialebene an den Orbit bilden folgende Gleichungen: Für jeden schrägen Teil der Abb. 109c ist die Summe der entsprechenden Matrixelemente gleich 0 (Lemma 3 und 4). Um eine zu dem Orbit transversale Familie $A_0 + B$ zu erhalten, ist es ausreichend, als Matrixfamilie B diejenigen Matrizen zu nehmen, bei denen auf jedem schrägen Teil in Abb. 109c an einem Platz ein unabhängiger Parameter und an den restlichen Stellen Nullen stehen. Ein von 0 verschiedenes Element kann man auf jedem schrägen Teil auf jedem beliebigen Platz wählen. Zum Beispiel eignet sich die Auswahl, die in 6.2.2., Satz 2, beschrieben wurde.

6.2.4. Beispiele

Wir werden die obere Jordansche Dreiecksmatrix mit dem Produkt der Determinanten ihrer Kästchen bezeichnen. Zum Beispiel bezeichnet α^2 ein Jordan-Kästchen der Ordnung 2, aber $\alpha\alpha$ die Matrix αE zweiter Ordnung, wobei E die Einheitsmatrix ist.

Die erste Normalform des Satzes in 6.2.2. führt zu folgenden miniversellen Deformationen:

a) Die verselle (und universelle) zweiparametrige Deformation des Jordan-Kästchens α^2 der Ordnung 2 ist

$$\begin{pmatrix} \alpha & 1 \\ 0 & \alpha \end{pmatrix} + \begin{pmatrix} 0 & 0 \\ \lambda_1 & \lambda_2 \end{pmatrix}. \tag{1}$$

b) Die verselle (aber nicht universelle) vierparametrige Deformation der Skalarmatrix $\alpha\alpha$ der Ordnung 2 ist

$$\begin{pmatrix} \alpha & 0 \\ 0 & \alpha \end{pmatrix} + \begin{pmatrix} \lambda_1 & \lambda_2 \\ \lambda_3 & \lambda_4 \end{pmatrix}.$$

c) Die verselle und universelle dreiparametrige Deformation des Jordan-Kästchens α^3 ist

$$\begin{pmatrix} \alpha & 1 & 0 \\ 0 & \alpha & 1 \\ 0 & 0 & \alpha \end{pmatrix} + \begin{pmatrix} 0 & 0 & 0 \\ 0 & 0 & 0 \\ \lambda_1 & \lambda_2 & \lambda_3 \end{pmatrix}.$$

d) Die verselle fünfparametrige Deformation der Matrix $\alpha^2\alpha$ ist

$$\begin{pmatrix} \alpha & 1 & 0 \\ 0 & \alpha & 0 \\ 0 & 0 & \alpha \end{pmatrix} + \begin{pmatrix} 0 & 0 & 0 \\ \lambda_1 & \lambda_2 & \lambda_3 \\ \lambda_4 & 0 & \lambda_5 \end{pmatrix}.$$

Zum Beispiel führt jede holomorphe Familie von Matrizen, die beim Parameterwert 0 das Jordan-Kästchen α^2 enthält, bei nahen Parameterwerten zur Normalform (1), wobei λ_1, λ_2 holomorphe Parameterfunktionen sind.

Die gebildeten Normalformen gestatten es, bei der Untersuchung vieler Fragen, die mit dem Verhalten von Operatoren zusammenhängen, die von Parametern abhängen, spezielle Familien von miniversellen Deformationen zu beschreiben. Eine dieser Fragen ist die Frage nach dem Aufbau der Bifurkationsdiagramme.

6.2.5. Bifurkationsdiagramme

Die Zerlegung des Parameterraumes λ nach den Jordanschen Matrixtypen werden wir Bifurkationsdiagramm der Familie von Matrizen nennen. Die Familie ist die Abbildung $A: \lambda \to C^{n^2}$ des Parameterraumes in den Raum der Matrizen. Deshalb folgt für die Untersuchung der Bifurkationsdiagramme, daß man die Zerlegung des Raumes aller Matrizen in Matrizen mit unterschiedlichen Jordanschen Typen untersuchen muß. Bei dieser Zerlegung fassen wir alle Matrizen mit gleichen Dimensionen der Kästchen zusammen, die sich aber in der Größe der Eigenwerte unterscheiden. Deshalb ist die Zerlegung eine endliche Stratifizierung des Raumes der Matrizen.

Jedes Stratum dieser Stratifizierung ist durch die Gesamtheit der Tupel $n_1(i) \geqq n_2(i) \geqq \cdots$ der Größen der Jordan-Kästchen, die ν unterschiedlichen Eigenwerten entsprechen ($1 \leqq i \leqq \nu$) bestimmt. Die Kodimension c dieses Stratums im Raum C^{n^2} ist kleiner als die Kodimension d der entsprechenden Orbits in der Menge der unterschiedlichen Eigenwerte, d. h. in ν:

$$c = d - \nu = \sum_{i=1}^{\nu} [n_1(i) + 3n_2(i) + \cdots - 1].$$

Wir bemerken, daß die einfachen Eigenwerte in dieser Summe nicht auftreten. Durch die Anwendung des schwachen Transversalitätssatzes kommen wir zu folgender Aussage:

Satz. *Die Familien, die transversal zur Stratifizierung nach den Jordanschen Typen, sind, bilden im Raum der Familien von Matrizen der Ordnung n eine überall dichte Menge.*

Dieser Satz und die Formeln der versellen Deformationen aus 6.2.4. gestatten es, die Bifurkationsdiagramme der Familien der allgemeinen Lage zu beschreiben. Insbesondere erhalten wir für die Familien mit kleiner Parameterzahl folgende Resultate.

1°. *Einparametrige Familien.* Aus $c = 1$ folgt, daß die Matrix nur einen zweifachen Eigenwert besitzt, und dieser entspricht einem Jordan-Kästchen der Ordnung 2. Dieses Stratum werden wir mit α^2 bezeichnen.

Folgerung. *In einer einparametrigen Familie von Matrizen der allgemeinen Gestalt findet man nur Matrizen mit einfachen Eigenwerten. Bei einzelnen isolierten Parameterwerten gibt es Matrizen vom Typ α^2 (mit einem Jordan-Kästchen der Ordnung 2). Wenn in der Familie Matrizen mit komplizierterer Jordanscher Struktur existieren, dann kann man sie durch eine beliebig kleine Bewegung der Familie beseitigen.*

2°. *Zweiparametrige Familien.* Es existieren genau zwei Jordansche Typen mit $c = 2$: α^2 (ein Jordan-Kästchen der Ordnung 3) und $\alpha^2\beta^2$ (zwei Kästchen der Ordnung 2 mit unterschiedlichen Eigenwerten).

Folgerung. *Das Bifurkationsdiagramm der allgemeinen zweiparametrigen Familie von Matrizen ist eine Kurve, deren einzige Singularitäten Wendepunkte und solche*

Punkte sind, in denen sie sich selbst schneidet (Abb. 111). *Die Wendepunkte entsprechen den Matrizen des Typs α^3 mit einem Jordan-Kästchen der Ordnung 3 und die Selbstschnittpunkte dem Typ $\alpha^2\beta^2$ mit zwei Jordan-Kästchen der Ordnung 2. Die restlichen Punkte der Kurve entsprechen Matrizen mit einfachen Eigenwerten.*

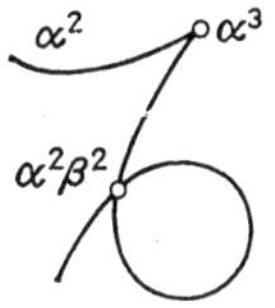

Abb. 111

Wenn in der Familie Matrizen mit komplizierteren Typen existieren oder aber das Bifurkationsdiagramm kompliziertere Singularitäten hat, dann kann man diese durch eine beliebig kleine Bewegung der Familie beseitigen.

3⁰. *Dreiparametrige Familien.* Es existieren vier Strata mit $c = 3$: $\alpha^2\beta^2\gamma^2$ (drei 2-Kästchen), $\alpha\alpha$ (zwei Kästchen der Ordnung 1 mit gleichem Eigenwert), $\alpha^2\beta^2$ (je zwei Kästchen zweiter und dritter Ordnung) und α^4 (4-Kästchen).

Folglich haben die punktförmigen Singularitäten der Bifurkationsdiagramme einer allgemeinen dreiparametrigen Familie die in Abb. 112 gezeigte Gestalt. Die Singularität α^4 heißt Schwalbenschwanz: Die Fläche ist durch die Gleichung $\Delta(a, b, c) = 0$ gegeben, wobei Δ die Diskriminante des Polynoms $z^4 + az^2 + bz + c$ ist. Genaugenommen bezieht sich alles oben Gesagte auf den komplexen Fall, so daß die in Abb. 112 dargestellten Flächen als komplexe Flächen angesehen werden müssen.

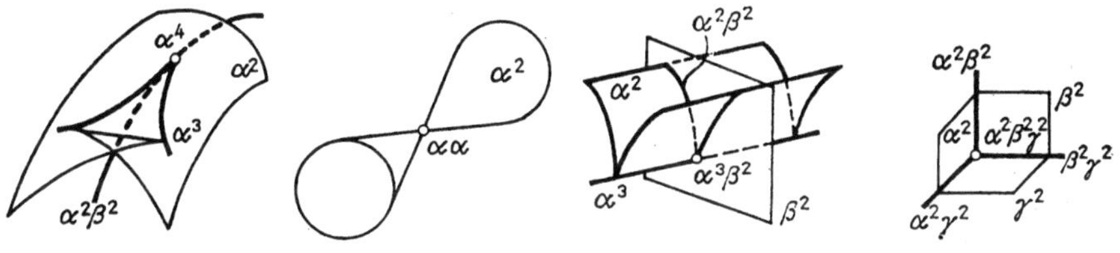

Abb. 112

Die versellen Deformationen der reellen Matrizen konstruierte D. M. Galin [1]. Die Konstruktion kann man auf folgende Weise beschreiben. Hat der reelle Operator auf $\boldsymbol{R}^{2n}$, für den man die verselle Deformation sucht, genau ein Paar konjugiert-komplexer Eigenwerte $x \pm iy$ ($y \neq 0$) mit Jordan-Kästchen der Dimensionen $n_1 \geqq n_2 \geqq \cdots$, so daß $n_1 + n_2 + \cdots = n$ ist, dann hat die Matrix des Operators in einer reellen Basis von $\boldsymbol{R}^{2n}$ die gleiche Gestalt wie die Reellifizierung des komplexen Jordanschen Operators $\hat{A}_0\colon \boldsymbol{C}^n \to \boldsymbol{C}^n$ mit genau einem Eigenwert $x + iy$ und den Jordan-Kästchen der Dimensionen $n_1 \geqq n_2 \geqq n_3 \geqq \cdots$, d. h. der Gestalt

$$A_0 = \begin{pmatrix} X & -yE \\ yE & X \end{pmatrix}. \tag{2}$$

Dabei ist X die obere reelle Jordansche Dreiecksmatrix mit dem Eigenwert x und den Kästchen der Dimensionen $n_1 \geqq n_2 \geqq \cdots$, und E ist die Einheitsmatrix der Ordnung n.

Es zeigt sich, daß *man als miniverselle Deformation der reellen Matrix A_0 die Reellifizierung der komplexen miniversellen Deformation der komplexen Matrix $\hat{A}_0$ nehmen kann.*

Zum Beispiel kann man als miniverselle Deformation der reellen Matrix vierter Ordnung mit Jordan-Kästchen zweiter Ordnung und mit den Eigenwerten $x + iy$ die vierparametrige Deformation nehmen, die man bei der Reellifizierung der komplexen versellen Deformation

$$\begin{pmatrix} z & 1 \\ 0 & z \end{pmatrix} + \begin{pmatrix} 0 & 0 \\ \lambda_1 & \lambda_2 \end{pmatrix}$$

erhält, d. h. die Deformation mit den Parametern $\varrho_1, \varrho_2, \tau_1, \tau_2$:

$$\begin{pmatrix} x & 1 & -y & 0 \\ 0 & x & 0 & -y \\ y & 0 & x & 1 \\ 0 & y & 0 & x \end{pmatrix} + \begin{pmatrix} 0 & 0 & 0 & 0 \\ \varrho_1 & \varrho_2 & -\tau_1 & -\tau_2 \\ 0 & 0 & 0 & 0 \\ \tau_1 & \tau_2 & \varrho_1 & \varrho_2 \end{pmatrix}, \quad \begin{matrix} z = x + iy, \\ \lambda_k = \varrho_k + i\tau_k. \end{matrix}$$

Jede reelle Matrix ist über dem Körper der reellen Zahlen zu einer Blockdiagonalmatrix ähnlich, in der jedem reellen Eigenwert eine reelle Jordansche Matrix zugeordnet wird und in der jedem Paar konjugiert-komplexer Eigenwerte ein Block der Gestalt (2) entspricht. Die reelle verselle Deformation zu dieser reduzierten Matrixgestalt (mit kleinstmöglicher Parameterzahl) erhält man, indem man jeden Block durch seine minimale verselle Deformation ersetzt. Somit ergibt sich die minimale Parameterzahl einer reellen versellen Deformation wie folgt:

$$d = \sum_{\lambda} [n_1(\lambda) + 3n_2(\lambda) + 5n_3(\lambda) + \cdots],$$

wobei die Addition über alle reellen und komplexen Eigenwerte erfolgt.

Gleichungen der versellen Deformationen und Tabellen von Bifurkationsdiagrammen reeller Matrizen sind in der Arbeit von Galin [2] für $d - \nu \leq 3$ enthalten. Für die Anwendung in der Mechanik sind Tabellen verseller Deformationen der symplektischen und Hamiltonschen (infinitesimale symplektische) Matrizen (Deformationen, die die Symplektizität erhalten) zusammengestellt worden (vgl. D. M. Galin [2]).

Eine der Anwendungen der erhaltenen Bifurkationsdiagramme besteht in folgendem: Wir nehmen einmal an, daß man bei der Untersuchung einer beliebigen Erscheinung ein Bifurkationsdiagramm erhalten hat, das hier nicht aufgeführt wurde. Dann gibt es wahrscheinlich nur zwei Möglichkeiten: Entweder ließ man bei der Idealisierung der Erscheinung etwas Wesentliches weg, was qualitativ die Struktur des Diagrammes verändert hatte, oder aber man hat irgendwelche speziellen Ursachen für zusätzliche Vielfachheiten des Spektrums oder für die Nichttransversalität zur Jordanschen Stratifikation (beispielweise Symmetrien oder eine Hamiltonsche Struktur).

6.2.6. Die Klassifizierung der Singularitäten der Dekrementdiagramme

Wir betrachten hier als eine der Anwendungen der versellen Deformationen von Matrizen die Lösung folgender Aufgabe. Es sei eine Familie linearer homogener autonomer Differentialgleichungen gegeben. Wie immer wird die Asymptote der Lösungen bei $t \to +\infty$ durch denjenigen Eigenwert des Operators der gegebenen Gleichung bestimmt, der den größten Realteil hat. Man untersucht, wie dieser Realteil von Parametern abhängt.

Der untersuchte Realteil (mit Minuszeichen) heißt in der Technik das Dekrement. Folglich besteht unsere Aufgabe in der Untersuchung des Verhaltens von Dekrementen bei der Änderung der Parameter des Systems.

Das Verhalten eines Dekrements bei der Änderung der Parameter beschreibt man leicht, indem man in der Parameterebene (im Raum, ...) die Niveaulinien (Flächen, ...) des Dekrements angibt. Die Familie der Niveaulinien eines Dekrements in der Ebene der Parameterwerte werden wir Dekrementdiagramm nennen.

Die Gestalt des Dekrementdiagrammes ändert sich sehr von Familie zu Familie. In einigen Fällen kann das Dekrementdiagramm überaus komplizierte Singularitäten haben. Es zeigt sich jedoch, daß man in den Familien allgemeiner Lage nur einige einfache Singularitäten der Dekrementdiagramme antreffen kann. Alle komplizierteren Singularitäten zerfallen bei einer kleinen Bewegung der Familie.

Im folgenden Abschnitt sind alle Singularitäten der Dekrementdiagramme zweiparametriger Familien allgemeiner Lage beschrieben.

Die Klassifizierung der Singularitäten der Dekrementdiagramme allgemeiner Lage leistet bei der Untersuchung der Abhängigkeit von den Parametern die gleichen Dienste, die die Klassifizierung der singulären Punkte in allgemeiner Lage bei der Untersuchung der Phasenbilder leistet.

Das Auftreten von Singularitäten nichtallgemeiner Lage in einem Dekrementdiagramm muß Besorgnis hervorrufen. Es kann seine Erklärung in einer speziellen Symmetrie der Familie finden, oder es kann von einer nichtadäquaten Idealisierung („Unkorrektheit") zeugen, bei der in den Gleichungen vernachlässigte Effekte (z. B. „parasitäre Verbindungen" in der Radiotechnik) das Bild wesentlich verändern können.

Die Klassifizierung der Singularitäten zweiparametriger Dekrementdiagramme allgemeiner Lage beinhaltet im speziellen die Untersuchung der Singularitäten auf der Grenze des Stabilitätsgebietes in dreiparametrigen Familien allgemeiner Lage (die Flächen des Nulldekrements).

Die erhaltenen Resultate kann man auch auf nichtlineare Systeme anwenden, die von Parametern abhängende stationäre Punkte haben. Ein Dekrement der Linearisierung nichtlinearer Systeme wird in solch einem Punkt wie auch eine Parameterfunktion nur einfachste Singularitäten haben (im Fall einer Familie allgemeiner Lage).

Bei der Anwendung der erhaltenen Resultate auf nichtlineare Systeme ist es jedoch notwendig, den Teil der Grenze des Stabilitätsgebietes auszuschließen, der den verschwindenden Wurzeln entspricht, weil auf diesem Teil die glatte Parameterabhängigkeit des stationären Punktes nicht vorhanden ist. Folglich erfordert die Beschreibung der Singularitäten auf der Grenze des Stabilitätsgebietes für nichtlineare Systeme allgemeiner Lage und auch die Beschreibung der Dekrementdiagramme in einer Umgebung eines Punktes dieser Grenze eine zusätzliche Untersuchung. Wir beschäftigen uns mit dieser Frage in den folgenden Abschnitten.

Bei der Untersuchung der Iterationen der Abbildungen, der Gleichungen mit periodischen Koeffizienten oder der Bewegungen in einer Umgebung einer periodischen Trajektorie ist der dem Betrag nach größte Eigenwert das Dekrement. Wenn dieser Betrag von 1 verschieden ist, dann ist die diesem Eigenwert entsprechende Singularität (als Parameterfunktion in der Familie allgemeiner Lage) die gleiche wie beim Dekrement einer Familie allgemeiner Lage. Deshalb betrachten wir weiterhin nur das Dekrement.

Bei der Untersuchung der Beträge der Eigenwerte in nichtlinearen Aufgaben der gezeigten Typen wenden wir die Resultate des nächsten Abschnitts nur außerhalb der Stabilitätsgrenze und in den Punkten der Grenze, für die die 1 kein Eigenwert ist, an.

6.2.7. Die Dekrementdiagramme

Wir betrachten eine Familie von linearen Operatoren A im euklidischen Raum $\boldsymbol{R}^n$, die vom Parameter λ eines Parameterraumes Λ wie folgt abhängt:

$$A(\lambda)\colon \boldsymbol{R}^n \to \boldsymbol{R}^n.$$

Definition. Die Parameterfunktion f, deren Wert im Punkt λ der größte Realteil der Eigenwerte des Operators $A(\lambda)$ ist,

$$f(\lambda) = \lim_{t\to+\infty} \frac{1}{t} \ln \|e^{A(\lambda)t}\|,$$

nennen wir das *Inkrement*[1]) einer Familie.

Die Funktion f ist stetig, aber nicht unbedingt differenzierbar. Wir wollen nun die Singularitäten der Funktion f für zweiparametrige Familien allgemeiner Lage untersuchen. Deshalb kann man den Parameterraum Λ als Ebene $\boldsymbol{R}^2$ oder als Gebiet auf der Ebene annehmen.

Die Familie der Niveaulinien der Funktion f auf der Ebene Λ werden wir Dekrementdiagramm nennen. Der Querstrich an den Niveaulinien („Bergstrich" in der Topographie) wird die Richtung, in der f kleiner wird, anzeigen; mit anderen Worten, der Bergstrich zeigt in Richtung der Erhöhung der Stabilität.

Beispiel. Wir betrachten die Differentialgleichung

$$\ddot{z} = xz + y\dot{z},$$

die von zwei Parametern x und y abhängt. Die Matrix der entsprechenden Systeme hat die Gestalt

$$A(x, y) = \begin{pmatrix} 0 & 1 \\ x & y \end{pmatrix}.$$

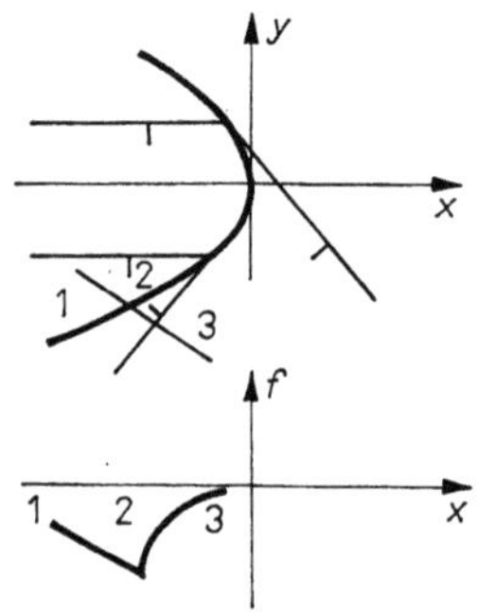

Abb. 113

Das Dekrementdiagramm ist in Abb. 113 skizziert. Die Parabel $4x + y^2 = 0$ teilt die x,y-Ebene in zwei Teile. In beiden ist das Inkrement eine glatte Funktion. Links von der Parabel befinden sich komplexe Eigenwerte, und es gilt $f = y/2$. Rechts davon befinden sich reelle Eigenwerte, $f = \left(y \pm \sqrt{4x + y^2}\right)/2$. Die Niveaulinien des Inkrements sind die Parabel tangierende Strahlen.

---

1) In der Technik nennt man die Größe $|f|$ ein Dekrement, wenn $f < 0$ ist, und ein Inkrement wenn $f > 0$ ist.

Alle Punkte der Parabel sind singuläre Punkte des Dekrementdiagramms. Ihnen entspricht die Matrix A mit einem Jordan-Kästchen der Ordnung 2. Beim Schneiden der Parabel von links nach rechts wird aus der linearen Änderung des Inkrements die der Wurzelfunktion.

Es ist klar, daß die hier gezeigte Singularität durch eine kleine Bewegung des Feldes nicht beseitigt werden kann. Es existieren noch andere wesentliche Singularitäten. Unser Ziel ist ihre vollständige Beschreibung.

6.2.8. Die Strata der Kodimension 1 und 2 im Raum aller Matrizen

Wenn ein reeller Eigenwert der Matrix $A(\lambda_0)$ oder ein Paar konjugiert-komplexer Eigenwerte[1]) einen maximalen Realteil hat, dann ist das Inkrement in einer Umgebung des betrachteten Parameterwertes λ_0 eine glatte Funktion.

Die Funktion ist nicht glatt, wenn mehr Eigenwerte mit gleichem maximalen Realteil auftreten. Die Matrizen, bei denen einige Eigenwerte den gleichen maximalen Realteil haben, bilden eine abgeschlossene halbalgebraische[2]) Untermannigfaltigkeit F im Raum $\boldsymbol{R}^{n^2}$ aller Matrizen der Ordnung n. Die Kodimension dieser Mannigfaltigkeit ist gleich 1, und ihr Komplement besteht aus zwei offenen Komponenten:

D_1. *Das Stratum* (α). Genau ein reeller Eigenwert hat einen maximalen Realteil.

D_2. *Das Stratum* $(\alpha \pm i\omega)$. Genau ein konjugiert-komplexes Paar hat einen maximalen Realteil.

Die Mannigfaltigkeit F kann man leicht stratifizieren. Die Strata der maximalen Dimension (Kodimension 1) beschreibt man wie folgt:

F_1. *Das Stratum* (α^2). Genau zwei zusammenfallende Eigenwerte haben einen maximalen Realteil. Sie sind reell, und ihnen entspricht ein Jordan-Kästchen der Ordnung 2.

F_2. *Das Stratum* $(\alpha, \alpha \pm i\omega)$. Genau drei Eigenwerte haben einen maximalen Realteil. Einer ist reell und einer ist ein konjugiert-komplexes Paar.

F_3. *Das Stratum* $(\alpha \pm i\omega_1, \alpha \pm i\omega_2$. Genau zwei verschiedene konjugiert-komplexe Paare haben einen maximalen Realteil.

Es ist klar, daß die Strata F_1, F_2, F_3 glatte reguläre offene, sich nicht schneidende Untermannigfaltigkeiten der Kodimension 1 im Raum aller Matrizen $\boldsymbol{R}^{n^2}$ sind. Der Rest $F \setminus (F_1 \cup F_2 \cup F_3)$ der Mannigfaltigkeit F (der Mannigfaltigkeit der Matrizen mit mehreren Eigenwerten mit maximalem Realteil) ist eine abgeschlossene halbalgebraische[2]) Untermannigfaltigkeit der Kodimension 2 im Raum aller Matrizen $\boldsymbol{R}^{n^2}$. Die Strata der maximalen Dimension der Mannigfaltigkeit $F \setminus (F_1 \cup F_2 \cup F_3)$ haben die Kodimension 2 in $\boldsymbol{R}^{n^2}$. Sie sind leicht zu untersuchen:

G_1. *Das Stratum* (α^3). Genau drei Eigenwerte haben einen maximalen Realteil. Sie sind reell, und ihnen entspricht ein Jordan-Kästchen der Ordnung 3.

G_2. *Das Stratum* $((\alpha \pm i\omega)^2)$. Genau zwei zusammenfallende Paare komplexer Eigenwerte haben einen maximalen Realteil. Ihnen entsprechen Jordan-Kästchen der Ordnung 2.

G_3. *Das Stratum* $(\alpha^2, \alpha \pm i\omega)$. Genau vier Eigenwerte haben einen maximalen Realteil. Den zwei reellen entspricht ein Jordan-Kästchen der Ordnung 2, und die zwei komplexen bilden ein konjugiert-komplexes Paar.

G_4. *Das Stratum* $(\alpha, \alpha \pm i\omega_1, \alpha \pm i\omega_2)$. Genau fünf Eigenwerte haben einen maximalen Realteil. Einer ist reell und zwei sind verschiedene konjugiert-komplexe Paare.

G_5. *Das Stratum* $(\alpha \pm i\omega_1, \alpha \pm i\omega_2, \alpha \pm i\omega_3)$. Genau drei verschiedene konjugiert-komplexe Paare haben einen maximalen Realteil.

---

[1]) Hier und im weiteren nehmen wir an, daß die Zahlen des konjugiert-komplexen Paares nicht reell sind.

[2]) Unter einer halbalgebraischen Untermannigfaltigkeit eines linearen Raumes versteht man eine endliche Vereinigung von Mengen, die durch endliche Systeme polynomialer Gleichungen und Ungleichungen gegeben sind.

Die Strata G_1 bis G_5 sind reguläre offene, sich nicht schneidende Untermannigfaltigkeiten[1]) der Kodimension 2 im Raum aller Matrizen $\mathbf{R}^{n^2}$. Der Rest $F \setminus \cup F_1 \setminus \cup G_i$ ist eine abgeschlossene halbalgebraische Untermannigfaltigkeit der Kodimension 3 in $\mathbf{R}^{n^2}$.

Aus dem schwachen Transversalitätssatz (vgl. 6.1.) ergibt sich:

Folgerung. *In zweiparametrigen Familien von Matrizen allgemeiner Lage treten keine Matrizen auf, die Eigenwerte mit maximalem Realteil haben, die sich von den oben untersuchten unterscheiden. Darüber hinaus sind sie alle transversal.*

Die Eigenwerte der Kodimension 1 (F_i) treten in einer Familie allgemeiner Lage somit auf glatten Kurven in der Parameterebene auf, die singuläre Punkte nur in denjenigen Punkten der Parameterebene haben, in denen die Eigenwerte der Kodimension 2 (G_i) auftreten. Die vorherige Situation kann nur in isolierten Punkten der Parameterebene auftreten.

Die Abschnitte F_1 und F_2 mit ihren singulären Punkten G_i bilden Kurven, die die Parameterebene in zwei Teile D_1 und D_2 zerlegen. Es ist leicht zu zeigen, daß alle Abschnitte F_3 im Teil D_2 liegen.

Weiterhin liegen die Punkte $G_1(\alpha^3)$ auf dem Berührungspunkt von $F_1(\alpha^2)$ und $F_2(\alpha, \alpha \pm i\omega)$. Die Punkte $G_2((\alpha \pm i\omega_2)^2)$ liegen bei $F_3(\alpha \pm i\omega_1, \alpha \pm i\omega_2)$. Die Punkte $G_3(\alpha^2, \alpha \pm i\omega)$ liegen auf dem Berührungspunkt von $F_1(\alpha^2)$, $F_2(\alpha, \alpha \pm i\omega_2)$ und $F_3(\alpha \pm i\omega_{1,2})$. Die Punkte $G_4(\alpha, \alpha \pm i\omega_{1,2})$ liegen auf dem Berührungspunkt von $F_2(\alpha, \alpha \pm i\omega)$ und $F_3(\alpha \pm i\omega_{1,2})$. Die Punkte $G_5(\alpha \pm i\omega_{1,2,3})$ liegen bei $F_3(\alpha \pm i\omega_{1,2})$.

In Abb. 114 ist ein (hypothetisches) Beispiel einer Konfiguration skizziert, die diese Linien der Parameterebene in einer Familie allgemeiner Lage bilden können.

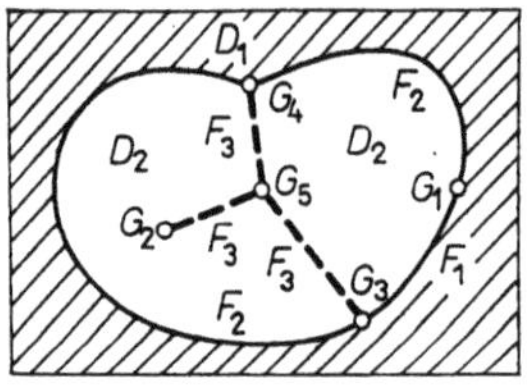

Abb. 114

6.2.9. Der Aufbau der Dekrementdiagramme in der Nähe der Punkte der Strata der Kodimension 0 und 1

Auf dem Komplement der Menge der Singularitäten auf F ist das Inkrement f eine glatte Parameterfunktion. Jedoch können beim Dekrementdiagramm in einigen Punkten dieses Komplements singuläre Punkte auftreten, die die kritischen Punkte der Funktion f sind.

Außerhalb von F hat das Inkrement einer Familie allgemeiner Lage nur einfache kritische Punkte, d. h. Punkte der folgenden drei Typen, die auf sechs anwachsen, wenn man die Fälle reeller (D_1) und komplexer Wurzeln (D_2) unterscheidet:

D_i^0: *Minimum.* In einer Umgebung des betrachteten Punktes der Parameterebene kann man glatte Koordinaten x und y so auswählen, daß das Inkrement die Gestalt $f = \text{const} + x^2 + y^2$ hat.

D_i^1: *Sattel.* In den eingeführten Koordinaten ist $f = \text{const} + x^2 - y^2$.

D_i^2: *Maximum.* $f = \text{const} - x^2 - y^2$.

Wir untersuchen jetzt die Ableitung der Funktion f in der Nähe der regulären Punkte der Menge F, d. h. in der Nähe der inneren Punkte der Kurve F_i in der Parameterebene. Hier kann man jetzt zwei Fälle unterscheiden: Entweder ist ein Punkt der Kurve F_i kein kritischer für

---

[1]) Alle Mannigfaltigkeiten D_i, F_i, G_i sind bei hinreichend großem m zusammenhängend. Ausgenommen sind die Fälle D_2 und F_1 bei $n = 2$, F_3, G_2 und G_3 bei $n = 4$, und bei $n = 6$ hat G_5 zwei Komponenten.

das Inkrement, das als glatte Funktion auf dieser Kurve betrachtet wird, oder es kann ein kritischer sein.

Aus dem Transversalitätssatz folgt, daß in den Familien allgemeiner Lage die kritischen Punkte der Einschränkung des Inkrements auf die Kurven F_i nur nichtausgeartete Maxima und Minima sein können.

Wenn man diese Information mit den expliziten Formeln der versellen Familien von Matrizen in 6.2.2. verbindet, dann kommen wir ohne Schwierigkeiten zu folgenden Normalformen des Inkrements in der Nähe der Punkte der Strata der Kodimension 1.

Satz. *In einer Umgebung eines nichtkritischen Punktes der Einschränkung des Inkrements einer Familie allgemeiner Lage auf die Kurve F_i kann man glatte Koordinaten (x, y) auf der Parameterebene so auswählen, daß das Inkrement f eine der drei folgenden Funktionen* (Abb. 115) *ist:*

Der Fall F_1^0 (Jordan-Kästchen):

$$f = \text{const} + y + \begin{cases} \sqrt{x} & \text{für} \quad x \geqq 0, \\ 0 & \text{für} \quad x \leqq 0. \end{cases}$$

Der Fall F_2^0 und F_3^0 (einfaches Umrunden):

$$f = \text{const} + x + |y|.$$

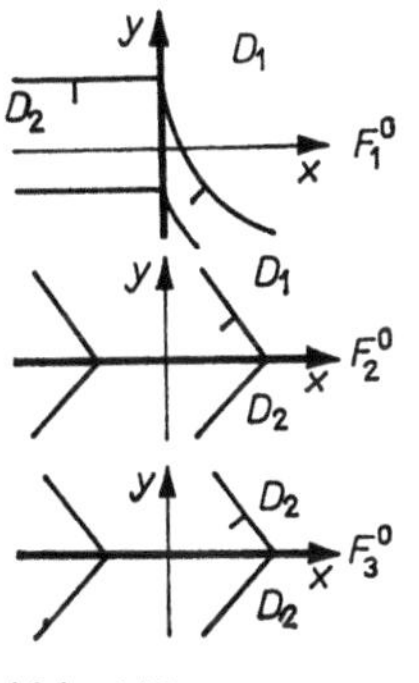

Abb. 115

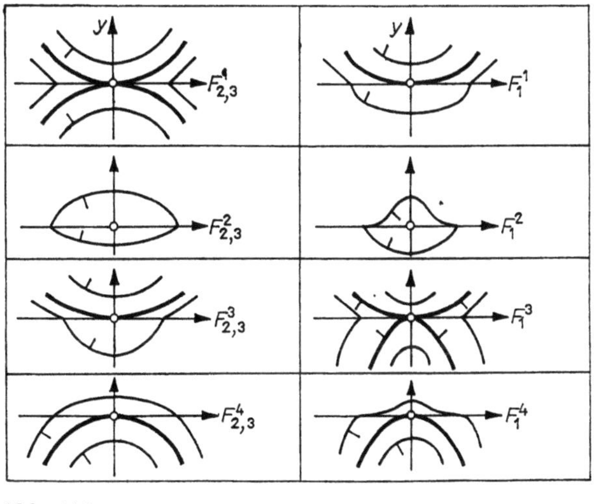

Abb. 116

Die Kurven F_1^0 und F_2^0 trennen die Gebiete der reellen und komplexen Wurzeln D_1 und D_2. Die Niveaulinien des Inkrements tangieren von der Seite der reellen Lösungen die Kurve F_1, und von der komplexen Seite schneiden sie sie transversal. Die Niveaulinien zu den Kurven F_2 und F_3 reichen in den Punkten F_2^0 und F_3^0 transversal von beiden Seiten heran. Der Winkel der Niveaulinien, der kleiner als 180° ist und in den Knickpunkten der Kurven F_i gebildet wird, enthält in allen Fällen die Verkleinerungsrichtung von f längs dieser Linie.

Satz. *In einer Umgebung eines kritischen Punktes der Einschränkung des Inkrements einer Familie allgemeiner Lage kann man Koordinaten (x, y) so auswählen, daß das Inkrement eine von den zwölf oben dargestellten Möglichkeiten ist* (Abb. 116).

Die Fälle F_2^k und F_3^k, $k = 1, \ldots, 4$ (bedingtes Extremum beim Umrunden):

$$f = \text{const} + \varepsilon x^2 + \varphi(y) + |y|, \qquad \varepsilon = (-1)^k,$$

wobei $\varphi(y) = ay + \cdots$ eine glatte Funktion ist, $a > 0, a \neq 1$. Die vier Werte k erhält man durch die Kombination der zwei Vorzeichen von ε und der zwei Möglichkeiten für a:

k	1, 2	3, 4
a	(0, 1)	$(1, +\infty)$

Die ungeraden k entsprechen einem bedingten Maximum, während die geraden k einem Minimum entsprechen. Um sich eine klare Vorstellung von der Gestalt des Dekrementdiagramms machen zu können, genügt es, den Fall $\varphi(y) = ay$ zu betrachten. In diesem Fall bestehen die Niveaulinien f aus zwei Parabelbögen, die längs der y-Achse verschoben sind.

Die Fälle F_1^k, $k = 1, \ldots, 4$ (bedingtes Extremum mit Jordan-Kästchen α^2):

$$f = \text{const} + \varepsilon x^2 + \varphi(y) + \begin{cases} \sqrt{y} & \text{für} \quad y \geqq 0, \\ 0 & \text{für} \quad y \leqq 0. \end{cases}$$

Hierbei ist $\varepsilon = \pm 1$ und $\varphi(y) = ay + \cdots$ eine glatte Funktion, $a \neq 0$.

Die vier Werte für k erhält man durch die Kombination der Vorzeichen von ε und a:

k	1	2	3	4
Vorzeichen von ε, Vorzeichen von a	$- -$	$- +$	$+ -$	$+ +$

Die ungeraden k entsprechen einem bedingten Maximum und die geraden einem Minimum. Um eine klare Vorstellung über die Gestalt des Dekrementdiagramms zu haben, genügt es, die Fälle $\varphi(y) = \pm y$ zu betrachten.

Unser Satz behauptet, daß das Inkrement einer zweiparametrigen Familie allgemeiner Lage keine anderen Singularitäten in den inneren Punkten der Kurve F außer den fünfzehn untersuchten Singularitäten F_i^k $(15 = 3 + 12)$ hat. Wenn in irgendeiner Familie andere Singularitäten auftreten, dann kann man diese durch eine beliebig kleine Bewegung der Familie beseitigen. Die Singularitäten F_i^k sind natürlich wesentlich.

6.2.10. Der Aufbau der Dekrementdiagramme in der Nähe der Strata der Kodimension 2

Bei der Untersuchung der Singularitäten der Strata der Kodimension 2 in zweiparametrigen Familien allgemeiner Lage kann man nur die „nichtausgearteten" Fälle betrachten, da eine beliebige Entartung die Kodimension erhöht und die Singularität damit wesentlich wird.

Kombiniert man den Transversalitätssatz und die expliziten Formeln der versellen Familien von Matrizen aus 6.2.2., so kommen wir zu folgenden Normalformen des Inkrements in der Nähe der Punkte der Strata der Kodimension 2.

Satz. *In einer Umgebung eines Punktes eines jeden Stratum der Kodimension* 2 (G_i *in der Bezeichnung von* 6.2.8.) *in der Parameterebene einer Familie allgemeiner Lage kann man glatte Koordinaten* (x, y) *so auswählen, daß das Inkrement* f *eine von den unten untersuchten achtzehn Formen* (Abb. 117) *annimmt.*

Die Fälle $G_1\pm$ (Jordan-Kästchen der Ordnung 3):

$$f = \varphi(x, y) + \lambda(x, y),$$

wobei λ der größte der Realteile der Lösungen der kubischen Gleichung $\lambda^3 = x\lambda + y$ und φ eine glatte Funktion derart ist, daß $(\partial\varphi/\partial x)\,(0, 0) = a \neq 0$ gilt.

Die Gestalt des Dekrementdiagramms ergibt sich aus dem Vorzeichen der Zahl a.

Das Vorzeichen „+" bzw. „−" in $G_1\pm$ bedeutet $a > 0$ bzw. $a < 0$. Um sich eine klare Vorstellung über die Gestalt des Dekrementdiagramms machen zu können, genügt es, die Fälle $\varphi = \pm x$ zu betrachten. Durch den Punkt $x = y = 0$ gehen zwei sich in einem Punkt berüh-

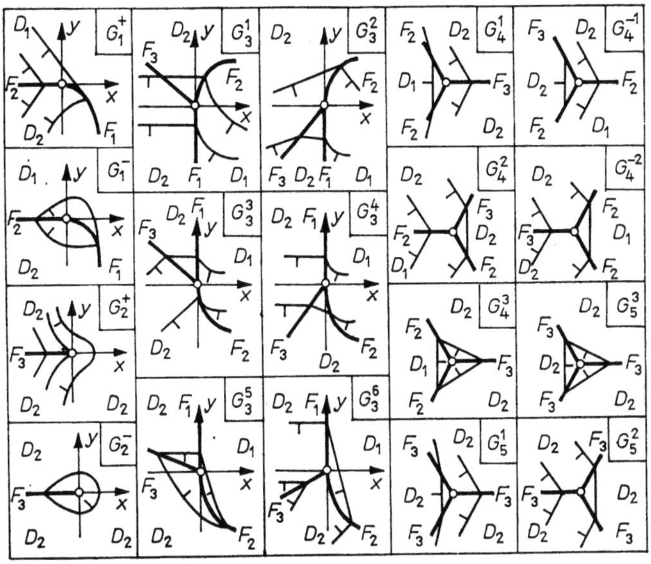

Abb. 117

rende singuläre Kurven: der Strahl F_2 ($y = 0$, $x < 0$) und die Hälfte der halbkubischen Parabel F_1 ($4x^3 = 27y,^2$ $y < 0$).

Diese beiden Kurven trennen das Gebiet der konjugiert-komplexen Lösungen D_2 (konvex) von dem Gebiet der reellen Lösungen D_1. Bei einer Bewegung längs der Grenze der Gebiete D_1 und D_2 ändert sich das Inkrement f im Fall $a > 0$ monoton, und im Fall $a < 0$ hat es im Punkt G_1^- ein Minimum. Außerhalb von D_1 berühren die Niveaulinien f die halbkubische Parabel F_1.

Die Fälle $G_2\pm$ (ein komplexes Paar Jordanscher 2-Kästchen):

$$f = \varphi(x, y) + |\mathrm{Re}\,\sqrt{x + iy}|.$$

Hierbei ist Re der Realteil und φ eine glatte Funktion, so daß $(\partial\varphi/\partial x)\,(0, 0) = a \neq 0$ ist.

Die Gestalt des Dekrementdiagrammes ergibt sich durch das Vorzeichen der Zahl a.

Die Vorzeichen + und − in $G_2\pm$ bedeuten $a > 0$ bzw. $a < 0$. Um sich eine klare Vorstellung von der Gestalt des Dekrementdiagramms machen zu können, genügt es, die Fälle $\varphi = \pm x$ zu betrachten. Durch den Punkt $x = y = 0$ geht (und endet in ihm) der Strahl F_3 ($y = 0$, $x < 0$). Im Fall $a < 0$ hat die Funktion f im Punkt G_2^- ($x = y = 0$) ein Minimum. Im Fall $a > 0$ ist der Punkt G_2^+ ($x = y = 0$) topologisch regulär für die Funktion f. Die durch diesen Punkt gehende Niveaulinie der Funktion f hat eine Singularität des halbkubischen Typs.

Die Fälle G_3^k ($k = 1, \ldots, 6$; Zusammentreffen eines komplexen Paares mit Jordan-Kästchen):

$$f = \mathrm{const} + y + \max \begin{cases} \sqrt{x},\ \varphi(x, y) & \text{für} \quad x \geqq 0, \\ 0,\ \varphi(x, y) & \text{für} \quad x \leqq 0. \end{cases}$$

Hier ist $\varphi(x, y) = ax + by + \cdots$ eine glatte Funktion, wobei $a \neq 0$, $b \neq 0$ und $b \neq -1$ ist.

Die sechs Werte k erhält man durch die Kombination der zwei Möglichkeiten für das Vorzeichen von a und der drei Intervalle der Veränderung von b.

k	1	2	3	4	5	6
Vorzeichen von a	+	−	−	+	−	+
Intervall b	$(0, +\infty)$	$(0, +\infty)$	$(-1, 0)$	$(-1, 0)$	$(-\infty, -1)$	$(-\infty, -1)$

Um sich eine klare Vorstellung über die Gestalt des Dekrementdiagramms machen zu können, genügt es, die Funktion φ als linear anzunehmen. Zum Punkt $x = y = 0$ führen drei glatte

Strahlen F_1, F_2, F_3, wobei F_1 und F_2 einander zustreben (mit einer Berührung erster Ordnung) und F_3 sich von der Seite der komplexen Lösungen d_2 transversal nähert.

Im Fall G_3^5 (d. h., wenn $a < 0$, $b < -1$ ist) hat das Inkrement im Punkt $x = y = 0$ ein Minimum, bei den restlichen Fällen ist der Punkt G_3^k ($k \neq 5$) topologisch ein regulärer Punkt der Funktion f.

Die Fälle G_5^k ($k = 1, 2, 3$) (doppeltes Umrunden):

$$\varphi = \text{const} + x + \max\left(|y|, \varphi(x, y)\right),$$

wobei $\varphi(x, y) = ax + by + \cdots$ eine glatte Funktion mit $a < 0$, $b > 0$ und $a + 1 \neq \pm b$ ist. Den drei Werten k für G_5^k entsprechen Intervalle der Veränderung von a.

k	1	2	3
Bedingung für a	$b - 1 < a$	$-b - 1 < a < b - 1$	$a < -b - 1$

Um sich eine klare Vorstellung über die Gestalt der Dekrementdiagramme machen zu können, genügt es, die Funktion φ als linear anzunehmen.

In jedem der drei Fälle ($k = 1, 2, 3$) nähern sich die drei glatten Zweige der Kurve F_3 transversal dem Punkt G_5^k. Im letzten Fall ist dieser Punkt ein Minimum des Inkrements, im ersten und zweiten Fall ist es ein topologisch regulärer Punkt. Bei der Annäherung an den Punkt G_5^k fällt das Inkrement in den drei Fällen, und in den restlichen steigt es.

Die Fälle G_4^k ($k = \pm 1, \pm 2, 3$) doppeltes Umrunden mit einer reellen Lösung):

Das Inkrement ergibt sich aus der gleichen Formel wie in den Fällen G_5^k, aber man kann mehr Varianten in Abhängigkeit davon unterscheiden, welcher der Vektoren den reellen Lösungen entspricht.

Den negativen k entsprechen die Fälle, in denen bei der Annäherung an den Punkt G_4^k auf der Linie F_3 (auf der die komplexen Paare zusammenstoßen) das Inkrement wächst, den zwei anderen Strahlen die Zweige der Kurve F_2.

6.2.11. Zusammenfassung

Betrachtet man die oben untersuchten Normalformen, so kommt man zu einer Reihe von Aussagen allgemeinen Charakters über den Aufbau der Dekrementdiagramme sowohl im Lokalen als auch im Globalen. Vor allem ergibt sich aus unserem Satz:

Folgerung. *Das Inkrement $f\colon \Lambda \to \mathbf{R}$ einer zweiparametrigen Familie allgemeiner Lage ist topologisch äquivalent zu einer glatten Funktion, die nur einfache kritische Punkte hat.*

Und zwar sind die Punkte des Minimums die Punkte der Typen D_i^0, F_i^2, $G_{1,2}^-$, G_3^5, $G_{4,5}^3$.

Topologisch äquivalent sind die Sattelpunkte D_i^1 und F_i^3. In einer Umgebung der Maximalpunkte (D_i^2) ist das Inkrement eine glatte Funktion. Die Punkte aller restlichen Typen sind topologisch regulär.

Aus der Folgerung ergeben sich unmittelbar Ungleichungen für die Anzahl der singulären Punkte der verschiedenen Typen. *Wenn insbesondere eine beliebige geschlossene Niveaulinie des Inkrements ein einfachzusammenhängendes Gebiet begrenzt, dann ist die Summe der Anzahl der Punkte der Typen $D_i^{0,2}$, F_i^2, $G_{1,2}^-$, G_3^5, $G_{4,5}^3$ innerhalb dieses Gebietes um 1 größer als die Anzahl der Punkte D_i^1, F_i^3.* Es ist nicht bekannt, ob sich die Behauptung der Folgerung auf l-parametrige Familien mit $l > 2$ übertragen läßt.[1])

Aus der Eigenschaft, daß die Strecken F_1 und F_2 zusammen geschlossene Kurven bilden, und aus der Beschreibung der Singularitäten an den Enden der Strecke F_3 hat man die

[1]) Im Fall $l = 2$ stimmen die Singularitäten des Inkrements einer allgemeinen Familie mit den Singularitäten des größten Realteils der Lösung derjenigen algebraischen Gleichung überein, deren Koeffizienten Funktionen allgemeiner Lage mit l Parametern sind. Für $l \geq 3$ ist das schon nicht mehr der Fall, das Inkrement kann kompliziertere Singularitäten besitzen.

Folgerung. *Ist der Parameterraum Λ eine abgeschlossene zweidimensionale Mannigfaltigkeit, dann sind die Anzahlen der Punkte der Typen G_1 und G_3 zugleich gerade oder ungerade.*
Weiterhin ist die Summe der Anzahlen der Punkte der Typen G_2, G_3, G_4, G_5 gerade.

Wenn wir als Parameterraum Λ ein kompaktes Gebiet mit Rand betrachten, das die F_i transversal schneidet und nicht durch die Punkte G_i führt, dann ändert sich das Resultat wie folgt: Die Summe der Anzahl der Punkte der Typen G_1 und G_3 ist gerade oder ungerade, je nachdem, ob die Summe der Anzahl der Schnittpunkte des Randes mit F_1 und F_2 gerade oder ungerade ist, und die Summe der Anzahl der Punkte der Typen G_2, G_3, G_4, G_5 ist genau dann gerade, wenn es die Anzahl der Schnittpunkte des Randes mit F_3 ist.

Die Untersuchung des Inkrements gestattet es insbesondere, die Singularitäten der Stabilitätsgrenze (d. h. die Linien der Nullinkremente) in der Parameterebene eines zweiparametrigen Systems allgemeiner Lage zu untersuchen. Aus unserem Satz ergibt sich die

Folgerung. *Die Stabilitätsgrenze einer allgemeinen zweiparametrigen Familie von Matrizen besteht aus glatten Bögen, die sich transversal in ihren Endpunkten schneiden.*

Wir bemerken, daß die Knickpunkte der Stabilitätsgrenze nach der Klassifizierung in 6.2.9. und 6.2.10. die Typen F_1^0 („Jordansches 2-Kästchen") oder F_2^0, F_3^0 („einfaches Umrunden") sein können. Jeder Bogen der Stabilitätsgrenze läßt sich deshalb über seine Eckpunkte ohne Verlust der Glattheit fortsetzen. Dabei ist die Summe der Anzahl der Knickpunkte der Typen F_1^0 und F_2^0 auf jeder abgeschlossenen Komponente der Stabilitätsgrenze eine gerade Zahl.

Wir bemerken noch, daß die durchgeführte Analyse der Singularitäten des Inkrements einer zweiparametrigen Familie hinreichend für die Untersuchung der Stabilitätsgrenze in dreiparametrigen Familien ist.

Tatsächlich kann man die singulären Punkte der Strata der Kodimension 3 und auch die kritischen Punkte der Einschränkung des Inkrements auf die Strata der Kodimensionen 0, 1, 2 nach dem Transversalitätssatz mit einer kleinen Bewegung der Familie beseitigen. Somit besteht die Stabilitätsgrenze einer allgemeinen Familie aus glatten Flächen, und ihre Singularitäten liegen auf Kurven, längs denen sich die Stabilitätsgrenze mit den Flächen des Typs F_i und den Schnittpunkten der Stabilitätsgrenze mit den Strata G_i schneidet. (Letztere treten in allgemeinen dreiparametrigen Familien in Gestalt von Kurven auf.)

Wenn man sich längs einer solchen Kurve G_i bewegt, können wir unsere dreiparametrige Familie als eine zweiparametrige Familie ansehen. (Die beiden Parameter sind die Koordinaten in der zu G_i transversalen Fläche, der dritte ist die Koordinate t längs G_i.) Betrachtet man die Normalform aus 6.2.9. und 6.2.10., so müssen wir jetzt alle konstanten „const" und alle beliebigen Funktionen φ als glatt vom Parameter t abhängend annehmen. Weiterhin können wir im Fall allgemeiner Lage für den Parameter z selbst diese Funktionen $\varphi(x, y, t)$ annehmen. Wir kommen somit zu folgender Aussage:

Folgerung. *Die Singularitäten der Stabilitätsgrenze einer allgemeinen dreiparametrigen Familie von Matrizen stimmen mit den Singularitäten der Inkrementgraphen einer allgemeinen zweiparametrigen Familie überein.*[1]) *Diese Singularitäten bis auf Diffeomorphie*[2]) *erschöpfen sich in der folgenden Liste* (Abb. 118):

Zweiseitige Ecke (F_i): $|y| + z = 0$.

Dreiseitige Ecke ($G_{3,4,5}$): $z + \max(x, |y|) = 0$.

Sackgasse auf dem Rand (G_2): $z + |\mathrm{Re}\sqrt{x + iy}| = 0$. (*Das ist eine Fläche in* $\boldsymbol{R}^3$, *diffeomorph*[2]) *zu der Fläche, die durch die Gleichung* $xy^2 = z^2$ *mit* $x \geqq 0$, $y \geqq 0$ *gegeben ist.*)

Kantenbruch (G_1): $z + \lambda(x, y) = 0$, *wobei* λ *der größte der Realteile der Lösungen der Gleichungen* $\lambda^3 = x\lambda + y$ *ist.* (*Das ist die Fläche in* $\boldsymbol{R}^3$, *die diffeomorph*[2]) *zu der Fläche ist, die durch die Gleichung* $x^2y^2 = z^2$ *mit* $x \geqq 0$, $y \geqq 0$ *gegeben ist.*)

---

[1]) Ebenso stimmen die Singularitäten der Stabilitätsgrenze $(n + 1)$-parametriger Familien mit denen der Inkrementgraphen n-parametriger Familien überein.

[2]) Gemeint sind Abbildungen, die man in Umgebungen der Fläche zu einem Diffeomorphismus fortsetzen kann.

Die Ecken der Stabilitätsgrenze sind immer nach außen gerichtet und dringen in das Gebiet der Instabilität ein. Wahrscheinlich ist dies eine Erscheinung eines überaus allgemeinen Prinzips, dem entsprechend alles Gute fein und zart ist.

Aus dem Gezeigten lassen sich auch einige globale Eigenschaften der Stabilitätsgrenze schlußfolgern. Wenn diese Grenze beispielweise geschlossen ist, dann ist die Summe der Anzahl der Scheitelpunkte der Typen (G_i, $i > 1$) wie die Summe der Scheitelpunkte der Typen G_1 und G_3 gerade.

Die Beweise dieser Sätze findet man in ARNOL'D [7].

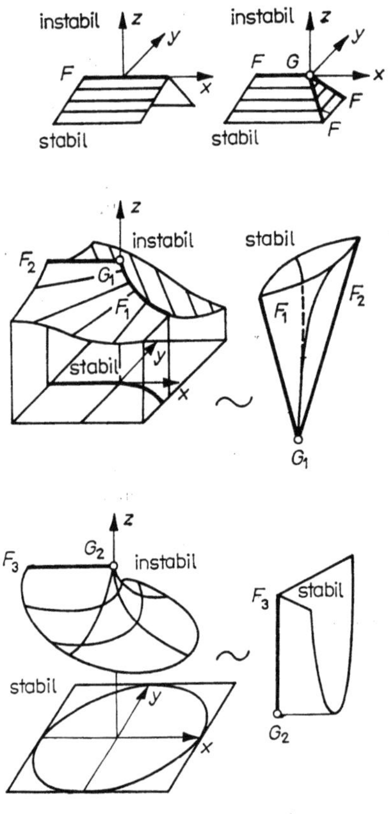

Abb. 118

6.3. Die Bifurkationen der singulären Punkte eines Vektorfeldes

In diesem Abschnitt betrachten wir einparametrige Familien von Differentialgleichungen und untersuchen die Bifurkationen der singulären Punkte für Familien allgemeiner Lage.

6.3.1. Die Kurve der singulären Punkte

Wir betrachten Vektorfelder, die glatt von einem Parameter abhängen, und nehmen an, daß das Feld in einem Parameterwert einen singulären Punkt hat. Wir fragen, was mit diesem singulären Punkt bei der Änderung des Parameters passiert.

Satz. *Der singuläre Punkt eines Vektorfeldes, das glatt von einem Parameter abhängt, hängt selbst glatt vom Parameter ab, solange alle Eigenwerte des Linearteiles des Feldes im singulären Punkt von 0 verschieden sind.*

◀ In einer Umgebung des ausgewählten Punktes und des ausgewählten Parameterwertes ist die Familie des Feldes im n-dimensionalen Phasenraum durch n Funktionen mit $n + 1$ Variablen gegeben (von den n Phasenkoordinaten und vom Parameterwert ε). Die singulären Punkte sind durch ein System von n Gleichungen mit $n + 1$ Variablen $\boldsymbol{v}(x, \varepsilon) = 0$ gegeben. Nach dem Satz über implizite Funktionen definieren diese Gleichungen lokal eine glatte Kurve $x = \gamma(\varepsilon)$, wenn die Determinante $\partial \boldsymbol{v}/\partial x$ im betrachteten Anfangspunkt von 0 verschieden ist. Aber diese Determinante ist gleich dem Produkt der Eigenwerte der Linearisierung des Feldes im singulären Punkt. Dieses Produkt ist nach Voraussetzung von 0 verschieden. ▶

Bemerkung. Die singulären Punkte, in denen alle Eigenwerte des linearisierten Feldes von 0 verschieden sind, heißen *nichtausgeartet*. Hängt also das Feld glatt vom Parameter ab, dann hängen seine singulären Punkte solange glatt vom Parameter ab, wie sie nicht ausgeartet bleiben. Der obige Beweis führt auch bei einer beliebigen Dimension des Parameterraumes zum Ziel.

Bei einem Feld allgemeiner Lage sind alle singulären Punkte nichtausgeartet. Wenn wir jedoch Familien von Vektorfeldern betrachten, dann können bei einigen Parameterwerten Entartungen entstehen, die bei kleiner Bewegung der Familie nicht verschwinden.

Wir untersuchen die Ausartungen in einparametrigen Familien allgemeiner Lage von Vektorfeldern im n-dimensionalen Raum.

Wir betrachten den $(n + 1)$-dimensionalen Raum, der das direkte Produkt des Phasenraumes mit der Parameterwertachse ε ist. Wir werden einen Punkt des Phasenraumes mit x bezeichnen. Unsere Familie ist damit eine Familie von Differentialgleichungen $\dot{x} = \boldsymbol{v}(x, \varepsilon)$.

Wir betrachten in unserem $(n + 1)$-dimensionalen Raum die Menge, die von den singulären Punkten der Gleichung der Familie in allen Parameterwerten gebildet wird (Abb. 119):

$$\Gamma = \{x, \varepsilon; \boldsymbol{v}(x, \varepsilon) = 0\}.$$

Satz. *Für eine Familie allgemeiner Lage ist die Menge der singulären Punkte eine glatte Kurve.*

„Familie allgemeiner Lage" bedeutet hier „eine Familie aus einer überall dichten Menge im Raum aller Familien". Eine solche überall dichte Menge ist offen, wenn

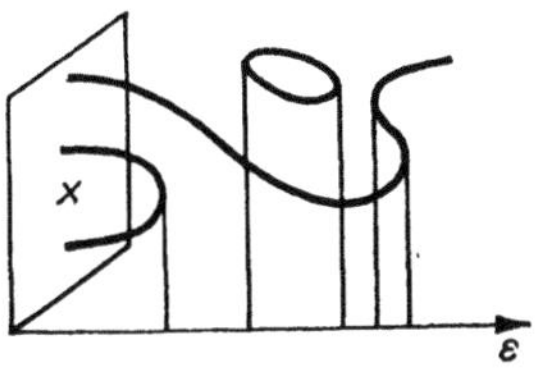

Abb. 119

das Definitionsgebiet der Familie kompakt ist oder wenn die Familie in der verfeinerten Topologie (vgl. 6.1.) betrachtet wird. In diesem Fall ist eine überall dichte Menge Durchschnitt von abzählbar vielen offenen Mengen.

◀ Der Satz folgt aus dem Transversalitätssatz (vgl. 6.1.) oder aus dem Lemma von Sard (vgl. 3.1.).

Nach dem Satz über implizite Funktionen ist Γ lokal eine glatte Kurve, wenn 0 kein kritischer Wert der lokalen Abbildung $\boldsymbol{R}^{n+1} \to \boldsymbol{R}^n$ mit $(x, \varepsilon) \mapsto \boldsymbol{v}(x, \varepsilon)$ ist. Für alle Abbildungen allgemeiner Lage ist dieser Wert kein kritischer Wert. ▶

Bemerkung. Auch in diesem Satz ist die Dimension des Parameterraumes unwesentlich.

Der bewiesene Satz schließt gleich einige Bifurkationen der singulären Punkte aus. Wir betrachten beispielweise die Bifurkationen, die in Abb. 120 links abgebildet sind. Aus dem Satz folgt, daß bei einer kleinen Bewegung der Familie diese Bifurkationen verschwinden. Tatsächlich sieht man leicht, daß im allgemeinen diese Bifurkationen bei kleiner Bewegung in einer der in Abb. 120 rechts gezeigten Weise zerfallen. Wenn man in einer beliebigen Aufgabe Bifurkationen der Gestalt, die in Abb. 120 links dargestellt sind, findet, dann zeugt das davon, daß die betrachtete Familie nicht in allgemeiner Lage ist. Dieses kann mit irgendeiner besonderen Symmetrie verbunden sein, oder es zeugt von einer nicht adäquaten Idealisierung, bei der wir uns über irgendeinen kleinen Effekt hinwegsetzen, der jedoch in Abhängigkeit vom Parameter das Verhalten der singulären Punkte qualitativ ändern kann.

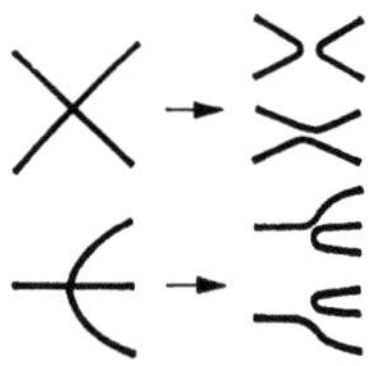

Abb. 120

Um zu zeigen, welcher dieser Fälle in einem realen System auftritt, bei dessen Idealisierung keine allgemeine Bifurkation entstand, ist es notwendig, einige bei der Idealisierung vernachlässigte Glieder der Differentialgleichung zu berechnen. Die Formeln der folgenden Kapitel zeigen, welche Glieder zu berechnen sind.

6.3.2. Bifurkationswerte eines Parameters

Wir nehmen an, daß die Menge der singulären Punkte der Familie eine glatte Kurve ist (Rang von $\left(\partial \boldsymbol{v}/\partial(x, \varepsilon)\right) = n$) und betrachten die Projektion dieser Kurve auf die Achse der Parameterwerte. Die Punkte, in denen sich die Kurve nicht auf die Achse ε projizieren läßt, sind gerade die ausgearteten singulären Punkte. Nach dem Satz über implizite Funktionen ist die Kurve der singulären Punkte in einer Umgebung eines nichtausgearteten singulären Punktes gleich dem Graphen einer glatten Parameterfunktion.

Definition. Den Parameterwert, der einem ausgearteten singulären Punkt entspricht, nennen wir *Bifurkationswert des Parameters.* Der ausgeartete singuläre Punkt im direkten Produkt des Phasenraumes mit der Parameterwertachse nennen wir den *Bifurkationspunkt.*

Wir betrachten den Parameterwert ε als eine Funktion auf der Kurve der singulären Punkte. *Die Bifurkationswerte des Parameters sind genau die kritischen Werte dieser Funktion. Die Bifurkationspunkte sind genau die kritischen Punkte dieser Funktion, d. h. die Punkte, in denen das Differential der Funktion gleich* 0 *ist.*

Ein kritischer Punkt einer Funktion heißt *nichtausgeartet,* wenn das zweite Differential der Funktion in diesem Punkt nichtausgeartet ist. (Da es hierbei um Funktionen einer Variablen geht, bedeutet die Nichtausartung des zweiten Differentials, daß es von 0 verschieden ist.) Der entsprechende Bifurkationspunkt heißt dann *nichtausgeartet.*

Definition. Der Bifurkationswert des Parameters heißt *regulär,* wenn ihm genau ein Bifurkationspunkt entspricht und dieser außerdem nichtausgeartet ist.

Satz. *Für einparametrige Familien allgemeiner Lage sind alle Bifurkationswerte des Parameters regulär. Ist der Phasenraum kompakt, dann sind die Bifurkationswerte des Parameters isoliert.*

◀ Die Behauptung folgt leicht aus dem Transversalitätssatz, wobei die Details dem Leser überlassen sind. ▶

Bemerkung. Der Satz besagt, daß mit der Veränderung des Parameters die singulären Punkte einer Familie allgemeiner Lage sich nur paarweise einander aufheben können, oder es entstehen Paare, wo der Parameter die Bifurkationswerte durchläuft (Abb. 119). Die Bifurkationen dieser Gestalt sind stabil, d. h., sie bleiben bei einer kleinen Bewegung erhalten. Alle komplizierteren Bifurkationen der allgemeinen Gestalt zerfallen bei einer kleinen Bewegung in Bifurkationen des beschriebenen Typs (Abb. 121).

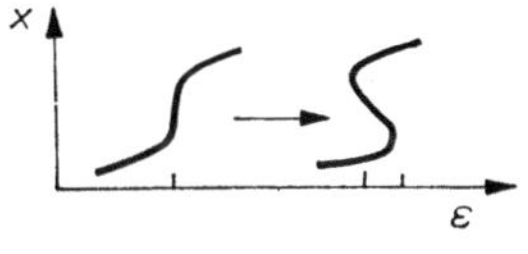

Abb. 121

6.3.3. Beispiel: Vektorfelder auf der Geraden

Wir betrachten eine einparametrige Familie von Vektorfeldern auf der Geraden, die durch die Differentialgleichung

$$\dot{x} = \pm x^2 + \varepsilon, \qquad x \in \boldsymbol{R}, \varepsilon \in \boldsymbol{R},$$

gegeben ist. Bei $\varepsilon = 0$ hat dieses Vektorfeld einen einfachen ausgearteten singulären Punkt ($x = 0$). Beim Passieren des regulären Bifurkationswertes $\varepsilon = 0$ haben wir in Abhängigkeit vom Vorzeichen von x^2 entweder gegenseitiges Aufheben zweier singulärer Punkte, wobei der eine stabil und der andere instabil ist, oder es entsteht ein Paar singulärer Punkte, die jedoch sofort auseinanderstreben (mit der Asymptote $\sqrt{|\varepsilon|}$).

Es ist leicht zu zeigen, daß diese Bifurkationen die einzigen sind, die in einer einparametrigen Familie allgemeiner Lage von Vektorfeldern auf der Geraden wesentlich sind.

Definition. Es seien zwei Familien von Vektorfeldern gegeben, die von einem Parameter abhängen. Die Familien heißen *topologisch äquivalent*, wenn ein Homöomorphismus der Parameterräume und eine vom Parameter stetig abhängende Familie von Homöomorphismen des Phasenraumes existieren, die die Schar der orientierten Phasenkurven in jedem Parameterwert der ersten Familie in die Schar der orientierten Phasenkurven in den entsprechenden Parameterwerten der zweiten Familie überführen.

Die Homöomorphismen in dieser Definition definieren einen Homöomorphismus der direkten Produkte der Phasenräume mit dem Raum der Parameterwerte $(x, \varepsilon) \mapsto (\boldsymbol{h}(x, \varepsilon), \varphi(\varepsilon))$, der die Phasenkurven des Systems $\dot{x} = \boldsymbol{v}(x, \varepsilon)$, $\dot{\varepsilon} = 0$ in Phasenkurven des zweiten Systems der gleichen Gestalt überführt.

In analoger Weise definiert man die Äquivalenz der Keime der Familien in einem Punkt. Besteht (x_0, ε_0) aus einem Punkt x_0 des Phasenraumes und einem Punkt ε_0 des Parameterraumes, dann müssen die Homöomorphismen, die die Äquivalenz realisieren, in einer Umgebung des Punktes (x_0, ε_0) im direkten Produkt einen Homöomorphismus $(x, \varepsilon) \mapsto (\boldsymbol{h}(x, \varepsilon), \varphi(\varepsilon))$ definieren.

Satz. *In einer Umgebung eines nichtausgearteten Bifurkationspunktes ist eine einparametrige Familie von Vektorfeldern auf der Geraden äquivalent zum Keim der Familie, die durch die Gleichung $\dot{x} = x^2 + \varepsilon$ im Punkt $x = 0$, $\varepsilon = 0$ gegeben ist.*

◀ Die das Feld definierende Funktion $\boldsymbol{v}(x, \varepsilon)$ ändert das Vorzeichen auf der Kurve Γ. Wir wählen den Koordinatenursprung (x, ε) im Bifurkationspunkt. Auf Grund der Nichtausartung dieses Punktes hat die Gleichung der Kurve Γ die Gestalt $\varepsilon = Cx^2 + O(|x|^3)$, $C \neq 0$. Daraus folgt unmittelbar der Beweis der Behauptung. ▶

Der soeben bewiesene Satz liefert zusammen mit dem Satz in 6.3.2. eine vollständige topologische Beschreibung der Bifurkationen der singulären Punkte einer einparametrigen Familie allgemeiner Lage mit einem Parameter von Vektorfeldern auf der Geraden.

6.3.4. Die Bifurkationen periodischer Lösungen

Mit dem oben Gezeigten kann man vollständig die Bifurkationen der Fixpunkte glatter Abbildungen oder auch die Bifurkationen der periodischen Lösungen von Differentialgleichungen (Bifurkationen der geschlossenen Phasen- oder Integralkurven) untersuchen. Die Bedingung der Nichtausartung eines Fixpunktes einer Abbildung besteht darin, daß alle Eigenwerte der Linearisierung von 1 verschieden sind. Im Fall der periodischen Lösungen dürfen die Eigenwerte der Linearisierung der Poincaré-Abbildung, d. h. die Eigenwerte des Monodromieoperators, der durch die Gleichung der Variationen längs der betrachteten Lösung definiert ist, nicht gleich 1 sein.

Wenn die Gleichung $\dot{x} = \boldsymbol{v}(x, \varepsilon)$ bei $\varepsilon = 0$ die periodische Lösung $x = \varphi(t)$ mit der Periode T hat und dabei die oben angegebene Bedingung der Nichtausartung erfüllt ist, dann existiert bei kleinem ε nur eine einzige periodische Lösung $x = \Phi(t, \varepsilon)$ mit der Periode $T(\varepsilon)$, die mit φ bei $\varepsilon = 0$ übereinstimmt. (Einzig ist natürlich die Phasenkurve, der Parameter kann sich noch ändern.)

Bemerkung. Die Suche nach einer periodischen Lösung Φ in Gestalt einer Potenzreihe in ε nennt man *Methode des kleinen Parameters* von POINCARÉ. Die Lösung φ heißt *erzeugende Lösung*. Eine analoge Methode wenden wir im nichtautonomen Fall an, wenn $\boldsymbol{v}$ in t die Periode $T(\varepsilon)$ hat und man $T(\varepsilon)$-periodische Lösungen sucht.

Aufgabe. Man bestimme mit einem Fehler der Ordnung ε^2 eine 2π-periodische Lösung der Gleichung $\ddot{x} = \sin x + \varepsilon \cos t$, die mit $x \equiv 0$ für $\varepsilon = 0$ übereinstimmt.

6.4. Verselle Deformationen der Phasenbilder

In diesem Abschnitt definieren wir topologisch verselle Deformationen von Phasenbildern und bestimmen sie für einfachste ausgeartete singuläre Punkte.

6.4.1. Die Theorie der lokalen Bifurkationen und die lokale qualitative Theorie

Wie schon oben gezeigt wurde, gibt es wesentliche singuläre Punkte in dem Fall, wenn wir uns nicht mit einem individuellen Vektorfeld beschäftigen, sondern mit einer Familie von Feldern, die von einem Parameter abhängen. Deshalb trifft man bei Familien allgemeiner Lage auch nur einfachste Ausartungen an.

Zur Untersuchung der Struktur eines Vektorfeldes in der Nähe eines ausgearteten singulären Punktes kann man die bekannten Methoden der qualitativen Theorie der Differentialgleichungen (vgl. Kap. 3) anwenden. Diese Methoden gestatten es, für einfachste Ausartungen eine hinreichend vollständige topologische Untersuchung des Phasenbildes durchzuführen. Auf diese Weise sind wir in der Lage, das lokale Phasenbild bei allgemeinen Parameterwerten wie auch bei singulären Werten zu untersuchen. Darin besteht das übliche Herangehen an Familien von Differentialgleichungen.

Die Betrachtung der einfachsten Bifurkationen zeigt, daß dabei das Wesen der Erscheinungen in der Nähe eines kritischen Parameterwertes verloren geht. Der Haken hierbei ist, daß sich die Umgebung des nichtausgearteten singulären Punktes, in der das Phasenbild durch die lokale Theorie gegeben wird, bei der Annäherung an einen singulären Parameterwert zu einem Punkt zusammenzieht (Abb. 122) und dann beim singulären Parameterwert erneut entsteht. Folglich bleibt die Deformation des Phasenbildes außerhalb der Anwendbarkeit der lokalen Theorie.

Die lokale Theorie übergeht also die wesentlichste Erscheinung, die bei einem singulären Parameterwert entsteht, und zwar das Eintreten von Bifurkationen.

So kommen wir zu dem Schluß, daß *die Untersuchung der ausgearteten singulären Punkte nur in dem Fall ein reales Interesse darstellt, wenn sie eine Untersuchung der Familien, in denen sich der betrachtete Typ der wesentlichen Ausartung befindet, und zwar in der Umgebung des ausgearteten singulären Punktes im direkten Produkt des Phasenraumes mit dem Parameterraum nach sich zieht.* Mit anderen Worten, die Umgebung des singulären Punktes im Phasenraum, in dem das Phasenbild zu untersuchen ist, darf nicht vom Parameter abhängen, d. h., sie darf nicht bei Annäherung des Parameters an den singulären Wert verschwinden.

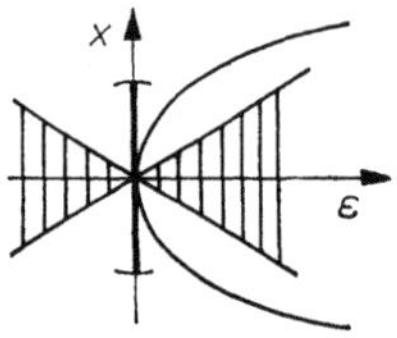

Abb. 122

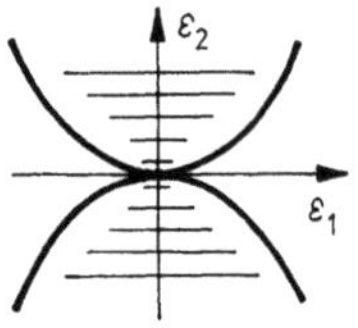

Abb. 123

Die gleichen Überlegungen zeigen auch, wie gefährlich eine falsche Bestimmung der Anzahl der Parameter ist, die wesentlich für die Untersuchung der ausgewählten Bifurkationen sind. Bei der Untersuchung zweiparametriger Erscheinungen vom einparametrigen Standpunkt wird man im allgemeinen die folgenden Erscheinungen antreffen (Abb. 123). Für jeden Wert des unberücksichtigten Parameters ist die Untersuchung der Bifurkationen in einer einparametrigen Familie von Gleichungen, die von einem zweiten Parameter abhängen, möglich. Aber das Intervall des zweiten Parameterwertes, in dem man die Untersuchung erfolgreich durchführt, wird beim Annähern des unberücksichtigten Parameters an den singulären Wert verschwinden. Die Betrachtung der Aufgabe als zweiparametrige, d. h. nicht in einer vom zweiten Parameter abhängenden Umgebung des singulären ersten Parameterwertes, gestattet, die Bifurkationen, die vom einparametrigen Standpunkt global erscheinen, mit lokalen Methoden zu untersuchen.

Ein Beispiel einer zweiparametrigen Aufgabe, die auf den ersten Blick als einparametrige erscheint, ist der Verlust der Stabilität einer geschlossenen Phasenkurve. Hier ist ein natürlicher Parameter durch den Betrag des Eigenwertes des Monodromieoperators gegeben; der zweite Parameter, der gewöhnlich nicht berücksichtigt wird, ist das Argument des Eigenwertes, der auf dem Einheitskreis liegt. Wir beschäftigen uns mit diesem Beispiel in 6.6.

6.4.2. Topologisch verselle Deformationen

Wir betrachten die Familie von Differentialgleichungen $\dot{x} = \boldsymbol{v}(x, \varepsilon)$.

Den Keim der Abbildung $\boldsymbol{v}$ im Punkt (x_0, ε_0) des direkten Produktes des Phasenraumes und des Parameterraumes werden wir *lokale Familie* $(\boldsymbol{v}; x_0, \varepsilon_0)$ nennen. Somit ist jeder Repräsentant dieses Keimes in einer Umgebung des Punktes (x_0, ε_0) im direkten Produkt, aber nicht in einer Umgebung des Punktes x_0 im Phasenraum gegeben.

Eine *Äquivalenz* der lokalen Familien (1) ($\boldsymbol{v}$; x_0, ε_0) und (2) ($\boldsymbol{w}$; y_0, ε_0) ist der Keim (im Punkt (x_0, ε_0)) der stetigen Abbildung $\boldsymbol{h}$, $y = \boldsymbol{h}(x, \varepsilon)$. Jeder Repräsentant $\boldsymbol{h}(\cdot, \varepsilon)$ ist bei jedem ε ein Homöomorphismus, der die Phasenkurven des Systems (1) (im Definitionsgebiet von $\boldsymbol{h}$) in die Phasenkurven des Systems (2) unter Beibehaltung der Bewegungsrichtung überführt, wobei $\boldsymbol{h}(x_0, \varepsilon_0) = y_0$ ist. Man beachte, daß bei $\varepsilon \neq \varepsilon_0$ der Punkt x_0 durch die Abbildung $\boldsymbol{h}(\cdot, \varepsilon)$ nicht unbedingt auf den Punkt y_0 abgebildet wird.

Die lokale Familie (3) ($\boldsymbol{u}$; x_0, μ_0) wird aus der Familie (1) mit Hilfe des Keimes im Punkt μ_0 der stetigen Abbildung φ, d. h. $\varepsilon = \varphi(\mu)$ mit $\varphi(\mu_0) = \varepsilon_0$, *induziert*, wenn $\boldsymbol{u}(x, \mu) = \boldsymbol{v}(x, \varphi(\mu))$ ist.

Die lokale Familie ($\boldsymbol{v}$; x_0, ε_0) heißt eine *topologisch orbitverselle* (kürzer einfach *verselle*) *Deformation des Keimes des Feldes* $\boldsymbol{v}_0 = \boldsymbol{v}(\cdot, \varepsilon_0)$ im Punkt x_0, wenn alle anderen lokalen Familien, die diesen Keim beinhalten, zu den aus diesen induzierten äquivalent sind.

Wir werden im weiteren manchmal über Deformationen, Äquivalenzen, induzierte und verselle Deformationen von Differentialgleichungen sprechen, haben aber die entsprechenden Begriffe für die Vektorfelder, die durch diese Gleichungen gegeben sind, im Sinn.

Man muß unterstreichen, daß die Existenz einer topologisch versellen Deformation eines gegebenen Keimes eines Vektorfeldes durchaus nicht offensichtlich ist. Man kann leicht Beispiele von Feldern konstruieren, die keine solchen Deformationen mit endlicher Parameterzahl haben (z. B. das Nullfeld). Jedoch sind in den Fällen, wo die verselle Deformation existiert, die erhaltenen Informationen überaus wertvoll. Die Beschreibung einer versellen Deformation ist die konzentrierte Darstellung einer vollständigen Untersuchung der Bifurkationen von Phasenbildern.

Beispiel. Die Deformation $\dot{x} = \pm x^2 + \varepsilon$ der Differentialgleichung $\dot{x} = \pm x^2$ ist versell.

◀ Vgl. 6.3.3. ▶

6.4.3. Der Reduktionssatz von Šošitajšvili

Mit der Bifurkation des letzten Beispiels (Entstehen oder Verschwinden eines Paares singulärer Punkte) hat man alle Bifurkationen einer Familie allgemeiner Lage der Vektorfelder auf der Geraden (vgl. 6.3.) gefunden. Im höherdimensionalen Fall ist das Entstehen und Verschwinden eines Paares singulärer Punkte auch ein Fall allgemeiner Lage. Was geschieht bei diesen Fällen mit den Phasenbildern?

Es zeigt sich, daß man die topologisch verselle Deformation eines allgemeinen ausgearteten singulären Punktes in $\boldsymbol{R}^n$ im Fall eines verschwindenden Eigenwertes aus der Gleichung des letzten Beispiels durch einfaches Aufstocken erhält:

$$\begin{aligned} &\dot{x} = \pm x^2 + \varepsilon, && x \in \boldsymbol{R},\ \varepsilon \in \boldsymbol{R}, \\ &\dot{y} = -y, && y \in \boldsymbol{R}^{n_-}, \\ &\dot{z} = z, && z \in \boldsymbol{R}^{n_+}, \end{aligned} \tag{1}$$

wobei n_- und n_+ die Zahlen der Lösungen der charakteristischen Gleichungen in der linken und rechten Halbebene sind. Zum Beispiel beschreibt dieses System bei $n = 2$ die Vereinigung eines Knotens mit einem Sattel (Abb. 124). Bei $\varepsilon = 0$ erhält man den sogenannten Sattelknoten.

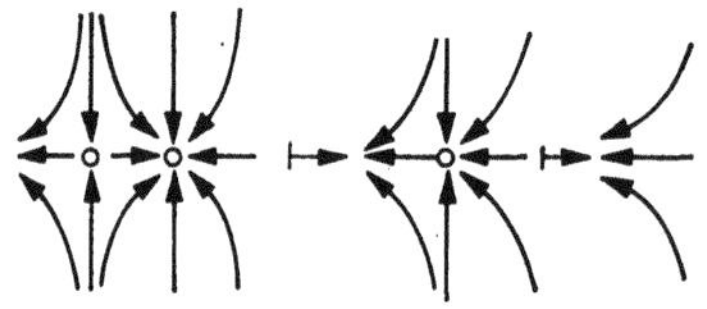

Abb. 124

Die Punkte im direkten Produkt des Phasenraumes mit dem Parameterraum, für die die charakteristische Gleichung Null als Lösung hat, nannten wir in 6.3. Bifurkationspunkte.

Satz. *Die Familien allgemeiner Lage, die in einer Umgebung jedes Bifurkationspunktes topologisch äquivalent zur Familie* (1) *in einer Umgebung des Koordinatenursprunges sind, bilden eine überall dichte*[1]) *Menge im Raum der einparametrigen Familien von Vektorfeldern.*

Der Beweis dieses Satzes erfolgt zweckmäßigerweise durch Reduktion auf den Fall $n = 1$, für den der Satz klar ist (wie oben bewiesen wurde). Diese Reduktion, die die Phasenkoordinaten auf ein notwendiges Minimum reduziert, kann man auch im allgemeinen Fall anwenden.

Wir betrachten eine lokale Familie von Vektorfeldern, die von endlich vielen Parametern abhängen: $(\boldsymbol{v};\, x_0, \varepsilon_0)$. Um weniger zu schreiben, werden wir annehmen, daß $x_0 = 0 \in \boldsymbol{R}^n$, $\varepsilon_0 = 0 \in \boldsymbol{R}^k$ ist.

Wir nehmen an, das Feld $\boldsymbol{v}(\cdot, 0)$ habe den singulären Punkt $x = 0$ und die entsprechende charakteristische Gleichung n_- (entsprechend n_+, n_0) habe Lösungen in der linken Halbebene (entsprechend in der rechten Halbebene, auf der imaginären Achse).

Satz. *Unter den angegebenen Voraussetzungen ist die Familie topologisch äquivalent zu einer Familie mit einem Phasenraum der Dimension* n_0:

$$\begin{aligned} \dot{\xi} &= \omega(\xi, \varepsilon), & \xi &\in \boldsymbol{R}^{n_0}, \ \varepsilon \in \boldsymbol{R}^k, \\ \dot{y} &= -y, & y &\in \boldsymbol{R}^{n_-}, \\ \dot{z} &= z, & z &\in \boldsymbol{R}^{n_+}. \end{aligned}$$

◄ Der Beweis dieses Satzes befindet sich in A. N. Šošitajšvili [2] (vgl. auch [1], wo dieser Satz zuerst formuliert wurde).

Den Beweis führt man nach dem gleichen Schema wie den Beweis des Satzes von Anosov. Die grundlegende Idee des Beweises besteht in der Konstruktion von fünf Blätterungen (kontrahierende, expandierende, neutrale, nicht kontrahierende, nicht

[1]) Wie üblich ist die Menge der Familien allgemeiner Lage Durchschnitt abzählbar vieler offener Mengen und damit nach der Voraussetzung der Kompaktheit des Definitionsgebietes der Familie oder bei der Verwendung der feineren Topologie offen.

expandierende) in dem direkten Produkt des Phasenraumes mit dem Parameterraum. [Die Parameter kann man als zusätzliche Phasenvariable, denen die Gleichung $\varepsilon = 0$ entspricht, auffassen. Jedoch ist bei diesen zu beachten, daß bei den betrachteten Substitutionen die Ebenen $\varepsilon = \text{const}$ in genau die gleichen Ebenen übergehen.] ▶

Die Existenz dieser fünf Blätterungen wurde schon unabhängig von der Notwendigkeit für die Bifurkationstheorie durch Ė. A. Tichonova [1] beschrieben und von M. W. Hirsch, C. C. Pugh und M. Shub [1] bewiesen. Für den Fall $n = 0$ wurden die Betrachtungen von Pliss [2] durchgeführt.

Die Differentialgleichung des reduzierten Systems $\dot{\xi} = \omega(\xi, \varepsilon)$ stellt man im Ausgangssystem auf irgendeiner glatten und von ε glatt abhängenden *neutralen Untermannigfaltigkeit* der Dimension n_0 im Phasenraum dar. Die Glattheit der neutralen Untermannigfaltigkeit ist endlich. Sie wächst für $\varepsilon \to 0$. Aber diese Untermannigfaltigkeit ist nicht eindeutig definiert (wie einfachste Beispiele zeigen).

Nichtsdestoweniger wird das Verhalten der Phasenkurven, eingeschlossen das gesamte Bild der Bifurkationen, für die vollständige Gleichung durch das bestimmt, was auf der genannten neutralen Untermannigfaltigkeit geschieht. Insbesondere hängt dies auch nicht von der Auswahl dieser neutralen Mannigfaltigkeit ab.

A. N. Šošitajšvili bewies auch, daß die Versalität der Ausgangsdeformation äquivalent zur Versalität der reduzierten Deformation ist, d. h. der Versalität der Ausgangsdeformation auf der neutralen Mannigfaltigkeit.

Auf diese Weise kann man sich bei der topologischen Untersuchung der lokalen ausgearteten Phasenbilder in der Nähe singulärer Punkte, eingeschlossen die Untersuchung aller möglichen Bifurkationen, auf den Fall beschränken, daß alle Lösungen der charakteristischen Gleichungen auf der imaginären Achse liegen. Der Übergang zum allgemeinen Fall besteht dann in einem einfachen Aufstocken (direkte Multiplikation mit dem Standardsattel $\dot{y} = y$, $\dot{z} = z$).

Beispiel. Aus dem oben Gezeigten folgt insbesondere, daß beim Entstehen von Paaren singulärer Punkte in einer einparametrigen Familie von Vektorfeldern allgemeiner Lage aus dem einen singulären Punkt in den anderen eine (und genau eine) Phasenkurve führt (für die Parameterwerte, die sich in der Nähe des Bifurkationspunktes befinden).

6.5. Der Stabilitätsverlust von Gleichgewichtslagen

Hier untersuchen wir Bifurkationen von Phasenbildern einer Differentialgleichung beim Übergang des Lösungspaares der charakteristischen Gleichung über die imaginäre Achse.

6.5.1. Beispiel: der weiche und harte Stabilitätsverlust

Wir beginnen mit einem auf Poincaré und Andronov zurückgehenden Beispiel einer einparametrigen Familie von Vektorfeldern auf der Ebene. Wir schreiben sie in der komplexen Form

$$\dot{z} = z(i\omega + \varepsilon + cz\bar{z})$$

auf, wobei $z = x + iy$ die komplexe Koordinate auf der Ebene $\boldsymbol{R}^2$, betrachtet als Ebene der komplen Variablen z, ist.

In der letzten Formel sind ω und c reelle von 0 verschiedene Konstanten, die man nach Wunsch gleich ± 1 annehmen kann, und ε ist ein reeller Parameter.

Für alle ε ist der Punkt $z = 0$ eine Gleichgewichtslage vom Typ eines Strudels. Dieser Strudel ist bei $\varepsilon < 0$ stabil und bei $\varepsilon > 0$ instabil. Bei $\varepsilon = 0$ ergibt die lineare Annäherung ein Zentrum. Den Charakter des singulären Punktes bei $\varepsilon = 0$ bestimmt das Vorzeichen von c: $c < 0$ entspricht der Stabilität, $c > 0$ der Instabilität.

Bei der lokalen Analyse der singulären Punkte bezüglich z bemerken wir, daß im Moment $\varepsilon = 0$ der singuläre Punkt die Stabilität verliert, jedoch lassen wir einen wichtigen Umstand weg, der mit diesem Stabilitätsverlust verbunden ist, nämlich die Entstehung eines Grenzzykels (vgl. Abb. 127). Um diesen Fehler nicht zu machen, ist es notwendig, eine Umgebung der Null im z, ε-Raum und nicht im z-Raum bei fixierten ε zu betrachten.

Die Untersuchung einer Umgebung der Null im z, ε-Raum läßt sich auf folgende Weise durchführen. Wir betrachten die Funktion $\varrho(z) = z\bar{z}$. Aus (1) erhalten wir die Gleichung für ϱ:

$$\dot{\varrho} = 2\varrho(\varepsilon + c\varrho), \qquad \varrho \geqq 0.$$

Die erhaltene Familie von Gleichungen auf dem Strahl $\varrho \geqq 0$ ist leicht zu untersuchen. Außer dem bei jedem ε anzutreffenden singulären Punkt $\varrho = 0$ hat man noch (wenn ε und c ein verschiedenes Vorzeichen haben) den singulären Punkt $\varrho = -\varepsilon/c$. Bei $c > 0$ hat das Vektorfeld $\dot{\varrho}$, in Abhängigkeit vom Vorzeichen von ε, eine wie in Abb. 125 skizzierte Gestalt.

Dem Punkt $\varrho = 0$ entspricht auf der z-Ebene der Koordinatenursprung, und der Punkt $\varrho = -\varepsilon/c$ entspricht dem Grenzzyklus der nur dann reell ist, wenn das Vorzeichen von ε entgegengesetzt dem Vorzeichen von c ist.

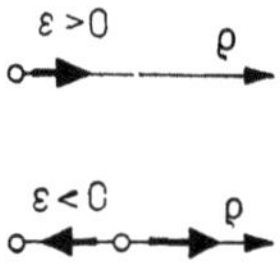

Abb. 125

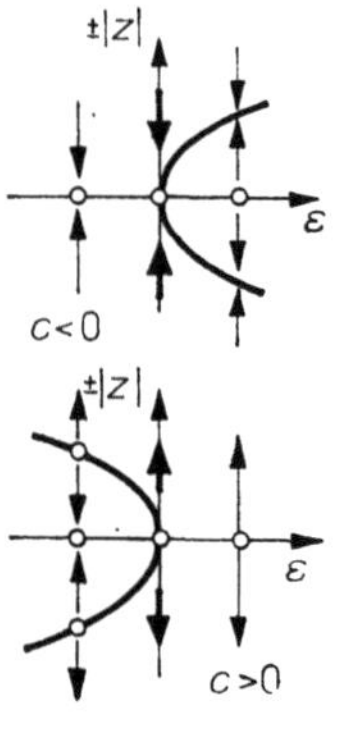

Abb. 126

Um die Situation besser zu verstehen, werden wir auf der einen Achse ε und auf der anderen in beiden Richtungen $|z|$ antragen. Dann stellt sich das Verhalten des Zykels bei der Änderung des Parameters in Abhängigkeit vom Vorzeichen von c in einem der zwei Diagramme der Abb. 126 dar. Der Radius des Zykels ist somit zu $\sqrt{|\varepsilon|}$ proportional.

Wir betrachten am Anfang den Fall $c < 0$. Beim Übergang von $\varepsilon \to 0$ verliert der Strudel im Koordinatenursprung die Stabilität. Bei $\varepsilon = 0$ ist der Strudel im Koordinatenursprung auch stabil, jedoch nicht hart; die Phasenkurven nähern sich der Null nicht exponential (Abb. 127).

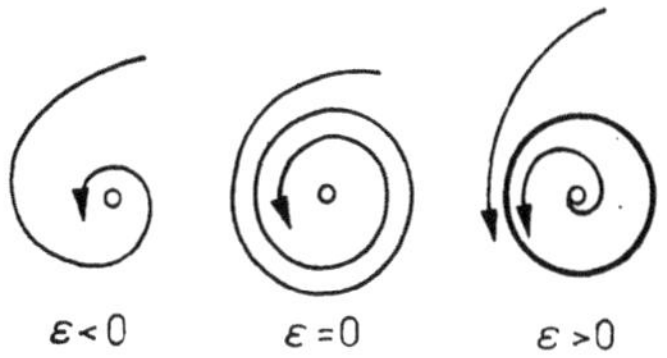

Abb. 127

Bei $\varepsilon > 0$ entfernen sich die Phasenkurven vom Strudel in eine Entfernung, die proportional zu $\sqrt{\varepsilon}$ ist, und wickeln sich dabei auf den stabilen Grenzzykel auf. Folglich geht der Stabilitätsverlust beim Übergang von ε gegen 0 im Fall $c < 0$ mit dem Entstehen eines stabilen Grenzzykels einher, dessen Radius wie $\sqrt{\varepsilon}$ wächst.

Mit anderen Worten verliert der stationäre Zustand die Stabilität, und es entsteht eine stabile periodische Ordnung, deren Amplitude proportional zur Quadratwurzel aus der Parameterabweichung vom kritischen Wert ist. Die Physiker sprechen in dieser Situation von einer *weichen Anregung der Selbstschwingung.*

Im Fall $c > 0$ (Abb. 128) hat man den Grenzzykel bei $\varepsilon < 0$, aber er ist instabil. Wenn ε gleich 0 wird, geht der Zykel in die Gleichgewichtslage über, die ehemals bei $\varepsilon < 0$ ein stabiler Strudel war. Bei $\varepsilon = 0$ wird der Strudel instabil. Die Instabilität ist eine schwache, nicht eine exponentielle. Bei den positiven ε ist der Strudel schon in der linearen Näherung instabil.

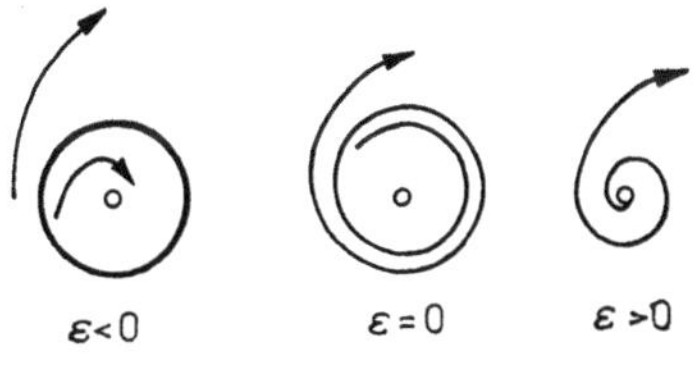

Abb. 128

Dieser Fall des Stabilitätsverlustes heißt *harte Anregung.*

Wir stellen uns vor, daß sich das System in der Nähe der stabilen Gleichgewichtslage befindet und daß bei Parameteränderung diese Gleichgewichtslage ihre Stabilität verliert. Im Fall $c > 0$ beim Streben von ε gegen 0 von negativer Seite (oder sogar schon etwas eher) werfen die immer vorhandenen Störungen das System aus der Gleichgewichtslage, und das System kommt in irgendein anderes Regime (z. B. in eine ferne Gleichgewichtslage, einen Grenzzykel oder in eine komplizierte stabile Menge). Somit verändert sich bei der stetigen Änderung des Parameters das Bewegungsregime sprunghaft, d. h. hart.

Obwohl im Fall $c < 0$ die Amplitude der entstehenden Selbstschwingung auch nicht glatt vom Parameter abhängt (Wurzelsingularität), sind sie jedoch stetig. In diesem Sinne verändert sich die Bewegungsordnung fließend, d. h. weich.

Bei der Untersuchung der Gleichung (1) nutzten wir tatsächlich einen „versellen" Standpunkt aus. Wenn wir anstelle einer Umgebung im z, ε-Raum eine Umgebung im z-Raum mit fixiertem ε betrachtet hätten, dann hätten wir den Grenzzykel übersehen müssen, da die Ausartung der Kodimension k in einer k-parametrigen Familie auftritt. Unser Fall der Kodimension 1 ist in einer einparametrigen Familie enthalten.

Das betrachtete Beispiel stellt in Wirklichkeit alle die Bifurkationen eines Phasenbildes in einparametrigen Familien allgemeiner Gestalt dar, die beim Stabilitätsverlust der Gleichgewichtslage in der Ebene und allgemeiner beim Übergang eines Lösungspaares der charakteristischen Gleichung durch die Imaginärachse auftreten.

6.5.2. Der Satz von Poincaré-Andronov

Wir betrachten eine einparametrige Familie von Vektorfeldern. Wir setzen voraus, daß beim Parameterwert null das Feld einen singulären Punkt O hat derart, daß die Lösungen der charakteristischen Gleichung rein imaginär sind. (Die Dimension des Phasenraumes ist gleich 2.)

Satz. *Jede lokale Familie allgemeiner Lage (unter den Familien mit den angegebenen Eigenschaften) ist topologisch äquivalent zur Familie des letzten Beispiels.*

◄ Wir wählen die Methode von Poincaré für die Reduktion der Gleichung auf Normalform. Beim Parameterwert null hat man eine Resonanz, die in den nahen von 0 verschiedenen Parameterwerten nicht vorhanden ist. Die entsprechenden Resonanzglieder kann man im Parameterwert null nicht beseitigen, aber in den nahen Parameterwerten ist es möglich. Wenn wir in den zur Null nahen Parameterwerten die Glieder ohne Resonanz beseitigen, dann wird unsere Änderung nicht stetig vom Parameter abhängen, und der Radius der Umgebung, in der wir das Phasenbild untersuchen, wird beim Übergang des Parameters zum Resonanzwert, gegen 0 streben.

Deshalb werden wir die Glieder, die bei $\varepsilon = 0$ einen Resonanzwert ergeben, nicht nur beim Parameter 0 nicht beseitigen, sondern auch nicht bei den nahen Parameterwerten. Als Resultat erhalten wir dann eine Substitution, die glatt vom Parameter abhängt, nach der im System nur die Glieder verbleiben, die im Parameterwert 0 eine Resonanz haben plus einen Rest beliebiger hoher Ordnung im Verhältnis zur Entfernung vom singulären Punkt.

Wir wollen die Bifurkationen in der erhaltenen Familie untersuchen, indem wir den Rest weglassen und uns danach davon überzeugen, daß der Rest keinen Einfluß auf die topologische Gestalt hatte, oder seinen Einfluß berechnen. Das oben beschriebene Programm ist bei vielen Untersuchungen von Bifurkationen gleich. Wir werden sehen, wohin das Programm in unserem konkreten Fall beim Passieren der imaginären Achse eines Lösungspaares der charakteristischen Gleichung führt. Die Resonanz hat die Gestalt $\lambda_1 + \lambda_2 = 0$ ($\lambda_{1,2} = \pm i\omega$). Folglich hat die Normalform in den Eigenkoordinaten in der komplexen Ebene C^2 die Gestalt (vgl. 5.2.)

$$\dot{z}_1 = \lambda_1(\varepsilon)\, z_1 + a_1(\varepsilon)\, z_1{}^2 z_2 + \cdots,$$

$$\dot{z}_2 = \lambda_2(\varepsilon)\, z_2 + b_1(\varepsilon)\, z_1 z_2{}^2 + \cdots.$$

Wir bemerken, daß man wegen der reellen Ausgangsgleichung die Eigenbasis aus den konjugiert-komplexen Vektoren auswählen kann und daß die normalisierenden Substitutionen reell gewählt werden können. In diesem Fall erhält man eine zweite Gleichung aus der ersten durch Konjugation. Deshalb brauchen wir in der reellen Ebene $z_2 = \bar{z}_1$ nur die erste Gleichung aufzuschreiben und in ihr z_1 durch z und z_2 durch $\bar{z}$ zu ersetzen. Diese Gleichung kann man als Realisierung des Ausgangssystems als (nicht holomorphe) Gleichung auf der komplexen Geraden $\boldsymbol{C}^1$ mit der Koordinate z annehmen:

$$\dot{z} = \lambda_1(\varepsilon)\, z + a_1(\varepsilon)\, z^2\bar{z} + \cdots;$$

die Punkte bezeichnen das Restglied fünfter Ordnung bezüglich $|z|$.

Und so kommen wir zur Untersuchung der Familie

$$\dot{z} = \lambda_1(\varepsilon)\, z + a^1(\varepsilon)\, z^2\bar{z}.$$

Diese Untersuchung führt man wie in dem in 6.5.1. betrachteten Beispiel durch. Die Bezeichnungen entsprechen sich wie folgt:

Beispiel in 6.5.1.	$i\omega$	ε	c
allgemeine Familie	$\lambda_1(0)$	$\operatorname{Re}\lambda_1(\varepsilon)$	$\operatorname{Re} a_1(0)$

In den Familien allgemeiner Lage ist dabei

$$\lambda_1(0) \neq 0, \qquad \frac{d}{d\varepsilon}\operatorname{Re}\lambda_1(\varepsilon)\Big|_{\varepsilon=0} \neq 0, \qquad \operatorname{Re} a_1(0) \neq 0.$$

Die Bifurkation besteht dann im Entstehen oder im Verschwinden eines Grenzzykels. (Das Entstehen ist dann der Fall, wenn $\operatorname{Re} a_1(0)$ und $\operatorname{Re}\,(d\lambda_1/d\varepsilon)|_0$ unterschiedliche Vorzeichen haben).

Da die oben angegebenen drei Größen im allgemeinen von 0 verschieden sind, ändert die Berücksichtigung des weggelassenen letzten Gliedes nicht das erhaltene Bild der Bifurkationen. Dieses ist leicht zu zeigen, wenn man die Ableitung der Funktion $\varrho = |z|^2$ längs unseres Vektorfeldes betrachtet:

$$\dot{\varrho} = 2\varrho\left(\operatorname{Re}\lambda_1(\varepsilon) + \operatorname{Re} a_1(\varepsilon) + O(\varrho^2)\right).$$

Aus dieser Beziehung kann man leicht ersehen, daß $O(\varrho^2)$ keinen Einfluß auf die Bifurkationen des Phasenbildes in einer (von ε nicht abhängenden) Umgebung des Koordinatenursprunges hat. ▶

Der oben betrachtete Satz war im wesentlichen schon Poincaré bekannt. Die Formulierung und der genaue Beweis wurden von A. A. Andronov gegeben. (Vgl. A. A. Andronov [1], A. A. Andronov und E. A. Leontovič-Andronova [1]. R. Thom, den ich diese Theorie im Jahre 1965 lehrte, propagierte sie unter dem Namen „Bifurkationen von E. Hopf“ (vgl. M. Hirsch und S. Smale [1]).[1])

[1]) Es ist merkwürdig, daß in der 20 Seiten umfassenden Bibliographie des Werkes [1] von J. E. Marsden und M. McCracken die grundlegende Arbeit von Andronov und Leontovič-Andronova nicht enthalten ist. Dieser Satz findet sich in dem bekannten Buch von A. A. Andronov und S. É. Chajkin [1].

6.5.3. Der mehrdimensionale Fall

Verbindet man den Satz von Poincaré-Andronov mit dem Reduktionssatz (vgl. 6.4.), so kommen wir zu folgender Aussage:

Satz. *Eine topologisch verselle Deformation eines singulären Punktes eines Vektorfeldes allgemeiner Lage in* $\boldsymbol{R}^n$ *mit einem Paar rein imaginärer Lösungen der charakteristischen Gleichung erhält man durch einfaches Aufstocken des Systems von Poincaré-Andronov:*

$$\dot{z} = z(i + \varepsilon \pm z\bar{z}), \qquad z \in \boldsymbol{C}^1, \qquad \varepsilon \in \boldsymbol{R};$$

$$\dot{u} = -u, \qquad u \in \boldsymbol{R}^{n_-},$$

$$\dot{v} = v, \qquad v \in \boldsymbol{R}^{n_+}, \qquad n = n_- + n_+ + 2.$$

Die Untersuchung dieses Systems stellt nun keine Schwierigkeit mehr dar.

Beispiel. Es sei $n = 3, n_+ = 0$, und $z\bar{z}$ habe negatives Vorzeichen. In diesem Fall besagt der Satz, daß es in einer von ε nicht abhängenden Umgebung des Koordinatenursprungs beim Passieren der imaginären Achse eines Paares von Eigenwerten zum Auftreten eines invarianten Zylinders mit dem Radius $\sqrt{\varepsilon}$ kommt. Der Zylinder zieht die benachbarten Trajektorien heran. Auf dem ganzen Zylinder hat man einen stabilen Zykel, auf den sich am Ende auch alle Trajektorien aufwickeln. Folglich entspricht dieser Fall dem weichen Stabilitätsverlust mit der Anregung einer Selbstschwingung.

Die betrachtete Ausartung untersuchten viele Autoren, z. B. untersuchte E. Hopf [1] das Auftreten eines Zykels im mehrdimensionalen Fall. Die weiteren Resultate erzielten Ju. I. Nejmark und N. N. Brušlinskaja.

Jedoch wurde der oben allgemein formulierte Satz, der eine vollständige Untersuchung der Bifurkationen eines Phasenbildes (und nicht nur der Bifurkationen eines Zykels) ermöglicht, nur in der oben zitierten Arbeit von Šošitajšvili [2] über die Reduzierung mittels der zweidimensionalen Resultate von Poincaré-Andronov bewiesen.

6.5.4 Die Anwendung auf die Theorie der hydrodynamischen Stabilität

Die oben betrachteten Erscheinungen trifft man oft in verschiedenen konkreten Situationen an: mechanische, physikalische, chemische, biologische und ökonomische Systeme verlieren die Stabilität auf Schritt und Tritt. Hier betrachten wir als Beispiel eine spezielle Aufgabe dieser Art, und zwar die Frage des Stabilitätsverlustes einer stationären Strömung einer inkompressiblen zähen Flüssigkeit.

Es sei D das mit Flüssigkeit ausgefüllte Gebiet, und $\boldsymbol{v}$ sei die Feldgeschwindigkeit. Die Bewegung wird durch die Navier-Stokessche Bewegungsgleichung beschrieben:

$$\frac{\partial \boldsymbol{v}}{\partial t} + (\boldsymbol{v}\,\nabla, \boldsymbol{v}) = \nu\, \Delta \boldsymbol{v} - \operatorname{grad} p + \boldsymbol{f}, \qquad \operatorname{div} \boldsymbol{v} = 0,$$

wobei der Koeffizient ν die Zähigkeit bezeichnet, $\boldsymbol{f}$ ist das Feld der nichtpotentialen Kräfte. Der Druck p ergibt sich aus der Bedingung der Inkompressibilität. Auf der Grenze des Gebietes D hat man die Bedingung des Festklebens ($\boldsymbol{v}|_{\partial D} = 0$).

Man nimmt an, daß die Anfangsfeldgeschwindigkeit jede weitere Bewegung definiert, so daß die Gleichung ein dynamisches System im unendlichdimensionalen Raum der divergenzfreien Vektorfelder, die auf der Grenze des Gebietes D gleich 0 sind, definiert. (Tatsächlich ist das nur im zweidimensionalen Raum gezeigt worden. Den Fragen der Existenz, Eindeutigkeit und der Eigenschaften der Lösungen der Navier-Stokesschen Gleichung ist eine umfangreiche Literatur gewidmet. Jedoch sind die grundlegenden Probleme noch nicht gelöst.)

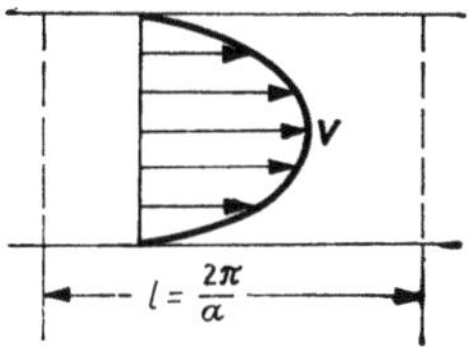

Abb. 129

Wir betrachten beispielsweise die Poisevillesche Strömung (mit parabelförmigem Geschwindigkeitsprofil, Abb. 129) in einem flachen Kanal. Die Poisevillesche Strömung ist ein stationärer Punkt unseres dynamischen Systems im Funktionalraum bei beliebigem Zähigkeitswert ν. Diese Gleichgewichtslage ist bei hinreichend großer Zähigkeit stabil, jedoch bei Verringerung der Zähigkeit verliert sie die Stabilität. Wir können untersuchen, was dabei geschieht, indem wir den Satz aus 6.5.3. benutzen.

Es versteht sich, daß man spezielle Vorsichtsmaßnahmen im Zusammenhang mit einer unendlichdimensionalen Aufgabe ergreifen muß. Man hofft, daß dabei die unendliche Dimension nicht so sehr gefährlich ist, da die Zähigkeit schnell die hohen Harmonien unterdrückt. Deshalb läßt sich das System praktisch bei einem von 0 verschiedenen beliebigen Wert des Zähigkeitskoeffizienten[1]) auf den endlichdimensionalen Fall zurückführen. Eine andere Schwierigkeit besteht darin, daß wir nicht sicher sein können, daß unser System in allgemeiner Lage ist. Es ist notwendig, dieses durch Ausrechnen zu überprüfen. Es scheint natürlich, daß das System von Navier-Stokes ein System allgemeiner Lage im Gebiet „der allgemeinen Gestalt" und bei allgemeinen Massenkräften $\boldsymbol{f}$ ist, jedoch ist die Strömung von Poiseuille sehr speziell. Hierbei tritt eine große Symmetriegruppe auf.

Wir beschränken uns auf Störungen, deren Feldgeschwindigkeit längs der Strömung periodisch mit der Wellenlänge l ist. Um die Geschwindigkeit der Grundströmung zu normieren, werden wir die äußeren Kräfte so proportional zur Zähigkeit verändern, daß die Geschwindigkeit $\boldsymbol{Q}$ konstant ist ($\boldsymbol{f} = \text{const} \cdot \boldsymbol{Q}\nu$). In diesem Fall erhalten wir eine zweiparametrige Familie mit den Parametern l und ν. Gewöhnlich betrachtet man als Parameter die reziproken Größen $\alpha = 2\pi/l$ (Wellenzahl), $\mathbf{R} = \text{const} \cdot \boldsymbol{Q}/\nu$ (Reynoldszahl). Folglich entspricht die Verringerung der Zähigkeit, die die Instabilität hervorruft, der Vergrößerung der Reynoldszahl.

[1]) M. I. Višik und A. V. Babin haben eine Abschätzung der Dimension für 2-Mannigfaltigkeiten mit Rand gefunden: dim $\leq$ const $\cdot$ exp $(\boldsymbol{R}^{4+\varepsilon})$ für jedes positive ε.

Die Berechnungen, die man praktisch ohne Computer nicht ausführen kann, zeigen, daß beim Anwachsen der Reynoldszahl bei einem kritischen Wert dieser Reynoldszahl $\mathbf{R}_0 = \mathbf{R}_0(\alpha)$ ein Paar der komplexen Lösungen die imaginäre Achse aus der stabilen Halbebene in die instabile übergeht. Folglich treffen wir hier auf den Fall des Verlustes der Stabilität, bei dem ein Grenzzykel entsteht oder verschwindet.

Das Vorzeichen des Koeffizienten c, das die weiche oder harte Anregung der Schwingung definiert, wurde ebenfalls berechnet. Für die Beschreibung des Resultates ist die Skizzierung der Stabilitätsgrenze in der $\alpha, \mathbf{R}$-Ebene zweckmäßig. Es zeigt sich, daß sie die Gestalt der in Abb. 130 dargestellten „Zunge" hat. Der am weitesten links liegende Punkt dieser Zunge ist besonders wichtig. Seine $\mathbf{R}$-Koordinate entspricht dem ersten Stabilitätsverlust, und die α-Koordinate definiert gerade die für die Instabilität gefährliche Wellenlänge.

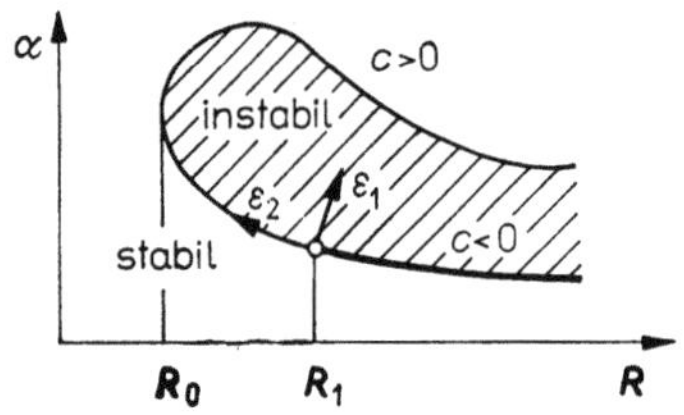

Abb. 130

Es zeigt sich, daß für alle Teile der Zunge, die links und oben liegen, die Stabilitätsgrenze mit dem Koeffizienten c positiv ist, d. h., man hat eine harte Anregung. Folglich entsteht, noch bevor die Reynoldszahl zum kritischen Wert $\mathbf{R}_0$ übergeht, irgendwo im Phasenraum, aber nicht im stationären Punkt (d. h. der Poisevilleschen Strömung), irgendein Schwingungsregime[1]), in das auch kleine Störungen beim Übergang der Reynoldszahl zu $\mathbf{R}_0$ das System überführen können. Dieses neue Regime kann ein stabiler stationärer Punkt sein, d. h., in der hydrodynamischen Sprache ist es eine stationäre Strömung, die sich von der Poisevilleschen Strömung unterscheidet, oder ein Grenzzykel, in der hydrodynamischen Sprache eine periodische Strömung. Es könnte jedoch eine noch kompliziertere Struktur auftreten. Sie kann sich z. B. als bedingt periodische Bewegung auf dem Torus erweisen. Mehr noch, bei der harten Anregung kann das Bewegungsregime ein Anosov-System oder ein System mit hyperbolischem Charakter sein, d. h. eine stabile Menge mit überaus singulären instabilen Trajektorien auf dieser Menge. Das Spektrum des entsprechenden dynamischen Systems kann sogar stetig sein, trotz der Endlichkeit der Freiheitsgrade (d. h. der endlichen Dimension der stabilen Menge). Die Physiker nennen diese Ordnung turbulente Strömung.

Im Jahre 1963 erschien die Arbeit [1] von E. N. Lorenz, der als erster eine nichttriviale stabile Ordnung im System mit dreidimensionalem Phasenraum angab, die die hydrodynamische Theorie der Konvexität modellierte.

---

[1]) Eine andere Möglichkeit in Systemen beliebiger Gestalt ist der Ausweg ins Unendliche. Wie man sieht, geht dieses in unserem Fall nicht, weil im Unendlichen die Phasengeschwindigkeit zum Koordinatenursprung gerichtet ist und man eine gedämpfte Wirkung der Zähigkeit hat.

Das System von LORENZ hat die Gestalt

$$\dot{x} = -\sigma x + \sigma y, \quad \dot{y} = -xz + rx - y, \quad \dot{z} = xy - bz,$$
$$\sigma = 10, \quad r = 28, \quad b = 8/3.$$

Es scheint, als ob alle Modelle, in denen man hyperbolische stabile Mengen gefunden hat, Glieder des Typs einer Pumpe oder einer negativen Zähigkeit, die nicht in der Gleichung von NAVIER-STOKES auftreten, enthalten. Als ich 1964 versuchte, eine hyperbolische stabile Menge im sechsdimensionalen Phasenraum der Galerkinschen Approximation der Gleichung von NAVIER-STOKES auf dem zweidimensionalen Torus mit sinusförmiger äußerer Kraft zu finden (ich benutzte einen Rechner, der von N. D. VVEDENSKAJA programmiert wurde), schien mir die stabile Menge ein dreidimensionaler Torus zu sein. (Es ist durchaus möglich, daß die Reynoldszahl zu klein war.) Soweit mir bekannt ist, ist eine hyperbolische stabile Menge für die Gleichung von NAVIER-STOKES oder ihre Galerkinschen Approximationen bis jetzt noch nicht gefunden. Doch das oben beschriebene Zahlenexperiment diente als Ausgangspunkt für eine Reihe von Arbeiten über die Anwendung der geodätischen Flüsse auf die Diffeomorphismengruppen in der Hydrodynamik (vgl. V. I. ARNOL'D [4], D. G. EBIN und J. MARSDEN [1]).[1]

Ein sehr einfaches Modell mit instabilen Trajektorien auf der stabilen Menge wurde von M. HÉNON [1] angegeben. HENON betrachtete eine quadratische „Cremona-Transformation" auf der Ebene der Gestalt $T = T_1T_2T_3$, wobei

$$T_1(x, y) = (y, x), \quad T_2(x, y) = (bx, y), \quad T_3(x, y) = (x, y + 1 - ax^2)$$

ist. Es ist interessant, daß die im Zahlenexperiment bei $a = 1{,}4$, $b = 0{,}3$ beobachtete Anziehungskraft zur Menge, die lokal die Gestalt eines Produkts der Cantorschen Menge mit der Strecke hat, nicht im Rahmen der existierenden Definitionen der Hyperbolizität beschreibbar ist. (Es ist selbst nicht ausgeschlossen, daß in dieser Menge Anziehungsgebiete von langen Zyklen existieren.) Folglich wird von Mathematikern die stabile Menge von HENON nicht als hyperbolisch anerkannt. Andererseits hat vom Standpunkt des Experimentators aus die Bewegung des Phasenpunktes unter Wirkung der Iterationen der Transformation T einen eindeutig stochastischen, turbulenten Charakter. (Das ist noch ein Beispiel für die Gefährlichkeit eines Axiomfetischismus.)

Die Beispiele der folgenden hyperbolischen stabilen Mengen auf der Ebene wurden von R. V. PLYKIN [1] konstruiert.

PLYKIN konstruierte einen Diffeomorphismus eines abgeschlossenen Gebietes mit drei Löchern (Abb. 131 oben) in sich (entsprechend Abb. 131 unten). Dieser Diffeomorphismus erfüllt folgende Eigenschaft: Der Durchschnitt der Bilder des Gebietes bei allen Potenzen des Diffeomorphismus ist eine stabile Menge (der Abstand der Iterationsbilder eines beliebigen Punktes zu dieser Menge strebt gegen 0). Dieser Durchschnitt ist lokal ein Produkt der Cantor-Menge mit einer Strecke, und die Abstände zwischen benachbarten Punkten auf jeder Strecke wachsen bei den Potenzen der Transformation.

Eine umfangreiche Bibliographie der Arbeiten über die Bifurkationstheorie und ihre Anwendung findet man in J. E. MARSDEN und M. MCCRACKEN [1] (dort finden sich mehr als 350 Titel).

Die Bestimmung dessen, in welches Bewegungsregime ein dynamisches System tatsächlich beim Stabilitätsverlust der Poiseuilleschen Strömung übergeht, liegt nach der Meinung der Spezialisten an der Grenze des auf den gegenwärtigen Computern Realisierbaren. In dieser Situation sollte man wahrscheinlich die qualitativen Aussagen der allgemeinen Bifurkationstheorie, die man ohne Rechnungen erhalten kann, nicht unterschätzen.

In der betrachteten Aufgabe hat man zwei Parameter α und $\mathbf{R}$. Folglich kann man außer den Singularitäten der Kodimension 1 auch noch Singularitäten der Kodimen-

[1]) Vgl. A. M. LUKACKIJ [1, 2].

sion 2 antreffen. Wir betrachten einmal eine von ihnen, und zwar die, die mit dem Wechsel des Vorzeichens von c verbunden ist. Die Rechnungen zeigen, daß bei hinreichend großer Reynoldszahl **R** sich die harte Anregung auf der unteren Seite der

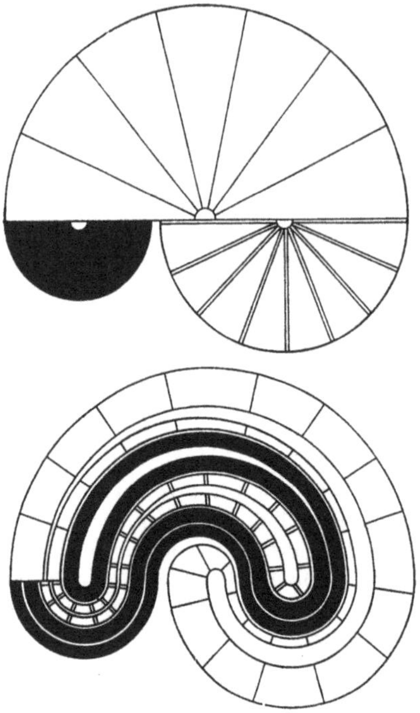

Abb. 131

Zunge des Stabilitätsverlustes mit einer weichen abwechselt. Um zu verstehen, was in diesem Moment geschieht, ist es notwendig, eine zweiparametrige verselle Familie für diese zweifache Entartung zu konstruieren. Diese Familie ist einfach aufgebaut. Sie hat die Gestalt

$$\dot{z} = z(i\omega + \varepsilon_1 + \varepsilon_2 z\bar{z} + c_2 z^2 \bar{z}^2), \qquad z \in \boldsymbol{C}.$$

(Die restlichen Koordinaten im Phasenraum entsprechen den stabilen Eigenwerten und sind nicht aufgeschrieben.) Die Rolle der Parameter ε_1 und ε_2 wird aus Abb. 130 ersichtlich. Der Charakter der Änderung im Punkt $\varepsilon_1 = \varepsilon_2 = 0$ wird durch das Vorzeichen der Größe c_2 bestimmt.

Angenommen, es sei auch wie oben $\varrho = z\bar{z}$, so erhalten wir für ϱ die Gleichung

$$\dot{\varrho} = 2\varrho(\varepsilon_1 + \varepsilon_2\varrho + c_2\varrho^2), \qquad \varrho \geqq 0.$$

In Abhängigkeit von den Vorzeichen von ε und c sind folgende Fälle möglich:

1. $c_2 < 0, \varepsilon_2 < 0$: Beim Übergang von ε_1 von negativen zu positiven Werten kommt das System weich in eine periodische stabile Selbstschwingung (Abb. 132).

2. $c_2 < 0, \varepsilon_2 > 0$: Beim Übergang von ε_1 von negativen zu positiven Werten geht das System hart in eine stabile pariodische Selbstschwingung, die noch vor dem Stabilitätsverlust der Gleichgewichtslage zusammen mit einer instabilen Schwin-

gungsordnung entsteht, die in der Gleichgewichtslage im Moment des Verlustes der Stabilität verbleibt.

Den oben angegebenen stabilen Grenzzykel könnten wir in der Nähe desjenigen Punktes untersuchen, in dem die harte in eine weiche Ordnung übergeht. Er ist dabei in der Nähe der Gleichgewichtslage. Jedoch kann eine analytische Fortsetzung dieses Zykels (fern von der Gleichgewichtslage) auch bei anderen Parameterwerten $(\alpha, \mathbf{R})$ existieren. Wir sehen, daß man ihn als analytische Fortsetzung eines instabilen Zykels suchen kann, der in der Gleichgewichtslage beim harten Stabilitätsverlust verbleibt. Der genannte stabile Zykel ist ein möglicher Kandidat für die sich einstellende Ordnung beim Verlust der Stabilität.

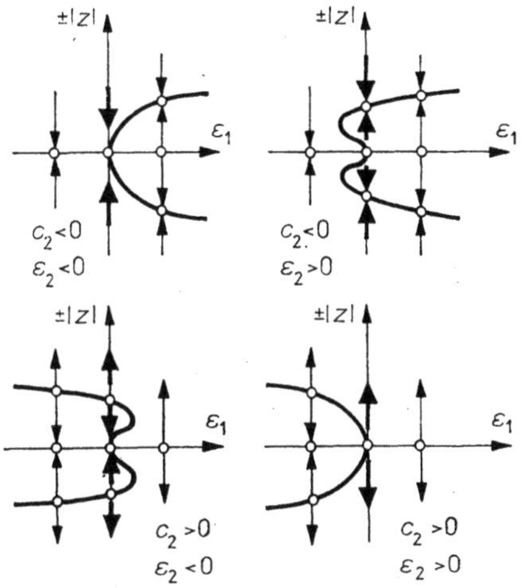

Abb. 132

3. $c_2 > 0$, $\varepsilon_2 < 0$: Der Stabilitätsverlust ist weich, aber der entstandene Grenzzykel bricht schnell zusammen und verschmilzt dabei mit den von weitem herkommenden instabilen. Danach wird in diesem System ein neues Regime hart angeregt.

4. $c_2 > 0$, $\varepsilon_2 > 0$: Die gewöhnliche harte Anregung.

Folglich gestattet es uns unsere Analyse, im Vergleich mit der einparametrigen, tatsächlich eine neue Erscheinung festzustellen, wie das Vorzeichen von c_2 bei dazugehörigem Vorzeichen von ε_2 auch sein möge: Bei $c_2 < 0$ finden wir ein bei harter Anregung entstandenes Bewegungsregime, und bei $c_2 > 0$ weisen wir die Unbeständigkeit eines weich angeregten Regimes nach. Um zu erkennen, welcher der beiden Fälle ($c_2 < 0$ oder $c_2 > 0$) eingetreten ist, sind umfangreiche Rechnungen durchzuführen.

In der Theorie der hydrodynamischen Stabilität trifft man vielfältige Singularitäten auf der Stabilitätsgrenze und dem Dekrementdiagramm an, so daß hier die Resultate aus 6.2. angewendet werden können. Für die Anwendung der allgemeinen Bifurkationstheorie in der Theorie der hydrodynamischen Stabilität wäre es wichtig, die Fälle allgemeiner Lage mit unterschiedlichen Symmetriegruppen zu untersuchen, weil in vielen hydrodynamischen Aufgaben das Strömungsgebiet D invariant bezüglich dieser oder jener Symmetriegruppe ist. (Ein Beispiel ist die Gruppe der Translationen bei der Poiseuilleschen Strömung. Die Darstellungen dieser Gruppe sind bei der Untersuchung durch den Parameter α beteiligt.)

Das Auftreten der Härte nach dem Stabilitätsverlust des stationären Verlaufes wurde in vielen Arbeiten erwähnt. (Vgl. etwa L. D. LANDAU und E. M. LIFSCHITZ [1]; § 27 (Die Entstehung der Turbulenz) beruht auf einer Arbeit von LANDAU aus dem Jahre 1943.) Man vermutet gewöhnlich in diesen Arbeiten ein weiches Regime der Selbstschwingung und untersucht den Grenzzykel des Stabilitätsverlustes. LANDAU nahm an, daß bei diesem eine bedingt periodische Bewegung mit einer sehr großen Frequenzzahl auftreten wird. Zweifellos beruht diese Annahme darauf, daß ihm andere dynamische Systeme nicht bekannt waren.

Im Jahre 1965 referierte ich über die oben dargestellte Theorie auf dem Seminar von THOM im IHES in Bures-sur-Ivette. In fünf Jahre später erschienenen Arbeiten konstruierten D. RUELLE und F. TAKENS [1, 2] Beispiele des Verlustes der Stabilität eines Zykels mit dem Auftreten eines komplizierteren Regimes als des bedingt-periodischen. Jedoch hat ihr Beispiel exotischen Charakter, weil es einem sehr dünnen Teil des Parameterraumes der Deformationen entspricht. Einen Überblick über die weiteren experimentellen Arbeiten findet man bei J. B. MCLAUGHLIN und P. C. MARTIN [1] und P. C. MARTIN [1].

Es sei bemerkt, daß es für die Anwendbarkeit der Resultate der angegebenen Arbeiten notwendig ist, daß der Stabilitätsverlust zu einem weichen Regime führt, wogegen die Ordnung des Stabilitätsverlustes der Strömung von POISEUILLE hart ist.

6.5.5. Die Entartungen der Kodimension 2

Die oben betrachteten Fälle (Entstehung und Verschwinden eines Paares singulärer Punkte, Entstehung oder Verschwinden eines Grenzzykels aus singulären Punkten) schöpfen die Bifurkationen der Phasenbilder in einer Umgebung eines singulären Punktes für allgemeine einparametrige Familien der Vektorfelder aus.

In zweiparametrigen Familien wird man diese Singularitäten auf Linien der Parameterebene antreffen, jedoch werden außer ihnen (in einzelnen Punkten der Parameterebene) kompliziertere Entartungen vorkommen. Unter diesen komplizierteren Entartungen, die mit einer kleinen Bewegung der zweiparametrigen Familie nicht beseitigt werden können, kann man die folgenden fünf Entartungen unterscheiden:

1. *Eine Nullösung mit zusätzlicher Ausartung.* Beispiel:

$$\dot{x} = \pm x^3 + \varepsilon_1 x + \varepsilon_2, \qquad x \in \boldsymbol{R} \qquad \text{(Abb. 133)}.$$

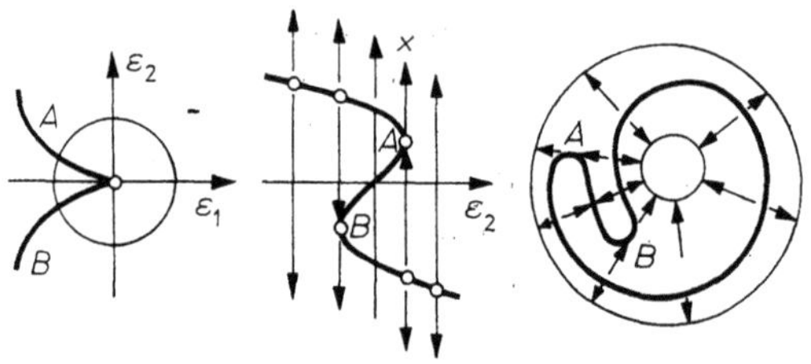

Abb. 133

Man überprüft leicht, daß die aufgeschriebene Deformation (topologisch) versell ist. Im mehrdimensionalen Fall erhält man die verselle Deformation durch Aufstokken des Sattels.

Das Bifurkationsdiagramm (für den Fall $+x^3$) ist in Abb. 133 links dargestellt. Die halbkubische Parabel teilt die Parameterebene in zwei Teile. Im kleineren Teil hat das System in der Nähe von $x = 0$ drei Gleichgewichtslagen und im größeren Teil eine Gleichgewichtslage. Die Änderung des Phasenbildes beim Umlauf des Parameters auf einem kleinen Kreis um den Punkt $\varepsilon = 0$ ist in Abb. 133 rechts dargestellt. Das direkte Produkt dieses Kreises mit dem (eindimensionalen) Phasenraum ist ein Kreisring, dabei bilden die Gleichgewichtslagen in diesem Ring eine geschlossene Kurve. Die Richtungen der Vektorfelder sind aus Abb. 133 ersichtlich.

2. *Ein imaginäres Paar mit zusätzlicher Ausartung.* Beispiel:

$$\dot{z} = z(i\omega + \varepsilon_1 + \varepsilon_2 z\bar{z} \pm z^2\bar{z}^2), \qquad z \in \boldsymbol{C}.$$

Das Bifurkationsdiagramm besteht aus der Geraden $\varepsilon_1 = 0$ und der sie in der Null berührenden Parabelhälfte. In Abb. 134 ist das für den Fall dargestellt, wenn in der Formel $+z^2\bar{z}^2$ steht.

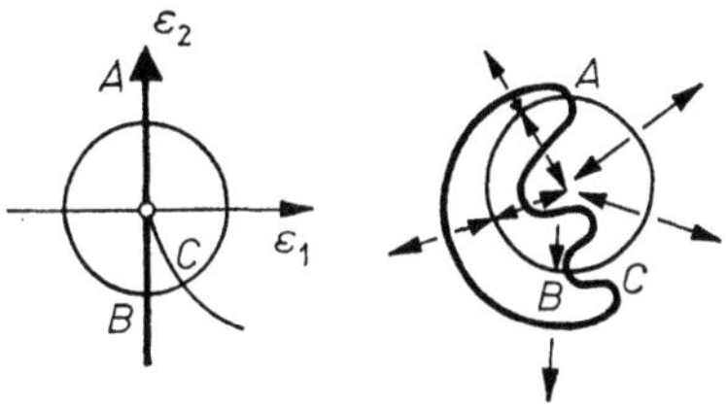

Abb. 134

Die Änderung des Phasenbildes beim Umlauf auf einem kleinen Kreis um die Null ist in Abb. 134 rechts gezeigt. Der in dieser Abbildung dargestellte Ring ist das direkte Produkt des Kreises mit der Parameterebene und der Geraden, auf der sich $\pm |z|$ befindet. Der Kreis in dieser Abbildung entspricht der Gleichgewichtslage $z = 0$, und jeder Grenzzykel kann durch zwei Schnittpunkte des Radius mit der Linie $\varepsilon_1 + \varepsilon_2 |z|^2 + |z|^4 = 0$ dargestellt werden.

Das Bifurkationsdiagramm und die Familie über dem Kreis ergeben sich analog für den Fall, wenn in der Formel $-z^2\bar{z}^2$ steht.

3. *Zwei imaginäre Paare.*

4. *Ein imaginäres Paar und noch eine Nullösung.*

Die Untersuchung dieser Fälle ist noch nicht bis zu der Vollständigkeit geführt worden, daß man die versellen Familien aufschreiben könnte. Darüber hinaus ist nicht klar, ob im Fall zweier imaginärer Paare eine zweiparametrige (oder wenigstens auch endlichparametrige) topologisch verselle Familie (sogar unter der Voraussetzung der normalen Inkommensurabilität der Frequenzen bei ihrem gleichzeitigen Übergang aus der einen Halbebene in die andere Halbebene) existiert.[1])

Zuletzt tritt noch der folgende Fall der Kodimension 2 auf:

5. *Zwei Nullösungen.* Ein Beispiel ist die Familie der Gleichungen in der Ebene:

$$\dot{x}_1 = x_2,$$

$$\dot{x}_2 = \varepsilon_1 + \varepsilon_2 x_1 + x_1^2 \pm x_1 x_2$$

[1]) Siehe auch E. I. Chorozov [1].

mit den Parametern $(\varepsilon_1, \varepsilon_2)$. Das Bifurkationsdiagramm unterteilt die ε-Ebene in vier Teile, die in Abb. 135 mit A, B, C, D bezeichnet wurden, die der Auswahl von $+x_1x_2$ in der obigen Formel entsprechen.

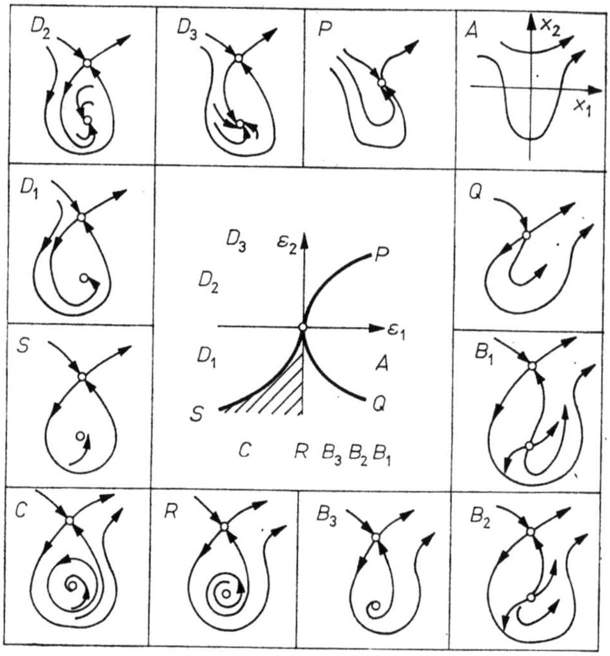

Abb. 135

Die Phasenbilder, die jedem der vier Teile der ε-Ebene entsprechen, sind in Abb. 135 dargestellt. Die Systeme mit den Ausartungen der Kodimension 1, die in Abb. 135 mit P, Q, R, S bezeichnet sind, entsprechen den Zweigen des Bifurkationsdiagramms.

Wir bemerken, daß die Bifurkation auf dem Zweig S, d. h. das Entstehen eines Zykels aus einer Separatrixschleife, nicht in unsere Klassifizierung der Singularitäten der Kodimension 1 eingeht, weil sie nicht eine lokale (in der Nähe eines singulären Punktes), sondern eine globale Erscheinung ist. Wir sehen somit, daß mit der Vergrößerung der Parameterzahl der Familie bei einer lokalen Untersuchung der Bifurkationen der singulären Punkte die globalen Bifurkationen der kleineren Kodimensionen an Einfluß gewinnen. Daraus folgt, daß wir bei einer hinreichenden Parameterzahl in einer lokalen Aufgabe mit den gleichen Schwierigkeiten mit dichtliegenden strukturstabilen Systemen konfrontiert werden, die im Großen bei Vektorfeldern auf Mannigfaltigkeiten (vgl. 3.6.) von Smale entdeckt wurden.

Im Fall negativen Vorzeichens führen die Bifukrationen auf den Wechsel der Vorzeichen bei t und x_2.

Satz. *Die Vektorfelder allgemeiner Lage mit zwei Nullösungen des charakteristischen Polynoms im singulären Punkt auf der Phasenebene haben eine verselle Deformation mit zwei Parametern, die topologisch äquivalent zu einer von den zwei oben betrachteten Deformationen ist.*

Mit anderen Worten läßt sich die allgemeine zweiparametrige Familie von Differentialgleichungen auf der Ebene, die bei irgendeinem Parameterwert einen singulären Punkt mit zwei Nullösungen des charakteristischen Polynoms hat, durch stetige Parameteränderung und stetig von den Parametern abhängige stetige Veränderung der Phasenkoordinaten zu er oben angegebenen Gestalt reduzieren.

Dieser Satz wurde von R. I. Bogdanov im Jahre 1971 bewiesen. Er wurde erstmalig in der Zusammenstellung von V. I. Arnol'd [7] veröffentlicht. Takens kündigte ein analoges Resultat 1974 an. Der Beweis der Versalität ist nicht einfach. Die Hauptschwierigkeit besteht in der Untersuchung der Eindeutigkeit des Grenzzykels. Bogdanov beseitigte diese Schwierigkeit mit Hilfe einer nichttrivialen Überlegung über das Verhalten elliptischer Integrale in Abhängigkeit von Parametern (vgl. Bogdanov [1], S. 23–36). Die verselle Deformation des singulären Punktes eines Vektorfeldes auf der Ebene im Fall verschwindender Eigenwerte ist in Bogdanov [1], S. 37–65) behandelt.

6.6. Der Stabilitätsverlust von Selbstschwingungen

Das nächste und kompliziertere Problem der Bifurkationstheorie (nach der Untersuchung der Phasenbilder in einer Umgebung der Gleichgewichtslage) ist die Untersuchung der Änderung der Phasenkurven in einer Umgebung einer geschlossenen Phasenkurve. Diese Aufgabe ist noch nicht vollständig gelöst, und anscheinend ist sie auch in einem gewissen Sinne nicht lösbar. Nichtsdestoweniger gestatten die allgemeinen Methoden der Bifurkationstheorie, wesentliche Informationen über diese Änderung zu erhalten. Im folgenden Abschnitt wird eine kurze Übersicht über die grundlegenden Resultate in dieser Richtung gegeben.

6.6.1. Monodromie und Multiplikatoren

Wir betrachten eine geschlossene Phasenkurve eines Systems von Differentialgleichungen. Uns interessieren die Änderungen der Phasenkurven in einer Umgebung der gegebenen Kurve bei einer kleinen Veränderung der Gleichung.

Für die Anordnung der Phasenkurven in einer Umgebung einer geschlossenen Phasenkurve allgemeiner Lage hat man (bis auf Homöomorphie der Umgebung) endlich viele Möglichkeiten. Um diese beschreiben zu können, wählen wir auf der geschlossenen Phasenkurve einen Punkt O aus. Wir legen durch diesen Punkt eine zu dieser geschlossenen Phasenkurve transversale Fläche (der Kodimension 1 im Phasenraum). Die Phasenkurven, die in den Punkten der Fläche, die hinreichend nahe zum Punkt O sind, beginnen, schneiden diese Fläche noch einmal, wenn die einen Umlauf längs dieser Kurve gemacht haben. Es entsteht die Abbildung einer Umgebung des Punkts O auf der transversalen Fläche in dieser Fläche. Diese Abbildung heißt *Poincaré-Abbildung* (Abb. 136).

Der Punkt O ist ein Fixpunkt der Poincaré-Abbildung.

Wir betrachten die Linearisierung der Poincaré-Abbildung im Punkt O. Diesen linearen Operator nennt man den *Monodromieoperator*.

Die Eigenwerte des Monodromieoperators nennt man die *Multiplikatoren* der geschlossenen Phasenkurve. Den Monodromieoperator kann man finden, wenn man eine lineare Gleichung mit periodischen Koeffizienten löst (die Gleichung der Normalvariationen längs unserer Phasenkurve).

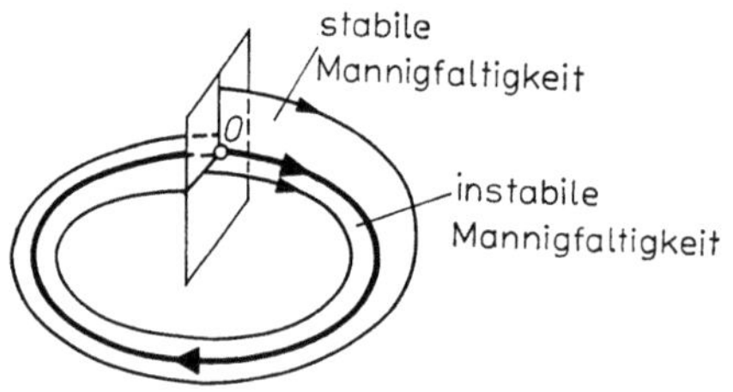

Abb. 136

Wir setzen voraus, daß alle Multiplikatoren dem Betrag nach kleiner als 1 sind. Man kann dann beweisen, daß alle benachbarten Phaenkurven sich bei der Fortsetzung ($t \to +\infty$) an unsere geschlossene Phasenkurve annähern. Wenn jedoch einer der Multiplikatoren dem Betrag nach größer als 1 ist, dann existieren Phasenkurven, die sich von der geschlossenen entfernen. (Sie nähern sich ihr bei $t \to -\infty$.)

Im allgemeinen Fall liegen einige Eigenwerte innerhalb des Einheitskreises und einige außerhalb. In diesem Fall kann man zeigen, daß die Phasenkurven, die sich einer gegebenen Phasenkurve annähern, eine *stabile Mannigfaltigkeit* bilden, deren Durchschnitt mit unserer Transversalen die Dimension hat, die gleich der Anzahl der Multiplikatoren ist, die innerhalb des Einheitskreises liegen. Genauso bilden die Phasenkurven, die sich der geschlossenen Phasenkurve bei $t \to -\infty$ nähern, die *instabile Mannigfaltigkeit.* Die Dimension ihres Schnittes mit der Transversalen ist gleich der Anzahl der instabilen Multiplikatoren (die Multiplikatoren außerhalb des Einheitskreises).

In einer Umgebung unserer geschlossenen Phasenkurve haben wir eine hyperbolische Situation (vgl. 3.5.). Alle anderen Phasenkurven entfernen sich sowohl bei $t \to +\infty$ von der geschlossenen (längs der instabilen Mannigfaltigkeit) als auch bei $t \to -\infty$ (längs der stabilen Mannigfaltigkeit). Der topologische Typ der Familie der Phasenkurven in einer Umgebung der geschlossenen Phasenkurve, die keinen Multiplikator auf dem Einheitskreis hat, wird eindeutig bestimmt durch die Anzahl der stabilen und instabilen Multiplikatoren und dadurch, wie viele von ihnen negativ sind, eine gerade oder eine ungerade Anzahl.

Wir wollen sehen, was sich bei einer kleinen Veränderung des Systems an diesem Bild ändert.

6.6.2. Einfachste Ausartungen

Eine geschlossene Phasenkurve heißt *nichtausgeartet*, wenn die 1 kein Multiplikator ist. Eine nichtausgeartete geschlossene Phasenkurve verschwindet bei einer kleinen Deformation des Systems nicht und deformiert sich (nach dem Satz über implizite Funktionen, angewendet auf die Gleichung $f(x) = x$, wobei f die Poincaré-Abbildung ist) nur wenig. Bei Deformationen nichtausgearteter geschlossener Phasenkurven ändern sich die Multiplikatoren auch nur wenig. Wie die Anzahl der stabilen Multiplikatoren verändert sich auch die Anzahl der instabilen Multiplikatoren bei Deformationen nicht, wenn keiner der Multiplikatoren der Ausgangskurve auf dem Einheitskreis liegt.

Die Multiplikatoren einer geschlossenen Phasenkurve in allgemeiner Lage liegen nicht auf dem Einheitskreis. Folglich ist die Anordnung der Phasenkurven in einer Umgebung einer geschlossenen Phasenkurve in allgemeiner Lage strukturstabil.

Aber wenn wir nicht ein einzelnes System betrachten, sondern eine Familie von Systemen, die von Parametern abhängen, dann können die Multiplikatoren bei den restlichen Parameterwerten auf dem Einheitskreis liegen, und es entsteht die Frage nach Bifurkationen.

Wie üblich beginnen wir mit einfachsten Ausartungen, d. h. mit Ausartungen, die in einparametrigen Familien nicht verschwinden. In unserem Fall hat man drei dieser Ausartungen der Kodimension 1. Da das charakteristische Polynom des Monodromieoperators reelle Koeffizienten hat, hat jeder nichtreelle Multiplikator einen konjugiert-komplexen. Folglich treten auf dem Einheitskreis entweder zwei konjugiert-komplexe Multiplikatoren auf oder ein reeller Multiplikator, der entweder gleich 1 oder gleich -1 ist. Alle drei Fälle (ein komplexes Paar, $+1$, -1) entsprechen einer Mannigfaltigkeit der Kodimension 1 im Funktionalraum.

Wir betrachten beispielsweise die Grenze des Stabilitätsgebietes einer geschlossenen Phasenkurve im Funktionalraum. Diese Grenze ist eine Hyperfläche in diesem Raum. Sie besteht aus drei Komponenten der Kodimension 1. Der ersten Komponente entspricht die Phasenkurve mit einem Paar konjugiert-komplexer Multiplikatoren mit dem Betrag 1, der zweiten Komponente entspricht die Phasenkurve mit dem Multiplikator $+1$ und der dritten Komponente die Phasenkurve mit dem Betrag -1. Alle restlichen Multiplikatoren liegen innerhalb des Einheitskreises (Abb. 137).

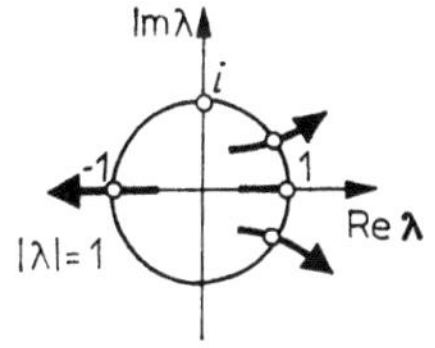

Abb. 137

Diese drei Hyperflächen der Kodimension 1 schneiden sich in einer Fläche der Kodimension 2, die weitere Singularitäten hat. Zum Beispiel entsprechen dem Selbstschnitt der ersten Fläche zwei Paare von Multiplikatoren mit dem Betrag 1, usw.

Der Stabilitätsverlust einer geschlossenen Phasenkurve ist somit auf die Ausartungen der Kodimension 1 zurückgeführt, und wir müssen einparametrige Familien allgemeiner Lage betrachten, um die Bifurkationen zu untersuchen. Tatsächlich ist die Sache nicht ganz so einfach. Wir werden sehen, daß man beim Verlust der Stabilität zwei wesentliche Parameter beim Durchgehen eines Paares von Multiplikatoren durch den Einheitskreis hat. Am Anfang sehen wir uns an, zu welchen Aussagen wir vom einparametrigem Standpunkt aus kommen.

Wir beginnen mit dem Fall, daß einer der Multiplikatoren gleich 1 ist. Dieser Fall unterscheidet sich im wesentlichen nicht von der Aufgabe der Bifurkationen der Gleichgewichtslage in einparametrigen Familien. In allgemeiner Lage haben wir dabei das Entstehen oder Verschwinden eines Paares geschlossener Phasenkurven. Bei diesem Paar entstehen oder verschwinden bei der Poincaré-Abbildung zwei invariante Punkte.

Beispiel 1. Wir betrachten die Abbildung der x-Achse in sich selbst, die durch die Formel $x \to x + x^2$ gegeben ist. Der Punkt $x = 0$ ist invariant, und sein Multiplikator ist gleich 1. Wir betrachten die einparametrige Deformation mit dem Parameter ε in der Nähe der Null:

$$f_\varepsilon(x) = x + x^2 + \varepsilon.$$

Diese Deformation ist topologisch versell. Wir betrachten eine beliebige Abbildung der Geraden in sich selbst, die einen Fixpunkt mit dem Multiplikator 1 hat. Wir nennen diesen (ausgearteten) Fixpunkt *regulär*, wenn die zweite Ableitung der Abbildung im Fixpunkt (in irgendeinem und dann auch beliebigen Koordinatensystem) von 0 verschieden ist.

Wenn der ausgeartete Fixpunkt regulär ist, dann existiert eine einparametrige, topologisch verselle Deformation dieser Abbildung. Wie diese Abbildung selbst so ist auch ihre verselle Deformation lokal topologisch äquivalent der oben angegebenen Deformation f_ε der speziellen Abbildung f_0 in der Umgebung des Nullpunktes.

Um zum mehrdimensionalen Fall zu kommen, ist es notwendig, die sogenannte Suspension der konstruierten Deformation zu definieren.

Beispiel 2. Wir betrachten die Abbildung eines linearen Raumes in sich selbst, die durch

$$(y, z, u, v) \mapsto \left(2y, -2z, \frac{u}{2}, \frac{-v}{2}\right)$$

gegeben ist, wobei y, z, u, v die Punkte von vier Unterräumen sind, deren direkte Summe unseren Raum ergibt. Wir werden diese Abbildung den *Standard-Sattel* nennen. (Die Dimension der Räume, die zu y und u gehören, sind beliebig, und die zu z und v gehören, sind entweder 0 oder 1.)

Wir betrachten eine beliebige glatte Abbildung, die einen Fixpunkt hat, und setzen voraus, daß keiner der Multiplikatoren auf dem Einheitskreis liegt. Dann ist die Abbildung in einer Umgebung des Fixpunktes topologisch äquivalent zum Standard-Sattel. (Das folgt leicht aus dem Satz von Grobman-Hartman, Abschnitt 3.4.)

Beispiel 3. Wir betrachten die direkte Summe der Deformationen der Abbildung der Geraden im Beispiel 1 mit dem Standard-Sattel. Wir erhalten eine einparametrige Familie von Abbildungen mit dem Parameter ε und den Phasenkoordinaten, die sich in einer Umgebung der Null wie folgt verändern:

$$(x; y, z, u, v) \mapsto \left(x + x^2 + \varepsilon, 2y, -2z, \frac{u}{2}, \frac{-v}{2}\right).$$

Diese Deformation heißt *Suspension* der Deformation des ersten Beispiels. Sie ist topologisch versell.

Satz. *Die einparametrigen Familien der Abbildungen allgemeiner Lage sind in einer Umgebung jedes Fixpunktes mit dem Multiplikator* 1 *bei den Parameterwerten, die nahe zu denen sind, für die der Multiplikator gleich* 1 *wird, topologisch äquivalent zu den oben aufgeschriebenen.*

◀ Der Beweis ist im eindimensionalen Fall leicht. Den mehrdimensionalen Fall reduziert man mit Hilfe des Satzes von Šošitajšvili (vgl. 6.4.) auf den eindimensionalen Fall. Denn dieser Satz ist nicht nur für Differentialgleichungen, sondern auch für Abbildungen richtig.

6.6.3. Der Fall des Multiplikators −1

Beim Auftreten des Multiplikators −1 hängt die geschlossene Phasenkurve glatt vom Parameter ab und verzweigt sich selbst nicht. Jedoch zweigt sich bei diesem Multiplikator eine von ihr sich zweimal aufwickelnde Phasenkurve ab. Um zu verstehen, wie das vor sich geht, wendet man sich wieder der Poincaré-Abbildung zu.

Beispiel 1. Wir betrachten die Abbildung der Geraden in sich selbst:

$$f_0(x) = -x \pm x^3.$$

Der Multiplikator des Fixpunktes 0 ist gleich −1.

Wir betten f_0 in die folgende Familie ein:

$$f_\varepsilon(x) = (\varepsilon - 1)\, x \pm x^3.$$

Satz. *Die Deformation f_ε der Abbildung f_0 ist versell. Eine einparametrige Familie allgemeiner Lage ist in einer Umgebung des Fixpunktes mit dem Multiplikator* −1 *bei den Parameterwerten, die nahe zu denen sind, bei denen der Multiplikator gleich*−1 *ist, zur obigen topologisch äquivalent.*

◀ Wir betrachten eine beliebige einparametrige Familie von Abbildungen der Geraden, bei der der Multiplikator des Fixpunktes in einem Parameterwert −1 ist.

Der Fixpunkt hängt glatt vom Parameter ab (nach dem Satz über implizite Funktionen). Durch eine vom Parameter glatt abhängende Koordinatentransformation kann man den Fixpunkt in die Null überführen.

Wir werden jetzt die Poincaré-Transformation (vgl. 5.4.) durchführen, die nacheinander die Nichtresonanzglieder verschwinden läßt. Diese Veränderung hängt glatt vom Parameter ab, wenn wir die Resonanzglieder nicht nur beim kritischen Parameterwert (bei diesem lassen sie sich auch niemals beseitigen), sondern auch bei benachbarten Parameterwerten stehen lassen.

In unserem Fall sind die Resonanzglieder die Glieder mit ungeradem Grad. Folglich kann man die Familie zur folgenden Gestalt umformen:

$$x \mapsto \lambda x + a x^3 + O(|x|^5),$$

wobei λ, a und O glatt vom Parameter abhängen.

In einer Familie allgemeiner Lage ist die Ableitung von λ nach dem Parameter bei $\lambda = -1$ ungleich 0. In diesem Fall kann man als Parameter $\varepsilon = 1 + \lambda$ wählen. Jetzt hat die Deformation die Gestalt

$$x \mapsto (\varepsilon - 1)\,x + a(\varepsilon)\,x^3 + O(|x|^5).$$

In einer Familie allgemeiner Lage ist $a(0) \neq 0$. Mit einer glatt vom Parameter abhängenden Koordinatentransformation erreichen wir, daß $a(\varepsilon) = \pm 1$ ist.

Jetzt genügt es, zu überprüfen, ob das Glied O keinen Einfluß auf den topologischen Typ der Familie hat. Wir betrachten das Quadrat unserer Abbildung:

$$x \mapsto (\varepsilon - 1)^2\,x + (\varepsilon - 1)\,ax^3 + a(\varepsilon - 1)^3\,x^3 + O(|x|^5).$$

Jeder Punkt x verschiebt sich auf

$$h = -2\varepsilon(1 + \cdots)\,x - (2a + \cdots)\,x^3 + O(|x|^5),$$

wobei die Punkte $O(\varepsilon)$ bedeuten.

Die Nullniveaulinie der Funktion h in der Ebene (x, ε) ist leicht zu untersuchen (Abb. 138). Abb. 138 definiert den topologischen Typ der Familie. ▶

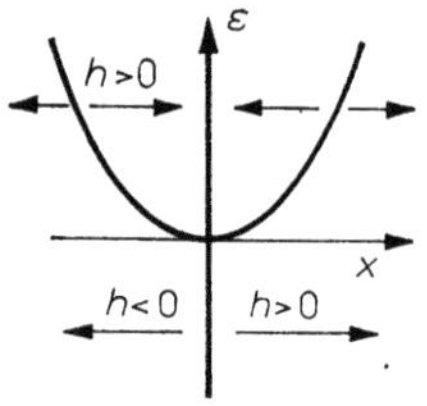

Abb. 138

Folglich wird in einer allgemeinen einparametrigen Familie der Abbildungen der Geraden auf sich selbst der Multiplikator des Fixpunktes im Moment des transversalen Schnittes des Einheitskreises gleich -1. (Im Unterschied dazu muß im allgemeinen der Multiplikator den Einheitskreis nicht schneiden, wenn er 1 wird. Im Moment des Durchgangs des Multiplikators von innen nach außen durch -1 verliert der Fixpunkt die Stabilität. Dabei sind in Abhängigkeit vom Vorzeichen des Koeffizienten bei x^3 zwei Fälle möglich. Entweder es entsteht in einer Entfernung vom kritischen Wert, die dem Quadrat des Parameterunterschiedes entspricht, ein stabiler Zykel der Periode 2 (zwei Fixpunkte des Quadrates der Abbildung) — dies ist der Fall des weichen Stabilitätsverlustes —, oder das Gebiet der Anziehungskraft des Zykels der Ordnung 2 verschwindet noch bis zum Stabilitätsverlust (harter Stabilitätsverlust).

Das mehrdimensionale Bild erhält man durch Aufstocken des Sattels, wie es oben beschrieben wurde.

Wenn man alles über Abbildungen Gesagte auf die Poincaré-Abbildung der geschlossenen Phasenkurve anwendet, dann erhält man im Fall des weichen Stabilitätsverlustes ein Bild, das in Abb. 139 dargestellt ist. Der Ausgangszykel verliert die Stabilität, aber man erhält einen stabilen Zykel mit doppelt so großer Periode.

Die hier beschriebenen Erscheinungen lassen sich in den Experimenten gut beobachten. Das folgende Beispiel stammt aus einem Vortrag von G. I. Barenblat, den er im Seminar von

I. G. Petrovskij gehalten hat. Man betrachtet eine dünne polymere Folie, die sich langsam unter Last ausdehnt. Bei kleinen Ausdehnungen ist der Prozeß quasistabil. (Die Zeit kann man als Parameter annehmen, der Phasenpunkt befindet sich in einer stabilen Gleichgewichtslage, alle betrachteten Größen sind bei jedem Parameter konstant, d. h., faktisch verändern sie sich bei gewissen Parameterwerten (d. h. bei hinreichender Dehnung der Folie) das Bild, und die Abhängigkeit verschiedener physikalischer Parameter (beispielweise die Länge x der Folie) von der Zeit hat die in Abb. 140 angegebene Gestalt. (Jede Schwingung in dieser Abbildung kann man als bei einem fixierten Parameterwert eingetretene Änderung ansehen, und bei der folgenden Schwingung ändert sich der Parameter nur wenig.)

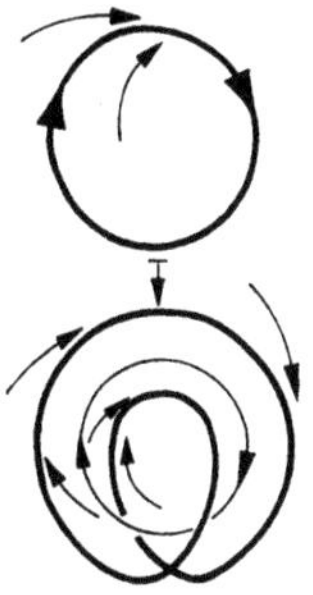

Abb. 139

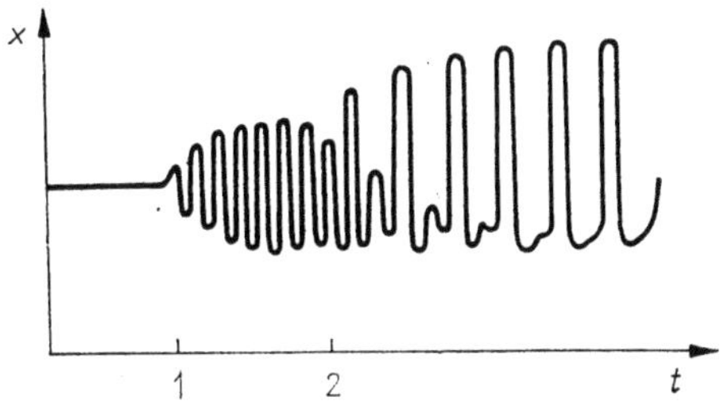

Abb. 140

Die Interpretation dieses Verhaltens der Phasenvariablen ist die folgende: Der Punkt 1 entspricht einem weichen Stabilitätsverlust mit der Entstehung von Selbstschwingungen. Man sieht, daß ihre Amplitude wie die Quadratwurzel des kritischen Wertes wächst. Der Punkt 2 entspricht dem weichen Stabilitätsverlust des Zykels mit dem Durchgang des Multiplikators durch -1.

Wir wollen dazu voraussetzen, daß im Phasenraum eine Änderung vor sich geht, die in Abb. 139 dargestellt ist.

Jede physikalische Größe ist eine Funktion im Phasenraum. Solange sich der Phasenpunkt in der Gleichgewichtslage befindet, ist die Größe konstant. Wenn sich der Phasenpunkt auf einem Zykel bewegt, dann wird die Größe x eine periodische Funktion der Zeit t. (Die Amplitude der Schwingung wächst mit dem Zykel.) Die Verdopplung des Zyklus, wie sie in der Abb. 139 dargestellt wurde, entspricht genau der Verdopplung der Periode der gemessenen Größe in Abhängigkeit von der Zeit, die in dem Experiment auftrat (Abb. 140).

In diesem Zusammenhang bemerken wir, daß man gewöhnlich bei allgemeinen Untersuchungen der Selbstschwingungen eine zeitweilige Abhängigkeit der gemessenen Größen registriert (z. B. beim Elektrokardiogramm). In vielen Fällen kann man eine klarere Darstellung über den Charakter der Erscheinungen aus der Gestalt der Phasenkurven oder ihrer Projektion auf irgendeine Ebene erhalten. Diese Methode wurde schon lange für die Diagnose des Versagens mechanischer Selbstschwingungssysteme verwendet wie beispielweise von Pumpen. Die Verwendung dieser Methode in der Elektrokardiographie wurde schon von einigen Medizinern vorgeschlagen.

6.6.4. Der Durchgang eines Multiplikatorpaares durch den Einheitskreis

Dieser Fall ist viel schlechter untersucht, als die beiden vorigen. Die topologisch versellen Deformationen sind noch nicht aufgeschrieben und existieren möglicherweise gar nicht. Trotzdem gestattet die Poincaré-Methode, wesentliche Informationen zu erhalten. Wir beginnen mit dem Fall, daß das Argument des Multiplikators, der auf dem Einheitskreis liegt, mit 2π inkommensurabel ist. (Diesen Fall kann man als allgemein annehmen, da das Maß der Menge der rationalen Zahlen gleich 0 ist.)

Wir nehmen an, daß die Dimension des abzubildenden Raumes gleich 2 ist. In diesem Fall führt man noch eine glatt anzunehmende und glatt von dem Parameter abhängende Koordinatentransformation unserer Familie von Abbildungen durch, so daß wir die folgende Gestalt erhalten:

$$z \mapsto \lambda(\varepsilon)\, z\big(1 + a(\varepsilon)\, |z|^2 + O(|z|^4)\big),$$

dabei ist die reelle Zahl ε der Parameter der Familie

$$\lambda(0) = e^{i\alpha}, \qquad \alpha \neq 2\pi p/q.$$

Für eine Familie allgemeiner Lage ist $d|\lambda|/d\varepsilon|_0 \neq 0$, so daß man -1 als Parameter $|\lambda|$ wählen kann.

Wir nehmen an, daß das Glied $O(|z|^4)$ nicht auftritt. In diesem Fall kann man die Abbildung leicht untersuchen. Der Betrag des Bildpunktes ist nämlich durch den des Urbildes bestimmt, so daß eine reelle Abbildung entsteht:

$$r \mapsto r\, |\lambda|\, |1 + ar^2|.$$

Bei $|\lambda| = 1 + \varepsilon$, $|\varepsilon| \ll 1$, $|r| \ll 1$ haben wir

$$|\lambda|\, |1 + ar^2| \approx 1 + \varepsilon + \operatorname{Re} ar^2 + \cdots.$$

Für eine Familie allgemeiner Lage ist $\operatorname{Re} a \neq 0$. In diesem Fall entsteht bei Durchgang des Parameters ε durch 0 aus dem die Stabilität verlierenden Fixpunkt (oder er verschwindet in diesem Punkt) ein invarianter Kreis, dessen Radius proportional zu $\sqrt{|\varepsilon|}$ ist. Im ersten Fall (dem Entstehen des Kreises) ist er stabil, im zweiten instabil. Auf dem Kreis selbst ist die Abbildung eine Drehung.

Wir kommen nun zu den weggelassenen Gliedern zurück und wollen sehen, welchen Einfluß sie auf die gemachten Aussagen haben.

Man kann zeigen, daß eine invariante geschlossene Kurve mit dem Radius $\sqrt{|\varepsilon|}$ tatsächlich bei der vollständigen Abbildung existiert. (Vgl. R. J. Sacker [1]).

Die Stabilität dieser geschlossenen Kurve bleibt auch bei Störungen erhalten. Jedoch unterscheidet sich die Struktur der Abbildung auf der Kurve selbst für die vollständige Abbildung von der Struktur der Abbildung mit dem weggelassenen Restglied. Die vollständige Abbildung kann auf der invarianten Kurve sowohl eine irrationale als auch eine rationale Drehungszahl haben. Die entstandene Abbildung des Kreises ist durchaus nicht unbedingt topologisch äquivalent zu einer Drehung. Im Fall der rationalen Drehungszahl wird sie im allgemeinen eine endliche Anzahl von periodischen Punkten haben, abwechselnd stabile und instabile. Diese periodischen

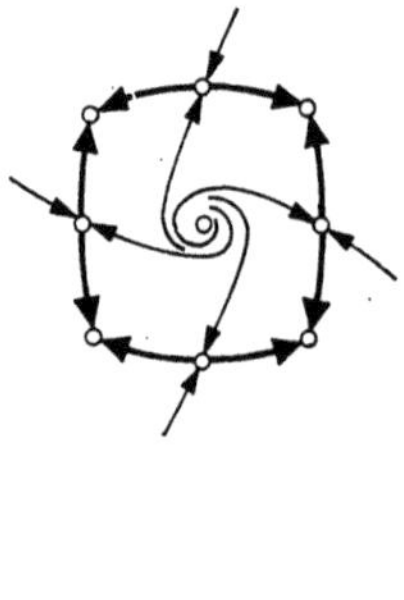

Abb. 141

Punkte werden für die Ausgangsabbildung der Ebene auf sich selbst Sattel bzw. Knoten sein. Folglich besteht unsere invariante Kurve im Fall rationaler Drehungszahl aus einer Kette von Separatrizen von Sätteln, die in Knoten zusammentreffen (Abb. 141).

Wir bemerken, daß die Separatrizen der Sättel glatt sind. Jedoch bilden zwei Separatrizen in der Nähe eines Knotens eine Kurve von begrenzter Glattheit. Folglich hat die entstandene invariante Kurve im allgemeinen nur eine begrenzte Glattheit. Bei der Annäherung zu dem Parameterwert, der dem Durchgang des Multiplikators durch den Kreis entspricht, wächst die Glätte der invarianten Kurve, wie man leicht sieht, ins Unendliche.

Wenn unsere Abbildung eine Poincaré-Abbildung für eine Differentialgleichung war, dann definiert die invariante Kurve der Poincaré-Abbildung im dreidimensionalen Phasenraum einen invarianten Torus, der durchweg aus Phasenkurven besteht. Unsere invariante Kurve ist der Schnitt des angegebenen Torus mit der Transversalen. Die Glattheit des Torus ist um so größer, je näher der Moment des Entstehens des Torus aus dem Zykel ist. Bei der Parameteränderung in der Familie verändert sich die Rotationszahl auf dem Torus, so daß sie sowohl irrationale als auch rationale Werte annimmt.

Aus dem skizzierten Bild der Bifurkationen folgt beim Durchgang des Multiplikatorpaares durch den Einheitskreis auch, daß man in einparametrigen Familien allgemeiner Lage keine Abweichungen von der gegebenen periodischen Ordnung, der periodischen Ordnung mit einer Vielfachheit, die von 2 verschieden ist, antrifft. Das Letzte könnte nämlich nur dann eintreten, wenn der Multiplikator den Einheitskreis in einem Punkt mit rationalem Argument passieren würde. Aber diese Erscheinung ist ziemlich selten.

Um zu untersuchen, wie periodische Bewegungen mit großen Perioden entstehen, muß man Familien mit zwei Parametern betrachten.

Es zeigt sich nämlich, daß nur in reellen zweiparametrigen Familien das Annehmen einer von 1 und -1 verschiedenen Einheitswurzel durch den Multiplikator nicht zu beseitigen ist. Die zweiparametrige Betrachtung des Stabilitätsverlustes des Fixpunktes im Resonanzfall, d. h., wenn der Multiplikator in der Nähe der Einheitswurzel ist, gestattet es auch, die Bifurkationen in einparametrigen Familien beim Durchqueren des Multiplikators durch den Einheitskreis besser zu verstehen. Wie wir sehen werden, lassen sich einige, beim einparametrigen Übergang scheinbar nichtlokale Deformationen mit lokalen Methoden untersuchen, wenn man die Aufgabe als zweiparametrige betrachtet. Insbesondere kann man auf diesem Wege einige Fälle des harten Stabilitätsverlustes untersuchen und erkennen, auf welche Ordnung das System nach dem harten Stabilitätsverlust des Zykels springen kann.

6.6.5. Die Resonanz beim Verlust der Stabilität eines Zykels

Wir betrachten die Abbildung einer Ebene auf sich selbst in einer Umgebung eines Fixpunktes mit einem Multiplikator, der gleich einer q-ten Einheitswurzel ist ($q > 2$). Entsprechend der allgemeinen Methode von Poincaré (Kap. 5) können wir die Familie in einem entsprechenden Koordinatensystem in der Gestalt

$$z \mapsto z[\lambda + A(|z|^2) + B\bar{z}^{q-1} + O(|z|^{q+1})],$$

schreiben, wobei λ, A, B, O glatt von ε abhängen.

Um diese Abbildung untersuchen zu können, müssen wir uns mit einer anderen beschäftigen. Jeder Schritt der Methode von POINCARÉ im Resonanzfall führt zur Mittelung längs der entsprechenden Seifertblätterung (vgl. 4.6.). Deshalb kann man, um die Poincaré-Abbildung auf Normalform zu reduzieren, die Ausgangsgleichung der Phasenkurven in einer Umgebung des Zykels als eine nichtautonome Gleichung mit den 2π-periodischen Koeffizienten schreiben und reduziert sie dann auf Normalform durch eine in der Zeit $2\pi q$-periodische Koordinatentransformation (vgl. 5.5.).

Als Resultat dieser Prozedur erhalten wir in den neuen Koordinaten (die glatt vom Parameter abhängen) eine Gleichung mit den in t $2\pi q$-periodischen Koeffizienten

$$\dot{\xi} = \varepsilon\xi + \xi A(|\xi|^2) + B\bar{\xi}^{q-1} + O(|\xi|^{q+1}).$$

Hierbei ist ε ein komplexer Parameter, von dem A und B holomorph abhängen. Dem Wert $\varepsilon = 0$, in dem der Multiplikator der Ausgangsgleichung zu einer q-ten Einheitswurzel wird entspricht der Resonanzfall.

Bemerkung 1. Aus den Erörterungen folgt insbesondere:

1. Die Poincaré-Abbildung stimmt bis auf Glieder $(q + 1)$-ten Grades (und sogar bis auf Glieder eines beliebig hohen Grades) mit der Transformation eines Phasenflusses eines Vektorfeldes auf der Ebene überein.
2. Das gekennzeichnete Vektorfeld ist hinsichtlich einer zyklischen Diffeomorphismengruppe der Ebene (der Ordnung q) invariant.
3. Die Aussagen 1 und 2 gelten nicht nur für eine einzelne Poincaré-Abbildung, sondern auch für eine Familie, die glatt von Parametern abhängt, wobei sowohl die Gruppe als auch das invariante Feld glatt von den Parametern abhängen.

Bemerkung 2. Die vollständige Poincaré-Abbildung ist im allgemeinen keine Transformation des Phasenflusses eines Vektorfeldes und kommutiert auch nicht mit endlichen Diffeomorphismengruppen.

Aus dem obigen folgt, daß man bis auf Glieder beliebig hohen Grades des Abstandes zur geschlossenen Phasenkurve die Untersuchung der Bifurkationen beim Stabilitätsverlust in der Nähe der Resonanz der Ordnung $q > 2$ auf die Untersuchung der Änderungen der Phasenbilder in zweiparametrigen Familien allgemeiner Lage der Vektorfelder in der Ebene, die hinsichtlich der Drehung um den Winkel $2\pi/q$ invariant sind, zurückführt. Die Resonanz heißt *stark*, wenn $q \leqq 4$ ist.

Die Fälle der Resonanz zweiter und erster Ordnung kann man auch in dieses Schema einschließen. Der Stabilitätsverlust des Zykels beim Durchgang eines Multiplikatorpaares durch den Einheitskreis entspricht nämlich einer Hyperfläche der Kodimension 1 im Funktionalraum. Diese Hyperfläche nähert sich längs einer Hyperfläche der Kodimension 2 an diejenigen Hyperflächen, die den Multiplikatoren 1 und -1 entsprechen. Die Punkte in allgemeiner Lage auf diesen Flächen der Kodimension 2 entsprechen solchen geschlossenen Phasenkurven, für die die Poincaré-Abbildung einen doppelten Eigenwert 1 (entsprechend -1) mit den Jordan-Kästchen der Ordnung 2 hat. Deshalb führt man die Untersuchung der Grenzfälle des Durchgangs der Multiplikatoren durch den Einheitskreis bis auf Glieder eines beliebig hohen Grades auf die Untersuchung der Deformationen der Phasenbilder in allgemeinen zweiparametrigen Familien von Vektorfeldern auf der Ebene zurück, die bezüglich Drehungen um den Winkel $2\pi q$ ($q = 1, 2$) invariant sind und die bei einem Parameterwert einen singulären Punkt mit einem Linearteil in Gestalt eines nilpotenten Jordan-Kästchens haben. Die entsprechende lineare Gleichung hat dann die Gestalt

$$\dot{x} = y, \quad \dot{y} = 0.$$

Letztlich führt die Aufgabe über die Deformationen beim Stabilitätsverlust in der Nähe der Resonanzen zur Untersuchung der Bifurkationen der Phasenbilder in zweiparametrigen Familien äquivarianter Vektorfelder auf der Ebene. Das ist die Aufgabe, mit der wir uns jetzt beschäftigen werden.

6.7. Verselle Deformationen äquivarianter Vektorfelder auf der Ebene

Deformationen der Phasenbilder von Vektorfeldern, die bezüglich einer Symmetriegruppe invariant sind, entstehen natürlicherweise bei der Untersuchung von Erscheinungen, in denen die Symmetrie schon in der Aufgabenstellung enthalten ist.

Noch interessanter ist, daß solche Deformationen auch in a priori nicht symmetrischen Situationen, so bei der Untersuchung von Bifurkationen in der Nähe von Resonanzen (vgl. 4.6. und 6.6.), vorhanden sind. In diesem Abschnitt betrachten wir solche Bifurkationen symmetrischer Phasenbilder, die für die Untersuchung der Resonanzen notwendig sind.

6.7.1. Äquivariante Vektorfelder auf der Ebene

Es sei $\boldsymbol{F}$ ein Vektorfeld auf der Ebene der komplexen Variablen z. Wir werden $\boldsymbol{F}$ als komplexwertige (nicht unbedingt holomorphe) Funktion auf $\boldsymbol{C}$ betrachten. Die Taylorreihe dieser Funktion hat in einer Umgebung der Null die Gestalt $\sum F_{kl} z^k \bar{z}^l$.

Satz. *Wenn das Feld $\boldsymbol{F}$ bei der Drehung der Ebene der Variablen z um den Winkel $2\pi/q$ in sich selbst übergeht, dann sind die Koeffizienten F_{kl} nur bei $k - l \equiv 1 \bmod q$ von 0 verschieden.*

◀ Die Taylorreihe ist eindeutig, deshalb muß sich jedes ihrer Glieder um den Winkel $2\pi/q$ drehen, wenn sich z um den Winkel $2\pi/q$ dreht. Der Punkt der komplexen Ebene $z^k\bar{z}^l$ dreht sich um den Winkel $2\pi(k - l)/q$. Diese Drehung stimmt mit der Drehung um den Winkel $2\pi/q$ genau bei den obigen Bedingungen überein. ▶

Folgerung. *Die Differentialgleichungen, die hinsichtlich der Drehung um den Winkel $2\pi/q$ invariant sind, haben die Gestalt*

$$\dot{z} = zA(|z|^2) + B\bar{z}^{q-1} + O(|z|^{q+1}) \quad (q > 2). \tag{*}$$

◀ Wir betrachten auf der k,l-Ebene die ganzzahligen Punkte, die die Kongruenz $k - l \equiv 1 \bmod q$ erfüllen. Diese Punkte liegen auf Strahlen, die parallel zur Winkelhalbierenden des positiven Quadranten sind und in denjenigen Punkten beginnen, die den Monomen $z, z^{q+1}, z^{2q+1}, \ldots; \bar{z}^{q-1}, \bar{z}^{2q-1}, \ldots$ entsprechen. Wir werden unter den angeführten Monomen die Monome mit kleinstem Grad suchen (Abb. 142).

Wir erhalten folgerichtig zuerst einige Monome auf dem Strahl, der in z beginnt, d. h. die Monome der Gestalt $z\,|z|^{2k}$, danach das Monom $\bar{z}^{q-1}$. Alle weiteren Monome haben einen Grad nicht kleiner $q + 1$ (Abb. 142). ▶

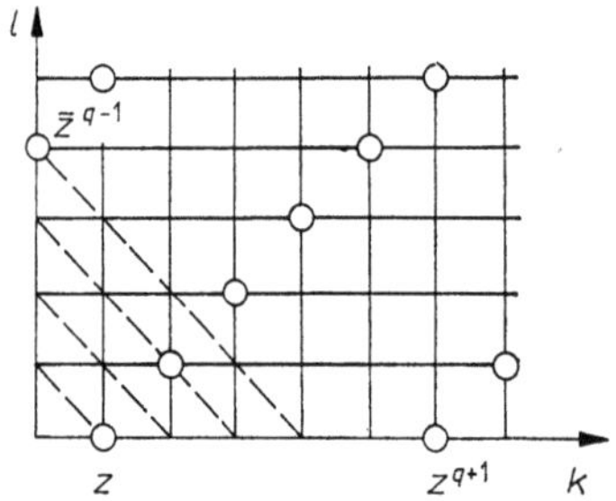

Abb. 142

Definition. Läßt man in der Gleichung (*) das Glied $O(\quad)$ fort, so spricht man von der *Hauptgleichung*. Die rechte Seite der Hauptgleichung heißt *q-äquivariantes Hauptfeld*.

Beispiel. Die Hauptgleichungen, die bezüglich Drehungsgruppen von dritter bzw. vierter Ordnung sind, haben die Gestalt

$$\dot{z} = \varepsilon z + Az\,|z|^2 + B\bar{z}^2 \quad \text{bzw.} \quad \dot{z} = \varepsilon z + Az\,|z|^2 + B\bar{z}^3.$$

Für die Formulierung der Resultate der Untersuchung der Deformationen der Phasenbilder äquivarianter Vektorfelder, die von Parametern anhängen, ist es zweckmäßig, die folgenden Definitionen einzuführen.

6.7.2. Äquivariante verselle Deformationen

Wir betrachten eine Familie $\boldsymbol{v}_\lambda$ von Vektorfeldern, die bezüglich der Wirkung der Gruppe G auf den Phasenraum invariant sind und vom Parameter λ abhängen, der zu einer Umgebung des Punktes O im Raum $\boldsymbol{R}^k$ gehört. (Wir sprechen von der *Basisfamilie*.) Die Dimension der Basis nennt man *Parameterzahl* der Familie.

Den Keim der Familie im Punkt $\lambda = 0$ nennt man *äquivariante Deformation* des Feldes $\boldsymbol{v}_0$.

Definition. Eine äquivariante Deformation $\boldsymbol{v}_\lambda$ heißt *äquivariant topologisch orbitverselle* (kürzer *verselle*) Deformation des Feldes $\boldsymbol{v}_0$, wenn für eine beliebige andere äquivariante Deformation $\boldsymbol{w}_\mu$ dieses Feldes eine stetige Abbildung φ der Basen der Deformationen existiert und wenn eine stetige von μ abhängende Familie von Homöomorphismen h_μ des Phasenraumes, die mit der Wirkung der Gruppe G kommutieren, existiert derart, daß die h_μ die Phasenkurven des Feldes $\boldsymbol{w}_\mu$ in die Phasenkurven des Feldes $\boldsymbol{v}_{\varphi(\mu)}$ unter Beibehaltung der Bewegungsrichtung überführen.

Mit anderen Worten: Eine äquivariante Deformation ist versell, wenn jede andere äquivariante Deformation topologisch orbitäquivalent zu derjenigen Deformation ist, die aus der versellen induziert ist.

Analoge Definitionen ergeben sich für die Keime der Vektorfelder und auch für die Deformation in der Klasse von Feldern mit speziellen Eigenschaften (z. B. mit einem fixierten linearen Bestandteil im singulären Punkt). Jetzt beginnen wir mit der konstruktion der versellen Deformationen.

6.7.3. Hauptdeformationen

Wir betrachten ein Vektorfeld auf der Ebene, das invariant bezüglich der Drehung um den Winkel $2\pi/q$, $q > 2$ ist.

Definition. Das Feld heißt *singulär,* wenn der lineare Bestandteil des Feldes in der Null gleich 0 ist.

Definition. Die zweiparametrige Familie $\boldsymbol{v}_\varepsilon = \varepsilon z + \boldsymbol{v}_0$, wobei die Parameter der Real- und der Imaginärteil der komplexen Zahl ε sind, nennen wir die *Hauptdeformation* des q-äquivarianten singulären Hauptfeldes $\boldsymbol{v}_0$ $(q > 2)$.

Beispiel. Die Hauptdeformationen in den Fällen $q = 3, 4$ ergeben die Gleichungen

$$\dot{z} = \varepsilon z + Az\,|z|^2 + B\bar{z}^2, \qquad \dot{z} = \varepsilon z + Az\,|z|^2 + B\bar{z}^3,$$

bei denen ε als Parameter betrachtet wird und die komplexen Koeffizienten A und B fest sind.

Bemerkung. Die oben definierten Objekte entstehen bei der Untersuchung des Stabilitätsverlustes des Zykels beim Durchgang des konjugiert-komplexen Paares der Multiplikatoren durch den Einheitskreis. Im Funktionalraum aller Systeme bilden die Systeme mit diesem Durchgang eine Hyperfläche. Diese Hyperfläche ist eine der drei Hyperflächen, die das Stabilitätsgebiet begrenzen. Die anderen beiden Hyperflächen entsprechen dem Durchgang eines Multiplikators durch den Einheitskreis im Punkt 1 und im Punkt -1.

Der Rand der Hyperfläche, der dem Durchgang des komplexen Multiplikatorenpaares entspricht, besteht aus zwei Teilen (zwei Flächen der Kodimension 2 im Funktionalraum aller Systeme). Eine dieser Flächen der Kodimension 2 entspricht dem Multiplikatorenpaar aus zwei Eigenwerten 1, das ein Jordan-Kästchen der Ordnung 2 bildet. Das zweite ist ein Kästchen mit zwei Eigenwerten -1.

Die Untersuchung des Stabilitätsverlustes in einer Umgebung dieser Grenzflächen der Kodimension 2 führt zur Untersuchung der Bifurkationen in zweiparametrigen Familien der Vektorfelder auf der Ebene, die im linearen Bestandteil ein nilpotentes Kästchen der Ordnung 2 haben und die symmetrisch bezüglich der Drehung um den Winkel $2\pi q$, $q = 2$ (für den Multiplikator -1) oder $q = 1$ (für den Multiplikator 1) sind. Um die Betrachtung dieser Fälle in das allgemeine System einzubauen, ist es zweckmäßig, die folgenden Definitionen anzugeben.

6.7.4. Die Fälle $q = 1$ und $q = 2$

Definition. Das Feld, das bezüglich der Drehung der Ebene um den Winkel $2\pi/q$, $q = 1$ oder $q = 2$ invariant ist, nennen wir *singulär*, wenn sein linearer Bestandteil in der Null ein nilpotentes Kästchen der Ordnung 2 ist.

Mit anderen Worten ist bei $q = 1$ oder $q = 2$ das singuläre Feld ein Feld, dessen Linearteil das Feld der Phasengeschwindigkeiten der Gleichung $\ddot{x} = 0$ in der Phasenebene $(x, y = \dot{x})$ ist.

Man zeigt leicht folgenden

Satz. *Ein singuläres Feld, das bezüglich der Drehung der Ebene um den Winkel $2\pi q$, $q = 1$ oder $q = 2$ invariant ist, kann mit einem Diffeomorphismus, der mit der Drehung kommutiert, in das Feld mit der Phasengeschwindigkeiten der Gleichungen*

$$\ddot{x} = ax^3 + bx^2y + O(|x|^5, |y|^5) \qquad (q = 2),$$

$$\ddot{x} = ax^2 + bxy + O(|x|^3, |y|^3) \qquad (q = 1)$$

in der Phasenebene $(x, y = \dot{x})$ übergeführt werden.

◄ Der lineare Bestandteil unseres Feldes hat die Gestalt $y(\partial/\partial x)$. Wir bilden die homologische Gleichung, die diesem linearen Bestandteil entspricht. Für diese berechnen wir die Poisson-Klammer unseres linearen Feldes $A = y(\partial/\partial x)$ mit einem beliebigen Vektorfeld $\boldsymbol{h} = P(\partial/\partial x) + Q(\partial/\partial y)$.

Wir finden nacheinander

$$\left[y\frac{\partial}{\partial x}, P\frac{\partial}{\partial x}\right] = yP_x\frac{\partial}{\partial x}, \quad \left[y\frac{\partial}{\partial x}, Q\frac{\partial}{\partial y}\right] = yQ_x\frac{\partial}{\partial y} - Q\frac{\partial}{\partial x},$$

$$[A, \boldsymbol{h}] = (yP_x - Q)\frac{\partial}{\partial x} + yQ_x\frac{\partial}{\partial y}.$$

Somit hat die homologische Gleichung hinsichtlich der unbekannten Funktionen $(P; Q)$ die Gestalt eines Systems

$$yP_x - Q + u = 0, \quad yQ_x + v = 0.$$

Hier sind u und v bekannte Funktionen, und zwar die Komponenten des Vektorfeldes $\boldsymbol{w} = u(\partial/\partial x) + v(\partial/\partial y)$, das wir durch Transformation der Variablen beseitigen wollen.

Wir untersuchen das erhaltene System. Eliminiert man Q aus der ersten Gleichung und setzt es in die zweite ein, so erhalten wir

$$y^2P_{xx} = -yu_x - v.$$

Um die Teilbarkeit der rechten Seite durch y^2 zu erreichen, genügt es, bei der Funktion v die Glieder nullten und ersten Grades in y zu verändern. Wenn man folglich v so zu $v_0(x) + yv_1(x)$ verändert, kann man die Auflösbarkeit der letzten Gleichung bezüglich P erreichen.

Somit ist die homologische Gleichung bei beliebigen (u, v) nicht lösbar. Sie wird lösbar, wenn man v durch eine passende in y lineare und inhomogene Funktion ersetzt. Mit anderen Worten ist die Gleichung

$$[\lambda, \boldsymbol{h}] + \boldsymbol{w} = \big(v_0(x) + y v_1(x)\big) \frac{\partial}{\partial y}$$

mit passenden (v_0, v_1), die von $\boldsymbol{w}$ abhängen, bezüglich des unbekannten Feldes $\boldsymbol{h}$ lösbar.

Letztlich gestattet die Methode von POINCARÉ, in den Gliedern jedes Grades des Vektorfeldes $\lambda + \cdots$ alle Vektormonome außer $x^k(\partial/\partial y)$ und $yx^k(\partial/\partial y)$ zu beseitigen. Folglich erhält unsere Gleichung in der Klasse der formalen Potenzreihen die Gestalt

$$\ddot{x} = a(x) + y b(x).$$

Wenn das Ausgangssystem bezüglich der Drehung um den Winkel π invariant, d. h. ungerade, war, dann waren die Komponenten des Ausgangsvektorfeldes ungerade Funktionen. In diesem Fall kann man auch bei der Methode von POINCARÉ ungerade Transformationen auswählen, die also mit der Drehung kommutieren. Wie in den letzten Formeln sind die Grade von (P, Q) und von (u, v) identisch. Dann werden die Reihen (a, b) in der formalen Normalform nur aus Gliedern mit ungeradem Grad bestehen.

Beschränkt man sich in der Methode von POINCARÉ nur auf erste Näherungen, so erhält man den oben formulierten Satz. ▶

Definition. Die entsprechenden Gleichungen

$$\ddot{x} = ax^3 + bx^2 y \quad (q = 2), \qquad \ddot{x} = ax^2 + bxy \quad (q = 1)$$

mit den dazugehörigen Vektorfeldern auf der Phasenebene $(x, y = \dot{x})$ werden *singuläre Hauptgleichungen* bzw. *singuläre Hauptfelder* für $q = 1$ und $q = 2$ genannt.

Definition. Die Deformation, die durch Addition der Summanden $\alpha x + \beta y$ $(q = 2)$ und $\alpha + \beta x$ $(q = 1)$ zur rechten Seite der Gleichung zweiten Grades entsteht, heißt *Hauptdeformation* eines singulären Hauptfeldes bei $q = 2$ oder $q = 1$.

Die Hauptdeformationen der q-äquivarianten Felder in den Fällen der starken Resonanz, d. h. für $q \leqq 4$, sind

$$\dot{z} = \varepsilon z + Az\,|z|^2 + B\bar{z}^3, \qquad q = 4,$$

$$\dot{z} = \varepsilon z + Az\,|z|^2 + B\bar{z}^2, \qquad q = 3,$$

$$\ddot{x} = \alpha x + \beta y + ax^3 + bx^2 y, \qquad q = 2,$$

$$\ddot{x} = \alpha + \beta x + ax^2 + bxy, \qquad q = 1.$$

Hier sind die unbekannten z, ε, A, B komplex, und x, y, α, β, a, b sind reell. Die Parameter der Deformationen sind mit griechischen Buchstaben bezeichnet; $y = \dot{x}$.

6.7.5. Die Versalität der Hauptdeformationen

„Satz". *Alle singulären Hauptfelder kann man bei jedem q in ausgeartete und nichtausgeartete unterteilen derart, daß folgendes gilt:*

1. *Die ausgearteten Felder bilden eine Vereinigung endlich vieler Untermannigfaltigkeiten im Raum der singulären Hauptfelder.*

2. *Die nichtausgearteten Felder bilden eine Vereinigung endlich vieler offener zusammenhängender Gebiete.*

3. *Die Hauptdeformation des Keimes eines nichtausgearteten Feldes in der Null ist versell.*

4. *Die Hauptdeformationen der Keime nichtausgearteter Felder in jeder Zusammenhangskomponente sind topologisch äquivalent.*

Das Wort „Satz" setzen wir in Anführungszeichen, weil der Satz für $q = 4$ nicht bewiesen ist.

Mit Ausnahme des Falles $q = 4$ kann man die Bedingungen der Nichtausartung explizit angeben:

$$a \neq 0,\ b \neq 0 \text{ für } q = 1, 2; \qquad \operatorname{Re} A(0) \neq 0,\ B \neq 0 \text{ für } q \geqq 3.$$

Bei $q = 4$ ist zu diesen Bedingungen wenigstens noch eine Bedingung hinzuzufügen (wahrscheinlich stehen auf der S. 311 in 3., 4. alle weiteren Bedingungen):

$$|A|^2 \neq |B|^2, \qquad |\operatorname{Re} A| \neq |B|, \qquad |\operatorname{Im} A| \neq \frac{|B|^2 + (\operatorname{Re} A)^2}{\sqrt{|B|^2 - (\operatorname{Re} A)^2}}.$$

Aus dem Satz folgert man leicht:

Folgerung. *Im Funktionalraum zweiparametriger Familien von Vektorfeldern, die bezüglich der Drehungsgruppe um Vielfache des Winkels $2\pi q$ invariant sind, bilden diejenigen Familien, für die die Felder nur bei einzelnen isolierten Parameterwerten singulär sind und in einer Umgebung dieser Werte die Familie topologisch äquivalent einer versellen Deformation eines nichtausgearteten singulären Hauptfeldes ist, eine offene*[2]) *überall dichte Menge.*

Mit anderen Worten: Es seien die Eigenwerte der Linearisierung des Vektorfeldes auf der Ebene, das bezüglich Drehungen um Vielfache des Winkels $2\pi/q$ invariant ist, gleich 0. Wir betrachten ein Feld allgemeiner Lage mit den genannten Eigenschaften und bilden seine zweiparametrige Deformation in allgemeiner Lage in der Klasse der Felder mit dieser Symmetriegruppe.

Es zeigt sich, daß eine nicht vom Parameter abhängende Umgebung des Punktes 0 existiert derart, daß sich die konstruierte Deformation mit einem vom Parameter stetig abhängenden invarianten Homöomorphismus auf die Normalform bringen läßt, die in 6.7.3. und 6.7.4. behandelt wurde. Genauer gesagt reduzieren die Homöomorphismen die Phasenbilder der entsprechenden Systeme auf Normalform.

---

[1]) mit den üblichen Vorbehalten, wenn die Basis nicht kompakt ist

Folglich reduziert der formulierte Satz die Beschreibung aller Bifurkationen auf die Beschreibung der Bifurkationen in Hauptdeformationen nichtausgearteter singulärer Felder.

6.7.6. Beschreibung der Bifurkationen

Im Fall $q = 1$ wurde der oben formulierte Satz durch R. I. Bogdanov im Jahre 1971 bewiesen. (Vgl. Abschnitt 6.5, in dem die Bifurkationen beschrieben wurden.)

Im Fall $q = 2$ werden Zeittransformationen so durchgeführt, daß $b < 0$ ist. Das Bifurkationsdiagramm (ein „Zifferblatt") in der α, β-Ebene und die Änderungen der Phasenbilder für die Fälle $a > 0$ und $a < 0$ sind in Abb. 143 angegeben.

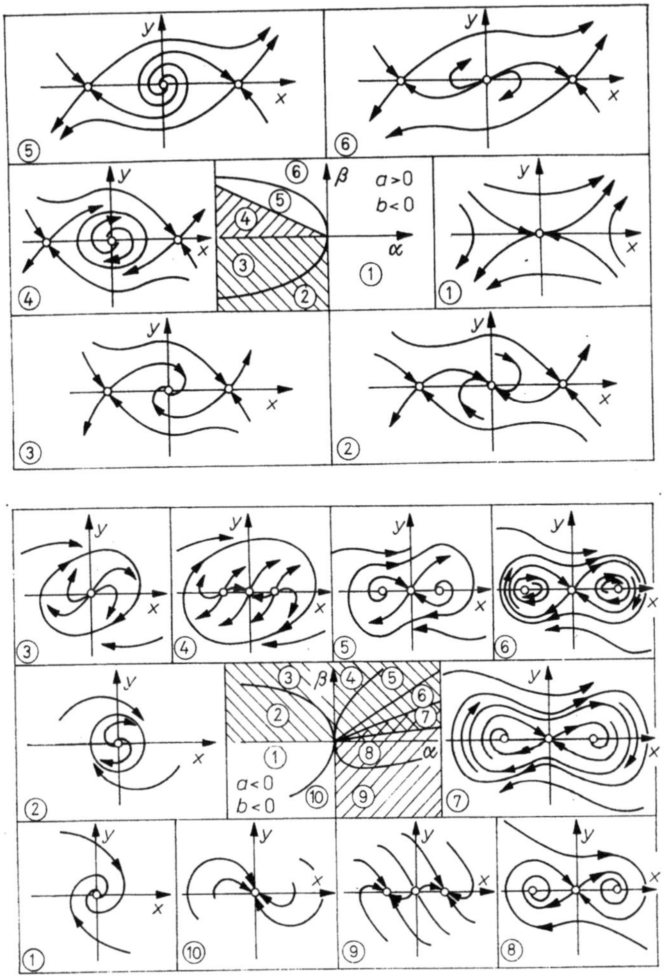

Abb. 143

Im Fall $q = 3$ erreicht man durch eine Zeittransformation, daß Re $A < 0$ ist. Das Bifurkationsdiagramm und die Änderungen der Phasenbilder sind in Abb. 144 angegeben.

Bei $q \geqq 5$ erreicht man durch Zeittransformationen, daß Re $A < 0$ ist. Das Bifurkationsdiagramm und die Änderungen der Phasenbilder sind in Abb. 145 dargestellt.

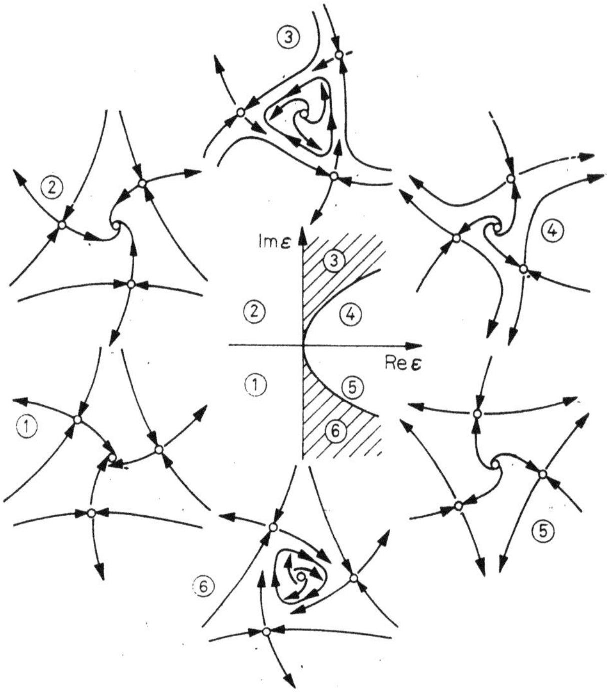

Abb. 144

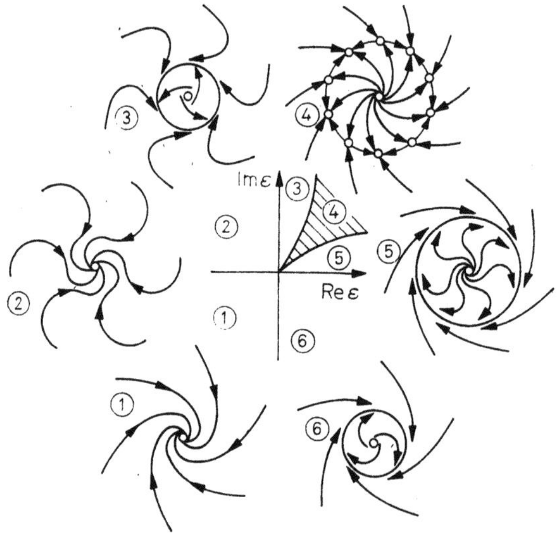

Abb. 145

Wir bemerken, daß die Zone der Existenz von Fixpunkten an die imaginäre ε-Achse mit einer schmalen Zunge heranreicht, deren Ränder die gemeinsame Tangente

$$\operatorname{Im} \varepsilon \approx f(\operatorname{Re} \varepsilon) \pm c\, |\operatorname{Re} \varepsilon|^{(q-2)/2}, \qquad q \geqq 5,$$

haben.

Die Beweise der Sätze und der oben angeführten Behauptungen im Fall $q \geqq 5$ sind einfach. Im Fall $q = 1$ sind sie in den in 6.5. zitierten Arbeiten von Bogdanov enthalten, im Fall $q = 4$ ist nichts bekannt, und in den Fällen $q = 2, 3$ führen wir sie weiter unten. Einige Varianten für $q = 4$ sind unten dargestellt (in den Abb. 149, 150, 152). Vgl. auch S. 310/311, 1.–4.

6.7.7. Symmetrie dritter Ordnung

1. Es sei $A = 0$. In diesem Fall erhält man das System aus einer Hamiltonschen Drehung des Feldes. Dazu betrachten wir ein gleichseitiges Dreieck aus den singulären Punkten (Sattel). Die Seiten dieses Dreieckes definieren drei lineare inhomogene Funktionen. Das Produkt dieser drei Funktionen ist die gesuchte Hamilton-Funktion.

Das Vorzeichen der Ableitung dieser Funktion läßt sich wegen $\dot{z} = \varepsilon z + B\bar{z}^2$ aus dem Vorzeichen des Realteiles des Parameters ε bestimmen. Dies gestattet, die angegebene Funktion als Ljapunov-Funktion zu nutzen. Somit schließt man ohne Schwierigkeit bei $A = 0$ auf die Hauptdeformation.

2. Im allgemeinen Fall erhält durch die Transformationen $t = T/|\varepsilon|$, $z = Z\,|\varepsilon|$ das System die Gestalt

$$\frac{dZ}{dT} = EZ + \bar{Z}^2 + |\varepsilon|\, AZ\, |Z|^2, \quad E = \frac{\varepsilon}{|\varepsilon|}.$$

Im Gebiet, in dem $|Z|$ klein im Vergleich mit $1/\varepsilon$ ist, kann man den dritten Summanden als eine kleine Störung betrachten. Im Gebiet, in dem das Argument von E nicht in der Nähe von $\pm\pi/2$ ist, verändert diese Störung die Gestalt, die in 1. erhalten wurde, nicht. Wenn jedoch der Realteil von E klein im Vergleich zum Imaginärteil ist, dann kann man das System als wenig gestörtes Hamilton-System $dZ/dT = \pm iZ + \bar{Z}^2$ auffassen.

Die störungsfreie Hamilton-Funktion H wurde in 1. beschrieben.

3. Wir berechnen die Geschwindigkeit der Veränderung von H längs der Lösungen des Systems. Integriert man über die Niveaulinie $H = h$, so erhalten wir die Bedingungen für das Entstehen eines Zykels auf dieser Linie in der Gestalt $\oint (\mu r^2 + \lambda r^4)\, d\varphi = 0$, wobei r und φ die Polarkoordinaten der Ebene sind und $\mu = -\sigma/\tau$, $\lambda = a\tau$, $\varepsilon = \sigma + i\tau$, $A = -a + ib$ ist.

Wir bezeichnen mit ϱ den Trägheitsradius des Gebietes, das durch die elliptische Kurve $H = h$ begrenzt wird. Dann kann man die Bedingung des Entstehens eines Zykels aus der Linie $H = h$ beim Durchgang von $|\varepsilon|$ durch 0 in der Gestalt $\sigma = \varrho^2\tau^2 a$ aufschreiben.

Der größtmögliche Wert für ϱ entspricht dem Dreieck der abgebildeten Separatrixsattel. Die Funktion $\varrho(h)$ ist monoton (vgl. 6.7.9.).

4. Die weitere Begründung der Versalität der Hauptfamilie und der Bifurkationsdiagramme und Phasenbilder führt man wie im Fall $q = 1$ durch.

6.7.8. Symmetrie zweiter Ordnung

1. Mit einer Transformation von x und den Zeittransformationen, auch auf die Parameter angewendet, kann man die Familie in folgender Gestalt darstellen:

$$x = \alpha x + 2\beta y + ax^3 + bx^2 y, \qquad a = \pm 1, \qquad b = -2.$$

Diese Familie mit den Parametern (α, β) werden wir nun untersuchen.

2. Wenn $|\beta| \leqq \sqrt{\alpha}$ ist, dann nehmen wir die Transformation $x = \sqrt{|\alpha|/|a|}\, x'$, $t = t'/\sqrt{|\alpha|}$, die $|\alpha|$ und $|a|$ zu 1 macht. Wir erhalten ein fast-Hamiltonsches System. Die Hamilton-Funktion hat die Gestalt

$$H = \frac{y^2}{2} - \frac{\operatorname{sgn} \alpha x^2}{2} - \frac{\operatorname{sgn} a x^4}{4}.$$

Die dissipativen Glieder haben die Gestalt

$$2\beta' y + b' x^2 y, \quad \beta' = \beta/\sqrt{|a|}, \quad b' = \sqrt{|\alpha|}\, b/|a|.$$

3. Integriert man die Geschwindigkeitsänderung H längs der Niveaulinie $H = h$, so erhalten wir die Bedingung des Entstehens eines Zykels aus dieser Linie beim Durchgang von α und $\beta = u\alpha$ durch Null: $u = r^2$, wobei

$$r^2 = \iint x^2\, dx\, dy / \iint dx\, dy$$

das Quadrat des Trägheitsradius bezüglich der y-Achse desjenigen Gebietes ist, das durch die Linie $H = h$ begrenzt ist.

4. Ist $|\alpha| \ll |\beta|$, dann nehmen wir die Transformation $x = \lambda x'$, $t = \varkappa t'$, die $|a|$ zu 1 und $|b|$ zu $|\beta|$ macht:

$$\lambda = \sqrt{|\beta/b|}, \quad \varkappa = \sqrt{|b/\beta|}.$$

Wir erhalten $\alpha' = |b/\beta|\, \alpha$, $b' = \sqrt{|\beta/b|}\, b$, $\beta' = \sqrt{|b/\beta|}\, \beta$, $a' = a$;

$$\ddot{x} = x^3 + \beta' 2y(1 \pm x^2) + \alpha' x.$$

Hier sind beide Parameter $\beta \sim \sqrt{|\beta|}$ und $\alpha' \sim \alpha/\beta$ klein. Bei $\beta' = 0$ erhalten wir ein Hamilton-System:

$$H = \frac{y^2}{2} - \frac{\alpha' x^2}{2} - \frac{a x^4}{4}.$$

Die weitere Untersuchung führt man wie üblich durch.

6.7.9. Die Nullstellen elliptischer Integrale

Wie oben gezeigt, führt die Untersuchung des Auftretens der Zyklen in unseren Familien zur Lösung folgender Spezialfälle „des abgeschwächten 16. Hilbertschen Problems".

Es sei H ein reelles Polynom n-ten Grades und P ein reelles Polynom m-ten Grades in den Variablen x, y. Wie viele reelle Nullstellen kann die Funktion $I(h) = \iint\limits_{H \leq h} P dx/dy$ haben?

Für die Untersuchung der Symmetrie zweiter Ordnung benötigt man

$$P = \mu + \lambda x^2, \quad H = \frac{y^2}{2} - \frac{\alpha x^2}{2} - \frac{a x^4}{4}.$$

Bei $P = \mu + \lambda x^2$ führt dies zur Untersuchung der Monotonie der Funktion $r(h)$; hierbei ist r der Trägheitsradius bezüglich der y-Achse des Gebietes, das durch den Zykel begrenzt wird.

Lemma. *Die Funktion r verhält sich in den Intervallen zwischen den kritischen Werten H wie folgt:*

Werte α und a	$-1, +1$	$+1, -1$	$+1, -1$	$-1, -1$
Intervall h	$0, 1/4$	$-1, \quad 0$	$0, +\infty$	$0, +\infty$
Verhalten von r	$\uparrow$	$\downarrow$	$\downarrow \quad \uparrow$	$\uparrow$

(*Im dritten Fall fällt r zuerst und wächst dann.*)

Ein analoges (jedoch schwächeres) Lemma über elliptische Integrale wurde schon in den Arbeiten von R. I. Bogdanov angegeben. Der Beweis von Bogdanov ist mit einer langen Rechnung verbunden. Ju. S. Il'jašenko [3] fand einen Beweis dieses Lemmas und des Lemmas von Bogdanov, das nicht auf Rechnungen, sondern auf komplexen topologischen Überlegungen (Monodromie und Formel von Picard-Lefschetz) beruht.

6.7.10. Resonanz vierter Ordnung

Die Ausgangsgleichung lautet $\dot{z} = \varepsilon z + Az\,|z|^2 + B\bar{z}^3$.

Wir nehmen $B \neq 0$ an. Dann führen wir die Gleichung durch Streckung und Drehung von z und eine Zeittransformation in die Gestalt

$$\dot{z} = \varepsilon z + Az\,|z|^2 + \bar{z}^3$$

über.

Mit der Änderung des Vorzeichens der Zeit und dem Vertauschen von z und $\bar{z}$ kann man erreichen, daß $\operatorname{Re} A \leqq 0$, $\operatorname{Im} A \leqq 0$ ist.

Wir untersuchen zuerst die singulären Punkte, die von 0 verschieden sind.

1. *Bifurkationen singulärer Punkte.* Für die Untersuchung der Bifurkationen der singulären Punkte bei der Änderung von ε ist folgende Hilfskonstruktion sinnvoll. Es sei $z = re^{i\varphi}$ ein singulärer Punkt. Dann ist

$$-\varepsilon/r^2 = A + N, \quad \text{wobei } N = e^{-4i\varphi} \text{ ist.}$$

Deshalb betrachten wir einen Kreis mit dem Radius 1 und dem Zentrum in A (Abb. 146). Der Wert von ε, bei dem der Punkt z singulär ist, liegt auf dem Strahl, der entgegengesetzt dem Strahl ist, der die Null mit dem Punkt $A + N$ inseres Kreises verbindet. Dabei ist der Betrag von ε um so größer, je näher der Kreispunkt an der Null liegt.

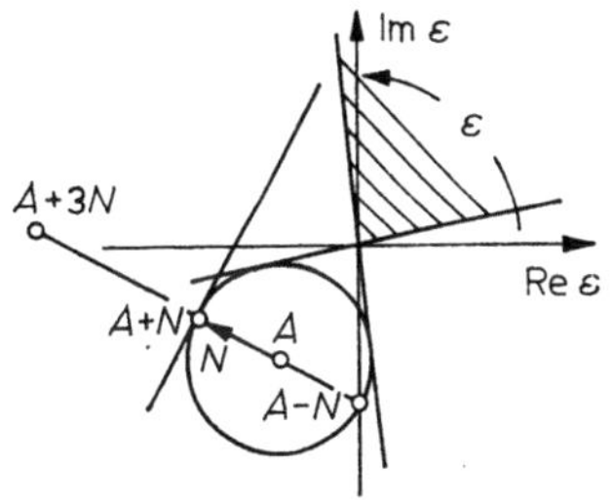

Abb. 146

Aus dem Gezeigten sieht man, daß man deutlich die Fälle unterscheidet, in denen $|A|$ kleiner oder größer als 1 ist. Ist $|A| < 1$, dann liegt die Null innerhalb des Kreises. In diesem Fall hat die Gleichung für ein beliebiges ε (außer Null) vier singuläre Punkte in den Ecken eines Quadrates. Wenn ε einmal um die Null herumgeht, dann dreht sich das Quadrat aus den singulären Punkten um 90° in die andere Richtung.

Ist jedoch $|A| > 1$, dann hat man auf der Ebene der Variablen ε einen Winkel, der durch die Fortsetzungen der Tangenten an unseren Kreis begrenzt wird. Für ε innerhalb dieses Winkels existieren acht singuläre Punkte, und außerhalb liegt die Null. Wenn ε sich von einer Seite des Winkels zu der anderen dreht, dann entstehen vier singuläre Punkte in den Ecken eines Quadrates. Dieses Quadrat teilt sich sofort in zwei. Deshalb beginnen benachbarte singuläre Punkte auseinanderzugehen. Wenn ε auf die andere Seite des Winkels geht, dann verschwindet jeder singuläre Punkt des ersten Quadrates, und diese Punkte stoßen mit den Punkten des zweiten Quadrates zusammen, das vom ersten um 90° verschieden ist (so daß das eine Quadrat singulärer Punkte sich um 90° bezüglich des anderen dreht.)

2. *Die Typen der singulären Punkte einer linearen Gleichung.* Wir beginnen mit einem Lemma, das es gestattet, die Typen der singulären Punkte eines Vektorfeldes auf der Ebene leicht zu untersuchen. Das Feld sei in der komplexen Form aufgeschrieben:

$$\dot{\xi} = P\xi + Q\bar{\xi}.$$

Lemma. *Der Typ des singulären Punktes* 0 *hängt nicht vom Argument von* Q *ab. Dieser Punkt ist ein Sattel bei* $|P| < |Q|$, *ein Strudel bei* $|\mathrm{Im}\, P| > |Q|$ *und ein Knoten bei* $|\mathrm{Im}\, P| < |Q| < |P|$. *Der Strudel ist bei* $\mathrm{Re}\, P < 0$ *stabil und bei* $\mathrm{Re}\, P > 0$ *instabil* (Abb. 147).

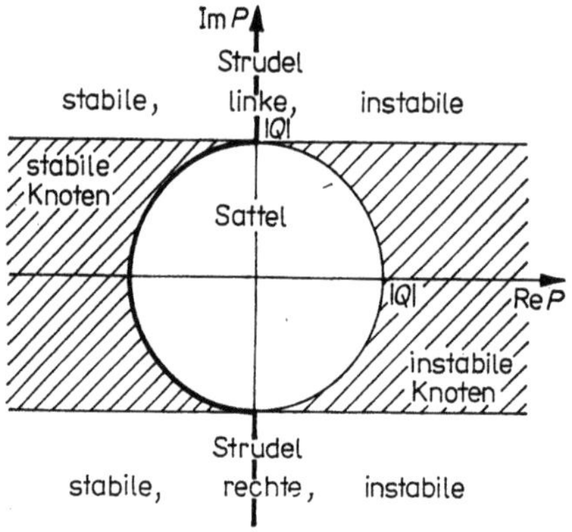

Abb. 147

◀ Bei der Multiplikation von ξ mit einer komplexen Zahl λ ändert sich der Koeffizient P nicht, aber der Koeffizient Q wird mit $\bar{\lambda}/\lambda$ multipliziert. Durch die Auswahl von λ kann man das Argument von Q beliebig ändern. Damit ist die erste Behauptung des Lemmas bewiesen. Für den Beweis der zweiten Behauptung betrachten wir den Fall $Q = 1$. Es sei $P = \alpha + i\beta$. Wir schreiben die Matrix der Gleichung in der Basis $(1, i)$ auf. Diese Matrix hat die Gestalt

$$M = \begin{pmatrix} \alpha + 1 & -\beta \\ \beta & \alpha - 1 \end{pmatrix}, \quad \mathrm{Sp}\, M = 2\alpha, \quad \det M = \alpha^2 + \beta^2 - 1.$$

Folglich hat das charakteristische Polynom die Lösungen

$$\lambda_{1/2} = \alpha \pm \sqrt{1 - \beta^2}.$$

Die Bedingung dafür, daß die Lösungen reell sind, ist $|\beta| < 1$. Die Lösungen haben verschiedene Vorzeichen bei $\alpha^2 + \beta^2 > 1$. Das Lemma ist damit für $Q = 1$ bewiesen. Die Bedingungen für einen Sattel, Knoten und Strudel für beliebiges $|Q|$ folgen jetzt aus Ähnlichkeitsbetrachtungen: Bei Zeittransformationen multiplizieren sich P und Q mit ein und derselben reellen Zahl. ▶

Abbildung 147 stellt die Anordnung der Knoten, der Strudel und der Sattel im Funktionalraum dar, die man bei allen Untersuchungen der Bifurkationen der singulären Punkte auf der Ebene im Auge behalten sollte.

3. *Die Untersuchung der Sättel.* Wir wenden uns einer nichtlinearen Ausgangsgleichung zu. Es zei $z_0 = re^{i\varphi}$ ein singulärer Punkt. Wir linearisieren die Gleichung in diesem Punkt. Es sei $z = z_0 + \xi$. Wenn man rechts Glieder ersten Grades in ξ, $\bar{\xi}$ beläßt, so erhält man

$$\dot{\xi} = P\xi + Q\bar{\xi}, \quad P = r^2(A - N), \quad |Q| = r^2(A + 3N).$$

Lemma. *Wenn* $|A| < 1$ *ist, dann sind alle singulären Punkte Sattel. Wenn* $|A| > 1$ *ist, dann ist bei jedem* ε *der singuläre Punkt mit kleinerem Betrag ein Sattel und mit größerem Betrag kein Sattel.*

◀ Die Bedingung eines Sattels hat nach dem Lemma aus 2. die Gestalt $|A - N| < |A + 3N|$. Wir betrachten die Punkte $A - N$ und $A + 3N$ (Abb. 146). Diese Punkte sind symmetrisch bezüglich $A + N$, wobei ihre Verbindungen Geraden sind, die durch A gehen. Welcher von diesen Punkten näher zur Null ist, ergibt sich daraus, auf welcher Seite der Tangente an unseren Kreis, die durch den Punkt $A + N$ geht, der Nullpunkt liegt. Wenn $|A| < 1$ ist, dann liegt die Null immer auf einer Seite der Tangente, und zwar auf genau der Seite, auf der $A - N$ liegt. Wenn jedoch $|A| > 1$ ist, dann hängt die Antwort davon ab, auf welcher von den beiden Bögen, die die durch den Nullpunkt gehenden Tangenten an den Kreis begrenzen, $A + N$ liegt. Der vom Nullpunkt entferntere Bogen entspricht einem Sattel und der nähere einem singulären Punkt (siehe 1.).

4. *Die Stabilität singulärer Punkte.* Die singulären Punkte, die denjenigen Abschnitten unseres Kreises entsprechen, die zum Nullpunkt gewandt sind, könnten Knoten und Strudel sein. Der Abschnitt des Bogens, der direkt an die durch den Nullpunkt gehende Tangente angrenzt, entspricht einem Knoten, jedoch kann der Knoten bei der Bewegung auf dem Bogen ein Strudel werden, und ein Strudel kann die Stabilität verlieren. Wir zeigen, unter welcher Bedingung die Stabilitätsveränderung vorsichgeht.

Aus dem Lemma in 2. und der Formel aus 3. folgt, daß die Stabilitätsveränderung dann eintritt, wenn der dem Punkt $A + N$ entgegengesetzte Punkt $A - N$ unseres Kreises die Imaginärachse schneidet, nämlich genau dort, wo der Punkt $A + N$ auf einem zur Null gewandten Bogen liegt. Die Grenze, die die Punkte A trennt, für die diese Erscheinung eintritt, ergibt die folgende Bedingung: Die Trennlinie, die durch den Schnittpunkt unseres Kreises mit der Imaginärachse gelegt ist, steht senkrecht auf der durch den Nullpunkt gehenden Tangente. Die Gleichung der Grenze hat, wie man leicht sieht, die Gestalt

$$|\mathrm{Im}\, A| = \frac{1 + (\mathrm{Re}\, A)^2}{\sqrt{1 - (\mathrm{Re}\, A)^2}}.$$

Die entsprechende Linie auf der Ebene der Variablen A berührt den Kreis $|A| = 1$ in den Punkten $A = \pm i$ und hat Asymptoten, die durch die Geraden $|\mathrm{Re}\, A| = 1$ beschrieben sind (Abb. 148).

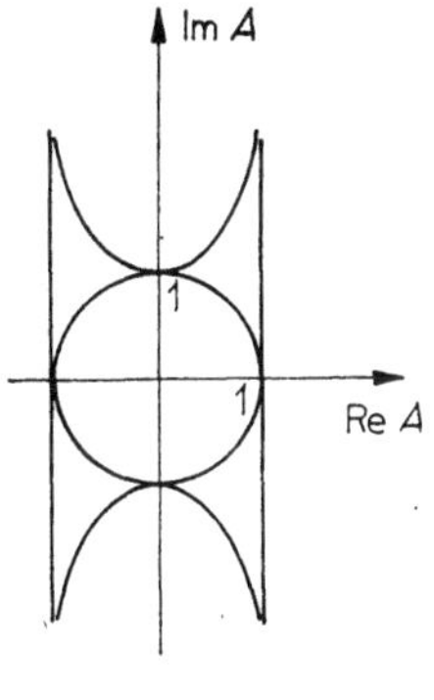

Abb. 148

5. *Das Verhalten im Unendlichen.* Bei großem z kann man den Summanden εz „vernachlässigen". Man erhält $w = z^2$ und damit die lineare Gleichung

$$\dot{w} = 2Aw + 2\bar{w}.$$

Für die Untersuchung dieser Gleichung genügt es, das Lemma von 2. anzuwenden. Folglich ist bei $|A| < 1$ der singuläre Punkt in der Ebene ein Sattel, und bei $|A| > 1$ ziehen sich alle Trajektorien aus dem Unendlichen in ein endliches Gebiet zusammen, wenn $\mathrm{Re}\, A < 0$ ist.

6. *Die Bifurkationen des Phasenbildes.* Wenn $|A| < 1$ ist, dann sieht das Bild (Abb. 149) genau so aus wie für die Resonanz dritter Ordnung (vgl. 6.7.7.). Wenn $|\mathrm{Re}\, A| > 1$ ist, dann tritt der Fall ein, der für die Resonanz fünfter Ordnung weiter oben (Abb. 150, 145) gezeigt wurde. Die singulären Punkte können in diesem Fall auch nicht auf einem Zykel entstehen (vgl. S. 310/311 Aufgaben 1–3).

Die größten Schwierigkeiten ergeben sich beim Fall $|\mathrm{Re}\, A| < 1$ und $|A| > 1$.

Abb. 149

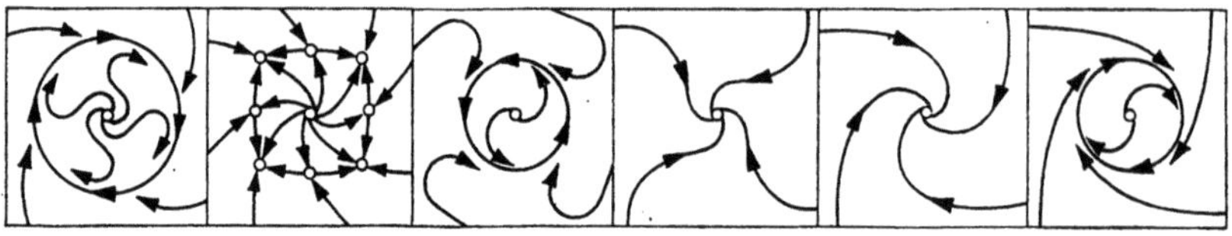

Abb. 150

7. *Neue Normierungen und Bezeichnungen.* Für die Untersuchung des Falles $|\mathrm{Re}\, A| < 1$ ist es wichtig, die Asymptote bei $|\mathrm{Im}\, A| \to \infty$ zu betrachten. Damit A ins Unendliche strebt, kann man in der Ausgangsgleichung auch B gegen 0 streben lassen. Um diesen Fall zu untersuchen, führen wir die Bezeichnungen

$$\varepsilon = \sigma + i\tau, \qquad A = -i\alpha - \gamma, \qquad B = \beta$$

ein und werden die Größe β als kleinen Parameter erster Ordnung annehmen, $\sigma = u\beta$, $\gamma = v\beta$ ($\beta \to 0$, $u \sim v \sim 1$).

Die normierte Koordinatentransformation und den Zeitmultiplikator wählen wir so, daß $\alpha = 1$ und $\gamma = 1$ ist.

Wir führen symplektische Polarkoordinaten $\varrho = |z|^2/2$, $\varphi = \arg z$ ein.

Die Ausgangsgleichung wird dann zum System:

$$\dot{\varrho} = 2\varrho(\sigma - 2\gamma\varrho + 2\beta\varrho \cos 4\varphi),$$

$$\dot{\varphi} = \tau - 2\alpha\varrho - 2\beta\varrho \sin 4\varphi.$$

Wir führen jetzt noch die Hamilton-Funktion $H = \tau\varrho - \alpha\varrho^2 - \beta\varrho^2 \sin 4\varphi$ und das Potential $\Pi = \sigma\varrho^2 - 4\gamma\varrho^4/3$ ein. Dann ist

$$\dot{\varrho} = -H_\varphi + \Pi_\varrho, \qquad \dot{\varphi} = H_\varrho.$$

Im uns interessierenden Fall $\tau = \alpha = 1$, $\sigma = u\beta$, $\gamma = v\beta$ haben wir

$$H = H_0 + \beta H_1, \qquad \Pi = \beta \Pi_1, \qquad H_0 = \varrho - \varrho^2.$$

Für $\beta = 0$ erhalten wir eine ungestörte Bewegung (Drehung mit der Frequenz H_ϱ). Im Gebiet, wo $H_\varrho \neq 0$ ist, d. h., wenn ϱ nicht in der Nähe von 1/2 ist, ergibt das dissipative Glied $\beta\Pi_1$ einen wesentlichen Effekt, und bei $\varrho \approx 1/2$ muß man auch βH_1 berücksichtigen.

8. *Das Lemma über den Effekt einer kleinen Dissipation.* Wir betrachten in der Phasenebene die Gleichung $\dot{x} = \boldsymbol{v} + \varepsilon \boldsymbol{w}$, wobei $\boldsymbol{v}$ das Hamiltonsche Feld mit der Hamilton-Funktion H und $\boldsymbol{w}$ das Potentialfeld ist, $\boldsymbol{w} = \nabla \Pi$, mit einer Metrik, die in den symplektischen Koordinaten p, q gegeben ist.

Lemma. *Die Ableitung nach dem kleinen Parameter* ε *von* $\oint H\,dt$ *bei der Drehung um eine geschlossene Phasenkurve* $H = h$ *ist bei* $\varepsilon = 0$ *gleich*

$$\frac{d}{d\varepsilon}\,\delta H = \iint\limits_{G(h)} \Delta\Pi\,dp\,dq,$$

wobei $G(h)$ *das Gebiet ist, das durch die Kurve begrenzt wird.*

◀ $$\partial H \approx \oint \dot H\,dt = \oint \left(H_p(-H_q + \varepsilon\Pi_p) + H_q(H_p + \varepsilon\Pi_q)\right) dt$$
$$= \varepsilon \oint (\Pi_p\,dq - \Pi_q\,dp) = \varepsilon \iint \Delta\Pi\,dp\,dq.$$ ▶

Wendet man das Lemma auf unsere Gleichung an, so finden wir

$$\partial H_0 = 2\varrho(\sigma - 2\gamma\varrho) = 2\beta\varrho(\boldsymbol{u} - 2\boldsymbol{v}\varrho).$$

Folglich ergibt sich in erster Näherung der Zykel aus der Formel

$$\varrho = \frac{\boldsymbol{u}}{2\boldsymbol{v}} = \frac{\sigma}{2\gamma}.$$

Diese Methode gestattet es, unser System außerhalb des Ringes, in dem ϱ nahe 1/2 ist, zu untersuchen. Folglich ist der Fall σ, der nahe zu γ ist, unbedingt gesondert zu betrachten.

9. *Der Fall* $\varrho \approx 1/2$. Wir nehmen die Transformation $\varrho = 1/2 + \sqrt{\beta}P$, $t/\sqrt{\beta} = T$. Nach der Transformation setzen wir $\beta = 0$. Wir erhalten als genäherte Gleichung das Hamilton-System

$$\frac{dP}{dT} = \boldsymbol{w} + \cos 4\varphi, \quad \frac{d\varphi}{dT} = -2P$$

mit der Hamilton-Funktion

$$H_{00} = P^2 + \boldsymbol{w}\varphi + \frac{1}{4}\sin 4\varphi$$

(ein Pendel mit Drehmoment). Hier ist $\boldsymbol{w} = \boldsymbol{u} - \boldsymbol{v} = (\sigma - \gamma)/\beta$. Der Potentialtopf existiert bei $|\boldsymbol{w}| < 1$.

Aus der Sicht der Bezeichnungen in 7. haben wir $(\sigma - \gamma)\,(\partial/\partial\varrho)$ aus dem Potential in das Hamiltonsche Feld verlegt. Folglich haben die neue Hamilton-Funktion und das Potential die Gestalt

$$H = \varrho - \varrho^2 - \beta\varrho^2 \sin 4\varphi - \beta\boldsymbol{w}\varphi,$$

$$\Pi = \sigma\varrho^2 - \frac{4\gamma\varrho^3}{3} - (\sigma - \gamma)\,\varrho.$$

Wendet man das Lemma aus 8. an, so findet man

$$\partial H = \iint (2\sigma - 8\gamma\varrho)\,dp\,d\varphi \quad \text{innerhalb des Potentialtopfes} = 2S(\sigma - 4\gamma\varrho_0),$$

wobei S die Fläche innerhalb des Topfes auf der ϱ,φ-Ebene und ϱ_0 die Koordinate des Schwerpunktes des Topfes ist.

Die Bedingung für die Entstehung eines Zykels lautet $\sigma = 4\gamma\varrho_0$. Folglich ist es notwendig, ϱ_0 zu berechnen. Es ist $\varrho_0 = 1/2 + \sqrt{\beta}\,\varrho_1 + \cdots$, d. h., die Bedingung für die Entstehung des Zykels hat die Gestalt

$$\sigma = 2\gamma + 4\gamma\sqrt{\beta}\,\varrho_1 + \cdots, \qquad \boldsymbol{w} = \frac{\gamma}{\beta} + 4\gamma\varrho_1 + \cdots.$$

Wir berechnen die Größe ϱ_1. Die vollständige Gleichung der geschlossenen Phasenkurve $H = \text{const}$ lautet in den Koordinaten P, φ

$$P^2 + \left(\frac{1}{2} + \sqrt{\beta}\, P\right)^2 \sin 4\varphi + \boldsymbol{w}\varphi = h.$$

Jedem Wert φ im Potentialtopf entsprechen zwei P-Werte wegen

$$P_1 + P_2 = -\frac{\sqrt{\beta}\sin 4\varphi}{1 - \beta \sin 4\varphi}.$$

Daraus folgt, daß das berichtigte Glied, das wir oben mit ϱ_1 bezeichnet hatten, gleich

$$\varrho_1 = -\frac{1}{2}\overline{\sin 4\varphi}$$

ist. (Der Querstrich bedeutet die „Mittelung" über die nichtgestörten Phasenkurven bei $\beta = 0$.)

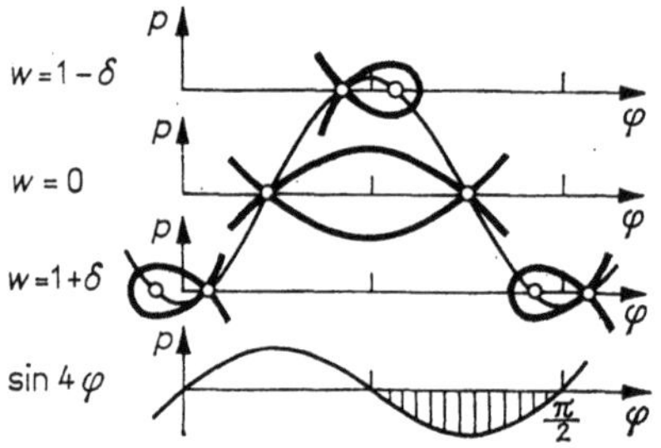

Abb. 151

Abb. 152

Betrachtet man die Lage des Potentialtopfes bezüglich der Maxima und Minima von $\sin 4\varphi$ und ihre Veränderung bei der Änderung der Größe $\boldsymbol{w}$ (Abb. 151), so erhalten wir eine Information über das Verhalten von ϱ_1, die auch Grundlage der Änderungen des Bildes (Abb. 152) waren.

Das in Abb. 152 dargestellte System von Änderungen tritt bei im Vergleich mit $|B|$ großen Werten von $|\mathrm{Im}\, A|$ für $0 < |\mathrm{Re}\, A| < |B|$ auf.

Es versteht sich, daß die oben angestellten Überlegungen keine Beweise sind und nur erste Untersuchungen der Bifurkationen in Hauptfamilien 4-symmetrischer Gleichungen darstellen.

Die Resultate über Fälle der Symmetrie der Ordnung $q \neq 4$ sind den Spezialisten schon ziemlich früh bekannt gewesen. Beispielweise analysierte F. Takens 1974 diese in einem nicht publizierten Preprint. Unsere Darstellung beruht auf der Arbeit [11] von Arnol'd; genauere Beweise führte E. I. Chorozov.

6.7.11. Die Poincaré-Abbildung

Die Anwendung unserer Konstruktionen zur Untersuchung des Stabilitätsverlustes eines Zykels beruht auf folgendem

Lemma 1. *Wir betrachten die Abbildung* $f\colon (\boldsymbol{R}^2, O) \to (\boldsymbol{R}^2, O)$, *die im Nullpunkt einen Fixpunkt mit den Eigenwerten* $e^{\pm 2\pi i p/q}$ *hat mit dem Jordan-Kästchen der Ordnung* 2, *wenn* $q = 1$ *oder* $q = 2$ *ist. Dann kann man* f^q *bei beliebigen* N *in einer hinreichend kleinen Umgebung des Punktes* O *als Summe* $f^q = g + h$ *darstellen, wobei* $h(z) = O(|z|^N)$ *und* g *die Transformation des Phasenflusses des Vektorfeldes ist, das invariant hinsichtlich einer endlichen zyklischen Diffeomorphismengruppe* γ *der Ordnung* q *ist.*

Wir bemerken, daß insbesondere g mit der Drehung um den Winkel $2\pi q$ kommutiert. Die Abbildung f^q kommutiert im allgemeinen nicht mit der Wirkung irgendeiner endlichen Gruppe und läßt sich nicht in einen Fluß einbetten. Das Lemma 1 zeigt jedoch, daß als formale Reihe f^q in einem Fluß einbettbar ist und mit einer endlichen Gruppe kommutiert.

◀ Den Beweis des Lemmas führt man nach dem allgemeinen Schema der Deformation der Normalformen von Poincaré-Dulaque-Birkhoff (vgl. Kap. 5). ▶

Lemma 2. *Wir betrachten die Deformation* f_λ *der Abbildung* $f_0 = f$, *die die Bedingungen des Lemmas* 1 *erfüllt. Dann kann man* $f_\lambda{}^q$ *bei beliebigen* N *in einer hinreichend kleinen Umgebung des Nullpunktes als Summe* $f_\lambda{}^q = g_\lambda + h_\lambda$ *darstellen, wobei* $h_\lambda(z) = O(|z|^N)$ *und* g_λ *die Transformation des Phasenflusses des Vektorfeldes* $\boldsymbol{v}_\lambda$ *ist, das invariant bezüglich einer endlichen zyklischen Diffeomorphismengruppe* γ_λ *ist. Hierbei hängen* f_λ, g_λ, h_λ, $\boldsymbol{v}_\lambda$, γ_λ *glatt vom Parameter* λ *ab, der sich in der Umgebung der Null verändert.*

◀ Der Beweis beruht darauf, daß man die Reduktion zur Normalform der Glieder mit einem Grade nicht größer als N mit Hilfe eines glatt vom Parameter abhängenden Diffeomorphismus durchführen kann, wobei die Resonanzglieder bestehen bleiben. ▶

Verbindet man das Lemma 2 mit der Beschreibung der Bifurkationen der Phasenflüsse aus den letzten Abschnitten, so erhalten wir eine Information über den Stabilitätsverlust des Fixpunktes 0 der Abbildung f oder der periodischen Bewegung, für die f die Poincaré-Abbildung ist.

Bemerkung. Man kann eine Familie von Differentialgleichungen in einer Umgebung der (p, q)-periodischen Resonanzlösung im Raum einer q-fachen Überlagerung auf Normalform bringen. Durch die Anwendung der Standardmethode von POINCARÉ-DULAQUE-BIRKHOFF in dieser Situation stellt man eine Familie von Vektorfeldern, die 2π-periodisch in der Zeit sind, als Summe eines q-symmetrischen zeitunabhängigen Feldes und eines Restes $O(|z|^N)$ mit der Periode $2\pi q$ dar.

6.7.12. Zusammenfassung

1. Zur Übersetzung der erhaltenen Resultate in die Sprache der Bifurkationen periodischer Lösungen muß man die Fixpunkte in der Ebene durch geschlossene Trajektorien im Raum, die Separatrizen der Punkte durch invariante stabile und instabile Flächen dieser geschlossenen Trajektorien und die Grenzzyklen in der Ebene durch invariante Tori ersetzen. Der wesentliche Unterschied ist nur bei der Änderung der Separatrizen vorhanden: Während in der Ebene die Separatrizen bei Bifurkationen sofort ineinander übergehen, ist im Raum dieser Prozeß mit der Ausbildung eines homoklinischen (oder heteroklinischen[1])) Bildes (Abb. 101) verbunden.

Die invarianten Tori im Raum brechen früher zusammen, als in der Ebene der Zykel zur Separatrixschleife übergeht. Jedoch sind alle diese echt dreidimensionalen Effekte schwach (sie beruhen auf dem Auftreten von Gliedern beliebig hohen Grades in den Normalformen) im Vergleich mit den oben betrachteten zweidimensionalen Effekten.

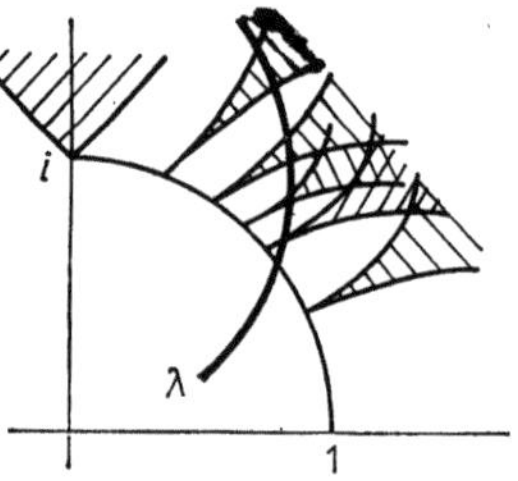

Abb. 153

2. Die Betrachtung des Verlustes der Stabilität als zweiparametrige und nicht als einparametrige Erscheinung gestattet es leicht, einiges besser zu verstehen, was anders nicht möglich wäre.

Wir betrachten eine zweiparametrige Familie, in der man als Parameter die Multiplikatoren selbst nimmt. Wir skizzieren in der Parameterwertebene das Gebiet der Existenz periodischer Lösungen, die sich nach q Umläufen längs der Hauptlösung und q transversalen Umläufen schließen. Das Gebiet berührt den Einheitskreis im Punkt $e^{2\pi i p/q}$ mit spitzer (bei $q > 4$) Zunge. (Ihre breiteste Stelle ist im Abstand σ von einem Kreis der Ordnung $\sigma^{(q-2)/2}$, vgl. 6.7.5.). Deshalb schneidet in der Nähe des Einheitskreises eine Kurve allgemeiner Lage auf der Multiplikatorebene unendlich viele Zungen (Abb. 153).

[1]) Das Netz, das auf der Schnittebene durch die sich schneidenden Spuren der stabilen und der instabilen Mannigfaltigkeiten einer (zweier) geschlossener Trajektorien gebildet wird, heißt homoklinisches (heteroklinisches) Bild.

Folglich entstehen und verschwinden in einer allgemeinen einparametrigen Familie, in der ein Zykel die Stabilität ohne starke Resonanz verliert, im Moment des Stabilitätsverlustes unendlich viele periodische Zyklen.

Der Beweis dieses Faktes, der nicht davon abhängt, ob man eine schwache Resonanz im Moment des Stabilitätsverlustes hat, wurde von V. S. Kozjakin [1] angegeben.

3. Betrachtet man Kurven allgemeiner Lage auf Bifurkationsdiagrammen starker Resonanzen, die in 6.7.5. eingeführt wurden, so kann man die Reihenfolge der Änderungen beschreiben, die universell, aber vom einparametrigen Standpunkt aus nicht lokal scheinen. Zum Beispiel ist im Fall $q = 2$ eine der Möglichkeiten die folgende: Der stabile Zykel verliert schwach die Stabilität mit der Bildung eines Torus, auf dem sich schnell ein Überschlag bildet, so daß sich der Meridian des Torus einer Acht nähert. Beim Übergang zum Zentrum der Acht, wo sich ein instabiler Zykel befindet, bricht die stabile Menge, die nahe dem Torus mit einem fast zur Acht gewordenen Meridian bleibt, in der Nähe homoklinischer Separatrizen zusammen (Ju. I. Nejmark).

In diesem Fall vollzieht die Phasentrajektorie Windungen um die eine und dann um die andere Hälfte des zusammenbrechenden Torus, wobei sie wie zufällig von der einen auf die andere Seite wechselt.

Dieses paßt zu den Erscheinungen, die im numerischen Experiment von Gercenštejn und Šmidt [1] auftraten.

6.8. Die Änderung der Topologie bei Resonanzen

Die Resonanz zwischen den Eigenwerten des linearen Bestandteils eines Vektorfeldes ermöglicht es nicht, im stationären Punkt die Koordinaten so auszuwählen, daß das Feld linear wird. Sogar dort wo keine Resonanzen auftreten, aber die Eigenwerte in der Nähe von Resonanzwerten liegen, können die Poincaréreihen divergieren, und man kann das System mit einer analytischen Koordinatentransformation nicht in ein lineares umformen.

Andererseits verändert sich der topologische Typ des Phasenbildes bei Resonanzen in einer reellen Umgebung des stationären Punktes im allgemeinen nicht. Wenn beispielsweise die Realteile aller Eigenwerte negativ sind, dann ist der stationäre Punkt stabil, und das System ist unabhängig von den Resonanzen topologisch äquivalent einem linearen Standardsystem.

Es zeigt sich, daß es eine Änderung der Topologie bei einer Resonanz, allerdings im Komplexen gibt.

Ein System allgemeiner Lage ist ohne Resonanz. Resonanzen, die man nicht beseitigen kann, treten in einparametrigen Familien auf. Deshalb müssen wir bei der Untersuchung des Einflusses der Resonanzen auf die Änderung der Topologie einparametrige Familien von Vektorfeldern betrachten.

Entsprechend dem oben Gezeigten werden wir sowohl die Phasenveränderlichen und die Zeit als auch den Parameter als komplexe Zahlen annehmen.

6.8.1. Resonanzen im Poincaré-Gebiet

Wir betrachten komplexe Phasenkurven in einer Umgebung des singulären Punktes O. Diese Kurven bilden eine Blätterung mit reellen zweidimensionalen Fasern und mit einer Singularität im Punkt O. Um sich die Struktur dieser Singularität vorzustellen, werden wir die Blätterung mit einer Sphäre von kleinem Radius mit dem Zentrum im Koordinatenursprung schneiden.

Wir setzen voraus, daß der lineare Bestandteil unseres Systems in den Koordinaten $(z_1, \ldots, z_n)$ Diagonalgestalt hat: $\dot{z}_j = \lambda_j z_j + \cdots$, $j = 1, \ldots, n$.

Satz. *Wenn die Eigenwerte* $\{\lambda_j\}$ *im Poincaré-Gebiet liegen, dann schneidet jede Sphäre* $|z_1|^2 + \cdots + |z_n|^2 = r^2$ *mit hinreichend kleinem Radius die Blätterung transversal.*

◀ Wir betrachten zuerst ein lineares System. Wir haben:

$$dr^2 = \sum \bar{z}_j\, dz_j + z_j\, d\bar{z}_j = A\, dt + \bar{A}\, \overline{dt}, \qquad A = \sum |z_j|^2 \lambda_j.$$

Die Bedingung der Transversalität der Sphäre besteht darin, daß die 1-Form dr^2 auf der Tangentialebene an die Faser nicht verschwinden muß. Aber die Form $A\, dt + \bar{A}\, \overline{dt}$ ist nur bei $A = 0$ identisch 0. Die Bedingung $A = 0$ ist im Fall von Poincaré (und nur im Fall von Poincaré) für jedes $z \neq 0$ erfüllt. Somit ist der Satz im linearen Fall bewiesen. Die Fasern schneiden die Sphäre unter einem von 0 verschiedenen Winkel $\alpha(z)$.

Wir betrachten das Minimum α_0 des Winkels $\alpha(z)$ auf der Sphäre $|z| = r$. Die Größe α_0 hängt nicht von r ab, weil $\alpha(cz) = \alpha(z)$ ist.

Somit ist $\alpha(z) \geqq \alpha_0 > 0$ für jedes $z \neq 0$. Wir können jetzt zum nichtlinearen Fall übergehen. Der Winkel zwischen den Feldrichtungen des nichtlinearen Systems und ihrem linearen Bestandteil ist klein im Verhältnis zu $|z|$. Deshalb ist der Winkel in einer hinreichend kleinen Umgebung der Null kleiner als α_0, und die Phasenkurven des nichtlinearen Systems schneiden die Sphäre transversal. ▶

Folgerung. *Die Schnitte komplexer Phasenkurven mit einer Sphäre mit hinreichend kleinem Radius bilden eine eindimensionale Blätterung auf dieser Sphäre ohne singuläre Punkte. Die Blätterungen, die man auf allen Sphären mit hinreichend kleinem Radius erhält, sind zueinander diffeomorph. Der Differentialtyp der Blätterung auf der Sphäre verändert sich bei Deformationen der Sphäre nicht, solange sie transversal zu der komplexen Phasenkurve bleibt.*

Folglich ist die untersuchte zweidimensionale Blätterung in der Umgebung eines singulären Punktes homöomorph zu einem Kegel über der eindimensionalen Blätterung auf der Sphäre. Diese Blätterung auf der Sphäre ist die Zerlegung der Sphäre in Phasenkurven des Vektorfeldes auf der Sphäre, da sowohl die Sphäre als auch die komplexe Blätterung orientierbar sind.

Bemerkung. Im Fall ohne Resonanz ist entsprechend dem Satz von Poincaré das System im ausgewählten Koordinatensystem in einer hinreichend kleinen Umgebung des singulären Punktes linear. Daraus folgt, daß der Differentialtyp der Blätterung auf der Sphäre im Fall ohne Resonanz der gleiche ist wie bei einem linearen System.

Somit ist der Differentialtyp der Blätterung auf der Sphäre der gleiche wie beim linearen Bestandteil des Systems. Nicht nur in der Umgebung des Koordinatenursprungs, wo die Poincaréreihe konvergiert, sondern auch weiter entfernt haben wir diesen Typ.

Bei der Annäherung zur Resonanz wird das Konvergenzgebiet der Poincaréreihe immer kleiner, der Radius des Transversalitätsgebietes bleibt aber von unten begrenzt. Somit können wir den Resonanzdurchgang im komplexen System durch die Veränderung einer eindimensionalen Blätterung auf der Sphäre mit einem fixierten (nicht vom Parameter abhängenden) kleinen Radius verfolgen.

6.8.2. Die Resonanz $\lambda_1 = 2\lambda_2$

Als Beispiel betrachten wir die Änderung der Topologie der Blätterung auf S^3 beim Durchgang der Resonanz $\lambda_1 = 2\lambda_2$ im System

$$\dot{z}_1 = \lambda_1 z_1 + \cdots, \qquad \dot{z}_2 = \lambda_2 z_2 + \cdots.$$

Wir befinden uns im Poincaré-Gebiet, wenn der Quotient $\lambda = \lambda_1/\lambda_2$ keine reelle negative Zahl ist. Wir betrachten zuerst die Blätterung auf S^3, die dem linearen Bestandteil des Systems entspricht.

Die Separatrizen $z_1 = 0$, $z_2 = 0$ schneiden die Sphäre in Großkreisen, die Zykel des Systems auf S^3 sind. Ihr Verschlingungskoeffizient ist gleich 1.

Wenn λ keine reelle Zahl ist (der Fall eines „Strudels"), dann wickeln sich alle restlichen Kurven der Blätterung auf der Sphäre von einem Zykel ab und wickeln sich auf einen anderen auf. Wir untersuchen dazu die Poincaré-Abbildung der Zyklen.

Wir bemerken, daß man diese Abbildung holomorph annehmen kann. Sie ist nämlich reell und differenzierbar äquivalent zu einer komplexen Poincaré-Abbildung, die eine holomorphe Transversale zur Separatrix holomorph in sich selbst überführt. Folglich wird sie bei einer entsprechenden Auswahl der komplexen Struktur auf der reellen zweidimensionalen Transversalen an den Zykel auf S^3 holomorph sein. Aus diesen Betrachtungen folgt auch, daß die Multiplikatoren unserer Zyklen gleich $e^{\pm 2\pi i\lambda}$ bzw. $e^{\pm 2\pi i\lambda^{-1}}$ sind.

Die Blätterungen auf S^3, die allen Strudeln entsprechen, sind einander homöomorph, aber nicht diffeomorph: $\lambda^2 + \lambda^{-2}$ ist eine Invariante des Diffeomorphismus.

Wenn λ positiv reell ist (der Fall eines Knotens), dann befinden wir uns im Poincaré-Gebiet. In diesem Fall ist der Teil von S^3 zwischen zwei zusammenhängenden Zyklen in zweidimensionale Tori unterteilt, die mit Einwicklungen mit einer Drehzahl λ, die auf allen Tori gleich ist, ausgefüllt sind.

Wir betrachten jetzt ein nichtlineares System. Im Fall eines Strudels ist die Resonanz nicht möglich, deshalb ist die Blätterung auf der Sphäre im nichtlinearen Fall diffeomorph der oben beschriebenen Blätterung, die für ein lineares System konstruiert wurde. Dies ist auch richtig für Knoten ohne Resonanz, d. h. für alle $\lambda > 0$, ausgenommen die Fälle, daß λ oder $1/\lambda$ eine ganze Zahl ist.

Wir betrachten z. B. die Resonanz $\lambda = 2$. In diesem Fall hat die Normalform von Poincaré die Gestalt

$$\dot{z}_1 = \lambda_1 z_1 + c z_2^2, \qquad \dot{z}_2 = \lambda_2 z_2.$$

Dieses System hat bei $c \neq 0$ nur eine Separatrix, und die Blätterung auf S^3 hat nur einen Zykel. Wir verändern λ in zur 2 nahe nicht reelle Werte. Das erhaltene System auf S^3 ist einerseits in der Nähe zu einem Resonanzsystem mit einem Zykel, und andererseits ist es diffeomorph zum früher untersuchten System, das über einem linearen Strudel konstruiert wurde.

Somit hat man zwei Zyklen mit dem Verschlingungskoeffizienten 1. Man kann zeigen, daß einer dieser Zyklen C_1 in der Nähe zum einzigen Zykel C des Resonanzsystems liegt. Der andere Zykel C_2 liegt auf einem dünnen Torus mit der Achse C_1 und ist nach zwei Drehungen um C_1 geschlossen. Er macht dabei eine Drehung längs des Meridians, so daß der Verschlingungskoeffizient von C_1 und C_2 gleich 1 ist. Somit besteht die Änderung des Systems auf S^3 in der Nähe der Resonanz $\lambda = 2$ aus Bifurkationen doppelter periodischer Trajektorien der periodischen Trajektorie mit den Eigenwerten $(-1, -1)$.

Bemerkung. Die letzten Aussagen folgen aus der Arbeit [5] von V. I. ARNOL'D. Die Resultate dieser Arbeit wurden von J. GUCKENHEIMER, N. KUIPER, N. N. LADIS, JU. S. IL'JAŠENKO und anderen verallgemeinert. Den abgeschlossensten Charakter haben die Resultate über den topologischen Typ der Blätterung, die in einer Umgebung eines singulären Punktes im komplexen Raum des linearen Systems gegeben ist.

Wir betrachten insbesondere den Fall, daß der Phasenraum dreidimensional ist und das Dreieck aus den Eigenwerten die 0 im Inneren enthält. Es zeigt sich, daß der topologische Typ der Blätterung im komplexen Raum durch das Tripel der Kehrwerte der Eigenwerte bestimmt ist, die als drei Vektoren auf der reellen Ebene betrachtet werden (d. h. bis auf eine reelle lineare Transformation der reellifizierten Ebene einer komplexen Veränderlichen.) Im mehrdimensionalen Fall bestimmt der reelle Typ der Kehrwerte der Eigenwerte eineindeutig den topologischen Typ der komplexen Blätterung in einer Umgebung eines singulären Punktes des linearen Systems, wenn die 0 zur konvexen Hülle der Eigenwerte gehört und ihre paarweisen Quotienten nicht reell sind. (Siehe C. CAMACHO, N. KUIPER und J. PALIS [1], N. N. LADIS [1], JU. S. IL'JAŠENKO [2].)

6.8.3. Verselle Deformationen im Poincaréschen Fall

Wir betrachten ein analytisches (glattes) Vektorfeld mit dem singulären Punkt 0. Wir setzen voraus, daß dieser singuläre Punkt vom Poincarétyp ist, d. h., daß die konvexe Hülle der Eigenwerte nicht den Punkt O enthält.

Satz. *Der Keim eines analytischen (entsprechend holomorphen, glatten) Vektorfeldes hat im singulären Punkt vom Poincarétyp eine endlich-parametrige analytische (entsprechend holomorphe, glatte) verselle Deformation, die aus polynomialen Vektorfeldern besteht.*

Mit anderen Worten:

Die lokale Familie analytischer (entsprechend holomorpher, glatter) Vektorfelder mit dem singulären Punkt 0 *vom Poincarétyp ist in einer Umgebung des Punktes* 0 *analytisch (entsprechend holomorph, glatt) äquivalent zu der Familie, die aus hinreichend langen Abschnitten der Taylorreihen dieser Felder im Punkt* 0 *besteht.*

◄ Nach Voraussetzung ist der singuläre Punkt nichtausgeartet. Somit hängt der singuläre Punkt glatt vom Parameter ab. Deshalb kann man durch eine glatte und glatt von den Parametern abhängende Transformation der Variablen den singulären Punkt in den Koordinatenursprung überführen. Wir setzen voraus, daß die Eigenwerte einfach sind. Dann kann man eine Eigenbasis auswählen, die glatt von den Parametern abhängt. Im erhaltenen Koordinatensystem nimmt die Familie der Differentialgleichungen bzw. unsere Familie von Feldern, die Gestalt

$$\dot{X}_k = \lambda_k(\varepsilon) X_k + \cdots, \quad k = 1, \ldots, n,$$

an. Wendet man die Poincaré-Methode an (Kap. 5), so werden nur die Glieder verschwinden, die ohne Resonanz bei $\varepsilon = 0$ sind. Dann hängt die Transformation glatt vom Parameter ab. Da die Eigenwerte im Poincaré-Gebiet liegen, gibt es endlich viele Resonanzen, und die Konvergenz beweist man ohne Schwierigkeit.

Wir erhalten ein Koordinatensystem, in dem der rechte Teil aller Gleichungen der Familie aus Polynomen gebildet ist. ▶

Der Fall der endlichen (oder auch unendlichen) differenzierbaren rechten Teile folgt ohne Schwierigkeiten. Die Details findet man in N. N. Brušlinskaja [1]. Dort sind auch Fälle vielfacher Eigenwerte behandelt.

6.8.4. Die Materialisierung der Resonanzen

Im Siegelschen Gebiet entstehen bei der Reduktion zur Normalform Schwierigkeiten, die mit den kleinen Nennern zusammenhängen. Dabei kann das topologische Bild einfach sein. Zum Beispiel ist ein gewöhnlicher Sattel bei rationalen wie auch bei irrationalen Verhältnissen der Eigenwerte topologisch gleichgeartet. Diese Erscheinung trat auch schon im Poincaré-Gebiet auf. Die Resonanzen können keinen Einfluß auf die Topologie des Phasenbildes ausüben.

Natürlich entsteht die Frage, warum die Resonanz, die topologisch nicht in Erscheinung tritt, die analytische (sogar endlich glatte) Reduktion zur Normalform stört. Hier ist es nützlich, das Verhalten der Resonanzen in der Störungstheorie bedingt-periodischer Bewegungen im Auge zu behalten.

Wir betrachten die Differentialgleichung auf dem n-dimensionalen Torus T^n

$$\dot{\theta} = \omega + \varepsilon \ldots, \qquad \theta \bmod 2\pi \in T^n, \qquad \omega \in \boldsymbol{R}^n, \qquad \varepsilon \ll 1. \tag{$*$}$$

Der Resonanz $(\omega, \boldsymbol{k}) = 0$ entspricht, wenigstens beim Fehlen der Störung, d. h. bei $\varepsilon = 0$, die Veränderung der topologischen Eigenschaften des Systems: die Phasenkurven sind nicht wie im Nichtresonanzfall auf einem n-dimensionalen, sondern nur auf einem $(n - 1)$-dimensionalen Torus überall dicht. Zum Beispiel entstehen bei $n = 2$ bei der Resonanz gewöhnlich grobe periodische Bewegungsregimes (stabile und instabile Grenzzyklen auf dem Torus). Klar ist, daß die Existenz dieser Zyklen die Reduktion der Gleichung auf Normalform $\dot{\theta} = \omega$ gewöhnlich für die Fälle ohne Resonanz verhindert.

Eine ähnliche Überlegung ist im Beweis von Poincaré über die Nichtexistenz der ersten Integrale im Dreikörperproblem enthalten.

Man kann annehmen, daß der Einfluß der Resonanzen auf die Divergenz in der lokalen Aufgabe, die wir oben betrachtet hatten, von ähnlicher Art ist. Aber er ist mit einer Änderung der Topologie der Blätterung, die von den Phasenkurven nicht im Reellen, sondern im Komplexen gebildet wird, verbunden. Diese Veränderung, die zwar nicht vollständig auf dem reellen Teil des Phasenraumes zum Ausdruck kommt, verhindert offensichtlich eine analytische Reduktion und kann die C^r-Glätte stören.

Wir bemerken, daß das System $\dot{x}_k = \lambda_k x_k + \cdots$ mit der Transformation $x = e^{i\theta}$ zur Gestalt $(*)$ geführt wird (die reellen ω entsprechen einem rein-imaginären λ). Die allgemeinen Methoden des Auffindens der Grenzzyklen für das System (∗) führen zur Betrachtung des ersten Integrals $\varrho = e^{i(\theta, k)}$ des ungestörten Systems. In den Bezeichnungen des Ausgangssystems hat man $\varrho = x^k$. Die Gleichung der ersten Näherung für eine invariante Mannigfaltigkeit, die der Resonanz entspricht, erhält man aus der Relation

$$\dot{\varrho} = \varrho[(\boldsymbol{k}, \lambda) + (\boldsymbol{k}, \boldsymbol{c})\, \varrho + \cdots].$$

Wir finden formal:

$$\varrho \approx -\frac{[\boldsymbol{k}, \lambda(\varepsilon)]}{[\boldsymbol{k}, \boldsymbol{c}(\varepsilon)]}.$$

Jedoch divergieren unsere Reihen im allgemeinen, und diese Schlußfolgerung wird dann im Beweis gebraucht.

Bei $n = 2$ kann man unsere Erörterungen mit einem strengen Beweis der Existenz eines komplexen Grenzzykels, der in der Nähe der Resonanz die gezeigte Asymptote hat, bekräftigen (A. S. Pjartli [2]).

Im Moment der Resonanz, wenn $(\boldsymbol{k}, \lambda) = 0$ ist, nähert sich der Zykel, eine komplexe nicht einfach-zusammenhängende Phasenkurve, zur komplexen Separatrix des singulären Punktes. Ein nichtzusammenhängender Weg, den man auf diesem Zykel hat, verschwindet bei der Resonanz und verschmilzt mit der Gleichgewichtslage. Teilweise ist das Entstehen (oder das Verschwinden) eines Zykels aus der Gleichgewichtslage beim Stabilitätsverlust gegeben (vgl. 6.5.). In diesem Fall ist $\boldsymbol{k} = (1, 1, 0, \ldots)$, $\lambda_1 + \lambda_2 = 0$, und die ganze Erscheinung ist im reellen Gebiet zu beobachten (vgl. Abb. 127). In den anderen Fällen, auch mit der gleichen Resonanz wie z. B. im Fall eines Sattels, kann sich die Topologie der reellen Phasenkurven bei der Resonanz nicht verändern.

Der Unterschied der Topologie der komplexen Phasenkurven einer Gleichung (oder einer Familie) und ihrer Normalformen sind ein Hindernis zur analytischen Reduktion auf Normalform. Ist sogar dieser Unterschied, wie das gewöhnlich der Fall ist, durch ein Jet endlicher Ordnung bestimmt, dann verhindert er nicht nur die analytische Reduktion auf Normalform, sondern auch eine endlich-glatte. Zum Beispiel kann die Divergenz der angeführten Reihen, wenn sich der Quotient der Eigenwerte einer rationalen Zahl gut nähert, die Existenz von komplexen Grenzzyklen in einer beliebigen Umgebung des stationären Punktes, die von nahen Resonanzen hoher Ordnung abstammen, erklären. Bei einem System in Normalform hat man diese Zyklen nicht, deshalb ist die Transformation auf Normalform divergent.

Die Untersuchungen der Divergenz der Poincaréreihen sind bei weitem noch nicht abgeschlossen. Die vor der Arbeit von Pjartli gegebenen Beweise der Divergenz (Poincaré, Siegel, Brjuno) beruhen auf der Bestimmung des Wachstums der Koeffizienten und erklären nicht die Ursachen der Divergenz. Das ist in dem gleichen Sinn gemeint, wie die Divergenz der Reihe arctan z bei $|z| > 1$ durch die Bestimmung der Koeffizienten gezeigt wird, aber nicht die Ursache, nämlich die Singularitäten bei $z = \pm i$, aufgedeckt wird.

A. S. Pjartli bewies folgendes:

1. Beim Resonanzdurchgang $k_1\lambda_1 + k_2\lambda_2 = 0$ in $\boldsymbol{C}^2$ haben wir im allgemeinen eine

Abzweigung von der Separatrix des singulären Punktes der invarianten Mannigfaltigkeit, die in der ersten Näherung eine Gleichung der Gestalt $z_1^{k_1} z_2^{k_2} = \varepsilon$ hat, wobei ε die Abweichung von der Resonanz charakterisiert und z_1, z_2 die Phasenkoordinaten sind.

2. Ein analoges Resultat für dieselbe Resonanz erhält man in $\boldsymbol{C}^n$ bei Beschränkungen für die restlichen Eigenwerte.

3. Für „unnormal kommensurable" λ_1 und λ_2 existieren im allgemeinen in einer beliebigen Umgebung des singulären Punktes unendlich viele invariante Mannigfaltigkeiten, die gleichen Resonanzen entsprechen, woraus die Divergenz der Poincaréreihen folgt.

Die Arbeit von A. S. Pjartli beruht auf Methoden von E. Hopf. Andere Beweise und Verallgemeinerungen der ersten beiden Resultate von A. S. Pjartli erhielt A. D. Brjuno [2—4].

6.8.5. Die Resonanz zwischen drei Eigenwerten

Die Resonanz

$$k_1\lambda_1 + k_2\lambda_2 + k_3\lambda_3 = 0,$$

wobei das Dreieck mit den Eckpunkten λ_1, λ_2, λ_3 die Null enthält, wurde auch von A. S. Pjartli und A. D. Brjuno untersucht. Auch hier wurde eine Abzweigung der Separatrix des singulären Punktes der invarianten Mannigfaltigkeit bei $n = 3$ bewiesen. Es seien (z_1, z_2, z_3) die Phasenkoordinaten, und ε sei der Parameter der Deformation (der Resonanz entspricht $\varepsilon = 0$). Dann füllen die invarianten Mannigfaltigkeiten im Raum mit den Koordinaten (z, ε) eine holomorphe Hyperfläche gänzlich aus, deren Gleichung in der ersten Approximation im eingeführten Koordinatensystem die Gestalt $z_1^{k_1} z_2^{k_2} z_3^{k_3} = \varepsilon$ besitzt.

A. S. Pjartli bewies, daß für „unnormal kommensurable" $(\lambda_1, \lambda_2, \lambda_3)$, die ein Siegelsches Dreieck bilden, im allgemeinen in einer beliebigen Umgebung der Gleichgewichtslage $0 \in \boldsymbol{C}^3$ unendlich viele invariante Mannigfaltigkeiten der beschriebenen Gestalt existieren, die unterschiedlichen Resonanzen entsprechen.

Aus dem weiteren wird sichtbar, daß das Vorhandensein einer hinreichend großen Zahl invarianter Resonanzmannigfaltigkeitenin einer Umgebung des Punktes $0 \in \boldsymbol{C}^3$, der ohne Resonanz ist, die Konvergenz der Poincaré-Siegel-Reihen in dieser Umgebung verhindert. Deshalb folgt aus dem zitierten Resultat von Pjartli, daß bei „unnormalen kommensurablen" $(\lambda_1, \lambda_2, \lambda_3)$ die Divergenz der angegebenen Reihen im allgemeinen in einer beliebigen Umgebung des Koordinatenursprunges auftritt.

6.8.6. Der Fall diskreter Zeit

Wir betrachten einen lokalen Diffeomorphismus $A: \boldsymbol{C}^n \to \boldsymbol{C}^n$ in einer Umgebung des Fixpunktes O. Wir bezeichnen mit $(\lambda_1, \ldots, \lambda_n)$ die Eigenwerte der Linearisierung von A in O.

Die vorhandene Theorie wendet man auf diesen Fall mit folgenden Änderungen an:

die Resonanzen: $\lambda_k = \lambda_1^{m_1} \cdots \lambda_n^{m_n} \quad (m_i \geqq 0, \sum m_i \geqq 2)$,
das Poincaré-Gebiet: alle $|\lambda_s| > 1$ oder alle $|\lambda_s| < 1$,
das Siegel-Gebiet: es existieren $|\lambda_i| \geqq 1$ und $|\lambda_j| \leqq 1$.

Bemerkung. Einem linearen Vektorfeld in C^n entspricht eine lineare Transformation in C^{n-1} (die Poincaré-Abbildung). Und zwar sei das Feld durch die Differentialgleichung

$$\dot{z}_1 = \alpha_1 z_1, \ldots, \dot{z}_n = \alpha_n z_n,$$

gegeben, wobei $\alpha_n \neq 0$ ist. Wir betrachten die Lösungen mit den Anfangswertbedingungen bei $t = 0$ auf der Ebene $z_n = 1$. Die Lösungen bei $t = 2\pi i/\alpha_n$ liegen genau in dieser Ebene C^{n-1}. Die erhaltene Abbildung $A: C^{n-1} \to C^{n-1}$ hat die Eigenwerte $\lambda_s = e^{2\pi i \alpha_s \alpha_n}$ $(s = 1, \ldots, n-1)$.

Eine analoge Konstruktion der Poincaré-Abbildung hat man auch (bei geringen zusätzlichen Voraussetzungen) im nichtlinearen Fall. Deshalb ziehen die Resultate über die invarianten Mannigfaltigkeiten und Bifurkationen für Abbildungen die entsprechenden Resultate für Vektorfelder nach sich.

Übrigens nutzt man in den meisten Fällen die genannte Verbindung zwischen den Gleichungen und Abbildungen als ein heuristisches Mittel für das Erraten der Resultate in dem einen Gebiet, wenn man die Resultate in dem anderen erhalten hat, die Beweise führt man besser unabhängig voneinander.

6.8.7. Die Bifurkationen invarianter Mannigfaltigkeiten eines Diffeomorphismus

Die Resonanz zwischen drei Eigenwerten eines Vekorfeldes

$$k_1\alpha_1 + k_2\alpha_2 + k_3\alpha_3 = 0$$

entspricht im diskreten Fall einer Resonanz der Gestalt

$$\lambda_1^{m_1}\lambda_2^{m_2} = 1,$$

wobei im Siegelschen Gebiet $m_1 > 0$, $m_2 > 0$, $|\lambda_1| \geqq 1 \geqq |\lambda_2|$ ist. Wir setzen voraus, daß λ_1 dem Betrag nach größer als 1 und λ_2 dem Betrag nach kleiner als 1 ist.

Die Resultate von Pjartli und Brjuno ergeben in diesem Fall die Existenz invarianter Mannigfaltigkeiten, die im Raum mit den Koordinaten (ε, z_1, z_2) eine Fläche bilden, deren Gleichung mit den Gliedern der Gestalt $\varepsilon = z_1^{m_1} z_2^{m_2}$ beginnt. Hierbei ist ε die Abweichung von der Resonanz, und (z_1, z_2) sind geeignete (glatt von ε abhängende) Phasenkoordinaten. Bei fixiertem $\varepsilon \neq 0$ ist die konstruierte invariante Mannigfaltigkeit zu einem Zylinder homöomorph. Die Verschlingungskoeffizienten der Achse dieses Zylinders mit den Koordinatenachsen in C^2 sind gleich m_1 und m_2.

Wir zeigen, daß die Existenz eines hinreichend großen Teils dieser invarianten Resonanzmannigfaltigkeit in einer Umgebung eines Fixpunktes ohne Resonanz eines Diffeomorphismus die Linearisierung dieses Diffeomorphismus in dieser Umgebung verhindert. Wenn man folglich Resonanzmannigfaltigkeiten in jeder beliebigen Umgebung des Fixpunktes hat, dann divergieren die linearisierenden Reihen überall.

Topologisch sind alle Abbildungen des $\mathbf{C}^2$ mit $|\lambda_1| > 1 > |\lambda_2|$ einander äquivalent. Insbesondere sind sie alle linearisierbar und haben viele invariante Zylinder. Wie wir sehen werden, sind jedoch die analytischen invarianten Zylinder eine große Seltenheit.

6.8.8. Die lokalen Verschiebungen

Wir beabsichtigen, mit einer invarianten Resonanzmannigfaltigkeit einer Abbildung $\mathbf{C}^2 \to \mathbf{C}^2$ eine elliptische Kurve zu verbinden, die holomorph in eine Fläche eingebettet ist. Diese Fläche ist die Mannigfaltigkeit der Orbits unserer Abbildung (oder die Mannigfaltigkeit der Phasenkurven der Ausgangsdifferentialgleichung in $\mathbf{C}^3$). Um die Mannigfaltigkeit der Orbits vollständig zu bestimmen, führen wir folgende Begriffe ein.

Wir betrachten den Zylinder $S^1 \times \mathbf{R}$. Die Addition von 1 zur zweiten Koordinate nennt man *Standardverschiebung* des Zylinders. Es sei D_0 das Gebiet auf dem Zylinder, das $S^1 \times [0, 1]$ enthält. Die Einschränkung der Standardverschiebung auf D_0 ergibt einen Diffeomorphismus $t \colon D_0 \to D_1 = t(D_0)$. Wir bemerken, daß der Durchschnitt $D_0 \cap D_1$ den Kreis $S^1 \times 1$ enthält. Die Vereinigung $D_0 \cup D_1$ bezeichnen wir mit D.

Es sei M eine zweidimensionale Mannigfaltigkeit, M_0 und M_1 seien Gebiete auf M. Es sei $f \colon M_0 \to M_1$ ein Homöomorphismus.

Definition. Der Homöomorphismus f heißt *lokale Verschiebung*, wenn ein Homöomorphismus $h \colon M \to D$ existiert, der M_0 in D_0, M_1 und D_1 und f in t überführt.

Es sei M eine komplexe Kurve und $f \colon M_0 \to M_1$ eine holomorphe lokale Verschiebung. Dann definiert die Verheftung jedes Punktes $z \in M_0$ mit seinem Bild $f(z) \in M_1$ eine kompakte komplexe Kurve, die homöomorph zu einem Torus, also eine elliptische Kurve $\Gamma = M/f$ ist.

◀ Der Beweis ist klar. ▶

Wir betrachten jetzt das direkte Produkt des Zylinders mit der Ebene $\Pi = (S^1 \times \mathbf{R}) \times \mathbf{R}^2$. Es sei $T \colon \Pi \to \Pi$ die Verschiebung um 1 längs $\mathbf{R}$, E_0 die Umgebung $D_0 \times O$, $E_1 = TE_0$, $E = E_0 \cup E_1$.

Es sei N eine glatte, reelle vierdimensionale Mannigfaltigkeit, $M \subset N$ sei eine zweidimensionale Untermannigfaltigkeit, N_1 und N_2 seien Gebiete in $N = N_1 \cup N_2$ und $F \colon N_1 \to N_2$ sei ein Homöomorphismus.

Definition. Der Homöomorphismus F heißt *lokale Verschiebung* von N längs M, wenn ein Homöomorphismus $H \colon N \to E$ existiert, der N_0 in E_0, N_1 in E_1, F in T und M in D überführt.

Es sei N eine komplexe Fläche, $M \in N$ eine komplexe Kurve und $F \colon N_0 \to N_1$ eine holomorphe lokale Verschiebung entlang M. Dann definiert die Verheftung jedes Punktes $z \in N_0$ mit seinem Bild $F(z) \in N_1$ eine holomorphe komplexe Fläche $\Sigma = N/F$, die eine Umgebung der elliptischen Kurve $\Gamma = M/f$ ist.

◀ Der Beweis ist klar. ▶

6.8.9. Die Konstruktion einer elliptischen Kurve zu einer invarianten Resonanzmannigfaltigkeit einer linearen Abbildung

Es sei $A: \boldsymbol{C}^2 \to \boldsymbol{C}^2$ eine lineare Abbildung mit den Eigenwerten λ_1, λ_2, wobei $|\lambda_1| > 1 > |\lambda_2|$ ist. Wir nehmen an, daß die Eigenwerte die Resonanzbeziehung $\lambda_1^{m_1}\lambda_2^{m_2} = 1$ erfüllen, wobei m_1 und m_2 zueinander teilerfremd sind. Dann ist der Zylinder mit der Gleichung $z_1^{m_1}z_2^{m_2} = 1$ (wobei z_1, z_2 die Koordinaten in der Eigenbasis sind) invariant bezüglich A.

Die Einschränkung von A auf diesen Zylinder ergibt eine holomorphe Verschiebung. Wir uniformieren die Kurve $\lambda_1^{m_1}\lambda_2^{m_2} = 1$ durch den Parameter $\lambda \neq 0$ mit $\lambda_1 = \Lambda^{m_2}$ und $\lambda_2 = \Lambda^{-m_1}$ und führen auf dem Zylinder einen Parameter $Z \neq 0$ ein, für den $z_1 = Z^{m_2}$, $z^2 = Z^{-m_1}$ ist. Dann nimmt die Operation von A auf dem Zylinder die Form $Z \to \lambda Z$ an. Diese Abbildung ist eine holomorphe Verschiebung, wenn $|\Lambda| > 1$ ist. Die entsprechende elliptische Kurve ist dann $\boldsymbol{C}^*/\{\Lambda\} \cong \boldsymbol{C}/(2\pi\boldsymbol{Z} + \omega\boldsymbol{Z})$, wobei $\Lambda = e^{i\omega}$ ist.

Wir bemerken, daß die lineare Abbildung im Resonanzfall eine ganzzahlige einparametrige Familie holomorpher invarianter Zylinder $z_1^{m_1}z_2^{m_2} = c$ hat, wobei $c \neq 0$ ist. Die elliptische Kurven, die zu all diesen Zylindern konstruiert werden, sind zueinander isomorph.

Eine passende Umgebung eines beliebigen dieser Zylinder (oder eines hinreichend großen abgeschlossenen Teiles) wird nach der Faktorisierung nach der Operation von A eine Umgebung der elliptischen Kurve auf einer komplexen Fläche. Diese Fläche ist das direkte Produkt der elliptischen Kurve mit $\boldsymbol{C}$. Die Homothetien $z \to kz$ definieren dabei die Projektion auf die elliptische Kurve und die Abbildung $z \to z_1^{m_1}z_2^{m_2}$ die Projektion auf den zweiten Faktor.

Insbesondere ist der Selbstschnittindex der elliptischen Kurve auf der konstruierten Fläche gleich 0.

6.8.10. Die Konstruktion einer elliptischen Kurve zu einer invarianten Resonanzmannigfaltigkeit einer nichtlinearen Abbildung

Es sei $A(\varepsilon): U \to \boldsymbol{C}^2$ eine biholomorphe Abbildung eines Gebietes $U \subset \boldsymbol{C}^2$ in $\boldsymbol{C}^2$, die holomorph vom Parameter ε abhängt. Wir nehmen an, daß ε aus einer Umgebung der Null in $\boldsymbol{C}$ ist und alle Abbildungen $A(\varepsilon)$ den Koordinatenursprung von $\boldsymbol{C}^2$ invariant lassen.

Wir bezeichnen mit λ_1, λ_2 die Eigenwerte der Linearisierung der Abbildung $A(0)$ in 0 und nehmen an, daß $|\lambda_1| > 1 > |\lambda_2|$ und $\lambda_1^{m_1} = \lambda_2^{m_2}$ ist, wobei m_1 und m_2 zueinander teilerfremd sind.

Für die Familie A allgemeiner Lage zweigt beim Resonanzdurchgang durch $\varepsilon = 0$ von der Separatrix des Fixpunktes ein invarianter holomorpher Resonanzzylinder ab (vgl. 6.8.6.).

Wir fixieren ein hinreichend kleines ε und betrachten die Einschränkung $A(\varepsilon)$ auf diesen Zylinder. Man kann überprüfen, daß $A(\varepsilon)$ auf dem entsprechenden Teil des Zylinders eine lokale holomorphe Verschiebung induziert. [Das ergibt sich aus folgendem: 1. Der Zylinder hat in erster Näherung die Gleichung $z_1^{m_1} z_2^{m_2} = c(\varepsilon)$; 2. $A(\varepsilon)$ ist nahe der Linearisierung $A(0)$ in 0; 3. Die Linearisierung $A(0)$ in 0 operiert auf dem Zylinder $z_1^{m_1} z_2^{m_2} = c$ als lokale Verschiebung (vgl. 6.8.8.)]

Damit definiert die Abbildung $A(\varepsilon)$ bei hinreichend kleinem $|\varepsilon|$ eine elliptische Kurve $\Gamma(\varepsilon)$, die in die Fläche $\Sigma(\varepsilon)$ eingebettet ist. In den Homologien der Kurve $\Gamma(\varepsilon)$ hat man den erwähnten Kreis (das Bild der Kreislinie des Zylinders). Die Kurve $\Gamma(\varepsilon)$ kann man wie folgt darstellen:

$$\Gamma(\varepsilon) \approx \boldsymbol{C}/\big(2\pi \boldsymbol{Z} + \omega(\varepsilon)\,\boldsymbol{Z}\big),$$

wobei 2π dem erwähnten Kreis entspricht. Die Funktion $\omega(\varepsilon)$ hat bei $\varepsilon \to 0$ den Grenzwert ω_0. Aus den Formeln von 6.8.8. folgt, daß $\lambda_1 = e^{i\omega_0 m_2}$, $\lambda_2 = e^{-i\omega_0 m_1}$ ist.

Der Selbstschnittindex der Kurve Γ in der Fläche Σ ist gleich 0. Deshalb ist Σ topologisch ein direktes Produkt von Γ mit einer Kreisscheibe. Jedoch ist analytisch Σ nicht notwendig ein direktes Produkt. Weiterhin gilt:

1. Σ braucht keine holomorphe Faserung über Γ zu sein; die Umgebung Γ in Σ braucht keine holomorphe Abbildungen auf Γ, die die Identität auf Γ sind, zuzulassen. Das ist beispielsweise der Fall, wenn neben Γ in Σ eine Familie elliptischer Kurven mit anderen Werten des Betrages von ω existiert.

2. Γ kann in Σ keine Deformationen zulassen, die verschieden von Verschiebungen von Γ in sich selbst sind. Das ist beispielsweise der Fall, wenn das Normalenbündel von Γ in Σ analytisch nicht trivial ist.

Die positiven Resultate über die Struktur von Σ sind in 5.6. angeführt.

6.8.11. Die Nichtlinearisierbarkeit einer Abbildung in einem Gebiet, das den Resonanzzylinder enthält

Satz. *Ist eine elliptische Kurve Γ in einer Umgebung Σ nicht deformierbar, dann ist die Abbildung A nicht durch eine biholomorphe Variablentransformation in einer Umgebung des Nullpunktes, die einen Teil des holomorphen invarianten Zylinders enthält, der für die Konstruktion der Kurve Γ notwendig war, linearisierbar.*

◀ Einen holomorphen invarianten Zylinder einer linearen Abbildung kann man nämlich immer mit einer kleinen Homothetie deformieren. ▶

Somit erhalten wir eine Abschätzung des Konvergenzradius der Poincaré-Siegel-Reihe von oben durch einen holomorphen invarianten Zylinder mit einem nichttrivialen Normalenbündel der entsprechenden elliptischen Kurve.

Satz. (Ju. S. Il'jašenko). *Wenn eine lineare Abbildung einen holomorphen invarianten Zylinder hat, deren Kreis mit den Eigenachsen die Verschlingungskoeffizienten (m_1, m_2) besitzt, und die entsprechende elliptische Kurve $\boldsymbol{C}/(2\pi\boldsymbol{Z} + \omega\boldsymbol{Z})$ ist (wobei 2π dem Kreis des Zylinders entspricht), dann sind die Eigenwerte gleich $\lambda_1 = e^{i\omega m_2}$, $\lambda_2 = e^{-i\omega m_1}$, und folglich hat man die Resonanz $\lambda_1^{m_1}\lambda_2^{m_2} = 1$.*

◀ Es seien (z_1, z_2) die Eigenkoordinaten. Die Differentialformen dz_k/z_k sind auf dem Zylinder holomorph und invariant bezüglich der Abbildung und definieren somit holomorphe Formen auf der elliptischen Kurve.

Wir rechnen die Integrale dieser Formen über den Erzeugenden der Homologiegruppe des Torus aus. Eine dieser Erzeugenden entspricht dem Kreis γ auf dem Zylinder. Für ihn gilt

$$\oint dz_1/z_1 = 2\pi i m_2, \quad \oint dz_2/z_2 = -2\pi i m_1,$$

wobei der Verschlingungskoeffizient γ mit der Achse $z_1 = 0$ gleich m_2 und mit der Achse $z_2 = 0$ gleich m_1 ist. Die zweite Erzeugende entspricht der Strecke δ, die den Punkt z mit seinem Bild Az auf der Oberfläche des Zylinders verbindet. Für sie ist $\int dz_1/z_1 = \ln \lambda_1$, $\int dz_2/z_2 = \ln \lambda_2$. (Diese Beziehungen definieren die Zweige des Logarithmus.) Aber alle holomorphen Formen auf einer elliptischen Kurve sind zueinander proportional. Somit haben wir

$$\omega/2\pi = \ln \lambda_1/2\pi i m_2 = -\ln \lambda_2/2\pi i m_1 . \blacktriangleright$$

Folgerung. *Es sei A ein lokaler Diffeomorphismus mit dem Fixpunkt O, und $\lambda_{1,2}$ seien die Eigenwerte. Wir setzen voraus, daß man in einer beliebigen Umgebung U des Fixpunktes einen holomorphen Zylinder hat. Es sei A die holomorphe Verschiebung längs dieses Zylinders, und es sei ω die Periode der entsprechenden elliptischen Kurve. Wenn dann λ und ω nicht durch die Relationen $\lambda_1 = e^{i\omega m_2}$, $\lambda_2 = e^{-i\omega m_1}$, wobei m_1, m_2 die Verschlingungskoeffizienten mit den Separatrizen des singulären Punktes sind, verbunden sind, dann ist der Diffeomorphismus A im Gebiet U zu einem linearen Diffeomorphismus nicht analytisch äquivalent.*

6.8.12. Die Divergenz der Poincaré-Reihen

Aus den erhaltenen Resultaten folgt:

Satz. *Wenn man in einer beliebig kleinen Umgebung eines Fixpunktes 0 ohne Resonanz eines lokalen Diffeomorphismus $C^2 \to C^2$ holomorphe Zylinder hat, auf denen der Diffeomorphismus als lokale Verschiebung wirkt, dann ist dieser Diffeomorphismus in keiner dieser Umgebungen des Fixpunktes 0 analytisch zu einem linearen äquivalent (und folglich sind die Poincaré-Reihen überall divergent).*

A. S. Pjartli stellte fest, daß diese Häufung invarianter Zylinder im singulären Punkt für Abbildungen, deren Eigenwerte sich „unnormal nur durch Resonanzen approximieren lassen", der allgemeine Fall ist. Folglich ist die Divergenz der Poincaré-Reihen für diese Eigenwerte auch ein allgemeiner Fall.

Die Resultate dieses Abschnittes überträgt man leicht auf die Vektorfelder auf C^3 in der Nähe eines singulären Punktes vom Siegelschen Typ. Die Materialisierung der Resonanz $m_1\lambda_1 + m_2\lambda_2 + m_3\lambda_3 = 0$ ist eine elliptische Kurve. Die Punkte dieser Kurve sind Phasenkurven dieses Feldes, das auf der invarianten Resonanzfläche $z_1^{m_1} z_2^{m_2} z_3^{m_3} = c\varepsilon + \cdots$ liegt.

6.8.13. Die Bifurkationen elliptischer Kurven auf komplexen Flächen

Die oben untersuchte Theorie der Bifurkationen invarianter Mannigfaltigkeiten von Differentialgleichungen hat als Analogon die Theorie der Bifurkationen elliptischer Kurven mit der Selbstschnittzahl 0 auf komplexen Flächen.

Eine elliptische Kurve und ihr Normalenbündel auf der Fläche sind durch ein Paar komplexer Zahlen (ω, λ) (vgl. 5.6.) gegeben. Man erhält sie aus der komplexen Achse φ und aus der Ebene zweier komplexer Variabler (r, φ) durch Verheften:

$$(r, \varphi) \sim (r, \varphi + 2\pi) \sim (\lambda r, \varphi + \omega).$$

Das Bündel nennt man eine *Resonanz*, wenn es nach dem Übergang zu einer endlich verzweigten zyklischen Überlagerung analytisch trivial wird.

Die Resonanzbündel bilden im Raum der Paare (λ, ω) eine Hyperfläche $\lambda^n = e^{ik\omega}$. Es zeigt sich, daß im Moment des Resonanzdurchgangs sich der elliptischen Kurve bei einer allgemeinen stetigen Veränderung des Paares (elliptische Kurve; Fläche) eine andere elliptische Kurve nähert, die topologisch ihre Überlagernde ist. Die Materialisierung der Resonanz ist somit eine Bifurkation einer mehrfachen elliptischen Kurve.

Wir betrachten die einparametrige Familie von Paaren $\Gamma(\varepsilon) \subset \Sigma(\varepsilon)$ und nehmen an, daß $\varepsilon = 0$ der Resonanz $\lambda^n = e^{ik\omega}$ entspricht. Es zeigt sich, daß die Gleichung der abzweigenden Kurve die Gestalt $r^n e^{ik\varphi} = \varepsilon$ hat. (Nach der Auswahl eines passenden Parameters der Familie ε und nach passender Veränderung der Koordinaten (r, φ), die von ε abhängen, nehmen wir an, daß der Resonanz $\varepsilon = 0$ entspricht und daß die Resonanzen kleiner Ordnung $\lambda^m e^{ik\varphi} \neq 1$ bei $0 < m < n$ fehlen.)

Wir bestimmen jetzt die Gleichung der abzweigenden Kurve auf dem Niveau der formalen Reihen. Überlegt man wie in 5.6., so erhalten wir

$$\begin{matrix} r \\ \varphi \end{matrix} \mapsto \begin{cases} r\lambda(1 + \alpha\varepsilon + a\omega + A), \\ \varphi + \omega + \beta\varepsilon + b\omega + B, \end{cases}$$

wobei α, β, a, b konstant sind und $\omega = r^n e^{ik\varphi}$ ist. A und B sind Reihen in ε bzw. ω, die mit Gliedern vom Grad 2 anfangen. Diese Substitution führt ω in ω $(1 + \gamma\varepsilon + c\omega + C)$ über, wobei $\gamma = n\alpha + ik\beta$, $c = na + ikb$ ist. C sind die Glieder zweiten und höheren Grades in ε und ω.

Die Gleichung $\gamma\varepsilon + c\omega + C = 0$ definiert die abzweigende Kurve. Für eine Familie allgemeiner Lage ist $\gamma \neq 0$ und $c \neq 0$. Nach passender Koordinatentransformation von ε und r nimmt diese Gleichung die Gestalt $r^n e^{ik\varphi} = \varepsilon$ an.

Die Konvergenz untersucht man wie in den zitierten Arbeiten von Pjartli und Brjuno.

Bemerkung. Es ist leicht zu zeigen, daß die Bedingung $r^n e^{ik\varphi} = 1$ folgendes besagt: Das Normalenbündel über irgendeiner endlichverzweigten zyklischen Überlagerung einer elliptischen Kurve ist analytisch trivial.

Topologisch sind alle betrachteten Bündel trivial. Insbesondere projiziert man die bei der Resonanz abzweigende Kurve (nicht holomorph) auf die Kurve $\Gamma(\varepsilon)$ „längs einer r-Richtung“ Diese Projektion ist eine topologisch endlichverzweigte zyklische Überlagerung des Torus. Dies ist die gleiche Überlagerung, über der das Normalenbündel im Moment des Entstehens der Resonanz trivial ist.

Im Fall, daß $(n, k) = d > 1$ ist (es aber keine Resonanzen kleinerer Ordnung gibt, $\lambda^m e^{il\omega} \neq 1$ bei $0 < m < n$), ist die abzweigende Kurve nicht zusammenhängend. In diesem Fall besteht sie aus d Komponenten. Jede ist eine topologische (n/d)-verzweigte Überlagerung des Ausgangstorus.

6.8.14. Die Divergenz der Linearisierung

Für einige Nichtresonanzbündel (d. h. Paare (λ, ω)) divergieren die Reihen, die bei der Verheftung zur Normalform führen.

Die Abzweigung der materialisierten Resonanzkurven gestattet es, die Divergenz der Reihen, die die Verheftung linearisieren, auf folgende Weise „zu klären“. Wir nehmen an, das Paar (λ, ω) sei ohne Resonanz, liege aber in der Nähe der Resonanz. Dann hat man im allgemeinen in einer kleinen Umgebung der elliptischen Kurve noch eine elliptische Kurve, und zwar die Kurve, die die Materialisierung der Resonanz bildet. Wenn das Paar (λ, ω) hinreichend nahe zu unendlich vielen Resonanzen liegt, dann liegen in einer beliebig kleinen Umgebung der elliptischen Kurve unendlich viele Kurven, die den Materialisierungen der verschiedenen Resonanzen entsprechen und zyklisch die Ausgangskurve überlagern.

Doch das Normalenbündel der Ausgangskurve ist ohne Resonanz. Normalenbündel ohne Resonanz des Grades 0 haben keine Schnitte auf zyklischen endlichverzweigten Überlagerungen der elliptischen Kurve. Deshalb sind in einem Normalenbündel der elliptischen Ausgangskurve keine elliptischen Kurven, die zyklisch die Ausgangskurve überlagern. Somit hat man keine Umgebung der Ausgangskurve auf der Fläche, die biholomorph auf die Umgebung des Nullschnittes des Normalenbündels abgebildet wird. Deshalb divergieren die Reihen für die Verheftung in allgemeiner Lage, wenn das Paar (λ, ω) die Resonanzpaare zu gut approximiert.[1])

Bemerkung. Es existiert eine Analogie zwischen kompakten komplexen Untermannigfaltigkeiten analytischer Mannigfaltigkeiten und den Grenzzyklen der Differentialgleichungen. Wie ein Grenzzykel bei einer kleinen Deformation des Feldes nur verschwinden kann, wenn der Monodromieoperator den Eigenwert 1 hat, so verschwindet eine elliptische Kurve mit der Selbstschnittzahl 0 auf einer Fläche bei kleinen Deformationen der umliegenden Flächen nicht, wenn das Normalenbündel analytisch nicht trivial ist. F. A. Bogomolov gab die folgende allgemeine Formulierung: Eine kompakte Untermannigfaltigkeit einer komplexen Mannigfaltigkeit verschwindet bei kleinen Deformationen der umfassenden Mannigfaltigkeit nicht, wenn die eindimensionalen Kohomologien der Normalgarbe trivial sind. (Die Definition der Kohomologie findet man z. B. bei R. O. Wells [1].

6.9. Die Klassifizierung der singulären Punkte

In diesem Abschnitt verzichten wir auf den „universalen" Standpunkt und betrachten keine Familien, sondern einzelne Systeme von Differentialgleichungen in einer Umgebung eines singulären Punktes eines Vektorfeldes, wobei wir die Ausartungen einer beliebig großen Kodimension zulassen. Die Untersuchung dieser komplizierten Singularitäten haben im allgemeinen nur einen begrenzten Wert, weil die komplizierten Ausartungen eine große Kodimension haben und sie selten sind.

Jedoch ist die Kenntnis der allgemeinen prinzipiellen Eigenschaften dieser beliebigen Singularitäten sogar in den komplizierten Fällen von Interesse, wo unsere gegenwärtigen Rechnermöglichkeiten uns nicht gestatten, etwas auszurechnen. Zu wissen, was man alles in Fällen großer Kodimension antrifft, ist schon deshalb sinnvoll, um nicht die Kräfte auf der Suche nach nichtexistierenden Dingen zu vergeuden. Solche nichtexistierenden Objekte, deren Suche viele Anstrengungen gekostet hatte, waren beispielsweise algebraische Ljapunovsche Stabilitätskriterien oder algebraische Kriterien der asymptotischen Stabilität beim Problem des Zentrum-Strudels (bei Nulllösungen der charakteristischen Gleichungen).

Um zu zeigen, um welche prinzipiellen Fragen es bei dieser Sache geht, betrachten wir zuerst ein sehr einfaches und leicht bis zu Ende auszurechnendes Beispiel.

---

[1]) Dies folgt aus V. I. Arnol'd [9]. Die Details der Beweise findet man in Ju. S. Il'jašenko und A. S. Pjartli [1].

6.9.1. Die singulären Punkte von Funktionen auf der reellen Geraden

Es sei f eine glatte reelle Funktion in der Umgebung des Punktes $x = 0 \in \boldsymbol{R}$. Wenn der Punkt 0 nicht kritisch ist, dann ist die Funktion in ihrer Umgebung zu einer linearen Funktion $\big(f(x) = x + c\big)$ glatt äquivalent.

Wie verläuft die Sache im kritischen Fall? Dies ist auch gut bekannt: Wenn $f'(0) = 0$ ist, dann wird das Verhalten der Funktion durch das Vorzeichen von $f''(0)$ bestimmt usw.

Wir suchen beispielsweise Bedingungen für ein Minimum der Funktion im Punkt 0. Die Antwort kann man wie folgt geben. Der Raum J^k der k-Jets der Funktion in 0 zerfällt in drei Teile

$$J^k = \mathrm{I} \cup \mathrm{II} \cup \mathrm{III};$$

I: Jets, die ein Minimum garantieren,

II: Jets, die ein Fehlen des Minimums garantieren,

III: Jets, auf denen man noch entscheiden muß, ob ein Minimum existiert.

Die Jets der Typen I und II heißen *hinreichende* und des Types III *aufnahmefähige* Jets.

Die Mengen I, II, III in unserer Aufgabe erfüllen die beiden folgenden Bedingungen:

1: *Die Halbalgebraizität.* Jede der Mengen I, II, III ist eine halbalgebraische Untermannigfaltigkeit des Raumes der Jets J^k.

Eine *halbalgebraische Menge* in $\boldsymbol{R}^N$ ist eine endliche Vereinigung von Teilmengen, von denen jede durch ein endliches System von polynomialen Gleichungen und Ungleichungen definiert ist.

Wenn Ungleichungen nicht notwendig sind, dann nennt man die Menge algebraisch. Eine nützliche Eigenschaft einer halbalgebraischen Menge ist im folgendem Satz enthalten. (Die Beweise findet man bei A. Seidenberg [1], E. A. Gorin [1]).

Das Prinzip von Tarski-Seidenberg. *Das Bild einer halbalgebraischen Menge ist bei polynomialen Abbildungen halbalgebraisch.*

Eine etwas schwächere, aber äquivalente Formulierung ist die folgende.

Die Projektion einer halbalgebraischen Menge auf eine Untermannigfaltigkeit ist eine halbalgebraische Menge.

Wir bemerken, daß schon die Projektion einer halbalgebraischen Menge keine algebraische Menge zu sein braucht, sie ist nur eine halbalgebraische Menge. Ein Beispiel ist die Projektion einer Sphäre auf die Ebene.

2: *Die fast endliche Bestimmtheit.* Bei $k \to \infty$ strebt die Kodimension der Menge der aufnahmefähigen Jets $\mathrm{III} \subset J^k$ ins Unendliche.

Mit anderen Worten, die aufnahmefähigen Jets in J^k werden durch Bedingungen bestimmt, deren Anzahl mit k wächst. Als Resultat erhält man: Die Menge der Funktionen, für die die Frage, ob der Nullpunkt ein lokales Minimum ist, entscheidbar ist, ist sehr dünn. Sie hat eine unendliche Kodimension im Funktionalraum.

6.9.2. Andere Beispiele

Die analoge Frage für Funktionen mehrerer Veränderlicher hat schon keinen solch einfachen Algorithmus. Wenn das zweite Differential ausartet, dann zieht man zur Untersuchung die folgenden hinzu, und wir kommen zu Aufgaben vom Typ der Klassifizierung algebraischer Kurven, Flächen usw. Um so mehr erfüllen auch hier die Zerlegungen $J^k = \mathrm{I} \cup \mathrm{II} \cup \mathrm{III}$ des Raumes der k-Jets der Funktion in $\boldsymbol{R}^n$ die Eigenschaften der Halbalgebraizität und der fast endlichen Bestimmtheit, obwohl das explizite Aufschreiben der Gleichungen und Ungleichungen in den Taylor-Koeffizienten bei irgendeinem großen n und k hoffnungslos ist. Die Existenz dieser Gleichungen und Ungleichungen kann man aus dem Satz von Tarski-Seidenberg folgern, dessen Beweis auch den Algorithmus für die Aufstellung dieser Gleichungen und Ungleichungen enthält (Verallgemeinerung der Theorie von Sturm).

Der Anfangsabschnitt der Klassifizierung ist ausgerechnet und hängt (auf eine ziemlich geheimnisvolle Weise) mit der Klassifizierung regulärer Polyeder, den Coxeter-, Weyl- und Lie-Gruppen der Serien A_k, D_k, E_k, mit automorphen Funktionen, Dreiecken auf der Lobačevskij-Ebene, mit Singularitäten von Kaustiken, Wellenfronten und oszillierenden Integralen bei der Methode stationärer Phasen zusammen. (Vgl. die Übersicht und das Literaturverzeichnis bei V. I. Arnol'd [8]; V. A. Vasil'ev [1]).

Das folgende Beispiel ist die Aufgabe über die topologische Klassifizierung der Keime glatter Abbildungen. Im Jahre 1964 formulierte R. Thom einen Satz über die Halbalgebraisierbarkeit und die fast endliche Bestimmtheit bei diesem Problem. Den Beweis gab A. N. Varčenko [1].

6.9.3. Singuläre Punkte von Vektorfeldern

Wir kommen jetzt zum Problem der topologischen Klassifizierung der singulären Punkte von Vektorfeldern. Am Anfang erweist sich die Aufgabe genau so einfach wie im Fall der Funktionen. Die nichtausgearteten singulären Punkte klassifiziert man nach der Anzahl der Eigenwerte in der linken Halbebene. Der Raum der 1-Jets zerfällt in eine endliche Anzahl von Teilen. Jeder dieser Teile ist eine halbalgebraische Menge im Raum der Jets, ihre polynomialen Gleichungen kann man auch übersichtlich aufschreiben (die Bedingungen von Routh-Hurwitz, vgl. etwa F. R. Gantmacher [1]).

Die aufnahmefähigen 1-Jets bilden eine halbalgebraische Untermannigfaltigkeit der Kodimension 1, die in Gebiete unterteilt ist, die der gleichen Lösungszahl in der linken Halbebene entsprechen. In den letzten Abschnitten betrachteten wir eine Reihe von Beispielen dafür, was in diesen ausgearteten Fällen beim Übergang zu den 2-Jets usw. geschieht. Somit entsteht der Eindruck, daß man auch hier beliebig weit gehen kann und nur die Kompliziertheit der Ausartung und die Vielzahl der Varianten es nicht gestatten, eine algebraische Klassifizierung in den Fällen beliebig großer Kodimension anzugeben. Es zeigt sich jedoch, daß dem nicht so ist (V. I. Arnol'd [6]).

Die Eigenschaft der Halbalgebraizität verliert sich schon in solch einer einfachen Aufgabe wie bei der Unterscheidung des Zentrums und des Strudels bei Nullösungen der charakteristischen Gleichung (A. D. Brjuno und Ju. S. Il'jaenško [1]; vgl.

Ju. S. Il'jašenko [1]). Somit können für die Probleme der Stabilität und der topologischen Klassifizierung keine algebraischen Algorithmen existieren.[1])

Es verbleibt noch die Hoffnung auf die Existenz eines nichtalgebraischen Algorithmus, d. h., daß die Eigenschaft der fast endlichen Bestimmtheit noch übrigbleibt: Die Menge der Keime, deren topologischer Typ (oder deren Stabilität) man mit keinem endlichen Abschnitt der Taylorreihe definieren kann, hat möglicherweise die Kodimension ∞. Die Frage, ob das wirklich so ist, ist schwierig zu untersuchen. Man muß genauer definieren, was exakt Kodimension ist. Die Mengen im Raum der k-Jets, deren Kodimension zu definieren ist, sind nichtalgebraische Mengen, und möglicherweise könnten mengentheoretische Schwierigkeiten zu überwinden sein. R. Thom stellte die Hypothese auf, daß die Antwort auf diese Frage negativ ist (vgl. F. Takens [1], S. 583—597).

6.9.4. Die Struktur der Mengen der Aufnahmefähigkeit

Die Frage der fast endlichen Bestimmtheit ist verbunden mit dem Verhalten der Menge der aufnahmefähigen Jets im Raum der k-Jets J^k, wenn k gegen ∞ strebt. Die Struktur der Menge der Aufnahmefähigkeit bei fixiertem k scheint leichter zu untersuchen zu sein. Wir fixieren ein aufnahmefähiges $(k-1)$-Jet des Vektorfeldes in 0 und betrachten den Raum J der aufnahmefähigen k-Jets mit gegebenen $(k-1)$-Jets. Zum Beispiel betrachten wir die Frage nach der asymptotischen Stabilität. Dann teilt sich der Raum J in zwei (möglicherweise leere) Teile: I (stabile k-Jets) und II (instabile k-Jets) und den Rest III aus den aufnahmefähigen Jets. (Im Fall der topologischen Klassifizierung ist es der größte Teil.) Die Suche nach Stabilitätskriterien besteht darin, daß man klärt, welche Eigenschaften die Teile I und II und die Grenze zwischen ihnen erfüllen. Zum Beispiel bedeutet die Transzendenz der Grenze die Nichtexistenz eines algebraischen Stabilitätskriteriums. Man fragt sich, wie kompliziert die genannte Grenze sein kann. Zum Beispiel können bei ihr eine (und bei den offenen Teilen I und II) unendlich viele Zusammenhangskomponenten auftreten. Können sich die Punkte von I und II ähnlich den rationalen und irrationalen Zahlen vermischen?

Beispiele dieser Art sind nicht bekannt, jedoch kann man erwarten, daß man diese Situation in singulären Fällen hinreichend großer Kodimension im mehrdimensionalen Raum antrifft.

Es existiert eine enge Verbindung zwischen der lokalen Untersuchung des Verhaltens der Phasenkurven in der Nähe eines singulären Punktes in $\boldsymbol{R}^n$ und der globalen Untersuchung von Differentialgleichungen, die durch ein polynomiales System im projektiven Raum $\boldsymbol{R}^{n-1}$ auf einer um 1 kleineren Dimension gegeben sind.

In der oben zitierten Arbeit über die algebraische Unlösbarkeit nutzte man diesen Zusammenhang aus, um die Transzendenz der Stabilitätsgrenze im Raum der Jets

[1]) In der letzten Zeit stellten L. G. Chazin und È. È. Šnol' die algebraische Unlösbarkeit des Problems der Stabilität im Fall zweier Paare rein imaginärer Eigenwerte mit einer Resonanz 3 : 1 fest. Dieser Fall entspricht einer Untermannigfaltigkeit der Kodimension 3 im Funktionalraum.

des lokalen Problems aus der Transzendenz der Fläche des Entstehens der Grenzzyklen im Koeffizientenraum des polynomialen Systems auf der projektiven Ebene zu folgern. Aber im mehrdimensionalen globalen Problem sind kompliziertere Erscheinungen als nur Grenzzyklen möglich. Es treten z. B. Systeme auf dem Torus mit dicht beieinanderliegender Kommensurabilität und Inkommensurabilität der Rotationszahlen oder Gebiete auf, in denen es keine strukturstabilen Systeme gibt. All diese Erscheinungen gibt es in polynomialen Systemen im projektiven Raum, und jede kann die Stabilitätsgrenze im Raum J auf ihre Weise verheddern.

Beispiele für Prüfungsaufgaben

In der schriftlichen Prüfung sind 15 miteinander zusammenhängende Fragen in 4 Stunden zu beantworten. In eckigen Klammern ist die Anzahl der Punkte für die jeweilige Frage angegeben. Diese Zahlen werden dem Prüfling vorher genannt.

Variante 1

(1) $\ddot{x} = -\sin x + \varepsilon \cos t$

I. Es sei $\varepsilon = 0$.

1. Man linearisiere im Punkt $x = \pi$, $\dot{x} = 0$. [1]
2. Ist diese Gleichgewichtslage stabil? [1]
3. Man gebe die Jacobi-Matrix der Transformation des Phasenflusses nach der Zeit $t = 2\pi$ im Punkt $x = \pi$, $\dot{x} = 0$ an. [3]
4. Man finde die Ableitung der Lösung mit der Anfangsbedingung $x = \pi$, $\dot{x} = 0$ nach ε für $\varepsilon = 0$. [5]
5. Man zeichne die Graphen der Lösung und ihrer Ableitung nach t mit der Anfangsbedingung $x = 0$, $\dot{x} = 2$ [3]
6. Man finde diese Lösung. [3]

II. Es sei (2) die Gleichung der Variationen längs der Lösung 5.

7. Hat die Gleichung (2) unbeschränkte Lösungen? [8]
8. Hat die Gleichung (2) eine von 0 verschiedene beschränkte Lösung? [8]
9. Man gebe die Wronski-Determinante eines Fundamentalsystems von Lösungen der Gleichung (2) an, wenn $W(0) = 1$ ist. [5]
10. Man schreibe die Gleichung (2) auf und löse sie. [10]
11. Man finde die Eigenwerte und Eigenvektoren des Monodromieoperators für die Gleichung der Variationen längs der Lösung mit den Anfangswerten $x = \pi/2$, $\dot{x} = 0$. [16]
12. Man zeige, daß die Gleichung (1) eine 2π-periodische Lösung hat, die glatt von ε abhängt und für $\varepsilon = 0$ zu $x = \pi$ wird. [6]
13. Man finde die Ableitung dieser Lösung nach ε für $\varepsilon = 0$. [6]

III. Wir betrachten die Gleichung $u_t + uu_x = -\sin x$.

14. Man gebe die Gleichung der Charakteristiken an. [2]
15. Man finde den größten Wert für t, bei dem die Lösung des Cauchyschen Anfangswertproblems für $u|_{t=0} = 0$ auf $[0, t)$ fortsetzbar ist. [8]

Variante 2

I. Ein Vektorfeld im dreidimensionalen Raum habe in 0 eine Singularität, einer der Eigenwerte sei 0 und die anderen beiden seien imaginär.

1. Man stelle die Glieder erster Ordnung der Taylorentwicklung in 0 der Komponenten des Feldes in Normalform dar. [1]
2. Desgleichen für Glieder zweiter Ordnung. [3]
3. Desgleichen für Glieder beliebiger Ordnung. [8]
4. Man mittle das System über eine schnelle Drehung, die durch den linearen Bestandteil des Feldes gegeben ist. [12]

II. Es sei eine einparametrige Familie von Feldern gegeben, die das Feld aus I. für den Parameterwert 0 enthält.

5. Durch einen glatt in einer Umgebung von 0 vom Parameter abhängigen Diffeomorphismus ist ein Abschnitt der Taylorreihe der Felder der Familie in 0 auf möglichst einfache Form zu bringen. [10]
6. Auf diese Familie ist die Mittlung über eine schnelle Drehung anzuwenden, die durch den linearen Teil des Ausgangsfeldes gegeben ist. [20]

III. Im Raum der 1-Jets von Vektorfeldern im dreidimensionalen Raum betrachten wir die Mannigfaltigkeit der Jets mit einem verschwindenden und zwei rein imaginären Eigenwerten in der Singularität.

7. Man finde die Kodimension dieser Mannigfaltigkeit. [2]
8. Man gebe die Transversalitätsbedingung zu dieser Mannigfaltigkeit für die in 5. gefundene Form der Familie an. [8]
9. Man untersuche die Bifurkationen der singulären Punkte in zweiparametrigen Familien in allgemeiner Lage, die transversal zur betrachteten Mannigfaltigkeit sind. [10]
10. Man untersuche die Bifurkationen der Zyklen aus diesen singulären Punkten. [15]
11. Man untersuche die Existenz und Glattheit der Phasenkurve, die diese singulären Punkte verbindet. [15]

IV. In der Ebene sei eine Gerade durch 0 markiert. Einen Diffeomorphismus der Ebene nennen wir markiert, wenn er diese Gerade in sich überführt. Ein Vektorfeld nennen wir markiert, wenn es die markierte Gerade in allen Punkten berührt. Es sei ein markiertes Feld mit einer Singularität in 0 und zwei verschwindenden Eigenwerten gegeben.

12. Man überführe einen Abschnitt der Taylorreihe in 0 in eine möglichst einfache Form mit Hilfe eines zulässigen Diffeomorphismus. [12]
13. Man überführe eine Familie zulässiger Felder, die eine Deformation des gegebenen Feldes ist, in die formale Normalform mit Hilfe formaler Diffeomorphismen, die formal glatt von Parametern aus einer Umgebung der 0 abhängen. [16]
14. Man untersuche die Bifurkationen singulärer Punkte in Familien in allgemeiner Lage, die man aus den Normalformen der Aufgabe 13 durch Weglassen von Gliedern höherer Ordnung erhält. [18]
15. Man wende die Ergebnisse der Aufgaben 12 bis 14 auf die Untersuchung der Bifurkationen des Phasenbildes eines Feldes mit einem verschwindenden und zwei rein imaginären Eigenwerten an. [25]

Zusatzaufgaben

1. $\dot{z} = \varepsilon z + Az\,|z|^2 + \bar{z}^3$. Für $\operatorname{Re} A > 1$ sind Grenzzykel $\leqq 1$.

Hinweis. Man dividiere das Feld durch $z\bar{z}$; $\operatorname{div} P(z, \bar{z}) = 2 \operatorname{Re} (\partial P/\partial z)$.

2. Es sei $A = (3 + i)\sqrt{2}$. Ist $\arg \varepsilon = 5\pi/4$, so ist die singuläre Separatrix jedes Sattelknotens die nichtsinguläre der nächsten.

Hinweis. Beim Verschmelzen eines Sattels mit einem Knoten kann man die Gleichung auf die Gestalt $w = e^{i\theta}[Rw(|w|^2 - 1) + i(\bar{w} - w^2)]$, $A = (R - i)\, e^{i\theta}$ bringen. Ist $R = 2$, $\theta = \pi/4$, so sind die Separatrizen Geraden.

3. Man untersuche die Kurven, die die Gebiete der A-Werte voneinander trennen, wobei die singulären Punkte bei der Änderung von $\arg \varepsilon$ auf dem Zykel, innerhalb und außerhalb verschmelzen.

Hinweis. Bei Änderung von θ dreht das Feld. Die Kurven liegen ungefähr wie die vier Parabeln $a^2 = 2(\pm b \pm 1)$, $A = a + bi$.

4. Für kleine $|\mathrm{Re}\, A|$ und $1 < |\mathrm{Im}\, A| < c \approx 4{,}35$ hat die Gleichung aus Aufgabe 1 mit passendem ε zwei Grenzzykel, in denen neun singuläre Punkte liegen, und für $|\mathrm{Im}\, A| > c$ einen (A. I. NEJŠTADT).

5. Das System $\dot{x} = \dot{x}(\alpha + ax + by)$, $y = y(\beta + cx + dy)$ hat keine Grenzzykel.

Hinweis. Beim Verlust der Stabilität eines Strudels hat das System ein erstes Integral: das Produkt der Potenzen dreier linearer Funktionen (N. N. BAUTIN).

Literatur

Andronov, A. A. (Андронов, А. А.)

[1] Применение теории Пуанкаре о точках бифуркации и смене устойчивости к простейшим автоколебательным системам, Ж. эксперим. и теор. физ. **5** (1935), **296—309**.

Andronov, A. A., und S. É. Chajkin (Андронов, А. А., и С. Э. Хайкин)

[1] Теория колебаний, Москва-Ленинград **1937** (engl. Übers. Princeton Univ. Press **1949**).

Andronov, A. A., und E. A. Leontovič-Andronova (Андронов, А. А., и Е. А. Леонтович-Андронова)

[1] Некоторые случаи зависимости предельных циклов от параметра, Горький, Учен. зап. ун-та **6** (1939), **3—24**; сочинения А. А. Андронова, стр. **188—216**.

Anosov, D. V. (Аносов, Д. В.)

[1] Осредение в системах обыкновенных дифференциальных уравнений с быстро колеблющимися решениями, Изв. акад. наук СССР, сер. матем., **24** (1960), 721—742.

[2] Геодезические потоки на замкнутых римановых многообразиах отрицательной кривизны, Труды матем. ин-та им. В. А. Стеклова **90** (1967), 1—210 (engl. Übers. in Proc. Steklov Inst. of Math. A.M.S. 1969, 1—235).

Arcimovič, L. A. (Арцимович, Л. А.)

[1] Управляемые термоядерные реакции, Физматгиз, Москва 1961.

Arnol'd. V. I. (Арнольд, В. И.)

[1] О поведении адиабатического инварианта при медленном периодическом изменении функции Гамильтона, Докл. акад. наук СССР **142** (1962), 758—761.

[2] О неустойчивости динамических систем со многими степенями свободы, Докл. акад. наук СССР **156** (1964), 9—12.

[3] Условия применимости и оценка погрешности метода усредения для систем, которые в процессе эволюции проходят через резонансы, Докл. акад. Наук **161** (1965), 9—12.

[4] Sur la géometrie differentielle des groupes de Lie de dimension infinite et ses applications à l'hydrodynamique, Ann. Inst. Fourier, Grenoble **16** (1966) 1, 319—361.

[5] Замечания об особенностях конечной коразмерности в комплексных динамических системах, Функц. анализ и его приложения **3** (1969) 1, 1—6.

[6] Алгебраическая неразрешимость проблемы устойчивости по Ляпунову и проблемы топологической классификации особых точек аналитической сустемы дифференциальных уравнений, Функц. анализ и его приложения **4** (1970) 3, 1—9.

[7] Лекции бифуркациях и версальных семействах, Успехи матем. наук **27** (1972) 5, 119—184.

[8] Особые точки гладких функций и их нормальные формы, Успехи матем. наук **30** (1975) 5, 3—65.

[9] Бифуркации инвариантных многообразий дифференциальных уравнений и нормальные формы окрестностей эллиптических кривых, Функц. анализ и его приложения **10** (1976) 4, 1–12.

[10] Mathematische Methoden der klassischen Mechanik, VEB Deutscher Verlag der Wissenschaften, Berlin 1988 (Übersetzung aus dem Russischen-. Engl. Übers. Springer-Verlag, Berlin—Heidelberg—New York 1978).

[11] Потеря устойчивости автоколебаний вблизи резонанса и версальные деформации эквивариантных векторных полей, Функ. анализ и его приложения **11** (1977) 2, 1–10.

Arnol'd, V. I., und L. D. Mešalkin (Арнольд, В. И., и Л. Д. Мешалкин)

[1] Семинар А. Н. Колмогорова по избранным вопросам анализа (1958–1959 гг.), Успехи матем. наук **15** (1960) 1, 247–250.

de Baggis, H. F.

[1] Dynamical systems with stable structures, Contrib. Theory of Nonlinear Oscillation **2** (1952), 37–59.

[2] Грубые системы двух дифференциальных уравнений, Успехи матем. наук **10** (1955) 4, 101–126.

Belaga, È. G. (Белага, Э. Г.)

[1] О приводимости системы обыкновенных дифференциальных уравнений в окрестности условно-периодического движения, Докл. акад. наук СССР **143** (1962), 255–258.

Bogdanov, R. I. (Богданов, Р. И.)

[1] Бифуркации предельного цикла одного семейства векторных полей на плоскости, Труды семинара им. И. Г. Петровского Москва ун-та 1976, вып. 2, стр. 23–35.

Bol, G.

[1] Über die topologischen Invarianten von zwei Kurvenscharen im Raum, Abh. Math. Sem. Univ. Hamburg **9** (1932), 15–47.

Brjuno, A. D. (Брюно, А. Д.)

[1] Аналитическая форма дифференциальных уравнений, Труды Моск. матем. о-ва **25** (1971), 119–262.

[2] Нормальная форма дифференциальных уравнений с малым параметром, Матем. заметки **16** (1974), 407–414.

[3] Аналитические инвариантные многообразия, Докл. акад. наук СССР **216** (1974), 253–256.

[4] Интегральные аналитические множества, Докл. акад. наук СССР **220** (1975), 1255 до 1258.

Brušlinskaja, N. N. (Брушлинская, Н. Н.)

[1] Теорема конечности для семейств некоторых полей в окрестности особой точки типа Пуанкаре, Функц. анализ и его приложения **5** (1971) 3, 10–15.

Bunimovič, L. A. (Бунимович, Л. А.)

[1] О бильярдах, близких к рассеивающим, Матем. сборник **94** (1974) 1, 49–73.

[2] On the ergodic properties of nowhere dispersing billiards, Comm. Math. Phys. **65** (1979), 295–312.

Camacho, C., N. H. Kuiper et J. Palis

[1] La topologie de feuilletage d'un champ de vecteurs holomorphés pres d'une singularité, C. R. Acad. Sci. Paris **282** (1976), A959–A961.

Cartan, E.

[1] Sur les variétés à connection projective, Bull. Math. Soc. France **52** (1924), 205–241; Œuvres III_1, Paris 1955, p. 825–862.

Casuga, T.

[1] On the adiabatic theorem for the hamiltonian system of differential equations in the classical mechanics I–III, Proc. Japan Acad. **37** (1961), 7.

Chorozov, E. I. (Хорозов, Е. И.)

[1] Бифуркации векторного поля в окрестности особой точки в случае двух пар чисто мнимых собственных чисел I, II, Докл. Болг. акад. наук **34** (1981), 1221–1224; **35** (1982), 149–152.

Dychne, A. M. (Дыхне, A. M.)
[1] Квантовые переходы в адиабатическом приближении, Ж. эксперим. и теор. физ **38** (1960), 570–578.
Ebin, D. G., and J. Marsden
[1] Groups of diffeomorphisms and the motion of an incompressible fluid, Ann. of Math. **92** (1970), 102–163.
Euler, L.
[1] De seriebus divergentibus, Opera omnia, Ser. 1, Bd. 14, Leipzig–Berlin 1924, 247, S. 585–617.
Fedorjuk, M. V. (Федорюк, M. B.)
[1] Адиабатический инвариант системы линейных осцилляторов и теория рассеяния, Дифф. уравн. **12** (1976), 1012–1018.
Galin, D. M. (Галин, Д. M.)
[1] О вещественных матрицах, зависящих от параметров, Успехи матем. наук **27** (1972) 1, 241–242.
[2] Версальные деформации линейных гамильтоновых систем, Труды семинара им. И. Г. Петровского Моск. ун-та 1975, вып. 1, стр. 63–74.
Gantmacher, F. R.
[1] Matrizentheorie, VEB Deutscher Verlag der Wissenschaften, Berlin 1986 (Übersetzung aus dem Russischen).
Gercenštejn, S. Ja., und V. M. Šmidt (Герценштейн, С. Я., и B. M. Шмидт)
[1] Нелинейное развитие и взаимодействие возмущений конечной амплитуды при конвективной неустойчивости вращающегося плоского слоя, Докл. акад. наук СССР **225** (1975), 59–62.
Gorin, E. A. (Горин, E. A.)
[1] Об асимтотических свойствах многочленов и алгебраических функций, Успехи матем. наук **16** (1961) 1, 91–118.
Hénon, M.
[1] A two-dimensional mapping with a strange attractor, Comm. Math. Phys. **50** (1976), 69–77.
Hirsch, M. W., C. C. Pugh and M. Shub
[1] Invariant manifolds, Bull. Amer. Math. Soc. **76** (1970), 1015–1019.
Hirsch, M., and S. Smale
[1] Differential Equations, Dynamical Systems and Linear Algebra, Academic Press, New York 1974.
Hopf, E.
[1] Abzweigung einer periodischen Lösung von einer stationären Lösung, Ber. Sächs. Akad. Wiss. Leipzig, Math.-Phys. Kl., **94** (1942) 19, 15–25.
Il'jašenko, Ju. S. (Ильяшенко, Ю. С.)
[1] Алгебраическая неразрешимости и почти алгебраическая разрешимость проблемы центр-фокус, Функц. анализ и его приложения **6** (1972) 3, 30–37.
[2] Замечания о топологии особых точек дифференциальных уравнений в комплексной области и теорема Ладиса, Функц. анализ и его приложения **11** (1977) 2, 28–38.
[3] О нулях специальных абелевых интегралов в вещественной области, Функц. анализ и его приложения **11** (1977) 4, 78–79.
Il'jašenko, Ju. S., und A. S. Pjartli (Ильяшенко, Ю. С., и А. С. Пяртли)
[1] Окрестности нулевого типа вложенных комплексных торов, Труды семинара им. Петровского Моск. ун-та 1979, вып. 5, стр. 85–95.
Kolmogorov, A. N. (Колмогоров, А. Н.)
[1] О сохранении условно-периодических движений при малом изменении фуикции Гамильтона, Докл. акад. наук СССР **98** (1954), 527–530.
Kozjakin, V. S. (Козякин, В. С.)
[1] Субфуркация периодических колебаний, Докл. акад. наук СССР **232** (1977), 25–27.

LADIS, N. N. (ЛАДИС, Н. Н.)
[1] Топологические инварианты комплексных линейных потоков, Дифф. уравн. **12** (1976), 2159—2169.
LANDAU, L. D., und E. M. LIFSCHITZ
[1] Lehrbuch der Theoretischen Physik, Bd. VI. Hydrodynamik, 3. Aufl., Akademie-Verlag, Berlin 1978 (Übersetzung aus dem Russischen).
LENARD, A.
[1] Adiabatic invariance of all orders, Ann. of Physics **6** (1959), 261—276.
LORENZ, E. N.
[1] Deterministic nonperiodic flow, J. Atmos. Sci. **20** (1963), 130—141.
LUKACKIJ, A. M. (ЛУКАЦКИЙ, А. М.)
[1] О кривизне группы диффеоморфизмов, сохраняющих меру двумерной сферы, Функц. анализ и его приложения **13** (1979), 23—27.
[2] О кривизне группы диффеоморфизмов, сохраняющих меру n-мерного тора, Успехи матем. наук СССР **36** (1981), 187—188.
MAJER, A. G. (МАЙЕР, А. Г.)
[1] Грубое преобразование окружности в окружность, Горький, Учен. зап. ун-та **12** (1939), 215—229.
MARSDEN, J. E., and M. MCCRACKEN
[1] The Hopf Bifurcation and its Applications, Springer-Verlag, Berlin—Heidelberg—New York 1976.
MARTIN, P. C.
[1] Transition to turbulence of a statically stressed fluid system, Phys. Rev. A **12** (1975), 186—203.
MATHER, J.
[1] Anosov diffeomorphisms, Bull. Amer. Math. Soc. **73** (1967), 747—817 (appendix).
MCLAUGHLIN, J. B., and P. C. MARTIN
[1] Transition to turbulence of a statically stressed fluid system, Phys. Rev. Letters **33** (1974).
MOSER, J.
[1] A rapidly converging iteration method and nonlinear partial differential equations I, II, Ann. Sc. Norm. Sup. Pisa (3) **20** (1966), 265—316; **20** (1966), 499 (russ. Übers. in Uspechi matem. nauk **23** (1968) 4, 179—238).
NECHOROŠEV, N. N. (НЕХОРОШЕВ, Н. Н.)
[1] О поведении гамильтоновых систем, близких к интегрируемым, Функц. анализ и его приложения **5** (1971), 82—83.
[2] Экспоненциальная оценка времени устойчивости гамильтоновых систем, близких к интегрируемыми, Успехи матем. наук **32** (1977), 5—66.
NEJŠTADT, A. I. (НЕЙШТАДТ, А. И.)
[1] О некоторых резонансных задачах в нелинейных системах, Дисс. Моск. ун-та **1975**.
[2] Прохождение через сепаратрису в резонансной задаче с медленно изменяющимся параметром, Прикл. мат. и мех. **39** (1975), 621—632.
[3] Об осреднении в многочастотных системах II, Докл. акад. наук СССР **226** (1976), 1295—1298.
NEWHOUSE, S.
[1] Nondensity of Axiom A (a), Global Analysis, Proc. of Symposia in Pure Mathematics, A.M.S. **14** (1971), 191—203.
PEIXOTO, M. M.
[1] Structural stability on two-dimensional manifolds, Topology **1** (1962), 101—120; **2** (1963), 179—180.
PEIXOTO, M. S., and M. M. PEIXOTO
[1] Structural stability in the plane with enlarged boundary conditions, Anals Acad. Brasil. Ciênas **31** (1959), 135—160.
PJARTLI, A. S. (ПЯРТЛИ, А. С.)
[1] Диофантовы приближения на подмногообразниях евклидова пространства, Функц. анализ и его приложения **3** (1969) 4, 59—62.

[2] Рождение комплексных инвариантных многообразий вблизи особой точки векторного поля, зависящего параметров, Функ. анализ и его приложения **6** (1972) 4, 95—96.

Pliss, V. A. (Плисс, В. А.)

[1] О грубости дифференциальных уравнений, заданных на торе, Вестник Ленингр. ун-та, сер. матем., **13** (1960) 3, 15—23.

[2] Принцип сведения в теории устойчивости движения, Изв. акад. наук СССР, сер. матем., **28** (1964), 1297—1324.

Plykin, R. V. (Плыкин, Р. В.)

[1] Источники и стоки A-диффеоморфизмов поверхностей, Матем. сб. **94** (1974), 243—264.

Ratner, M. E. (Ратнер, М. Е.)

[1] Центральная предельная теорема для У-потоков на трехмерных многообразиях, Докл. акад. наук **186** (1969), 519—521.

Ruelle, D., and F. Takens

[1] On the nature of turbulence, Comm. Math. Phys. **20** (1971), 167—192.

[2] Note concerning our paper „On the nature of turbulence“, Comm. Math. Phys. **23** (1971), 343—344.

Rüssmann, H.

[1] Kleine Nenner, II. Bemerkungen zur Newtonschen Methode, Nachr. Akad. Wiss. Göttingen, Math.-phys. Klasse, **1** (1972), 1—10.

Sacker, R. J.

[1] On invariant surfaces and bifurcation of periodic solutions of ordinary differential equations, New York Univ. Report IMM-NYU 333, 1964.

[2] A new approach to the perturbation theory of invariant surfaces, Comm. Pure Appl. Math. **18** (1965), 717—732.

Seidenberg, A.

[1] A new decision method for elementary algebra, Ann. of Math. (2) **60** (1954), 356—374.

Siegel, C. L.

[1] Note on differential equations on the torus, Ann. of. Math. **46** (1945), 423—428.

Sinaj, Ja. G. (Синай, Я. Г.)

[1] Центральная предельная теорема для геодезических потоков на многообразиях постоянной отрицательной кривизны, Докл. акад. наук СССР **133** (1960), 1303—1306.

[2] Динамические системы с упругими отражениями. Эргодические свойства рассеивающих бильярдов, Успехи матем. наук СССР **25** (1970), 141—192.

Šošitajšvili, A. N. (Шошитайшвили, А. Н.)

[1] О бифуркациях топологического типа точек векторных полей, зависяших от параметров, Функц. анализ и его приложения **6** (1972) 2, 97—98.

[2] Бифуркации топологического типа векторного поля вблизи особой точки, Труды семинара им. И. Г. Петровского Моск. ун-та 1975, вып. 1, стр. 279—309.

Sprindžuk, V. G. (Спринджук, В. Г.)

[1] Проблема Малера в метрической теории чисел, Минск 1967.

Sternberg, S.

[1] On the structure of local homeomorphisms of Euclidean n-space II, III, Amer. J. Math. **80** (1958), 623—631; **81** (1959), 578—604.

Takens, F.

[1] A Nonstabilisable Jet of a Singularity of a Vectorfield, Academic Press, New York 1973.

Tichonova, È. A. (Тихонова, Э. А.)

[1] Аналогия и гомеоморфизм возмущенной и невозмущенной систем с блочно-треугольной матрицей, Дифф. уравн. **6** (1970), 1221—1229.

Tresse, A.

[1] Sur les invariants différentiels des groupes continus de transformations, Acta Mathematica **18** (1894), 1—88.

[2] Détermination des invariants ponctuels de l'équation différentielle ordinaire du second ordre $y'' = \omega(x, y, y')$, Leipzig 1896, 87 Seiten.

VARČENKO, A. N. (ВАРЧЕНКО, А. Н.)

[1] Докальные топологические свойства дуфференцируемых отображений, Изв. акад. наук СССР, сер. матем., **38** (1974), 1037–1090.

VASIL'EV, V. A. (ВАСИЛЬЕВ, В. А.)

[1] Асимптотика экспоненциальных интегралов, диаграмма Ньютона и классификация точек минимуна, Функц. анализ и его приложения **11** (1977) 1, 1–11.

VIŠIK, S. M. (Вишик, С. М.)

[1] О задаче с косой происводной, Вестник Моск. ун-та, сер. матем., **1** (1972), 21–28.

WELLS, R. O. Jr.

[1] Differential Analysis on Complex Manifolds, Prentice Hall, Inc., Englewood Cliffs, N.Y. 1973.

WEYL, H.

[1] Mean motion, Amer. J. Math. **60** (1938), 889–896; **61** (1939), 143–148.

[2] Среднее движение, Успехи матем. наук СССР **31** (1976) 4, 213–219. (Übersetzung von [1], Amer. J. Math. **60** (1938), 889–896).

Namen- und Sachverzeichnis

MIX
Papier aus verantwortungsvollen Quellen
Paper from responsible sources
FSC® C105338

If you have any concerns about our products,
you can contact us on
ProductSafety@springernature.com

In case Publisher is established outside the EU,
the EU authorized representative is:
Springer Nature Customer Service Center GmbH
Europaplatz 3, 69115 Heidelberg, Germany

Printed by Libri Plureos GmbH
in Hamburg, Germany